高等院校信息技术规划教材

嵌入式系统原理及应用
——基于ARM Cortex-M3内核的STM32F103系列微控制器

王益涵 孙宪坤 史志才 编著

清华大学出版社
北京

内 容 简 介

本书通过与常见的桌面通用系统比较,引入嵌入式系统的基本概念,主要介绍目前最新的 ARM Cortex-M3 内核以及意法半导体公司推出的基于 ARM Cortex-M3 内核的 STM32F103 微控制器。

全书共分 3 篇:第 1 篇(第 1、2 章)为系统篇,介绍嵌入式系统及其开发的基本概念;第 2 篇(第 3、4 章)为内核篇,分析 ARM Cortex-M3 内核以及基于 ARM Cortex-M3 内核的 STM32F103 微控制器的体系结构、工作原理、编程模型和开发方法等;第 3 篇(第 5～12 章)为片内外设篇,基于 STM32F103 微控制器讲述常用的片上外设/接口,包括 GPIO、定时器、EXTI、DMA、ADC、USART、SPI 和 I2C 等,并分别给出在 KEIL MDK 下采用库函数方式使用这些片上外设/接口进行应用开发的典型案例。

本书适合作为高等院校电气信息类专业本科生、研究生嵌入式相关课程的教材,也可供高职高专的同类专业使用,同时可供从事嵌入式开发的技术和研究人员参考。

图书在版编目(CIP)数据

嵌入式系统原理及应用:基于 ARM Cortex-M3 内核的 STM32F103 系列微控制器/王益涵, 孙宪坤,史志才编著. —北京:清华大学出版社,2016(2024.2重印)

高等院校信息技术规划教材

ISBN 978-7-302-44135-9

Ⅰ. ①嵌… Ⅱ. ①王… ②孙… ③史… Ⅲ. ①单片微型计算机-高等学校-教材 Ⅳ. ①TP368.1

中国版本图书馆 CIP 数据核字(2016)第 139130 号

责任编辑:焦 虹 战晓雷
封面设计:傅瑞学
责任校对:梁 毅
责任印制:宋 林

出版发行:清华大学出版社
    网 址:https://www.tup.com.cn, https://www.wqxuetang.com
    地 址:北京清华大学学研大厦 A 座   邮 编:100084
    社 总 机:010-83470000   邮 购:010-62786544
    投稿与读者服务:010-62776969,c-service@tup.tsinghua.edu.cn
    质量反馈:010-62772015,zhiliang@tup.tsinghua.edu.cn
    课件下载:https://www.tup.com.cn,010-83470236
印 装 者:天津鑫丰华印务有限公司
经 销:全国新华书店
开 本:185mm×260mm   印 张:38.5   字 数:913 千字
版 次:2016 年 10 月第 1 版   印 次:2024 年 2 月第 18 次印刷
定 价:118.00元

产品编号:068027-02

随着计算机和微电子技术的发展,作为面向特定应用而定制的专用计算机系统,嵌入式系统从 8 位、16 位处理器时代跨入 32 位处理器时代,性能得到了显著提升,片上资源更加丰富,功能也越来越复杂和完善。尤其是进入 21 世纪以来,嵌入式系统因其具有体积小、功耗低、成本低、可靠实时等特点,深入人们生活的各个角落。大到国防军事、工业控制,小到消费电子、办公自动化,嵌入式系统无处不在。

随着嵌入式系统在各个行业的广泛应用,社会对嵌入式技术人才的需求量也日趋上升,具有一定开发经验的嵌入式工程师成为职场上的紧缺人才。目前,国内大多数高校的电气信息类专业都开设了嵌入式相关课程,社会上也有各种嵌入式培训班,以满足嵌入式人才培养的需求。但是,现有嵌入式系统书籍,或重"共性"——阐述嵌入式理论知识和基本原理,或重"特性"——讲解某款嵌入式处理器、某种嵌入式操作系统的原理及其应用开发;而缺乏一本"共性"和"个性"兼顾——既能较为系统地介绍嵌入式系统的基本概念和一般原理,又能指导初学者在实际软硬件环境中进行开发实践的嵌入式书籍。

针对上述情况,作者根据多年的嵌入式系统教学和开发经验,将嵌入式系统的理论知识和基于 ARM Cortex-M3 内核的 STM32F103 微控制器的实际开发相结合,编写了本书。

本书从结构上分为三大部分:

第一部分(第 1、2 章)为系统篇,通过与桌面系统的比较,介绍嵌入式系统及其开发的基本概念。

第二部分(第 3、4 章)为内核篇,分析目前最新的 ARM Cortex-M3 内核以及基于 ARM Cortex-M3 内核的 STM32F103 微控制器的体系结构、工作原理、编程模型和开发方法等。

第三部分(第 5~12 章)为片内外设篇,基于 STM32F103 微控制器讲述各个常用的片上外设/接口,包括 GPIO、定时器、EXTI、DMA、ADC、USART、SPI 和 I2C 等,并分别给出在 KEIL MDK 下

采用库函数方式使用这些片上外设/接口进行应用开发的典型案例。

与传统的嵌入式系统书籍相比,本书具有以下特点:

第一,从读者认知的角度出发,以嵌入式系统的组成为线索,采用自下而上的方法,从硬件到软件依次介绍嵌入式系统;内容的组织、安排合理,结构清晰,系统性强,易于阅读和理解。

第二,将嵌入式系统的一般原理与实际应用开发相结合。本书从"共性"到"个性",从一般到具体,以嵌入式系统的一般原理为主线,结合目前主流的嵌入式处理器——基于 ARM Cortex-M3 内核的微控制器 STM32F103 和常用的嵌入式集成开发工具——KEIL MDK,由内核而外设逐步讲解,并给出典型应用实例,使读者掌握嵌入式系统基本理论知识的同时,具备一定的 STM32F103 微控制器应用程序的开发和调试能力。

第三,重视硬件,强调底层。目前,大多数嵌入式系统书籍主要讲述基于嵌入式操作系统上的应用软件开发,而对嵌入式硬件原理和接口设计涉及甚少。因此,本书考虑到电气信息类专业的知识架构,突出硬件原理讲解,强调底层驱动设计,从最基本的硬件原理和底层硬件出发,讲述无操作系统下的 STM32F103 微控制器开发,期望改变嵌入式系统教学过程中重理论轻实践、软件强硬件弱的现状。

本书得到了上海工程技术大学教材建设项目的资助,其中,第 1、2、4、6～12 章由王益涵编写,第 3 章由孙宪坤编写,第 5 章由史志才编写。本书的撰写得到了作者家人的理解和大力支持,并且一直得到清华大学出版社焦虹老师的关心和大力支持,清华大学出版社的工作人员也付出了辛勤的劳动,在此谨向支持和关心本书编著的作者家人、同仁和朋友一并致谢。

为配合实际教学,本书每章后均附有习题。另外,作者制作了配套本书教学的多媒体课件和每章开发实例的程序代码。所有源代码均在实验板上验证通过。如果目前尚不具备硬件实验板,只需要一台 PC,本书大部分开发实例的源代码也可以在纯软件的环境下运行、调试和仿真。为方便备课和教学,教师可以到清华大学出版社网站的本书主页下载多媒体课件或通过 E-mail(ehanmails@163.com)联系作者获取多媒体课件和源代码。

由于嵌入式技术发展日新月异,加之作者水平有限及时间仓促,书中难免有差错和不足之处,恳请广大读者批评指正。如果读者对本书有任何建议、意见和想法,欢迎和作者联系交流,作者邮箱:ehanmails@163.com。

王益涵

目录

Contents

第 3 篇　片内外设篇

第 1 篇
系 统 篇

第1章

chapter 1

嵌入式系统概述

本章学习目标
- 掌握嵌入式系统的定义、特点、分类和软硬件组成。
- 熟悉常用的嵌入式处理器和嵌入式操作系统。
- 了解嵌入式系统的主要应用领域。

嵌入式系统在日常生活中无处不在,例如,手机、PDA、机顶盒等这些生活中常见的设备都是嵌入式系统。目前,嵌入式系统已经成为计算机技术和计算机应用领域的一个重要组成部分。本章讲述嵌入式系统的基础知识,通过与生活中常见的个人计算机的比较,从定义、特点、组成、分类和应用等方面为读者打开嵌入式系统之门。

1.1 嵌入式系统的定义和特点

如果问"你家中有几台计算机",多数人可能很快地回答有两三台。如果问"你家中有多少个嵌入式系统",2 个还是 3 个? 答案可能五花八门,大多数人可能一下子说不清楚。实际上,远比两三个多得多,甚至超过 10 个。这些似乎"看不到也摸不着"的嵌入式系统"嵌入"在几乎每一种你能想到或想不到的产品中,悄悄地影响和改变着人们的生活。那么,到底什么是嵌入式系统? 与个人计算机相比,它有什么不同? 又具有怎样的特点呢?

1.1.1 嵌入式系统的定义

目前,嵌入式系统已经渗透到人们生活的各个角落。从高大上的航空航天、国防军事到亲民的消费电子、办公设备等各个领域,嵌入式系统无处不在。但恰恰由于这种应用领域的扩大,使得"嵌入式系统"外延极广而更加难于明确定义。

举个例子,一个手持的 MP3 是否可以叫做嵌入式系统呢? 答案肯定是"是"。另外一个 PC104 的微型工业控制计算机你会认为它是嵌入式系统吗? 当然,也是,工业控制是嵌入式系统技术的一个典型应用领域。然而比较两者,除了其中都有嵌入式处理器,你也许会发现两者几乎完全不同。在实际生活中,凡是与产品结合在一起的具有嵌入式特点的控制系统几乎都可以叫做嵌入式系统。

那么,究竟什么是嵌入式系统呢？从广义、应用、系统和技术等不同角度,可以给出不同的定义。

1. 从广义的角度

从广义的角度,嵌入式系统是一切非 PC 和大型机的计算机系统。这个定义是从计算机系统分类方面进行的。计算机系统按用途和性能可以分为大型机(mainframe)、通用计算机(personal computer)和嵌入式系统(embedded system)三大类。计算机系统的发展,经历了由 1 台计算机系统为 N 个人服务的大型机时代到由 1 台计算机系统为 1 个人服务的 PC 时代,正在步入由 N 台计算机系统为 1 个人服务的嵌入式时代(即普适计算时代)。例如,你可以一边听 MP3,一边跑步,而腕上的智能手环通过蓝牙默默地把步数和心率数据等发送到手机上,再通过 3G/4G 网络把这些数据上传到你个人的健康云上。你可以通过网络和手机实时了解和监测你的运动和健康信息,享受多台计算机系统(如 MP3、智能手环、手机等嵌入式系统)带来的娱乐、运动和健康等服务。

2. 从应用的角度

从应用的角度,嵌入式系统是控制、监视或辅助设备、机器和车间运行的装置(devices used to control, monitor or assist the operation of equipment, machinery or plants)。这是 IEEE(Institute of Electrical and Electronics Engineers,国际电气和电子工程师协会)对嵌入式系统的定义,它主要是从应用对象上加以定义,嵌入式系统还可以涵盖机械等附属装置。

3. 从系统的角度

从系统的角度,嵌入式系统是设计完成复杂功能的硬件和软件,并使其紧密耦合在一起的计算机系统,是更大系统的一个完整的子系统。从中可以看出,与传统的 PC 类似,嵌入式系统也是软件和硬件的综合体。

4. 从技术的角度

从技术的角度,嵌入式系统是一个以应用为中心,以计算机技术为基础,并融合微电子技术、通信技术和自动控制技术,而且软硬件可裁剪,适用于应用系统对功能、可靠性、成本、体积、功耗和应用环境有特殊要求的专用计算机系统。这是目前国内普遍认同的对嵌入式系统的定义。

1.1.2 嵌入式系统和通用计算机比较

作为计算机系统的不同分支,嵌入式系统和人们熟悉的通用计算机(如 PC)既有共性也有差异。

1. 嵌入式系统和通用计算机的共同点

嵌入式系统和通用计算机都属于计算机系统,从系统组成上讲,它们都是由硬件和

软件构成的。

2. 嵌入式系统和通用计算机的不同点

作为计算机系统的一个新兴的分支,嵌入式系统与人们熟悉和常用的通用计算机相比又具有以下不同。

1) 形态

通用计算机具有基本相同的外形(如主机、显示器、鼠标和键盘等)而独立存在;而嵌入式系统通常隐藏在具体某个产品或设备(称为宿主对象,如空调、ATM 机、数码相机等)中,它的形态随着产品或设备的不同而不同。

2) 功能

通用计算机一般具有通用而复杂的功能,任意一台通用计算机都具有文档编辑、影音播放、娱乐游戏、网上购物和聊天等通用功能;而嵌入式系统嵌入在某个宿主对象中,功能由宿主对象决定,具有专用性,通常是为某个应用量身定做的。

3) 功耗

目前,通用计算机的功耗一般为几十瓦;而嵌入式系统的宿主对象通常是小型应用系统,如手机、MP3 和智能手环等,这些设备不可能配置容量较大的电源,因此,低功耗一直是嵌入式系统追求的目标,如某智能手环的额定功率 150mW,而待机功率更是只有 $900\mu W$。

4) 资源

通用计算机通常拥有大而全的资源(如鼠标、键盘、硬盘、内存条和显示器等);而嵌入式系统受限于嵌入的宿主对象(如手机、MP3 和智能手环等),通常要求小型化和低功耗,其软硬件资源受到严格的限制。

5) 价值

通用计算机的价值体现在"计算"和"存储"上,计算能力(处理器的字长和主频等)和存储能力(内存和硬盘的大小和读取速度等)是通用计算机的通用评价指标;而嵌入式系统往往嵌入在某个设备和产品中,其价值一般不取决于其内嵌的处理器的性能,而体现在它所嵌入和控制的设备。如一台智能洗衣机往往用洗净比、洗涤容量和脱水转速等来衡量,而不以其内嵌的微控制器的运算速度和存储容量等来衡量。

1.1.3　嵌入式系统的特点

通过嵌入式系统的定义和嵌入式系统与通用计算机的比较,可以看出嵌入式系统具有以下特点。

1. 专用性

嵌入式系统按照具体应用需求进行设计,完成指定的任务,通常不具备通用性,只能面向某个特定应用,就像嵌入在微波炉中的控制系统只能完成微波炉的基本操作,而不能在洗衣机中使用。

2. 可裁剪性

受限于体积、功耗和成本等因素,嵌入式系统的硬件和软件必须高效率地设计,根据实际应用需求量体裁衣,去除冗余,从而使系统在满足应用要求的前提下达到最精简的配置。

3. 可靠性

很多嵌入式系统必须一年 365 天、每天 24 小时持续工作,甚至在极端环境下正常运行。大多数嵌入式系统都具有可靠性机制,例如硬件的看门狗定时器、软件的内存保护和重启机制等,以保证嵌入式系统在出现问题时能够重新启动,保障系统的健壮性。

4. 具有较长的生命周期

遵从于摩尔定律(摩尔定律由 Intel 公司的创始人之一戈登·摩尔提出,内容是集成电路芯片上所集成的电路的数目每隔 18 个月就翻一番),通用计算机的更新换代速度较快。嵌入式系统的生命周期与其嵌入的产品或设备同步,经历产品导入期、成长期、成熟期和衰退期等各个阶段,一般比通用计算机要长。

5. 不易被垄断

嵌入式系统是将先进的计算机技术、半导体技术和电子技术和各个行业的具体应用相结合后的产物,这一点就决定了它必然是一个技术密集、资金密集、高度分散、不断创新的知识集成系统。因此,嵌入式系统不易在市场上形成垄断。

1.2 嵌入式系统的硬件

嵌入式系统的硬件是嵌入式系统运行的基础,提供嵌入式软件运行的物理平台和通信接口。嵌入式系统的硬件由嵌入式处理器、嵌入式存储器以及嵌入式 I/O(Input/Output,输入输出)接口和设备共同组成,如图 1-1 所示。它以嵌入式处理器为核心,以嵌入式存储器作为程序和数据的存储介质,借助总线相互连接,通过嵌入式 I/O 接口和 I/O 设备与外部世界联系。

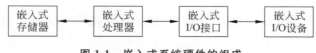

图 1-1 嵌入式系统硬件的组成

1.2.1 嵌入式处理器

嵌入式处理器是嵌入式系统硬件的核心,现在几乎所有的嵌入式系统都是基于嵌入

式处理器设计的。嵌入式处理器与传统 PC 上的通用 CPU 最大的不同在于嵌入式处理器大多工作在为特定用户群所专用设计的系统中，它将通用 CPU 许多由板卡完成的任务集成在芯片内部，从而有利于嵌入式系统在设计时趋于小型化，同时还具有很高的效率和可靠性。

1. 嵌入式处理器的主要分类

按技术特点和应用场合，嵌入式处理器可以分为嵌入式微处理器、嵌入式微控制器、嵌入式数字信号处理器和嵌入式片上系统。

1）嵌入式微处理器（Micro Processor Unit，MPU）

嵌入式微处理器是由传统 PC 中的 CPU（Central Processing Unit）演变而来的。它一般是具有 32 位及以上的处理器，具有较高的性能，当然其价格也相应较高。但与传统 PC 上的通用 CPU 不同的是，在实际嵌入式设计中，嵌入式微处理器只保留和嵌入式应用紧密相关的功能硬件，去除其他的冗余功能部分，这样就以最低的功耗和资源实现嵌入式应用的特殊要求。和传统的工业控制计算机相比，嵌入式微处理器具有体积小、重量轻、功耗和成本低、抗电磁干扰强、可靠性高等优点。

需要注意，在以嵌入式微处理器为核心构建嵌入式硬件时，除了嵌入式微处理器芯片外，还需要在同一块电路板上添加和外接 RAM、ROM、总线、I/O 接口和外设等多种器件，嵌入式系统才能正常工作。

目前主要的嵌入式处理器类型有 Motorola 68000、PowerPC 和 MIPS 系列等。

2）嵌入式微控制器（Micro Controller Unit，MCU）

嵌入式微控制器又被称为单片机，顾名思义，是将整个计算机集成在一块芯片上。嵌入式微控制器通常以某种处理器内核为核心，内部集成了 ROM、RAM、数字 I/O、定时器/计数器以及其他必要的功能外设和接口，如图 1-2 所示。

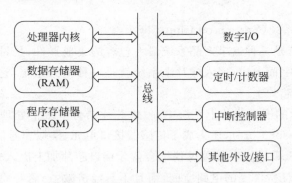

图 1-2　典型的嵌入式微控制器的组成

与嵌入式微处理器相比，嵌入式微控制器的资源更丰富，功能更强大。它最大的特点是单片化，它将 CPU、存储器、外设和接口集成在一块芯片上，从而使体积大大减小，功耗和成本显著下降，但同时可靠性得以提高。

嵌入式微控制器，从 20 世纪 70 年代诞生到今天，已经经过了 40 多年的发展，由于其

低成本、低功耗和较为丰富的片上外设资源,因此在嵌入式设备中有着极其广泛的应用,目前占据着嵌入式系统约 70% 的市场份额,是当前嵌入式系统的主流选择。

当前,嵌入式微控制器的厂商、种类和数量很多,比较有代表性的包括 Intel 公司的 8051、TI 公司的 MSP430、Microchip 公司的 PIC12/16/18/24、ATMEL 公司的 ATmega8/16/32/64/128、NXP 公司的 LPC1700 系列、ST 公司的 STM32F1、F2、F3 和 F4 系列等。通常,各个公司一个系列的嵌入式微控制器具有多种衍生产品,每种衍生产品都基于相同的处理器内核,只是存储器、外设、接口和封装各有不同。例如,NXP 公司的 LPC1700 系列嵌入式微控制器以及 ST 公司的 STM32F1 和 F2 系列嵌入式微控制器都基于 ARM Cortex-M3 处理器内核;而 ST 公司的 STM32F3 和 F4 系列嵌入式微控制器都基于 ARM Cortex-M4 处理器内核。

3) 嵌入式数字信号处理器(Digital Signal Processor,DSP)

嵌入式数字信号处理器可以实现对离散时间信号的高速处理和计算,是专门用于信号处理方面的嵌入式处理器。DSP 的理论算法在 20 世纪 70 年代已经出现,但只能通过嵌入式微处理器或嵌入式微控制器实现。而嵌入式微处理器或嵌入式微控制器对离散时间信号较低的处理速度无法满足 DSP 的算法要求。面对以上难题,20 世纪 80 年代,嵌入式 DSP 应运而生。它在系统结构和指令算法方面进行了特殊设计,采用程序和数据分开存储的哈佛体系结构,配有专门的硬件乘法器,采用流水线操作,提供特殊的 DSP 指令,具有很高的编译效率和指令的执行速度,可以快速实现各种数字信号处理算法,在数字滤波、FFT(Fast Fourier Transformation,快速傅里叶变换)、谱分析等方面具有得天独厚的处理优势,在语音合成与编解码、图像处理以及计算机和通信等领域得到了大规模的应用。

目前应用比较有代表性的嵌入式 DSP 处理器是 TI 公司的 TMS320 和 Motorola 公司的 DSP56000 系列。TI 公司的 TMS320 系列包括用于控制的 C2000 和用于移动通信的 C5000/6000。

4) 嵌入式片上系统(System on Chip,SoC)

嵌入式片上系统是一种追求产品系统最大包容的集成器件,是目前嵌入式应用领域的热门话题之一,从字面上讲,嵌入式片上系统就是一种电路系统,它结合了许多功能区块,将功能做在一个芯片上。

在如图 1-3 所示的嵌入式片上系统中,一块芯片结合了多个处理器核心(ASIC Core 和 Embedded Processor Core),还集成了传感器接口单元、模拟和通信等单元。

又如一个蓝牙 SoC 模块。如果仅仅结合蓝牙接口芯片加上嵌入式微处理器,做在一个电路板上,如此会耗费许多的电路空间,而且不具经济效益;若是将嵌入式处理器内核与蓝牙接口单元做在同一个芯片之中,就成为一个嵌入式片上系统。这样,由于集成电路的微小制程(从早期的 $10\mu m$ 到现在的 28nm),可以人为缩小整个系统所占的体积,批量生产情况时的成本远低于原本需要使用几个芯片制成的电路系统。嵌入式片上系统最大的特点是成功实现了软硬件无缝结合,直接在处理器片内嵌入操作系统的代码模块。而且 SoC 具有极高的综合性,在一个硅片内部运用 VHDL 等硬件描述语言,实现一

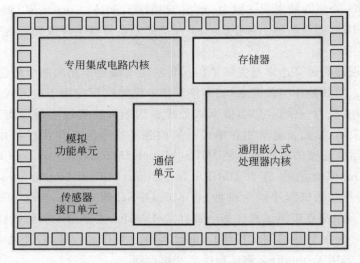

图1-3 典型的嵌入式片上系统的组成

个复杂的系统。用户不需要再像传统的系统设计一样,绘制庞大复杂的电路板,一点点地连接焊制,只需要使用精确的语言,综合时序设计直接在器件库中调用各种通用处理器的标准,然后通过仿真就可以直接交付芯片厂商进行生产。由于绝大部分系统构件都是在系统内部,整个系统就特别简洁,不仅减小了系统的体积和功耗,而且提高了系统的可靠性和设计生产效率。

由于SoC往往是专用的且占嵌入式市场份额较小,所以大部分都不为用户所知。目前比较知名的SoC产品是Philips的Smart XA,少数通用系列如Siemens的TriCore,Motorola的M-Core、Echelon和Motorola联合研制的Neuron芯片等。

2. 嵌入式处理器的技术指标

嵌入式处理器的技术指标主要有字长、主频、运算速度、指令集、流水线、存储体系结构、功耗、寻址能力和工作温度等。

1) 字长

字长是嵌入式处理器内部参与运算的数据的最大位数,通常由嵌入式处理器内部的寄存器、运算器和数据总线的宽度决定。字长是嵌入式处理器最重要的技术指标。字长越长,所包含的信息量越多,能表示的数据有效位数也越多,计算精度越高,而且处理器的指令可以较长,指令系统的功能就较强。

一般地,嵌入式处理器有1、4、8、16、32、64位字长。例如,8051微控制器的字长是8位,MSP430微控制器的字长是16位,而ARM嵌入式处理器的字长是32位。

2) 主频

主频是嵌入式处理器内核工作的时钟频率,是CPU时钟周期的倒数。我们通常说某某处理器是多少兆赫(MHz)或者吉赫(GHz),指的就是处理器的主频。

例如,ATMEL AT89C51的主频最高24MHz,ARM7处理器的主频一般为20~

133MHz，ARM9 处理器的主频一般为 100～233MHz，ARM Cortex-M3 处理器的主频一般为 36～120MHz，而最新的 ARM Cortex-A15 处理器每核主频最高可达 2.5GHz。

3）运算速度

嵌入式处理器的运算速度与主频是相互联系而又截然不同的两个概念，主频并不能代表运算速度。尤其是在当前流水线、多核等技术已经广泛应用于嵌入式处理器的情况下，更不能将两者混为一谈。早期，嵌入式处理器的运算速度通过每秒执行多少条简单的加法指令来表示，目前普遍采用在单位时间内各类指令的平均执行条数的表示方法。嵌入式处理器运算速度的单位通常是 MIPS（Million Instruction executed Per Second，百万条指令每秒）。除此之外，还有 DMIPS（Dhrystone Million Instructions executed Per Second，百万条整数测试程序指令每秒）和 MFLOPS（Million Floating-point Operations per Second，百万条浮点数测试程序指令每秒）。DMIPS 主要用于测整数计算能力，表示在 Dhrystone（一种整数运算测试程序）下测试而得的 MIPS。MFLOPS 主要用于测浮点计算能力，通常采用 Whetstone 测试程序来测试而得。

显然，不同的嵌入式处理器具有不同的运算速度。例如，51 单片机的运算速度通常是 0.1DMIPS/MHz，ARM7 处理器和 ARM Cortex-M0 处理器的运算速度约为 0.9DMIPS/MHz，ARM9 处理器的运算速度为 1.1DMIPS/MHz，ARM Cortex-M3 处理器的运算速度为 1.25DMIPS/MHz，而手机中常见的 ARM Cortex-A9 处理器，每核的运算速度可高达 2.5DMIPS/MHz。又如，Samsung 公司推出的基于 ARM7 内核的嵌入式处理器 S3C44B0X，其最高主频为 66MHz，由此可见，S3C44B0X 的最大运算速度为 0.9DMIPS/MHz×66MHz＝59.4DMIPS。

4）指令集

在嵌入式处理器发展的早期，设计师们试图尽可能使指令集先进和复杂，其代价是使计算机硬件更复杂，更昂贵，效率更低。这样的处理器称为复杂指令集计算机（Complex Instruction Set Computer，CISC）。CISC 采用微程序（微指令）控制，一般拥有较多的指令，而且指令具有不同程度的复杂性，指令的长度和格式不固定，执行需要多个机器周期。通常，CISC 中简单的指令可以用一个字节表示，并可以迅速执行；但复杂的指令可能需要用几个字节来表示，并且需要相对长的时间来执行。CISC CPU 指令执行效率差，数据处理速度慢，但程序开发相对方便。常见的 8051 就是这样的 CPU，共有 111 条指令，指令长度有单字节、双字节和三字节 3 种，指令周期有单机器周期、双机器周期和四机器周期等。

随着编译器的改进和高级语言的发展，使得原始 CPU 指令集的能力不再那么重要。于是，另一种 CPU 设计方法——RISC（Reduced Instruction Set Computer，精简指令集计算机）诞生了。它的设计目的是使 CPU 尽可能简单，并且保持一个有限的指令集。相比 CISC，RISC 看起来更像是一个"返璞归真"的方法。一个简单的 RISC CPU 采用硬布线控制逻辑，具有较少的指令，且指令长度和格式固定，大多数指令可以在单机器周期内完成。尽管 RISC CPU 硬件结构简单且可以快速地执行指令，但相对于 CISC CPU，它需要执行更多的指令来完成同样的任务，使得应用程序代码量增加。随着内存密度的不

断提高、价格的不断降低以及使用更加高效的编译器生成机器代码,RISC 的缺点变得越来越少。而且,正是由于它的简单,使得 RISC 设计的功耗很低,这对于经常使用电池供电的嵌入式产品来说都是非常重要的,所以,现在大多数嵌入式处理器都是 RISC CPU,例如,PIC16C7X 就是这样的 CPU,只有 35 条指令,每条指令都是 14 位,绝大多数都是单周期指令。又如,所有 ARM 处理器都是 RISC CPU。由于 RISC CPU 的大多数指令在相同的时间内执行完成,这样使得很多有用的计算机设计功能得以实现,比如流水线技术:当一条指令执行时,下一条指令已经从内存中取出。

5) 流水线

嵌入式处理器中的流水线(pipeline)类似于工业生产上的装配流水线,它将指令处理分解为几个子过程(如取指、译码和执行等),每个子过程分别用不同的独立部件来处理,并让不同指令各个子过程操作重叠,从而使几条指令可并行执行,提高指令运行速度。例如,ARM7 处理器采用三级流水线技术,将把每条指令分为 Fetch(读取指令)、Decode(指令译码)和 Execute(执行指令)3 个阶段依次处理(如图 1-4 所示),使得以上 3 个操作可以在 ARM7 处理器上同时进行,增强了指令流的处理速度,能够提供 0.9DMIPS/MHz 的指令执行速度。类似地,最新的 ARM Cortex-M3 处理器也采用三级流水线技术,能够提供 1.25DMIPS/MHz 的指令执行速度。

周期		1	2	3	4	5	6
指令							
ADD	Fetch	Decode	Execute				
SUB		Fetch	Decode	Execute			
MOV			Fetch	Decode	Execute		
AND				Fetch	Decode	Execute	
ORR					Fetch	Decode	Execute
EOR						Fetch	Decode	Execute
CMP							Fetch	Decode
RSB								Fetch

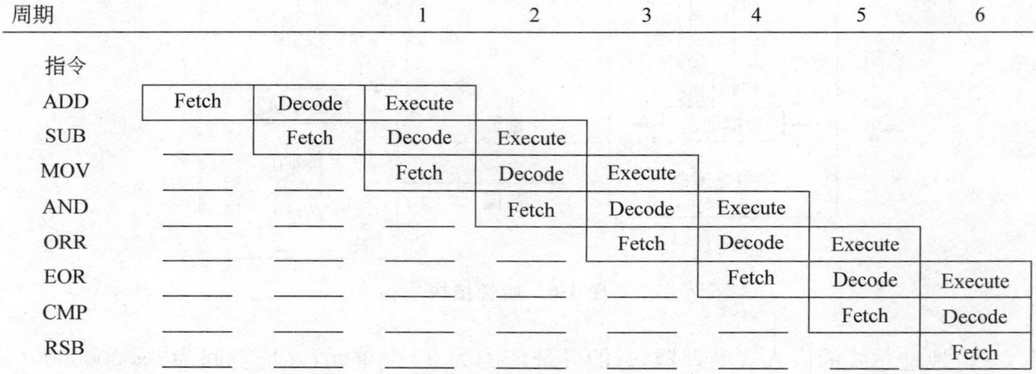

图 1-4　典型的嵌入式微控制器的组成

6) 体系架构

冯·诺依曼结构是一种常见的体系架构,如图 1-5 所示。在这种结构中,指令和数据不加以区分,而是把程序看成一种特殊的数据,都通过数据总线进行传输。因此,指令读取和数据访问不能同时进行,数据吞吐量低,但总线数量相对较少且管理统一。大多数通用计算机的处理器(如 Intel X86)和嵌入式系统中的 ARM7 处理器均采用冯·诺依曼结构。

与冯·诺依曼结构相对的是哈佛结构。在这种结构中,指令与数据分开存储在不同的存储空间(如图 1-6 所示),使得指令读取和数据访问可以并行处理,显著地提高了系统性能,只不过需要较多的总线。大多数嵌入式处理器都采用哈佛结构。

7) 寻址能力

嵌入式处理器的寻址能力由嵌入式处理器的地址总线的位数决定。例如,对于一个具

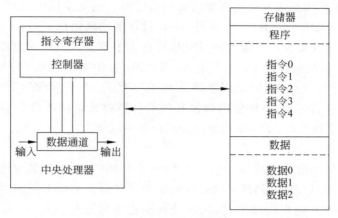

图 1-5　冯·诺依曼结构

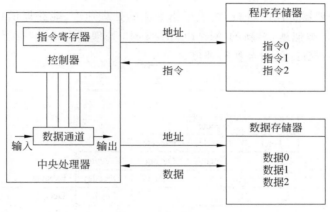

图 1-6　哈佛结构

有 32 位地址总线的嵌入式处理器，它的寻址能力为 2^{32} 个单元，寻址空间为 0x00000000（最低地址）～0xFFFFFFFF（最高地址）。

8）功耗

对于嵌入式处理器，功耗是非常重要的一个技术指标。嵌入式处理器通常有若干个功耗指标，如工作功耗、待机功耗等。许多嵌入式处理器还给出了功耗与主频之间的关系，表示为 mW/Hz 或者 W/Hz 等。例如，ARM7 处理器的功耗为 0.28mW/MHz，ARM Cortex-M3 处理器的功耗为 0.19mW/MHz，而手机中常用的 ARM Cortex-A9 处理器，其每核的功耗为 0.26mW/MHz。

9）工作温度

按工作温度划分，嵌入式处理器通常可分为民用、工业用、军用和航天四个温度级别。一般地，民用温度在 0～70℃之间；工业用温度在 -40～85℃之间，军用温度在 -55～+125℃之间，航天的温度范围更宽。选择嵌入式处理器时，需要根据产品的应用选择对应的嵌入式处理器芯片。

3. 主流的嵌入式处理器

从嵌入式处理器诞生至今,全球嵌入式处理器已经超过 1500 多种,流行的体系结构已有 50 多个系列。与 PC 市场不同,嵌入式市场的专用性决定了没有一种嵌入式处理器可以完全垄断嵌入式市场。不同的嵌入式处理器各有特点,面向不同的应用背景。嵌入式处理器的选择要根据具体的应用决定。

目前,在业界被广泛使用、较有影响的嵌入式处理器有 ARM 公司的 ARM 系列、MIPS 公司的 MIPS 和 IBM 公司的 PowerPC 等。

1) ARM

ARM(Advanced RISC Machine)有多种含义,既可以指 ARM 公司,也可以指由 ARM 公司设计的 32 位 RISC 处理器内核及其体系架构。

ARM 公司成立于 1991 年,是一家专门从事芯片 IP(Intellectual Property,知识产权)设计与授权业务的公司。它只设计内核,不生产具体芯片,而是将内核 IP 授权给世界上许多著名的半导体、软件和 OEM(Original Equipment Manufacture)厂商并提供服务。目前,全球有 200 多家半导体厂商购买 ARM 内核授权生产自己的嵌入式处理器,其中包括 Intel、TI、Motorola、ST、NXP、Samsung、Broadcom、ADI、Atmel、Altera 等国际知名半导体公司和中兴、华为等国内半导体公司。

自从第一个 ARM 内核原型诞生以来,ARM 公司设计的体系结构及其内核不断发展,由于其小体积、低功耗、低成本、高性能以及丰富的开发工具和广泛的第三方支持,目前被公认是业界领先的嵌入式处理器标准。几十年来,每一次 ARM 体系结构的更新,随后就会带来一批新的支持该架构的 ARM 内核。ARM 体系结构与 ARM 内核的对应关系,如图 1-7 和表 1-1 所示。例如,曾经风靡一时的经典 ARM 内核——ARM7TDMI,属于 ARMv4T 体系结构,夏新 M300 手机中的嵌入式处理器——展讯 SC6600,即基于 ARM7TDMI 内核设计的。

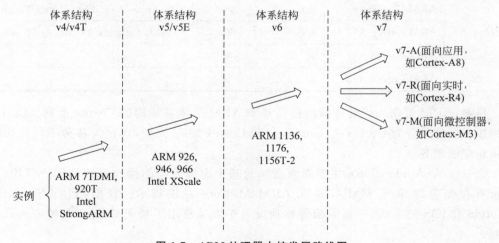

图 1-7 ARM 处理器内核发展路线图

表 1-1　ARM 内核及其体系结构对照表

体系结构	典型内核	Cache(I/D)	MMU	特点和应用
ARMv1	ARM1	无	无	
ARMv2	ARM2	无	无	有乘法指令
ARMv2a	ARM250	无	MEMC1a	
	ARM2a	均为 4KB	无	
ARMv3	ARM610	均为 4KB	无	Apple PDA
ARMv4T	ARM7TDMI	无	无	Apple iPod, Lego NXT, GBA
	ARM720T	均为 8KB	有	3 级流水线
	ARM9TDMI	无	无	5 级流水线
	ARM920T	均为 16KB	有	Garmin Navigation Devices
ARMv4	Strong ARM SA1	均为 16KB	有	HP Jornada PDA
ARMv5[E]	ARM926EJ-S	有	有	Sony Ericsson Mobile Phone
	ARM1020E	均为 32KB	有	6 级流水线
	PXA270	均为 32KB	有	7 级流水线,HTC Phone
ARMv6	ARM1136J-S	有	有	8 级流水线,Nokia N93
ARMv6-M	ARM Cortex-M0	无	无	Apple PDA
	ARM Cortex-M1	无	无	
ARMv7-M	ARM Cortex-M3	有	有 MPU	高速公路 ETC 读卡机
ARMv7-R	ARM Cortex-R5	有	有 MPU	SSD 控制器(Marvell 88NV1120)
ARMv7-A	ARM Cortex-A7	有	有	Galaxy S3(三星 Exynos 4412)
	ARM Cortex-A8	有	有	Apple iPad/iPhone/iPod Touch
	ARM Cortex-A9	有	有	LG Optimus 2X Mobile Phone
	ARM Cortex-A12	有	有	
	ARM Cortex-A15	有	有	

目前,ARM 最新一代处理器内核是基于 ARMv7 体系架构的 Cortex 系列。Cortex 系列按应用背景分为 Cortex-A、Cortex-R 和 Cortex-M 三大类,旨在为各种不同的市场提供相应的服务。

Cortex-A(Application),主要面向高端的基于虚拟内存的操作系统和用户应用,一般带有存储管理单元 MMU,兼容 ARM MPCore 多核技术。目前,运行 Symbian、Android 和 iOS 的手机、平板电脑等移动设备中大量使用了基于 Cortex-A 的嵌入式处理器。

Cortex-R(Real time),主要面向实时领域的嵌入式产品,例如汽车电子设备、机械手臂等需要高可靠性和对事件快速响应的应用场合。

Cortex-M（Microcontroller），主要面向低端控制领域，尤其是低功耗低成本高性价比的应用，正在向传统的 8/16 位单片机的应用领域扩展。本书主要讲述的是目前被广泛使用的基于 Cortex-M3 内核的 STM32F103 微控制器。

根据 ARM 公司 2013 年度的最新统计显示，传统基于 ARM7/9/11 内核的处理器其市场份额出现了明显的下滑，而最新基于 ARMv7 架构的 Cortex 系列处理器成功布局嵌入式移动计算领域并得到快速发展。其中，定位低端的 Cortex-M 系列处理器和定位高端的 Cortex-A 系列处理器正成为 ARM 处理器应用的主流。随着物联网产业的兴起和逐渐成熟，对低功耗微控制器的需求必然会更进一步地推动 Cortex-M 系列处理器的快速应用，而高性能智能手机、平板电脑及更多智能终端设备的快速普及则使得 Cortex-A 系列处理器获得了迅猛发展的机会。

2）MIPS

MIPS（Microprocessor without Interlocked Piped Stages，无内部互锁流水级的微处理器）是 32 位（MIPS32）和 64 位（MIPS64）的高性能处理器内核系列，它采用精简指令集（RISC），包含大量的寄存器、指令数和字符、可视的管道延时时隙，应用覆盖电子产品、网络设备、个人娱乐等各个领域，尤其在高速大数据吞吐量的嵌入式产品领域，具有较大的影响力。例如，MIPS 处理器占据机顶盒的主要市场。目前，基于 MIPS 内核的嵌入式处理器芯片主要有 24K、24KE、34K 和 74K 等系列。

3）PowerPC

PowerPC 是含有 32 位子集的 64 位高性能处理器内核系列，它采用精简指令集（RISC），具有优异的性能、良好的开放性和兼容性，较低的能量损耗以及较低的散热量，尤其适合网络通信、办公自动化、视频游戏、多媒体娱乐和消费类电子设备中。例如，与 SONY PS2 同时代的任天堂电视游戏机 Nintendo Game Cube 中就使用了 PowerPC 嵌入式处理器。目前，基于 PowerPC 内核的嵌入式处理器芯片主要有 MPC505、821、850、860、8240、8245、8260、8560 等近几十种产品，其中 MPC860 是 Power QUICC 系列的典型产品，MPC8260 是 Power QUICC II 系列的典型产品，MPC8560 是 Power QUICC III 系列的典型产品。

1.2.2 嵌入式存储器

嵌入式存储器作为嵌入式系统硬件的基本组成部分，用来存放运行在嵌入式系统上的程序和数据。与常见的、出现在通用计算机中的模块化和标准化的存储器不同，嵌入式存储器通常针对应用需求进行特殊定制或自主设计。

1. 嵌入式存储器的层次结构

嵌入式存储器的层次结构，由内到外，可以分片内存储器、片外存储器和外部存储器三个层次，如图 1-8 所示。片内存储器和片外存储器一般固定安装在嵌入式系统中，而外部存储器通常位于嵌入式系统的外部。

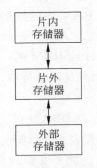

图 1-8 嵌入式存储器的层次结构图

1）片内存储器

片内存储器集成在嵌入式处理器芯片内部。这里的"片"指的是嵌入式处理器芯片。例如,当前常用的嵌入式微控制器 STM32F103RCT6 芯片内部就集成了片内存储器,包含 48KB 的 RAM 和 256KB 的 ROM。

2）片外存储器

片外存储器位于嵌入式处理器芯片的外部,和嵌入式处理器芯片一起安装在电路板上,通常在嵌入式处理器没有片内存储器或片内存储器容量不够时扩展使用。常见的嵌入式扩展 RAM 芯片有 6116(2K×8 位)、6264(8K×8 位)和 62256(32K×8 位)等。

3）外部存储器

外部存储器通常做成可插拔的形式,需要时才插入嵌入式系统中使用,可以掉电存放大量数据,一般用于扩展内置存储器的容量或脱机保存信息。嵌入式系统常见的外部存储器有 U 盘、各类存储卡(CF 卡、SD 卡和 MMC 卡)等外部存储介质。

2. 嵌入式存储器的主要类型

嵌入式存储器按存储能力和电源的关系划分,可以分为易失性存储器和非易失性存储器。其与嵌入式存储器的层次之间的关系如表 1-2 所示。

表 1-2 嵌入式存储器的层次和类型之间的关系

类 型	层 次	典 型 代 表
易失性存储器	片内存储器	SRAM
	片外存储器	DRAM(SDRAM)
非易失性存储器	片内存储器	Flash
	片外存储器	Flash、EEPROM、FRAM
	外部存储器	Flash

1）易失性存储器

易失性存储器(volatile memory)指的是当电源供应中断后,存储器所存储的数据便会消失的存储器。其主要类型是随机存取存储器(Random Access Memory,RAM)。存储在 RAM 中的数据既可读又可写。RAM 又可以分为静态 RAM(Static RAM,SRAM)和动态 RAM(Dynamic RAM,DRAM)。

（1）SRAM 的一个存储单元大约需要 6 个晶体管,SRAM 中的数据只有断电才会丢失,而且访问速度快,但单位体积容量低,生产成本较高,它的一个典型应用是高速缓存(Cache)。

（2）DRAM 的一个存储单元大约需要一个晶体管和一个电容,存储在 DRAM 中的数据需要 DRAM 控制器周期性刷新才能保持,而且访问速度低,但由于其较高的单位容量密度和较低的单位容量价格,尤其是工作频率与处理器总线频率同步的 SDRAM(Synchronous DRAM,同步动态随机存储器),被大量采用作为嵌入式系统的主存。

2) 非易失性存储器

非易失性存储器(non-volatile memory)是指即使电源供应中断,存储器所存储的数据也并不会消失,重新供电后,就能够读取内存数据的存储器。其主要是只读存储器(Read Only Memory, ROM)。ROM 家族按发展顺序分为掩膜 ROM(Mask ROM, MROM)、可编程 ROM(Programmable ROM, PROM)、可擦可编程 ROM(Erasable PROM, EPROM)、可电擦可编程 ROM(Electrically EPROM, EEPROM)、闪存(Flash Memory)和铁电存储器(FRAM, FeRAM)。

(1) MROM 基于掩膜工艺技术,出厂时已决定信息 0 和 1,因此一旦生产完成,信息是不可改变的。MROM 在嵌入式系统中主要用于不可升级的成熟产品存储程序或不变的参数信息。

(2) PROM 可以通过外接一定的电压和电流来控制内部存储单元上节点熔丝的通断以决定信息 0 和 1。PROM 只能一次编程,一经烧入便无法再更改。

(3) EPROM 利用紫外线照射擦除数据,可以多次编程,但编程速度慢,擦除和编程时间长,且次数有限,通常在几十万次以内。

(4) EEPROM 利用高电平按字节擦写数据,无需紫外线照射,可以多次编程,但编程时间较长,且次数较低,通常在一百万次以内。

(5) Flash Memory 又称闪存或快闪存储器,是在 EEPROM 基础上改进发展而来的,可以多次编程,编程速度快,但必须按固定的区块(区块的大小不定,不同厂家的产品有不同的规格)擦写,不能按字节改写数据,这也是 Flash Memory 不能取代 RAM 的原因。但 Flash Memory 由于其高密度、低价格、寿命长及电气可编程等特性,是目前嵌入式系统中使用最多的非易失性存储器。嵌入式系统中使用的 Flash Memory 主要分为两种类型:NOR Flash 和 NAND Flash。NOR Flash 更类似于内存,有独立的地址线和数据线,适合频繁随机读写的场合,但价格比较贵,容量比较小,占据了大部分容量为 1～16MB 的闪存市场。在嵌入式系统中,NOR Flash 主要用来存储代码,尤其是用来存储嵌入式系统的启动代码并直接在 NOR Flash 中运行。嵌入式系统中常用的 NOR Flash 芯片有 SST(Silicon Storage Technology)公司的 SST39VF160(1M×16b)。而 NAND Flash 更像硬盘,与硬盘所有信息都通过一条硬盘线传送一样,NAND Flash 的地址线和数据线是共用的 I/O 线,但成本要低一些,而容量大得多,较多地出现在容量 8MB 以上的产品中。在嵌入式系统中,NAND Flash 主要存储数据,典型的应用案例就是 U 盘。常用的 NAND Flash 芯片有 Samsung 公司的 K9F1208UOB(64M×8b)。

(6) FRAM 是一种采用铁电效应作为电荷存储机制的非易失性存储器,其核心技术是铁电晶体材料。这一特殊材料使得 FRAM 同时拥有随机存储器和非易失性存储器的特性,读写速度快,读写次数几近无限(可达百亿次),功耗低,非常适用于非易失性且需要频繁快速存储数据的嵌入式应用场合。

综上所述,嵌入式存储器系统对整个嵌入式系统的操作和性能有着不可忽视的作用。因此,嵌入式存储器的选择、定制和设计是嵌入式开发中非常重要的决策。嵌入式的应用需求将决定嵌入式存储器的类型(易失性或非易失性)以及使用目的(存储代码、数据或者两者兼有)。在为嵌入式系统选择、定制或设计存储器系统时,需要考虑以下设

计参数：微控制器的选择、电压范围、电池寿命、读写速度、存储器尺寸、存储器的特性、擦除/写入的耐久性以及系统总成本。例如，对于较小的系统，嵌入式微控制器自带的片内存储器就有可能满足系统要求；而对于较大的系统，可能需要增加片外或外部存储器。

1.2.3　嵌入式 I/O 设备

嵌入式系统和外部世界进行信息交互需要多种多样的外部设备，这些外部设备被称为嵌入式 I/O 设备。它们要么向嵌入式系统输入来自外部世界的信息（嵌入式输入设备），要么接收嵌入式系统的信息输出到外部世界（嵌入式输出设备）。

嵌入式 I/O 设备种类繁多，根据其服务对象可分为以下两大类。

1. 用于人机交互的设备

与常见的通用计算机中的人机交互设备（如 101 键盘、鼠标、显示器、音箱等）不同，嵌入式系统的人机交互设备受制于系统的成本和体积，显得更小、更轻。常见的嵌入式人机交互设备有发光二极管（Light Emitting Diode，LED）、按键（button 或 key）、4×4 矩阵键盘（keypad）、拨盘（driving plate）、摇杆（joystick）、蜂鸣器（buzzer）、七段数码管（seven segment LED）、触摸屏（touch Panel）和 3.2 英寸液晶显示器（Liquid Crystal Display，LCD）等。

2. 用于机机交互的设备

机机交互的设备包括传感器和各种伺服执行机构。

1）传感器

传感器（sensor）是人类感觉器官的延续和扩展，是生活中常用的一种检测装置。它将被测量的信息（如温度、湿度、重力等）按一定规律转换为电信号输出。嵌入式系统常用的传感器有压力传感器、温度和湿度传感器、光敏传感器、距离传感器、红外传感器和运动传感器等。

2）伺服执行机构

伺服执行机构（actuator）通常用来控制某个机械的运动或操作某个装置。在嵌入式系统中，常见的伺服执行机构包括继电器（relay）和各种电机（motor）等。

1.2.4　嵌入式 I/O 接口

由于嵌入式 I/O 设备的多样性、复杂性和速度差异性，因此一般不能将嵌入式 I/O 设备与嵌入式处理器直接相连，需要借助嵌入式 I/O 接口。嵌入式 I/O 接口通过和嵌入式 I/O 设备连接来实现嵌入式系统的输入输出功能，是嵌入式系统硬件不可或缺的一部分。

1. 嵌入式 I/O 接口的功能

作为嵌入式处理器和嵌入式 I/O 设备的桥梁，嵌入式 I/O 接口连接和控制嵌入式 I/O 设备，负责完成嵌入式处理器和嵌入式 I/O 设备之间的信号转换、数据传送和速度

匹配。

2. 嵌入式 I/O 接口的分类

根据不同的标准,可以对嵌入式 I/O 接口进行不同的分类。

1) 按数据传输方式划分

嵌入式 I/O 接口按数据传输方式可以分为串行 I/O 接口和并行 I/O 接口。

2) 按数据传输速率划分

嵌入式 I/O 接口按数据传输速率可以分为高速 I/O 接口和低速 I/O 接口。

3) 按是否需要物理连接划分

嵌入式 I/O 接口按是否需要物理连接可以分为有线 I/O 接口和无线 I/O 接口。嵌入式系统中,常用的有线 I/O 接口有以太网接口(Ethernet),常用的无线 I/O 接口有红外接口(IrDA,Infrared Data Association)、蓝牙(Bluetooth)接口、WiFi 接口、ZigBee 接口、RF(Radio Frequency)接口、GSM/GPRS(Global System for Mobile Communications/General Packet Radio Service)接口和 CDMA(Code Division Multiple Access)接口等。

4) 按是否能连接音视频设备划分

嵌入式 I/O 接口按是否能连接音视频设备可以分为音视频和非音视频接口。嵌入式系统中,常用的音视频接口有 IIS(Inter IC Sound)、VGA(Video Graphic Array)、DVI(Digital Video Interface)和 HDMI(High Definition Multimedia Interface)等。

5) 按是否能连接多个设备划分

嵌入式 I/O 接口按是否能连接多个设备可以分为总线式(可串接多个设备)和独占式(只能连接一个设备)。嵌入式系统中,常用的总线式接口有 1-Wire、UART(Universal Asynchronous Receiver and Transmitter)、SPI(Serial Peripheral Interface)、I2C(Inter Integrated Circuit)、USB(Universal Serial Bus)、CAN(Control Area Network)和 LIN(Local Interconnect Network,汽车用总线)等。

6) 按是否集成在嵌入式处理器内部划分

嵌入式 I/O 接口按是否集成在嵌入式处理器内部可以分为片内 I/O 接口和片外 I/O 接口。当前,随着电子集成和封装技术的提高,内置丰富 I/O 接口的嵌入式处理器成为嵌入式系统的发展趋势,这也是嵌入式处理器和通用处理器的重要区别之一。因此,用户在设计和选择嵌入式 I/O 接口时应尽量选择将其集成在内(片内 I/O 接口)的嵌入式处理器,从而尽可能地不去增加外围电路(片外 I/O 接口)。

3. 嵌入式 I/O 接口的组成

嵌入式 I/O 接口由寄存器、I/O 控制逻辑部件和外设接口逻辑 3 部分组成,如图 1-9 所示。

其中,寄存器是嵌入式 I/O 接口的核心,根据存放信息类型的不同,分为数据寄存器、控制寄存器和状态寄存器。

1) 数据寄存器

数据寄存器用来存放需要传输的数据。

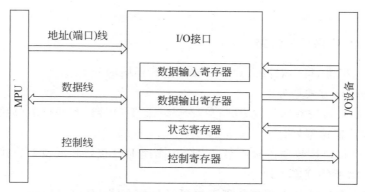

图 1-9　嵌入式 I/O 接口的组成

2）控制寄存器

控制寄存器用来存放嵌入式处理器向嵌入式 I/O 设备发送的控制命令，如启动设备、数据格式设置、读写控制、中断使能和屏蔽命令等。I/O 控制逻辑部件根据这些控制命令完成必要的操作。

3）状态寄存器

状态寄存器用来存储嵌入式 I/O 设备当前工作状态的信息，如 READY 信号（输入设备是否准备好）、BUSY 信号（输出设备是否忙）等。

4. 嵌入式 I/O 端口及其编址方式

嵌入式 I/O 接口中，并非所有的寄存器都能被嵌入式处理器直接访问，能够被嵌入式处理器直接访问的寄存器称为 I/O 端口，图 1-9 中的数据输入寄存器、数据输出寄存器、控制寄存器和状态寄存器都是 I/O 端口。

在存储器中，为了区分不同的存储单元，每个存储单元都被分配了唯一的地址——存储地址。类似地，为了唯一地标识每个 I/O 端口，它们也被赋予一个唯一的地址——端口地址。由此可见，I/O 端口与它的地址之间具有一一对应的关系。但是，I/O 端口地址与 I/O 接口的寄存器之间并不一定存在一一对应的关系，一个 I/O 端口地址可能对应多个寄存器。为这些寄存器指定端口地址的方法被称为 I/O 接口的编址方式。一般来说，I/O 接口的编址方式有统一编址和独立编址两种。

1）统一编址

统一编址是指在存储器空间中划出一部分空间留给 I/O 端口，因而也被称为存储器映像方式，如图 1-10 所示。其特点是编址简单，可用于访问 I/O 端口地址空间的指令类型多，但会占用一定的存储空间。在嵌入式系统中，基于 ARM 和 8051 内核的嵌入式处理器都采用这种编址方式。

2）独立编址

独立编址是指 I/O 端口地址空间与存储器地址空间完全不重叠，如图 1-11 所示。其特点是不占用存储器空间，有专门的访问 I/O 端口的指令，指令类型少，只能进行简单操作。在嵌入式系统中，基于 Intel 的嵌入式处理器即采用这种编址方式。

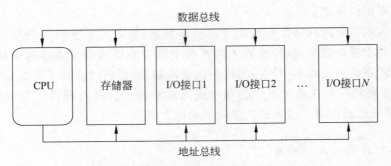

图 1-10　I/O 接口的编址方式——统一编址

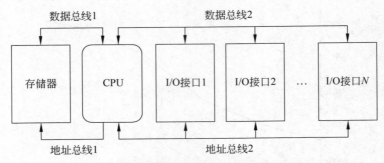

图 1-11　I/O 接口的编址方式——独立编址

5. 嵌入式 I/O 端口编程

嵌入式系统中,对嵌入式 I/O 设备的各种操作是通过使用 C 语言或者汇编语言对嵌入式 I/O 端口进行编程来实现的,其实质是读写嵌入式 I/O 接口中的寄存器。例如,已知某个外设 IO0 的输入数据寄存器对应的 I/O 端口地址为 E0028000(十六进制),通过以下读/写 I/O 端口的 C 语句可以实现对这个外设当前输入信息的读取,并保存到变量 IOData 中。

```
#define IO0PIN ( * (volatile unsigned int * ) 0xE0028000)
unsigned int IOData;
IOData=IO0PIN;
```

综上所述,虽然嵌入式 I/O 接口的种类很多,但嵌入式 I/O 接口编程的方法是类似的。例如,异步串行通信接口 UART 编程都遵循相应的国际标准,不同的半导体厂商在它们各自微控制器上提供的 UART 接口仅在编程细节上有所差异。

1.3　嵌入式系统的软件

嵌入式系统的软件一般固化于嵌入式存储器中,是嵌入式系统的控制核心,控制着嵌入式系统的运行,实现嵌入式系统的功能。由此可见,嵌入式软件在很大程度上决定

整个嵌入式系统的价值。

随着嵌入式系统向网络化和智能化进一步发展,嵌入式系统对复杂度、可靠性和用户友好性的要求越来越高,软件在嵌入式系统中的重要性得到了业界越来越多的认同,软件在嵌入式系统开发成本中所占的比例也越来越大,目前已占据了开发成本的绝大部分,如图 1-12 所示。现在通常一个公司中嵌入式软件工程师与硬件工程师的比例约为 7∶3,软件开发已经占据了嵌入式产品成本的绝大部分。

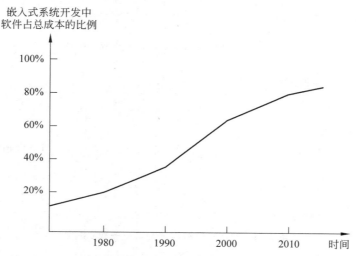

图 1-12　软件在嵌入式系统开发成本中所占的比例日益提升

从软件结构上划分,嵌入式软件分为无操作系统和带操作系统两种。

1.3.1　无操作系统的嵌入式软件

对于通用计算机,操作系统是整个软件的核心,不可或缺;然而,对于嵌入式系统,由于其专用性,在某些情况下无需操作系统。尤其在嵌入式系统发展的初期,由于较低的硬件配置、单一的功能需求以及有限的应用领域(主要集中在工业控制和国防军事领域),嵌入式软件的规模通常较小,没有专门的操作系统。

在组成结构上,无操作系统的嵌入式软件仅仅由引导程序和应用程序两部分组成,如图 1-13 所示。引导程序一般由汇编语言编写,在嵌入式系统上电后运行,完成自检、存储映射、时钟系统和外设接口配置等一系列硬件初始化操作。应用程序一般由 C 语言编写,直接架构在硬件之上,在引导程序之后运行,负责实现嵌入式系统的主要功能。

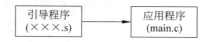

图 1-13　无操作系统的嵌入式软件构成

在具体实现上,无操作系统的嵌入式软件主要有两种方式:循环轮询系统(polling loop)和前后台系统(foreground/background)。

1. 循环轮询系统

循环轮询系统是最简单的嵌入式软件结构，由一个初始化函数和一个无限循环构成，如下所示：

```
Initialize();
while(1){
    if (condition_1)
        action_1();
    if (condition_2)
        action_2();
    ⋮
    if (condition_N)
        action_N();
}
```

对于基于循环轮询方式的嵌入式系统，它完成初始化操作后，跳入一个无限循环。在该无限循环中，嵌入式系统周而复始地依次检查系统的每个输入条件，一旦满足某个条件就进行相应的处理。

循环轮询系统结构简单，易于理解和编程，但遇到紧急事件无法及时响应，只能等待下一轮循环来处理，适用于规模较小的简单嵌入式系统。

2. 前后台系统

针对循环轮询系统的缺陷，在循环轮询系统的基础上增加中断功能形成了前后台系统。所以，前后台系统又被称为中断驱动（interrupt driven）系统，它由一个后台程序和多个前台程序构成。顾名思义，在前后台系统中，后台是一个循环轮询系统，它不断依次检测条件是否满足并做出相应的处理；而前台由是一些中断服务程序（Interrupt Service Routine，ISR）组成的，它们负责处理需要快速响应的异步事件。前后台系统架构如图 1-14 所示。

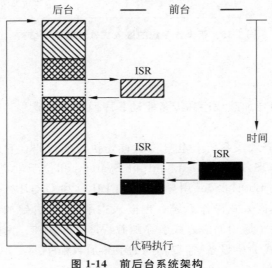

图 1-14　前后台系统架构

基于前后台方式的嵌入式系统一般运行的是后台程序(也被称为任务级程序,主程序),当有某个前台事件(通常是外部事件)发生时,产生某个中断,打断后台程序的运行,转入某个前台程序(即中断级程序)处理,前台处理完成后又返回后台程序,从刚才被打断的地方继续执行下去。

特别地,为了提高系统的性能,大多数前台程序只完成一些基本操作,如把来自 I/O 设备的数据放到内存缓冲区,标记中断的发生和向后台发信号等;而其他的操作由后台来完成,如对来自 I/O 设备的数据的运算、存储和显示等。

相比循环轮询系统,前后台系统可以并发处理不同的异步事件,且几乎不需要增加额外的 RAM/ROM 开销,但对于复杂系统,其实时性和可靠性无法保证,不适于复杂的嵌入式系统。

1.3.2 带操作系统的嵌入式软件

随着嵌入式应用在各个领域的普及和深入,嵌入式系统向多样化、智能化和网络化发展,其对功能、实时性、可靠性和可移植性等方面的要求越来越高,嵌入式软件日趋复杂,越来越多地采用嵌入式操作系统＋应用软件的模式。相比无操作系统的嵌入式软件,带操作系统的嵌入式软件规模较大,其应用软件架构于嵌入式操作系统上,而非直接面对嵌入式硬件,可靠性高,开发周期短,易于移植和扩展,适用于功能复杂的嵌入式系统。

带操作系统的嵌入式软件的体系结构如图 1-15 所示,自下而上包括设备驱动层、操作系统层和应用软件层等。

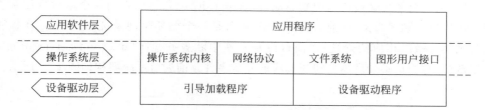

图 1-15　带操作系统的嵌入式软件的体系结构

1. 设备驱动层

设备驱动层,由引导加载程序和设备驱动程序两部分组成。

1) 引导加载程序

引导加载程序是嵌入式系统上电复位后首先执行的代码。它的功能类似于通用计算机位于 ROM 的 BIOS(Basic Input/Output System)和位于硬盘主引导记录(Master Boot Record,MBR)的 BootLoader 引导程序(如 LILO 和 GRUB),完成硬件自检和初始化配置后,加载和启动嵌入式操作系统。在嵌入式系统中,引导加载程序高度依赖于具体的硬件平台,编写一个通用的嵌入式引导加载程序比较困难。对于不同的嵌入式处理器的体系架构和嵌入式 I/O 设备,需要不同的引导加载程序。

2）设备驱动程序

设备驱动程序是一组设备相关的库函数，用来对硬件进行初始化和管理，为上层软件提供透明的设备操作接口，包括基本功能函数（硬件初始化、硬件配置、中断响应、数据输入输出）和错误处理函数。

2. 操作系统层

操作系统层由嵌入式操作系统内核、嵌入式网络协议、嵌入式文件系统和嵌入式图形用户接口等部分构成。由上述部分构成的嵌入式操作系统运行于嵌入式系统中，具有可裁剪性、可移植性和资源有限性等特点。其中，内核是嵌入式操作系统的核心和基础，其他部分可以根据嵌入式实际应用的需要定制和裁剪。

1）嵌入式操作系统内核

内核负责完成任务调度、管理和通信，存储管理以及时间管理等嵌入式操作系统的基本功能。它是嵌入式操作系统的核心，嵌入式操作系统一般也以其内核名称来命名。

目前，市场上常用的嵌入式操作系统内核有 μC/OS-II、TinyOS、Vxworks、嵌入式 Linux、Android 和 iOS 等。

（1）μC/OS-II 是一个由美国人 Jean Labrosse 开发的抢占式多任务的嵌入式实时内核，它包含任务调度、任务管理、时间管理、内存管理以及任务间的通信和同步等基本功能，具有免费开源、稳定可靠、实时性能优良、可移植性和可扩展性强等特点。尽管 μC/OS-II 没有提供文件系统、网络协议和 GUI 的支持，但 μC/OS-II 内核具有良好的扩展性，这些内容可以方便地加入到 μC/OS-II 中。μC/OS-II 绝大部分代码由 ANSI C 编写，结构小巧，最小内核编译后仅有 2KB，如果包含全部功能，编译后的内核也仅有 6～10KB，非常适合中小型嵌入式系统。μC/OS-II 于 2000 年通过美国航空管理局认证，具有足够的稳定性和可靠性，目前已运行在超过 40 种不同架构上的嵌入式处理器上，应用覆盖医疗设备、音响设备、自动取款机、发动机控制、高速公路电话系统和飞行器等领域。

（2）TinyOS 是由美国加州大学伯克利分校开发的开放源代码的嵌入式操作系统。它属于深度轻量级的操作系统，具有轻线程、主动消息、事件驱动和组件化编程等技术特点，主要用于无线传感器网络中。

（3）Vxworks 是美国风河公司（Wind River）开发的大型商用嵌入式实时操作系统。它基于微内核结构，由 400 多个相对独立、短小精炼的目标模块构成，用户可根据需要选择适当模块来裁剪和配置系统。Vxworks 以卓越的实时性和良好的可靠性而被广泛地应用在通信、军事、航空航天等领域，如美国 F-16 战斗机、B-2 隐形轰炸机、爱国者导弹和火星探测器上都使用 Vxworks。

（4）嵌入式 Linux 是 Linux 移植到嵌入式硬件平台上的版本。Linux 虽然本身不是一个为嵌入式设计的操作系统且实时性不强，但由于其免费、开源和广泛的软件支持度，而被成功地应用于嵌入式领域。目前应用在嵌入式领域的 Linux 系统主要有两类：一类是专为嵌入式设计的已被裁剪过的 Linux 系统，最常用的是运行在不带 MMU（Memory Management Unit）的嵌入式处理器上的 μClinux（micro Control linux）；另一类是将完整的 Linux 内核移植在微控制器上，可使用更多的 Linux 功能。嵌入式 Linux 凭借其得天

独厚的优势和广泛的应用领域,目前已成为很多嵌入式产品的首选,其市场份额遥遥领先于其他嵌入式操作系统,在嵌入式操作系统中占据着举足轻重的地位,而嵌入式 Linux 驱动开发和内核研究也成为嵌入式系统的热点。

(5) Android 是由 Google 公司开发的基于 Linux 的自由及开源的操作系统,主要用于移动设备,如智能手机和平板电脑。Android 具有良好的开放性、丰富的硬件选择,可以和 Google 应用无缝结合等特点。通常 Android 开发者在开发工具 Eclipse 下通过 Android SDK 使用 Java 编程语言来开发 Android 应用程序,但 Google 公司不对基于 Android 的第三方应用软件进行严格审核和控制,从而促使基于 Android 的第三方应用软件迅速发展,使得 Android 成为目前世界上最流行的移动设备开发平台之一。据统计,2013 年第四季度,Android 平台手机的全球市场份额已经达到 78.1%。可以预见,作为运行于移动设备上的新兴嵌入式操作系统,Android 具有巨大的市场潜力和应用前景。

(6) iOS 是由 Apple 公司开发的闭源操作系统。iOS 最初是设计给 iPhone 使用的,后来陆续应用到 iPod touch、iPad 以及 Apple TV 等移动产品上。iOS 与苹果的 Mac OS X 操作系统一样,以基于微内核的 Darwin 为基础,属于类 UNIX 的商业操作系统。iOS 具有简单易用的界面、令人惊叹的功能以及超强的稳定性,令其成为 iPhone、iPad 和 iPod touch 等苹果系列产品的强大基础。通常 iOS 开发者在开发工具 Xcode 下通过 Cocoa 类库使用 Objective-C 语言开发 IOS 应用程序,而苹果公司对基于 IOS 的第三方应用软件有严格的审核机制。

2) 嵌入式网络协议

随着嵌入式系统步入网络时代,越来越多的嵌入式系统内部集成了网络通信控制器硬件和协议栈软件。目前,常用的嵌入式网络协议栈有 TCP/IP 协议栈、蓝牙协议栈、红外协议栈和 ZigBee 协议栈等。

3) 嵌入式文件系统

嵌入式文件系统是应用在嵌入式系统中的文件系统,为嵌入式系统的设计目的服务,有的甚至可以不依赖于嵌入式操作系统而独立运行。目前,嵌入式文件系统有很多种,常用的有 μC/FS、FATFS、EFSL、EXT3、JFFS、YAFFS、ROMFS 和 CRAMFS 等。

4) 嵌入式图形用户接口

随着手机、PDA 等移动设备的普及,越来越多的嵌入式系统需要图形用户接口。应用软件通过嵌入式 GUI 的功能调用来开发用户交互界面。目前,常用的嵌入式 GUI 有 μC/GUI、MiniGUI、Qt/Embedded 和 MicroWindows 等。

3. 应用软件层

应用软件层主要由基于操作系统层的多个相对独立的任务组成。每个任务完成特定的工作,如 I/O 任务、计算任务和通信任务等,由嵌入式操作系统内核调度各个任务的运行。有操作系统的嵌入式软件开发,很大部分的工作是应用软件层的任务划分、任务设计(包括任务优先级配置和任务函数设计等)以及任务间同步和通信。

1.4 嵌入式系统的分类

嵌入式系统已渗透到生产和生活的各个角落,其数量大,形态、规格和功能也各不相同。科学地对嵌入式系统进行分类,有助于快速、有效、简明地描述一个具体嵌入式产品的属性和特征。嵌入式系统可按照硬件、软件、实时性和使用对象等标准进行分类。

1.4.1 按硬件(嵌入式处理器)划分

根据嵌入式处理器的字长,可分为 4 位、8 位、16 位、32 位和 64 位嵌入式系统等。目前,8 位和 16 位嵌入式系统已经大量成熟应用于社会的各个行业和领域中,32 位嵌入式系统正成为各行业嵌入式应用的发展趋势,64 位嵌入式系统也逐渐开始出现在一些高复杂度和高速的应用中。

从通用计算机的发展过程看,高位处理器总是取代低位处理器;而嵌入式系统不一样,不同的应用对嵌入式处理器的要求也不同,因此,不同字长、不同性能的嵌入式处理器有着各自的用武之地。

1.4.2 按软件复杂度划分

根据软件复杂度,嵌入式系统可以分为无操作系统控制、小型操作系统控制和大型操作系统控制三大类。

1. 无操作系统控制的嵌入式系统

无操作系统控制的嵌入式系统,其软件部分规模较小,不含操作系统,通常是无限循环或前后台程序,无需额外存储开销、CPU 负荷以及价格成本,一般适用于结构简单、功能单一的嵌入式应用,如计算器、洗衣机、微波炉和电子玩具等。

2. 小型操作系统控制的嵌入式系统

小型操作系统控制的嵌入式系统,其软件部分由一个小型嵌入式操作系统内核(如 uC/OS、TinyOS 等)和一个小规模应用程序组成。小型嵌入式操作系统内核的源代码一般不超过一万行,操作系统的功能模块通常不够齐全(如不带文件系统、网络协议,没有图形用户界面等),无法为应用程序开发提供一个完备的编程接口,适用于人机接口简单、功能不太复杂的嵌入式应用,如基于 uC/OS-II 的 POS 机、UPS(Uninterruptible Power Supply)等。

3. 大型操作系统控制的嵌入式系统

大型操作系统控制的嵌入式系统,其软件部分的核心是一个功能齐全的嵌入式操作系统(如 Vxworks、Android 等),包含文件系统、网络协议、封装良好的 API(Application Programming Interface,应用程序接口)和 GUI(Graphical User Interface,图形用户接口),可靠性强,可运行多个数据处理功能较强的应用程序,适用于具有良好人机交互、多媒体和联

网等需求、功能复杂的嵌入式应用,如基于 Android 的机顶盒、智能电视和智能手机等。

1.4.3 按实时性划分

根据实时性要求,嵌入式系统可以分为非实时嵌入式系统、软实时嵌入式系统和硬实时嵌入式系统。

1. 非实时嵌入式系统

非实时嵌入式系统是不具备实时性要求的嵌入式系统,例如温湿度计等。

2. 硬实时嵌入式系统

硬实时嵌入式系统是指必须确保外部事件在截止期限内得到响应和处理,否则会导致致命错误的嵌入式系统,例如导弹控制系统、雷达导航系统等,通常用于航空航天、军事工业领域。

3. 软实时嵌入式系统

软实时嵌入式系统介于非实时嵌入式系统和硬实时嵌入式系统之间,指外部事件在截止期限到达时偶尔未得到及时处理并不会带来致命错误的嵌入式系统,例如机顶盒、DVD 播放器等,通常用于消费电子类产品中。在这类系统中,从统计的角度,大多数外部事件能够在截止期限前得到处理,但并非所有时刻都能满足。

1.4.4 按使用对象划分

按使用对象划分,嵌入式系统可以分为军用、工业用和民用三类。其中,军用和工业用嵌入式系统对运行环境要求比较苛刻,通常要求耐湿、耐低温/高温、抗电磁干扰、耐腐蚀等。而民用嵌入式系统往往要求易使用、易维护和高性价比等。

1.5 嵌入式系统的应用

近年来,随着嵌入式技术的不断发展,越来越多的嵌入式产品进入到人们的日常生活,其应用领域主要包括国防军事、工业控制、消费电子、办公自动化产品、网络和通信设备、汽车电子、金融商业、生物医学和信息家电等领域,如图 1-16 所示。

1.5.1 国防军事

国防军事是嵌入式系统最早的应用领域。无论在火炮、导弹等武器控制装置,坦克、舰艇、战机等军用电子装备,还是在月球车、火星车等科学探测设备中,都有着嵌入式系统的身影。例如,图 1-17 是美国国家航空航天局研发的火星科学探测器"火星探路者",这个价值 10 亿美元的技术高密集移动机器人采用美国风河公司 Vxworks 嵌入式操作系统,可以在不与地球联系的情况下自主工作。

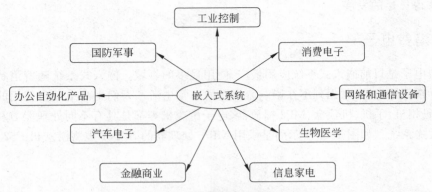

图 1-16　嵌入式系统的主要应用领域

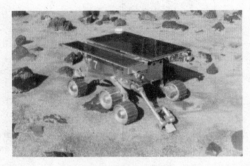

图 1-17　嵌入式系统在国防军事领域的典型应用——"火星探路者"

1.5.2　工业控制

　　工业控制是嵌入式系统传统的应用领域。目前,基于嵌入式芯片的工业自动化设备获得了长足的发展,已经有大量的 8 位、16 位、32 位微控制器应用在工业过程控制、数字机床、电力系统、电网安全、电网设备监测、石油化工等工控系统,图 1-18 是基于 PC104 的嵌入式工控主板。就传统的工业控制产品而言,低端型采用的往往是 8 位单片机。但是随着技术的发展,32 位、64 位的微控制器逐渐成为工业控制设备的核心,在未来几年

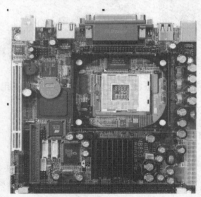

图 1-18　嵌入式系统在工业控制领域的典型应用——基于 PC104 的嵌入式工控机主板

内必将获得长足的发展。

1.5.3　消费电子

消费电子是目前嵌入式系统应用最广、使用最多的领域。嵌入式系统随着消费电子产品进入寻常百姓家,无时无刻不在影响着人们的日常生活。人们生活中经常使用的如电动玩具、数码相机、手机、机顶盒、MP3 播放器、电子游戏机等都是具有不同处理能力和存储需求的嵌入式系统。如图 1-19 所示的是采用 MIPS 处理器的 SONY 电视游戏机 PS2。

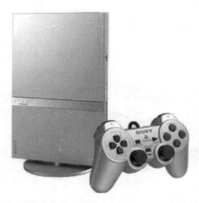

图 1-19　嵌入式系统在消费电子领域的典型应用——SONY 电视游戏机 PS2

1.5.4　办公自动化产品

嵌入式系统广泛应用于办公自动化产品中,如激光打印机、传真机、扫描仪、复印机和投影仪等。这些办公自动化产品大多嵌入了处理器,有的甚至嵌入了多个处理器,成为复杂嵌入式系统设备。目前,还出现了嵌入 TCP/IP 协议的具有网络功能的办公自动化产品,如网络打印机(图 1-20)等。

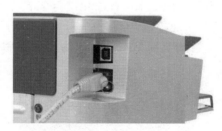

图 1-20　嵌入式系统在办公自动化产品领域的典型应用——网络打印机

1.5.5　网络和通信设备

随着 Internet 的发展和普及,产生了大量网络基础设施、接入设备和终端设备。在这些设备中大量使用嵌入式系统。目前,32 位嵌入式微处理器广泛应用于各网络设备供应商的路由器,尤其是中低端产品中。无论华为、思科的通用路由器系列,还是小企业、

家庭中使用的宽带路由器产品,都可以看到嵌入式系统的身影。例如,TP-LINK 双频无线企业 VPN 路由器 TL-WVR900G(如图 1-21 所示)采用主频 775MHz 的 32 位 MIPS 网络专用处理器,集成了多个广域网和局域网接口以及一个 USB 接口,支持 2.4GHz (450Mbps)和 5GHz(433Mbps)两种频率,支持 TCP/IP、DHCP、ICMP、NAT、PPPoE、SNTP、HTTP、DNS、H.323、SIP、DDNS 等多种网络协议。

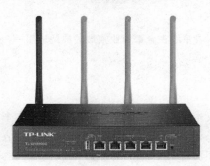

图 1-21 嵌入式系统在网络和通信设备领域的典型应用——
双频无线企业 VPN 路由器 TL-WVR900G

1.5.6 汽车电子

目前,嵌入式系统几乎已经应用到汽车所有的系统中。据统计,从 1989 年至 2000 年,平均每辆汽车上电子装置在整个汽车制造成本中所占比例由 16% 增至 23% 以上。尤其豪华轿车,使用嵌入式系统的数量已经达到数十个,电子产品占到整车成本的 50% 以上。例如,BMW745i(如图 1-22 所示)的汽车控制系统一共使用了 53 个 8 位嵌入式处理器、7 个 16 位嵌入式处理器和 1 个 32 位嵌入式处理器,运行 Windows CE 嵌入式操作系统并采用多种网络技术。

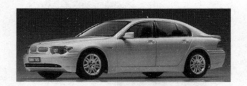

图 1-22 嵌入式系统在汽车电子领域的典型应用——BMW745i

1.5.7 金融商业

在金融商业领域,嵌入式系统主要应用在其终端设备,如 POS 机(Point Of Sale)、ATM 机(Automatic Teller Machine)、电子秤、条形码阅读机、自动售货机、公交卡刷卡器等。例如,图 1-23 是一款 POS 机,它以主频 400MHz 的 ARM9 处理器为核心,辅以矩阵键盘和 4.3 寸 TFT 屏幕(分辨率 480×272)分别作为输入设备和输出显示设备,并内置嵌入式操作系统,支持无线互联,应用于多种商业平台和商业应用软件,可使用 IC 卡、银行卡授权终端,可单机、联网或连接 Internet。

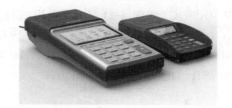

图 1-23　嵌入式系统在金融商业领域的典型应用——智能 POS 机

1.5.8　生物医学

随着嵌入式和传感器技术的发展与结合,嵌入式系统越来越多地出现在各种生物医学设备中,如 X 光机、CT、核磁共振设备、超声波检测设备、结肠镜和内窥镜等。尤其是近年来,便携式(portable)和可穿戴(wearable)逐渐成为生物医学和健康服务设备新的发展趋势。便携式和可穿戴要求生物医学和健康服务设备必须具备体积小、功耗低、价格低和易于使用的特点。而嵌入式系统恰好满足便携式生物医学和健康服务设备的这些要求。因此,便携式、可穿戴的生物医学和健康服务设备的兴起和逐步普及,为嵌入式系统在生物医学领域进一步应用提供了广阔的发展空间。例如,2014 年 10 月微软公司发布的智能手环 Microsoft Band(如图 1-24 所示),采用基于 ARM Cortex-M4 的嵌入式处理器,支持蓝牙技术,集成了环境光线感应器、皮肤温度感应器、紫外线感应器、电容传感器、皮电反应感应器、光学心率传感器、三轴加速计、陀螺测试仪、GPS 和麦克风等 10 种传感设备,除了具备心率测量、计步、热量消耗和监测睡眠质量等基本功能外,还支持日历通知、训练指导和电子邮件预览等高级功能。

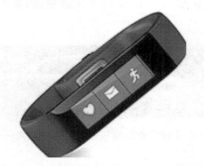

图 1-24　嵌入式系统在生物医学领域的典型应用——微软智能手环 Microsoft Band

1.5.9　信息家电

信息家电被视为嵌入式系统潜力最大的应用领域。具有良好的用户界面,能实现远程控制和智能管理的电器是未来的发展趋势。冰箱、空调等电器的网络化和智能化将引领人们的家庭生活步入一个崭新的空间——智能家居(Smart Home, Home Automation),如图 1-25 所示。即使你不在家里,也可以通过网络进行远程控制和智能管理。在这些设备中,嵌入式系统将大有用武之地。

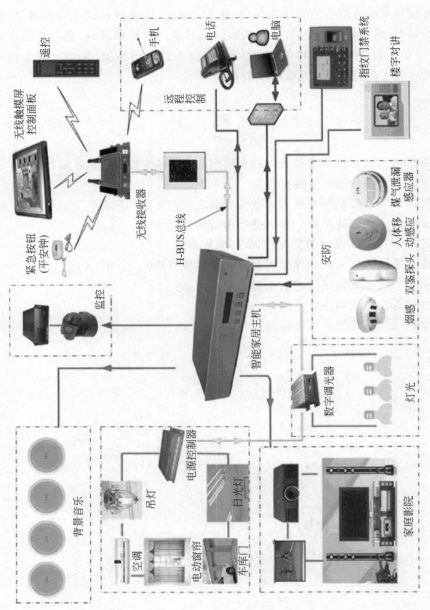

图 1-25 嵌入式系统在信息家电领域的典型应用——智能家居

1.6 本 章 小 结

本章通过与桌面通用系统的比较,引入嵌入式系统,阐述嵌入式系统的定义、特点和分类等基础知识,然后自下而上,详细剖析嵌入式系统的软硬件组成,重点介绍嵌入式处理器(包括主要分类、性能指标和典型产品等)和嵌入式操作系统(包括组成结构和典型产品等),最后概述目前嵌入式系统的主要应用领域。

习 题 1

1. 什么是嵌入式系统? 它和人们日常使用的 PC 有什么区别和联系?
2. 列举嵌入式系统的主要特点。
3. 比较嵌入式微控制器和嵌入式微处理器之间的区别和联系。
4. 什么是冯·诺依曼结构? 什么是哈佛结构?
5. 简述嵌入式 I/O 接口的功能、组成和编址方式。
6. 无操作系统的嵌入式软件主要有哪几种实现方式?
7. 什么是引导加载程序? 它的主要功能是什么?
8. 列举嵌入式系统的主要分类。
9. 列举嵌入式系统的主要应用领域。

第 2 章

chapter 2

嵌入式系统开发

本章学习目标
- 熟悉嵌入式系统的开发过程。
- 掌握嵌入式开发环境。
- 能够熟练使用至少一种嵌入式开发语言和开发工具。
- 了解嵌入式开发常用的调试方式。
- 了解嵌入式开发工程师的能力要求和进阶之路。

嵌入式系统在生活中比比皆是,无处不在。那么,这些嵌入式系统是如何开发的? 要经历哪些过程? 其中又要借助哪些工具? 嵌入式系统本质上是计算机系统,其开发与通用计算机应用系统的开发有不少共同之处,但由于嵌入式系统与具体应用紧密结合,并且资源有限,对实时性、可靠性和功耗有着特殊的要求,因此,嵌入式系统开发又有其独特之处。本章将从开发环境、开发工具、调试方法、开发语言和开发过程等方面讲述嵌入式系统的开发,最后在调研和分析当前嵌入式开发工程师的人才需求和能力要求的基础上,提出了从嵌入式初学者到嵌入式工程师的进阶之路,供有志于从事嵌入式开发的读者参考。

2.1 嵌入式系统的开发环境、开发工具和调试方式

与通用计算机应用系统的开发相比,嵌入式系统的开发环境、开发工具和调试方式都有着明显区别。对于通用计算机应用系统开发而言,系统的开发机器即是系统的运行机器,系统的开发环境即是系统的运行环境。而对于嵌入式系统开发而言,系统的开发机器不是系统的运行机器,系统的开发环境不是系统的运行环境。这就需要专门的开发环境、开发工具和调试方法。俗话说,"工欲善其事,必先利其器。"在进行嵌入式系统开发前,首先必须了解和熟悉它的开发环境、开发工具和调试方式。只有真正理解并熟练运用它们,嵌入式爱好者才能实现生活中的一个个创意,嵌入式工程师才能制作出一个个工业产品。

2.1.1 嵌入式系统的开发环境

通用计算机一般拥有较为丰富和强大的资源,具有标准的输入设备(如键盘鼠标等)

和输出设备(如显示器等)。因此,它既是桌面应用系统的运行平台又是开发平台。而嵌入式系统通常是一个资源受限的系统,其运算能力相对较弱,存储能力有限,具有各种各样的输入和输出设备,有的甚至没有显示设备,很难直接在嵌入式系统的硬件上进行应用开发。因此,与通用计算机不同,嵌入式系统的开发平台一般并不是最终的运行平台。构建嵌入式系统的开发环境是进行嵌入式系统开发的基础和前提。

嵌入式系统的开发环境称为交叉开发环境(cross development environment),主要由宿主机(host)、目标机(target)以及它们之间的连接构成,如图 2-1 所示。

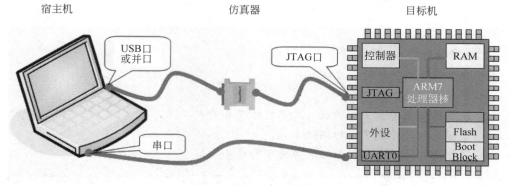

图 2-1　交叉开发环境

1. 宿主机

宿主机是用于嵌入式系统开发的计算机,一般为通用的 PC 或工作站,是嵌入式开发工具的运行环境。它通常拥有丰富的硬件资源(足够的内存和硬盘)和软件资源(桌面操作系统和嵌入式系统开发工具等),为嵌入式系统开发提供全过程(包括编写、编译、链接、定位、调试和下载等)的支持。

2. 目标机

目标机是所开发的嵌入式系统,是嵌入式软件的实际运行环境。它以某种处理器内核(如 ARM 内核)为核心,但软硬件资源有限,为具体应用所定制。

3. 宿主机和目标机之间的连接

嵌入式系统的开发环境中仅仅有宿主机和目标机还不够。宿主机上生成的可执行映像文件(二进制代码)需要通过连接下载到目标机上调试和运行。宿主机和目标机之间的连接可以分为两类:物理连接和逻辑连接。

物理连接是指宿主机与目标机上的一定物理端口通过物理线路连接在一起。它是逻辑连接的基础。物理连接方式主要有三种:串口、以太网接口和 JTAG(Joint Test Action Group)接口。其中,目前嵌入式系统开发中使用最多的是 JTAG 接口,关于 JTAG,将在 2.1.3 节详细介绍。

逻辑连接是指宿主机与目标机间按某种通信协议建立起来的通信连接,目前已逐步

形成了一些通信协议的标准。

要正确地构建交叉开发环境,需要正确设置这两种连接,缺一不可。在物理连接上,要注意使硬件线路正确连接且硬件设备完好,能正常工作,并确保连接线路质量良好。逻辑连接在于正确配置宿主机和目标机的物理端口的参数,并且与实际的物理连接一致。

4. 交叉开发环境小结

综上所述,嵌入式系统的开发环境中,宿主机和目标机(嵌入式系统)是不同的机器。嵌入式软件在宿主机上使用嵌入式开发工具进行编写、编译、链接和定位,生成可在目标机上执行的二进制代码,然后通过 JTAG 接口、串口或网口将代码下载到目标机(嵌入式系统)上调试,调试完成后,将最终调试好的二进制代码烧写到目标机(嵌入式系统)微控制器的 ROM 中运行。

2.1.2　嵌入式系统的开发工具

嵌入式系统开发采用交叉开发环境,需要专门的开发工具。与通用计算机应用系统纯软件的开发工具不同,嵌入式系统开发是基于软硬件的综合开发,不仅需要软件开发工具,也需要硬件开发工具。一个好的嵌入式开发工具可以提高开发质量,缩短开发周期,降低开发成本。

1. 嵌入式硬件开发工具

嵌入式硬件开发工具用来设计和仿真嵌入式硬件。常用的嵌入式硬件开发工具主要有 PCB(Printed Circuit Board,印刷电路板)设计软件和 PLD(Programmable Logic Device,可编程逻辑器件)开发软件等。

1) PCB 设计软件

PCB,又称印刷电路板,现在几乎出现在每个电子设备中,用于固定电子元器件并为它们提供电气连接。PCB 以绝缘板为基材,上有覆铜导线连接各个元器件。按照覆铜导线的层数划分,PCB 可以分为单面板、双面板和多层板。单面板是最简单的 PCB,电子元器件集中在其中一面,而导线则集中在另一面。双面板是单面板的延伸,双面均有覆铜走线,中有导孔连接两面导线。多层板是指具有三层以上的导电图形层与其间的绝缘材料以相隔层压而成,且其间导电图形按要求互连的印制板。

电子工程师根据嵌入式系统硬件的复杂度,选择单面板、双面板或多层板作为嵌入式系统的底板,并设计版图连接嵌入式处理器、存储器和外设等其他器件。简单的 PCB设计可以用手工实现,但复杂的 PCB 设计需要借助计算机辅助设计(Computer Aided Design,CAD)实现。常用的 PCB 设计软件有 Protel(Altium designer)和 ORCAD 等。

(1) Protel(Altium designer)。

Protel 是 Protel(现为 Altium)公司在 20 世纪 80 年代末推出的 CAD 工具,是国内PCB 设计者的首选软件。它较早在国内使用,普及率最高,几乎所有的电子公司都要用到它。早期的 Protel 主要作为印刷板自动布线工具使用,其最新版本为 Altium Designer

14,国内使用最多的版本是 Protel 99SE。它是一个完整的全方位电路设计系统,包含了电原理图绘制、模拟电路与数字电路混合信号仿真、多层印刷电路板设计(包含印刷电路板自动布局布线)、可编程逻辑器件设计、图表生成、电路表格生成、支持宏操作等功能,并具有 Client/Server(客户/服务体系结构),同时还兼容一些其他设计软件的文件格式,如 ORCAD、PSPICE、Excel 等。使用多层印制线路板的自动布线,可实现高密度 PCB 的 100% 布通率。Protel 软件功能强大(同时具有电路仿真功能和 PLD 开发功能),界面友好,使用方便,但它最具代表性的功能是电路设计和 PCB 设计。

(2) ORCAD。

ORCAD 是 ORCAD 公司(2000 年被 Cadence 公司收购)于 20 世纪 80 年代末推出的电子设计自动化软件(Electronic Design Automation,EDA)。ORCAD 集成了电路原理图绘制、印制电路板设计、模拟与数字电路混合仿真等功能,电路仿真元器件库达到 8500 个,收录了几乎所有的通用型电子元器件模块,而且界面友好直观,已经成为世界上使用最广的 EDA 软件。每天都有上百万的电子工程师在使用 ORCAD,目前最新的版本为 16.6。但 ORCAD 在国内并不普及,知名度也比不上 Protel,只有少数的电子设计者使用它。

2) PLD 开发软件

PLD,又称可编程逻辑器件,它作为一种通用集成电路生产,但不同于通用集成电路,它的逻辑功能按照用户对器件编程来决定。在嵌入式系统开发中,如果有的功能或接口无法用现有的通用集成电路芯片来实现,那么硬件工程师可以用 PLD 开发软件和硬件描述语言对 PLD 进行编程来实现指定的逻辑功能。目前,市场上常用的 PLD 开发软件有 Quartus Ⅱ 和 ISE。

(1) Quartus Ⅱ。

Quartus Ⅱ 是 Altera 公司的 CPLD(Complex Programmable Logic Device,复杂可编程逻辑器件)/FPGA(Field Programmable Gate Array,现场可编程门阵列)开发软件,支持原理图、VHDL、Verilog HDL 以及 AHDL 等多种设计输入形式,内嵌自有的综合器以及仿真器,可以完成从设计输入到硬件配置的完整 PLD 设计流程。它支持 Altera 的 IP 核,包含了 LPM/MegaFunction 宏功能模块库,使用户可以充分利用成熟的模块,简化了设计的复杂性,加快了设计速度。此外,Quartus Ⅱ 通过和 DSP Builder 工具与 Matlab/Simulink 相结合,可以方便地实现各种 DSP 应用系统;同时,它也支持 Altera 的片上可编程系统(System On a Programmable Chip,SOPC)开发,集系统级设计和可编程逻辑设计于一体,是一个综合性的嵌入式开发工具。

(2) ISE。

ISE 是 Xilinx 公司的 FPGA 设计工具,可以完成 FPGA 开发的全部流程,包括设计输入、仿真、综合、布局布线、生成 BIT 文件、配置以及在线调试等。除了功能强大、使用方便外,ISE 在设计性能上也做得非常优秀,例如 ISE 9.x 集成的时序收敛流程整合了增强性物理综合优化,提供最佳的时钟布局、更好的封装和时序收敛映射,从而获得更高的设计性能。

2. 嵌入式软件开发工具

嵌入式软件开发可以分成几个阶段：编辑、编译、链接、调试和下载等。在不同的阶段，需要用到不同的软件开发工具，如编辑器、编译器、链接器、调试和下载工具等，如图 2-2 所示。这些嵌入式软件开发工具都运行于宿主机上。

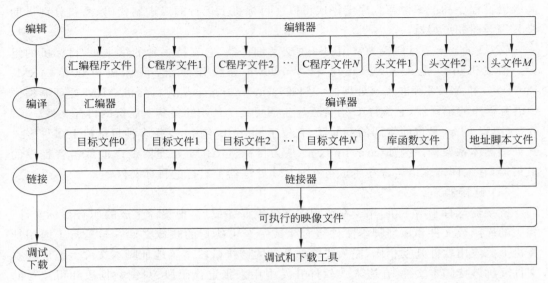

图 2-2　嵌入式软件开发阶段及其工具

1）嵌入式软件开发工具的构成

（1）编辑器。

编辑器运行于宿主机，用于嵌入式软件开发的编辑阶段在宿主机上编写代码。嵌入式软件的源代码文件一般由汇编语言程序文件（通常是以 s 为扩展名的文件）、C 语言程序文件（通常是以 c 为扩展名的文件）和头文件（通常是以 h 为扩展名的文件）等构成。从理论上说，这些源代码可以用任何一个文本编辑器编写。

目前，使用较多、功能较好的独立编辑器有 UltraEdit 和 Source Insight。

UltraEdit 是一套功能强大的文本编辑器，可以编辑文本、ASCII 码、二进制和十六进制文件，可以用来编辑源代码，甚至 EXE 或 DLL 文件。它内建英文单字检查和常用语法加亮显示（如 C++、Visual Basic、HTML、PHP 和 JavaScript 等），支持搜寻替换以及无限制的还原功能，可同时编辑多个文件，而且即使开启很大的文件，速度也不会慢。

Source Insight 是一个面向项目开发的程序编辑器和代码浏览器。不仅支持几乎所有的语言（如 C、C++、汇编语言、ASP、HTML 等），而且还支持用户自定义关键字。与众多其他编辑器产品不同，Source Insight 能在编辑、快速导航源代码的同时分析源代码，为开发人员提供实用的信息和分析结果。对于 C、C++、C♯ 和 Java 的源代码，它能自动解析程序的语法结构，动态地保持符号信息数据库，并主动显示有用的上下文信息，非常适合编辑大型嵌入式软件。

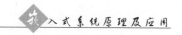

（2）编译器和汇编器。

编译器和汇编器运行于宿主机，用于在源代码编辑完成后，根据不同目标机的嵌入式处理器芯片，编译相关源程序文件，在宿主机上生成对应的目标文件。在嵌入式系统开发中，宿主机和目标机所采用的处理器芯片通常是不一样的，如宿主机一般采用 Intel X86 系列的处理器，而目标机可能采用 ARM 系列处理器。因此，为了把宿主机上编写的高级语言程序和汇编语言程序编译成可以在目标机上运行的二进制代码，需要分别借助交叉编译器和汇编器。

GNU 的 gcc 是目前较为常用的一种交叉编译器，它支持多种的宿主机/目标机的组合。宿主机可以是 UNIX、Linux 和 Windows 等操作系统，目标机可以是 ARM、PowerPC 和 MIPS 等嵌入式处理器。例如，arm-linux-gcc 是为目标机 ARM 处理器编译 C 语言程序的编译器，它编译 C 语言程序生成可在 ARM 处理器上运行的目标文件。

GNU 的 as 是目前常用的汇编器，它位于 binutils 包中，支持多种目标机上多种嵌入式处理器体系架构。例如，arm-linux-as 是为目标机 ARM 处理器编译汇编语言程序的汇编器，它编译汇编语言程序生成可在 ARM 处理器上运行的目标文件。

（3）链接器。

链接器运行于宿主机，用于在源程序文件编译完成后，把编译生成的所有目标文件、相关的库函数文件和地址脚本文件组合生成一个可执行的映像文件。与运行于通用计算机上的应用软件开发相比，嵌入式软件开发的链接阶段多了地址脚本文件。地址脚本文件又称链接脚本文件，在嵌入式软件开发中用来指定代码段、只读数据段和可读写的数据段的存储布局，即预设各段在存储器中地址信息。对于运行在通用计算机上的应用软件，它的运行地址由通用计算机的操作系统分配，主机程序员无须关心。而对于无操作系统的嵌入式应用程序，它的加载地址需要由嵌入式开发工程师通过地址脚本文件指定。例如，arm-linux-ld 把由 arm-linux-gcc、arm-linux-as 生成的目标文件和 C 链接库 glibc 组合生成 elf 格式的可执行文件。

（4）调试和下载工具。

可执行映像文件生成后，宿主机上的调试器和下载工具将该文件下载到目标机的 RAM 或 ROM 中运行，并在运行过程中使用各种调试方法（如单步调试、断点调试、监测变量、寄存器和存储器信息等）对编写的源程序进行查错和排错。尤其需要注意的是，嵌入式软件的正确性不仅表现在正常功能的执行上，更重要的是对意外情况（例如异常输入）的正确处理。例如，GNU 的 gdb 是一款常用的程序调试工具，虽然它只是一个 UNIX/Linux 下的命令行调试工具，但具有强大的调试功能，毫不逊色于任何图形化调试工具。

2）常见的嵌入式软件集成开发工具

随着嵌入式系统的发展，嵌入式软件开发工具越来越重要，它直接影响到嵌入式软件的开发效率和开发质量。目前的嵌入式软件开发工具正在向开放性、集成化、可视化和智能化的方向发展，将各种类型功能强大的开发工具如编辑器、编译器、链接器、调试器、用户界面等有机地集成在一个统一的集成开发环境（Integrated Development Environment，IDE）中。

　　嵌入式软件集成开发工具通常根据软件运行的目标机硬件平台(嵌入式处理器)划分。目前,常见的嵌入式软件集成开发工具有面向 ARM 内核系列的 KEIL MDK 和 IAR EWARM、面向 PIC 微控制器的 MPLAB、面向 ATMEL AVR 微控制器的 WINAVR、面向 MSP430 微控制器的 CCS、面向 Android 平台的 Android SDK 和面向 iOS 平台的 XCODE 等。据 2013 年度中国嵌入式行业发展现状调查报告显示,KEIL 和 IAR 分别以 37% 和 24% 成为嵌入式软件工程师的主要开发工具。本书也将主要向读者介绍面向 ARM 内核的这两款主流嵌入式软件集成开发工具 KEIL MDK 和 IAR EWARM。

　　(1) KEIL MDK。

　　KEIL MDK,又称 MDK-ARM、RealView MDK(Microcontroller Development Kit), 是由原德国 KEIL 公司(现被 ARM 公司收购) 推出,用来开发基于 ARM 核的嵌入式应用的 集成开发工具。它基于 Windows 操作系统,支 持 ARM7、ARM9、ARM Cortex-M、ARM Cortex-R4 等 ARM 内核,采用 MicroLib C 库, 包含了 C/C++ 编译器(armcc)、宏汇编器 (armasm)、链接器(armlink)、库管理器 (armar)、调试器(μVision)和实时内核(RTX) 等组件,提供软件模拟和目标机硬件两种调试 模式,并通过一个集成开发环境(μVision IDE) 将这些组合在一起,如图 2-3 所示。目前, μVision IDE 最高版本是 μVision 5,它的界面 和常用的微软 VC++ 的界面相似,界面友好, 易学易用,在调试程序和软件仿真等方面也有 着强大的功能。

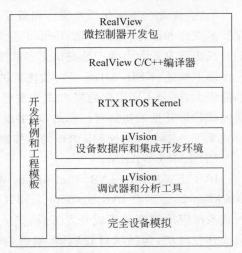

图 2-3　**KEIL MDK 的组成**

　　除了这些基本组件以外,KEIL MDK 还为用户开发提供了免费的实时和中间件库 (real time and middleware library)RL-ARM,包括 TCP/IP 协议栈、Flash 文件系统、 USB 主机接口、USB 设备接口、CAN 驱动和 GUI 库等。

　　KEIL MDK 具有以下六大特点:

　　第一,自动配置生产启动代码。嵌入式系统的启动代码和硬件(尤其是嵌入式处理 器)结合紧密,必须用汇编语言编写,因而成为许多嵌入式工程师难以跨越的门槛。 KEIL MDK 可以自动生成完善的启动代码,并提供图形化的窗口,可随时修改。无论对 于嵌入式初学者还是有经验的嵌入式开发工程师,都能大大节省时间,提高开发效率。

　　第二,强大的设备模拟器。与一般的 ARM 开发工具仅提供指令集模拟器,只能支持 ARM 内核模拟调试相比,KEIL MDK 的设备模拟器可以仿真整个 MCU 的行为,包括快 速指令集仿真、外部信号和 I/O 仿真、中断过程仿真、片内所有外围设备仿真等。这样使 得嵌入式软件工程师在无硬件的情况下即可开始程序开发和调试,嵌入式软硬件开发得 以同步进行,显著地缩短了嵌入式开发周期。

第三,优秀的 RealView 编译器。KEIL MDK 的 RealView 编译器与以前 ADS 1.2 相比:在代码密度方面,比 ADS 1.2 编译的代码尺寸小 10%;在代码性能方面,比 ADS 1.2 编译的代码性能高 20%。

第四,优秀的性能分析器。KEIL MDK 的性能分析器好比哈雷望远镜,可以帮助嵌入式开发者查看代码覆盖情况、程序运行时间、函数调用次数等信息,这些功能对于快速定位死区代码帮助优化分析等起了关键的作用。

第五,集成的 Flash 烧写模块。KEIL MDK 无需第三方编程软件与硬件的支持,通过配套的 ULINK 仿真器与 Flash 编程工具,即可实现 CPU 片内 Flash、外扩 Flash 烧写,并能支持用户自行添加 Flash 编程算法;而且可支持 Flash 整片删除、扇区删除、编程前自动删除以及编程后自动校验等功能。

第六,专业的本地化技术支持和服务。KEIL MDK 中国区用户将享受到专业的本地化技术支持和服务,包括电话、E-mail、论坛、中文技术文档等,这将为国内嵌入式工程师们开发出更有竞争力的产品提供更多的助力。

综上所述,KEIL MDK 是一款优秀的 ARM 集成开发工具。它不仅易学易用,而且功能强大,适合不同层次的嵌入式开发者使用,包括专业的嵌入式开发工程师和刚开始嵌入式软件开发的初学者。因此,本书也选用 KEIL MDK 作为嵌入式集成开发工具来讲述基于 ARM Cortex-M3 内核的微控制器 STM32F103 上的应用开发。

(2) IAR EWARM。

IAR EWARM(IAR Embedded Workbench for ARM)源于 IAR Embedded Workbench,是瑞典 IAR Systems 公司针对 ARM 处理器推出的一套用于编译和调试嵌入式系统应用程序的集成开发工具,支持汇编语言、C 语言和 C++ 语言。它提供完整的集成开发环境,包括项目管理器、编辑器、C/C++ 编译器、汇编器、链接器和支持 RTOS 的调试工具 C-SPY 等嵌入式开发过程中所需的模块,如图 2-4 所示。与其他的 ARM 集成开发工具相比,IAR EWARM 以其高度优化的编译器而闻名,具有入门容易、使用方便和代码紧凑等特点。除此之外,IAR EWARM 还包含优秀的全软件模拟器(simulator)。用户不需要任何硬件支持即可模拟各种 ARM 内核、外部设备甚至中断的软件运行环境。

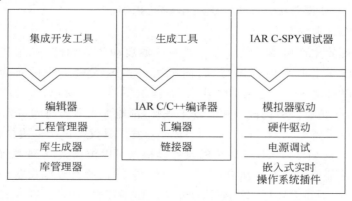

图 2-4　IAR EWARM 的组成

虽然本书中的嵌入式应用实例以 KEIL MDK 作为嵌入式集成开发工具向读者介绍,但只要在 IAR EWARM 中新建工程并加以少量配置,无须改动应用程序的源代码,即可转移到 IAR EWARM 中继续开发、调试。

2.1.3　嵌入式系统的调试方式

调试是嵌入式系统开发中不可缺少的重要环节。在嵌入式系统的调试中,调试器(debugger)和被调试程序(debugee)通常运行在不同的机器上(调试器运行于宿主机,被调试程序运行于目标机),调试器通过某种方式可以控制目标机上被调试程序的运行方式,并能查看和修改目标机上的内存、寄存器以及被调试程序中的变量等。嵌入式系统的这种调试被称为交叉调试,具有以下特点:

第一,调试器和被调试程序位于不同的机器。而对于通用计算机应用系统,调试器和被调试程序通常运行在同一台基于某个桌面操作系统的计算机上,例如在 Windows 平台上使用 Visual C++ 开发的应用,调试器进程通过桌面操作系统提供的调用接口来控制被调试的进程。

第二,宿主机上的调试器通过某种通信方式与目标机上的被调试程序建立物理连接。常见的通信方式有串口、以太网接口或 JTAG 等。

第三,在目标机上一般有宿主机调试器的某种代理(agent),它可以是某种软件(如监视器),也可以是某种支持调试的硬件(如 JTAG),用于解释和执行目标机接收到的来自宿主机的各种命令(如设置断点、读内存、写内存等),并将结果返回给宿主机,配合宿主机调试器完成对目标机上被调试程序的调试。

第四,目标机也可以是一种虚拟机。在这种情况下,似乎调试器和被调试程序运行在同一台计算机上,但调试的本质并没有变化,即被调试程序都是被下载到目标机上,调试并不是直接通过宿主机操作系统的调试支持来完成,而是通过虚拟机代理的方式来完成的。

交叉调试的方式,即调试器控制被调试程序运行的方法有很多种,一般可以分为以下几种。

1. 软件模拟器

软件模拟器是运行在宿主机上的纯软件工具,它通过模拟目标机的指令系统或目标机操作系统的系统调用来达到在宿主机上运行和调试嵌入式应用程序的目的。

软件模拟器可以分为两类:指令集模拟器和系统调用级模拟器。

1) 指令集模拟器(Instruction Set Simulator,ISS)

指令集模拟器是在宿主机上模拟目标机的指令系统。它相当于在宿主机上建立了一台虚拟的目标机,该目标机的 CPU 型号与宿主机的 CPU 不同,例如,宿主机的 CPU 是 Intel Pentium,而虚拟目标机的 CPU 是 ARM。功能强大的指令集模拟器不仅可以模拟目标机的指令系统,还可以模拟目标机的外设,如串口、网口、键盘和 LCD 等。目前,常用的指令集模拟器有 ARMulator 和 SkyEye。

(1) ARMulator 是由 ARM 公司推出的面向 ARM 处理器的指令集模拟器,它作为

一个插件集成在 ARM 集成开发工具 SDT 2.51 和 ADS 1.2 的 AXD 调试器中。无需 ARM 开发板,嵌入式软件工程师借助 ARMulator 即可对 ARM 源代码进行调试。 ARMulator 通常用于仿真运行于 ARM 处理器的汇编语言和 C 语言程序,如键盘驱动程序、LCD 驱动程序等,适合于 ARM 硬件测试平台和小规模 ARM 应用程序的开发。

（2）SkyEye 是一个基于 GNU 的开源自由软件工具,不仅可以模拟 ARM、MIPS、 PowerPC、Blackfin、Coldfire 和 SPARC 6 种不同体系架构的 CPU,而且可以模拟包括 Cache、内存、串口和网口等多种硬件组件。除此之外,它可以与调试工具 gdb 无缝结合, 嵌入式软件工程师可以方便地使用 gdb 提供的各种调试手段对 SkyEye 仿真系统上的软件进行源代码级的调试。

2）系统调用级模拟器

系统调用级模拟器是在宿主机上模拟目标机操作系统的系统调用。它相当于在宿主机上安装了目标机的操作系统,使得基于目标机操作系统的应用程序可以在宿主机上运行。目前,常见的系统调用级模拟器有 Android 模拟器 Android SDK、BlueStacks 和 iOS 模拟器 iPadian 等。

总而言之,软件模拟器可以在无须硬件支持的情况下,借助开发工具提供的虚拟平台进行软件开发和调试,使得嵌入式软件和硬件开发得以同时进行,提高嵌入式开发的效率,降低了开发成本;但使用软件模拟器调试,模拟环境与实际运行环境差别较大,被调试程序的执行时间同在目标机真实环境中的执行时间差别较大,实时性较差,而且除了常见的设备外,不能模拟目标机所有的外围设备,一般用于嵌入式开发的早期阶段,尤其是还没有任何硬件可用时。

2. ROM 监控器

在 ROM 监控器方式下,嵌入式系统的调试环境由宿主机端的调试器、目标机端的监控器（ROM Monitor）以及两者间的连接（包括物理连接和逻辑连接）构成,如图 2-5 所示。ARM 公司的 Angel 即属于此类调试方式,ARM 公司提供的各种调试器工具包均支持基于 Angel 的调试方式。

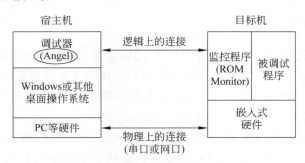

图 2-5   ROM 监控器方式下的调试环境

ROM 监控器方式下,调试器的大部分驻留主机,余下的部分驻留在目标机作为调试代理。驻留在目标机的部分称为 ROM 监控器,是被固化在目标机的 ROM 中且目标机复位后首先被执行的一段程序。它对目标机进行一些必要的初始化,并初始化自己的程

序空间,然后通过指定的通信端口并遵循远程调试协议等待宿主机端调试器的命令(例如被调试程序的下载、目标机内存和寄存器的读/写、设置断点和单步执行被调试程序等),监控目标机上被调试程序的运行,与宿主机端的调试器一起完成对目标机上应用程序的调试。

综上所述,ROM 监控器调试方式简单方便,扩展性强,可以支持多种高级调试功能(如代码分析和系统分析等),而且成本低廉,不需要专门的硬件调试和仿真设备,但它本身要占用目标机的一部分资源(CPU、ROM 和通信资源等),且当 ROM 监控器占用目标机 CPU 时,应用程序无法响应外部中断,不便于调试有时间特性的应用程序。

3. ROM 仿真器

ROM 仿真器,又称 ROM Emulator,可以认为是一种用于替代目标机上的 ROM 芯片的设备。它的外形是一个有 2 根电缆的盒子,一边通过 ROM 芯片的插座同目标机相连,另一边通过串口同宿主机相连,如图 2-6 所示。对于目标机上的 CPU,ROM 仿真器就像一个只读存储器芯片,这样目标机就可以没有 ROM 芯片,而是利用 ROM 仿真器提供的 ROM 空间来代替。而对于宿主机上的调试器,ROM 仿真器上的 ROM 芯片的地址可以实时映射到目标机 ROM 的地址空间,从而仿真目标机的 ROM。

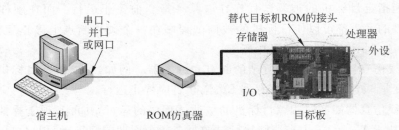

图 2-6　**ROM 仿真器方式下的调试环境**

实质上,ROM 仿真器是一种不完全的调试方式。虽然避免了每次修改程序后都必须重新烧写到目标机 ROM 中这一费时费力的操作,但 ROM 仿真器设备通常只是为目标机提供 ROM 芯片,并在目标机和宿主机间建立一条高速的通信通道,因此它经常与 ROM 监控器结合起来形成一种完备的调试方式。

4. 在线仿真器

在线仿真是最直接的仿真调试方法。在线仿真器(In-Circuit Emulator,ICE)是一种用于替代目标机上的 CPU 来模拟目标机上 CPU 行为的设备。它有自己的 CPU、RAM 和 ROM,可以执行目标机 CPU 的指令,不再依赖目标机的处理器和内存。

使用 ICE 调试前,要完成 ICE 和目标机的连接,通常先将目标机的 CPU 取下,然后将 ICE 的 CPU 引出线接到目标机的 CPU 插槽中,如图 2-7 所示。调试时,目标机的应用程序驻留在目标机的内存中,监控器即调试代理驻留在 ICE 的存储器中,使用 ICE 的 CPU 和存储器、目标机的输入输出接口调试目标机内存中的应用程序。调试完成后,再使用目标板上的处理器和存储器运行应用程序。

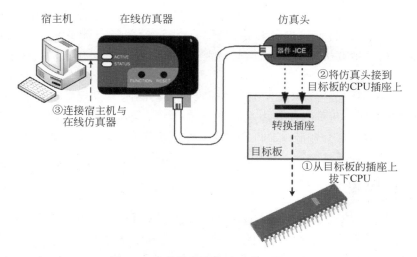

宿主机　　　　　在线仿真器　　　　　　　仿真头

②将仿真头接到
目标板的CPU插座上

③连接宿主机与
在线仿真器

转换插座

目标板

①从目标板的插座上
拔下CPU

图 2-7　在线仿真器方式下的调试环境

采用在线仿真器调试,具有以下特点:

(1) 在线仿真器能同时支持软件断点和硬件断点的设置。通常,软件断点只能到指令级别,只能指定目标机的被调试程序在取某一指令前停止运行。而在硬件断点方式下,多种事件的发生都可以使目标机的被调试程序在一个硬件断点上停止运行,这些事件包括内存读/写、I/O 读/写以及中断等。

(2) 在线仿真器能设置各种复杂的断点和触发器。例如,可以指定目标机的被调试程序在"当变量 var 等于 100 且寄存器 R0 等于 1"时停止运行。

(3) 在线仿真器能实时跟踪目标机的被调试程序的运行,并可实现选择性跟踪。在ICE 上有大块 RAM,专门用来存储执行过的每个指令周期的信息,使用户可以得知各个事件发生的精确次序。

(4) 在线仿真器能在不中断目标机的被调试程序运行的情况下查看内存和变量,即可以实现非干扰的调试查询。

综上所述,在线仿真器是较为有效的嵌入式系统调试方式,尤其适合调试实时应用系统、硬件设备驱动程序以及对硬件进行功能测试。目前,在线仿真器一般用于低速和中速的嵌入式系统中,例如,大多数 8 位 MSC-51 单片机仿真器。而在 32 位高速嵌入式处理器领域,过高的时钟频率和复杂的芯片封装形式导致其对 ICE 的技术要求很高,价格也非常昂贵,因此较少使用在线仿真器。

5. 片上调试(On-Chip Debugging,OCD)

由于传统的 ICE 难以满足高速嵌入式系统,越来越多的嵌入式处理器(如 ARM 系列)借助于片上调试技术进行嵌入式系统的调试。

片上调试是内置于目标板 CPU 芯片内的调试模块提供的一种调试功能,可以把它看成是一种廉价的 ICE 功能,它的价格只有 ICE 的 20%,却提供了 80% 的 ICE 功能。OCD 采用两级模式,即将 CPU 的工作模式分为正常模式和调试模式。在正常模式下,目

标机的 CPU 从内存读取指令执行。在调试模式下,目标机的 CPU 从调试端口读取指令,通过调试端口可以控制目标机的 CPU 进入和退出调试模式。这样宿主机的调试器可以直接向目标机发送要执行的指令,通过这种形式读写目标机的内存和各种寄存器,控制目标被调试程序的运行以及完成各种复杂的调试功能,如图 2-8 所示。

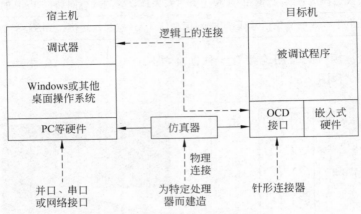

图 2-8 片上调试方式下的调试环境

OCD 价格低廉,不占用目标机的资源,调试环境与程序最终运行环境基本一致,支持软硬件断点,可以精确计量程序的执行时间,提供实时跟踪和时序分析等功能。但是,调试的实时性不如 ICE 强,不支持非干扰的调试查询(即无法在不中断调试程序运行的情况下查看内存和变量),使用范围受限(即不支持没有 OCD 功能的 CPU)。

现在比较常用的 OCD 实现有后台调试模式(Background Debugging Mode,BDM)、联合测试工作组(Joint Test Access Group,JTAG)和片上仿真器(On Chip Emulation,OnCE)等。其中,JTAG 是目前主流的 OCD 方式。

1) JTAG 标准

JTAG 是一种关于测试访问端口和边界扫描结构的国际标准,由联合测试工作组(JTAG)提出,于 1990 年被电气和电子工程师协会(Institute of Electrical and Electronics Engineers,IEEE)批准为 IEEE 1149.1 规范,也被称为 JTAG 标准或 JTAG 协议,用于芯片内部测试及对程序进行调试、下载。它规定在芯片内部封装了专门的测试电路——测试访问端口(Test Access Port,TAP),通过专用的 JTAG 仿真器对内部节点进行测试。

由于 JTAG 是一个开放的协议,目前被全球各大电子企业广泛采用,已经成为电子行业内片上测试技术的一种标准。现在,大多数嵌入式处理器都支持 JTAG 标准,如 32 位 ARM 处理器,不论出自哪个半导体厂商,都采用兼容的 JTAG 接口。具有 JTAG 接口的芯片(如 ARM 处理器)都有若干个 JTAG 引脚,其具体描述如表 2-1 所示。

表 2-1 JTAG 接口的引脚定义

引 脚	功 能 描 述
TCK	时钟信号线,同步 JTAG 接口逻辑操作的时钟输入(10～100MHz)
TDI	数据输入信号线,数据在 TCK 上升沿被采样通过 TDI 输入 JTAG 接口

续表

引　　脚	功 能 描 述
TDO	数据输出信号线,数据在 TCK 下降沿被采样通过 TDO 从 JTAG 接口输出
TMS	模式选择信号线,数据在 TCK 上升沿被采样设置测试访问端口 TAP 的工作状态
nTRST	低电平有效的复位信号线(可选),用来使 TAP 控制器复位(TMS 也可以做到)

　　目前,JTAG 接口的常用连接有 3 种标准,即 10 针、14 针和 20 针接口,其定义分别如图 2-9、图 2-10 和图 2-11 所示。

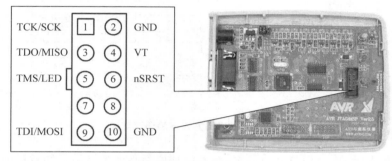

图 2-9　10 针的 JTAG 接口

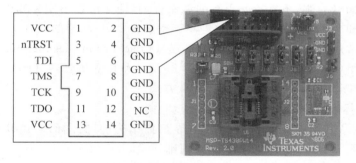

图 2-10　14 针的 JTAG 接口

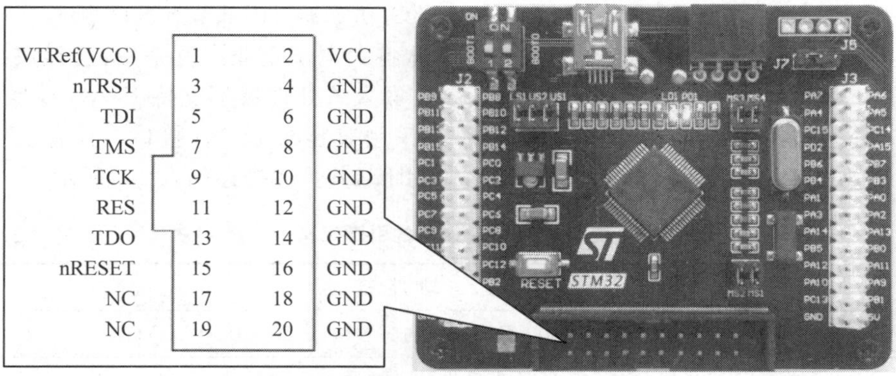

图 2-11　20 针的 JTAG 接口

2）基于 JTAG 的嵌入式调试环境

基于 JTAG 的嵌入式调试环境,由含有 JTAG 接口模块的 CPU、JTAG 仿真器和宿主机 3 部分构成,如图 2-12 所示。

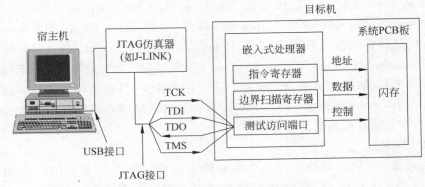

图 2-12　基于 JTAG 的嵌入式调试环境

在基于 JTAG 的嵌入式调试环境中,目标机上含有 JTAG 接口模块的 CPU(如图 2-9 的 AVR、图 2-10 的 MSP430 和图 2-11 的 STM32 等),通过 JTAG 仿真器与宿主机相连。只要目标机 CPU 的时钟系统正常,嵌入式开发者即可利用宿主机上嵌入式集成开发工具中的调试工具程序,通过 JTAG 接口使用独立于目标机 CPU 指令系统的 JTAG 命令访问 CPU 的内部寄存器和挂载在 CPU 总线上的设备,如 Flash、RAM 和内置模块(如 GPIO、Timer 和 UART 等)的寄存器,达到调试的目的。

基于 JTAG 的嵌入式调试,使用测试访问端口和边界扫描技术与目标机的 CPU 通信,与 ROM 监控器的调试方式相比,它不仅功能强大,而且无需目标存储器,不占用目标机资源;与在线仿真器的调试方式相比,它成本非常低廉。因此,在宿主机上使用嵌入式集成开发工具(如 KEIL MDK 或 IAR EWARM 等)配合 JTAG 仿真器进行的基于 JTAG 的嵌入式调试,已成为嵌入式系统目前最有效、使用最广泛的一种调试方式。

3）JTAG 仿真器

JTAG 仿真器又称 JTAG 适配器,是基于 JTAG 的嵌入式调试环境中不可或缺的重要环节。它一边通过 USB 接口与宿主机连接,一边通过 JTAG 接口与目标机的芯片(通常是 CPU)连接,将宿主机调试工具软件的调试命令解析成 JTAG 的信号时序(即协议转换),以设置 TAP 控制器的工作状态,控制对边界扫描寄存器的操作,完成对目标机的芯片(通常是 CPU)的调试工作。

JTAG 仿真器不仅是嵌入式程序调试的重要工具,也是嵌入式软件固化的工具。嵌入式软件固化是指将调试完毕的二进制可执行映像文件烧写到目标机的非易失性存储器中,这个工作往往需要借助专门的烧写设备和烧写软件来完成。对于不支持 JTAG 的 CPU(例如 MCS-51 等),通常需要使用被称为"编程器"的硬件设备和宿主机上的烧写软件来完成嵌入式软件的固化工作。对于支持 JTAG 的 CPU(如 ARM 等),只需通过 JTAG 接口连接 JTAG 仿真器,借助宿主机的调试工具或烧写工具即可完成嵌入式软件的固化工作。

目前,市场上常用的 JTAG 仿真器有 J-LINK 和 ULINK 等。

(1) J-LINK。

J-LINK 是由 SEGGER 公司推出的用于嵌入式处理器仿真调试和软件固化的 JTAG 仿真器,如图 2-13 所示。J-LINK 支持 ARM7/9/11、ARM Cortex-M0/M0+/M1/M3/M4、ARM Cortex-R4/R5、ARM Cortex A5/A8/A9、Microchip PIC32 和 Renesas RX 等多款嵌入式处理器的仿真和程序下载,还可以与 IAR EWARM、KEIL MDK、Rowley CrossWorks、Atollic TrueSTUDIO、Renesas HEW 等嵌入式集成开发工具无缝连接,并且配有 USB 转接线(宿主机端)和 20 针 JTAG 仿真插头(目标机端),即插即用,操作方便,简单易用,Flash 下载速度一般在 200KB/s 左右,RAM 下载速度最高可达 3MB/s,是嵌入式开发中非常实用的调试工具。

(2) ULINK。

ULINK 是 ARM 公司最新推出的配套嵌入式集成开发工具 KEIL MDK 使用的 JTAG 仿真器,是原有 ULINK 仿真器的升级版本,如图 2-14 所示。ULINK 支持 ARM7/9、ARM Cortex-M 等基于 ARM 内核的嵌入式处理器以及部分 8051 和 C166 微控制器,配有 USB 转接线(宿主机端)和 JTAG 仿真插头(目标机端),Flash 和 RAM 的下载速度为几十 KB/s。嵌入式开发工程师结合使用 KEIL MDK 的调试器和 ULINK 仿真器,通过 JTAG 或 SWD 接口,可以方便地在目标机的硬件上进行片上调试和 Flash 编程。

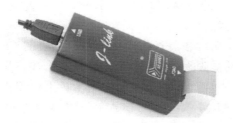

图 2-13　J-LINK 仿真器

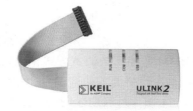

图 2-14　ULINK 仿真器

2.2　嵌入式系统的开发语言

嵌入式系统的开发语言根据开发对象可分为嵌入式硬件开发语言和嵌入式软件开发语言。

2.2.1　嵌入式硬件开发语言

在嵌入式系统硬件开发中,如果通用集成电路无法满足应用的要求,就需要使用硬件语言设计 CPLD/FPGA 等可编程逻辑器件来实现。目前,嵌入式系统开发中主要使用的硬件语言是 VHDL 和 Verilog HDL。

1. VHDL 语言

VHDL 是在 ADA 语言基础上发展起来的一种硬件描述语言,由美国国防部在 20 世纪 80 年代初组织开发,并于 1987 年被采纳成为 IEEE 标准。它主要用于系统级、算法级、寄存器传输级和门级等多种抽象层次的设计,特别在系统级抽象方面具有较强的能力,适合特大型(千万门级以上)的系统级设计,尤其被欧洲厂商所偏爱。

2. Verilog HDL 语言

Verilog HDL 是在 C 语言基础上发展起来的一种硬件描述语言,由 GDA 公司 (Gateway Design Automation,1989 年被 Cadence 公司收购)在 1983 年推出,并于 1995 年被采纳成为 IEEE 标准。它主要用于算法级、寄存器传输级、门级和开关电路级等多种抽象层次的设计,特别在门级和开关电路描述方面具有较强的能力,尤其在美洲地区广受欢迎。

2.2.2　嵌入式软件开发语言

不同于 PC 上的应用系统开发,嵌入式系统开发建立在特定的硬件平台上,资源有限,无论是处理器的运算速度还是存储器的容量,都无法与通用计算机相比,有的嵌入式系统对实时性还有特殊的要求。因此,嵌入式软件开发语言必须简洁实用,支持交叉编译,编译后生成的目标代码体积小、效率高、可移植性好,同时具有较强的直接操作硬件的能力。

目前,嵌入式系统开发中主要使用的程序设计语言有汇编语言、C 语言和 Java 语言。

1. 汇编语言

汇编语言是一种以处理器指令系统为基础的低级程序设计语言,采用指令助记符表达指令操作码,采用标识符号表示指令操作数。作为汇编语言的主体,汇编指令与机器指令一一对应。不同类型的处理器有着不同的汇编指令和汇编语言。

使用汇编语言进行嵌入式软件开发,最大的优点就是对底层设备操控性好、效率高。但同时它也具有以下缺点:一是依赖于具体处理器的指令,功能有限,编程比较烦琐复杂;二是其代码的可读性、可移植性和可重复性都很差。尤其是可移植性,由于不同类型处理器的汇编语言互不兼容,针对某款处理器编写的汇编语言程序要想在另一种处理器上运行,需要对其进行很大的改动甚至完全重写。

在早期,几乎所有的嵌入式软件都是用汇编语言编写的。这可以保证嵌入式处理器和硬件的灵活性及高效性。但由于汇编语言的缺点,使嵌入式软件开发存在较大的复杂性,通常很难被嵌入式软件开发人员快速掌握,既不利于开发较大的嵌入式软件,也不利于嵌入式软件的修改和维护。因此,在现在以高级语言开发为主的嵌入式软件开发中,汇编语言只作为辅助语言。只有在一些与硬件紧密结合或实时性要求特别高的地方才插入一小段汇编语言,如嵌入式系统底层的驱动程序、操作系统的任务切换等。

2. C 语言

C 语言是一种通用高级编程语言,同时兼具高级语言的优点和低级语言直接控制硬件的能力,所以又被称为"低级"的高级语言。C 语言是嵌入式软件开发中使用最为普遍的编程语言,据 2013 年度中国嵌入式行业发展现状调查报告显示,C 语言占据 70% 的市场份额。这一统计结果表明:无论是在传统的工业控制领域、通信领域,还是迅猛发展的消费电子,安防控制、信息家电等领域,C 语言仍然是嵌入式软件开发语言的首选。

C 语言能够在嵌入式开发中被广泛使用,是因为它具有众多的优点:语言简洁紧凑,使用方便灵活,表达能力强,生成的目标代码质量高,程序执行效率高,具有结构化控制语句,适合模块化设计,具有良好的开放性和兼容性。尤为重要的是,C 语言独立于任何特定的机器结构,并且大多数处理器支持 C 语言提供的数据类型和控制结构。除了涉及操作系统细节,大部分库函数可用 C 语言来编写,并可以方便地在不同处理器间进行移植,具有优秀的兼容性。

因此,虽然 C 语言在执行效率上不及汇编语言,但它更贴近于自然语言的习惯,并且有着很好的兼容性和可移植性,常用于开发大型的嵌入式软件,尤其是系统软件,如嵌入式操作系统内核、嵌入式 TCP/IP 协议栈、嵌入式文件系统和嵌入式 GUI 等。在现在的嵌入式软件开发中,结合 C 语言和汇编语言各自的特点,经常会出现 C 语言和汇编语言混合编程的情况,例如,在 C 语言程序中直接嵌入汇编语言代码,在 C 语言程序中调用使用汇编语言定义的函数,在汇编语言中使用 C 语言定义的全局变量等。

3. Java 语言

Java 最初被命名为 Oak,是 Sun 公司于 1991 年为消费类电子产品的嵌入式应用而度身设计,目标定位于家用电器等小型系统的编程语言,来解决诸如电视机、电话、闹钟、烤面包机等家用电器的控制和通信问题。Sun 公司于 1995 年 5 月将其更名为 Java,并重新设计用于开发跨平台应用软件。

Java 是一种面向对象、解释型、平台无关、分布式、健壮、安全、动态和支持多线程的编程语言,主要具有以下特性。

1) 面向对象

Java 是纯面向对象的程序设计语言。它继承了 C++ 语言面向对象技术的核心,将数据封装于类中,利用类的优点,实现了程序的简洁性和便于维护性。类的封装性、继承性等有关对象的特性,使程序代码只需一次编译,然后通过上述特性反复利用。程序员只需把主要精力用在类和接口的设计和应用上。

2) 解释型

传统的高级语言,一般都针对具体的 CPU 芯片进行编译,生成与 CPU 相关的机器代码。不同于此,Java 不针对 CPU 芯片进行编译,而是把源程序编译成称为字节码(Byte Code)的一种"中间代码"。字节码是很接近机器码的文件,可以在提供了 Java 虚拟机(Java Virtual Machine,JVM)的任何系统上被解释执行。

3) 平台无关性

平台无关性是指 Java 能运行于不同的平台。Java 引进虚拟机原理。Java 虚拟机是建立在硬件和操作系统之上，实现 Java 二进制代码（字节码）的解释执行功能。因此，Java 的数据类型与机器无关，用 Java 编写的程序能在世界范围内共享。

4) 分布式

Java 语言支持 Internet 应用的开发。在 Java 应用编程接口中有一个网络应用编程接口（Java net），它提供了用于网络应用编程的类库，包括 URL、URLConnection、Socket、ServerSocket 等。另外，Java 的 RMI（远程方法激活）机制也是开发分布式应用的重要手段。

5) 安全性

Java 舍弃了 C++ 中通过指针对存储器地址的直接操作。程序运行时，内存由操作系统分配，这样避免了病毒通过指针侵入系统。另外，Java 对程序提供了安全管理器，防止程序的非法访问。

6) 健壮性

Java 的强类型机制、异常处理、垃圾的自动收集和类型检查是 Java 程序健壮性的重要保证。除此之外，Java 还提供了 Null 指针检测、数组边界检测、异常出口、Byte code 校验等功能。

7) 动态

Java 语言是动态的。Java 语言的设计目标之一是适应动态变化的环境。Java 程序需要的类能够动态地被载入到运行环境，也可以通过网络来载入所需要的类。这也有利于软件的升级。另外，Java 中的类有一个运行时刻的表示，能进行运行时刻的类型检查。

8) 支持多线程

Java 语言原生支持多线程。在 Java 语言中，线程是一种特殊的对象，必须由 Thread 类或其子（孙）类来创建。线程的活动由一组方法来控制。Java 语言支持多个线程的同时执行，并提供多线程之间的同步机制。

综上所述，Java 语言由于其卓越的开放性、通用性、高效性、安全性和平台移植性，自面世后就非常流行，发展迅速，广泛应用于个人计算机、数据中心、游戏控制台、科学超级计算机、嵌入式 Web 和移动应用开发等各个领域。尤其是随着 Android 移动设备的普及，基于 Android 的大量应用需求进一步推动了 Java 的广泛使用，尤其是在嵌入式移动领域。目前，Java 已经成为 Android 平台应用的首选开发语言，在基于 Android 的应用开发中起着不可替代的作用。

2.3　嵌入式系统的开发过程

从形式上看，嵌入式系统的开发过程，与通用计算机应用系统开发类似，一般包括需求分析、系统规划、系统实现、系统测试、系统发布 5 个阶段。但从内容上看，与通用计算机应用系统开发的各个阶段基本仅涉及软件不同，嵌入式系统的开发过程不仅涉及硬件，也涉及软件，甚至还要涉及机械方面的内容。本节以一般嵌入式系统的开发周期为

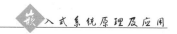

线索,以目前生活中一个常见的嵌入式可穿戴设备——手环的开发为实例,详细讲述嵌入式系统的开发过程。

2.3.1 需求分析

需求分析是嵌入式系统开发过程的第一步。嵌入式系统的需求分析就是通过与用户反复沟通,收集用户对嵌入式系统的原始需求并加以整理、小结和提炼,确定嵌入式系统的设计任务和设计目标,形成嵌入式系统规格说明书。

嵌入式系统的需求一般分为功能性需求和非功能性需求两方面。功能性需求是指嵌入式系统的基本功能,如系统的输入输出、操作方式等。非功能性需求主要指性能、成本、尺寸、重量和功耗等。

由功能性需求和非功能性需求构成的嵌入式系统规格说明书通常以表格形式描述,如表 2-2 所示。

表 2-2 嵌入式系统规格说明书

项目	说　　明
名称	嵌入式系统的总体概括
目的	嵌入式系统基本功能的简单描述,嵌入式系统主要特点的概括介绍
输入	对输入的详细描述,如数据类型(模拟/数字)、特性(周期/随机、位数)和输入设备类型(如按键)
输出	对输出的详细描述,如数据类型(模拟/数字)、特性(周期/随机、位数)和输出设备类型(如LCD)
功能	对嵌入式系统所要完成工作的详细描述,分析从输入到输出的流程。如当嵌入式系统接收到某个输入时,执行哪些动作,会产生哪些影响
性能	嵌入式系统正常工作时,对数据处理速度和精度、实时性以及实用性等方面的要求,如嵌入式系统对输入数据和输出数据的速度、精度和格式等方面的要求
环境	嵌入式系统正常工作时,对工作环境的要求,如供电电压、温度和湿度范围等
功耗	嵌入式系统的功耗要求(对于电池供电的嵌入式系统尤为重要),嵌入式系统的功耗通常用系统所载电池容量(mAh)及其待机工作时长表示
体积	嵌入式系统的大小(长、宽、高),有些嵌入式系统对于尺寸有严格的限制,如放在标准柜里的智能仪表
重量	嵌入式系统的重量。有些嵌入式系统对重量有较高的要求,如手持设备
成本	嵌入式系统的成本估算。嵌入式系统的成本主要包括生产成本和人力成本

下面,以生活中常见的可穿戴设备——计步器为例,说明在嵌入式系统需求分析阶段,如何使需求表格来描述用户的需求。

计步器是一种穿戴式、嵌入式智能设备,它可以统计穿戴者的步数,测算穿戴者的运动距离和热量消耗,达到监测穿戴者运动量的效果。

针对以上的需求分析和描述,经过进一步市场调研、整理和提炼,可以得到计步器的

规格说明书,如表 2-3 所示。

表 2-3　计步器规格说明书

项目	说　　明
名称	计步器
目的	监测用户的运动量
输入	1 个按键(数字量)
输出	OLED 屏(Organic Light Emitting Diode,有机电激光显示)
功能	监测、记录和统计用户的运动,并根据按键输入,在 OLED 屏上依次切换显示当前运动步数、运动距离和消耗热量等信息
性能	计步误差不超过±3%,计步范围 0~99 999 步,运动距离精度 0.01km,消耗热量精度 0.1 卡
环境	直流 3V 供电。温度-20~45℃,相对湿度 30%~85%下正常工作
功耗	CR2032 电池供电(3V/210mA·h),可待机工作 6 个月
体积	小于 120mm×80mm×70mm
重量	≤100mg
成本	≈50 元

2.3.2　系统设计

系统设计是嵌入式系统开发过程的第二步,又称总体设计或概要设计,是根据需求分析的结果设计体系架构,确定软件和硬件的功能划分,进行硬件和软件设计。

1. 体系架构设计

体系架构描述了整个系统的整体构造和组成,它是系统设计的第一步。

首先,应当明确要开发的系统的实时性要求。如果是实时系统,还应确认是硬实时系统还是软实时系统。如果是硬实时系统,对外部事件响应的要求非常严格,必须进行详细的定时分析。如果是软实时系统,对外部事件响应的要求没有那么严格,偶尔延迟不会对系统造成毁灭性的影响。

其次,应当明晰要开发的系统的组成结构。它由单个嵌入式系统构成,还是由多个子系统(子系统可以是嵌入式系统,也可以是通用计算机)共同构成。对于由单个嵌入式系统组成的产品,可以用系统结构图概述单个嵌入式系统的构成(通常是以某个 MCU 为核心,辅以若干外设);对于由多个子系统组成的产品,不仅要解析各个子系统完成的功能,用结构图分别概述每个子系统的构成,而且还要用总图描述各个子系统间的连接方式,分析它们之间的关系。

例如,根据 2.3.1 节中得到的计步器规格说明书(表 2-3),设计该计步器的结构,如图 2-15 所示。

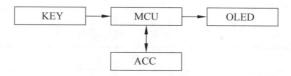

图 2-15　手环的体系结构设计

由图 2-15 可见,计步器以 MCU 为核心,辅以切换按键(KEY)、加速度传感器(ACC)和 OLED 屏等构成。

2. 软硬件划分

在完成体系结构设计后,要对系统结构进行软硬件划分,确定某项功能是用硬件还是用软件实现。需要注意的是,这里说的要进行软硬件划分的功能是指既可以用硬件也可以用软件实现的功能,如加密/解密、编码/解码、压缩/解压、浮点运算和快速傅里叶变换等。例如,在 DVD 系统的开发中,视频解码功能既可以用硬件芯片去实现,也可以用软件算法去实现。

这些具有软硬件双重性的功能,用硬件或软件实现各有优劣。如果用硬件实现,速度快,简化应用软件结构,但成本高,灵活性差,不易升级;如果用软件实现,成本低,灵活性高,易于升级,但速度慢、应用软件设计复杂。

因此,进行软硬件划分时,在细致分析应用环境和需求的基础上,还应考虑以下因素:

(1)性能。无论使用硬件还是软件实现特定功能,必须满足系统的性能要求,这是最重要的,也是进行软硬件划分的首要原则。

(2)成本。在软硬件实现同样能满足系统性能要求的前提下,尽可能考虑性价比高的那种实现方式。

(3)其他。除了性能和成本,在软硬件划分时,还应将系统资源利用率、软硬件技术熟悉度、开发周期和第三方支持等因素考虑在内。

3. 硬件设计

硬件是嵌入式系统运行的载体,也是嵌入式系统的基础。嵌入式系统的硬件为嵌入式系统软件提供了执行环境,限定了嵌入式系统软件能够访问的资源。嵌入式系统所能完成的功能首先从硬件上得以体现。嵌入式系统的硬件设计是在嵌入式系统软硬件划分的基础上,对划分为硬件部分的功能单元所进行的设计,一般包含嵌入式处理器的选择、外设和其他器件的选择以及硬件设计和仿真工具的选择等部分。

1)嵌入式处理器的选择

嵌入式处理器是嵌入式系统的核心。开发者在为应用选择嵌入式处理器时,应从以下几个方面加以考虑:

首先,根据系统应用特点确定嵌入式处理器的类型。如果是小型嵌入式应用,微控制器足够了。如果应用涉及信号处理(如音频编码、视频信号处理、图像处理等)和数学

计算,应选择数字信号处理器。

其次,根据系统处理数据的主要类型确定嵌入式处理器的字长。如果应用中主要数据的位数大于 8 位,就应该选择 16 位或 32 位的嵌入式处理器。例如对模拟信号采样时,ADC 是 12 位的,如果采用 8 位的 CPU,在输入或输出以及在中间的数据处理时都要进行数据的类型转换,影响程序运行效率,应选用 16 位或 32 位的嵌入式处理器。

再次,技术因素。技术因素通常是系统的功能性需求对嵌入式处理器的要求,主要包括字长、工作频率、内部和外部存储器容量、定时器、中断、I/O 接口和功耗等。尤其对 I/O 接口的考量,应根据需求分析中对输入和输出的描述,选择将系统所需要的 I/O 功能(例如 UART、以太网控制器、USB 控制器、LCD 控制器等)尽可能集成在嵌入式处理器上的单芯片方案。目前,随着半导体技术的发展,大量的功能外设被集成在嵌入式处理器上。而且,这些集成外设信息在嵌入式处理器芯片的数据手册上都能查到。因此,通常在嵌入式处理器选型时,要查阅备选芯片的数据手册以评估该产品是否能够满足设计上的功能性和非功能性需求,包括电压、电流、引脚分配、驱动能力等。在基本选定嵌入式处理器后,还要察看它的技术参考手册以确定其各个功能模块的工作模式是否符合要求。

最后,非技术因素。非技术因素通常是系统的非功能性需求对嵌入式处理器的要求,主要包括价格成本、开发者的熟悉程度、开发工具、处理器制造商和第三方的技术支持等。例如,开发工具的支持在嵌入式系统的开发中具有重要地位,不仅影响开发的进度,而且直接关系到嵌入式系统的性能,甚至影响到项目的成败。又如,价格成本是影响嵌入式处理器选型的另一重要原因,对于工业应用来说,8 位的 MCU 基本都在 1 美元以下,32 位的 CPU 相对较贵。但是对于航空航天应用来说,供货稳定性和可靠性是选择嵌入式处理器的一个非常重要的原因,因为从武器设计到退役往往几十年,不仅要保证设计时能买到嵌入式处理器,更要保证在设备维护时有相应的备件来替换。

尤其值得注意的是,对于一个嵌入式开发者,选择嵌入式处理器的目的,不在于挑选速度最快、主频最高的嵌入式处理器,而在于选取能够满足系统各方面要求的处理器。

例如,2.3.1 节中所述计步器(参见表 2-3),选用 ST 公司低成本、较低功耗的 32 位增强型微控制器 STM32F103C8T6 作为嵌入式处理器。它支持较低的电源电压(2.0～3.6V)、能在较高的主频(72MHz)下工作,内置充足的 RAM(20KB)、ROM(64KB)、GPIO 引脚(37 个)、2 个 ADC(12 位,10 通道)、1 个高级定时器、3 个通用定时器以及各种常用通信接口(2 个 SPI、2 个 I2C、3 个 USART、1 个 CAN 和 1 个 USB 2.0 全速等),完全能够满足计步器这个小型嵌入式应用的设计要求。

2) 外设和其他器件的选择

嵌入式系统的硬件,除了嵌入式处理器,还有嵌入式存储器、嵌入式 I/O 接口和设备。对于这些器件的选择同样重要。例如,计步器中的三轴加速度传感器和 OLED、导航仪中的 GPS 芯片和 LCD、机器人中的舵机及其驱动芯片,这些器件连接嵌入式处理器和外部世界,对于嵌入式系统功能的实现起着关键的作用。在选择这些外设时,不仅要查阅备选器件的数据手册以确认其性能参数(如精度、体积、重量等)必须满足实际应用的要求,而且要注意其电源电压范围、数据通信接口(如 SPI、I2C 和 UART 等)是否与所

选嵌入式处理器的通信接口匹配。

例如，2.3.1节中所述计步器，选用ADXL345作为加速传感器。ADXL345是一款由ADI(Analog Devices，Inc.)公司于2008年推出的三轴(X轴、Y轴和Z轴)加速度计，可以对高达±16g的加速度进行高分辨率(13位，最高分辨率4mg/LSB)测量，能够满足计步器的测量要求。而且，ADXL345的电源电压范围为2.0～3.6V，测量结果以16位二进制补码的数字形式输出，可以通过SPI/I2C接口的方式访问，能与已选定的计步器控制核心——支持2.0～3.6V供电、具有SPI/I2C接口的STM32微控制器无缝连接。并且，ADXL345采用MEMS(Micro-Electro-Mechanical System)技术，体积小(3mm×5mm×1mm)，功耗低(在典型电压2.5V下，测量模式下电流23μA，待机模式下电流0.1μA)，重量轻(30mg)，非常适合使用于典型的可穿戴设备——计步器中。

再如，2.3.1节中所述计步器，选用分辨率为128×32的OLED作为显示输出设备。它以SSD1306芯片为驱动，支持128×32点阵显示，可以显示数字、字母、汉字和图形等，完全能够满足本计步器中对步数、距离和卡路里等信息的显示需求。并且，与常用的显示输出设备——LCD相比，由于它可以自发光而不像LCD需要借助背光源显示，因此功耗更低。同时，它的面积相对较小(30mm×11.5mm×1.45mm)，重量较轻(约1g)，更适用于如计步器这类可穿戴设备的显示。而且，它支持3.0～5.5V供电，可以通过I2C接口的方式访问，能与已选定的计步器控制核心——支持2.0～3.6V供电、具有多个I2C接口的STM32微控制器无缝连接。

3) 硬件设计和仿真工具的选择

嵌入式系统的硬件开发离不开硬件设计和仿真工具。如果现有的标准集成电路芯片不能满足系统对嵌入式处理器、外设和其他器件的选择要求，就需要嵌入式开发人员使用Xilinx ISE和Altera Quartus Ⅱ等PLD开发工具来设计和定制特殊功能器件或进行片上系统开发。即使为嵌入式系统选定了嵌入式处理器、外设及其他器件芯片，还需要设计连接它们的印刷电路板(Printed Circuit Board，PCB)。这就要借助Protel(现为Altium Designer)、ORCAD和PowerPCB等PCB设计工具来完成电路原理图(schematic)绘制、印刷电路板文件制作和电路仿真(simulation)等一系列工作。

4. 软件设计

嵌入式系统软件设计是实现嵌入式系统功能的关键，通常包括嵌入式软件架构设计和嵌入式软件模块划分两方面。

1) 嵌入式软件架构设计

嵌入式系统软件设计的第一步是进行嵌入式软件架构设计，决定是否要使用嵌入式操作系统。

(1) 操作系统的嵌入式软件架构。

如果嵌入式系统的功能比较简单，硬件资源有限且对实时性要求不高，完全可以不选用嵌入式操作系统，而根据应用的实际需求和特点，采用循环轮询结构或基于中断的前后台结构的嵌入式软件架构。例如，2.3.1节中所述计步器是一个简单的小型嵌入式系统，功能单一且没有特殊的实时性要求，因此无须使用嵌入式操作系统，而采用基于中

断的前后台架构。

（2）有操作系统的嵌入式软件架构。

如果嵌入式系统的功能相对复杂或者对实时性和可靠性有着较高的要求，应当选用嵌入式操作系统。虽然嵌入式操作系统的增加给系统带来了额外的开销和成本，但它保证了系统的实时性和可靠性，降低了系统的复杂性，易于移植和维护，缩短了软件的开发周期。

如果决定要使用嵌入式操作系统，那么下一步就是决定使用哪个嵌入式操作系统。这通常要考虑以下几个因素：

首先，嵌入式系统硬件的支持。嵌入式硬件对嵌入式操作系统的支持，主要体现在嵌入式处理器的支持和存储器的支持两方面。嵌入式处理器对嵌入式操作系统的选择有着"一票否决权"。例如，嵌入式操作系统 WinCE 和嵌入式 Linux，需要 MMU（Memory Management Unit，存储管理单元）的支持，只能运行在 ARM720T 及以上内核的带有 MMU 的嵌入式处理器上。同时，嵌入式操作系统需要占用一定的 RAM 和 ROM，要均衡考虑是否需要额外购买 RAM 或 ROM 来满足嵌入式操作系统对存储器的要求。

其次，嵌入式操作系统本身的特性。有的嵌入式操作系统具有较好的实时性能，如 μC/OS-II、Vxworks 等；有的嵌入式操作系统具有较强的可裁剪性，如嵌入式 Linux、Vxworks 等。这需要嵌入式软件开发人员根据实际的应用要求来选择。

再次，第三方对嵌入式操作系统的支持。有的嵌入式操作系统只支持该系统供应商的开发工具，因此还必须向操作系统供应商获取编译器和调试器；而有的嵌入式操作系统提供丰富的第三方开发工具支持，选择余地较大。

最后，其他因素的影响。其他因素主要包括嵌入式操作系统是否开源免费，开发人员对嵌入式操作系统及其 API 的熟悉程度等。

2）嵌入式软件模块划分

嵌入式软件模块/任务的划分是嵌入式软件设计的最后一步，对于后续嵌入式软件的实现起着至关重要的作用。它的主要工作是根据上一步确定的嵌入式软件架构，将嵌入式软件按功能或硬件划分为若干个模块或任务，并设计全局数据结构、模块间的接口或任务间的通信方式。

嵌入式软件模块的划分，按有无嵌入式操作系统，可以分为以下两种情况：

（1）无操作系统的嵌入式软件模块的划分。

无操作系统的嵌入式软件通常分为一个主模块和若干个子模块。

① 主模块用于实现嵌入式系统的主流程。它根据上一步确定的嵌入式软件架构（循环轮询结构或前后台结构），通过调用各个子模块中的函数实现嵌入式系统的具体功能。因此，主模块贯穿嵌入式系统运行的始终，是嵌入式软件的灵魂。

② 子模块用来实现嵌入式系统各个子功能。按其实现的功能来划分，子模块可以分成两类：硬件驱动类子模块和数据处理类子模块。

硬件驱动类子模块通常对应于微控制器的某个片内外设（如定时器、DMA 和中断控制器等）或片外外设（如 LED、按键和传感器等），直接操控硬件，负责实现该外设的各种

操作,如初始化、参数配置、数据的输入输出和中断处理等。例如,精确延时模块,通过控制片内外设——定时器 2 实现微秒级的可控延时功能。又如,LED 模块,负责控制片外外设——LED,实现初始化 LED(即配置微控制器上连接 LED 的 GPIO 引脚)、点亮 LED和熄灭 LED 等操作。

数据处理类子模块不涉及具体的硬件操作,而是根据各种规则或算法对数据进行整理、过滤和转换,以便后续进一步的处理和显示。例如,滤波模块,根据数字滤波算法,通过对多个输入数据(通常是由硬件驱动类子模块多次采集到的数据)进行降噪处理,得到一个可信度较高的结果。

例如,对于 2.3.1 节中所述计步器,根据前述的功能描述和硬件设计,其软件模块可划分为 1 个主模块和 5 个子模块(OLED 模块、加速度传感器模块、按键模块、计步模块和转换模块),如图 2-16 所示。其中,在 5 个子模块中,前 3 个(OLED 模块、加速度传感器模块和按键模块)是硬件驱动类子模块,分别负责管理和操作计步器中 3 种不同类型的设备(分辨率 128×32 的 OLED、加速度传感器 ADXL345 和屏显切换按键);后 2 个(计步模块和转换模块)是数据处理类子模块,分别完成计步判断、统计和步数与距离、热量的转换等功能。

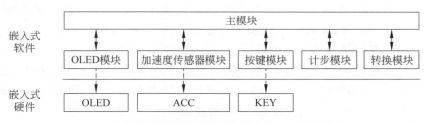

图 2-16 无操作系统的计步器软件模块的划分

(2) 带操作系统的嵌入式软件任务的划分。

带操作系统的嵌入式软件任务的划分,实际上是将基于嵌入式操作系统的应用程序划分为若干个任务。在设计一个基于嵌入式操作系统的复杂应用时,任务划分是嵌入式软件设计的关键,直接影响嵌入式软件设计的质量,对系统的运行效率、实时性和吞吐量有着很大的影响。一个好的任务划分,必须满足系统的实时性指标,具备合理的任务数量,同时能够简化软件设计,降低资源需求。如果任务划分过细,会引起任务频繁切换,增加了系统开销;如果任务划分过粗,会造成原本可以并行的操作只能串行完成,减少了系统的吞吐量。

为了达到系统效率和吞吐量之间的平衡和折中,从系统的功能出发进行任务划分,应遵循以下原则:

- 以 CPU 为中心,将与各种输入输出设备相关的功能分别划分为独立的任务。
- 找出"关键"功能,将其最关键部分剥离出来用一个独立的任务或中断服务程序完成,剩余部分用另外一个任务实现,两者之间通过通信机制进行通信;所谓"关键"功能是指某种功能在应用系统中的重要性,如果这种功能不能正常实现,将造成重大影响,甚至引发灾难性的后果。这种功能必须得到运行机会,即使遗漏一次也不行。

- 找出"紧迫"功能,将其最紧迫部分剥离出来用一个独立的高优先级任务或中断服务程序完成,剩余部分用另外一个任务实现,两者之间通过通信机制进行通信;所谓"紧迫"功能是指某种功能必须在规定的时间内得到运行,并在规定的时刻前执行完毕。可见,此类功能具有严格的实时性要求。
- 对于既"关键"又"紧迫"的功能,按"紧迫"功能处理。
- 将耗时较多的数据处理功能独立出来,划分为低优先级任务。
- 将关系密切的若干功能组合成一个任务,达到功能聚合的效果。
- 将由相同事件触发的若干功能组合成一个任务,从而免除事件分发机制。
- 将运行周期相同的功能组合成一个任务,从而免除时间事件分发机制。
- 将若干按固定顺序执行的功能组合成一个任务,从而免除同步接力通信。

2.3.3　系统实现

系统实现,又称详细设计,是对系统设计的进一步细化:在硬件方面,根据上一阶段硬件设计中选定的嵌入式处理器、外设等器件,使用硬件辅助工具,完成嵌入式硬件部分的制作;在软件方面,根据上一阶段软件设计中确定的软件架构和模块/任务划分,选择合适的嵌入式开发语言和开发工具,为每个模块/任务编写具体的代码。

1. 硬件实现

嵌入式系统的硬件实现,是根据系统设计阶段得到的系统结构图和选定的电子器件,辅以必要的硬件仿真和设计工具,从嵌入式处理器的最小系统开始,规划嵌入式处理器的资源,设计嵌入式处理器与相关外设间的接口电路,最终完成嵌入式系统硬件的构建。嵌入式系统的硬件实现,以嵌入式处理器最小系统为核心和起点,逐步扩展和连接外设,通常可以分为嵌入式处理器最小系统的构建、嵌入式处理器的资源规划和嵌入式处理器与外设间的接口设计三个步骤。

1) 嵌入式处理器最小系统的构建

嵌入式处理器最小系统,又称嵌入式处理器的最小应用系统,是指用最少的电子元件组成的嵌入式处理器可以工作的系统,一般由嵌入式处理器、电源电路、时钟电路、复位电路以及调试和下载电路等构成。嵌入式系统开发的"千里之行",始于嵌入式处理器最小系统的构建。根据嵌入式处理器的最小系统图,正确构建嵌入式处理器最小系统,是嵌入式系统硬件制作的第一步。

2) 嵌入式处理器的资源规划

嵌入式处理器的资源规划,是根据系统设计阶段得到的系统结构图和选定的外设器件,规划系统中要用到的嵌入式处理器的引脚和片上外设(如定时器、中断、ADC、UART和 SPI 等),确保其引脚和外设不存在互相冲突或重复使用的现象,列出嵌入式处理器的资源规划表。

例如,2.3.1 节中所述计步器,以微控制器 STM32F103C8T6 为控制核心。根据前述硬件设计,至少需要在微控制器 STM32F103C8T6 上分配 1 个 SPI 或 I2C(如 SPI1 或 I2C1,与带 SPI/I2C 接口的加速度传感器 ADXL345 通信)、1 个不冲突的 I2C(如 I2C2,

与带 I2C 接口的 OLED 通信)和 1 个引脚(与屏显切换按键相连)。因此,计步器的控制核心——微控制器 STM32F103C8T6 的资源规划,包括引脚和片上外设分配,如表 2-4 和表 2-5 所示。

表 2-4　计步器的控制核心——微控制器 STM32F103C8T6 的资源规划 1(引脚分配)

微控制器的引脚	连接的片外设备	备　注
PA13 (EXTI-EXTI13)	KEY	连接计步器的屏显切换按键
PA5 (SPI1-SCK)	ADXL345	连接加速度计_时钟线 SCLK
PA6 (SPI1-MISO)	ADXL345	连接加速度计_数据线 SDO
PA7 (SPI1-MOSI)	ADXL345	连接加速度计_数据线 SDI
PB10 (I2C2-SCL)	OLED	连接 OLED_I2C 时钟线 SCL
PB11 (I2C2-SDA)	OLED	连接 OLED _I2C 数据线 SDA

表 2-5　计步器的控制核心——微控制器 STM32F103C8T6 的资源规划 2(片上外设分配)

微控制器的片上外设	连接的片外设备	备　注
GPIO (PA13)	KEY	计步器的屏显切换按键
SPI1 (PA5/PA6/PA7)	ADXL345	计步器的加速度计
I2C2 (PB10/PB11)	OLED	计步器的 OLED
EXTI [EXTI13]		STM32 的外部中断/事件控制器,用于按键中断
NVIC		STM32 的中断控制器,用于按键中断

3) 嵌入式处理器与外设间的接口设计

在完成嵌入式处理器的资源规划后,即可根据资源规划表中的引脚分配,设计和制作嵌入式处理器与相关外设间的接口电路。所谓接口电路,是指嵌入式处理器与相关外设(如 LED、按键、LCD 和传感器等)间的引脚连接情况。

例如,对于 2.3.1 节中所述计步器(具体要求参见表 2-3),需要分别设计嵌入式处理器(微控制器 STM32F103C8T6)与屏显切换按键(通过 GPIO 引脚 PA13)、加速度传感器(AXDL345,通过 SPI1 接口)和 OLED(通过 I2C2 接口)的接口电路,并完成连接和测试,分别如图 2-17 至图 2-19 所示。

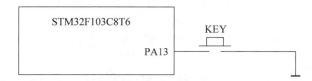

图 2-17　微控制器 STM32F103C8T6 与计步器屏显切换按键 KEY 之间的接口设计

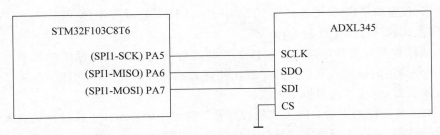

图 2-18　微控制器 STM32F103C8T6 与计步器加速度传感器 AXDL345 之间的接口设计

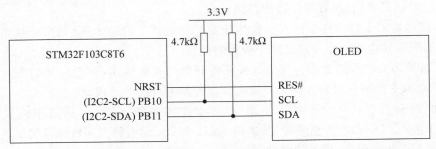

图 2-19　微控制器 STM32F103C8T6 与计步器 OLED 屏之间的接口设计

2. 软件实现

嵌入式系统软件实现,通常包括嵌入式软件开发语言的选择、嵌入软件开发工具的选择、嵌入式软件模块/任务的实现等步骤。

1) 嵌入式软件开发语言的选择

嵌入式软件开发语言的选择,主要考虑以下因素:

(1) 通用性。不同类型的嵌入式处理器有着自己专用的汇编指令。这就增加了使用汇编语言进行嵌入式软件开发和维护的难度。而高级语言,尤其是 C 语言,与具体机器的硬件结构关联较少,多数嵌入式处理器对它都有良好的支持,通用性较好。

(2) 可移植性。汇编语言和具体的嵌入式处理器密切相关,为某个嵌入式处理器设计的汇编语言源程序不能直接移植到另一个不同类型的嵌入式处理器上使用,移植性差;而高级语言,尤其是 C 语言,对所有的嵌入式处理器都是通用的,具有较好的移植性。

(3) 执行效率。通常,越是高级语言,其编译器和开销就越大,应用程序也越大、执行速度越慢;但如果单纯依靠低级语言如汇编语言来进行嵌入式应用程序的开发,则指令复杂,编程难度增加,开发周期变长。因此,嵌入式软件工程师需要在开发时间和运行性能间进行权衡。

(4) 可维护性。使用低级语言如汇编语言编程,调试难度较大,可维护性不高。而高级语言程序往往使用模块化设计,尤其是在带操作系统的嵌入式软件设计中,各个模块之间的接口是固定的。当系统出现问题时,可以很快地将问题定位到某个模块内,并尽快得到解决。另外,模块化设计也便于系统功能的扩充和升级。

例如,对于 2.3.1 节所述计步器(具体要求参见表 2-3),其软件开发选用 C 语言作为主

要开发语言,仅有少量代码(微控制器 STM32F103C8T6 的启动程序)使用汇编语言编写。

2) 嵌入式软件开发工具的选择

嵌入式软件开发工具是嵌入式软件工程师进行嵌入式系统开发的好帮手。一款功能强大、方便易用的嵌入式软件开发工具能使嵌入式软件开发事半功倍。在选择嵌入式软件开发工具时,应主要考量以下因素:

(1) 对系统硬件的支持。嵌入式软件开发工具必须能够编译生成目标机嵌入式处理器的可执行代码,这是选择嵌入式软件开发工具的首要条件。

(2) 系统调试器的功能。系统调试特别是远程调试是嵌入式软件开发工具的重要功能之一,包括设置断点、察看寄存器和存储器等。

(3) 库函数的支持。许多嵌入式软件开发工具提供了大量的库函数、项目工程模板和代码,给嵌入式应用程序开发带来了极大的便利。

(4) 其他因素。其他因素包括嵌入式软件开发工具的成本(免费还是付费)、软件开发工具厂商的支持服务以及嵌入式开发人员对开发工具的熟悉程度。

例如,对于 2.3.1 节中所述计步器(具体要求参见表 2-3),根据选用的微控制器(STM32F103C8T6)和个人熟悉程度,选用 KEIL MDK 作为嵌入式软件开发工具。

3) 嵌入式软件模块/任务的实现

嵌入式软件模块/任务的实现,是整个嵌入式软件实现的最后一步,也是工作量最大的一步。通俗地说,在这一环节,嵌入式软件工程师使用上述选定的嵌入式软件开发工具(如 KEIL MDK 或 IAR EWARM 等)和嵌入式软件开发语言(如 C 语言、汇编语言等)编写实现软件功能的具体代码。

根据嵌入式软件中有无操作系统,其内容又有所不同:

(1) 无操作系统的嵌入式软件的实现。

对于无操作系统的嵌入式软件的实现,主要工作是根据前述系统设计阶段软件设计中划分的模块(通常包括一个主模块和多个子模块),进一步分析模块之间的关系,进而为每个模块设计程序流程图或者函数原型,最后编写相应的代码实现模块的各个函数。

① 主模块。

主模块对应于嵌入式软件的主体架构。不同的嵌入式软件架构,主模块的构成也不尽相同。对于基于循环轮询的嵌入式软件架构,主模块仅由一个主函数构成。对于基于前后台的嵌入式软件架构,主模块由一个主函数和若干个中断服务函数构成。根据 2.3.2 节的"软件设计"中确定的嵌入式软件架构,嵌入式软件工程师分析主模块与子模块之间的关系,子模块和子模块之间的关系,根据需要定义适当的全局变量,为主模块设计相应的程序流程图(包括主函数的程序流程图和中断服务函数的程序流程图),通过在主函数或中断服务函数中调用各个子模块的驱动函数来实现外设的输入输出和信息处理,实现各个模块间的信息共享,进而实现嵌入式系统的整体功能。

例如,根据 2.3.2 节所述,计步器的嵌入式软件开发采用无操作系统下的前后台架构。其主模块由主函数和屏显切换按键的中断服务函数等构成,并定义显示标志、步数、距离和卡路里 4 个全局变量,分别设计主函数和中断服务函数的程序流程图,分别如图 2-20 和图 2-21 所示。

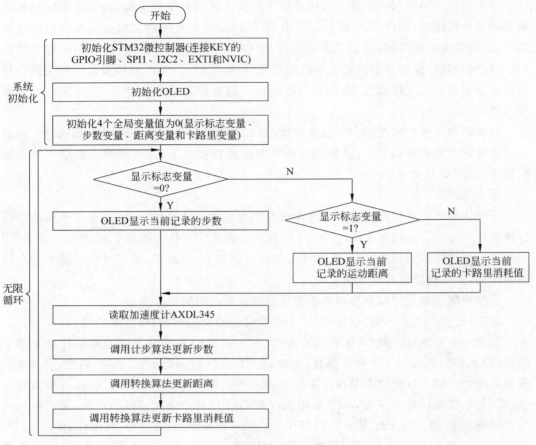

图 2-20　计步器主函数的程序流程图

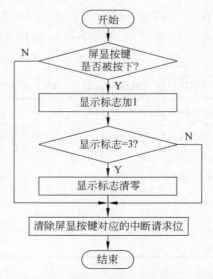

图 2-21　计步器屏显切换按键中断服务函数的程序流程图

　　计步器的主函数与大多数无操作系统下的嵌入式软件结构类似,也是由系统初始化和无限循环构成的,如图 2-20 所示。其中,系统初始化包括硬件初始化和软件初始化两部分,分别完成对硬件(微控制器 STM32F103C8T6、外设 OLED 屏)的初始配置和软件(显示标志、步数、距离和卡路里 4 个全局变量)的初始赋值(0)。紧接初始化的无限循环是计步器主函数的主体部分,通过调用各相关子模块的函数完成计步、统计和切换显示等功能。

　　计步器的屏显切换按键中断服务函数,只有当屏显切换按键按下时才被执行。在屏显切换按键中断服务函数中,判断屏显切换按键是否被按下,并根据判断的结果更新显示标志,如图 2-21 所示。

　　② 子模块。

　　子模块具体负责操控某个硬件外设或者实现某种软件算法。通常,每个子模块由源程序文件(×××.c)和头文件(×××.h)构成。源程序文件一般以子模块名.c 命名,用于存放子模块各个函数的定义;头文件一般以子模块名.h 命名,用于存放子模块各个函数的声明,供主模块或其他子模块调用。

　　子模块的实现通常可分为函数原型设计和函数代码编写两步。

　　首先,根据 2.3.2 节的"软件设计"中对子模块的功能划分,设计必要的函数。例如,对于 2.3.1 中所述计步器(具体要求参见表 2-3),其 OLED 模块负责直接操控计步器中的硬件 OLED 屏,设计 9 个驱动函数,实现 OLED 屏的初始化配置、清屏、填充、字符显示等基本功能。OLED 模块由源程序文件 oled.c 和头文件 oled.h 构成。oled.c 用来存放 OLED 各个驱动函数的定义,oled.h 用来存放 OLED 各个驱动函数的声明,供主模块或其他子模块调用。OLED 模块共包括 I2C2_Configuration、OLED_WriteByte、OLED_WriteCmd、OLED_WriteData、OLED_Init、OLED_SetPos、OLED_Fill、OLED_CLS 和 OLED_ShowStr 9 个驱动函数,分别实现初始化微控制器 STM32F103C8T6 的 I2C2、向某个寄存器地址写字节、写命令、写数据、初始化 OLED 屏、设置起始点坐标、全屏填充、全屏清除、从 OLED 屏的指定位置开始显示字符串等操作,其具体设计如表 2-6 到表 2-14所示。

表 2-6　OLED 模块中的驱动函数——I2C2_Configuration

函数原型	void I2C2_Configuration(void);
功能描述	初始化微控制器 STM32F103C8T6 的 I2C2(与 OLED 屏相连)
函数参数	无
返回值	无
先决条件	无
调用函数	无

表 2-7　OLED 模块中的驱动函数——OLED_WriteByte

函数原型	void OLED_WriteByte(uint8_t addr,uint8_t data);
功能描述	向 OLED 某个寄存器地址写入 1B 数据
函数参数	addr：寄存器地址 data：字节数据
返回值	无
先决条件	I2C_Configuration
调用函数	无

表 2-8　OLED 模块中的驱动函数——OLED_WriteCmd

函数原型	void OLED_WriteCmd(unsigned char cmd);
功能描述	写命令
函数参数	cmd：命令
返回值	无
先决条件	I2C_Configuration
调用函数	OLED_WriteByte

表 2-9　OLED 模块中的驱动函数——OLED_WriteData

函数原型	void OLED_WriteData(unsigned char data);
功能描述	写数据
函数参数	data：数据
返回值	无
先决条件	I2C_Configuration
调用函数	OLED_WriteByte

表 2-10　OLED 模块中的驱动函数——OLED_Init

函数原型	void OLED_Init(void);
功能描述	初始化 OLED 屏
函数参数	无
返回值	无
先决条件	I2C_Configuration
调用函数	OLED_WriteCmd

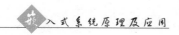

表 2-11   OLED 模块中的驱动函数——OLED_SetPos

函数原型	void OLED_SetPos(unsigned char x, unsigned char y);
功能描述	设置起始点
函数参数	x：起始点横坐标 y：起始点纵坐标
返回值	无
先决条件	I2C_Configuration,OLED_Init
调用函数	OLED_WriteCmd

表 2-12   OLED 模块中的驱动函数——OLED_Fill

函数原型	void OLED_Fill(unsigned char color);
功能描述	使用某色全屏填充
函数参数	color：指定颜色
返回值	无
先决条件	I2C_Configuration,OLED_Init
调用函数	OLED_WriteCmd,OLED_WriteData

表 2-13   OLED 模块中的驱动函数——OLED_CLS

函数原型	void OLED_CLS(void);
功能描述	全屏清除
函数参数	无
返回值	无
先决条件	I2C_Configuration,OLED_Init
调用函数	OLED_Fill

表 2-14   OLED 模块中的驱动函数——OLED__ShowStr

函数原型	void OLED_ShowStr(unsigned char x, unsigned char y, unsigned char ch[]);
功能描述	在 OLED 屏的指定位置(x,y)显示指定字符串
函数参数	x：显示字符串起始位置的横坐标 y：显示字符串起始位置的纵坐标 ch：要显示的字符串
返回值	无
先决条件	I2C_Configuration,OLED_Init
调用函数	OLED_SetPos,OLED_WriteData

然后,使用选定的嵌入式开发语言和嵌入式开发工具编写代码实现子模块的每个函

数。编写函数代码的关键在于流程图的设计。对于数据处理类子模块,在编写其函数时,应当参考指定的软件算法(特别是流程图或伪代码)。对于硬件驱动子模块,在编写其函数时,应当参考该子模块对应外设硬件的数据手册或参考手册(特别是其中的指令表和时序图)。例如,对于 2.3.1 节中所述计步器,其 OLED 模块中驱动函数 OLED_WriteByte 的具体实现过程如下:先查找对应 OLED 驱动控制器芯片 SSD1306 的数据手册和参考手册,再依据其相应的指令表和时序图画出程序流程图,最后按照流程图并结合 STM32 微控制器 I2C 接口的工作原理,逐步写出代码。

(2) 带操作系统的嵌入式软件的实现。

对于带操作系统的嵌入式软件的实现,主要工作是为在前述系统设计阶段软件设计中划分的每个任务编写相应的代码。

各个任务的代码实现过程是一个自顶向下的过程,一般可以分为以下步骤:

首先,分析系统总体任务关联,明确每个任务在系统整体中的位置、角色及其与其他任务或 ISR 之间的关系。在 2.3.2 节的软件设计环节中,完成了任务划分的工作后,就确定了系统总的任务数量以及关联的 ISR(中断服务程序)数量。为了进行任务设计,必须把这些任务(包括 ISR)之间的相互关系搞清楚。在无操作系统的嵌入式软件实现中,模块之间的关系可以分为两种:一种是调用关系,如主模块调用子模块;另一种是共享变量关系,如主模块与子模块之间共享某个公共变量。与之类似,在带操作系统的嵌入式软件实现中,任务(包括 ISR)之间的关系可以分为两种类型:一种是行为同步关系,体现为时序上的触发关系,如本任务的运行受到哪些任务或 ISR 的制约(即本任务在运行过程中需要等待哪些任务或 ISR 发出的信号量或消息),又如本任务或 ISR 可以控制哪些任务的运行(即本任务或 ISR 在运行过程中会向哪些任务发出信号量或消息,以达到触发这些任务的目的);另一种是资源同步关系,体现为信息的流动和共享关系,如本任务在运行过程中需要得到哪些任务或 ISR 以何种形式提供的数据,又如本任务或 ISR 在运行过程中会以何种形式向哪些任务提供数据。以上种种,都可以使用系统总体任务关联图来表示各个任务(包括 ISR)之间的相互关系。

然后,根据每个任务的关联分析和指定功能,画出每个任务的程序流程图。在分析了本任务与其他任务或 ISR 的各种关系后,合理设计本任务的工作流程,使得本任务和其他任务或 ISR 协调工作,完成预定的功能。由此可见,画出任务的程序流程图是实现任务的关键。任务的程序流程图与模块的程序流程图不同。在前述无操作系统的嵌入式软件实现中,模块的程序流程图是一直运行的。而在带操作系统的嵌入式软件实现中,任务的程序流程图中包含至少一处系统服务函数调用,有可能被挂起,所以实际上是断续运行的。

最后按照每个任务的程序流程图编写对应的任务函数代码。在画完任务的程序流程图后,编写任务函数的程序代码就比较容易了。但需要注意的是,在编写任务函数的代码时,尽可能使用操作系统自带的系统服务函数,通过调用系统服务函数完成各种系统管理功能,如任务管理、通信管理和时间管理等。

2.3.4　系统测试

测试是系统开发中不可或缺的环节。嵌入式系统的测试与 PC 上应用软件的测试既有许多共同之处，也有着重要的区别，其不同之处主要体现在以下方面。

首先，对于 PC 上的应用软件，它的测试环境通常就是它的开发环境和运行环境。而由于嵌入式系统中一般不具备很好的显示平台或输出能力，通常采用交叉测试的方法，常常需要在基于宿主机的测试和基于目标机的测试中做出折中。基于宿主机的测试虽然代价较小，但毕竟在仿真环境中运行，难以完全反映系统运行的真实情况；基于目标机的测试需要占用较多的时间和费用。这两种环境下的测试可以发现不同的缺陷，关键要对目标机环境和宿主机环境下的测试内容进行合理的取舍。为了使用测试工具更快地完成测试，目前的趋势是把更多的测试放在宿主机环境中进行，但目标机环境的复杂性和独特性不可能完全模拟，例如实时性测试、硬件接口测试、中断测试只能在目标机上进行。

其次，与 PC 上的应用软件相比，由于嵌入式系统的资源有限（嵌入式处理器主频低、存储空间小等），不易维护升级（嵌入式软件固化在嵌入式系统内部的存储介质上），而且运行环境比较恶劣（嵌入式系统可能发生断电、物理损坏等极端情况），所以嵌入式系统测试除了验证逻辑上或功能上的正确性外，还要注重系统的性能和健壮性。

1. 嵌入式测试方法

与 PC 上应用软件的测试类似，嵌入式系统的测试方法可以分为黑盒测试和白盒测试两种。

1）黑盒测试

黑盒测试，又称功能测试，把嵌入式系统看成黑盒，在完全不考虑其内部结构和特性的情况下，测试其外部特性。嵌入式系统通常包括输入、输出以及在两者之间进行数据处理的软件算法或硬件电路等。黑盒测试关心的是嵌入式系统中哪些输入是可以接受的，这些输入会产生怎样的输出，而不关心在输入和输出之间进行数据处理的软件算法或硬件电路等是如何实现的。一般来说，黑盒测试主要包括以下方面：

（1）边界测试。输入表示特定输入范围边界的值以及使输出产生输出范围边界的值。例如，对于室温监测仪，应选择"需求分析"阶段规格描述书的功能性需求中规定的所能测量的最大温度值、最小温度值和 0 度。

（2）极限测试。在测试过程中，已经达到嵌入式系统某一功能的最大承载极限或某一部件的最大容量，仍然对其进行相关操作。常见的测试手段有使输入信道、UART 缓冲区、内存缓冲区、磁盘等部件超载等。例如，对于典型的嵌入式系统——手机连续进行短信的接收和发送，超过收件箱和 SIM/UIM/PIM 卡所能存储的最大的条数，仍然进行短信的接收或发送，以检测其表现，来评估用户能否接受。

（3）健壮性测试。又称容错性测试（fault tolerance testing），用于测试嵌入式系统在出现故障时是否能够自动恢复继续运行。例如，在故意按错按键或突然掉电后，嵌入式系统能否恢复正常工作。这点对于生命周期较长，不易维护升级，特别是在恶劣或无人

值守环境下工作的嵌入式系统尤为重要。

（4）性能测试。性能是许多嵌入式产品要求的一部分，嵌入式系统的性能测试主要包括时间性能和空间性能两方面。时间性能是指嵌入式系统对一个具体事件的响应时间。例如，对于计步器，从按下"切换"键到完成屏幕显示切换的时间。如果嵌入式系统对实时性有特殊的要求，那么就要借助一定的测试工具对嵌入式软件的算法复杂度和嵌入式实时操作系统的任务调度进行分析测试。空间性能是指嵌入式软件运行时所消耗的系统资源，如 CPU 的利用率和内存的占用率。嵌入式系由于资源有限，与 PC 上的应用软件相比，对空间性能有着更高的约束。

总而言之，黑盒测试根据嵌入式系统的用途和外部特征查找缺陷，其最大的优点在于不依赖具体的软件代码或硬件电路，而是从实际使用的角度进行测试。

2）白盒测试

白盒测试，又称结构测试，把嵌入式系统看成透明的白盒，根据程序或电路的内部结构和逻辑来设计测试用例，对程序或电路的路径进行测试，检查是否满足设计的需要。典型的白盒测试包含以下方面：

（1）语句或路径测试。程序中的语句或电路中的模块被选择的测试实例至少执行一次。

（2）判定或分支覆盖。选择的测试实例使每个分支（包括真和假分支）至少执行一次。

（3）条件覆盖。选择的测试实例使每个用于判定的条件（项）具有所有可能的逻辑值。

由此可见，白盒测试要求测试人员对软件或电路的结构有详细的了解。尤其在嵌入式软件测试中，白盒测试与代码覆盖率密切相关，可以在白盒测试的同时计算出测试的代码的覆盖率，保证测试的充分性。测试 100% 的代码几乎是不可能的，应该选择最重要的代码进行白盒测试。由于严格的安全性和可靠性的要求，与 PC 上的应用软件相比，嵌入式软件测试通常要求有更高的代码覆盖率。而且，对于嵌入式软件，白盒测试不必在目标硬件上运行，更实际的方法是在开发环境中通过硬件仿真进行，因此选取的嵌入式测试工具应支持在宿主机环境中的测试。

2. 嵌入式测试工具

目前，用于辅助嵌入式测试的工具很多，下面介绍几类常用的嵌入式软件测试工具。

1）内存分析工具

在嵌入式系统中，内存约束通常是有限的。内存分析工具用来处理在动态内存分配中存在的缺陷。当动态内存被错误地分配时，通常难以再现，可能导致的失效难以追踪，使用内存分析工具可以避免这类缺陷进入现场测试阶段。目前，内存分析工具主要分两类：基于软件和基于硬件。基于软件的内存分析工具可能会对代码的性能造成很大的影响，从而严重影响实时操作；基于硬件的内存分析工具价格昂贵，而且只能在工具限定的环境中使用。

2）性能分析工具

在嵌入式系统中，经常会有这样的要求，在限定时间内处理一个中断或生成具有特定实时要求的一帧。因此，嵌入式程序的时间性能是非常重要的。对于大多数嵌入式应用来说，大部分执行时间用在相对少量的代码上，耗时的代码大约占所有代码总量的5%～20%。嵌入式软件工程师面临的问题通常是决定应该对哪一部分代码进行优化来改进性能，避免花费大量时间去优化那些对性能没有任何影响的代码。性能分析工具会提供相关数据，描述执行时间是如何消耗的，是什么时候消耗的，以及每个函数所用的时间。根据这些数据，可以确定哪些函数消耗了较多的执行时间，从而可以决定如何优化代码，获取更好的时间性能。不仅如此，性能分析工具还可以引导嵌入式软件工程师发现在系统调用中存在的错误以及程序结构上的缺陷。

3）覆盖分析工具

在进行白盒测试时，可以使用代码覆盖分析工具追踪哪些代码被执行过。覆盖分析的过程一般通过插装来完成。插装，可以在测试环境中嵌入硬件，也可以在可执行代码中加入软件，还可以是两者相结合。软件插装方式的代码覆盖分析工具可能侵入代码的执行，影响实时代码的运行过程。而硬件插装方式的代码覆盖分析工具侵入程度较小，但价格比较昂贵且被测代码的数量通常受限。一般来说，覆盖分析工具通常提供有关功能覆盖、分支覆盖和条件覆盖的信息。通过这些结果数据，嵌入式软件工程师加以总结，可以确定哪些代码被执行过，哪些代码被遗漏。

4）GUI(Graphic User Interface，图形用户界面)测试工具

目前，很多嵌入式应用带有某种形式的图形用户界面进行交互，还有些嵌入式系统的性能测试是根据用户输入响应时间进行的。GUI测试工具可以作为脚本工具在开发环境中运行测试用例，其功能包括对操作的记录和回放、抓取屏幕显示，供以后分析、比较、设置和管理测试过程。

3. 嵌入式测试步骤

嵌入式系统的测试可以分为以下四步。

1）平台测试

平台测试包括硬件电路测试、嵌入式操作系统及底层驱动程序的测试等。硬件电路需要专门的测试工具进行测试；嵌入式操作系统及底层驱动程序的测试包括测试嵌入式操作系统的任务调度、实时性能、通信端口的数据传输速率等。该阶段测试完成后，应为最后的嵌入式系统构建一个完整的基础平台。

2）单元测试

单元测试又称模块测试。一般来说，一个大型的嵌入式软件会被划分为若干个较小的模块，由不同的嵌入式软件工程师负责，同时进行编码。完成各模块的编写后，在把它们集中起来前，必须对每个模块分别进行调试。

嵌入式系统的单元测试一般是在宿主机环境下进行的，通常采用白盒测试的方法，尽可能地测试每一个函数、每一个条件分支、每一条语句，以提高代码测试的覆盖率。其中，模块接口、局部数据结构、重要的执行路径、出错处理和边界条件应被重点检查。

3）集成测试

集成测试,又称组装测试,把各个模块按照系统设计阶段软件设计环节中确定的要求组装起来进行测试。即使所有模块都通过了各自的单元测试,但在组装后,仍可能出现问题,如全局数据结构出错,一个模块的功能对其他模块造成不利的影响,可接受的单个模块的误差经过模块组合后误差累积达到不能接受的程度等。

集成测试通常有两种方法:一种是非增量式集成法,即分别测试各个模块,再把这些模块组合起来进行整体测试;另一种是增量式集成法,即把下一个要测试的模块组合到已测试好的模块中进行测试,测试完成后再加入新的模块开始新一轮测试,直至所有模块都添加完毕。非增量式集成可以对模块进行并行测试,充分利用人力,加快测试进度,但这种方法容易造成混乱,出现错误时不易查找和定位。而增量式集成的测试范围一步步扩大,错误易于定位,而且已测试的模块可在新的条件下再次测试,测试更彻底。嵌入式系统的集成测试可以在宿主机环境下进行,采用黑盒测试与白盒测试相结合的方法,最大限度地模拟实际运行环境,为了提高测试效率,可以暂时屏蔽一些不影响系统执行的函数以及一些数据传递难以模拟的函数。

4）现场测试

现场测试是将嵌入式系统的硬件、软件、网络、物理环境等各种因素结合在一起,对整个嵌入式系统进行确认测试。现场测试是在位于实施环境中的目标机上进行的,需要在现场环境中,从用户的角度出发,根据需求分析阶段确定的规格说明书设计测试样例,采用黑盒测试的方法对所开发的嵌入式系统进行测试,验证每一项具体的功能,并与需求分析阶段确定的规格说明书中的要求进行比较,发现所开发的嵌入式系统与用户需求不符或矛盾的地方。

常见的嵌入式系统的现场测试主要包括一般性测试、稳定性测试、负载测试和压力测试等内容。

（1）一般性测试,是指让被测的嵌入式系统在现场正常的软硬件、网络及物理环境下运行,不向其施加任何压力,测试系统的各项功能及性能指标。

（2）稳定性测试,又称可靠性测试（reliability testing）,是指被测的嵌入式系统在现场连续运行一段较长的时间,检查其在运行期间各项功能和性能指标的稳定程度。

（3）负载测试（load testing）,是指让现场被测的嵌入式系统在其能忍受的压力的极限范围之内连续运行,测试系统的稳定性。

（4）压力测试（stress testing）,是指持续不断地给现场被测的嵌入式系统增加压力,直到将被测的嵌入式系统压垮为止,用来测试嵌入式系统所能承受的最大压力。

2.3.5 系统发布

在完成系统测试后,即可对嵌入式系统进行发布,交付用户使用。在发布嵌入式系统并交付用户使用时,应将完整的产品使用手册（包含产品硬件清单、基本性能参数、使用说明和日常维护保养的注意事项等）同时交付用户。

2.4　嵌入式开发工程师之路

2.4.1　嵌入式行业和人才的现状分析

21世纪以来,嵌入式系统几乎无所不在的应用领域使其成为一项极具发展潜力的产业。近年来,物联网和云计算的兴起,给嵌入式系统的发展带来的新的机遇。如今,每年全球嵌入式系统相关工业产值已超过1万亿美元,而且每年以超过30％的速度在增长。在中国,每年嵌入式软件的行业产值也已经超过四千亿元人民币,预计未来三年中国嵌入式软件产业仍将有高达40％左右的年增长率。

与此对应的是嵌入式人才的极度匮乏,据权威部门统计,随着嵌入式系统成为当前最热门、最有发展前途的IT应用领域之一,嵌入式人才缺口达到了每年80万人左右。根据2013年度《中国嵌入式行业发展现状调查报告》显示,目前从事嵌入式开发"不到1年"和"1～2年"的工程师所占的比例依然是最大的,分别是29％和25％,占总参与调研人数的54％,对比2012年增加了4个百分点,而具备相对丰富开发经验的嵌入式工程师(2年以上工作经验)则占总调研人数的46％,这说明近一两年有过半的一线研发工程师投身到嵌入式这一热门行业中,并且继续呈现出逐年增长的趋势。嵌入式的发展速度和专业人才的成长速度依然有着一定的差距,行业内专业研发工程师供不应求的状态在未来的一段时间内仍将持续。在招聘职位人气榜上,嵌入式工程师"行市"走高,无论嵌入式软件工程师还是嵌入式硬件工程师都跻身前五位,而且嵌入式开发工程师的平均薪资相比其他行业也要高出不少。刚入门的嵌入式工程师年薪一般都能达到5～7万元,有3年以上经验的嵌入式高级工程师年薪都在10万元以上,而有10年工作经验的嵌入式资深工程师年薪更是在30万元左右。从以上数据可以看出,对于嵌入式工程师来说,"工作经验"显得尤为重要,相比其他IT从业人员,嵌入式工程师的开发经验将会使薪水增长更快。这对于新入行的嵌入式工程师来说是一个巨大的机遇,从个人职业发展角度来看,未来将会有更大的发展空间。

因此,无论从行业发展还是薪资待遇来看,嵌入式开发工程师无疑是一个既有"前途"又有"钱途"的职位。

2.4.2　嵌入式开发工程师的能力要求

不同于一般的计算机系统,嵌入式系统是一个跨行业应用并伴随着电子工业的发展呈现高速发展的行业。嵌入式系统特有的专业特点决定了其对嵌入式开发工程师的培养有特殊的要求和较高的基础。

那么,一个既有"前途"又有"钱途"的嵌入式开发工程师到底要具备哪些能力和素质呢?

1. 基本要求

综合业界需求,嵌入式开发工程师应当具备以下基本学历、能力和素质要求:

（1）具有电气信息类相关专业本科及以上学历。

（2）具有基本的专业英语阅读能力。

（3）具有扎实的 C 语言编程和分析能力。

（4）精通一种嵌入式微控制器,如本书介绍的基于 ARM Cortex-M3 内核的 STM32系列。

（5）掌握一种嵌入式开发工具,如本书使用的 KEIL MDK。

（6）具有较强的责任心,能承受工作压力。

（7）具有良好的团队精神和沟通能力。

2. 具体岗位的能力要求

进一步细分,嵌入式开发工程师可以分为嵌入式硬件工程师和嵌入式软件工程师,除了具备以上基本素质外,两者还有着不同的要求。

嵌入式硬件工程师一般还应具备以下条件:

（1）具备良好的模拟电路和数字电路基础。

（2）精通常用的接口电路。

（3）会使用至少一种 EDA 设计软件,设计和制作电路板。

嵌入式软件工程师一般还应具备以下条件:

（1）精通一种常用的嵌入式操作系统,如嵌入式 Linux 等。

（2）掌握一种常用的网络通信协议,如 TCP/IP 协议等。

（3）掌握 MPEG 编解码算法和技术,如 MPEG4 等。

2.4.3　嵌入式开发工程师的进阶之路

基于以上对嵌入式行业前景和人才要求的分析,如何才能从一个嵌入式"菜鸟"修炼成为一个既有"前途"又有"钱途"的嵌入式开发工程师呢?

1. 从微控制器开始

微控制器是整个嵌入式系统的核心,无论对于嵌入式软件工程师还是嵌入式硬件工程师,微控制器都是学习嵌入式系统的起点。

一个嵌入式初学者在论坛上最常见的问题是:目前市场上微控制器那么多,我到底该学习哪一个好呢? 对这个问题,每个嵌入式开发者从各自经验出发,可能有着各自不同的答案。很多初学者因此随波逐流,学了 51 学 PIC,过一阵再学 ARM,但对每款微控制器都浮光掠影,不求甚解,最后学得虽多但不深,临到用时一个也用不上。针对这种情况,笔者建议嵌入式爱好者和初学者不要贪多,选择一款目前业界主流的嵌入式微控制器和常用的嵌入式开发工具,精通之,熟用之,足矣。各种微控制器有着很多相似的地方,只要抓住其中某款主流的微控制器,掌握其基本原理,精通其主要接口,熟悉其典型应用,以后遇到其他类型的微控制器,比较其共性和差别,便能由此及彼,方便地将应用从一个微控制器移植到另一个微控制器上。

那么,在选定一款微控制器后,如何才能做到精通它呢? 笔者认为,从微控制器的最

小系统入手,以其为核心,选择相应电子元件加上最小系统在面包板或洞洞板上搭建硬件电路,并在嵌入式开发工具下使用 C 语言编写、编译、链接、调试和下载应用程序,从点亮一个发光二极管开始,由易而难,从简单到复杂,逐步深入,结合实例,软硬并重,在学习以微控制器为核心的嵌入式系统基本原理的同时,熟悉和体验嵌入式系统开发过程。本书的后续内容由此展开,以目前被广泛使用的基于 ARM Cortex-M3 内核的嵌入式微控制器 STM32F103RCT6 为目标,讲述其系统结构、存储组织、各模块和接口的原理,并详细介绍其在嵌入式开发工具 KEIL MDK 下使用 C 语言开发的典型应用实例。希望读者在看完本书后,不仅能掌握 STM32F103RCT6 这款微控制器的基本原理和典型应用,而且能达到举一反三,"窥一斑而知全豹"的效果。

2. 精通一款微控制器之后

一个嵌入式初学者在精通一款微控制器后,嵌入式才算真正入门,脱掉了"菜鸟"的帽子。这时,可以根据个人基础、兴趣爱好和职业定位,选择未来的发展方向,并做好相应的知识和技术积累:

1) 如果想成为一名嵌入式硬件工程师

如果想成为一名嵌入式硬件工程师,不仅要熟悉各种嵌入式芯片(如微控制器、存储器、调压器、电平转换器等)和接口技术,熟练地使用 Altium Designer(原 Protel)、Cadence Allegro 等电路设计软件并制作电路板,而且还能编写嵌入式系统中与硬件关系最密切的底层软件,如 BootLoader、BSP(Board Support Package,板级支持包)等,为上层应用开发提供必要的支持。

2) 如果想成为一名嵌入式软件工程师

如果想成为一名嵌入式软件工程师,还应至少掌握一个嵌入式操作系统和一个行业相关的应用技术。

(1) 嵌入式操作系统。

随着嵌入式系统复杂性、可靠性和可移植性要求的提高和开发周期的缩短,嵌入式操作系统在嵌入式系统中的使用已经成为趋势。对嵌入式软件工程师而言,在精通一款微控制器后,可以选择以下嵌入式操作系统作为继续进阶的目标:

① 最适合入门的嵌入式操作系统——μC/OS。

μC/OS 是专门为嵌入式应用而设计的,其中 90% 的代码用 C 语言编写,剩下的 CPU 硬件相关部分由汇编语言实现,目前已经移植到现有几乎所有微控制器上。不仅如此,μC/OS 的代码简短且开放源码,非常适合入门者学习嵌入式操作系统的原理。

② 使用最广的嵌入式操作系统——嵌入式 Linux。

与 μC/OS 相比,同样开源的嵌入式 Linux 虽然实时性不强,但应用领域更广。目前在嵌入式 Linux 领域,具备以下能力的工程师尤其缺乏:一是将 Linux 移植到某个新型微控制器上的 Linux 移植工程师;二是编写嵌入式 Linux 驱动程序的 Linux 驱动工程师;三是根据特定应用裁剪和优化嵌入式 Linux 内核的 Linux 内核工程师。

③ 最具潜力的嵌入式操作系统——Android。

近年来,随着智能手机的发展和普及,自由开源的 Android 具有巨大的发展潜力和

广阔的应用前景。作为一名 Android 嵌入式软件工程师,应当具备扎实的 Java 编程能力,并有一定的 C 和 C++ 语言基础,熟悉常用数据结构与算法,掌握 Android 系统架构,了解移动终端的特性和开发特点,同时具有一定的移动终端网络编程经验。

(2) 行业相关的应用技术。

嵌入式是一门行业相关度高、发展速度快的新兴技术。嵌入式软件工程师在完成嵌入式操作系统进阶之后,如果根据嵌入式应用的主要领域,同时结合自身的兴趣爱好,做好相关应用技术的积累,那么未来的嵌入式之路会更宽广。

① 网络协议及编程技术。

网络协议及编程技术包括传统的 TCP/IP 协议和新兴的无线通信协议。目前,随着有线网络的普及,大多数嵌入式系统要连入局域网或 Internet。TCP/IP 协议及其嵌入式编程是联网首先要掌握的基本技术;而未来,嵌入式系统的无线连接和通信是必然趋势,因此掌握无线通信协议及嵌入式无线编程技术是未来对嵌入式软件工程师的要求。嵌入式领域中常用的无线通信协议包括无线局域网通信协议 IEEE 802.11 系列,蓝牙 (Bluetooth) 以及移动通信(如 GPRS、GSM、CDMA)等。

② 数字图像压缩技术。

随着机顶盒、高清电视等设备的发展和普及,数字图像与嵌入式技术的结合越来越紧密。从事这个领域开发的嵌入式软件工程师应掌握 MPEG 编解码算法和技术,如 DVD、MP3、PDA、高清电视、机顶盒等都涉及 MPEG 高速解码问题。

③ 数字信号处理技术。

数字信号处理技术也是与嵌入式紧密结合的技术之一,尤其是在移动通信领域,从事这一领域开发的嵌入式软件工程师需要有信号与系统、数字信号处理的相关背景,熟悉数字信号处理算法(如高速数据采集、压缩、解压缩、通信等)及其在嵌入式系统上的实现。

3. 小结

无论是嵌入式硬件工程师还是嵌入式软件工程师,都不是一日速成的。嵌入式技术既不是在书本上看懂的,也不是在课堂上学会的,而是在实验室中造就的,尤其是在寻找和排除硬件软件错误中练成的。嵌入式系统是一个和实际联系紧密的产业,尤其重视实践应用能力。很难想象一个没有设计制作过一块电路板的工程师是一名合格的嵌入式硬件工程师,也很难想象一名嵌入式软件工程师从来没有在嵌入式系统上开发过一个应用程序。如果一名嵌入式工程师的成长之路有捷径可循,那么参加到具体项目中,从构建一个 MCU 的最小系统开始,不断地动手设计和实现一款属于自己的嵌入式产品,便是唯一的捷径。

2.5 本章小结

本章通过比较嵌入式系统与桌面通用系统开发的异同点,依次分析了嵌入式系统的开发环境(交叉开发)、开发语言、开发工具和调试方式;然后,以生活中常见的嵌入式可

穿戴设备——计步器开发为例,详细介绍了嵌入式系统开发的整个过程;最后,分析目前嵌入式行业和人才的现状,综合当前嵌入式开发工程师的能力要求,给出从嵌入式初学者到嵌入式开发工程师的进阶之路。

习　题　2

1. 概述嵌入式系统的开发环境。
2. 简述嵌入式软件开发工具的构成。
3. 列举目前常用的嵌入式软件集成开发工具。
4. 嵌入式调试方式有哪些?
5. 什么是JTAG?它属于哪种嵌入式调试方式?简述JTAG接口的引脚定义。
6. 目前常用的嵌入式软件开发语言有哪些?它们分别具有什么特点?
7. 嵌入式系统的开发过程可以分为哪几个阶段?

第 2 篇
内 核 篇

第 3 章

ARM Cortex-M3 处理器

本章学习目标
- 了解 ARM 内核和体系结构的发展。
- 熟悉 ARM Cortex-M3 内核的体系结构和编程模型。
- 了解 ARM Cortex-M3 指令系统、异常和中断机制。
- 掌握 ARM Cortex-M3 存储映射和存储格式。
- 能看懂基本的 ARM Cortex-M3 汇编语言程序。

嵌入式处理器类似于人类的"大脑中枢",是嵌入式系统的控制核心,对整个嵌入式系统起着决定性的作用。自从 1971 年第一块在实际中被广泛应用的 CPU 芯片 Intel 4004 诞生以来,出现了 8051、TMS320C10、PIC16、MSP430 等上千种不同的嵌入式处理器。目前,作为全球知名的 32 位嵌入式处理器芯片设计公司,ARM 公司继 ARM7、ARM9 和 ARM11 之后,推出了新一代处理器——ARM Cortex。它是全新开发的,在设计上没有包袱,采用了各种新技术,但因为放弃了向前兼容,以前的 ARM 程序必须经过移植才能在 ARM Cortex 上运行。ARM Cortex 按照 3 种典型的嵌入式应用环境分为 3 个系列:

- Cortex-A 系列。面向高端的基于虚拟内存的复杂操作系统应用,尤其是追求高性能的嵌入式应用场合,如数字电视、机顶盒、平板电脑、智能手机等。
- Cortex-R 系列。面向实时领域的应用,特别是具有严格的实时响应限制的嵌入式应用场合,如高档轿车、大型发电机控制器和机器手臂控制器等。
- Cortex-M 系列。面向低成本低功耗的传统单片机应用场合,如工业控制、测量仪表和医疗器械等。按不同的性能参数,Cortex-M 系列还可以进一步细分为 Cortex-M0、Cortex-M1、Cortex-M3 和 Cortex-M4 等。

本章以 ARM Cortex-M3 为目标,从组成结构、总线接口、编程模型、异常和中断、存储器系统等方面讲述 ARM Cortex-M3 处理器。

3.1　ARM Cortex-M3 组成结构

ARM Cortex-M3 是一款采用 ARMv7 体系架构的 32 位 RISC 处理器,主要由 Cortex-M3 内核和调试系统两大部分组成,其结构框图如图 3-1 所示。

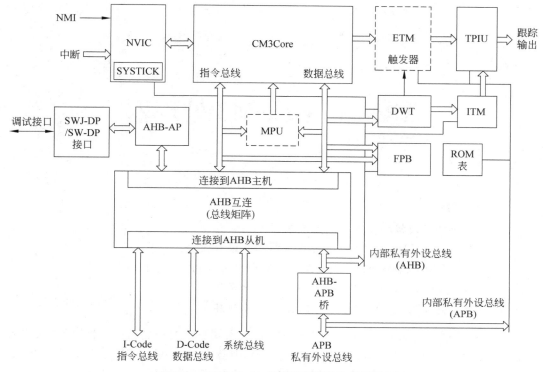

图 3-1　ARM Cortex-M3 处理器的结构框图

3.1.1　Cortex-M3 内核

Cortex-M3 内核主要由 CM3Core(中央处理器核心)、NVIC(nested vector interrupt controller,嵌套向量中断控制器)、SYSTICK(系统定时器)、MPU(memory protection unit,存储保护单元)和总线矩阵(bus matrix)等组成。

1. CM3Core(中央处理器核心)

作为 Cortex-M3 处理器的中央处理核心,即通常所说的 CPU,CM3Core 采用哈佛结构,拥有独立的指令总线和数据总线(如图 3-1 所示),在加载/存储数据的同时能够执行指令取指,效率显著提高。

CM3Core 主要由 ALU(Arithmetic Logic Unit,算术逻辑运算单元)、寄存器组(register bank)、指令解码器(decoder)、取指单元(instruction fetch unit)等部分组成,如图 3-2 所示。

2. NVIC(嵌套向量中断控制器)

NVIC(嵌套向量中断控制器)是一个内建在 Cortex-M3 处理器的中断控制器。NVIC 与 CPU

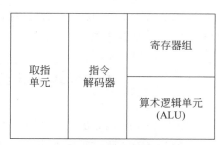

图 3-2　CM3Core 内部结构框图

紧密耦合,包含了若干个系统控制寄存器。NVIC 采用向量中断机制。在中断发生时,它会自动取出对应的服务例程入口地址,并且直接调用,无需软件判定中断源,显著缩短了中断延时。而且,NVIC 还支持中断嵌套,使得在 Cortex-M3 处理器上处理嵌套中断时非常强大。

3. SYSTICK(系统定时器)

SYSTICK(系统定时器)是一个由 Cortex-M3 内核提供、内置于 NVIC 中的 24 位倒计时计数器,每隔一定的时间间隔可以产生一个中断。

在许多操作系统中,都必须由一个硬件定时器来产生需要的"滴答"中断,作为整个系统的时基来执行任务管理。例如,为了允许多个任务在不同的时间片上运行并确保没有一个任务能够独占 CPU,需要一个定时器来产生周期性的中断,而且最好还要让用户程序不能随意访问这个定时器的寄存器,以维持操作系统"心跳"的节律。Cortex-M3 处理器内部提供了一个简单的定时器——系统定时器 SYSTICK。由于所有基于 Coretx-M3 的芯片都带有这个定时器,操作系统在不同的 Coretx-M3 器件间的移植(例如,将系统级应用从 ST 公司的微控制器 STM32F103 移植到 TI 公司的微控制器 LM3S6911 上)时,不必修改系统定时器的相关代码,减少了移植的工作量,降低了移植难度。但是,该定时器的时钟源可以是内部时钟(FCLK,Coretx-M3 上的自由运行时钟)或者是外部时钟(Coretx-M3 处理器上的 STCLK 信号)。由于 STCLK 的具体来源则由芯片设计者决定,因此不同 Coretx-M3 产品间的时钟频率可能会大不相同。因此,实际移植时需要查阅相关 Coretx-M3 器件的数据手册或参考手册来决定选择什么作为时钟源。尤其要注意的是,即使 Cortex-M3 处理器处于睡眠模式下,SYSTICK 也能正常工作。

4. MPU(存储保护单元)

MPU 是一个选配的单元,有些 Cortex-M3 芯片可能没有配备此组件。如果有,它可以把存储器分成一些 Regions 并分别予以保护。例如,它可以让某些区域(region)在用户级下变成只读,从而阻止一些用户程序破坏关键数据。

5. Bus Matrix(总线矩阵)

总线矩阵是 Cortex-M3 处理器内部总线系统的核心。它是一个 32 位的 AHB 总线互连网络,用来将 Cortex-M3 处理器和调试接口连接到不同类型和功能划分的外部总线,从而实现数据在不同总线上的并行传输。

总线矩阵分别与下列外部总线相连:

(1) I-Code 总线:用于从代码存储区取指令和向量。

(2) D-Code 总线:用于对代码存储区进行数据访问,例如,进行查表等操作。

(3) 系统总线:用于访问内存和外设,覆盖的区域包括片上 SRAM、片上外设、片外 RAM、片外扩展设备以及系统区的部分空间。

(4) 私有外设总线(Private Peripheral Bus,PPB):用于访问私有外设,主要是访问调试组件。

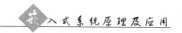

总线矩阵还对以下方面进行控制：

（1）非对齐访问：总线矩阵将非对齐的处理器访问转换为对齐访问。

（2）位带（bit-band）：总线矩阵将位带别名访问转换为对位带区的访问。它执行对位带加载进行位域提取和对位带存储进行原子读-修改-写的功能。

（3）写缓冲：总线矩阵包含一个单入口写缓冲区，该缓冲区使得处理器内核不受到总线延迟的影响。

3.1.2　调试系统

Cortex-M3 处理器包含了若干种调试相关特性，例如，支持停机和调试监视器两种调试模式、指令断点、寄存器和存储器访问以及性能分析（profiling）。此外，Cortex-M3 处理器还具有指令跟踪（由 ETM 产生）、数据跟踪（由 DWT 产生）和调试信息跟踪（由 ITM 产生）3 种跟踪源，并支持各种跟踪机制。

Cortex-M3 处理器的调试系统采用 ARM 最新的 CoreSight 架构。CoreSight 调试架构是一个专业设计的体系，它允许使用标准的方案来访问调试组件，收集跟踪信息，以及检测调试系统的配置。CoreSight 调试架构的定义包罗万象，包括调试接口协议、调试总线协议、对调试组件的控制、安全特性和跟踪接口等部分。

Cortex-M3 处理器的调试系统主要由 SW-DP/SWJ-DP（Serial Wire-Debug Port/Serial Wire JTAG-Debug Port，串行线调试端口/串行线 JTAG 调试端口）、AHB-AP（Advanced High Performance Bus-Access Port，AHB 访问端口）、ETM（Embedded Trace Macro-cell，嵌入式跟踪宏单元）、DWT（Data Watch-point Trigger，数据观察点触发器）、ITM（Instrumentation Trace Macro-cell，仪器化跟踪宏单元）、TPIU（Trace Port Interface Unit，跟踪端口接口单元）、FPB（Flash Patch Breakpoint，Flash 重载及断点单元）和 ROM 表等部分组成。这些组件都用于调试，通常不会在应用程序中使用它们。

1. SW-DP/SWJ-DP（串行线调试端口/串行线 JTAG 调试端口）

不同于以往的 ARM 处理器，Cortex-M3 处理器内核本身不再含有 JTAG 接口。取而代之的是 CPU 提供称为调试访问接口（Debug Access Port，DAP）的总线接口。通过这个总线接口，可以访问芯片的寄存器，也可以访问系统存储器，甚至是在内核运行的时候访问。对 DAP 接口的控制是由一个调试端口（Debug Port，DP）设备执行的。DP 不属于 Cortex-M3 内核，但它们是在芯片的内部实现的。

目前可用的 DP 有 SWJ-DP 和 SW-DP，提供对系统中包括处理器寄存器在内的所有寄存器和存储器的调试访问。SWJ-DP 支持串行线协议和 JTAG 协议，而 SW-DP 只支持串行线协议。与常见的 JTAG 协议相比，串行线协议使用更少的芯片引脚。

2. AHB-AP（AHB 访问端口）

由于在 Cortex-M3 处理器核心内部没有 JTAG 扫描链，因此大多数调试功能都是通过在 NVIC 控制下的 AHB 访问来实现的。AHB-AP 是 AHB 访问端口，通过少量的寄存器提供了对全部 Cortex-M3 存储器的访问功能。

AHB-AP 由 SW-DP/SWJ-DP 通过位于 SW-DP/SWJ-DP 与 AHB-AP 之间的 DAP 来控制。AHB-AP 和 SW-DP/SWJ-DP 协同工作,使外部调试器可以发起 AHB 上的数据传送,从而执行调试活动。当调试主机上的外部调试器需要执行操作时,通过 SW-DP/SWJ-DP 来访问 AHB-AP,再由 AHB-AP 产生所需的 AHB 数据传送,如图 3-3 所示。

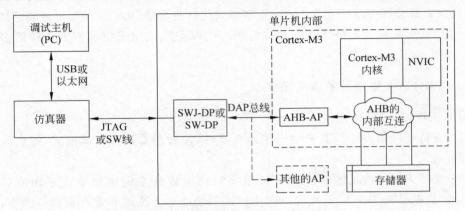

图 3-3　调试主机与 Cortex-M3 的连接图

3. ETM(嵌入式跟踪宏单元)

ETM 用于实现实时指令跟踪,但它是一个选配件,所以不是所有的 Cortex-M3 产品都具有实时指令跟踪能力。ETM 的控制寄存器映射在存储地址空间上,因此调试器可以通过 DAP 来控制它。

4. DWT(数据观察点及跟踪单元)

DWT 单元集成了以下调试功能:

(1) DWT 包含 4 个比较器,其中任何一个都可配置为硬件观察点、ETM 触发、PC 采样事件触发或数据地址采样事件触发。

(2) DWT 包含几个用于性能分析(performance profiling)的计数器。

(3) DWT 能够配置为以定义的间隔发送 PC 采样以及发送中断事件信息。

5. ITM(仪器化跟踪宏单元)

ITM 是一个应用导向(application driven)的跟踪源,支持对应用事件的跟踪和 printf 类型的调试。

ITM 提供以下跟踪信息源:

(1) 软件跟踪:软件能够直接写入 ITM 激励寄存器(stimulus register),从而完成信息包的发出操作。

(2) 硬件跟踪:这些信息包由 DWT 产生,并由 ITM 发出。

(3) 时间戳(time stamping):根据信息包来发送时间戳。

6. TPIU（跟踪端口接口单元）

TPIU 用于为包含 ITM 和 ETM（如果存在）的 Cortex-M3 处理器跟踪数据，和外部的跟踪硬件（如跟踪端口分析仪）桥接。在 Cortex-M3 处理器的内部，跟踪信息都被格式化成"高级跟踪总线（ATB）包"，TPIU 重新格式化这些数据，从而让外部设备能够捕捉到它们。TPIU 可配置为支持低成本调试的串行引脚跟踪或用于更高带宽跟踪的多引脚跟踪。

7. FPB（Flash 重载及断点单元）

FPB 实现以下两项功能：

（1）支持硬件断点。FPB 产生一个断点事件，使处理器进入调试模式（停机或调试监视器异常）。

（2）支持 Flash 地址重载。FPB 可以将对代码地址空间中指令或字面值（literal data）的加载重载到 SRAM 的地址空间中。这项功能对于测试非常有帮助。例如，通过使用 FPB 来改变程序流程，就可以给那些不能在普通情形下使用的设备添加诊断程序代码。

8. ROM 表

ROM 表是一个简单的查找表。其实，它更像一个"注册表"：提供了存储器的"注册"信息。这些信息标识了在这块 Cortex-M3 处理器中包含了哪些系统设备和调试组件以及它们的位置。当调试系统定位各调试组件时，它需要找出相关寄存器在存储器中的地址，这些信息便由此表给出。在绝大多数情况下，由于 Cortex-M3 处理器有固定的存储器映射，所以各个组件都对号入座——拥有一致的起始地址。但是，因为有些组件是可选的，还有些组件是可以由芯片制造商另行添加的，各个芯片制造商可能需要定制它们芯片的调试功能。未来，Cortex-M3 处理器会有越来越多的品牌和型号。如果芯片制造商希望定制自己"另类"的调试组件，那就必须在 ROM 表中给出这些"另类"的调试组件的信息，这样调试软件才能判定正确的存储器映射，进而可以检测可用的调试组件是何种类型。

3.2　ARM Cortex-M3 总线接口

通常，计算机系统都使用总线。总线（bus）是计算机系统内部各个部件之间传送信息的公共通路。总线在计算机系统中的地位如同人的神经中枢系统。计算机系统通过系统总线将其内部各个部件连接到一起，实现了其内部各部件间的信息交换。计算机系统实质上就是将处理器内核以及其他相关部件正确地"挂接"到系统总线上。这种总线结构设计是计算机系统在硬件设计上的一个特点，作为计算机系统的一个分支，嵌入式系统也不例外。

3.2.1　Cortex-M3 总线接口类型

Cortex-M3 处理器的总线接口主要有 I-Code 总线、D-Code 总线、系统总线、外部私有外设总线和调试访问端口总线 DAP 等。

1. I-Code 总线

I-Code 总线是一条基于 AHB-Lite 总线协议的 32 位总线,默认映射到 0x00000000～0x1FFFFFFF 的地址上,主要用于在此地址空间内执行取指操作。取指以字(32 位)的方式执行,即使是对于 16 位指令也如此。因此 Coretex-M3 内核可以一次取出两条 16 位 Thumb-2 指令。

2. D-Code 总线

D-Code 总线也是一条基于 AHB-Lite 总线协议的 32 位总线,默认映射到 0x00000000～0x1FFFFFFF 的地址上,主要用于在此地址空间内执行数据访问操作。尽管 Coretex-M3 支持非对齐访问,但绝不会在该总线上看到任何非对齐的地址,因为处理器的总线接口会把非对齐的数据传送都转换成对齐的数据传送。因此,连接到 D-Code 总线上的任何设备都只需支持 AHB-Lite 的对齐访问,不需要支持非对齐访问。

3. 系统总线

系统总线也是一条基于 AHB-Lite 总线协议的 32 位总线,默认映射到在 0x20000000～0xDFFFFFFF 和 0xE0100000～0xFFFFFFFF 这两个地址空间,主要用于访问片上 SRAM、片上外设、片外 RAM、片外扩展设备等,既可以传送指令也可以传送数据。和 D-Code 总线一样,系统总线上所有的数据传送都是对齐的。在系统连接结构中,一般借助 AHB-APB 桥实现内核内部高速总线到外部低速总线的数据缓冲和转换。Cortex-M3 芯片厂商通常把各自附加的 APB 设备(如定时器、GPIO、SPI、I2C、CAN 等)挂在由 AHB-APB 桥引出的 APB 总线上。

4. 外部私有外设总线

外部私有外设总线是一条基于 APB 总线协议的 32 位总线,默认映射到 0xE0040000～0xE00FFFFF 的地址空间,用于访问私有外设,主要是调试器件。但是,由于此 APB 存储空间的一部分已经被 TPIU、ETM 以及 ROM 表用掉了,实际可用空间为 0xE0042000～0xE00FF000,用于配接附加的(私有)外设。

5. 调试访问端口总线

调试访问端口总线接口 DAP 是一条基于"增强型 APB 规格"的 32 位总线。它专用于挂接调试接口,例如 SWJ-DP 和 SW-DP。

3.2.2　Cortex-M3 总线连接方案

ARM Cortex-M3 处理器通过其内核的总线矩阵对外部设备提供多种总线接口,一个典型的 ARM Cortex-M3 总线连接方案如图 3-4 所示。

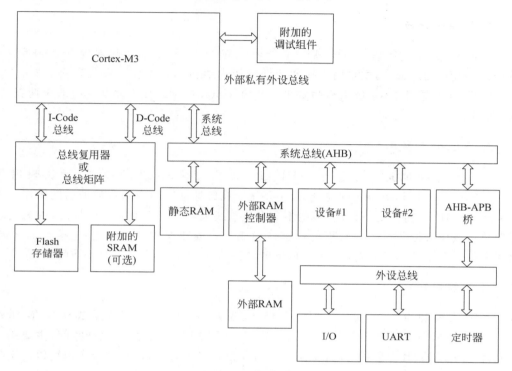

图 3-4　Cortex-M3 总线连接范例

在该方案中,有以下几点需要特别指出。

首先,图 3-4 的总线矩阵不是图 3-1 中的总线矩阵,不要将两者混为一谈。图 3-1 中的总线矩阵位于 Cortex-M3 内核内部,是专门设计的,不能作为一个通用的 AHB 开关来使用。而此处的总线矩阵相当于一个通用的"总线开关",将取指和数据访问分开。有了该总线矩阵,图 3-1 中的 Flash 存储器和附加的 SRAM(如果有的话),既可以被 I-Code 总线访问,也可以被 D-Code 总线访问。如果 I-Code 总线和 D-Code 总线在同一时刻访问不同的存储器设备(例如,从 Flash 中取指的同时从附加的 SRAM 中访问数据),两者可以并行不悖。但是,如果只使用了总线复用器,那么数据传送和读取指令就不能同时进行了,可是此时电路尺寸能做得更小。到底使用总线矩阵还是总线复用器,需要芯片厂商根据实际需求做出选择。

其次,基于 Cortex-M3 的微控制器通常都使用系统总线来连接 SRAM(如图 3-4 中的静态 RAM)。而且,主 SRAM 的确应该使用系统总线来连接,因为只有这样才能落到 SRAM 存储器的地址区,从而得以利用 Cortex-M3 的位带操作能力。

最后,图 3-4 中的功能部件,如总线矩阵或总线复用器、AHB-APB 总线桥、外部

RAM 控制器、I/O 接口、定时器以及 UART 等,都可以从 ARM 和其他芯片供应商处获得。不同的 Cortex-M3 芯片,其片上外设也不同。因此在使用时,还需要参考器件厂家提供的参考手册。

3.3　ARM Cortex-M3 编程模型

在讲述 Cortex-M3 的组成结构和总线接口的基础上,本节将深入介绍 Cortex-M3 编程模型,包括工作状态、数据类型、寄存器、指令集、操作模式和特权分级、异常和中断以及双堆栈机制等,希望读者注意掌握与 Cortex-M3 程序设计相关的技术细节,为后续基于 Cortex-M3 的编程打下基础。

3.3.1　工作状态

Cortex-M3 处理器有两种工作状态:Thumb 状态和调试状态。在 Thumb 状态下,处理器执行 16 位和 32 位半字对齐的 Thumb-2 指令的状态。在调试状态下,处理器停止执行并进行调试时进入该状态。

3.3.2　数据类型

Cortex-M3 处理器支持以下数据类型:字、半字和字节。字节(B)长为 8b;半字(half word)长为 16b,必须以 2B 对齐的方式存取;字(word)长为 32b,必须以 4B 对齐的方式存取。

3.3.3　寄存器

Cortex-M3 处理器字长为 32 位,它的寄存器也是 32 位的。它的所有 32 位寄存器如图 3-5所示。

1. 通用寄存器 R0～R12(未分组)

R0～R12 是 32 位通用寄存器,它们在结构上没有定义特殊的用途,在实际编程中通常用来进行数据操作。这 13 个通用寄存器又分成两类:

(1) 低寄存器 R0～R7。R0～R7 又被称为低寄存器(low register),可以被所有指令访问。需要注意的是,复位后它们的初始值是不可预料的。

(2) 高寄存器 R8～R12。R8～R12 又被称为高寄存器(high register),只能被 32 位的指令访问。与低寄存器 R0～R7 类似,复位后它们的初始值是不可预料的。

2. 堆栈指针寄存器 R13(分组)

R13 又可写作 SP(Stack Pointer,堆栈指针)寄存器,被用作堆栈指针,几乎每个处理器中都有类似的寄存器,用于访问堆栈。

堆栈是一块特殊的存储区域,它由一块连续的内存和一个堆栈指针组成。堆栈操作

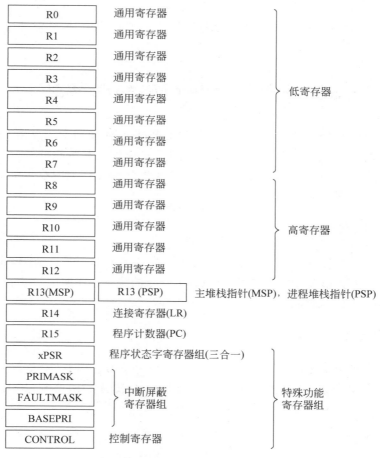

图 3-5　Cortex-M3 寄存器

就是对内存的读写操作,但堆栈是一块具有特殊性质的内存区域,其访问地址只能由堆栈指针即堆栈指针寄存器 SP 给出。堆栈指针是堆栈中数据唯一的出口和入口。在数据每次进栈或出栈的过程中,SP 会根据堆栈的使用方式自动更新(自增或自减),以保证后续进栈的数据不会破坏前面进栈的数据。显然,堆栈具有"后进先出"的特点。虽然堆栈是内存的一部分,但鉴于其数据存取方式的特殊性,堆栈操作不能由普通的存储器读写指令完成,而要用专用指令——PUSH/POP 来实现:数据(如寄存器)通过进栈指令 PUSH 存入堆栈,以后再通过出栈指令 POP 从堆栈中取回,正常情况下,PUSH 与 POP 都默认使用 SP 且必须成对使用,而且参与进出栈操作的寄存器,不论是身份编号还是先后顺序都必须完全匹配。除了程序员在软件编程中使用 PUSH 和 POP 指令来操作堆栈外,Cortex-M3 还会在异常处理开始前和异常处理完成后由硬件自动执行寄存器进栈和出栈操作。利用堆栈的特点,在嵌入式编程中,堆栈通常被用来临时保存将要或易于被修改的数据(如 CPU 寄存器),以便将来能够恢复。例如,在数据处理或异常处理前先保存 CPU 寄存器的值(将 CPU 寄存器值进栈),再在数据处理或异常处理完成后从中恢复先前保护的这些值(CPU 寄存器值出栈),如图 3-6 所示,具体过程将在 3.3.6 节的异常

处理过程中详细介绍。

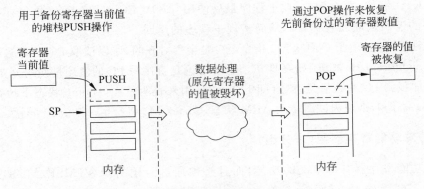

图 3-6   堆栈在嵌入式中的典型应用

Cortex-M3 有两个 SP：

(1) 主堆栈指针（MSP）：或写作 SP_main，是复位后默认的堆栈指针，主要由操作系统内核、异常服务程序（包括中断服务函数）以及所有需要特权访问的用户应用程序使用。

(2) 进程堆栈指针（PSP）：或写作 SP_process，主要由常规的用户应用程序使用。

尽管 Cortex-M3 有两个 SP，但在同一时刻只能看到或使用其中一个 SP，这也就是所谓的 banked 寄存器（分组寄存器）。当引用 R13（或 SP）时，引用到的是当前正在使用的那一个，另一个必须用特殊的指令来访问（MRS/MSR 指令）。

需要注意的是，SP 将忽略对最低两位（位[1：0]）的写入，即 SP 的最低两位始终是 0，所以 Cortex-M3 的堆栈总是字对齐，即 4B 边界对齐的，也就是说堆栈指针必须是 0x4、0x8、0xC 等。

3. 链接寄存器 R14（未分组）

R14 又可写作 LR（Link Register），是子程序的链接寄存器，通常用于在调用子程序时保存返回地址。例如，在执行 BL（Branch and Link，分支并链接）指令时，处理器会自动将返回地址写入 LR。

```
main                        ;主程序
      ...
      BL sub1               ;使用分支并链接指令调用名为 sub1 的子程序
                            ;LR=主程序中 BL sub 指令后下一条指令的地址，PC=sub1
      ...
sub1                        ;子程序 sub1 的代码
      ...
      MOV PC, LR            ;从子程序 sub1 返回
```

4. 程序计数器 R15（未分组）

R15 又可写作 PC（Program Counter，程序计数器），用于存放下一条执行的指令的地

址。这是一个非常重要的寄存器,通过修改 PC 的值,可以改变程序的流程,实现跳转(但不更新 LR)。例如,在上例中,在子程序最后使用"MOV PC,LR"指令,将保存在 LR 中的子程序的返回地址加载到 PC,从而实现子程序的返回。

需要注意的是,由于 Cortex-M3 指令至少是半字对齐的,所以读取 PC 时它的最低有效位(Least Significant Bit,LSB)始终是 0。但是,无论是直接写 PC 的值还是使用分支指令,都必须保证加载到 PC 的数值是奇数(即 LSB＝1),用来表明是在 Thumb 状态下执行。如果 PC 的 LSB 写了 0,则视为试图转入 ARM 状态,Cortex-M3 将产生一个 fault 异常。

5. 特殊功能寄存器组(未分组)

特殊功能寄存器有预定义的功能,而且必须通过专用的指令(MSR/MRS)来访问。Cortex-M3 的特殊功能寄存器有程序状态寄存器组 xPSR、中断屏蔽寄存器组(FAULTMASK、PRIMASK 和 BASEPRI)以及控制寄存器 CONTROL。

1) 程序状态寄存器组 xPSR(Program State Register)

程序状态寄存器在其内部又被分为三个子状态寄存器:应用程序 PSR(APSR,Application PSR)、中断号 PSR(IPSR,Interrupt PSR)和执行 PSR(EPSR,Execution PSR)。通过 MRS/MSR 指令,这 3 个 PSR 既可以单独访问,也可以组合访问(2 个组合或 3 个组合都可以)。当使用三合一的方式访问时,应使用名字 xPSR 或者 PSR,如图 3-7 和图 3-8 所示。

	31	30	29	28	27	26:25	24	23:20	19:16	15:10	9	8	7	6	5	4:0
APSR	N	Z	C	V	Q											
IPSR												Exception Number				
EPSR						ICI/IT	T			ICI/IT						

图 3-7　Cortex-M3 程序状态寄存器

	31	30	29	28	27	26:25	24	23:20	19:16	15:10	9	8	7	6	5	4:0
xPSR	N	Z	C	V	Q	ICI/IT	T			ICI/IT		Exception Number				

图 3-8　三合一组合后的 Cortex-M3 程序状态寄存器 xPSR

程序状态寄存器的位分配及意义如下:

N(Negative):负数或小于标志(1 表示结果为负数或小于;0 表示结果为正数或大于)。

Z(Zero):零标志(1 表示结果为零;0 表示结果不为零)。

C(Carry/Borrow):进位/借位标志(1 表示结果有进位或借位;0 表示结果无进位或借位)。

V(oVerflow):溢出标志(1 表示结果有溢出;0 表示结果无溢出)。

Q:饱和标志。

ICI/IT(Interrupt Continuable Instruction/IF-THEN):可中断-可继续的指令位,IF-THEN 指令的执行状态位。

T:Thumb 状态标志位(总是 1;如果试图将该位清零,会引起 fault 异常)。

Exception Number：当前正在处理的异常号或中断号（2 表示 NMI，11 表示 SVCall，16 表示 INTISR[0]，17 表示 INTISR[1]，…，255 表示 INTISR[239]）。

2）中断屏蔽寄存器组（FAULTMASK、PRIMASK 和 BASEPRI）

中断屏蔽寄存器组主要用于控制异常的使能和禁止，包括 FAULTMASK、PRIMASK 和 BASEPRI 3 个寄存器。

FAULTMASK 寄存器是一个只有 1 位（1bit）的寄存器。将其置 1 后，除 NMI(Non-Masked Interrupt)外禁止所有其他异常（包括硬 fault 异常）。它的默认值是 0，表示没有关异常。FAULTMASK 寄存器常在处理任务崩溃时被操作系统使用。当一个任务崩溃时，可能会引起一系列不同的错误。一旦 CPU 开始清理该任务，应将 FAULTMASK 寄存器置 1，暂时关闭硬 fault 异常，从而避免清理过程被由该崩溃任务引起的其他错误异常所打断。在清理完成后，再将 FAULTMASK 寄存器清零，重新使能异常。

PRIMASK 寄存器也是一个只有 1 位（1bit）的寄存器。将其置 1 后，就禁止所有可屏蔽的异常，只剩下 NMI 和硬 fault 可以响应。它的默认值也是 0，表示没有关中断。

BASEPRI 寄存器最多有 9 位（9bits，具体由优先级的位数决定）。它定义了被屏蔽优先级的阈值。当它被设成某个值后，所有优先级号大于等于此值的中断都被禁止（优先级号越大，优先级越低）。它的默认值也是 0，表示不关闭任何中断。BASEPRI 寄存器和 PRIMASK 寄存器常用于为时间性较强的任务暂时关闭一些中断。

3）控制寄存器 CONTROL

控制寄存器 CONTROL 是一个只有 2 位（2bits）的寄存器，其中 1b 用于定义特权级别，另外 1b 用于选择当前使用哪个堆栈指针。

CONTROL[0]定义特权级别：0 表示特权级（线程模式），1 表示用户级（线程模式）。

CONTROL[1]选择堆栈指针：0 表示当前使用主堆栈指针 MSP（复位后的默认值，Handler 模式下也只能选择此值），1 表示当前进程堆栈指针 PSP。

3.3.4　指令系统

指令系统是一个 CPU 所能执行的所有指令的集合。它表征了一个 CPU 的基本功能，影响着运行在这个 CPU 上的软件。指令系统可以分为 CISC 和 RISC 两大类。与以前所有的 ARM 处理器一样，Cortex-M3 是一款 RISC 处理器。下面从指令格式和指令集两个方面具体介绍 Cortex-M3 的指令系统。

1. 指令格式

指令格式是用二进制表示指令的结构形式。指令一般由两部分构成：操作码字段和操作数字段。操作码字段表征指令的操作功能和特性，操作数字段表征参与操作的操作数或操作数的地址（在无法直接给出操作数的情况下）。

ARM Cortex-M3 指令格式如下所示：

```
<opcode>{<cond>}{S} <Rd>, <Rn>{, <operand2>}
```

其中，<>内的项是必需的，{}内的项是可选的。

opcode：指令助记符（必需），如 MOV、LDR 等，对应于指令操作码，用来告诉 ARM 汇编器这条指令的功能。它的前面必须有至少一个空格符，实际编程中通常使用一两个 Tab 键隔开。

cond：condition 的缩写，表示指令的执行条件（可选，如果没有，表示无条件执行）。常用的指令执行条件如表 3-1 所示。

表 3-1　指令条件执行中常用的条件码

条件码助记符	标　　志	含　　义
EQ	Z=1	相等，Equal
NE	Z=0	不相等，Not Equal
MI	N=1	负数，Minus
PL	N=0	正数或零，Plus
VS	V=1	溢出
VC	V=0	没有溢出
CS	C=1	无符号数大于或等于
CC	C=0	无符号数小于
HI	C=1,Z=0	无符号数大于
LS	C=0,Z=1	无符号数小于或等于
GE	N=V	有符号数大于或等于，Greater and Equal
LT	N!=V	有符号数小于，Less Than
GT	N=V,Z=0	有符号数大于，Greater Than
LE	N!=V,Z=1	有符号数小于或等于，Less and Equal
AL	任何	无条件执行（默认情况），ALL
NV	任何	从不执行（不要使用），Never

S：决定是否影响 APSR 寄存器中相应的标志位（可选，如果没有表示不影响）。

Rd：目标寄存器（必需），该指令执行结果的存储处。

Rn：第一操作数的寄存器（必需）。

operand2：第二操作数（可选）。不同的 ARM 指令所需操作数的数量不同。ARM 指令中第二操作数可以是立即数、寄存器或者寄存器移位等方式。如果是立即数，第二操作数必须以 # 开头。

2. Thumb-2 指令集

与 ARM7 同时支持 32 位 ARM 指令和 16 位 Thumb 指令不同，ARM Cortex-M3 不支持 ARM 指令，而只需使用一套指令集——Thumb-2 指令集。

Thumb-2 指令集是一个 16/32 位混合指令集，它在现有的 16 位 Thumb 指令集的基

础上做了如下扩充：增加了一些新的 16 位 Thumb 指令来改进程序的执行流程；增加了一些 32 位 Thumb 指令以实现一些 ARM 指令的专有功能；增加了一些新的指令来改善代码性能和数据处理的效率。

Thumb-2 指令集不仅可以实现原来 ARM 指令的所有功能，可以独立工作，而且增加了 12 条新指令，改进了代码性能和代码密度之间的平衡，在保持接近 16 位 Thumb 指令集的密度的同时获得近乎 32 位 ARM 指令集的性能。经过改进后，Thumb-2 的代码性能达到了纯 ARM 代码性能的 98%，而 Thumb-2 代码的大小仅有 ARM 代码的 74%。同时，Thumb-2 的代码密度比现有的 Thumb 指令集更高，代码大小平均降低了 5%，代码速度平均提高了 2%～3%。

在 Thumb-2 指令集诞生之前，嵌入式软件工程师会因为哪些代码使用 ARM 指令、哪些代码使用 Thumb 指令而感到困惑。随着 Thumb-2 指令集的横空出世，嵌入式软件工程师只需要使用一套唯一的指令集——Thumb-2 指令集，不再需要在不同指令之间反复切换了。同时，ARM Cortex-M3 执行指令时从始至终处于一种状态——Thumb 状态，而无需像 ARM7 那样在 ARM 和 Thumb 两种状态间来回切换（如 ARM7 在中断和异常处理时必须进入 ARM 状态）。这样，不仅从软件上减少了工程师开发管理的复杂度（无须把源代码分成按 ARM 编译和按 Thumb 编译），而且从硬件上节约了处理器额外的状态切换开销。

但是，另一方面，由于 Cortex-M3 仅支持 Thumb-2 指令集，其他 ARM 处理器上的程序需要移植和重建才能在 Cortex-M3 上运行。对于大多数 C 语言程序，只需简单地重新编译就能重建；而对于汇编语言程序，则可能需要大面积地修改和重写，才能使用 ARM Cortex-M3 的新功能，并融入 ARM Cortex-M3 新引入的统一汇编框架（unified assembler framework）。

3. Cortex-M3 支持的 Thumb-2 指令

需要注意的是，ARM Cortex-M3 并不支持所有的 Thumb-2 指令，仅支持 Thumb-2 指令集的一个子集，如图 3-9 所示。例如，协处理器指令和 SIMD 指令集就没有实现。

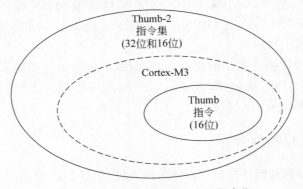

图 3-9   Cortex-M3 和 Thumb-2 指令集

具体来说，ARM Cortex-M3 支持的指令如下。

1）16 位指令

ARM Cortex-M3 支持的 16 位指令包括 16 位数据处理指令、16 位跳转指令、16 位存储器数据传送指令和其他 16 位指令。

（1）16 位数据处理指令。ARM Cortex-M3 支持的 16 位数据处理指令包括 ADD、ADC、SUB、SBC、CMP、CMN、NEG、MUL、AND、ORR、EOR、BIC、TST、LSL、LSR、ASR、ROR、MOV、MVN、CPY、REV、REVH、REVSH、STXB、STXH、UTXB、UTXH。

（2）16 位跳转指令。ARM Cortex-M3 支持的 16 位跳转指令包括 B、B ＜cond＞、BL、CBZ、CBNZ、IT。

（3）16 位存储器数据传送指令。ARM Cortex-M3 支持的 16 位存储器数据传送指令包括 LDR、LDRH、LDRB、LDRSH、LDRSB、STR、STRH、STRB、LDMIA、STMIA、PUSH、POP。

（4）其他 16 位指令。ARM Cortex-M3 支持的其他 16 位指令包括 SVC、BKPT、NOP、CPSIE、CPSID。

2）32 位指令

ARM Cortex-M3 支持的 32 位指令包括 32 位数据处理指令、32 位跳转指令、32 位存储器数据传送指令和其他 32 位指令。

（1）32 位数据处理指令。ARM Cortex-M3 支持的 32 位数据处理指令包括 ADD、ADC、ADDW、SUB、SBC、SUBW、CMP、CMN、MUL、MLA、MLS、UMULL、UMLAL、SMULL、SMLAL、UDIV、SDIV、AND、ORR、ORN、EOR、BIC、RBIT、TST、TEQ、ASR、LSR、LSL、ROR、RRX、MOVW、MOV、MOVT、MVN、REV、REVH/REV16、REVSH、UXTB、UXTH、SXTB、SXTH、UBFX、SBFX、BFC、BFI、CLZ、SSAT、USAT。

（2）32 位跳转指令。ARM Cortex-M3 支持的 32 位跳转指令包括 B、BL、TBB、TBH。

（3）32 位存储器数据传送指令。ARM Cortex-M3 支持的 32 位存储器数据传送指令包括 LDR、LDRH、LDRB、LDRSH、LDRD、LDM、STR、STRH、STRB、STRD、STM、LDMIA、STMIA、PUSH、POP。

（4）其他 32 位指令。ARM Cortex-M3 支持的其他 32 位指令包括 LDREX、LDREXH、LDREXB、STREX、STREXH、STREXB、CLREX、MRS、MSR、NOP、SEV、WFE、WFI、ISB、DSB、DMB。

以上对 Cortex-M3 指令做了简要的介绍，如需了解每条指令的具体使用细节，可查阅 *The Cortex-M3 Technical Reference Manual* 和 *The ARMv7-M Architecture Application Level Reference Manual*。

3.3.5　操作模式和特权分级

Cortex-M3 支持两种操作模式和两种特权分级，如图 3-10 所示。

1. 特权分级

特权分级提供了一种存储器关键区域访问的保护机制和一种安全模式，使得普通的

	特权级	用户级
异常handler的代码	handler模式	错误的用法
主应用程序的代码	线程模式	线程模式

图 3-10 Cortex-M3 的操作模式和特权分级

用户程序代码不能意外甚至恶意地执行涉及要害的操作。

Cortex-M3 处理器支持两个特权等级：特权级（privileged）和用户级（unprivileged）。

（1）特权级。在特权级下，可以执行任何指令，可以访问所有范围的存储器（如果有 MPU，需要在 MPU 规定禁区之外）。特别注意，异常服务程序必须在特权级下执行。

（2）用户级。在用户级下，部分指令（例如对 xPSR 寄存器操作的 MSR 和 MRS 指令）被禁止在 Cortex-M3 上执行，同时也不能对系统控制空间（SCS）中的寄存器（例如 NVIC、SYSTICK、MPU 的寄存器）进行操作。

2. 操作模式

操作模式提供了一种用户程序和系统程序相分离的执行方式。这样，即使用户程序代码产生错误，也不会殃及 RTOS 的核心，造成整个嵌入式系统的崩溃。

Cortex-M3 处理器支持两种操作模式：线程模式（thread mode）和处理者模式（handler mode）。

（1）线程模式。当复位或异常返回时，Cortex-M3 进入该模式。通常情况下，线程模式是用户应用程序的运行模式。在该模式下，可以执行特权级和用户（非特权）级代码。

（2）处理者模式。当发生异常时，Cortex-M3 进入该模式。通常情况下，Handler 模式是异常或中断服务程序或操作系统内核代码的运行模式。在该模式下，所有代码都是特权访问的。

3. 两种操作模式和两种特权级别间的切换

Cortex-M3 可以在两种操作模式和两种特权级别间进行切换，如图 3-11 所示。

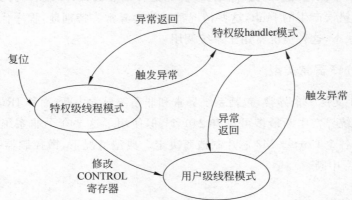

图 3-11 Cortex-M3 的操作模式和特权级别间的切换

从图 3-11 可以看出,异常在 Cortex-M3 的操作模式和特权级别间的切换中起着非常重要的作用。

1) 两种操作模式之间的切换

对于操作模式的切换,异常的产生,将使 Cortex-M3 中断用户应用程序的执行,从线程模式切换到 Handler 模式,执行异常服务程序;而异常的返回,将使 Cortex-M3 从 Handler 模式切换到线程模式,继续执行被打断的用户应用程序。

2) 两种特权级别之间的切换

对于特权级别的切换,从特权级线程模式到用户级线程模式的切换,只需要直接修改 CONTROL 寄存器的最低位 LSB(位[0])即可。反之则没那么简单,需要借助异常来实现。如果在程序执行过程中触发了一个异常,无论当前处于哪种特权级别,Cortex-M3 总是切换到特权级 Handler 模式下执行异常服务程序,在异常服务程序执行完毕退出时返回先前的状态(也可以手工指定返回的状态)。利用 Cortex-M3 的这个特性,可以实现从用户级线程模式到特权级线程模式的切换。例如,用户级代码执行系统调用指令 SVC,触发 SVC 异常,然后由异常服务程序(通常是操作系统的一部分)接管,并在异常服务程序中修改 CONTROL 寄存器的位[0],才能在用户级的线程模式下重新进入特权级。

3.3.6　异常和中断

从 3.3.5 节可以看到,异常在 Cortex-M3 的操作模式和特权级别的切换过程中起着非常重要的作用。异常是一个非常重要的概念,在处理器的体系架构及编程模型中被反复提及。那么,究竟什么是异常?和我们平时所说的中断有什么区别和联系?Cortex-M3 的异常和中断又有哪些特性?这就是本节要讲述的内容。

通常,在 ARM 中凡是发生了打断程序正常执行流程的事件,都被称为异常(exception)。中断(interrupt)是一种特殊的异常,对于处理器来说,是异步事件,例如外部中断等。除了中断以外,还有一些与处理器同步的事件,通常来自确定的内部错误,也会打断程序的正常执行,例如,指令执行了除 0 这样的非法操作,或者访问被禁的内存区间,或者因各种错误产生的 fault,这些情况都被称为异常。特别地,程序代码也可以主动请求进入异常状态,这种情况常用于系统调用。

1. Cortex-M3 异常类型

Cortex-M3 支持多个异常,包括系统异常和非系统异常中断(简称 IRQ),如表 3-2 所示。其中,非系统异常中断最多可以有 240 个,但使用了这 240 个非系统异常中断源中的多少个,则由各个 Cortex-M3 芯片制造商决定。典型情况下,微控制器一般支持 16～32 个非系统异常中断。

表 3-2　Cortex-M3 异常类型

编号	类 型	优先级	简 介
1	Reset	−3(最高)	复位(异步)
2	NMI	−2	不可屏蔽中断(异步) 来自外部 NMI 输入引脚
3	Hard Fault	−1	各种错误情况(同步) 常见的错误有堆栈空间不足、内存溢出或(数组)访问越界等, 通常可通过重置堆栈空间、修改程序代码等方法解决。另外, 在其他错误(Memory Management Fault、Bus Fault 和 Usage Fault)被屏蔽(这也是系统初始化后的默认情况)时,所有错误 都会引发硬 fault
4	Memory Management Fault	可编程	存储器管理错误(同步) 访问存储保护单元 MPU 定义的不合法的内存区域,例如,向 只读区域写入数据
5	Bus Fault	可编程	总线错误(同步) 在读取指令、数据读写、读取中断向量、中断响应保存寄存器 和中断返回恢复寄存器等情况下,检测到存储器访问错误
6	Usage Fault	可编程	使用错误(同步) 使用未定义的指令或进行非法的状态转换(例如试图切换到 ARM 状态),检测到除 0 操作或未对齐的内存访问
7~10	Reserved	N/A	保留
11	SVCall	可编程	使用 SVC 指令调用系统服务(同步)
12	Debug Monitor	可编程	调试监控器(同步) 断点、数据观察点或是外部调试请求
13	Reserved	N/A	保留
14	PendSV	可编程	可挂起的系统服务请求(异步) 通常为系统设备而设,只能由软件来实现
15	SYSTICK	可编程	系统定时器(异步)
16	IRQ ♯0	可编程	非系统异常中断 0(异步) 内核外部产生,通过 NVIC 输入
17	IRQ ♯1	可编程	非系统异常中断 1(异步) 内核外部产生,通过 NVIC 输入
18	IRQ ♯2	可编程	非系统异常中断 2(异步) 内核外部产生,通过 NVIC 输入
⋮	⋮	⋮	⋮
255	IRQ ♯239	可编程	非系统异常中断 239(异步) 内核外部产生,通过 NVIC 输入

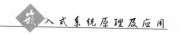

2. Cortex-M3 异常优先级

当上述某个异常发生时,Cortex-M3 首先检查其是否被屏蔽。如果未被屏蔽,继续判断是否能够被立即响应,如果不能立即响应,该异常将被挂起等待响应。那么,Cortex-M3 如何判断一个异常是否被屏蔽以及在未掩蔽的情况下何时可以响应? 答案就是异常优先级(priority)。

原则上,Cortex-M3 支持 3 个固定的高优先级和多达 256 级的可编程优先级,并且支持 128 级抢占。优先级的数值越小,则优先级越高。其中,复位、NMI 和硬 fault 这 3 个系统异常的优先级是固定的,并且是负数,它们的优先级高于所有其他异常。而所有其他异常的优先级则都是可编程的。

1) Cortex-M3 异常优先级的分组

细心的读者会发现,Cortex-M3 明明支持 256 个可编程优先级,为什么只有 128 个抢占级? 为了使抢占级能变得更可控,Cortex-M3 将异常优先级进一步细分为抢占优先级和子优先级。

(1) 抢占优先级。又称为组优先级、主优先级或者占先优先级,顾名思义,它决定了抢占行为:当 CPU 正在响应某异常 L 时,如果来了抢占优先级更高的异常 H,则 H 可以抢占 L。通过抢占优先级,Cortex-M3 支持中断嵌套,使得高抢占优先级异常可以打断低抢占优先级异常的处理,从而关键任务具有更短的响应延时。

(2) 子优先级。又称次优先级,它处理抢占优先级相同的异常的"内务":当抢占优先级相同的异常有不止一个被挂起时,就最先响应子优先级最高的异常。当两个异常的软件优先级(即抢占优先级和子优先级)都相同时,比较它们的硬件优先级(即中断编号),具有较小中断编号的异常具有更高的优先级。

Cortex-M3 的异常优先级分组规定: 使用一个 8b 位段来划分优先级分组,其中 MSB(Most Significant Bit,最高位)所在的位段(即左起的位段)表示抢占优先级,LSB (Least Significant Bit,最低位)所在的位段(即右起的位段)表示子优先级且子优先级至少是 1b。因此,抢占优先级最多是 7b,这就是最多只有 128 级抢占的原因。此外,还有一种特殊情况,从该位段的 bit 7 处分组,把 8b 都分给子优先级,此时所有的位都表示子优先级,没有任何位表示抢占优先级,因而所有优先级可编程的异常之间不会发生抢占,相当于在它们中禁止了 Cortex-M3 的中断嵌套机制。

2) Cortex-M3 异常优先级的设置

Cortex-M3 异常优先级的设置步骤如下:

(1) 确定 Cortex-M3 芯片实际用来表示异常优先级的位数。虽然 Cortex-M3 原理上支持 256 级可编程和 128 级可抢占的异常,但在应用中绝大多数 Cortex-M3 芯片制造商都会精简设计,裁掉表达优先级的几个低端有效位,以致实际上支持较少的优先级数,如 8 级、16 级、32 级等。具体数据可以通过查阅芯片制造商提供的具体 Cortex-M3 芯片的参考手册得到。

(2) 划分优先级分组,即规定在优先级分组位段中抢占优先级占多少位,子优先级占多少位。这一步骤通常由程序员通过编程设置 NVIC 中的寄存器 AIRCR(Application

Interrupt and Reset Control Register，应用程序中断及复位控制寄存器，地址 0xE000ED0C)中相关的位段来完成。

（3）为某个异常设置异常优先级。这一步骤也是由程序员通过编程设置 NVIC 中的寄存器完成的。

3. Cortex-M3 异常向量表

异常向量表，又称向量表，用来存放所有异常服务程序的入口地址。由于不再需要软件去判断中断源向量化的中断功能，显著地缩短了中断延迟。

Cortex-M3 的异常向量表其实是一个字(WORD)型数组，它的每个下标对应一种异常，而该下标对应的值则是该异常服务程序的入口地址。复位后，Cortex-M3 默认异常向量表位于 0 地址且每个地址占用 4B，如表 3-3 所示。

表 3-3　Cortex-M3 异常向量表

编号	类　　型	表项地址偏移量	复位时的表项地址
0	MSP 的初始值，复位时 MSP 从向量表第一个入口加载	0x00	0x00000000
1	Reset	0x04	0x00000004
2	NMI	0x08	0x00000008
3	Hard Fault	0x0C	0x0000000C
4	Memory Management Fault	0x10	0x00000010
5	Bus Fault	0x14	0x00000014
6	Usage Fault	0x18	0x00000018
7~10	Reserved	0x1C~0x28	0x0000001C~0x00000028
11	SVCall	0x2C	0x0000002C
12	Debug Monitor	0x30	0x00000030
13	Reserved	0x34	0x00000034
14	PendSV	0x38	0x00000038
15	SYSTICK	0x3C	0x0000003C
16	IRQ #0	0x40	0x00000040
17	IRQ #1	0x44	0x00000044
18	IRQ #2	0x48	0x00000048
⋮	⋮	⋮	⋮
255	IRQ #239	0x3FC	0x000003FC

需要注意，由于地址 0 处应该存储启动代码，所以通常映射到 Flash 或者是 ROM 器件且其地址上的内容不能在运行时改变。但为了支持动态重新分配中断，Cortex-M3 允

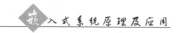

许异常向量表重定位,即从其他地址处开始定位异常向量表。这些其他地址对应的区域可以是代码区,但更多是在 RAM 区,因为在 RAM 区就可以在程序中动态修改异常服务程序的入口地址。为了实现该功能,NVIC 中有一个寄存器 VTOR(Vector Table Offset Register,向量表偏移量寄存器,地址 0xE000ED08),通过修改它的值就能重定位向量表。复位时,该寄存器的值为 0。

4. Cortex-M3 异常处理过程

Cortex-M3 的异常处理过程通常可以分为异常响应、执行异常服务程序和异常返回 3 步。

1) 异常响应

当发生了未屏蔽异常且 Cortex-M3 识别、判断可以立即响应后,处理器会通过自动执行入栈、取向量和更新寄存器等行为来响应异常。

(1) 入栈。

响应异常的第一步就是保存现场的必要部分:依次把 xPSR、PC、LR、R12 以及 R3～R0 共 8 个字(32B)由硬件自动压入适当的堆栈中。如果当响应异常时当前的代码正在使用 PSP,则压入 PSP,也就是使用进程堆栈;否则就压入 MSP,使用主堆栈。一旦进入了异常服务程序,就将一直使用主堆栈。

(2) 取向量。

当数据总线在进行入栈操作的同时,指令总线根据对异常识别的结果——异常号,从异常向量表中找到对应异常服务程序的入口地址,并预取指令。由此可以看到 Cortex-M3 采用哈佛体系结构的好处:数据总线和指令总线分开,入栈与取指这两个工作能同时进行。

(3) 更新寄存器。

在入栈和取向量操作完成之后,执行异常服务程序之前,还要更新一系列的寄存器:

- SP。在入栈后 PSP 或 MSP 更新到新的位置。在执行异常服务例程时,将由 MSP 负责对堆栈的访问。
- xPSR。更新 xPSR 中的 IPSR 子寄存器(PSR 的最低部分)的值为当前正在响应的异常编号。
- PC。在取向量完成后,PC 将指向异常服务程序的入口地址。
- LR。更新 LR 为特殊的值 EXC_RETURN。它的高 28 位[31:4]值全为 1,只有最低 4 位[3:0]的值有特殊含义,具体如表 3-4 所示。由于 Cortex-M3 不支持 ARM 状态,只支持 Thumb 状态(即位[0]必须为 1),并且在 Handler 模式下不能使用进程堆栈,只能使用主堆栈,所以合法的 EXC_RETURN 值只有 3 个,分别是 0xFFFFFFF9(如果主程序在线程模式下运行并且在使用 MSP 时被中断,则在异常服务程序中 LR=0xFFFFFFF9)、0xFFFFFFFD(如果主程序在线程模式下运行并且在使用 PSP 时被中断,则在异常服务程序中 LR=0xFFFFFFFD)和 0xFFFFFFF1(如果主程序在 Handler 模式下运行,则在异常服务程序中 LR= 0xFFFFFFF1,这时所谓的"主程序"更可能是被抢占的异常服务程序),如图 3-12 和图 3-13 所示。

表 3-4   EXC_RETURN 的位解释

位段	含　义
[31：4]	EXC_RETURN 的标识。必须全为 1
[3]	返回后处理器的操作模式。0 表示 Handler 模式；1 表示线程模式
[2]	返回后处理器使用的堆栈。0 表示主堆栈；1 表示进程堆栈
[1]	保留。必须为 0
[0]	返回后处理器的状态。0 表示 ARM 状态；1 表示 Thumb 状态

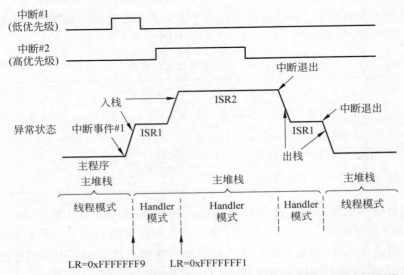

图 3-12   LR 的值在异常期间被设置为 EXC_RETURN（线程模式使用主堆栈）

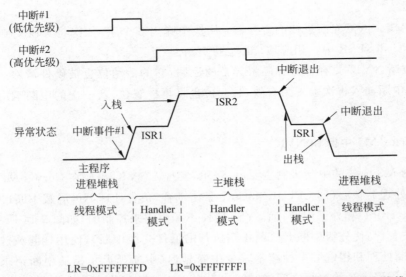

图 3-13   LR 的值在异常期间被设置为 EXC_RETURN（线程模式使用进程堆栈）

- NVIC 相关寄存器。在 NVIC 中,也会更新若干个相关有寄存器。例如,当前正在响应的异常的悬起位将被清除,同时其活动位将被置位。

2)执行异常服务程序

在 Cortex-M3 硬件自动完成异常响应后,在 Handler 模式下执行对应的异常服务程序。异常服务程序通常由嵌入式软件工程师根据具体的应用需求编写,以实现指定的功能。

3)异常返回

当异常服务程序执行完毕后,需要很正式地做一个"异常返回"动作序列,从而自动恢复先前的执行状态,才能使先前被中断的程序得以继续执行。Cortex-M3 通常可以在异常服务程序的最后使用如表 3-5 所示的指令来触发异常返回序列。而不管使用哪一条指令,都需要用到先前存储到 LR 的 EXC_RETURN。

表 3-5 触发异常返回的指令

返 回 指 令	工 作 原 理
BX <reg>	当 LR 存储了 EXC_RETURN 时,使用 BX LR 即可返回
POP {PC} POP {…,PC}	在异常服务程序中,LR 常会被进栈。此时即可使用 POP 指令把 LR 存储的 EXC_RETURN 出栈到 PC,从而启动处理器的中断返回序列
LDR 与 LDM	把 PC 作为目的寄存器

与使用特殊的返回指令来标示异常返回的处理器(例如,8051 使用 RETI 指令)不同,Cortex-M3 通过向 PC 写 EXC_RETURN 来识别异常返回动作。因此,可以使用上述的常规返回指令,从而为在 Cortex-M3 处理器上使用 C 语言编写中断服务程序扫清了最后的障碍(无需特殊的编译器命令,如_ _interrupt)。

在异常服务程序中使用以上任一种方法启动异常返回序列后,Cortex-M3 将自动执行以下操作:

(1)出栈。恢复先前进栈的寄存器:从栈中弹出 8 个字,依次将其恢复到 R0~R3、R12、LR、PC 和 xPSR 中。相应地,SP 也将更新。

(2)更新 NVIC 寄存器。伴随着异常的返回,它的活动位也被硬件清除。对于外部中断,倘若中断输入再次被置为有效,悬起位也将再次置位,新一次的中断响应序列也可随之开始。

5. Cortex-M3 中断和 NVIC

Cortex-M3 内核的中断机制主要由 NVIC 实现。NVIC 集成在 Cortex-M3 内核的内部,与中央处理器核心(即 CPU)CM3Core 紧密耦合,负责处理不可屏蔽中断(NMI,Non-Masked Interrupt)和外部中断,而 SYSTICK 不是由它来控制的,如图 3-14 所示。NVIC 支持中断嵌套(高优先级中断会打断正在执行的低优先级中断),使用挂起或放弃指令执行、迟到中断处理和尾链等多种技术减少中断延迟(中断延迟是指从中断请求开始到对应的中断服务程序开始执行之间的时间),为 Cortex-M3 提供出色的中断处理能力。

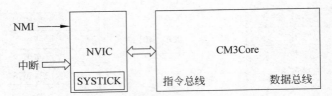

图 3-14　Cortex-M3 中断与 NVIC 关系图

NVIC 可进行高度配置，它的寄存器以存储器映射（地址 0xE000E000 开始）的方式来访问，除了包含控制寄存器和中断处理的控制逻辑之外，NVIC 还包含了 MPU、SYSTICK 和调试控制相关的寄存器。所有 NVIC 的中断控制/状态寄存器都只能在特权级下访问。不过有一个例外——软件触发中断寄存器可以在用户级下访问以产生软件中断。而且，除非特别说明，否则所有的 NVIC 寄存器均可采用字节、半字和字方式进行访问。

与以前 ARM 处理器依赖芯片制造商提供的外部中断控制器不同，NVIC 是 Cortex-M3 内核的标准配备。这意味着所有基于 Cortex-M3 的嵌入式微控制器都有着相同的中断结构，而不再取决于芯片制造商。因此，嵌入式工程师不必对整个中断控制器寄存器组进行重新认识，就可以将应用代码和操作系统方便地从某个 Cortex-M3 控制器平台移植到另一个同类平台上。

3.3.7　双堆栈机制

如 3.3.6 节中所讲述的，Cortex-M3 的异常处理离不开堆栈，需要借助堆栈来保存和恢复"现场"。那么，相比以前的 ARM 处理器，Cortex-M3 的堆栈具有什么特点？在编程使用堆栈时又需要注意哪些呢？这就是本节要讲述的内容。

Cortex-M3 的堆栈是一个字对齐的"满递减"栈，即该堆栈向下（低地址方向）生长且堆栈指针 SP 指向最后一个被压入堆栈的字数据。当执行下一次压栈操作（如 PUSH 指令）时，SP 先自减 4，再写入新的数据，如图 3-15 所示；当执行下一次出栈操作（如 POP 指令）时，先从 SP 处取出字数据，SP 再自增 4，如图 3-16 所示。

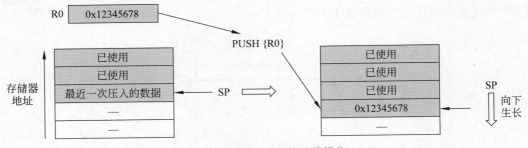

图 3-15　Cortex-M3 的进栈操作

Cortex-M3 有两个 SP，也就是说，它支持双堆栈：主堆栈和进程堆栈，由控制寄存器的 CONTROL[0] 决定当前选择使用哪一个堆栈。

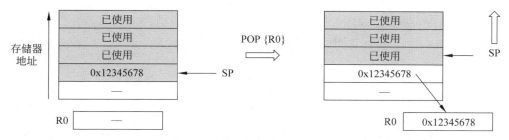

图 3-16　Cortex-M3 的出栈操作

当 CONTROL[1]＝0 时，只使用 MSP，此时用户程序和异常服务程序共享同一个堆栈，如图 3-17 所示。这也是复位后的默认使用方式。

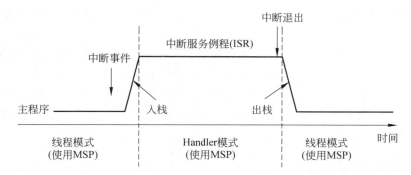

图 3-17　CONTROL[1]＝0 时堆栈的切换

当 CONTROL[1]＝1 时，线程模式将不再使用 MSP，而改用 PSP（Handler 模式永远使用 MSP），如图 3-18 所示。这样做的好处是：在使用操作系统的环境下，操作系统内核仅在 Handler 模式下执行，用户应用程序仅在用户模式下执行，双堆栈机制可以防止用户程序的堆栈错误破坏操作系统使用的堆栈。特别地，在特权级下，可以指定具体的堆栈指针，而不受当前使用堆栈的限制。通过读取 PSP 的值，操作系统就能够获取用户应用程序使用的堆栈，进一步就知道了在发生异常时被压入寄存器的内容，而且可以把其他寄存器进一步压栈（使用 STMDB 和 LDMIA）。不仅如此，操作系统还可以修改 PSP，用于实现多任务中的任务上下文切换。

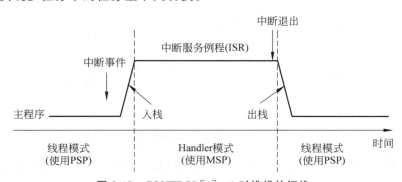

图 3-18　CONTROL[1]＝1 时堆栈的切换

在编程使用 Cortex-M3 堆栈及堆栈指针寄存器 SP 时,还应注意以下几点:

(1) 并非每个应用程序都要用齐两个 SP。SP 的选择和使用要根据具体的应用需求而定,如果是简单的应用程序,只需使用 MSP 就足够了。

(2) 保证开出容量足够大的堆栈,避免程序运行过程中堆栈溢出。为此,必须非常仔细地计算堆栈的安全容量。在计算时,除了要计入最深函数调用时对堆栈的需求,还需要判定最多可能有多少级中断嵌套。一个简单但很保险的办法是假设每个中断都可以嵌套。对于每一级嵌套的中断,至少需要 8 个字(32B),而且如果中断服务程序过于复杂,还可能有更多的堆栈需求。

(3) 复位时,将从 0 地址处加载 MSP。

3.4　ARM Cortex-M3 存储器系统

与以前的 ARM 架构相比,基于 ARMv7 架构的 ARM Cortex-M3 存储器系统具有以下新特点:

(1) Cortex-M3 的存储器映射是预定义的,并且还规定了哪个位置使用哪条总线。

(2) Cortex-M3 的存储器系统在一些特殊的存储器区域中支持位带操作,实现了对单一比特的原子操作。

(3) Cortex-M3 的存储器系统支持非对齐访问和互斥访问。

(4) Cortex-M3 的存储器系统支持小端和大端格式的设置。

3.4.1　存储器映射

通常,图书馆把空间划分为一个个单元格来存放书籍,并为这些单元格一一编址以示区分。例如,进口处左手第一个单元格命名为 1 号单元格,存放第一本书,2 号单元格存放第二本书,依次类推,直到最后一个单元格。

与此类似,Cortex-M3 将存储器看作从 0 开始向上编号的字节的线性集合,地址 0 单元存放第一个被保存的字节(0x20,十六进制数 20),地址 1 单元存放第二个被保存的字节(0xAB,十六进制数 AB),依次类推,直到地址 0xFFFFFFFF 单元存放最后一个被保存的字节(0x22,十六进制数 22),如图 3-19 所示,左侧表示存储器每个单元的地址,右侧表示存储器对应地址单元上存放的内容。

由图 3-19 可见,Cortex-M3 存储器从最低地址 0x00000000 到最高地址 0xFFFFFFFF,其寻址空间总共 4GB。需要注意的是,尽管 Cortex-M3 采用了哈佛体系结构,有独立的指令总线和数据总线,但是它们共享同一个存储器空间(一个统一的存储系统)。换而言之,不是因为有两条总线,Cortex-M3 寻址空间就变成 8GB。

Cortex-M3 的存储器映射从低地址到高地址依次可以划分为代码区、片上 SRAM 区、片上外设区、片外 RAM 区、

地址	内容
0xFFFF FFFF	0x22
0xFFFF FFFE	0x11
⋮	⋮
0x0000 0003	0x00
0x0000 0002	0xC6
0x0000 0001	0xAB
0x0000 0000	0x20

图 3-19　Cortex-M3 存储器

片外外设区和系统区,如图 3-20 所示。

1. 代码区

代码区有 512MB,位于最低地址,该区域可以执行指令,并且是嵌入式应用程序最理想的存储场所,也是系统启动后中断向量表的默认存放位置。该区域内,指令取指在 I-Code 总线上执行,数据访问在 D-Code 总线上执行。

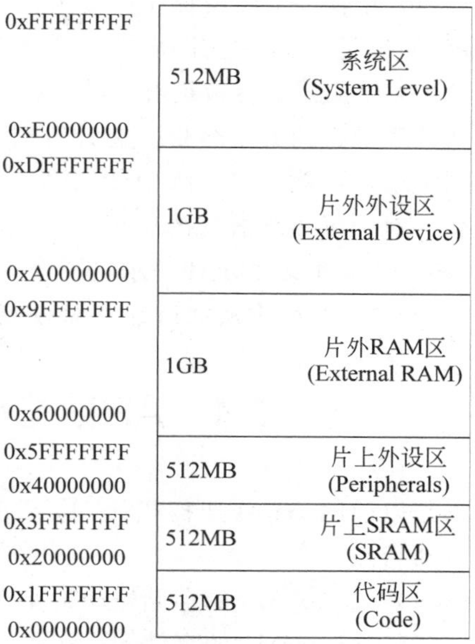

2. 片上 SRAM 区

片上 SRAM 区有 512MB,该区域可以执行指令,以允许把代码复制到内存中执行,常用于固件升级等维护工作。该区域内,指令取指和数据访问都在系统总线上执行。

特别地,在片上 SRAM 区的底部,有一个 1MB 的区间,被称为位带区。该位带区还有一个对应的 32MB 的位带别名(alias)区,容纳了

512MB	系统区 (System Level)
1GB	片外外设区 (External Device)
1GB	片外RAM区 (External RAM)
512MB	片上外设区 (Peripherals)
512MB	片上SRAM区 (SRAM)
512MB	代码区 (Code)

地址:0xFFFFFFFF, 0xE0000000, 0xDFFFFFFF, 0xA0000000, 0x9FFFFFFF, 0x60000000, 0x5FFFFFFF, 0x40000000, 0x3FFFFFFF, 0x20000000, 0x1FFFFFFF, 0x00000000

图 3-20　Cortex-M3 预定义存储器映射

8×2^{20} 个位变量(对比 8051 的只有 128 个位变量)。位带区对应的是最低的 1MB 地址范围,而位带别名区里面的每个字对应位带区的一个比特。位带操作只适用于数据访问,不适用于取指。通过位带的功能,可以把多个布尔型数据打包在单一的字中,却依然可以从位带别名区中像访问普通内存一样地使用它们。位带别名区中的访问操作是原子的,消灭了传统的"读-改-写"三部曲。

3. 片上外设区

片上外设区有 512MB,该区域不允许执行指令,对应于片上外设的寄存器。通过把片上外设的寄存器映射到片上外设区,嵌入式软件工程师就可以简单地使用 C 语言以访问内存的方式来访问这些外设的寄存器,从而控制外设的工作。与片上 SRAM 区类似,片上外设区的访问也是在系统总线上执行的。而且,在片上外设区中也有一条 32MB 的位带别名区,以便快捷地访问外设寄存器,用法与片上 SRAM 区中的位带相同。例如,可以方便地访问各种控制位和状态位。

4. 片外 RAM 区

片外 RAM 区有 1GB,该区域允许执行指令,对应于由于片内 RAM 不够而外接的片外 RAM。与片上 RAM 区相似,片外 RAM 区的指令取指和数据访问都在系统总线上执行。但不同的是,片上 RAM 区,它没有位带区。

5. 片外外设区

片外外设区有 1GB,该区域不允许执行指令,对应于片外外设。与片上外设区相似,片外外设区的访问也是在系统总线上执行的。但不同的是,它没有位带区。

6. 系统区

系统区有 512MB,位于最高地址,该区域不可执行指令,对应于 Cortex-M3 的特色外设,包括由芯片供应商定义的特定外设区和私有外设总线区,如图 3-21 所示。

0xFFFFFFFF
由芯片供应商定义的特定外设区
0xE0100000
0xE00FFFFF
外部私有外设总线区
0xE0040000
0xE003FFFF
内部私有外设总线区
0xE0000000

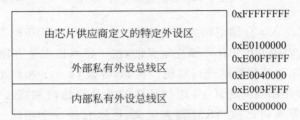

图 3-21　系统级存储区图

系统区的一部分保留给芯片供应商将来给 Cortex-M3 微控制器增加特殊功能,可以通过系统总线来访问。

系统区的另一部分是私有外设总线区。它根据 Cortex-M3 的两条私有外设总线(AHB 私有外设总线和 APB 私有外设总线),划分为内部私有外设总线区和外部私有外设总线区,包含了 NVIC、FPB、DWT、ITM 以及 ETM、TPIU、ROM 表等组件,如图 3-22 和 3-23 所示。相应地,对以上组件的访问也通过相关总线来执行。例如,对 ITM、NVIC、FPB、DWT、MPU 等区域的访问在 Cortex-M3 内部私有外设总线上执行,而对 TPIU、ETM、ROM 表等区域的访问在 Cortex-M3 外部私有外设总线上执行。

0xE003FFFF
保留
0xE000F000
NVIC
0xE000E000
保留
0xE0003000
FPB
0xE0002000
DWT
0xE0001000
ITM
0xE0000000

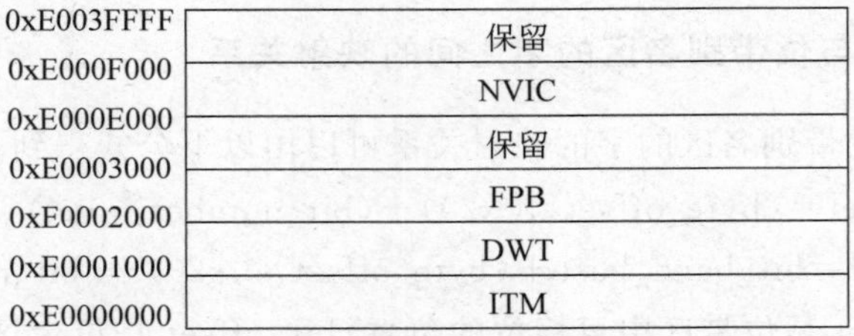

图 3-22　内部私有外设总线区图

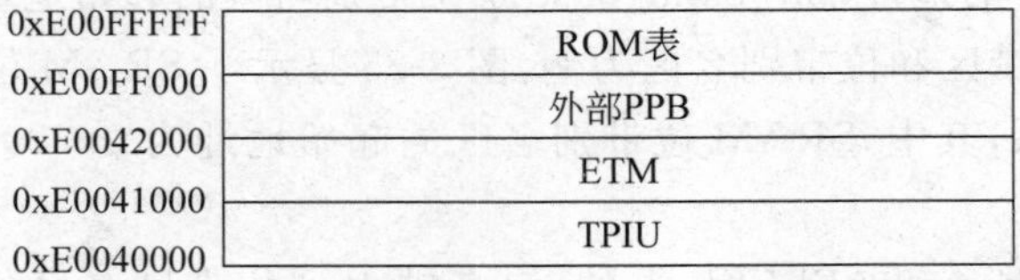

0xE00FFFFF
ROM表
0xE00FF000
外部PPB
0xE0042000
ETM
0xE0041000
TPIU
0xE0040000

图 3-23　外部私有外设总线区图

特别地,内部私有外设总线区中 NVIC 所处的区域叫做系统控制空间(SCS),在

SCS 中,除了 NVIC 外,还有 SYSTICK、MPU 以及代码调试控制所用的寄存器,如图 3-24 所示。

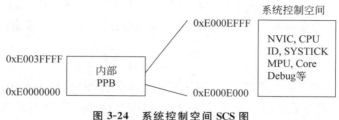

图 3-24　系统控制空间 SCS 图

综上所述,Cortex-M3 存储空间为 0x00000000～0xFFFFFFFF,共 4GB。而且,它的存储器映射是单一、固定并由 ARM 预先定义的,这一特点极大地方便了嵌入式应用程序在不同的 Cortex-M3 微控制器间进行移植。例如,各款 Cortex-M3 微控制器的 NVIC 和 MPU 寄存器都分布在相同的地址上,而与具体的芯片制造商和微控制器型号无关。尽管 Cortex-M3 存储器映射已被 ARM 预先定义,但这只是一个粗线条的模板,芯片制造商可以在此框架下灵活地分配存储器空间,提供更详细的图示表明芯片中片上外设的具体分布以及 RAM 与 ROM 的容量和位置信息,制造出各具特色的 Cortex-M3 微控制器产品。

3.4.2　位带操作

Cortex-M3 存储器映射包括两个位带区,分别为 SRAM 和外设存储区域中的最低的 1MB。这两个位带区中的地址除了可以像普通 RAM 一样使用外,它们还都有自己的位带别名区:位带区中每个位(bit)"膨胀"为自己位带别名区的一个 32 位的字(Word)。当通过位带别名区访问这些字时,实际上达到访问原始位带区上每个位的效果。

1. 位带区的位与位带别名区的字之间的映射关系

位带区的位和位带别名区的字的映射关系可以由以下公式得到:

$bit\_word\_offset = (byte\_offset \times 0x20) + (bit\_number \times 0x4)$

$bit\_word\_addr = bit\_band\_base + (byte\_offset \times 0x20) + (bit\_number \times 0x4)$

其中,bit_word_offset 是位带区中目标位的位置;bit_offset 是位带区中包含目标位的字节的编号;bit_number 是位带区中目标位的位位置(0～7);bit_word_addr 是位带别名区中映射为目标位的字的地址;bit_band_base 是位带别名区的起始地址。

以 SRAM 的位带区和位带别名区为例,图 3-25 显示了 SRAM 位带区的位和位带别名区的字的映射关系,其中,SRAM 位带别名区的起始地址为 0x22000000(即 bit_band_base=0x22000000)。

例如,位带区地址 0x200FFFFF 上的 bit 7 映射到位带别名区的地址 0x23FFFFE0 上的字:0x23FFFFEC=0x22000000+(0xFFFFF×0x20)+0x7×0x4。

又如,位带别名区地址 0x2200002C 上的字映射为位带区地址 0x20000001 上的 bit

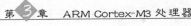

32MB位带别名区

0x23FFFFFC	0x23FFFFF8	0x23FFFFF4	0x23FFFFF0	0x23FFFFEC	0x23FFFFE8	0x23FFFFE4	0x23FFFFE0

0x2200001C	0x22000018	0x22000014	0x22000010	0x2200000C	0x22000008	0x22000004	0x22000000

1MB SRAM位带区

7 6 5 4 3 2 1 0	7 6 5 4 3 2 1 0	7 6 5 4 3 2 1 0	7 6 5 4 3 2 1 0
0x200FFFFF	0x200FFFFE	0x200FFFFD	0x200FFFFC

7 6 5 4 3 2 1 0	7 6 5 4 3 2 1 0	7 6 5 4 3 2 1 0	7 6 5 4 3 2 1 0
0x20000003	0x20000002	0x20000001	0x20000000

图 3-25　位带区的位和位带别名区的字的映射图

3：$0x2200002C = 0x22000000 + (0x1 \times 0x20) + 0x3 \times 0x4$。

　　对于片上外设存储区来说,其位带区的位和位带别名区的字的映射关系与 SRAM 的映射关系类似,不同的是,片上外设存储区的位带区起始地址为 0x40000000,位带别名区的起始地址为 0x42000000。

　　例如,片上外设 SPI1 的寄存器 SPI_CR1 的地址为 0x40013000,寄存器 SPI1_CR 中 bit 6 映射到位带别名区的地址为 0x42260018($0x42260018 = 0x42000000 + (0x13000 \times 0x20) + 0x6 \times 0x4$)。

2. 位带操作的优越性

　　位带操作的概念其实 30 年前就有了,并在 8051 单片机上首度实现。现在,Cortex-M3 将此能力进化,其位带操作是 8051 位寻址区的加强版。

　　在支持了位带操作后,Cortex-M3 可以使用普通的 Load/Store 指令来对单一的比特进行读写,使得向位带别名区写入一个字与向位带区的目标位执行读-改-写语句具有相同的作用。例如,要将地址 0x20000000 上的 bit 2 置位,在不支持位带操作的情况下,要经过读(将地址 0x20000000 上的值读入寄存器)、改(将该寄存器的位[2]置 1)以及写(将该寄存器的值写回地址 0x20000000)3 条语句来实现。而支持位带操作后,可以用写(通过向其位带别名区地址 0x22000008 地址上写字数据 0x1)1 条语句实现。尽管 Cortex-M3 对于位带别名区的写操作最终仍然执行读-改-写的过程,但位带操作使代码量得到减少,并能防止错误的写入。这样,给程序员在进行通过 GPIO 引脚单独控制每盏 LED 的亮灭、操作串行接口器件和程序跳转判断等情况的编程时带来极大的方便。

3. 使用 C 语言操作位带区

不幸的是,在 C 编译器中没有直接支持位带操作。比如,C 编译器并不知道同一块内存能够使用不同的地址来访问,也不知道对位带别名区的访问只对 LSB 有效。要在 C 语言中使用位带操作,最简单的做法就是使用 #define 预定义一个位带别名区的地址。例如,前述实例中,片上外设 SPI1 的寄存器 SPI_CR1 的地址为 0x40013000,寄存器 SPI1_CR 中 bit 6 映射到位带别名区的地址为 0x42260018,可使用 #define 做如下预定义:

```
#define SPI_CR1              ((volatile unsigned long * ) (0x40013000))
#define SPI_CR1_BIT6         ((volatile unsigned long * ) (0x42260018))
```

片上外设 SPI1 的寄存器 SPI_CR1 的 bit 6 表示是否使能 SPI1(1:使能;0:禁止)。要使能 SPI(即将寄存器 SPI_CR1 的 bit 6 置位),当不使用位带操作时,使用如下 C 语句:

```
volatile unsigned int spi_ctrl= * SPI1_CR1;
                                    //读取片上外设寄存器 SPI_CR1 的值到变量
spi_ctrl=spi_ctrl | 0x00000040;     //将变量的 bit 6 置 1,其他位保持不变
* SPI1_CR1=spi_ctrl;                //将改后的值写回片上外设寄存器 SPI_CR1
```

当使用位带操作时,使用如下 C 语句:

```
* SPI_CR1_BIT6=1
```

由此可见,对于位带区的写操作,使用位带操作比不使用位带操作减少了两条 C 语句,减少了代码量,同时避免了错误的写入。

特别需要注意的是:当 C 语言编程用到位带功能时,访问的变量必须用 volatile 来定义。因为 C 编译器并不知道同一位可以有两个地址。所以就要通过 volatile 限定,使得编译器每次都如实地把新的数值写入指定存储区,而不再会出于优化的考虑,在中途使用寄存器来操作数据的副本,直到最后才把副本写回。由于可能被优化到不同的寄存器来保存中间结果,这样就会导致按不同的方式访问同一位而得到不一致的结果。

3.4.3 存储格式

图书馆书籍管理中,为了提高存取效率,经常会一次从某号单元格开始连续抽取或放入多本书籍。类似地,Cortex-M3 也可以从存储器的某个地址开始一次连续读取或写入多字节的数据,例如,包含 4 字节的字数据。

Cortex-M3 在处理包含多个字节的字数据时,按照不同的字节顺序,有两种不同的表示方法。例如,图 3-26 中地址 0 单元开始存放的字数据(包含地址 0、1、2、3 号一共 4 个单元,大小为 4B 的数据),既可以读为 0x20ABC600,也可以读为 0x00C6AB20。究竟以何种方式读,取决于 Cortex-M3 的存储格式。

地址	值
0x0000 0003	0x00
0x0000 0002	0xC6
0x0000 0001	0xAB
0x0000 0000	0x20

图 3-26 从地址 0 单元开始存放的字数据

一般地,存储格式可以分为小端格式(little endian)和大端格式(big endian)两种。

1. 小端格式

小端格式,又称小字节序或者低字节序,是一种将高字节数据存放在高地址,低字节数据存放在低地址的存储格式("高高低低")。例如,使用小端格式将字数据 0x1234E0 存放到地址 0x20002000 上时,将其最低字节 0xE0、次低字节 0x34、次高字节 0x12 和最高字节 0x00 依次放到最低地址 0x20002000、次低地址 0x20002001、次高地址 0x20002002 和最高地址 0x20002003 上,其具体存储分布如图 3-27所示。平时生活中常用的个人计算机中的 Intel X86 系列处理器使用的就是小端格式。

0x2000 2003	0x00
0x2000 2002	0x12
0x2000 2001	0x34
0x2000 2000	0xE0

图 3-27 小端格式

2. 大端格式

大端格式,又称大字节序或者高字节序,是一种将高字节数据存放在低地址,低字节数据存放在高地址的存储格式("高低低高")。例如,在图 3-28 所示的存储分布中,使用大端格式读取地址 0x20009FFC 上的字数据,从最高地址 0x20009FFF、次高地址 0x20009FFE、次低地址 0x20009FFD 和最低地址 0x20009FFC 上读取字节 0x0C、0x00、0x9B 和 0x0A,依次分别作为字数据的最低字节、次低字节、次高字节和最高字节,因此,最后读出的字数据为 0x0A9B000C。使用大端格式的典型处理器有 IBM、Motorola 等。

0x2000 9FFF	0x0C
0x2000 9FFE	0x00
0x2000 9FFD	0x9B
0x2000 9FFC	0x0A

图 3-28 大端格式

3. Cortex-M3 支持的存储格式

Cortex-M3 能以小端或大端格式来访问存储器,具体使用哪种格式在复位时确定且运行时不能更改。需要特别注意的是,Cortex-M3 在读取指令和访问私有外设总线区时始终使用小端格式。

尽管 Cortex-M3 既支持小端格式又支持大端格式,但是 Cortex-M3 微控制器其他部分的设计,包括总线的连接,内存控制器以及外设的性质等,也共同决定其可以支持的端格式。所以在编写应用程序之前,一定要先查阅 Cortex-M3 微控制器的数据手册,确定可以使用的端格式。在绝大多数情况下,基于 Cortex-M3 的微控制器都使用小端格式。为了避免不必要的麻烦,推荐读者也尽量使用小端格式。

3.5 ARM Cortex-M3 的低功耗模式

为了实现低功耗,ARM Cortex-M3 处理器支持两种节能模式:睡眠模式和深度睡眠模式。

Cortex-M3 内核可以通过 WFI(Wait For Interrupt)或 WFE(Wait For Event)指令进入睡眠模式。在该模式下,Cortex-M3 内核会保持在低功耗状态,停止执行指令,只有

NVIC 的小部分保持唤醒状态。无论是 WFI 还是 WFE 指令，都无法用 C 语言实现，但 Thumb-2 指令集在编译器的支持下，可以在标准 C 语言环境中嵌入宏汇编语句，如 IAR EWARM 集成开发环境的 ICC 编译器支持通过如下格式插入汇编指令来进入睡眠模式：

```
asm("WFI");
asm("WFE");
```

如果使用 WFI 指令进入睡眠模式，Cortex-M3 处理器一直接收自由振荡的 FCLK 以检测中断。一旦有中断请求发生，Cortex-M3 内核会从睡眠模式中恢复，并执行中断服务程序。如果中断服务程序执行完毕，有两种情况可能发生：一是 Cortex-M3 内核的 CPU 开始执行后台程序；二是如果设置了系统控制寄存器（System Control Register）中的 SLEEPON EXTI 位，则 Cortex-M3 内核的 CPU 会再次自动进入睡眠模式。这样，使用"内核被唤醒-执行中断服务程序-返回睡眠模式"流程，用户就完全可以通过中断来实现 Cortex-M3 的低功耗应用。

如果使用 WFE 指令进入睡眠模式，Cortex-M3 内核遇到唤醒事件后就会被唤醒，并且从它进入睡眠模式的断点处恢复执行。唤醒事件不会使 CPU 跳转执行相应的中断服务程序。在 WFE 指令进入的睡眠模式下，唤醒事件可以只是简单的设备中断事件，而不必在 NVIC 中开启对这个设备中断的支持。

此外，除了睡眠模式，Cortex-M3 内核还可以在微控制器的配合驱动下实现深度睡眠模式。通过设置系统控制寄存器中的深度睡眠位（SLEEPDEEP），即可使 Cortex-M3 内核进入深度睡眠状态。此时，锁相环关闭，微控制器的功耗保持在极低的水平。同时，Cortex-M3 处理器一直接收自由振荡的 FCLK 以检测中断。当接收到新的中断请求时，Cortex-M3 内核将 SLEEPDEEP 变为无效，并等待时钟稳定后退出深度睡眠模式。

3.6　本章小结

ARM Cortex-M3 处理器是 ARM 公司最新设计的一款采用 ARMv7 体系架构、基于三级流水线技术的 32 位 RISC 处理器。它由 Cortex-M3 内核和 SW-DP/SWJ-DP 等调试组件构成。其中，Cortex-M3 内核是一个完整的处理核心，包括 Cortex-M3 CPU 和一系列系统设备（如 NVIC、MPU 等），为用户提供了嵌入式系统完整的"大脑"。Cortex-M3 内核的"心脏地带"被一款典型的 32 位 Cortex-M3 CPU——CM3Core 所占据，其内部的数据路径是 32 位的，寄存器是 32 位的，存储器接口也是 32 位的。

同样面向低成本低功耗的微控制器应用领域，与以前常用的 ARM7 处理器相比，ARM Cortex-M3 处理器无论从性能还是功耗等各个方面均有较大的提升，如表 3-6 所示。

表 3-6　Cortex-M3 与 ARM7 性能对照表

比 较 项 目	ARM7	ARM Cortex-M3
体系架构	ARMv4T（冯·诺依曼结构）	ARMv7（哈佛结构）
指令集	ARM/Thumb	Thumb-2

续表

比 较 项 目	ARM7	ARM Cortex-M3
流水线	3 级流水线	3 级流水线＋分支预测
性能	0.95DMIPS/MHz	1.25DMIPS/MHz
功耗	0.28mW/MHz	0.19mW/MHz
低功耗模式	无	内置睡眠模式
面积	0.62mm²（内核）	0.86mm²（内核＋外设）
中断	1 个中断复用	NMI＋1～240 个独立中断
中断延迟	24～42 个时钟周期	12 个时钟周期，最快只需 6 个
存储器保护	无	MPU
内核寄存器	7 组 37 个	2 组 17 个
工作模式	7 种工作模式	线程模式和 Handler 模式
位操作	无	位带
系统时钟	无	SYSTICK

限于篇幅，本章把重点放在 Cortex-M3 的精华所在，并没有面面俱到地详述 Cortex-M3 处理器的技术细节。如想进一步了解 Cortex-M3，可就某一专题，从 ARM 及其他相关网站下载和查阅相关资料进行深入研究：

- *The Cortex-M3 Technical Reference Manual*，Cortex-M3 权威资料之一，主要包括处理器的体系结构、编程模型、存储器映射和指令时序。
- *The ARMv7-M Architecture Application Level Reference Manual*，Cortex-M3 权威资料之一，主要介绍指令集和存储器模型等。
- *AMBA Specification 2.0*，主要介绍 AMBA 总线接口协议。
- *CoreSight Technology System Design Guide*，主要介绍最新的调试架构 CoreSight。
- *AAPCS Procedure Call Standard for the ARM Architecture*，面向汇编语言和 C 语言程序员，介绍 ARM 体系架构下过程调用的标准。
- *ARM Application Note* 179：*Cortex-M3 Embedded Software Development*，面向 C 语言程序员，主要介绍一些编程技巧和提示。
- 其他半导体厂商提供的基于 Cortex-M3 的微控制器的数据手册。

习 题 3

1. 简述 ARM 处理器家族的发展史。
2. ARM Cortex 处理器分为哪几个系列？每个系列又分别面向哪些应用场合？
3. 详述 ARM Cortex-M3 处理器的构成。

4. ARM Cortex-M3 处理器的总线接口有哪些类型？

5. ARM Cortex-M3 处理器有几种工作状态？支持哪些数据类型？

6. 详述 ARM Cortex-M3 的寄存器及其主要用途。

7. 概述 ARM Cortex-M3 处理器的两种操作模式及其切换机制。

8. 异常和中断有什么联系和区别？ARM Cortex-M3 处理器最多能支持多少种异常？它们的优先级是如何规定的？

9. 假设 ARM Cortex-M3 处理器要将以下数据以小端格式写入存储器，依次写出实现以下功能的 C 语句，并画出这些数据在 ARM 存储器中的存储空间分布图：

(1) 大写字母 'E' 存放在地址 0x20000400 上。

(2) 双字节数据 0xFE0 存放到地址 0x2000012C 上。

(3) 四字节数据 0xA1234 存放到地址 0x20000034 上。

第 4 章

基于 ARM Cortex-M3 的 STM32 微控制器

本章学习目标

- 了解 STM32 系列微控制器的分类、特点、应用、选型、开发方法和支持资源。
- 掌握 STM32F103 微控制器的系统结构、时钟系统、调试接口和存储器组织。
- 熟悉 STM32F103 微控制器时钟系统常用的库函数。
- 掌握最小系统的概念,学会构建 STM32F103 微控制器的最小系统。
- 理解 STM32F103 微控制器的启动代码,了解 STM32F103 微控制器的启动过程。
- 学会在嵌入式软件开发工具 KEIL MDK 下建立基于库函数开发的 STM32F103 应用工程。

本章承前启后,从 ARM Cortex-M3 处理器内核和基于 ARM Cortex-M3 的微控制器两者的区别入手,首先对基于 Cortex-M3 内核的 STM32 微控制器做总体概述,然后以一款典型的 STM32 微控制器——STM32F103 为例,从系统结构、功能模块、引脚定义、存储器组织、低功耗模式和安全特性等多个方面详加阐述,并在此基础上构建一个基于 STM32F103 的最小系统,着重剖析 STM32F103 的时钟系统,分析其启动过程和启动代码,最后,以 KEIL MDK 为例讲述在嵌入式软件开发工具中使用库函数建立第一个 STM32F103 应用工程的过程。本章是后续各章节的基础,也是基于 STM32F103 微控制器的嵌入式应用开发的起点。

4.1 从 Cortex-M3 到基于 Cortex-M3 的 MCU

前面介绍了 ARM 公司最新推出的面向微控制器(MCU)应用的 Cortex-M3 处理器,但我们却无法从 ARM 公司直接购买到这样一款 ARM 处理器芯片。按照 ARM 公司的经营策略,它只负责设计处理器 IP 核,而不生产和销售具体的处理器芯片。世界各大知名半导体厂商(如 ST、TI、NXP、ATMEL、TOSHIBA、ACTEL 等)从 ARM 公司购买其设计的处理器 IP 核(如 Cortex-M3)授权,并在其标准内核的基础上,根据不同的应用领域和各自的技术优势,进一步扩充、配置片上存储(如 ROM 和 RAM 等)和片上外设(如 TIMER、USART、SPI、I2C、CAN 和 USB 等),从而形成自己的基于某款 ARM 内核的微控制器(MCU)量产芯片投入市场,其关系如图 4-1 所示。

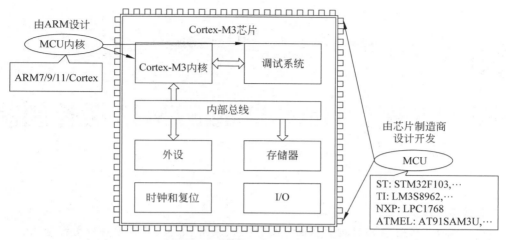

图 4-1   ARM 内核和基于 ARM 内核的 MCU 的关系图

4.2   基于 Cortex-M3 的 STM32 系列微控制器概述

例如,对于 ARM 最新推出的 Cortex-M3 内核,目前已有数十家半导体厂商购买了 IP 授权,并根据各自的市场定位和自身的技术积累,设计和生产了不同的基于 Cortex-M3 的 MCU。现在,市场上常见的基于 Cortex-M3 的 MCU 有意法半导体的公司(ST)的 STM32F103 微控制器、德州仪器公司(TI)的 LM3S8000 微控制器和恩智浦公司(NXP)的 LPC1700 微控制器等,其应用遍及工业控制、消费电子、仪器仪表、智能家居等各个领域。

4.2.1   产品线

在诸多半导体制造商中,意法半导体公司是较早在市场上推出基于 Cortex-M 内核的 MCU 产品的公司,其根据 Cortex-M 内核设计生产的 STM32 微控制器充分发挥了低成本、低功耗、高性价比的优势,以系列化的方式推出方便用户选择,受到了广泛的好评,2009—2014 年总出货量已超过 10 亿片,尤其在中国占据了大部分基于 Cortex-M 内核的 MCU 市场。

STM32 系列微控制器适合的应用有:替代绝大部分 8/16 位 MCU 的应用,替代目前常用的 32 位 MCU(特别是 ARM7)的应用,小型操作系统相关的应用以及简单图形和语音相关的应用等。

STM32 系列微控制器不适合的应用有:程序代码大于 1MB 的应用,基于 Linux 或 Android 的应用,基于高清或超高清的视频应用等。

STM32 系列微控制器的产品线包括高性能、主流和超低功耗三大类,分别面向不同的应用,其具体产品系列如图 4-2 所示。

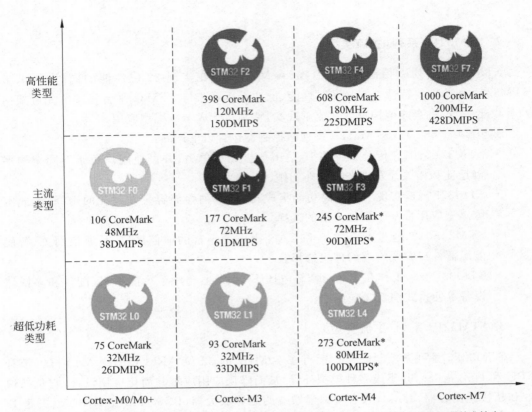

*代表处理器内核运行位于内核专用存储器CCM-SRAM中、由EEMBC(嵌入式处理器基准协会)
提出的基准测试程序得到的性能参数

图 4-2 STM32 系列微控制器的产品线图

1. STM32F1 系列（主流类型）

STM32F1 系列微控制器基于 Cortex-M3 内核,利用一流的外设和低功耗、低压操作实现了高性能,同时以可接受的价格,利用简单的架构和简便易用的工具实现了高集成度,能够满足工业、医疗和消费类市场的各种应用需求。凭借该产品系列,意法半导体在全球基于 ARM Cortex-M3 的微控制器领域处于领先地位。本书后续内容讲述的即是STM32F1 系列中的典型微控制器 STM32F103 的开发。

截至 2016 年 3 月,STM32F1 系列微控制器包含以下 5 个产品线,它们的引脚、外设和软件均兼容。

- STM32F100,超值型,24MHz CPU,具有电机控制和 CEC 功能。
- STM32F101,基本型,36MHz CPU,具有高达 1MB 的 Flash。
- STM32F102,USB 基本型,48MHz CPU,具备 USB FS。
- STM32F103,增强型,72MHz CPU,具有高达 1MB 的 Flash、电机控制、USB 和 CAN。
- STM32F105/107,互联型,72MHz CPU,具有以太网 MAC、CAN 和 USB

2.0 OTG。

2. STM32F0 系列（主流类型）

STM32F0 系列微控制器基于 Cortex-M0 内核,在实现 32 位性能的同时,传承了 STM32 系列的重要特性。它集实时性能、低功耗运算和与 STM32 平台相关的先进架构及外设于一身,将全能架构理念变成了现实,特别适于成本敏感型应用。

截至 2016 年 3 月,STM32F0 系列微控制器包含以下产品:

- STM32F0x0,在传统 8 位和 16 位市场极具竞争力,并可使用户免于不同架构平台迁徙和相关开发带来的额外工作。
- STM32F0x1,实现了高度的功能集成,提供多种存储容量和封装的选择,为成本敏感型应用带来了更加灵活的选择。
- STM32F0x2,通过 USB 2.0 和 CAN 提供了丰富的通信接口,是通信网关、智能能源器件或游戏终端的理想选择。
- STM32F0x8,工作在 1.8V±8% 电压下,非常适合用于智能手机、配件和多媒体设备等便携式消费类应用中。

3. STM32F3 系列（主流类型）

STM32F3 系列微控制器具有运行于 72MHz 的 32 位 ARM Cortex-M4 内核(带有 FPU 和 DSP 指令),并集成多种模拟外设,从而降低应用成本并简化应用设计,它包括快速和超快速比较器(25ns)、具有可编程增益的运算放大器(PGA)、12 位 DAC、超快速 12 位 ADC(单通道每秒 5M 次采样,交替模式下可达到每秒 18M 次采样)、精确的 16 位 sigma-delta ADC(21 通道)、144MHz 的 16 位高级快速电机控制定时器(PWM)、高精度定时器(217ps)、CCM SRAM(Core Coupled Memory SRAM,内核耦合存储区,一种在 RAM 执行时间关键程序所专用的存储器架构)。

STM32F3 系列微控制器与 STM32 F0 和 F1 系列引脚兼容,具有相同的外设。这保证了在为满足应用需要而优化器件性能时可缩短设计周期,并在设计后续应用时有卓越的灵活性。

截至 2016 年 3 月,STM32F3 系列包括以下产品:

- STM32F301、STM32F302、STM32F303 通用器件具有多种外设选项,从基本的低价外设,到更多的模拟功能及 USB/CAN 接口,可管理高达 3 个 FOC 电机控制。
- STM32F334,具有高分辨率定时器(217ps)和复杂的波形生成器,用于数字开关模式 电源、照明、焊接、太阳能和无线充电等数字功率转换等应用。
- STM32F373,具有 16 位 sigma-delta ADC 和 7 种内置增益,能够在生物识别传感器或智能计量等应用中实现高精度测量。
- STM32F3x8 产品线,支持 1.8V 的工作电压。

4. STM32F2 系列（高性能类型）

STM32F2 系列微控制器，基于 Cortex-M3 内核，采用意法半导体公司 90nm NVM (Non-Volatile Memory)工艺制造而成，具有创新型自适应实时存储器加速器（Adaptive Real-Time Accelerator，ART 加速器）和多层总线矩阵，使得其能在主频为 120MHz 下实现高达 150DMIPS/398CoreMark 的性能，这相当于零等待状态执行，同时还能保持极低的动态电流消耗水平（175μA/MHz）。STM32F2 系列微控制器整合了 1MB Flash、128KB SRAM、以太网 MAC、USB 2.0 HS OTG、照相机接口、硬件加密支持和外部存储器接口，具有集成度高的特点。

截至 2016 年 3 月，STM32F2 系列微控制器包含以下两款产品，它们的引脚、外设和软件均完全兼容。该系列产品与其他 STM32 产品同样也引脚兼容。

- STM32F205/215，具有 120MHz CPU/150DMIPS 的性能，高达 1MB，具有先进连接功能和加密功能的 Flash 存储器。
- STM32F207/217，具有 120MHz CPU/150DMIPS 的性能，高达 1MB、具有先进连接功能和加密功能的 Flash 存储器，为 STM32F205/215 增加了以太网 MAC 和照相机接口；封装越大，GPIO 和功能越多。

5. STM32F4 系列（高性能类型）

STM32F4 系列微控制器基于 Cortex-M4 内核，采用了意法半导体公司的 90nm NVM 工艺和 ART 加速器，在高达 180MHz 的工作频率下通过闪存执行时，其处理性能达到 225 DMIPS/608CoreMark。这是迄今所有基于 Cortex-M 内核的微控制器产品所达到的最高基准测试分数。由于采用了动态功耗调整功能，通过闪存执行时的电流消耗范围为 STM32F401 的 128μA/MHz 到 STM32F439 的 260μA/MHz。

截至 2016 年 3 月，STM32F4 系列包括 8 条互相兼容的数字信号控制器（Digital Signal Controller，DSC）产品线，是 MCU 实时控制功能与 DSP 信号处理功能的完美结合体。

- STM32F401，84MHz CPU/105DMIPS，尺寸最小、成本最低的解决方案，具有卓越的功耗效率（动态效率系列）。
- STM32F410，100MHz CPU/125DMIPS，采用新型智能 DMA，优化了数据批处理的功耗（采用批采集模式的动态效率系列），配备真随机数发生器、低功耗定时器和 DAC，为卓越的功率效率性能设立了新的里程碑（停机模式下 89μA/MHz 和 6μA）。
- STM32F411，100MHz CPU/125DMIPS，具有卓越的功率效率、更大的 SRAM 和新型智能 DMA，优化了数据批处理的功耗（采用批采集模式的动态效率系列）。
- STM32F405/415，168MHz CPU/210DMIPS，高达 1MB 的 Flash 闪存、先进连接功能和加密功能。
- STM32F407/417，168MHz CPU/210DMIPS，高达 1MB 的 Flash 闪存，增加了以太网 MAC 和照相机接口。
- STM32F446，180MHz/225DMIPS，高达 512KB 的 Flash 闪存，具有 Dual Quad

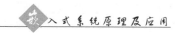

SPI 和 SDRAM 接口。

- STM32F429/439,180MHz CPU/225DMIPS,高达 2MB 的双区闪存,带 SDRAM 接口、Chrom-ART 加速器和 LCD-TFT 控制器。
- STM32F427/437,180MHz CPU/225DMIPS,高达 2MB 的双区闪存,具有 SDRAM 接口、Chrom-ART 加速器、串行音频接口,性能更高,静态功耗更低。
- STM32F469/479,180MHz CPU/225DMIPS,高达 2MB 的双区闪存,带 SDRAM 和 QSPI 接口、Chrom-ART 加速器、LCD-TFT 控制器和 MPI-DSI 接口。

6. STM32F7 系列(高性能类型)

STM32F7 是世界上第一款基于 Cortex-M7 内核的微控制器。它采用 6 级超标量流水线和浮点单元,并利用 ST 的 ART 加速器和 L1 缓存,实现了 Cortex-M7 的最大理论性能——无论是从嵌入式闪存还是外部存储器来执行代码,都能在 216MHz 处理器频率下使性能达到 462DMIPS/1082CoreMark。由此可见,相对于意法半导体公司以前推出的高性能微控制器,如 F2、F4 系列,STM32F7 的优势就在于其强大的运算性能,能够适用于那些对于高性能计算有巨大需求的应用,对于目前还在使用简单计算功能的可穿戴设备和健身应用来说,将会带来革命性的颠覆,起到巨大的推动作用。

截至 2016 年 3 月,STM32F7 系列与 STM32F4 系列引脚兼容,包含以下 4 款产品线:STM32F7x5 子系列、STM32F7x6 子系列、STM32F7x7 子系列和 STM32F7x9 子系列。

7. STM32L0 系列(超低功耗类型)

STM32L0 系列微控制器将 ARM Cortex-M0＋内核与 STM32 超低功耗特性相结合,其每个部分都通过优化达到了卓越的低功耗水平,同时其提供动态电压调节、超低功耗时钟振荡器、LCD 接口、比较器、DAC 及硬件加密等部件,非常适合于电池供电或供电等来自能量收集的应用。

STM32L0 系列微控制器可以实现在 1.65～3.6V 范围内以 32MHz 的频率全速运行,其功耗参考值如下:

(1) 动态运行模式:139μA/MHz(32MHz),低至 87μA/MHz(4MHz)。

(2) 超低功耗模式＋全 RAM＋低功耗定时器:440nA(16 个唤醒引脚)。

(3) 超低功耗模式＋备份寄存器:250nA(3 个唤醒引脚)。

STM32L0 系列微控制器具有高达 64KB Flash 闪存、8KB RAM 及高达 2KB 的嵌入式 EEPROM,采用 32 到 64 针封装。

截至 2016 年 3 月,STM32L0 系列微控制器包含 3 款不同的子系列:STM32L0x1、STM32L0x2(USB)和 STM32L0x3(USB 和 LCD)。

8. STM32L1 系列(超低功耗类型)

STM32L1 系列微控制器基于 Cortex-M3 内核,采用意法半导体专有的超低泄漏制程,具有创新型自主动态电压调节功能和 5 种低功耗模式,为各种应用提供了无与伦比

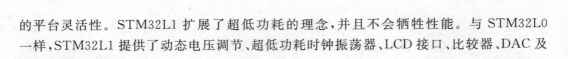

的平台灵活性。STM32L1 扩展了超低功耗的理念,并且不会牺牲性能。与 STM32L0 一样,STM32L1 提供了动态电压调节、超低功耗时钟振荡器、LCD 接口、比较器、DAC 及硬件加密等部件。

STM32L1 系列微控制器可以实现在 1.65～3.6V 范围内以 32MHz 的频率全速运行,其功耗参考值如下:

(1) 动态运行模式:低至 177μA/MHz。

(2) 低功耗运行模式:低至 9μA。

(3) 超低功耗模式＋备份寄存器＋RTC:900nA(3 个唤醒引脚)。

(4) 超低功耗模式＋备份寄存器:280nA(3 个唤醒引脚)。

除了超低功耗 MCU 以外,STM32L1 还提供了多种特性、存储容量和封装引脚数选项,如 32～512KB Flash 存储器、高达 80KB 的 SDRAM、16KB 真正的嵌入式 EEPROM、48～144 个引脚。为了简化移植步骤和为工程师提供所需的灵活性,STM32L1 与不同的 STM32F 系列均引脚兼容。

截至 2016 年 3 月,STM32L1 系列微控制器包含 4 款不同的子系列:STM32L100 超值型、STM32L151、STM32L152(LCD)和 STM32L162(LCD 和 AES-128)。

9. STM32L4 系列(超低功耗类型)

STM32L4 系列微控制器基于 Cortex-M4 内核,将超低功耗和 DSP、FPU(Floating Point Unit)、MPU(Memory Protection Unit)相结合,在主频为 80MHz 下实现 100DMIPS/273 CoreMark 的性能。

STM32L4 系列微控制器可以实现在 1.71～3.6V 范围内以 80MHz 的频率全速运行,其功耗参考值如下:

(1) 动态运行模式:低至 100μA/MHz。

(2) 超低功耗模式＋32KB RAM＋RTC:660nA。

(3) 超低功耗模式＋32KB RAM:360nA。

(4) 超低功耗模式＋备份寄存器＋RTC:330nA(5 个唤醒引脚)。

(5) 超低功耗模式＋备份寄存器:30nA(5 个唤醒引脚)。

STM32L4 微控制器提供根据处理需求平衡功耗的动态电压调整功能、适用于停止模式的低功耗外设(LP UART、LP 定时器)、安全和保密特性、大量智能外设,以及诸如运算放大器、比较器、LCD、12 位 DAC 和 16 位 ADC(硬件过采样)等先进的低功耗模拟外设。

截至 2016 年 3 月,STM32L4 系列微控制器包含两款不同的子系列:STM32L476(USB、LCD)和 STM32L486(USB、LCD 和 AES-128/256)。

10. STM32W 和 STM32T 系列

除了上述 STM32 系列产品,面向无线和触摸感应应用,意法半导体公司分别推出了 STM32W 和 STM32T 系列微控制器。

STM32W 系列基于 Cortex-M3 内核,集成 2.4GHz 射频芯片,将 STM32 系列推入

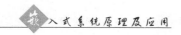

IEEE 802.15.4 无线网络市场,为其带来了出色的射频和低功耗微控制器性能。不仅如此,STM32W 还提供了额外应用集成资源的开放式平台,包括可配置 I/O、模数转换器、定时器、SPI 和 UART 等硬件以及 RF4CE、IEEE 802.15.4 MAC 等主软件库。由于具有高达 109dB 的可配置链路总预算和 Cortex-M3 内核的出色能效,STM32W 已成为目前无线传感器网络市场的理想选择。

STM32T 系列主要包括 STM32TS60 电阻式多点触摸控制器,是触摸感应平台的首款产品。它基于高能效的 STM32 微控制器架构,内置一个获得专利的多点触摸固件,能够同时检测和跟踪 10 个触点,响应时间非常快,而且还能够在活动和休眠模式下保持无可比拟的低功耗预算。利用这个单片解决方案,应用设计人员可以大幅缩减应用开发周期,减少外部元器件的需求量,能够开发更直观和自然的操作控制按键,准许用户在屏幕上用手指、指尖或触摸笔操作按键,替代按照顺序排列的复杂的菜单选项。STM32T 系列已经过市场验证,被广泛用于多种具有触控功能的设备中。

4.2.2　命名规则

意法半导体公司在推出以上一系列基于 Cortex-M 内核的 STM32 微控制器产品线的同时,也制定了它们的命名规则。通过名称,用户能直观、迅速地了解某款具体型号的 STM32 微控制器产品。例如本书后续部分主要介绍的微控制器 STM32F103RCT6,其中,STM32 代表意法半导体公司基于 ARM Cortex-M 系列内核的 32 位 MCU,F 代表通用闪存型,103 代表基于 ARM Cortex-M3 内核的增强型子系列,R 代表 64 个引脚,C 代表大容量 256KB Flash,T 代表 LQFP 封装方式,6 代表 −40～85℃ 的工业级温度范围。

综上所述,STM32 系列微控制器的名称主要由以下部分组成。

1. 产品系列名

STM32 系列微控制器名称通常以 STM32 开头,表示产品系列,代表意法半导体公司基于 ARM Cortex-M 系列内核的 32 位 MCU。

2. 产品类型名

产品类型是 STM32 系列微控制器名称的第二部分,通常有 F(Flash Memory,通用快闪)、W(无线系统芯片)、L(低功耗低电压,1.65～3.6V)等类型。

3. 产品子系列名

产品子系列是 STM32 系列微控制器名称的第三部分。例如,常见的 STM32F 产品子系列有 050(ARM Cortex-M0 内核)、051(ARM Cortex-M0 内核)、100(ARM Cortex-M3 内核,超值型)、101(ARM Cortex-M3 内核,基本型)、102(ARM Cortex-M3 内核,USB 基本型)、103(ARM Cortex-M3 内核,增强型)、105(ARM Cortex-M3 内核,USB 互联网型)、107(ARM Cortex-M3 内核,USB 互联网型和以太网型)、108(ARM Cortex-M3 内核,IEEE 802.15.4 标准)、151(ARM Cortex-M3 内核,不带 LCD)、152/162(ARM

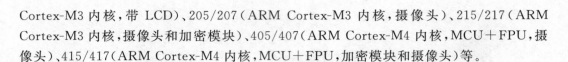

Cortex-M3 内核，带 LCD)、205/207(ARM Cortex-M3 内核，摄像头)、215/217(ARM Cortex-M3 内核，摄像头和加密模块)、405/407(ARM Cortex-M4 内核，MCU＋FPU，摄像头)、415/417(ARM Cortex-M4 内核，MCU＋FPU，加密模块和摄像头)等。

4. 引脚数

引脚数是 STM32 系列微控制器名称的第四部分，通常有以下几种：F(20 pin)、G(28 pin)、K(32 pin)、T(36 pin)、H(40 pin)、C(48 pin)、U(63 pin)、R(64 pin)、O(90 pin)、V(100 pin)、Q(132 pin)、Z(144 pin)和(176 pin)等。

5. Flash 存储器容量

Flash 存储器容量是 STM32 系列微控制器名称的第五部分，通常以下几种：4(16KB Flash，小容量)、6(32KB Flash，小容量)、8(64KB Flash，中容量)、B(128KB Flash，中容量)、C(256KB Flash，大容量)、D(384KB Flash，大容量)、E(512KB Flash，大容量)、F(768KB Flash，大容量)、G(1MB Flash，大容量)。

6. 封装方式

封装方式是 STM32 系列微控制器名称的第六部分，通常有以下几种：T(LQFP，Low-profile Quad Flat Package，薄型四侧引脚扁平封装)、H(BGA，Ball Grid Array，球栅阵列封装)、U(VFQFPN，Very thin Fine pitch Quad Flat Pack No-lead package，超薄细间距四方扁平无铅封装)、Y(WLCSP，Wafer Level Chip Scale Packaging，晶圆片级芯片规模封装)。

7. 温度范围

温度范围是 STM32 系列微控制器名称的第七部分，通常有以下两种：6(−40～85℃，工业级)、7(−40～105℃，工业级)。

4.2.3　生态系统

为了有效地帮助 STM32 用户更加快速、顺利地进行项目设计，意法半导体公司(ST)联合众多合作伙伴，打造从芯片到应用的生态系统(ecosystem)。该生态系统涵盖了意法半导体自身软件库、评估板和合作伙伴的本地化硬件、软件和应用参考方案，总体上可以分为硬件、软件和文档三大部分。

1. 硬件

ST 生态系统的硬件部分主要包括仿真器和开发板。

1) 仿真器

ST 及其合作伙伴为 STM32 系列微控制器提供了为数众多的低成本调试和编程工具，如 ST 的 ST-LINK/V2、SEGGER 的 J-LINK 和 ARM/KEIL 的 ULINK 等，如图 4-3 所示。

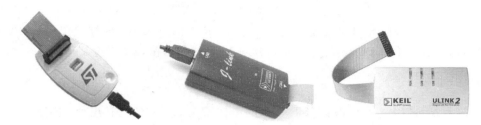

图 4-3　STM32 系列微控制器的调试和编程工具

2）开发板

除此之外，为了方便供用户开发前测试，减少用户的硬件工作量，ST 及其合作伙伴还提供各种类型的 STM32 硬件开发板。

（1）专业评估板。种类齐全的 STM32 专业评估板系列包括 ST 原厂评估板、合作方评估板等，例如 IAR、ARM/KEIL 以及 Raisonance 的 STM32 专用评估板等，如图 4-4 所示。

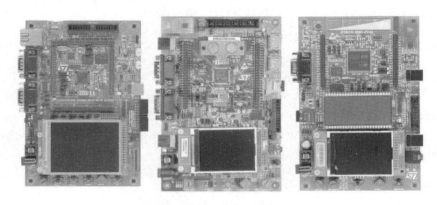

图 4-4　STM32 专业评估板系列

（2）低成本评估板。如 ST 的探索套件、Raisonance Primers 和 Hitex 套件等，如图 4-5所示。

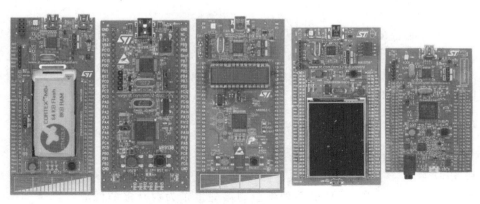

图 4-5　STM32 低成本评估板系列

（3）开源评估板。硬件开源的开发板包括 Arduino-compatible 系列和 Gadgeteer-compatible 系列，如图 4-6 所示。其中，Arduino-compatible 系列中较知名的有 Leaflabs Maple、Olimexino-STM32 和 SecretLabs Netduino 等。Gadgeteer-compatible 系列中较知名的有 GHI Fez-Cerberus 和 Mountaineer 等。

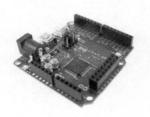 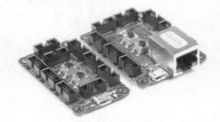 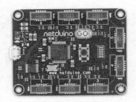

图 4-6 STM32 硬件开源的开发板

2. 软件

为了帮助工程师更快、更好地开发 STM32 应用，ST 及其合作伙伴为 STM32 系列微控制器提供了良好的软件的支持，主要包括软件开发工具和软件资源。

1）软件开发工具

STM32 系列微控制器支持众多软件开发工具，其中最常用的是 ARM/KEIL MDK 和 IAR EWARM，如图 4-7 和图 4-8 所示。关于这两个软件开发工具的介绍，参见 2.1.2 节中关于嵌入式软件开发工具的部分。

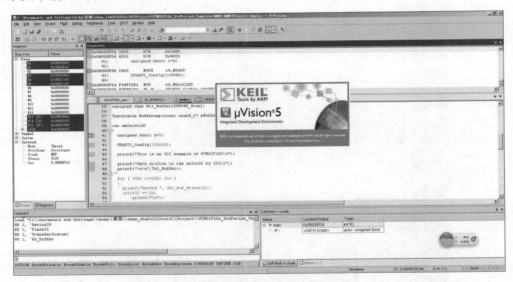

图 4-7 STM32 的软件开发工具 ARM/KEIL MDK

2）软件资源

除了软件开发工具以外，ST 及其合作伙伴为 STM32 系列微控制器提供了丰富的软件资源，极大地降低了 STM32 应用开发的难度，提高了 STM32 应用开发的速度。这一

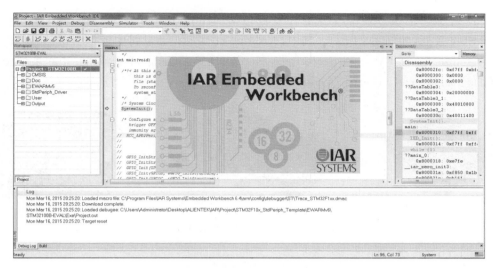

图 4-8　STM32 的软件开发工具 IAR EWARM

系列软件资源使用标准 C 语言开发,适用于整个 STM32 系列,自下而上包括底层驱动、固件协议和应用模块 3 个层次,如图 4-9 所示。

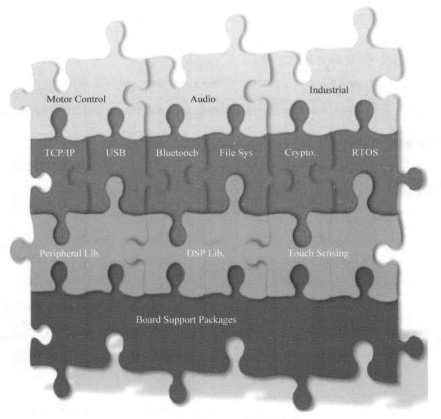

图 4-9　支持 STM32 的软件分类

（1）底层驱动。主要包括 ST 免费开源的标准外设驱动库（Standard Peripheral Driver）、DSP 库和板卡支持包（Board Support Package，BSP）等。

- 标准外设驱动库。又称固件函数库、固件库或者库函数，是一个固件函数包，由驱动函数、数据结构和宏组成，包括微控制器所有外设的性能特征。不仅如此，固件库还为用户开发提供了一个通用的项目模板，并针对每一个外设配有相应的驱动描述和应用例程，非常方便嵌入式工程师进行二次开发。本书后续讲述的 STM32 开发就是基于固件库的开发。

- DSP 库。针对有浮点运算单元（Float Point Unit，FPU）的 STM32 微控制器（如 STM32F407），ST 提供了 DSP 库帮助用户快速上手开发数字信号处理相关的应用。DSP 库实现的功能包括浮点数基本运算、向量运算、矩阵运算、滤波函数、控制函数（主要 PID 控制函数）、统计功能函数（如求平均值、均方根、方差和标准差等）、变换功能（如傅里叶变换等）和很多其他常用的 DSP 算法。

- 板卡支持包。由 ST 提供的为各个专业评估板定制的驱动程序。

（2）固件协议。主要包括 RTOS（Real Time Operating System）、File Systems、USB（包括 HOST、DEVICE 和 OTG）、TCP/IP、Bluetooth、ZigBee、Graphic 等。ST 及其合作伙伴提供了这些固件协议的多种解决方案，供 STM32 用户选择，如表 4-1 至表 4-7 所示。

表 4-1　支持 STM32 系列微控制器的 RTOS

RTOS 名称	提 供 者	形式	获取方式	适 用 范 围
μCLinux	Emcraft Systems	开源	免费	F2/F3/F4
eCOSPro	eCosCentric	源码	授权	F1/F2/F3/F4/L1
CMX-RTX	CMX	源码	授权	F1/F2/F3/F4/L1
CMX-Tiny	CMX	源码	授权	F0/F1/F2/F3/F4/L1
μC/OS	Micrium	源码	授权	F0/F1/F2/F3/F4/L1
FreeRTOS	FreeRTOS	开源	免费	F0/F1/F2/F3/F4/L1
ThreadX	Express Logic	源码	授权	F0/F1/F2/F3/F4/L1
MDK-ARM	ARM	源码	授权	F0/F1/F2/F3/F4/L1
Contiki	SICS	开源	免费	W
embOS	SEGGER	源码	授权	F0/F1/F2/F3/F4/L1/W

表 4-2　支持 STM32 系列微控制器的文件系统

文件系统名称	提 供 者	形式	获取方式	适 用 范 围
eCC-YAFFS(Nand)、MMFS、JFFS2	eCosCentric	源码	授权	F1/F2/F3/F4/L1
FatFS	ChaN	开源	免费	F0/F1/F2/F3/F4/L1
CMX-FFS	CMX	源码	授权	F0/F1/F2/F3/F4/L1
μC/FS	Micrium	源码	授权	F0/F1/F2/F3/F4/L1

续表

文件系统名称	提　供　者	形式	获取方式	适 用 范 围
FileX	Express Logic	源码	授权	F0/F1/F2/F3/F4/L1
MDK-ARM Flash	ARM	源码	授权	F0/F1/F2/F3/F4/L1
Contiki/Coffee FS	SICS	开源	免费	W
emFile	SEGGER	源码	授权	F0/F1/F2/F3/F4/L1/W

表 4-3　支持 STM32 系列微控制器的 USB 解决方案

USB 库名称	提　供　者	形式	获取方式	适 用 范 围
USB FS device library	ST	源码	免费	F1(105/107 除外)/ F3/L1
USB FS & HS Host & device library	ST	源码	免费	F1(105/107)/F2/F4
CMX-USB (Device/Host)	CMX	源码	授权	F1/F2/F3/F4/L1
μC/USB	Micrium	源码	授权	F1/F2/F3/F4/L1
USBX	Express Logic	源码	授权	F1/F2/F3/F4/L1
MDK-ARM USB	ARM	源码	授权	F1/F2/F3/F4/L1
emUSB	SEGGER	源码	授权	F1/F2/F3/F4/L1

表 4-4　支持 STM32 系列微控制器的 TCP/IP 解决方案

TCP/IP 协议库名称	提　供　者	形式	获取方式	适 用 范 围
NicheLite	Interniche	源码	免费	F107/F2/F4
CMX-TCPIP	CMX	源码	授权	F107/F2/F4
Lwip	SICS	开源	免费	F107/F2/F4
Contiki/uIP6	SICS	开源	免费	W
μC/TCP-IP	Micrium	源码	授权	F107/F2/F4
MDK-ARM TCPNET	ARM	源码	授权	F107/F2/F4
embOS/IP	SEGGER	源码	授权	F107/F2

表 4-5　支持 STM32 系列微控制器的 Bluetooth 解决方案

蓝牙协议库名称	提供者	形式	获取方式	适 用 范 围
dotStack	SEARAN	源码	授权	F0/F1/F2/F4/L1
ALPW-BLESDK	Alpwise	源码	授权	F0/F1/F2/F4/L1
iAnywhere Blue SDK 3. x	Alpwise	源码	授权	F1/F2/F4/L1
iAnywhere Blue SDK 4. x	Alpwise	源码	授权	F2/F4

表 4-6　支持 STM32 系列微控制器的 ZigBee 解决方案

ZigBee 协议库名称	提　供　者	形　式	获取方式	适　用　范　围
Simple MAC firmware	ST	二进制码	免费	W
ZigBee RF4CE	ST	二进制码	免费	W
ZigBee IP stack	ST	二进制码	免费	W

表 4-7　支持 STM32 系列微控制器的图形显示解决方案

图形库名称	提　供　者	形　式	获取方式	适　用　范　围
Embedded GUI library	ST	二进制码	免费	F1/F2/F3/F4/L1
STemWin	ST	二进制码	免费	F0/F1/F2/F3/F4/L1
μC/GUI	Micrium	源码	授权	F0/F1/F2/F3/F4/L1
emWin	SEGGER	源码	授权	F0/F1/F2/F3/F4/L1

（3）应用模块。除了底层驱动和固件协议，针对不同应用领域，ST 还提供诸多用 C 语言开发的高水平应用模块，例如电机控制模块和音频应用模块等。

- 电机控制模块。ST 面向电机控制领域，提供免费的针对三相永磁同步电机（PMSM）的矢量控制（FOC）方案。
- 音频应用模块。ST 利用 Cortex-M3 和 Cortex-M4 内核的专有特性进行有针对性的优化（DSP/FFT/Floating），为用户提供以下扩展解决方案：ST 音频编解码方案，包括 MP3、WMA、AAC-LC、HE-AACv1/2、Ogg Vorbis 等；ST 语音编解码方案，包括 G711、G726、IMA-ADPCM、Speex 等；ST 音频后处理算法，包括采样率转换、多种滤波器、智能音量控制、立体声扩展等。

3. 文档

为了帮助用户更快地入门 STM32 开发，ST 及其合作伙伴除了提供优良的软硬件支持外，还提供了翔实易读的各种文档资料供用户学习和应用时参考。这些文档包括 STM32 的选型手册、数据手册、参考手册、用户手册和应用笔记等，内容涵盖芯片选型、性能参数、寄存器编程、应用设计等方方面面。以上所有文档均可从意法半导体公司的官方网站（http：//www. st. com/）获得英文版，STM32/STM8 社区（http：//www. stmcu. org/）提供了相关技术文档的中文翻译版，供国内用户查阅。

4.2.4　开发方法

STM32 微控制器的开发方法有 3 种：寄存器开发、库函数开发和中间件开发。其中，库函数开发是目前使用最多的一种 STM32 开发方法。

1. 寄存器开发

寄存器开发是传统的单片机开发方法。在以前的单片机（如 8051）开发中，一般在用

户应用程序中使用汇编语言或 C 语言直接读写单片机的寄存器来控制其工作,如中断、

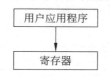

图 4-10 寄存器开发方式

定时器等,如图 4-10 所示。在编程中,为了配置某项功能,通常要查阅某个具体型号的单片机的寄存器列表,确定用到哪个寄存器中的哪些位段,这些位段是该置 1 还是置 0。这些都是很琐碎的、机械的工作,但由于以前单片机的硬件资源有限,而且应用程序相对简单,因此可以通过直接读写寄存器的方式来进行开发。

但是,对于 STM32 来说,由于其外设资源丰富,带来的必然是寄存器的数量和复杂度的增加。此时,如果仍然采用直接读写寄存器的方式开发,那么必然带来开发速度慢和程序可读性差两大缺陷。这两个缺陷直接影响了开发效率、程序维护成本和交流成本。而基于库函数的开发方式则正好弥补了这两个缺陷。

2. 库函数开发

库函数对于程序员来说并不陌生,在 C 语言中就经常用到。例如,常用的标准输入输出库函数 printf() 和 scanf()。

类似地,STM32 的库函数是由 ST 公司针对 STM32 微控制器为用户开发提供的 API(Application Program Interface,应用程序接口)。实际上,STM32 的库函数是位于寄存器与用户层之间的预定义代码(包括一系列宏、数据结构和函数等),它向下实现与寄存器直接相关的操作,向上为用户程序提供配置寄存器的标准接口,如图 4-11 所示。

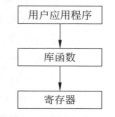

图 4-11 库函数开发方式

库函数使程序员从烦琐的底层寄存器查找和读写工作中解放出来,只需调用库中的 API 函数即可,而将精力专注于应用程序的开发上。具体对 STM32 的寄存器的配置由库函数的 API 去实现。当调用 API 函数时,程序员无须追根溯源去探究每个 API 内部是如何实现对 STM32 寄存器操作的,就像学习 C 语言编程使用 C 库函数 printf() 和 scanf() 时只是学习它的调用方法,并没有去研究它们的源码实现一样。

显而易见,相比直接配置寄存器的开发方式,基于库函数的开发方式具有容易上手、易于阅读和维护成本低等优点,显著地降低了开发难度和门槛,缩短了开发周期。尽管使用直接配置寄存器方式生成的 STM32 代码量比使用库函数方式要小些,但由于 STM32 拥有充足的硬件资源,权衡利弊,绝大部分情况下,宁愿牺牲一点资源而选择库函数开发。通常,只有在对代码运行时间要求极其苛刻的场合,例如频繁调用的异常服务程序,才会选用直接配置寄存器的方式编写程序。随着官方固件库的不断丰富和完善,库函数方式目前已经成为程序员进行 STM32 开发的首选。

本书的后续部分即使用 STM32F1 的标准外设固件库向读者讲述 STM32F103 微控制器的应用开发。尽管 STM32 微控制器不同系列具有不同的库函数,彼此之间不能通用,但 STM32 其他微控制器系列的库函数及其开发过程与 STM32F1 系列的类似,读者由此及彼,举一反三,便不难掌握。

3. 中间件开发

尽管库函数方式给 STM32 开发带来了极大的便利,但也存在不少问题,如缺乏图形界面配置工具生成初始化 C 代码,又如由于各自的固件库不同而导致应用程序无法在 STM32 的各个微控制器系列间进行方便快速的移植。

针对固件库存在的以上不足,ST 于 2014 年 4 月发布了最新的 STM32 开发中间件——STM32Cube 平台,用户可直接从 ST 官网免费下载(www. st. com/stm32cube)。相比之前面向 STM32 各个微控制器系列的不同"标准外设固件库",STM32Cube 是一个统一的集成化开发平台,它全面支持从超低功耗到高性能、目前批量生产的所有 STM32 微控制器系列。例如,STM32CubeF1 是针对 STM32F1 系列,STM32CubeF4 是针对 STM32F4 系列。

STM32Cube 平台可运行在 Windows 或 Linux 上,包括 STM32CubeMX 图形式配置器和初始化 C 代码生成器(Initialization Code Generator),以及针对 STM32 微控制器的不同类型的丰富的嵌入式软件(Embedded Software),这些嵌入式软件覆盖 STM32 微控制器全系列(F1、F0、F3、F2、F4、F7、L0、L1 和 L4),自上而下由应用层示例(Examples and demos)、中间件组件(Middleware components)和硬件抽象层(Hardware abstraction layer)等部分构成,如图 4-12 所示。

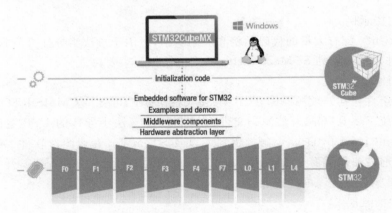

图 4-12　STM32Cube 结构

1) STM32CubeMX 图形式配置器和初始化 C 代码生成器硬件抽象层

STM32Cube 整合了 STM32CubeMX 图形式配置器和初始化 C 代码生成器(如图 4-13 所示),并提供 Wizard(向导)功能,帮助设计人员有效配置微控制器的引脚、时钟树和外设接口,满足功耗要求。配置过程完成后,开发工具会按照用户所选条件自动生成初始化 C 代码。除此之外,与部分只能用于特定开发环境的其他同等级开发工具不同,STM32CubeMX 还允许嵌入式软件工程师创建支持独立第三方开发的集成开发环境的应用代码,例如 ARM/KEIL MDK-ARM、IAR EWARM 或 GCC-based IDE 等开发环境。甚至 STM32CubeMX 还可以直接生成 ARM/KEIL MDK 和 IAR EWARM 的工程。

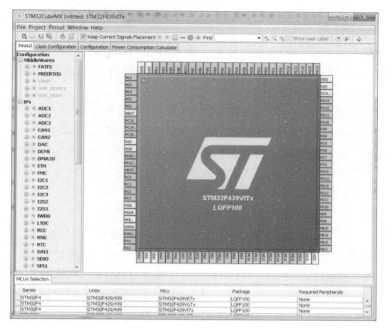

图 4-13　STM32CubeMX 界面

2）应用层示例

STM32Cube 配有大量的代码示例和应用演示，适用于意法半导体开发板，包括评估板、探索套件以及最新的 STM32 Nucleo 系列电路板。

3）中间件组件

中间件组件包括开放源码的 TCP/IP 协议栈 LwIP、可支持 CMSIS-RTOS 的嵌入式实时操作系统 FreeRTOS、开放源码文件系统 FatFS、意法半导体的 USB 主设备和从设备固件库 USB Host & Device、触控资料库以及 STemWin 专业图形软件。用户在使用这些工具之前需要接受商业条款，例如 BSD 开放源码许可证。如果是 ST 开发或支持的软件，还需要签订专有许可授权书。

4）硬件抽象层

硬件抽象层屏蔽底层硬件的驱动，将硬件方面的不同隐藏起来，为应用向高端平台移植和向低端平台裁剪提供了极大便利。

总而言之，STM32Cube 让用户能够在一个简便的软件包内使用应用开发所需的全部通用软件组件，省去了评估不同厂商的软件之间的相容性的过程。它可以帮助嵌入式软件工程师更轻松地上手，简化应用任务，加快 STM32 微控制器的应用开发，同时还能简化跨系代码移植。另外，它所包含的 PC 端软件——STM32CubeMX 为 STM32 开发人员大幅节省了微控制器配置所需时间，克服了微控制器资源冲突问题。

4.2.5　学习之路

对于初学者，从零开始学习一款微控制器开发不是一件容易的事。但 ST 为 STM32

控制器提供了库函数（standard peripheral driver）、中间件（STM32Cube）等一系列强大而丰富的开发组件，大大降低了 STM32 的入门门槛和开发难度。毫不夸张地说，只要有 C 语言基础，即可快速上手 STM32 开发。那么，对于新手来说，究竟应该如何一步一步入门 STM32 微控制器开发呢？

　　首先，应该从数据手册（Data Sheet）入手，了解具体某款 STM32 微控制器的基本信息。数据手册是有关芯片技术特征的基本描述，包含芯片的逻辑功能和内部结构、引脚的数量和分配、电气特性、封装信息以及定购代码等信息。要使用一款 STM32 微控制器，第一步是要了解它的基本配置，如内置 Flash 和 RAM 的容量、外设的类型和数量、引脚信息等。无疑，数据手册就是了解一款 STM32 微控制器基本信息最好的途径，无论对于 STM32 软件工程师还是硬件工程师来说，都应有所了解。STM32 系列微控制器所有型号的数据手册都可以在意法半导体的官方网站上下载得到。

　　其次，搭建 STM32 最小系统，让 STM32 跑起来。最小系统是使一个微控制器能够正常工作所需的必备组件。构建一个微控制器的最小系统，是了解和实践嵌入式硬件最好的方式，也是以后进行嵌入式开发构建原型系统的第一步。从某款 STM32 微控制器芯片开始，辅以晶振、按键、电容等元件，组建一个 STM32 最小系统，在进一步加深对前述数据手册中各项特性和参数理解的同时，为以后进行 STM32 应用开发构建了一个核心基础平台。在搭建 STM32F1 最小系统时，可参考 ST 提供的应用笔记《STM32F10×××硬件开发使用入门》（可从 ST 官网下载）。当然，对于"纯粹"的 STM32 软件工程师来说，可以忽略这一步，直接进入后面的软件开发环节。

　　然后，查阅参考手册（Reference Manual），理解具体某款 STM32 微控制器及其功能模块的工作原理。参考手册是有关如何使用该产品的具体信息，包含各个功能模块的内部结构、所有可能的功能描述、各种工作模式的使用和寄存器配置等详细信息。尤其是，如果选用直接配置寄存器方式进行 STM32 应用开发，编程前更需详细阅读技术参考手册以获知各项功能的具体实现方式和相关寄存器的配置使用。对于使用库函数或中间件方式的 STM32 开发人员，通过参考手册概要地了解 STM32 各个模块的功能和内部结构，有助于加深对各个功能模块工作原理的认识，从而更好地使用库函数或中间件对各个功能模块进行编程开发。同样，STM32 系列微控制器所有型号的参考手册都可以在意法半导体的官方网站上下载得到。

　　最后，下载具体某款 STM32 微控制器对应的固件函数库、工程模板和应用示例，边实验边学习。STM32 的固件库函数内容丰富，种类众多，那么从哪里开始学？对于每个功能模块的库函数又应该如何学？对于学习顺序，比较好的安排是从几乎所有 STM32 应用都会用到的库函数（如 RCC、GPIO、TIMER 等）开始，按重要程度和使用频率从高到低排列，依次学习 STM32 每个功能模块的库函数。由于本书即以固件函数库的方式讲解 STM32 开发，本书后续内容的安排（RCC→GPIO→TIMER→NVIC→DMA→ADC→USART→SPI→I2C），不失为一个很好的学习途径，可供大家参考。对于每个功能模块的学习，比较好的方法是"站在 ST 的肩膀上"写自己的应用程序，即从 ST 官方提供的应用示例开始，逐个学习 STM32 的片上外设和功能模块的开发。然后，由此及彼，融会贯通，开发出自己的 STM32 应用。对于较为复杂的 STM32 应用（如网络、USB、RTOS

等），ST 也提供了相关的软件组件，供用户开发时参考。

4.3　STM32F103 微控制器基础

STM32F103 微控制器是 ST 推出的 STM32 通用快闪类增强型子系列，也是目前使用较多的一款经典 STM32 微控制器系列。本书后续部分即围绕它，从基础知识（第 4 章）和常用片上外设（第 5～7 章）两方面介绍 STM32F103 微控制器系列产品的开发。尽管 STM32 微控制器有很多系列，但 STM32 各个系列微控制器的开发非常相似。在掌握了 STM32F103 的应用开发后，读者触类旁通，举一反三，很快便能将应用移植到 STM32 其他系列的微控制器上。

4.3.1　概述

STM32F103 微控制器采用 Cortex-M3 内核，CPU 最高速度达 72MHz。该系列产品具有 16KB～1MB Flash、多种控制外设、USB 全速接口和 CAN，如图 4-14 所示。由于其优秀的性能、丰富的外设和较低的价格，STM32F103 微控制器被广泛地用于多种应用场合，例如电机驱动和应用控制、医疗器械、手持设备、PC 游戏外设、GPS 平台、警报系统、视频对讲、暖气通风空调系统，以及可编程控制器（PLC）、变频器、打印机和扫描仪等各种工业应用中。

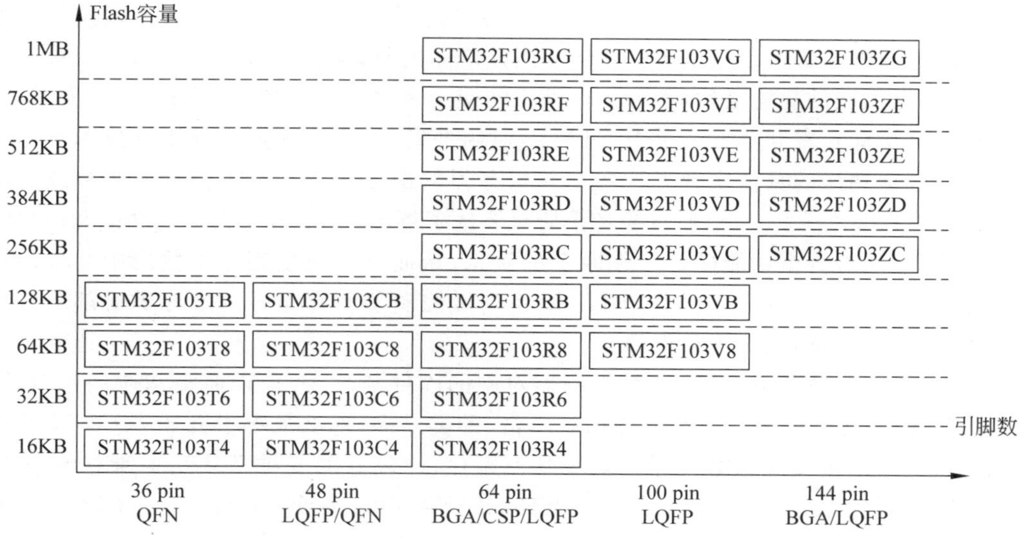

Flash容量	36 pin QFN	48 pin LQFP/QFN	64 pin BGA/CSP/LQFP	100 pin LQFP	144 pin BGA/LQFP
1MB			STM32F103RG	STM32F103VG	STM32F103ZG
768KB			STM32F103RF	STM32F103VF	STM32F103ZF
512KB			STM32F103RE	STM32F103VE	STM32F103ZE
384KB			STM32F103RD	STM32F103VD	STM32F103ZD
256KB			STM32F103RC	STM32F103VC	STM32F103ZC
128KB	STM32F103TB	STM32F103CB	STM32F103RB	STM32F103VB	
64KB	STM32F103T8	STM32F103C8	STM32F103R8	STM32F103V8	
32KB	STM32F103T6	STM32F103C6	STM32F103R6		
16KB	STM32F103T4	STM32F103C4	STM32F103R4		

图 4-14　STM32F103 微控制器产品线图

根据内置存储器（Flash 和 RAM）的容量大小和片上外设资源的多少，STM32F103 微控制器可分为 3 个子产品系列，如图 4-15 所示。而且，STM32F103 微控制器大、中和小容量成员之间实现引脚对引脚的完全兼容，不仅如此，它们在软件和功能上也兼容。例如，小容量产品（STM32F103x4、STM32F103x6）和大容量产品（STM32F103xC、STM32F103xD 和

STM32F103xE)可以直接替换中等容量产品(STM32F103x8、STM32F103xB),这为用户在产品开发中尝试使用不同的存储容量提供了更大的自由度。

引脚数目	小容量产品		中等容量产品		大容量产品		
	16KB闪存	32KB闪存(1)	64KB闪存	128KB闪存	256KB闪存	384KB闪存	512KB闪存
	16KB RAM	10KB RAM	20KB RAM	20KB RAM	48KB RAM	64KB RAM	64KB RAM
144					5个USART+2个USART、4个16位定时器、2个基本定时器、3个SPI、2个I2S、2个I2C、1个USB、1个CAN、2个PWM定时器、3个ADC、1个DAC、1个SDIO FSMC(100和144脚封装)		
100			3个USART、3个16位定时器、2个SPI、2个I2C、1个USB、1个CAN、1个PWM定时器、1个ADC				
64	2个USART、2个16位定时器、1个SPI、1个I2C、1个USB、1个CAN、1个PWM定时器、2个ADC						
48							
36							

图 4-15　STM32F103 微控制器子产品系列图

1. 小容量产品(low-density devices)

小容量产品指的是以 STM32F103x4 和 STM32F103x6 命名开头的微控制器,一般具有较小的闪存存储器、RAM 空间和较少的定时器和外设,具体参数参见 STM32F103x4/6 数据手册。

2. 中容量产品(medium-density devices)

中等容量产品指的是以 STM32F103x8 和 STM32F103xB 命名开头的微控制器,具体参数参见 STM32F103x8/B 数据手册。

3. 大容量产品(high-density devices)

大容量产品指的是以 STM32F103xC、STM32F103xD 和 STM32F103xE 命名开头的微控制器,通常具有较大的闪存存储器、RAM 空间和更多的片上外设,如 SDIO、FSMC、I2S 和 DAC 等,具体参数参见 STM32F103xC/D/E 数据手册。

4.3.2　主系统结构

STM32F103 微控制器是一个基于 ARM Cortex-M3 内核设计的典型实例,其系统结构和 3.3.2 节中举出的范例相似,具体如图 4-16 所示。

由图 4-16 可见,STM32F103 的主系统由 4 个主动单元和 4 个被动单元构成,它们彼此之间通过一个多级的 AHB 总线构架相互连接。其中,4 个主动单元包括 Cortex-M3 内核数据总线和系统总线、通用 DMA1 和通用 DMA2,4 个被动单元包括内部 SRAM、内

部闪存存储器、FSMC 和连接所有 APB 设备的 AHB 到 APB 桥。

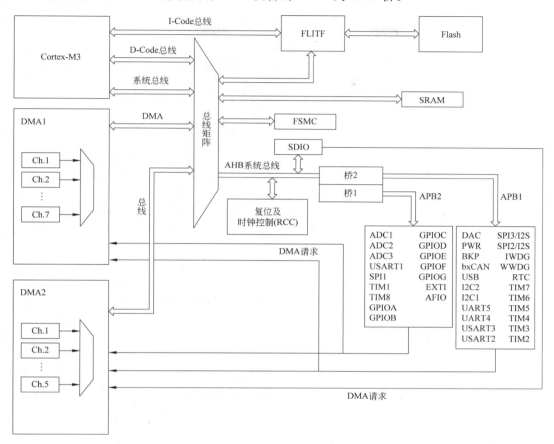

图 4-16   STM32 的系统架构

1. I-Code 总线

该总线经过针对性优化,将 Cortex-M3 内核的指令总线与闪存指令接口连接。指令预取在此总线上完成。

2. D-Code 总线

该总线将 Cortex-M3 内核的 D-Code 总线与闪存存储器的数据接口相连接,通常用于常量加载和调试访问。

3. 系统总线

该总线连接 Cortex-M3 内核的系统总线(外设总线)到总线矩阵。

4. DMA 总线

该总线将 DMA 的 AHB 主控接口与总线矩阵相联,总线矩阵协调着 CPU 的 D-Code

和 DMA 到 SRAM、闪存和外设的访问。

5. 总线矩阵

总线矩阵协调内核系统总线和 DMA 主控总线之间的访问仲裁,仲裁利用轮换算法。总线矩阵包含 4 个驱动部件(CPU 的 D-Code、系统总线、DMA1 总线和 DMA2 总线)和 4 个被动部件(闪存存储器接口 FLITF、SRAM、FSMC 和 AHB-APB 桥)。AHB 外设通过总线矩阵与系统总线相连,允许 DMA 访问。

6. AHB-APB 桥

两个 AHB-APB 桥在 AHB 和两个 APB 总线间提供同步连接。APB1 操作速度限于 36MHz,APB2 操作于全速(最高 72MHz)。

4.3.3　功能模块

除了以上主架构,意法半导体公司还为 STM32F103 微控制器提供了丰富而强大的功能模块,如系统模块、通信模块、模拟模块和控制模块等。

以 STM32F103 微控制器的大容量产品 STM32F103RCT6 为例,它使用 32 位高性能 ARM Cortex-M3 的 RISC CPU 内核作为控制核心(最高工作频率为 72MHz),内置高速存储器(256KB 的 FLASH ROM 和 48KB 的 SRAM)和众多功能模块,如图 4-17 所示。

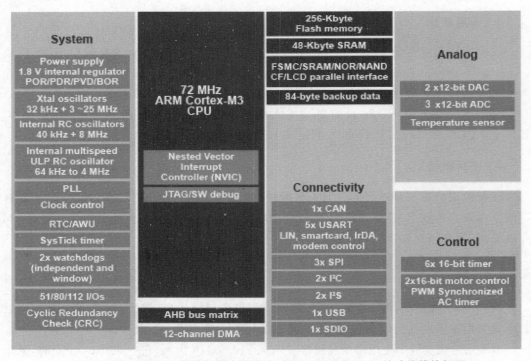

图 4-17　STM32F103 微控制器大容量产品 STM32F103RCT6 的功能模块框图

1. 系统模块

系统模块负责辅助和维护 STM32F103 微控制器的正常工作，主要包括电源模块（Power Supply）、外部晶振模块（XTAL Oscillators）、内部 RC 振荡器模块（Internal RC Oscillators）、锁相环模块（PLL）、复位和时钟控制模块（Clock Control）、实时时钟模块（RTC）、看门狗模块（Watchdog）和循环冗余校验模块（Cyclic Redundancy Check，CRC）等，如图 4-17 左侧 System 框中所示。

2. 通信模块

通信模块负责实现 STM32F103 微控制器与具有标准通信接口的外设之间的数据交换，主要包括 USART 模块（Universal Synchronous/Asynchronous Receiver/Transmitter，通用同步/异步收发器）、SPI 模块（Serial Peripheral Interface，串行外围设备接口）、I2C 模块（Inter-Integrated Circuit）、USB 模块（Universal Serial Bus，通用串行总线）和 CAN 模块（Controller Area Network，控制器局域网络）等。

对于 STM32F103RCT6 微控制器，它包含多种标准通信接口：5 个 USART 模块、3 个 SPI 模块（其中 SPI2 和 SPI3 可以用作 I2S 通信）、2 个 I2C 模块、1 个 USB 模块（USB 2.0 全速设备）、1 个 CAN 模块和 1 个 SDIO 模块（Secure Digital Input and Output），如图 4-17 中部下侧 Connectivity 框中所示。

3. 模拟模块

模拟模块负责实现 STM32F103 微控制器对模拟信号的处理，主要包括 ADC 模块（Analog-to-Digital Converter，模拟数字转换器或模数转换器）、DAC 模块（Digital-to-Analog Converter，数字模拟转换器或数模转换器）等。

对于 STM32F103RCT6 微控制器，它的模拟模块主要有 3 个 16 通道、12 位的 ADC 和 2 个 2 通道、12 位的 DAC，如图 4-17 右部上侧 Analog 框中所示。

4. 控制模块

控制模块负责实现 STM32F103 微控制器对电机等设备的直接控制和操作，主要有定时器模块。特别是 STM32F103 微控制器内置的 2 个高级定时器，能够产生 3 对 PWM 互补输出，通常用来驱动三相电机。

4.3.4　引脚定义

由图 4-14 可知，STM32F103 微控制器系列提供包括从 36 脚至 144 脚的 6 种不同封装形式。根据不同的封装形式，器件中的外设配置不尽相同。

以本书后续实验中使用的微控制器 STM32F103RCT6 为例，它一共有 64 个引脚，采用薄型四角扁平封装（Low-profile Quad Flat Package，LQFP），其引脚分布如图 4-18 所示。

微控制器 STM32F103RCT6 的引脚定义参见附录 B。

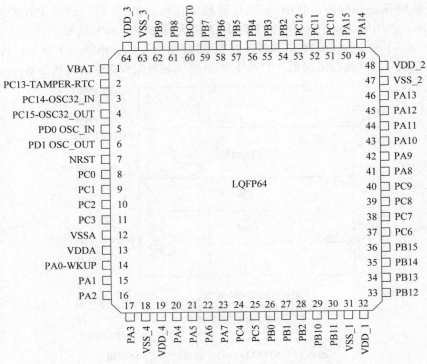

图 4-18　STM32F103RCT6 引脚分布图

4.3.5　存储器组织

STM32F103 的程序存储器、数据存储器、寄存器和输入输出端口被组织在同一个 4GB 的线性地址空间内。由于 STM32F103 微控制器采用 ARM Cortex-M3 的内核,因此,它必须遵循 ARM Cortex-M3 预定义存储器映射——这个"大框架"下的存储分布规定(如图 3-20 所示)。了解 STM32F103 的存储器组织,只要在 ARM Cortex-M3 存储器映射这个"大框架"规定的存储区域内找到对应的存储介质即可,这里的介质可以是 Flash、SRAM 等。

具体来说,STM32F103 的存储器组织遵循 ARM Cortex-M3 内核预定义的存储器映射(如图 3-20 所示),由代码区、片上 SRAM 区、片上外设区、片外 RAM 区、片外外设区和系统区 6 部分组成。

1. 代码区

Cortex-M3 内核规定代码区的地址范围为 0x00000000～0x1FFFFFFF,大小为 512MB。但是,程序存储器(即用户 Flash)的起始地址和大小由各个芯片制造商自己决定。例如,在本书实验使用的意法半导体公司的微控制器 STM32103RCT6 中,用户 Flash 的起始地址为 0x08000000,大小为 256KB,即 0x40000。

除了程序存储器外,STM32F103RCT6 微控制器的片上 Flash 还挂载了 2KB 的系统存储器(即系统 Flash,0x1FFFF000～0x1FFFF7FF)和 16B 的选项字节(0x1FFFF800～0x1FFFF80F),如图 4-19 所示。这两块 Flash 的起始地址和空间大小在 STM32F103 微控制

器所有产品中都是相同的。其中,系统存储器中存放 STM32 出厂时固化好的启动程序(Bootloader),利用启动程序可以通过 USART1 将代码烧写到 STM32 的用户 Flash 中,实现 ISP(In-System Programming,在线编程或在系统编程,指无需从电路板上取下器件,而是将用户代码直接写入焊接在电路板上的器件中,从而实现数据或程序的在线更新)。

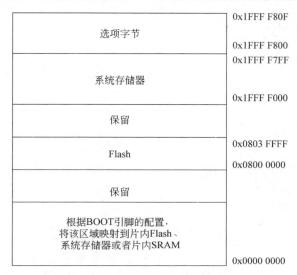

图 4-19   STM32F103RCT6 的代码区分布图

2. 片上 SRAM 区

Cortex-M3 内核规定片上 SRAM 区的地址范围为 $0x20000000 \sim 0x3FFFFFFF$,大小为 512MB。但是,片上数据存储器(即片上 SRAM)挂载的起始地址和大小由各个芯片制造商自己决定。例如,本书实验使用的意法半导体公司微控制器 STM32F103RCT6 挂载的片上 SRAM 起始地址为 0x20000000,大小为 48KB,如图 4-20 所示。由于 SRAM 成本较高,因此,一般容量不是很大。

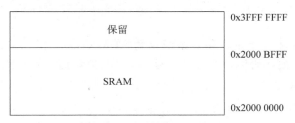

图 4-20   STM32F103RCT6 的 SRAM 区分布图

3. 片上外设区

Cortex-M3 内核规定片上外设区的地址范围为 $0x40000000 \sim 0x5FFFFFFF$,大小为 512MB。STM32 常用片上外设(如 GPIO、TIMER、ADC、SPI 等)的寄存器地址即位于此区域。例如,本书实验使用的意法半导体公司微控制器 STM32F103RCT6 所属的 STM32F103 大容量产品系列片上外设的寄存器映像如图 4-21 所示。

Reserved	0x4002 3400 ~ 0x5FFF FFFF
CRC	0x4002 3000 ~ 0x4002 33FF
Reserved	0x4002 2400 ~ 0x4002 2FFF
Flash Interface	0x4002 2000 ~ 0x4002 23FF
Reserved	0x4002 1400 ~ 0x4002 1FFF
RCC	0x4002 1000 ~ 0x4002 13FF
Reserved	0x4002 0800 ~ 0x4002 0FFF
DMA2	0x4002 0400 ~ 0x4002 07FF
DMA1	0x4002 0000 ~ 0x4002 03FF
Reserved	0x4001 8400 ~ 0x4001 FFFF
SDIO	0x4001 8000 ~ 0x4001 83FF
Reserved	0x4001 4000 ~ 0x4001 7FFF
ADC3	0x4001 3C00 ~ 0x4001 3FFF
USART1	0x4001 3800 ~ 0x4001 3BFF
TIM8	0x4001 3400 ~ 0x4001 37FF
SPI1	0x4001 3000 ~ 0x4001 33FF
TIM1	0x4001 2C00 ~ 0x4001 2FFF
ADC2	0x4001 2800 ~ 0x4001 2BFF
ADC1	0x4001 2400 ~ 0x4001 27FF
ADC0	0x4001 2400 ~ 0x4001 27FF
PORTG	0x4001 2000 ~ 0x4001 23FF
PORTF	0x4001 1C00 ~ 0x4001 1FFF
PORTE	0x4001 1800 ~ 0x4001 1BFF
PORTD	0x4001 1400 ~ 0x4001 17FF
PORTC	0x4001 1000 ~ 0x4001 13FF
PORTB	0x4001 0C00 ~ 0x4001 0FFF
PORTA	0x4001 0800 ~ 0x4001 0BFF
EXTI	0x4001 0400 ~ 0x4001 07FF
AFIO	0x4001 0000 ~ 0x4001 03FF
Reserved	0x4000 7800 ~ 0x4000 FFFF
DAC	0x4000 7400 ~ 0x4000 77FF
PWR	0x4000 7000 ~ 0x4000 73FF
BKP	0x4000 6C00 ~ 0x4000 6FFF
Reserved	0x4000 6800 ~ 0x4000 6BFF
BxCAN	0x4000 6400 ~ 0x4000 67FF
Shared USB/CAN SRAM (512 Bytes)	0x4000 6000 ~ 0x4000 63FF
USB Registers	0x4000 5C00 ~ 0x4000 5FFF
I2C2	0x4000 5800 ~ 0x4000 5BFF
I2C1	0x4000 5400 ~ 0x4000 57FF
UART5	0x4000 5000 ~ 0x4000 53FF
UART4	0x4000 4C00 ~ 0x4000 4FFF
USART3	0x4000 4800 ~ 0x4000 4BFF
USART2	0x4000 4400 ~ 0x4000 47FF
Reserved	0x4000 4000 ~ 0x4000 43FF
SPI3/I2S3	0x4000 3C00 ~ 0x4000 3FFF
SPI2/I2S2	0x4000 3800 ~ 0x4000 3BFF
Reserved	0x4000 3400 ~ 0x4000 37FF
IWDG	0x4000 3000 ~ 0x4000 33FF
WWDG	0x4000 2C00 ~ 0x4000 2FFF
RTC	0x4000 2800 ~ 0x4000 2BFF
Reserved	0x4000 1800 ~ 0x4000 27FF
TIM7	0x4000 1400 ~ 0x4000 17FF
TIM6	0x4000 1000 ~ 0x4000 13FF
TIM5	0x4000 0C00 ~ 0x4000 0FFF
TIM4	0x4000 0800 ~ 0x4000 0BFF
TIM3	0x4000 0400 ~ 0x4000 07FF
TIM2	0x4000 0000 ~ 0x4000 03FF

图 4-21　STM32F103 大容量产品系列的片上外设寄存器映像

4. 片外 RAM 区

Cortex-M3 内核规定片外 RAM 区的地址范围为 0x60000000～0x9FFFFFFF，大小为 1GB。在 STM32F103 大容量产品系列中，该区域由 FSMC（Flexible Static Memory Controller，可变静态存储控制器）管理。所谓"可变"，是指通过对特殊功能寄存器的设置，FSMC 能够根据不同的外部存储器类型发出相应的数据/地址/控制信号类型以匹配信号的速度，从而使得 STM32F103 大容量产品系列微控制器不仅能够应用各种不同类型、不同速度的外部静态存储器，而且能够在不增加外部器件的情况下同时扩展多种不同类型的静态存储器，满足系统设计对存储容量、产品体积以及成本的综合要求。根据连接外部存储器的类型不同，FSMC 将片外 RAM 区分为 4 个存储块，每个存储块固定大小为 256MB（如图 4-22 所示），每个存储块上的存储器类型由用户在配置寄存器中定义。

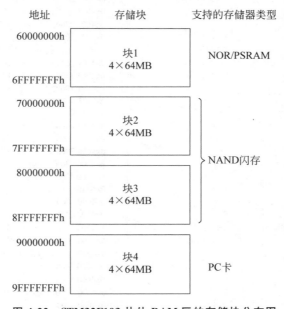

图 4-22　STM32F103 片外 RAM 区的存储块分布图

（1）存储块 1。用于访问最多 4 个 NOR 闪存或 PSRAM（Pseudo SRAM）存储设备。这个存储块被划分为 4 个 NOR/PSRAM 区并有 4 个专用的片选。

（2）存储块 2 和 3。用于访问 NAND 闪存设备，每个存储块连接一个 NAND 闪存。

（3）存储块 4。用于访问 PC 卡设备。

5. 片外外设区

Cortex-M3 内核规定片外外设区的地址范围为 0xA0000000～0xDFFFFFFF，大小为 1GB。在 STM32F103 大容量产品系列中，FSMC 寄存器（0xA0000000～0xA0000FFF）位于该区域。

6. 系统区

Cortex-M3 内核规定系统区的地址范围为 0xE0000000～0xFFFFFFFF，大小为512MB。Cortex-M3 的私有外设(如 NVIC、SYSTICK、MPU、FPB、DWT、ITM 等)都位于该区域。

4.4 STM32F103 微控制器的最小系统

一个微控制器的最小系统是指能使微控制器正常工作所需要的最少元件，通常由微控制器芯片、电源电路、时钟电路、复位电路、调试和下载电路等部分组成，如图 4-23 所示。通常，这也是进行嵌入式系统学习和开发第一步。

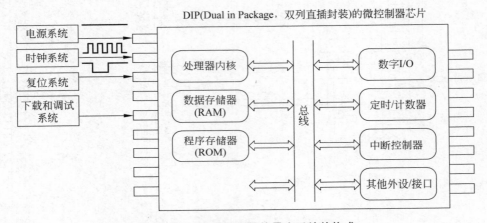

图 4-23 一个微控制器的最小系统的构成

相比其他微控制器，如果需要，STM32F103 的最小系统可以做得更小，因为其内部包含了 RC 振荡器和复位电路，只需为其提供电源和下载调试接口即可。但通常为了精确和可靠，仍然在 STM32F103 外部配置了晶振和复位电路。以 STM32F103ZET6 微控制器为例，一个典型的 STM32F103 的最小系统设计如图 4-24 所示。

4.4.1 电源电路

任何一个电子产品要正常工作，电源必不可少。STM32F103 微控制器也不例外。

1. 供电需求

STM32F103 微控制器的整体供电需求如图 4-25 所示。

2. 供电方案

针对以上供电需求，STM32F103 的整体供电方案如图 4-26 所示。注意，每个电压供应引脚都需要至少一个去耦电容。

1）主电源 V_{DD}（必需）

STM32F103 微控制器采用稳定的单电源供电，其电压范围必须为 $2.0\sim3.6V$，同时通过其内部的一个电压调压器给 Cortex-M3 内核、内存以及数字外设提供 $1.8V$ 的工作电压。

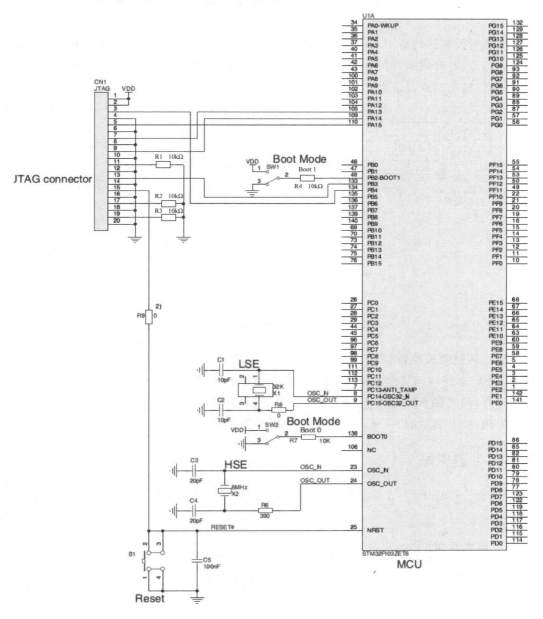

图 4-24　一个典型的 STM32 最小系统设计

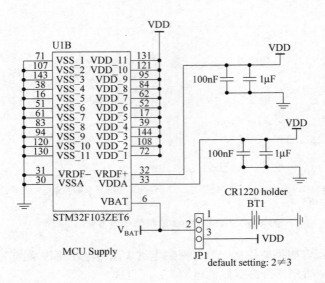

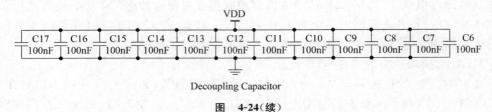

图　4-24（续）

这个调压器能根据STM32 的功耗模式,灵活调整供电方式和供电范围,直至停止供电。

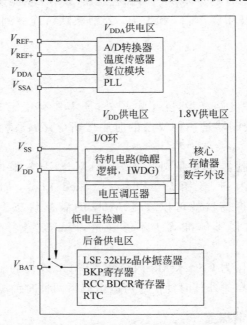

图 4-25　STM32F103 的整体供电需求

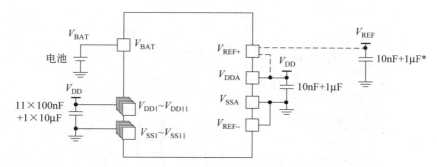

* V_{REF}的两个电容(10nF和1μF)可选。如果在V_{REF}上使用单独的外部参考电压，必须连接两个电容(10nF和1μF)。

图 4-26   STM32F103 的整体供电方案

需要特别注意的是,如果要使能 ADC,则主电源 V_{DD} 的电压范围必须为 $2.4\sim3.6V$。

2) 实时时钟和一部分备份寄存器的电源 V_{BAT}(可选)

该电源可保证在 STM32F103 进入深度睡眠模式时保持数据不丢失。通常选用备用电池作为该电源,其电压范围必须为 $1.8\sim3.6V$。如果 STM32F103 最小系统没有使用备份电池作为该电源,则 V_{BAT} 引脚必须与主电源引脚 V_{DD} 相连。

3) ADC 模块所需的参考电压 V_{REF+} 和 V_{REF-}(可选)

在引脚数量大于或等于 100 的 STM32F103 微控制器(如图 4-24 中的 STM32F103 VBH6)中,ADC 模块有额外的参考电压引脚 V_{REF+} 和 V_{REF-},则 V_{REF+} 的电压范围可以在 2.4V 到 V_{DD} 之间,而 V_{REF-} 必须与 V_{DDA} 相连。

在引脚数量小于等于 64 的 STM32F103 微控制器(如本书实验使用的 STM32F103RCT6)中,ADC 模块的参考电压引脚 V_{REF+} 和 V_{REF-} 分别被默认连接到 ADC 的供电电源 V_{DDA} 和 ADC 的地 V_{SSA}。

4.4.2 时钟电路

我们知道,对于时序电路来说,除了电源外,还需要有稳定的时钟信号才能正常工作。作为数字系统,微控制器是一种复杂的时序逻辑电路,需要专门的时钟源为其提供脉冲信号。

STM32F103 微控制器也不例外。对于 STM32F103 来说,尽管它内置了内部 RC 振荡器,可以为内部锁相环(Phase Locked Loop, PLL)提供时钟,这样 STM32F103 依靠内部振荡器就可以在 72MHz 的满速状态下运行。但是,内部 RC 振荡器相比外部晶振来说不够准确也不够稳定,因此在条件允许的情况下,尽量使用外部主时钟源。

外部主时钟源主要作为 Cortex-M3 内核和 STM32 外设的驱动时钟,一般称为高速外部时钟信号(HSE)。高速外部时钟信号可以由以下两种时钟源产生。

1. 外部晶体/陶瓷谐振器

在这种模式下,时钟电路由外部晶振和负载电容组成,如图 4-27 所示。负载电容的值

需根据选定的晶振进行调节,而且位置要尽可能近地靠近晶振的引脚,以减小输出失真和启动稳定时间。外部晶振的频率可以是 4～16MHz,例如,STM32F103 通常选用 8MHz 的外部晶振。由于这种模式能产生非常精确而稳定的主时钟,因此它是 STM32F103 微控制器时钟电路的首选。

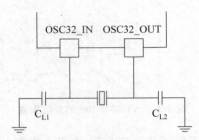

图 4-27　采用外部晶振方式的 STM32F103 时钟电路

2. 用户提供的外部时钟信号

在这种模式下,必须提供一个外部时钟源。它的频率可高达 25MHz。用户提供的外部时钟信号(可以是占空比为 50% 的方波、正弦波或三角波)必须连到 STM32F103 的 OSC32_IN 引脚,同时保证 STM32F103 的 OSC32_OUT 引脚悬空,如图 4-28 所示。

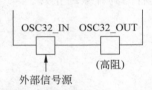

图 4-28　采用用户提供外部时钟信号方式的 STM32F103 时钟电路

4.4.3　复位电路

就像一台完整的 PC 必须具备 Reset 系统一样,一个强壮的微控制器最小系统也需要具备复位电路。当微控制器上电时,电压不是直接跳变到微控制器可工作的范围(如 3.3V)而是一个逐步上升的过程。此时,微控制器无法正常工作,会引起芯片内程序的无序执行。同样的情况也会发生在微控制器的供电电压波动不稳定时。因此,需要复位电路给它延时,使微控制器保持复位,暂不进入工作状态,防止 CPU 执行错误指令,确保 CPU 及各部件处于确定的初始状态,直至电压稳定。

微控制器复位电路的设计直接影响到整个系统工作的稳定性和可靠性。许多用户在设计完基于微控制器的嵌入式系统并在实验室调试成功后,在现场却出现"死机""程序跑飞"等现象,这主要是未添加复位电路或复位电路设计不可靠引起的。

最简单的复位电路是外部异步手动复位电路。按下外部复位键并延时很短一段时间后释放,即可完成微控制器的一次外部手动复位。对于 STM32F103 微控制器来说,它的外部复位电路一般由按键和电容组成,具体如图 4-29 所示。

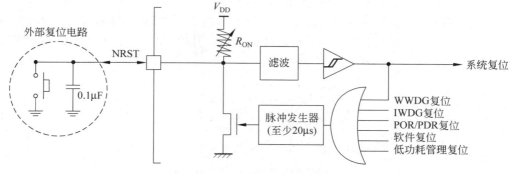

图 4-29　STM32F103 的复位电路

从图 4-29 可以看出,除了外部复位(NRST 引脚上出现低电平),STM32F103 微控制器还包含内部复位电路,系统复位还可以通过以下方式触发:

- POR(Power On Reset)和 PDP(Power Down Reset)(上电复位和掉电复位,当 V_{DD} 引脚电压小于特定的阈值——V_{POR}/V_{PDR} 时,STM32F103 会处于复位状态并保持一段时间)。
- WWDG 看门狗复位(窗口看门狗计数终止)。
- IWDG 看门狗复位(独立看门狗计数终止)。
- 软件复位(SW 复位)。
- 低功耗管理复位。

4.4.4　调试和下载电路

为了让微控制器按照程序员的设想真正跑起来,要事先将实现指定功能的程序烧写到微控制器片内 ROM 或 RAM 中进行反复调试。这就需要调试和下载电路。微控制器通过调试和下载接口与仿真器相连,并借助仿真器与主机上嵌入式开发工具中的调试器通信,根据调试器的指令控制程序的运行,同时向主机的调试器提供程序以及微控制器的相关信息(如程序中的变量、微控制器的寄存器和存储器信息等)供程序员调试时使用,从而实现程序从宿主机到微控制器 ROM 或 RAM 的下载和调试。

1. STM32F103 的调试端口 SWJ-DP

STM32F103 微控制器基于 ARM Cortex-M3 内核,其内部集成了标准的 ARM CoreSight 调试端口——SWJ-DP(串行线/JTAG 调试端口),包括 JTAG-DP 端口(5 个引脚)和 SW-DP 端口(2 个引脚)。

- JTAG-DP:JTAG 调试端口,为 AHP-AP 模块提供 5 针标准 JTAG 接口。
- SW-DP:串行线调试端口,为 AHP-AP 模块提供 2 针(时钟＋数据)接口。

在 SWJ-DP 端口中,SW-DP 的 2 个引脚与 JTAG-DP 的 5 个引脚中的部分引脚是复用的,具体引脚功能和分布如表 4-8 所示。

表 4-8　SWJ-DP 的 5 个引脚分配

SWJ-DP	JTAG-DP	SW-DP	引脚号
JTMS/SWDIO	输入：JTAG 模式选择	输入输出：串行数据输入输出	PA13
JTCK/SWCLK	输入：JTAG 时钟	输入：串行时钟	PA14
JTDI	输入：JTAG 数据输入		PA15
JTDO/TRACESWO	输出：JTAG 数据输出	跟踪时为 TRACESWO 信号	PB3
JNTRST	输入：JTAG 模块复位		PB4

复位后,STM32F103 微控制器属于 SWJ-DP 的 5 个引脚都被初始化为被调试器使用的专用引脚。

2. STM32F103 微控制器与标准 20 针 JTAG 插座的连接

STM32F103 微控制器(实际上,是其调试端口 SWJ-DP)与标准 20 针 JTAG 插座的连接如图 4-30 所示。

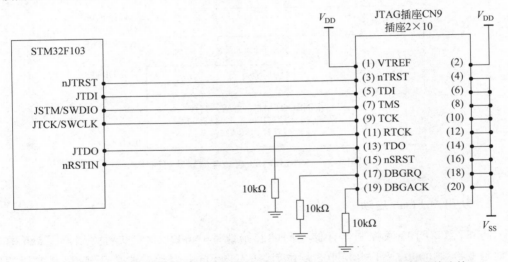

图 4-30　**STM32F103 微控制器(SWJ-DP 调试端口)与标准 20 针 JTAG 插座的连接**

4.4.5　其他

对于构建 STM32F103 最小系统来说,除了和一般微控制器的最小系统一样添加电源、时钟、复位、调试和下载电路外,还需要新增启动存储器选择电路。

STM32F103 微控制器有两个启动引脚 BOOT0 和 BOOT1。通过设置这两个引脚电平的高低,可以将 STM32F103 微控制器存储空间的起始地址 0x00000000 映射到不同存储区域的起始地址。这样,就可以选择在用户 Flash、系统 Flash 和片内 SRAM 上运行代码,如表 4-9 和图 4-31 所示。

表 4-9　STM32F103 启动存储器选择引脚 BOOT0 和 BOOT1 功能表

BOOT0	BOOT1	启 动 模 式	STM32F103 微控制器存储空间起始地址 0x00000000 的映射
0	x	从用户 Flash 启动	映射到用户 Flash(主 Flash)的起始地址
1	0	从系统 Flash 启动	映射到系统 Flash 的起始地址
1	1	从片内 SRAM 启动	映射到片内 SRAM 的起始地址

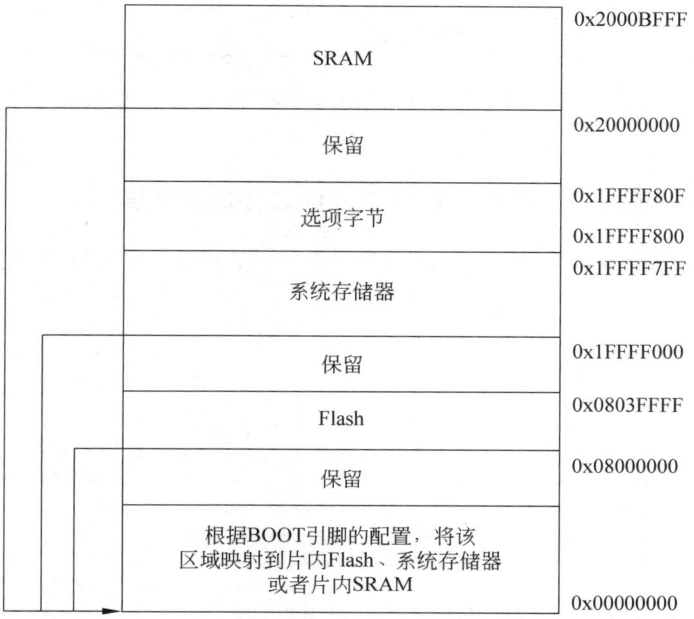

图 4-31　STM32F103 启动存储器映射图

1. 从用户 Flash 启动

将 STM32F103 微控制器存储空间的起始地址 0x00000000 映射为用户 Flash 的起始地址 0x08000000。STM32F103 复位后,从用户 Flash 启动。这是 STM32 最常用的启动方式,也是本书实验中使用的启动方式。因此,通常在最小系统设计时,将 BOOT0 引脚接地。

2. 从系统 Flash 启动

将 STM32F103 微控制器存储空间的起始地址 0x00000000 映射为系统 Flash 的起始地址 0x1FFFF000。STM32F103 复位后,从系统 Flash 启动。系统 Flash 中存放 STM32 出厂时固化好的启动程序(Bootloader),以实现复位后对用户 Flash 进行擦除和再编程。此外,ST 公司还提供了 PC 端的 Bootloader 下载软件,用户可以使用它来向 STM32 写入自己编写的 Bootloader,以支持对 STM32 进行现场升级及产品编程。更多细节可参考 ST 官网上提供的文档:应用笔记 AN2606(*STM32 microcontroller system*

memory boot mode）和用户手册 UM0462（*STM32 and STM8 Flash loader demonstrator*），以及 PC 端的演示版软件。

3. 从片内 SRAM 启动

将 STM32F103 微控制器存储空间的起始地址 0x00000000 映射为片内 SRAM 的起始地址 0x20000000。STM32F103 复位后，从片内 SRAM 启动。用户可以在产品开发阶段将程序下载到片内 SRAM 中并只在 SRAM 中运行。这样，不仅可以通过修改 NVIC 相关寄存器实现异常向量表的重定义，而且可以加快下载速度，减少反复擦写对 Flash 存储器的损坏。

4.5　STM32F103 微控制器的时钟系统

时钟系统是微控制器的脉搏，就像人的心跳一样。时钟系统对于微控制器的重要性就不言而喻了。了解 STM32F103 微控制器时钟系统的结构，对后续进行 GPIO、定时器、ADC 和 USART 等片上外设的学习、使用和开发具有重要的先导作用。其他微控制器一般只要配置好片上外设（如 GPIO）的寄存器，即可使用相应的片上外设（如 GPIO）。但 STM32F103 还有一个步骤，就是开启外设（如 GPIO）时钟。

STM32F103 微控制器为了实现低功耗，设计了一个功能完善但略显复杂的时钟系统，如图 4-32 所示。

从图 4-32 上看，从左至右，STM32F103 相关时钟依次可以分为以下 3 种：输入时钟、系统时钟和由系统时钟分频得到的其他时钟。

4.5.1　输入时钟

STM32F103 的输入时钟可以来自不同的时钟源。

从时钟频率来分，可以分为高速时钟和低速时钟。高速时钟为 STM32F103 的主时钟提供时钟信号，而低速时钟仅为实时时钟（Real Time Clock，RTC）和独立看门狗（Independent Watch Dog，IWDG）提供时钟信号。

从芯片角度来分，可以分为内部时钟（片内时钟）和外部时钟源（片外时钟）。内部时钟由芯片内部 RC 振荡器产生，起振较快，因此系统主时钟在芯片刚上电时默认采用内部高速时钟。而外部时钟通常由外部晶振输入，在精度和稳定性上都具有很大的优势。因此，通常上电之后通过软件配置将主时钟转而采用外部高速时钟信号。

总之，STM32F103 微控制器有以下四种时钟源：

1. 高速外部时钟

高速外部时钟（High Speed External clock signal，HSE）通常以外部晶振作为时钟源，晶振频率可取范围为 4 ～ 16MHz，ST 官方推荐选取 8MHz 外接晶振作为 STM32F103 微控制器的 HSE。

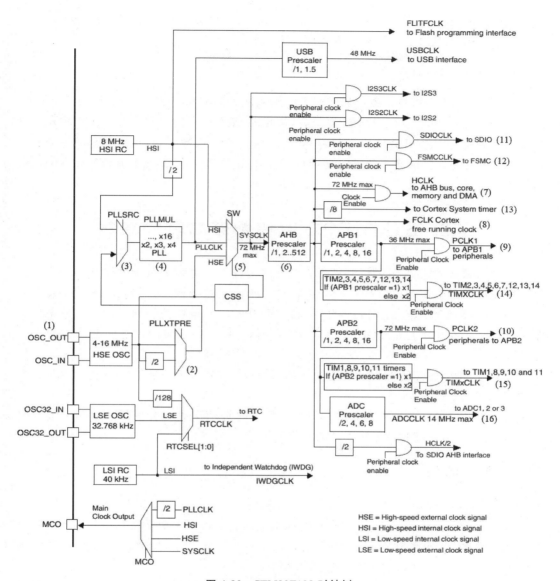

图 4-32　STM32F103 时钟树

下面即以外接 8MHz 晶振作为高速外部时钟为例,沿着图 4-32 的 STM32F103 时钟树((1)→(2)→(3)→(4)→⋯),介绍 STM32F103 的时钟系统是如何从高速外部时钟(8MHz 晶振)开始一步步得到系统时钟 SYSCLK 的。

OSC_IN 和 OSC_OUT:从图 4-32 最左端的 OSC_IN 和 OSC_OUT 开始,STM32F103 的这两个引脚分别连接到 8MHz 外部晶振的两端。

PLLXTPRE:8M 的 HSE 遇到多路选择器 PLLXTPRE(HSE divider for PLL entry)。通过编程配置寄存器,可以选择 PLLXTPRE 的输出:对输入时钟的二分频或不分频。通常选择不分频,因此,经过 PLLXTPRE 后,输出仍然是 8MHz 的时钟信号。

PLLSRC：8MHz 的 HSE 遇到多路选择器 PLLSRC(PLL entry clock source)。同样可以通过配置寄存器，选择 PLLSRC 的输出是高速外部时钟 HSE 或高速内部时钟 HSI。通常，选择输出为高速外部时钟 HSE。

PLL：8MHz 的 HSE 遇到锁相环(PLL)，经过 PLL 后，输出时钟称为 PLLCLK。通过配置 PLL 寄存器，选择倍频系数 PLLMUL(PLL multiplication factor)，可以决定 PLLCLK 输出频率。通常，为了使 STM32F103 满频工作，通常将倍频系数设为 9。于是，经过 PLL 后，原来 8MHz 的时钟 HSE 变成了 72MHz 的时钟 PLLCLK。

SW：72MHz 的 PLLCLK 遇到多路选择器 SW。通过配置寄存器，可以选择 SW 输出为 PLLCLK、HSE 或 HSI。SW 输出就是 STM32F103 的系统时钟 SYSCLK，通常选择 PLLCLK 作为 SW 输出。因此，STM32F103 的系统时钟 SYSCLK 为 72MHz。

2. 高速内部时钟

高速内部时钟(High Speed Internal clock signal，HSI)由片内 RC 振荡器产生，频率为 8MHz，但不稳定。STM32F103 从上电开始即采用 HSI 作为初始的系统时钟。

3. 低速外部时钟

低速外部时钟(Low Speed External clock signal，LSE)通常以外部晶振作为时钟源，主要提供给实时时钟模块，所以一般采用 32.768kHz。

4. 低速内部时钟

低速内部时钟(Low Speed Internal clock signal，LSI)由片内 RC 振荡器产生，可以提供给实时时钟模块和看门狗模块，频率为 40kHz。

4.5.2　系统时钟

从上可知，系统时钟 SYSCLK 由多路选择器 SW 根据用户设置选择 PLLCLK、HSE 或 HSI 中的一路输出而得。SYSCLK 的最高频率可达 72MHz(通常也工作在 72MHz)，是 STM32F103 大部分部件的时钟来源。

通常，STM32F103 从上电开始，选用 HSI 作为初始的系统时钟。在完成初始化后，一般选用更加稳定可靠的 HSE 作为系统时钟的来源。

为了让用户能够实时检测时钟系统是否运行正常，ST 在 STM32F103 系列微控制器上专门提供了引脚 MCO(Main Clock Output，主时钟输出)。用户可以通过软件编程，选择 SYSCLK、PLLCLK、HSE 或 HSI 中的一路在 MCO 上输出。

4.5.3　由系统时钟分频得到的其他时钟

系统时钟 SYSCLK 经过 AHB 预分频器输出到 STM32F103 的各个部件：

HCLK：高速总线 AHB 的时钟，由系统时钟 SYSCLK 经 AHB 预分频器后直接得到。通常，将 AHB 预分频系数设置为 1，HCLK 即为 72MHz，最高也为 72MHz。HCLK

为 Cortex-M3 内核、存储器和 DMA 提供时钟信号。它是 Cortex-M3 内核的运行时钟，CPU 主频就是这个时钟信号。由此可见，通常情况下，STM32F103 的 CPU 运行于最高频率 72MHz。

FCLK：Cortex-M3 内核的"自由运行"时钟，同样由系统时钟 SYSCLK 经 AHB 预分频器后直接得到。它与 HCLK 互相同步，最大也是 72MHz。所谓的"自由"，表现在它不来自 HCLK。因此在 HCLK 停止时 FCLK 仍能继续运行。这样，可以保证即使在 Cortex-M3 内核睡眠时也能采样到中断和跟踪休眠事件。

PCLK1：外设时钟，由系统时钟 SYSCLK 经 AHB 预分频器，再经 APB1 预分频器后得到。通常情况下，将 AHB 的预分频系数设置为 1，将 APB1 的预分频系数设置为 2，PCLK1 即为 36MHz，它的最大频率也为 36MHz。PCLK1 为挂载在 APB1 总线上的外设提供时钟信号，如 USART2、USART3、UART4、UART5、SPI2/I2S、SPI3/I2S、I2C1、I2C2、USB、RTC、CAN、DAC、PWR、BKP、IWDG、WWDG 等。类似地，如需使用以上挂载在 APB2 总线上的外设，必须先开启 APB2 总线上该外设的时钟。

PCLK2：外设时钟，由系统时钟 SYSCLK 经 AHB 预分频器，再经 APB2 预分频器后得到。通常情况下，将 AHB 预分频系数和 APB2 的预分频系数都设置为 1，PCLK2 即为 72MHz，它的最大频率也为 72MHz。PCLK2 为挂载在 APB2 总线上的外设提供时钟信号，如 GPIOA、GPIOB、GPIOC、GPIOD、GPIOE、GPIOF、GPIOG、USART1、SPI1、EXTI、AFIO 等。尤其需要注意的是，如需使用以上挂载在 APB2 总线上的外设，必须先开启 APB2 总线上该外设的时钟。

SDIOCLK：SDIO 外设的时钟，由系统时钟 SYSCLK 经 AHB 预分频器后直接得到。类似地，如需使用 SDIO 外设，必须先开启 SDIOCLK。

FSMCCLK：可变静态存储控制器的时钟，由系统时钟 SYSCLK 经 AHB 预分频器后直接得到。类似地，如需使用 FSMC 外接存储器，必须先开启 FSMCCLK。

STCLK：系统定时器 SYSTICK 的外部时钟源，由系统时钟 SYSCLK 经 AHB 预分频器，再经过 8 分频后得到，等于 HCLK/8。除了外部时钟源 STCLK，系统定时器 SYSTICK 还可以将 FCLK 作为内部时钟源。

TIMXCLK：定时器 2 到定时器 7 的内部时钟源，由 APB1 总线上的时钟 PCLK1 经过倍频后得到。类似地，如需使用定时器 2 到定时器 7 中的任意一个或多个，必须先开启 APB1 总线上对应的定时器时钟。

TIMxCLK：定时器 1 和定时器 8 的内部时钟源，由 APB2 总线上的时钟 PCLK2 经过倍频后得到。类似地，如需使用定时器 1 或定时器 8，必须先开启 APB2 总线上定时器 1 或定时器 8 的时钟。

ADCCLK：ADC1、ADC2 和 ADC3 的时钟，由 APB2 总线上的时钟 PCLK2 经过 ADC 预分频器得到。ADCCLK 最大为 14MHz。

最后，为什么 STM32F103 的时钟系统会显得如此复杂呢？因为有倍频、分频和一系列外设时钟的开关。首先，倍频是考虑到电磁兼容性，如果直接外接一个 72MHz 的晶振，过高的振荡频率会给制作电路板带来难度。其次，分频是因为 STM32F103 各个片上外设的工作频率不尽相同，既有高速外设又有低速外设，需要把高速外设和低速外设分

开管理,如同 PC 中的北桥和南桥一样。最后,每个 STM32F103 外设都配备了时钟开关。当使用某个外设时,一定要打开该外设的时钟;而当不使用某个外设时,可以把这个外设时钟关闭,从而降低 STM32 的整体功耗。

4.5.4 STM32F10x 时钟系统相关库函数

本节将介绍与时钟系统相关的库函数的用法及其参数定义,本书所有涉及的库函数都源于 STM32F10x 标准外设库的最新版本 3.5。

如果使用固件库方式配置 STM32F103 的时钟系统,与时钟系统相关的库函数都存放在 stm32f10x_rcc.h 和 stm32f10x_rcc.c 这两个文件中。其中,stm32f10x_rcc.h 是头文件,存放所有与时钟系统相关的库函数声明、结构体和宏定义。stm32f10x_rcc.c 是源代码文件,存放所有与时钟系统相关的库函数定义。

如果在用户应用程序中要使用 STM32F10x 时钟系统相关库函数,需要将时钟系统相关库函数的头文件包含进来。该步骤可通过在用户应用程序文件开头添加 ♯include "stm32f10x_rcc.h" 语句或在工程目录下的 stm32f10x_conf.h 文件中去除//♯include "stm32f10x_rcc.h"语句前的注释符//来完成。

常用的 STM32F10x 时钟系统相关库函数如下:

- RCC_GetSYSCLKSource:返回用作系统时钟的时钟源。
- RCC_GetClocksFreq:返回不同片上总线时钟的频率。
- RCC_AHBPeriphClockCmd:使能或禁止 AHB 总线上的外设时钟。
- RCC_APB2PeriphClockCmd:使能或禁止 APB2 总线上的外设时钟。
- RCC_APB1PeriphClockCmd:使能或禁止 APB1 总线上的外设时钟。

1. RCC_GetSYSCLKSource

函数原型

uint8_t RCC_GetSYSCLKSource(void);

功能描述

返回用作系统时钟的时钟源。

输入参数

无。

输出参数

无。

返回值

用作系统时钟的时钟源,可以是以下取值之一:

- 0x00:HSI 作为系统时钟。
- 0x04:HSE 作为系统时钟。
- 0x08:PLL 作为系统时钟。

2. RCC_GetClocksFreq

函数原型

void RCC_GetClocksFreq(RCC_ClocksTypeDef * RCC_Clocks);

功能描述

返回不同片上总线时钟的频率。

输入参数

无。

输出参数

RCC_Clocks：指向结构 RCC_ClocksTypeDef 的指针，包含了各个时钟的频率。

RCC_ClocksTypeDef 定义于文件 stm32f10x_rcc.h：

```
typedef struct
{
    uint32_t SYSCLK_Frequency;
    uint32_t HCLK_Frequency;
    uint32_t PCLK1_Frequency;
    uint32_t PCLK2_Frequency;
    uint32_t ADCCLK_Frequency;
}RCC_ClocksTypeDef;
```

- SYSCLK_Frequency：返回 SYSCLK 的频率，单位为 Hz。
- HCLK_Frequency：返回 HCLK 的频率，单位为 Hz。
- PCLK1_Frequency：返回 PCLK1 的频率，单位为 Hz。
- PCLK2_Frequency：返回 PCLK2 的频率，单位为 Hz。
- ADCCLK_Frequency：返回 ADCCLK 的频率，单位为 Hz。

返回值

无。

实例

返回 STM32F103 微控制器当前各个片上总线时钟的频率：

```
RCC_ClocksTypeDef RCC_Clocks;
RCC_GetClocksFreq (&RCC_Clocks);
//结构体变量 RCC_Clocks 各个成员的值即为 STM32F103 当前各个总线时钟的频率
```

3. RCC_AHBPeriphClockCmd

函数原型

void RCC_ AHBPeriphClockCmd (uint32_t RCC_ AHBPeriph，FunctionalState NewState)；

功能描述

　　使能或禁止 AHB 总线上的外设时钟。

输入参数

　　RCC_AHBPeriph,用于指定被使能或禁止时钟的 AHB 外设,根据具体目标微控制器 AHB 总线上连接的外设模块,可以选以下的一个值或多个值的组合作为该参数的取值。特别要注意的是,若选取多个值的组合作为该参数的组合,各个值之间用"｜"连接。

　　该参数的取值范围如下:

- RCC_AHBPeriph_DMA1:DMA1。
- RCC_AHBPeriph_DMA2:DMA2。
- RCC_AHBPeriph_SRAM:SRAM,仅能在睡眠模式下禁止。
- RCC_AHBPeriph_FLITF:FLITF(闪存存储器接口),仅能在睡眠模式下禁止。
- RCC_AHBPeriph_CRC:CRC(循环冗余校验计算单元)。
- RCC_AHBPeriph_FSMC:FSMC(可变静态存储器控制器),非 STM32F10x_cl 产品系列才有。
- RCC_AHBPeriph_SDIO:SD/SDIO MMC 卡主机模块,非 STM32F10x_cl 产品系列才有。
- RCC_AHBPeriph_OTG_FS:全速 USB OTG,STM32F10x_cl 产品系列才有。
- RCC_AHBPeriph_ETH_MAC:以太网 MAC,STM32F10x_cl 产品系列才有。
- RCC_AHBPeriph_ETH_MAC_Tx:以太网 MAC-Tx,STM32F10x_cl 产品系列才有。
- RCC_AHBPeriph_ETH_MAC_Rx:以太网 MAC-Rx,STM32F10x_cl 产品系列才有。

　　NewState,用于设置 AHB 总线上指定外设时钟的新状态,可以是以下取值之一:

- ENABLE:打开 AHB 总线上指定外设的时钟。
- DISABLE:关闭 AHB 总线上指定外设的时钟。

输出参数

　　无。

返回值

　　无。

实例

　　使能 STM32F103RCT6 微控制器 DMA1 的时钟:

```
RCC_ AHBPeriphClockCmd (RCC_AHBPeriph_DMA1, ENABLE);
```

4. RCC_APB2PeriphClockCmd

函数原型

　　void RCC_ APB2PeriphClockCmd (uint32 _ t RCC _ APB2Periph, FunctionalState NewState);

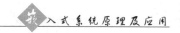

功能描述

使能或禁止 APB2 总线上的外设时钟。

输入参数

RCC_APB2Periph 用于指定被使能或禁止时钟的 APB2 外设,根据具体目标微控制器 APB2 总线上连接的外设模块,可以选以下的一个值或多个值的组合作为该参数的取值。

该参数的取值范围如下:

- RCC_APB2Periph_AFIO：AFIO,第二功能时钟。当 I/O 引脚用作外部中断 EXTI、外部事件或使用复用功能重映射时,需打开 APB2 总线上的 AFIO 时钟。
- RCC_APB2Periph_GPIOA：端口 A。
- RCC_APB2Periph_GPIOB：端口 B。
- RCC_APB2Periph_GPIOC：端口 C。
- RCC_APB2Periph_GPIOD：端口 D。
- RCC_APB2Periph_GPIOE：端口 E。
- RCC_APB2Periph_GPIOF：端口 F。
- RCC_APB2Periph_GPIOG：端口 G。
- RCC_APB2Periph_ADC1：ADC1。
- RCC_APB2Periph_ADC2：ADC2。
- RCC_APB2Periph_ADC3：ADC3。
- RCC_APB2Periph_TIM1：定时器 1。
- RCC_APB2Periph_TIM8：定时器 8。
- RCC_APB2Periph_SPI1：SPI1。
- RCC_APB2Periph_USART1：USART1。

NewState,用于设置 APB2 总线上指定外设时钟的新状态,可以是以下取值之一:

- ENABLE：打开 APB2 总线上指定外设的时钟。
- DISABLE：关闭 APB2 总线上指定外设的时钟。

输出参数

无。

返回值

无。

实例

打开 STM32F103RCT6 微控制器端口 B、定时器 1 和 ADC2 的时钟:

```
RCC_APB2PeriphClockCmd (RCC_APB2Periph_GPIOB | RCC_APB2Periph_TIM1 | RCC_
APB2Periph_ADC2, ENABLE);
```

5. RCC_APB1PeriphClockCmd

函数原型

void RCC_APB1PeriphClockCmd (uint32_t RCC_APB1Periph，FunctionalState

NewState）；

功能描述

　　使能或禁止 APB1 总线上的外设时钟。

输入参数

　　RCC_APB1Periph，用于指定被使能或禁止时钟的 APB1 外设，根据具体目标微控制器 APB1 总线上连接的外设模块，可以选以下的一个值或多个值的组合作为该参数的取值。

　　该参数的取值范围如下：
- RCC_APB1Periph_TIM2：定时器 2。
- RCC_APB1Periph_TIM3：定时器 3。
- RCC_APB1Periph_TIM4：定时器 4。
- RCC_APB1Periph_TIM5：定时器 5。
- RCC_APB1Periph_TIM6：定时器 6。
- RCC_APB1Periph_TIM7：定时器 7。
- RCC_APB1Periph_WWDG：窗口看门狗定时器。
- RCC_APB1Periph_SPI2：SPI2。
- RCC_APB1Periph_SPI3：SPI3。
- RCC_APB1Periph_USART2：USART2。
- RCC_APB1Periph_USART3：USART3。
- RCC_APB1Periph_USART4：USART4。
- RCC_APB1Periph_USART5：USART5。
- RCC_APB1Periph_I2C1：I2C1。
- RCC_APB1Periph_I2C2：I2C2。
- RCC_APB1Periph_CAN1：CAN1。
- RCC_APB1Periph_USB：USB。
- CC_APB1Periph_DAC：DAC（数模转换器）。
- RCC_APB1Periph_CEC：CEC（支持 HDMI 接口的消费电子控制器）。
- RCC_APB1Periph_BKP：BKP（后备寄存器）。
- RCC_APB1Periph_PWR：PWR（电源控制模块）。

　　NewState，用于设置 APB1 总线上指定外设时钟的新状态，可以是以下取值之一：
- ENABLE：打开 APB1 总线上指定外设的时钟。
- DISABLE：关闭 APB1 总线上指定外设的时钟。

输出参数

　　无。

返回值

　　无。

实例

　　打开 STM32F103RCT6 微控制器定时器 2、USART3、SPI2 和 I2C1 的时钟：

```
RCC_APB1PeriphClockCmd(RCC_APB1Periph_TIM2 | RCC_APB1Periph_USART3 | RCC_
APB1Periph_SPI2 | RCC_APB1Periph_I2C1, ENABLE);
```

4.6　STM32F103 微控制器的低功耗模式

正如 4.5 节最后所说,STM32F103 微控制器在正常运行模式下,可以通过关闭 APB 和 AHB 总线上未被使用的外设时钟、关闭 PLL 降低系统时钟等方法来降低它的整体功耗。以本书实验中使用的 STM32F103RCT6 微控制器为例,在对其运行模式采取以上节能措施后,可将其整体电流消耗从 51mA 左右降低至 5mA 左右,如图 4-33 所示。如果想要得到更低的功耗,就需要借助 STM32 的低功耗模式了。

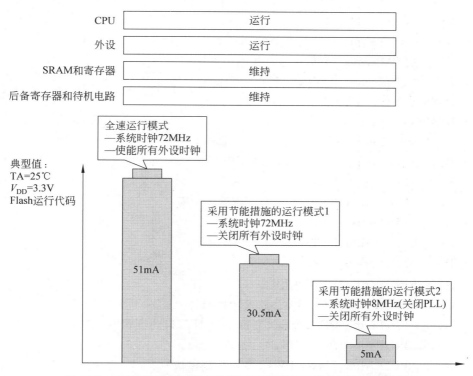

图 4-33　STM32F103RCT6 运行模式下采用节能措施后的电流消耗

令人惊喜的是,和许多微控制器(如 8051)具有低功耗模式一样,STM32F103 也具备低功耗模式,而且支持不止一种低功耗模式。在系统或电源复位以后,STM32F103 处于运行状态,HCLK 为 CPU 提供时钟,内核执行程序代码。当 CPU 不需继续运行时,可以利用多个低功耗模式来节省功耗。例如,等待某个外部事件时,用户需要根据最低电源消耗、最快速启动时间和可用的唤醒源等条件选定一个最佳的低功耗模式。

STM32F103 微控制器低功耗模式有睡眠模式、停机模式和待机模式,如图 4-34 所示。STM32F103 微控制器在高性能和低功耗之间取得了很好的平衡,如果使用得当,无论是睡眠模式、停机模式还是待机模式,都会明显地降低 STM32 的功率消耗,同时性能

仍保持在一个高水平上,非常适于手持设备的应用。

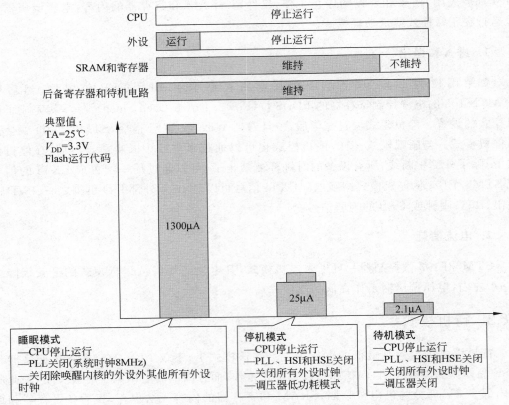

图 4-34 STM32F103RCT6 运行模式下采用节能措施后的电流消耗

4.6.1 睡眠模式

睡眠模式下,STM32F103 的内核停止工作,但外设还在继续工作。

1. 进入和退出

STM32F103 微控制器的 Cortex-M3 内核遇到 WFE 或 WFI 指令,会停止 CPU 时钟,中止程序代码的执行。但是,STM32F103 微控制器的片上外设仍在正常工作,直至某个外设产生事件或中断请求,Cortex-M3 内核才会被唤醒,从而退出睡眠模式。

2. 电流消耗

如果关闭除了要唤醒 Cortex-M3 内核所需的外设时钟以外的所有外设时钟并关闭 PLL 后进入睡眠模式,STM32F103 的睡眠电流只有 1.3mA 左右。

4.6.2 停机模式

停机模式,是在 Cortex-M3 深度睡眠模式的基础上结合了外设的时钟控制机制。在

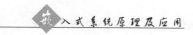

停机模式下，1.8V供电区域内的所有时钟都被停止，包括所有的外设时钟、PLL、HSE和HSI都被关闭，内核和外设均停止工作，仅保留SRAM和寄存器的内容，电压调压器可以运行在正常模式或低功耗模式。

1. 进入和退出

如果用户将Cortex-M3的电源控制寄存器中SLEEPDEEP位置位，然后将STM32F103的电源控制寄存器的PDDS位(Power Down Deep Sleep)清零，就完成了停机模式的设置。停机模式设置完毕后，一旦遇到WFE或WFI指令，STM32F103就会进入停机模式。与睡眠模式一样，停机模式也可以通过事件或中断唤醒。然而，在停机模式下，除了外部中断线，所有设备的时钟都被禁止了，可以通过任一配置成EXTI的信号把STM32F103从停机模式中唤醒。EXTI信号可以是16个外部I/O引脚之一、PVD的输出、RTC闹钟或USB的唤醒信号。

2. 电流消耗

STM32F103微控制器一旦进入停机模式，其电流消耗将从运行模式的毫安级降至$25\mu A$左右(电压调压器工作在低功耗模式)。

4.6.3 待机模式

待机模式可以达到最低的电能消耗。在该模式下，不仅PLL、HSI的RC振荡器和HSE晶体振荡器被关闭，内核和外设都停止工作，而且内部的电压调压器被关闭，因此所有内部1.8V部分的供电被切断，SRAM和寄存器的内容无法保存，仅后备寄存器和待机电路保持供电。

1. 进入和退出

如果用户将Cortex-M3的电源控制寄存器中SLEEPDEEP位置位，然后将STM32F103的电源控制寄存器的PDDS位(Power Down Deep Sleep)置位，就完成了待机模式的设置。待机模式设置完毕后，一旦遇到WFE或WFI指令，STM32F103就会进入待机模式。从待机模式退出的条件是NRST引脚上的外部复位信号、IWDG复位、WKUP引脚上的上升沿或RTC的闹钟事件。根据待机模式的定义，从待机模式唤醒后，相当于得到一个硬件复位的效果。

2. 电流消耗

STM32F103一旦进入待机模式，其电流消耗将从运行模式的毫安级进一步降至$1\sim3\mu A$(具体数值根据低速内部RC振荡器、独立看门狗和RTC的打开/关闭状态决定)。

4.7　STM32F103 微控制器的安全特性

STM32F103 微控制器还有一系列的安全特性来捕捉 STM32F103 发生软硬件运行错误的时刻。STM32F103 微控制器集成的主要安全特性有看门狗、电源检测和时钟安全系统等。

4.7.1　看门狗

1. 看门狗概述

看门狗（watchdog）是嵌入式系统中常用的安全保障机制。它可以实时监测微控制器的程序运行状态，即使由于某种原因微控制器进入了一个错误状态，程序跑飞进入死循环，系统也可自动恢复。

看门狗的工作原理是：嵌入式系统一旦运行，即启动看门狗的计数器，看门狗就开始自动计数；当微控制器正常工作时，每隔一段时间输出一个信号启动"喂狗"程序，将看门狗计数器清零；一旦单片机由于干扰造成程序跑飞后而进入死循环状态时，在超过规定的时间内"喂狗"程序不能被执行，看门狗计数器就会溢出，从而引起看门狗中断。此时，就会输出一个复位信号给微控制器，造成系统复位。

2. STM32F103 微控制器的看门狗

STM32F103 配有两个看门狗模块：独立看门狗 IWDG 和窗口看门狗 WWDG，如图 4-35 所示。独立看门狗相对于 STM32 主系统来说是完全独立的，它使用 LSI 时钟驱动。而窗口看门狗作为 STM32 主系统的一部分，其时钟源自 APB1 总线。这两个看门狗可各自独立工作，也可同时工作。

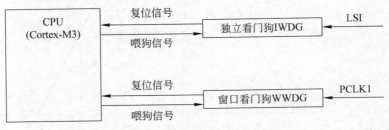

图 4-35　STM32F103 的看门狗

此外，在一些传统的微控制器平台上，当看门狗启动后，就难以对微控制器进行调试。因为当 CPU 被调试器暂停后，由于看门狗得不到及时刷新，就会引起溢出事件，产生复位信号，从而破坏调试的正常进行。针对以上情况，嵌入式工程师通常会在调试阶段暂时关闭看门狗，以避免其影响系统调试。但这样就很难测试看门狗的刷新频率（或者"喂狗"频率）是不是在一个理想的范围内。在 STM32F103 微控制器中，嵌入式工程师可以通过设置 MCUDBG 寄存器，在使用 CoreSight 调试系统中止 CPU 运行时连看门狗

一起停止。当嵌入式工程师通过仿真调试器单步运行代码时,看门狗也只在相应的时间内计数,这个时间取决于单步运行代码所耗的 CPU 周期。综上所述,STM32F103 的看门狗具备"可调试"的性质。

4.7.2　电源检测

在嵌入式应用中,通常都要考虑到系统电压下降或掉电状况,一旦出现该状况,应对控制系统加以保护。因此,需要在应用程序中加入对系统电压的监控。STM32F103 为用户提供了可编程电压监测模块(Programmable Voltage Detector,PVD)来监测自身的内部电源电压供应情况。PVD 的电压阈值可以由用户通过软件在电源控制寄存器(Power Control Register)中进行相应的设置,调整范围为 2.2～2.9V,精度为 0.1V。

PVD 与 EXTI 线 16(外部中断线 16)相连,其作用是监视供电电压。在该中断在外部中断寄存器中被使能的情况下,当 STM32F103 的供电电压 V_{DD} 从高电压下降到 PVD 预设阈值以下时,根据 EXTI 线 16 的上升/下降边沿触发设置,会产生一个中断,通知软件做紧急处理,如图 4-36 所示。类似地,当 STM32F103 的供电电压 V_{DD} 从低电压上升到 PVD 预设阈值以上时,根据 EXTI 线 16 的上升/下降边沿触发设置,也会产生一个中断,通知软件供电恢复,如图 4-36 所示。通常,供电电压上升的 PVD 阈值与供电电压下降的阈值有一个固定的差值,引入这个差值的目的是为了防止电压在阈值上下小幅抖动,而频繁地产生中断。利用 PVD 上述特性,用户可在 STM32F103 微控制器相应的中断服务程序中做紧急处理(当内部电源下降到 PVD 预设阈值以下时)或软件恢复(当内部电源上升到 PVD 预设阈值以上时)。例如,这一特性在实际中可用作执行紧急关闭的任务,保存系统的关键数据,同时对外设进行相应的保护操作。

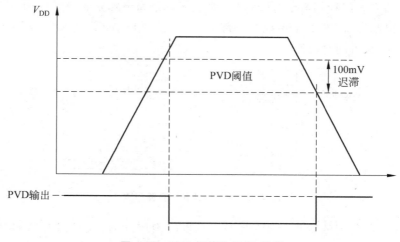

图 4-36　PVD 阈值和 PVD 输出

4.7.3　时钟安全系统

STM32F103 带有时钟安全系统(Clock Security System,CSS)。启动 CSS 后,它将

实时监控 HSE。如果 HSE 发生故障,将会被自动关闭,并产生时钟安全中断,此中断连接到 Cortex-M3 的 NMI 中断。此时,CSS 强制将 HSI(内部 8MHz 的 RC 振荡器)切换为 STM32 的系统时钟源。同时,STM32F103 还会将 HSE 失效事件送到高级定时器 TIM1 的刹车输入端,用以实现电机保护控制。

4.8　STM32F103 微控制器的启动过程

4.8.1　启动过程和启动代码概述

在当今的微控制器应用开发中,C 语言毫无疑问成了软件开发语言的首选。嵌入式应用软件工程师习惯了从 main 函数开始编写程序——因为 main 函数是 C 语言程序的入口地址。但这只是 C 语言程序或者说用户应用程序的起点,而不是微控制器工作的起点。微控制器的工作从上电的那一刻就开始了。那么,微控制器上电后,是如何找到并执行 main 函数的? 微控制器从“上电复位”到“开始执行用户应用程序的 main 函数”之间(两者之间的那段时间称为“启动过程”)究竟做了哪些工作?

这些问题的答案都在微控制器的“启动代码”(Bootloader)中。每个微控制器都有自己的启动代码。启动代码是用来初始化系统以及为嵌入式操作系统或者使用高级语言编写的嵌入式应用软件做好运行前准备的一段汇编语言程序。它是微控制器上电后程序执行的真正入口,指定了微控制器在启动过程中所要进行的具体工作,通常包括初始化异常向量表、初始化时钟系统、初始化存储器系统、初始化堆栈和跳转到 main 函数等。

启动代码不仅是微控制器上电工作的起点,往往也是我们了解微控制器整个工作过程的起点。通过对启动代码的分析,能帮助我们更深入地理解微控制器的工作原理及其程序运行机制。但由于启动代码一般使用汇编语言编写,直接依赖于具体微控制器,因此可读性差,尤其对于新手来说晦涩难懂,并且难以在不同微控制器间进行移植。庆幸的是,目前几乎所有的微控制器厂商都提供它们出产的微控制器对应的启动代码文件,而无需用户自己动手使用汇编语言编写,甚至不少嵌入式开发工具(如 KEIL MDK、IAR EWARM)也提供了众多主流厂商不同型号微控制器的启动代码。软件工程师在开发基于微控制器的嵌入式应用时,可以引用这些现成的启动文件,无须干预启动过程而直接进入 C 语言应用程序开发。这样不仅节约了开发时间,而且显著地降低了应用对某款具体微控制器底层的依赖,给不同微控制器平台间进行应用移植带来极大的便利。本书后续部分基于 STM32 各个外设的开发也是按此模式进行的。

4.8.2　ARM 启动代码所需汇编语言基础

STM32F103 的启动代码是一个典型的 ARM 汇编语言程序。所以,要分析 STM32F103 的启动代码,必须具备一定的 ARM 汇编语言基础。虽然 ARM 汇编语言纷繁庞杂,常令初学者望而生畏,但对于意在分析微控制器启动代码的嵌入式应用软件开发人员来说,并不需要面面俱到地了解 ARM 汇编语言的每个细节,只需知晓 ARM 汇编

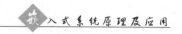

语言程序的基本结构和基本语法，会查找相关的指令、伪指令和伪操作即可。

本节主要介绍分析 STM32F103 启动代码所需要用到的 ARM 汇编语言知识，包括 ARM 汇编语言程序的基本结构、ARM 汇编语言的基本语法以及指令、伪指令和伪操作等。

1. ARM 汇编语言程序的基本结构

从宏观上看，ARM 汇编语言程序由若干个不同类型的段（如代码段、数据段等）构成。一个 ARM 汇编语言程序至少要有一个代码段。

从微观上看，ARM 汇编语言程序是由指令、宏指令、伪指令以及伪操作等组成。其中，宏指令是由一段独立的指令序列（类似于 C 语言中用 ♯ define）定义的宏。用户在编程时可通过宏指令反复地调用该指令序列，汇编器在编译时遇到宏指令则会将其展开，替换成对应的指令序列。伪指令是为了编程方便而自行定义的，不属于指令，但它在编译时被汇编器转换为一条或多条指令，在运行时被 CPU 执行。伪操作通常用于辅助汇编器完成编译工作。与宏指令和伪指令不同，伪操作不能被汇编器转换成指令，因此不能被 CPU 所执行。

2. ARM 汇编语言的基本语法

ARM 汇编语言的基本格式如下：

```
[LABEL]  OPERATION  [OPERAND]  [;COMMENT]
```

其中，[]内的是可选项。

- LABEL：标号。是指令、变量或数据的地址或者常量。此项为可选项，如果有，必须顶格书写，后面不能加冒号。
- OPERATION：指令、宏指令、伪指令或伪操作。此项为必选项，但不能在一行开头顶格书写，而且前后必须有空格。特别注意，在 ARM 汇编程序中，一条指令、伪指令、寄存器名可以全部为大写字母，也可以全部为小写字母，但不要大小写混合使用。
- OPERAND：操作的对象（即操作数）。可以是常量、变量、标号、寄存器或表达式。此项为可选项，若有多个操作数，操作数之间用逗号隔开。
- COMMENT：程序注释，增强代码的可读性。此项为可选项，由分号开始，可以顶格书写。

3. 指令

STM32F103 微控制器基于 Cortex-M3 内核，其指令有很多，这里仅讲述启动代码中用到的跳转指令。

跳转指令的基本格式：

```
B{<cond>} label
```

或

```
B{<cond>} Rm
```

其中,label 或 Rm 是跳转的目标地址,跳转范围在±32MB 之间。例如,"B. "表示跳转到当前地址(". "表示当前指令地址),即进入死循环。

BX

跳转并切换指令集。

BLX

带返回地址的跳转并切换指令集,即除了实现跳转并切换指令集外还会自动将跳转前下一条指令的地址复制到链接寄存器 LR 中,供返回时使用。

4. 伪指令

同样地,在众多伪指令中,这里仅讲述 STM32F103 启动代码中用到的寄存器加载伪指令。

寄存器加载伪指令 LDR 的基本格式:

```
LDR{cond} Rm,=expr
```

其中,expr 是表达式,可以是立即数、标号等。LDR 伪指令用于加载 32 位的立即数或一个地址值到指定寄存器。例如:

```
LDR R3,=Stack_Mem
```

表示将地址 Stack_Mem 加载到寄存器 R3。

当汇编器编译源程序时,LDR 伪指令被汇编器替换成一条合适的指令。如果被加载的常数或标号未超出 MOV 或 MVN 的范围,则使用 MOV 或 MVN 指令代替该 LDR 伪指令,否则汇编器会将常量放入文字池(从指令位置到文字池的偏移量必须小于 4KB),并用一条相对程序偏移的 LDR 指令从文字池读出常量。

5. 伪操作

类似地,在 ARM 众多伪操作中,这里仅讲述 STM32F103 启动代码中用到的伪操作。

1) 数据定义伪操作

EQU

常量定义和赋值,与 C 语言中♯define 有异曲同工之妙。例如:

```
Stack_Size EQU 0x00000400
```

即将常量 Stack_Size 赋值为 0x00000400。

SPACE

分配一片连续的存储区域。基本格式为:

```
{label} SPACE expr
```

其中,label 表示所要分配的存储区域的起始地址,expr 表示所要分配的存储区域的大小

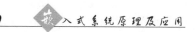

（单位：字节）。例如：

```
Stack_Mem SPACE Stack_Size
```

表示从地址 Stack_Mem 开始分配连续 Stack_Size 个字节的存储单元。

DCD

分配一片连续的字存储区域并初始化。基本格式为

```
{label} DCD expr1{, expr2}…
```

其中，label 表示所要分配的字存储区域的起始地址，expr1 和 expr2 等表示初始化的字数据。例如：

```
DCD 0
```

表示从当前地址开始分配 1 个字（即 4B）的存储单元，将其初始化为 0。

2）格式控制伪操作

ALIGN

调整当前地址，使当前地址满足一定的对齐格式。

AREA

定义一个段。一个 ARM 汇编语言程序由若干个段组成，如代码段、数据段和堆栈段等。代码段存放执行的代码，数据段存放代码执行过程中需要的数据。段定义的基本格式为：

```
AREA sectionname {, attr1} {,attr2}…
```

其中，sectionname 表示段名，attr1 和 attr2 等表示该段的相关属性，多个属性用逗号隔开。常用的段属性有：

- READONLY：定义该段只读。
- READWRITE：定义该段可读可写。
- CODE：定义代码段的属性，代码段的默认属性是 READONLY。
- DATA：定义数据段的属性，数据段的默认属性是 READWRITE。
- ALIGN：定义对齐方式。
- NOINIT：数据段未初始化或初始化为 0。

END

汇编语言程序结束标志。

IMPORT

文件外引用。IMPORT 伪操作用来告诉汇编器当前的符号不是在本文件中定义的，而是在其他文件中定义的，在本文件中仅引用该符号。例如：

```
IMPORT __main
```

__main 是标准 C 库函数，不是在 IMPORT __main 所在的启动代码文件中定义，在启动代码文件中仅仅引用它。由此可见，ARM 汇编语言中的 IMPORT 伪操作与 C 语言中的 extern 关键字功能非常相似。

EXPORT

文件外声明。与 IMPORT 的功能相反,EXPORT 伪操作用来声明外部符号,即当前符号是本文件中定义的,在其他文件中可能会被引用。例如:

```
EXPORT ADC1_2_IRQHandler
```

ADC1_2_IRQHandler 是 ADC1 和 ADC2 的中断服务程序,在 EXPORT ADC1_2_IRQHandler 所在的启动代码文件中,在另一个文件——STM32 的中断服务程序文件 STM32f10x_it.c 中会引用它。

3) 汇编控制伪操作

IF…ELSE…ENDIF

控制汇编程序的执行流程。

PROC…ENDP

定义汇编语言中的过程,类似于 C 语言中的函数定义。

4.8.3　STM32F103 的启动代码分析

在具备以上 ARM 汇编基础后,现在就可以开始着手分析 STM32F103 的启动代码。

由于 ARM 汇编程序文件通常以.s 为扩展名,本书实验中使用的 STM32F103RCT6 微控制器属于 STM32F103 的大容量产品,因此它的启动代码文件名 startup_stm32f10x_hd.s,由 ST 提供,具体内容如下:

```
1    Stack_Size      EQU       0x00000400
2    Heap_Size       EQU       0x00000200
3
4                    AREA      STACK, NOINIT, READWRITE, ALIGN=3
5    Stack_Mem       SPACE     Stack_Size
6    __initial_sp
7
8                    AREA      HEAP, NOINIT, READWRITE, ALIGN=3
9    __heap_base
10   Heap_Mem        SPACE     Heap_Size
11   __heap_limit
12
13                   PRESERVE8
14                   THUMB
15
16                   AREA      RESET, DATA , READONLY
17                   EXPORT    __Vectors
18                   EXPORT    __Vectors_End
19                   EXPORT    __Vectors_Size
20   __Vectors       DCD       __initial_sp          ; Top of Stack
21                   DCD       Reset_Handler         ; Reset Handler
```

22	DCD	NMI_Handler	; NMI Handler
23	DCD	HardFault_Handler	; Hard Fault Handler
24	DCD	MemManage_Handler	; MPU Fault Handler
25	DCD	BusFault_Handler	; Bus Fault Handler
26	DCD	UsageFault_Handler	; Usage Fault Handler
27	DCD	0	; Reserved
28	DCD	0	; Reserved
29	DCD	0	; Reserved
30	DCD	0	; Reserved
31	DCD	SVC_Handler	; SVCall Handler
32	DCD	DebugMon_Handler	; Debug Monitor Handler
33	DCD	0	; Reserved
34	DCD	PendSV_Handler	; PendSV Handler
35	DCD	SysTick_Handler	; SysTick Handler
36	; External Interrupts		
37	DCD	WWDG_IRQHandler	; Window Watchdog
38	DCD	PVD_IRQHandler	; PVD through EXTI Line
39	DCD	TAMPER_IRQHandler	; Tamper
40	DCD	RTC_IRQHandler	; RTC
41	DCD	FLASH_IRQHandler	; Flash
42	DCD	RCC_IRQHandler	; RCC
43	DCD	EXTI0_IRQHandler	; EXTI Line 0
44	DCD	EXTI1_IRQHandler	; EXTI Line 1
45	DCD	EXTI2_IRQHandler	; EXTI Line 2
46	DCD	EXTI3_IRQHandler	; EXTI Line 3
47	DCD	EXTI4_IRQHandler	; EXTI Line 4
48	DCD	DMA1_Channel1_IRQHandler	; DMA1 Channel 1
49	DCD	DMA1_Channel2_IRQHandler	; DMA1 Channel 2
50	DCD	DMA1_Channel3_IRQHandler	; DMA1 Channel 3
51	DCD	DMA1_Channel4_IRQHandler	; DMA1 Channel 4
52	DCD	DMA1_Channel5_IRQHandler	; DMA1 Channel 5
53	DCD	DMA1_Channel6_IRQHandler	; DMA1 Channel 6
54	DCD	DMA1_Channel7_IRQHandler	; DMA1 Channel 7
55	DCD	ADC1_2_IRQHandler	; ADC1 & ADC2
56	DCD	USB_HP_CAN1_TX_IRQHandler	; USB HP or CAN1 TX
57	DCD	USB_LP_CAN1_RX0_IRQHandler	; USB LP or CAN1 RX0
58	DCD	CAN1_RX1_IRQHandler	; CAN1 RX1
59	DCD	CAN1_SCE_IRQHandler	; CAN1 SCE
60	DCD	EXTI9_5_IRQHandler	; EXTI Line 9…5
61	DCD	TIM1_BRK_IRQHandler	; TIM1 Break
62	DCD	TIM1_UP_IRQHandler	; TIM1 Update
63	DCD	TIM1_TRG_COM_IRQHandler	; TIM1 Trig & Commutation
64	DCD	TIM1_CC_IRQHandler	; TIM1 Capture Compare
65	DCD	TIM2_IRQHandler	; TIM2

```
66                    DCD      TIM3_IRQHandler            ; TIM3
67                    DCD      TIM4_IRQHandler            ; TIM4
68                    DCD      I2C1_EV_IRQHandler         ; I2C1 Event
69                    DCD      I2C1_ER_IRQHandler         ; I2C1 Error
70                    DCD      I2C2_EV_IRQHandler         ; I2C2 Event
71                    DCD      I2C2_ER_IRQHandler         ; I2C2 Error
72                    DCD      SPI1_IRQHandler            ; SPI1
73                    DCD      SPI2_IRQHandler            ; SPI2
74                    DCD      USART1_IRQHandler          ; USART1
75                    DCD      USART2_IRQHandler          ; USART2
76                    DCD      USART3_IRQHandler          ; USART3
77                    DCD      EXTI15_10_IRQHandler       ; EXTI Line 15…10
78                    DCD      RTCAlarm_IRQHandler        ; RTC Alarm through EXTI
79                    DCD      USBWakeUp_IRQHandler       ; USB Wakeup from suspend
80                    DCD      TIM8_BRK_IRQHandler        ; TIM8 Break
81                    DCD      TIM8_UP_IRQHandler         ; TIM8 Update
82                    DCD      TIM8_TRG_COM_IRQHandler    ; TIM8 Trig & Commutation
83                    DCD      TIM8_CC_IRQHandler         ; TIM8 Capture Compare
84                    DCD      ADC3_IRQHandler            ; ADC3
85                    DCD      FSMC_IRQHandler            ; FSMC
86                    DCD      SDIO_IRQHandler            ; SDIO
87                    DCD      TIM5_IRQHandler            ; TIM5
88                    DCD      SPI3_IRQHandler            ; SPI3
89                    DCD      UART4_IRQHandler           ; UART4
90                    DCD      UART5_IRQHandler           ; UART5
91                    DCD      TIM6_IRQHandler            ; TIM6
92                    DCD      TIM7_IRQHandler            ; TIM7
93                    DCD      DMA2_Channel1_IRQHandler   ; DMA2 Channel1
94                    DCD      DMA2_Channel2_IRQHandler   ; DMA2 Channel2
95                    DCD      DMA2_Channel3_IRQHandler   ; DMA2 Channel3
96                    DCD      DMA2_Channel4_5_IRQHandler ; DMA2 Channel4 & 15
97  __Vectors_End
98  __Vectors_Size EQU        __Vectors_End - __Vectors
99
100                   AREA     |.text|, CODE, READONLY
101 Reset_Handler  PROC
102                   EXPORT   Reset_Handler              [WEAK]
103                   IMPORT   __main
104                   IMPORT   SystemInit
105                   LDR      R0,=SystemInit
106                   BLX      R0
107                   LDR      R0,=__main
108                   BX       R0
109                   ENDP
```

```
110
111  NMI_Handler     PROC
112                  EXPORT    NMI_Handler              [WEAK]
113                  B         .
114                  ENDP
115  HardFault_Handler\
116                  PROC
117                  EXPORT    HardFault_Handler        [WEAK]
118                  B         .
119                  ENDP
120  MemManage_Handler\
121                  PROC
122                  EXPORT    MemManage_Handler        [WEAK]
123                  B         .
124                  ENDP
125  BusFault_Handler\
126                  PROC
127                  EXPORT    BusFault_Handler         [WEAK]
128                  B         .
129                  ENDP
130  UsageFault_Handler\
131                  PROC
132                  EXPORT    UsageFault_Handler       [WEAK]
133                  B         .
134                  ENDP
135  SVC_Handler     PROC
136                  EXPORT    SVC_Handler              [WEAK]
137                  B         .
138                  ENDP
139  DebugMon_Handler\
140                  PROC
141                  EXPORT    DebugMon_Handler         [WEAK]
142                  B         .
143                  ENDP
144  PendSV_Handler PROC
145                  EXPORT    PendSV_Handler           [WEAK]
146                  B         .
147                  ENDP
148  SysTick_HandlerPROC
149                  EXPORT    SysTick_Handler          [WEAK]
150                  B         .
151                  ENDP
152
153  Default_HandlerPROC
```

```
154
155          EXPORT    WWDG_IRQHandler              [WEAK]
156          EXPORT    PVD_IRQHandler               [WEAK]
157          EXPORT    TAMPER_IRQHandler            [WEAK]
158          EXPORT    RTC_IRQHandler               [WEAK]
159          EXPORT    FLASH_IRQHandler             [WEAK]
160          EXPORT    RCC_IRQHandler               [WEAK]
161          EXPORT    EXTI0_IRQHandler             [WEAK]
162          EXPORT    EXTI1_IRQHandler             [WEAK]
163          EXPORT    EXTI2_IRQHandler             [WEAK]
164          EXPORT    EXTI3_IRQHandler             [WEAK]
165          EXPORT    EXTI4_IRQHandler             [WEAK]
166          EXPORT    DMA1_Channel1_IRQHandler     [WEAK]
167          EXPORT    DMA1_Channel2_IRQHandler     [WEAK]
168          EXPORT    DMA1_Channel3_IRQHandler     [WEAK]
169          EXPORT    DMA1_Channel4_IRQHandler     [WEAK]
170          EXPORT    DMA1_Channel5_IRQHandler     [WEAK]
171          EXPORT    DMA1_Channel6_IRQHandler     [WEAK]
172          EXPORT    DMA1_Channel7_IRQHandler     [WEAK]
173          EXPORT    ADC1_2_IRQHandler            [WEAK]
174          EXPORT    USB_HP_CAN1_TX_IRQHandler    [WEAK]
175          EXPORT    USB_LP_CAN1_RX0_IRQHandler   [WEAK]
176          EXPORT    CAN1_RX1_IRQHandler          [WEAK]
177          EXPORT    CAN1_SCE_IRQHandler          [WEAK]
178          EXPORT    EXTI9_5_IRQHandler           [WEAK]
179          EXPORT    TIM1_BRK_IRQHandler          [WEAK]
180          EXPORT    TIM1_UP_IRQHandler           [WEAK]
181          EXPORT    TIM1_TRG_COM_IRQHandler      [WEAK]
182          EXPORT    TIM1_CC_IRQHandler           [WEAK]
183          EXPORT    TIM2_IRQHandler              [WEAK]
184          EXPORT    TIM3_IRQHandler              [WEAK]
185          EXPORT    TIM4_IRQHandler              [WEAK]
186          EXPORT    I2C1_EV_IRQHandler           [WEAK]
187          EXPORT    I2C1_ER_IRQHandler           [WEAK]
188          EXPORT    I2C2_EV_IRQHandler           [WEAK]
189          EXPORT    I2C2_ER_IRQHandler           [WEAK]
190          EXPORT    SPI1_IRQHandler              [WEAK]
191          EXPORT    SPI2_IRQHandler              [WEAK]
192          EXPORT    USART1_IRQHandler            [WEAK]
193          EXPORT    USART2_IRQHandler            [WEAK]
194          EXPORT    USART3_IRQHandler            [WEAK]
195          EXPORT    EXTI15_10_IRQHandler         [WEAK]
196          EXPORT    RTCAlarm_IRQHandler          [WEAK]
197          EXPORT    USBWakeUp_IRQHandler         [WEAK]
```

```
198              EXPORT    TIM8_BRK_IRQHandler          [WEAK]
199              EXPORT    TIM8_UP_IRQHandler           [WEAK]
200              EXPORT    TIM8_TRG_COM_IRQHandler      [WEAK]
201              EXPORT    TIM8_CC_IRQHandler           [WEAK]
202              EXPORT    ADC3_IRQHandler              [WEAK]
203              EXPORT    FSMC_IRQHandler              [WEAK]
204              EXPORT    SDIO_IRQHandler              [WEAK]
205              EXPORT    TIM5_IRQHandler              [WEAK]
206              EXPORT    SPI3_IRQHandler              [WEAK]
207              EXPORT    UART4_IRQHandler             [WEAK]
208              EXPORT    UART5_IRQHandler             [WEAK]
209              EXPORT    TIM6_IRQHandler              [WEAK]
210              EXPORT    TIM7_IRQHandler              [WEAK]
211              EXPORT    DMA2_Channel1_IRQHandler     [WEAK]
212              EXPORT    DMA2_Channel2_IRQHandler     [WEAK]
213              EXPORT    DMA2_Channel3_IRQHandler     [WEAK]
214              EXPORT    DMA2_Channel4_5_IRQHandler [WEAK]
215
216 WWDG_IRQHandler
217 PVD_IRQHandler
218 TAMPER_IRQHandler
219 RTC_IRQHandler
220 FLASH_IRQHandler
221 RCC_IRQHandler
222 EXTI0_IRQHandler
223 EXTI1_IRQHandler
224 EXTI2_IRQHandler
225 EXTI3_IRQHandler
226 EXTI4_IRQHandler
227 DMA1_Channel1_IRQHandler
228 DMA1_Channel2_IRQHandler
229 DMA1_Channel3_IRQHandler
230 DMA1_Channel4_IRQHandler
231 DMA1_Channel5_IRQHandler
232 DMA1_Channel6_IRQHandler
233 DMA1_Channel7_IRQHandler
234 ADC1_2_IRQHandler
235 USB_HP_CAN1_TX_IRQHandler
236 USB_LP_CAN1_RX0_IRQHandler
237 CAN1_RX1_IRQHandler
238 CAN1_SCE_IRQHandler
239 EXTI9_5_IRQHandler
240 TIM1_BRK_IRQHandler
241 TIM1_UP_IRQHandler
```

```
242    TIM1_TRG_COM_IRQHandler
243    TIM1_CC_IRQHandler
244    TIM2_IRQHandler
245    TIM3_IRQHandler
246    TIM4_IRQHandler
247    I2C1_EV_IRQHandler
248    I2C1_ER_IRQHandler
249    I2C2_EV_IRQHandler
250    I2C2_ER_IRQHandler
251    SPI1_IRQHandler
252    SPI2_IRQHandler
253    USART1_IRQHandler
254    USART2_IRQHandler
255    USART3_IRQHandler
256    EXTI15_10_IRQHandler
257    RTCAlarm_IRQHandler
258    USBWakeUp_IRQHandler
259    TIM8_BRK_IRQHandler
260    TIM8_UP_IRQHandler
261    TIM8_TRG_COM_IRQHandler
262    TIM8_CC_IRQHandler
263    ADC3_IRQHandler
264    FSMC_IRQHandler
265    SDIO_IRQHandler
266    TIM5_IRQHandler
267    SPI3_IRQHandler
268    UART4_IRQHandler
269    UART5_IRQHandler
270    TIM6_IRQHandler
271    TIM7_IRQHandler
272    DMA2_Channel1_IRQHandler
273    DMA2_Channel2_IRQHandler
274    DMA2_Channel3_IRQHandler
275    DMA2_Channel4_5_IRQHandler
276              B         .
277              ENDP
278
279              ALIGN
280
281              IF      :DEF:__MICROLIB
282          EXPORT   __initial_sp
283          EXPORT   __heap_base
284          EXPORT   __heap_limit
```

```
285              ELSE
286              IMPORT    __use_two_region_memory
287              EXPORT    __user_initial_stackheap
288  __user_initial_stackheap
289              LDR       R0,=Heap_Mem
290              LDR       R1,=(Stack_Mem+Stack_Size)
291              LDR       R2,=(Heap_Mem+Heap_Size)
292              LDR       R3,=Stack_Mem
293              BX        LR
294              ALIGN
295
296              ENDIF
297
298              END
```

如上所示，STM32F103 的启动代码是一个长达两三百行的汇编语言程序，乍一看，不知所云，难以读懂。但是，语言之间是相通的，像 C 语言、汇编语言这样的计算机编程语言之间如此，甚至计算机编程语言和人类自然语言之间也是如此。换一个角度，一个 ARM 汇编语言程序就像一篇命题英语作文。STM32F103 的启动代码就像是一篇描述 STM32F103 微控制器在启动过程执行工作的命题作文。要看懂命题作文，一般先从宏观上入手，理清文章的架构，明晰段落之间的关系；再从微观上着眼，分析段落中每条语句所表达的含义。类似地，要读懂 STM32F103 的启动代码，一般先从宏观上剖析启动代码的结构（启动代码由几个段构成，分别是哪几个段？每个段又具有什么特点？），再从微观上分析每条语句的功能（如果不清楚语句的功能，可以查阅《Cortex-M3 技术参考手册》等资料，就像小学时为了学一个新词去查《新华字典》一样）。如果从这个视角去看 STM32F103 的启动代码——一个典型的 ARM 汇编语言程序，或许就不像最初看上去那么难了。

一个 ARM 汇编语言程序由若干个段构成，STM32F103 的启动代码也不例外，它共由 4 个段构成：STACK 段、HEAP 段、RESET 段（数据段）和|.text|段（代码段）。其中，|.text|段是一个通过某种方式与 C 库关联的代码段。

通过对以上 4 个段的具体分析可以看出，STM32F103 的启动代码主要完成以下工作：定义栈空间（STACK 段），定义堆空间（HEAP 段），定义异常向量表（RESET 段），定义异常服务程序（|.text|段），以及初始化堆栈（|.text|段）。

1. 定义栈空间（STACK 段）

STM32F103 启动代码的第 4～6 行仅定义栈内存空间而不进行初始化，栈的大小为 Stack_Size，即 0x00000400，1KB，其中，标号 Stack_Mem 表示栈底地址，标号 __initial_sp 表示栈顶指针。通常，栈用来存放函数的参数、局部变量等，由编译器自动分配释放。在 STM32F103 的存储空间中，栈由高地址向低地址方向生长，是"满递减"的，如图 4-37 所示。

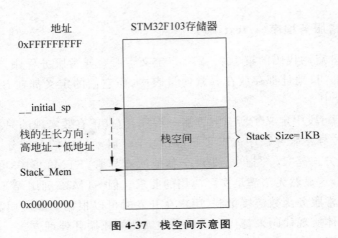

图 4-37　栈空间示意图

2. 定义堆空间(HEAP 段)

STM32F103 启动代码的第 8～11 行仅定义堆内存空间而不进行初始化,堆的大小为 Heap_Size,即 0x00000200,512B。其中,标号_ _heap_base 表示堆空间起始地址,标号_ _heap_limit 表示堆空间结束地址。通常,堆用来存放动态分配的数据,一般由程序员分配释放。在 STM32F103 的存储空间中,与栈的生长方向正好相反,堆是由低地址向高地址生长的,如图 4-38 所示。

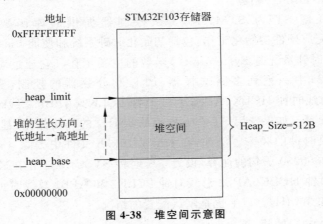

图 4-38　堆空间示意图

3. 定义异常向量表(RESET 段)

STM32F103 启动代码的第 16～98 行,定义了 STM32F103 的异常向量表。异常向量表的起始地址为_ _Vectors,结束地址为_ _Vectors_End,大小为_ _Vectors_Size。应特别注意,以前 ARM 处理器异常向量表的首地址存放的是复位异常服务程序的入口地址,而基于 ARM Cortex-M3 的 STM32F103 异常向量表的首地址存放的是 MSP 的初始值,复位异常服务程序的入口地址存放在 STM32F103 异常向量表的第二个表项中(STM32F103 启动代码的第 20、21 行)。

4. 定义异常服务程序(|. text|段)

STM32F103 启动代码的第 100～278 行定义了所有异常服务程序。我们知道,所有异常服务程序的入口地址都存放在异常向量表中,而它们的定义都在 STM32F103 启动代码的|. text|段中。

尽管在|. text|段中定义了所有异常服务程序,但真正有效实现的只有复位异常服务函数。并且,复位异常服务程序占据了 STM32F103 启动代码的大部分。其他异常服务函数的默认实现方式是"B ."指令,即对于其他所有异常,STM32F103 的默认处理方式就是进入死循环,这显然无法满足实际应用的要求。但 STM32 利用 WEAK 属性提供了优秀而灵活的异常服务函数链接机制,用户在开发时可以根据实际应用需求编写相关异常服务函数的具体实现代码来替代启动代码中默认的死循环处理方式。

异常服务程序在 STM32F103 启动代码的定义,分为以下 3 部分。

1) 复位异常服务程序

复位异常服务程序 Reset_Handler 是最重要的一个异常服务程序,它的入口地址存放在 STM32F103 中断向量表的第二个表项(STM32F103 启动代码的第 21 行),实现代码存放在|. text|段(STM32F103 启动代码的第 101～109 行)。STM32F103 微控制器上电复位后,首先执行的便是这段代码。

这段复位代码执行以下工作:

(1) 执行 SystemInit()函数。

SystemInit() 是 ST 为 STM32F103 微控制器提供的库函数,位于 system_stm32f10x.c 中,完成硬件初始化工作,包括初始化时钟系统和使能 Flash 预取缓冲区。

其中,初始化时钟系统是 SystemInit()函数的主要工作。它通过对 STM32F103 时钟树(参见图 4-32)中一系列多路选择器、PLL 和分频器的控制,实现对系统时钟 SYSCLK、AHB 总线时钟 HCLK、APB2 总线时钟 PCLK2、APB1 总线时钟 PCLK1 以及片上外设时钟的配置。如果选用 ST 官方推荐的 8MHz 的外接晶振,甚至可以通过宏定义来设置这些主要时钟的频率。例如,在 stm32f10x. h 文件中去除♯define SYSCLK_FREQ_72MHz 72000000 语句的注释,设置系统时钟 SYSCLK 工作在最大频率72MHz,此时,AHB 总线时钟 HCLK、APB2 总线时钟 PCLK2 和 APB1 总线时钟 PCLK1 依次为72MHz、72MHz 和 36MHz。以上也是默认配置的情况。

(2) 执行_ _main()函数

_ _main()函数不是在用户应用程序中定义的那个为我们熟知的 main()函数,而是 C 库中的函数,负责完成应用程序运行环境的初始化工作,并跳转到用户应用程序的 main()函数中去执行。

_ _main()函数由两个子函数构成:_ _scatterload()和_ _rt_entry()。

_ _scatterload()负责把 RW/RO 输出段从装载域地址复制到运行域地址,并完成了 ZI 段运行域的初始化工作。

_ _rt_entry()通过调用_ _user_initial_stackheap()初始化堆栈,完成库函数的初始化,最后跳转向用户应用程序的 main()函数。这也解释了为什么所有 C 程序必须有一个

main()函数作为程序的入口——因为标准 C 库中的函数(如_ _main())并不对外开放源代码。因此,在用户可见的前提下,当 CPU 复位执行到 STM32F103 启动代码第 108 行后,即完成了整个启动过程,跳转到用户应用程序文件(.c)中的 main()函数,开始执行用户的应用程序。

2) 默认异常服务程序

默认异常服务程序 Default_Handler,位于启动代码的第 153～278 行。当用户未自定义外部中断服务程序时,所有外部中断处理都执行默认异常服务程序 Default_Handler。

默认异常服务程序 Default_Handler 可分为两部分:

第 153～275 行:定义和声明了所有的外部中断服务函数,并且所有的外部中断服务函数都具有 WEAK 属性,可能在其他文件中被引用或重新定义。WEAK 即弱定义。所谓的"弱定义"体现在:如果编译器发现在其他文件中定义了与这些外部中断服务函数同名的函数,在链接时用其他文件的地址进行链接;如果这些外部中断服务函数在其他文件中没有同名定义,编译器也不报错,即以此地址进行链接。利用这一特性,用户可以在其他文件(如 stm32f10x_it.c)中使用 C 语言编写相应外部中断服务函数的代码来替代默认的实现方式(死循环)。

第 276～278 行:指定了所有外部中断服务函数的默认实现方式。如果外部中断服务函数在其他文件(如 stm32f10x_it.c)中有定义,则采用其他文件中中断服务函数的实现代码来处理外部中断;如果外部中断服务函数未在其他文件中被定义,则使用启动代码中默认的实现方式——"B ."指令,即死循环。

3) 其他异常服务程序

其他异常服务程序(STM32F103 启动代码的第 111～151 行),用于处理除复位和外部中断以外所有其他的异常,主要源于来自处理器内部错误造成的异常,包括非屏蔽中断服务程序 NMI_Handler、硬 Fault 异常服务程序 HardFault_Handler、存储器管理错误异常服务程序 MemManage_Handler、总线错误异常服务程序 BusFault_Handler 和系统定时器 SysTick 中断服务程序 SysTick_Handler 等。

与外部中断服务函数一样,这些异常服务程序也具有 WEAK 属性。如果在其他文件中有这些异常服务程序的同名定义,那么在最后链接生成可执行程序时,链接到异常服务程序在其他文件中的地址,即采用自定义的方式处理这些异常。只有当其他文件不存在这些异常服务程序的同名定义时,那么在最后链接生成可执行程序时,才链接到异常服务程序在启动代码文件中的地址,即采用默认的方式——死循环来处理这些异常。这样,给用户根据实际应用需求修改对应的异常服务程序处理异常带来极大的方便。

5. 初始化堆栈(|.text|段)

STM32F103 启动代码的第 285～306 行是堆栈初始化程序。标号_ _user_initial_stackheap,表示堆栈初始化程序入口,在_ _main()函数执行过程中被调用,为编译器的初始化 C 库函数设置用户程序的堆栈提供所需要的堆栈信息。

1) STM32 堆栈模式的定义

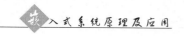

堆和栈区域的配置可以分为两个模式：单区模式和双区模式。

单区模式：堆和栈共用一块空间区域，堆从这块空间区域的低地址往高地址增长，栈从这块空间区域的高地址向低地址增长。

双区模式：堆和栈是有各自独立的空间区域，一个内存区用于栈，另一个内存区用于堆，堆区的大小可以是零。

2）STM32 堆栈模式的设置

嵌入式应用程序运行时堆和栈的配置究竟选用哪种模式，一般应在堆栈初始化程序 _ _user_initial_stackheap 执行前决定，并通常在嵌入式开发工具中进行预先配置。STM32F103 微控制器堆和栈的配置模式的选择，与编译链接时选用的 C 库有关，在启动代码中对应于_ _MICROLIB，如图 4-39 所示。

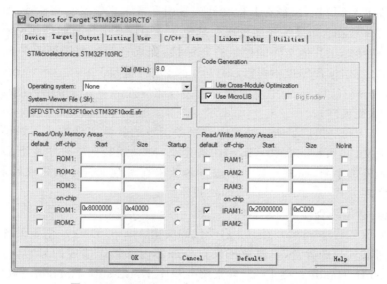

图 4-39　KEIL MDK 中 Use MicroLIB 选项设置

如果 IF：DEF：_ _MICROLIB 为真（STM32F103 启动代码第 285 行），即在嵌入式开发工具中选择使用 C 微库（MicroLIB）（如图 4-39 所示），则使用双区模式，这也是默认配置。

如果 IF：DEF：_ _MICROLIB 为假，即在嵌入式开发工具中未选用 C 微库（MicroLIB）而使用默认的 C 库，则使用单区模式。

4.8.4　STM32F103 的启动过程分析

启动过程是指微控制器从上电复位到开始执行用户应用程序（对于 C 应用程序来说，就是跳转向 main()函数）之间的那段时间。通过 4.8.3 节对 STM32F103 启动代码的分析，可以将 STM32F103 微控制器在启动过程中所执行的工作总结如下。

（1）根据 BOOT0 和 BOOT1 引脚选择启动存储器映射。

STM32F103 微控制器上电后，首先根据 BOOT0 和 BOOT1 引脚的电平高低决定从

哪个存储区启动,即选择将哪个存储区映射到 0 地址区,参见表 4-9 和图 4-31。通常,选择从片内用户 Flash 启动,即将用户 Flash 的起始地址 0x08000000 映射到 0 地址。

(2) 从地址 0x00000000 处取出栈顶指针值放入 MSP。

假设在上一步中将 STM32F103 设置为从片内用户 Flash 启动(这也是最常见的一种情况),那么从地址 0x00000000(实际上是地址 0x08000000,如图 4-40 所示)处取一个字(4B),作为主堆栈的栈顶指针送入 MSP。

在以前的 ARM 处理器启动过程中没有这一步。但对于基于 ARM Cortex-M3 内核的 STM32F103,在执行复位异常处理程序前,初始化 MSP 是必要的。因为可能第 1 条指令还没来得及执行,就发生了 NMI 或是其他 fault。MSP 初始化好后就已经为它们的异常服务程序准备好了堆栈。

(3) 从地址 0x00000004 处取出复位异常服务程序的入口地址放入 PC。

从地址 0x00000004 处取出一个字作为 PC 的初始值——这个值即是复位向量。类似地,如果在第一步中将 STM32F103 设置为从片内用户 Flash 启动(即将片内用户 Flash 的起始地址 0x08000000 映射到存储空间的 0 地址),那么实际上微控制器将从地址 0x08000004 处取一个字送入 PC。此时,STM32F103 的存储空间和寄存器如图 4-40 所示。需要注意的是,由于 Cortex-M3 是在 Thumb 态下执行,所以向量表中的每个地址

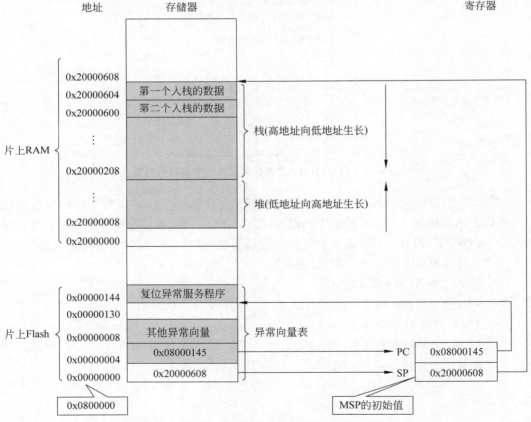

图 4-40　复位时 STM32F103 的存储空间和重要寄存器

都必须把 LSB 置 1。正是因为这个原因,图 4-40 中复位向量使用 0x08000145 来表示复位异常处理程序的地址 0x08000144,即 0x00000144。以上信息可从 STM32F103 工程编译、链接生成的 .map 文件看到。

（4）执行复位异常服务程序。

复位异常服务程序 Reset_Handler 在启动代码中定义,负责初始化 STM32F103 时钟系统和 C 应用程序运行环境,并跳转到用户应用程序的 main() 函数,其具体执行过程如图 4-41 所示。

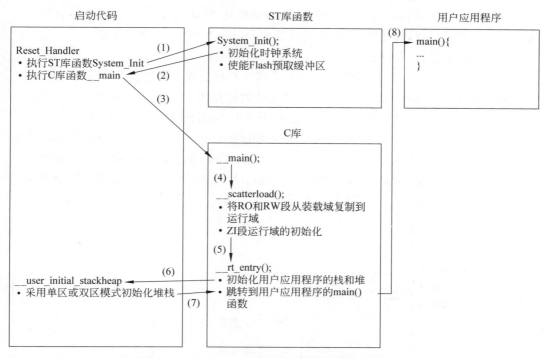

图 4-41　STM32F103 复位异常服务程序的执行过程

需要注意的是,复位异常服务程序执行完成后,STM32F103 将工作于特权级线程模式,默认使用主堆栈 MSP,并根据用户设置,配置 CPU 主频、各总线时钟以及片上外设时钟。一般情况下,对复位异常服务程序执行完成后的 STM32F103 时钟系统配置如下:

- 主时钟源:HSE(外接 8MHz 晶振)。
- 系统时钟 SYSCLK:72MHz。
- AHB 总线时钟 HCLK:72MHz。
- APB2 总线时钟 PCLK2:72MHz。
- APB1 总线时钟 PCLK1:36MHz。
- 所有片上外设时钟:关闭。

4.9 建立第一个 STM32F103 应用工程

在 STM32F103 完成启动过程后,就进入了缤纷绚烂的用户应用世界。如果说所有 STM32F103 微控制器在启动过程中执行的是千篇一律的"规定动作",那在启动过程之后要面临的就是面向具体应用、各不相同的"自选动作"了。那么,在 STM32F103 微控制器上,嵌入式工程师如何使用嵌入式开发工具构建自己的个性化应用呢?一般可以分为以下 7 步:

(1) 从 ST 官网下载 STM32F10x 标准外设库。

(2) 下载和安装支持 STM32F10x 标准外设库的嵌入式开发工具(如 KEIL MDK 或 IAR EWARM 等)。

(3) 以 STM32F10x 标准外设库的官方工程模板 STM32F10x_StdPeriph_Template 为基础,根据所使用的硬件微控制器型号和软件编译设置,更改相关配置选项。

(4) 编写程序代码,主要是工程目录下 User 组中的两个 C 源程序文件:main.c 和 stm32f10x_it.c。

(5) 编译和链接 STM32F103 工程。

(6) 使用软件模拟仿真或下载硬件运行(仿真器跟踪运行)等方式调试程序。

(7) 当完成软硬件调试后,将最终生成的可执行程序下载到 STM32F103 目标微控制器的内置 ROM 中,并复位 STM32F103 微控制器重新运行。

本节以 STM32F103RCT6 微控制器为例,依次讲述如何一步一步在嵌入式集成开发工具(KEIL MDK)中使用库函数建立第一个 STM32F103 工程,为后续进行基于 STM32F103 的各个外设接口和模块的开发打下基础。

4.9.1 STM32F10x 标准外设库的下载和认知

"工欲善其事,必先利其器。"ST 公司提供的 STM32F10x 标准外设库是基于 STM32F1 系列微控制器的固件库进行 STM32F103 开发的一把利器。可以像在 PC 软件开发中调用 printf()一样,在 STM32F10x 的开发中调用标准外设库的库函数,进行应用开发。相比传统的直接读写寄存器方式,STM32F10x 标准外设库不仅明显降低了开发门槛和难度,缩短开发周期,而且提高了程序的可读性和可维护性,给 STM32F103 开发带来了极大的便利。毫无疑问,STM32F10x 标准外设库是用户学习和开发 STM32F103 微控制器的第一选择。

1. 认识 STM32 固件库的体系架构

STM32 固件库是根据 CMSIS 标准(Cortex Microcontroller Software Interface Standard,ARM Cortex 微控制器软件接口标准)而设计的。CMSIS 标准由 ARM 和芯片生产商共同提出,让不同的芯片公司生产的 Cortex-M3 微控制器能在软件上基本兼容。

例如,4.8.3 节中提到在复位异常服务程序中调用的系统初始化函数名必须为 SystemInit,因为这是 CSMIS 规范的规定,所以各个芯片生产商在设计自己微控制器的库函数时必须用命名为 SystemInit 的库函数实现对系统的初始化。

以基于 STM32F1 系列微控制器的固件库为例,它的体系架构自上而下可分为用户层、CMSIS 层和微控制器(MCU)层,如图 4-42 所示。

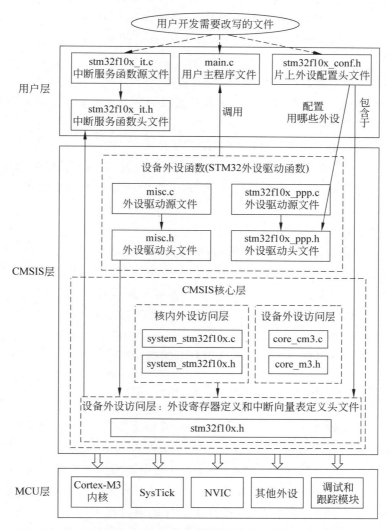

图 4-42 基于 STM32F10x 系列微控制器的固件库的体系架构

1) 用户层

用户层位于体系架构的顶端,包含与用户应用编程有关的所有文件:main. c、stm32f10x_it. c、stm32f10x_it. h 和 stm32f10x_conf. h,如表 4-10 所示。用户使用固件库进行 STM32 开发,主要编写前两个文件:main. c 和 stm32f10x_it. c。

表 4-10　STM32 固件库用户层中的文件

文 件 名	文 件 说 明
main.c	用户自定义的应用程序文件,main 函数即位于此文件中
stm32f10x_it.c	中断服务函数文件,已包含了一些系统异常服务函数的模板,用户可以在这里修改或新增其他中断服务函数
stm32f10x_it.h	中断服务函数头文件,包括所有中断服务函数的原型声明
stm32f10x_conf.h	所有片上外设驱动函数的配置文件,用户可以通过注释或不注释包含某个外设驱动头文件的语句来禁用或使用该外设的驱动函数

2) CMSIS 层

CMSIS 层位于体系架构的中间,向下负责与内核和各个外设直接打交道,向上提供用户应用程序或实时操作系统调用的函数接口。CMSIS 层主要由设备外设函数和 CMSIS 核心层组成。

(1) 设备外设函数,由各芯片生产商提供。例如,针对 STM32F10x 系列控制器,ST 公司提供了 STM32F10x 标准外设驱动函数,其对应的外设驱动文件如表 4-11 所示。

表 4-11　CMSIS 层中设备外设函数文件(以 STM32F10x 标准外设驱动为例)

文 件 名	文 件 说 明
stm32f10x_ppp.c	某个外设 ppp 驱动源代码文件,用 C 语言编写,包含该外设所有驱动函数的定义
stm32f10x_ppp.h	某个外设 ppp 驱动的头文件,包含该外设所有驱动函数的原型声明以及这些函数中所用到的变量和宏的定义
misc.c	NVIC 驱动源代码文件,用 C 语言编写,包含内核 NVIC 的访问函数的定义
misc.h	NVIC 驱动头文件

(2) CMSIS 核心层,包括核内外设访问层(core peripheral access layer)和设备外设访问层(device peripheral access layer)。

核内外设访问层由 ARM 公司提供,包含用于访问内核寄存器的名称、地址定义,具体包括 core_cm3.c 和 core_cm3.h 等文件,如表 4-12 所示。

表 4-12　CMSIS 层中核内外设访问层文件

文 件 名	文 件 说 明
core_cm3.c	Cortex-M3 内核通用源文件(如 uint8_t 等新类型的定义)
core_cm3.h	Cortex-M3 内核通用头文件

设备外设访问层由芯片制造商 ST 提供,包含片上核外外设寄存器名称、地址定义、中断向量定义等。以 STM32F10x 系列微控制器为例,该层包括 stm32f10x.h、system_stm32f10x.c 和 system_stm32f10x.h 等文件,如表 4-13 所示。

表 4-13　CMSIS 核心层中设备外设访问层文件

文 件 名	文 件 说 明
stm32f10x.h	STM32F10x 头文件,包含 STM32F10x 系列微控制器外设寄存器的地址和结构体定义。在使用 STM32 固件库进行 STM32F10x 系列微控制器应用开发时,用户应用程序文件应包含这个头文件
system_stm32f10x.c	设置系统时钟和总线时钟的源代码文件,使用 C 语言编写,4.8.3 节讲述的 STM32 启动过程中执行的初始化系统函数 SystemInit() 即在该文件中定义
system_stm32f10x.h	配置时钟系统相关的头文件,用户可通过在该文件中的宏定义设置系统时钟频率

3) 微控制器层

微控制器层又称硬件层,位于体系架构的底层,对应具体型号的 STM32F103 微控制器。

2. 下载 STM32F10x 标准外设库

基于 STM32F1 系列微控制器的固件库,即 STM32F10x 标准外设库,可从 ST 公司官网 (http://www.st.com/web/catalog/tools/FM147/CL1794/SC961/SS1743/LN1939/PF257890) 下载得到。目前的最新版本是 3.5,本书也以 3.5 版本库讲解 STM32F103 微控制器的开发。

3. 详解 STM32F10x 标准外设库的目录结构

下载 STM32F10x 标准外设库并解压后,其目录结构如图 4-43 所示,其中,最重要的 3 个文件夹是 Project、Libraries 和 Utilities。

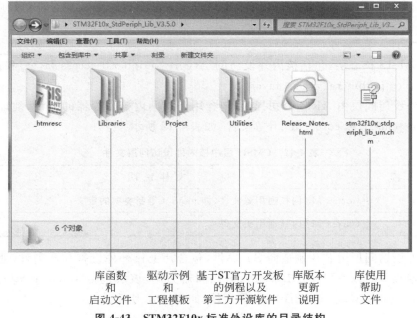

图 4-43　STM32F10x 标准外设库的目录结构

1) Project 文件夹

Project 文件夹对应 STM32F10x 标准外设库体系架构中的用户层(如图 4-42 所示),用来存放 ST 官方提供的 STM32F10x 工程模板和外设驱动示例,包括 STM32F10x_StdPeriph_Template 和 STM32F10x_StdPeriph_Examples 两个子文件夹,如图 4-44 所示。

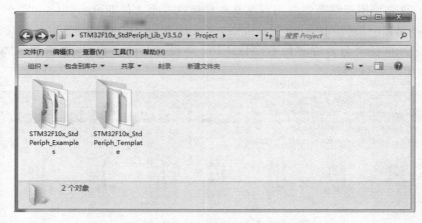

图 4-44　Project 文件夹的目录结构

(1) STM32F10x_StdPeriph_Template 子文件夹,是 ST 提供的 STM32F10x 工程模板目录,包括了 5 个开发工具相关子目录和 5 个用户应用相关文件,如图 4-45 所示。

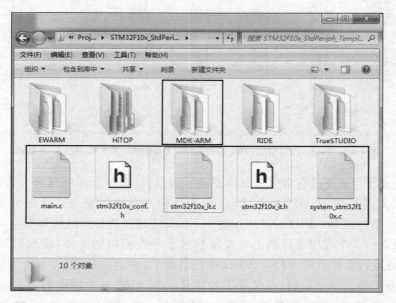

图 4-45　Project\STM32F10x_StdPeriph_Template 子文件夹的目录结构

- 开发工具相关子目录:根据使用的开发工具不同,分为 MDK-ARM、EWARM、HiTOP、RIDE 和 TrueSTUDIO 5 个子目录,每个子目录分别存放对应开发工具

下 STM32F10x 的工程文件。

- 用户应用相关文件：包括 main. c、stm32f10x_it. c、stm32f10x_it. h、stm32f10x_
  conf. h 和 system_stm32f10x. c 5 个文件。无论使用以上 5 个开发工具中的哪一
  个构建 STM32F10x 工程，用户的具体应用都只与这 5 个文件有关。这样，在同
  一型号的微控制器上开发不同应用时，无须修改相关开发工具目录下的工程文
  件，只需要用新编写的应用程序文件替换这 5 个文件即可。

（2）STM32F10x_StdPeriph_Examples 子文件夹，是 ST 提供的 STM32F10x 外设驱
动示例目录。该目录包含许多以 STM32F10x 外设命名的子目录，囊括了 STM32F10x
所有外设，如图 4-46 所示。

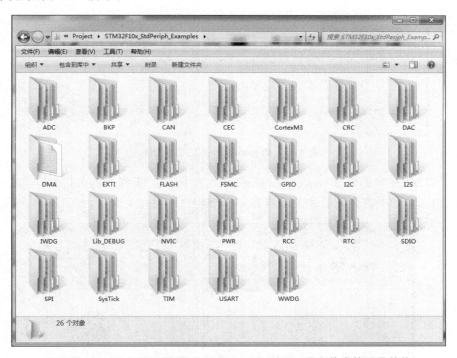

图 4-46　Project\STM32F10x_StdPeriph_Examples 子文件夹的目录结构

　　每个外设子目录下又包含多个具体驱动示例目录，而每个示例目录下又包含 5 个用
户应用相关文件。例如，GPIO\IOToggle 子目录下存放的是 ST 公司为用户提供的
STM32F10x 微控制器 GPIO 的应用示例——LED 闪烁，其目录结构如图 4-47 所示。复
制这个目录下的 5 个程序文件到工程模板目录下替换相应的文件，该示例即可被编译、
链接、下载并运行在相应的 STM32F10x 微控制器上。

　　ST 官方的外设驱动示例，不仅是了解和验证 STM32 外设功能的重要途径，而且给
STM32F10x 相关外设开发提供了有益的参考。当你一头雾水不知道如何使用
STM32F10x 的相关外设时，一个很好的方法是从 ST 官方的外设驱动示例开始。很多
STM32 的实际应用都借鉴了 ST 官方示例。

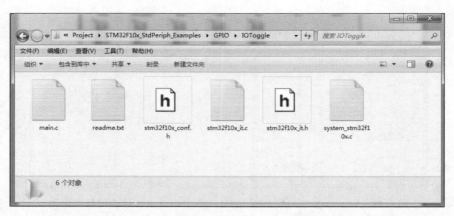

图 4-47　Project\STM32F10x_StdPeriph_Examples\GPIO\IOToggle 子文件夹的目录结构

2）Libraries 文件夹

Libraries 文件夹对应 STM32F10x 标准外设库体系架构中的库函数层（如图 4-42 所示），存放 STM32F10x 开发要用到的各种库函数，其目录下包括 STM32F10x_StdPeriph_Driver 和 CMSIS 两个子文件夹，如图 4-48 所示。

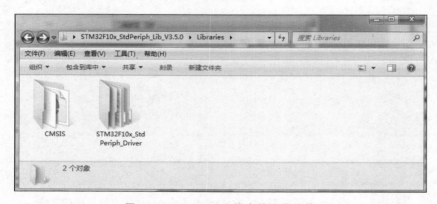

图 4-48　Libraries 文件夹的目录结构

（1）STM32F10x_StdPeriph_Driver 子文件夹，STM32F10x 标准外设驱动库函数目录，包括了所有 STM32F10x 微控制器片上外设的驱动，如 GPIO、TIMER、SYSTICK、ADC、DMA、USART、SPI 和 I2C 等。STM32F10x 的每个外设驱动对应一个源代码文件 stm32f10x_ppp. c 和一个头文件 stm32f10x_ppp. h。相应地，STM32F10x_StdPeriph_Driver 文件夹下也有两个子目录：src 和 inc，如图 4-49 所示。特别地，除了以上 STM32F10x 片上外设的驱动以外，Cortex-M3 内核中 NVIC 的驱动（misc. c 和 misc. h）也在该文件夹中。

- src 子目录：src 是 source 的缩写，该子目录下存放 ST 为 STM32F10x 每个外设而编写的库函数源代码文件，如图 4-50 所示。
- inc 子目录：inc 是 include 的缩写，该子目录下存放 STM32F10x 每个外设库函数的头文件，如图 4-51 所示。

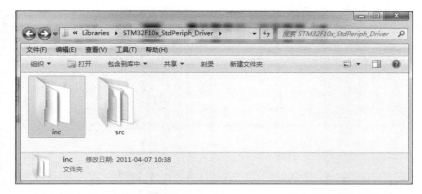

图 4-49　Libraries\STM32F10x_StdPeriph_Driver 子文件夹的目录结构

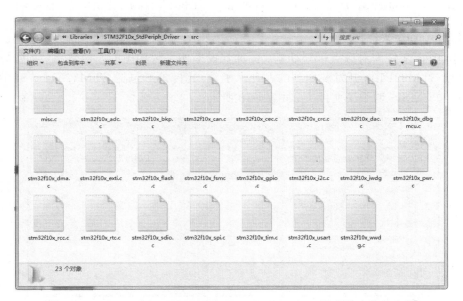

图 4-50　Libraries\STM32F10x_StdPeriph_Driver\src 子文件夹中的文件

（2）CMSIS 子文件夹，STM32F10x 的内核库文件夹，包含 CM3 子目录，在 CM3 子目录下有 CoreSupport 和 DeviceSupport 等两个文件夹，如图 4-52 所示。

- CoreSupport：Cortex-M3 核内外设函数文件夹，Cortex-M3 内核通用源文件 core_cm3.c 和 Cortex-M3 内核通用头文件 core_cm3.h 即在此目录下。
- DeviceSupport：设备外设支持函数文件夹，STM32F10x 头文件 stm32f10x.h 和系统初始化文件 system_stm32f10x.c 即位于此目录下的 ST\STM32F10x 文件夹中。除了头文件和初始化文件，STM32F10x 系列微控制器的启动代码文件，也位于此目录下的 ST\STM32F10x\startup\arm 文件夹中，相关文件如图 4-53 和表 4-14 所示。例如，本书实验中使用的 STM32F103RCT6 微控制器属于 STM32F103 的大容量产品，因此，它对应的启动代码文件为 startup_stm32f10x_hd.s。

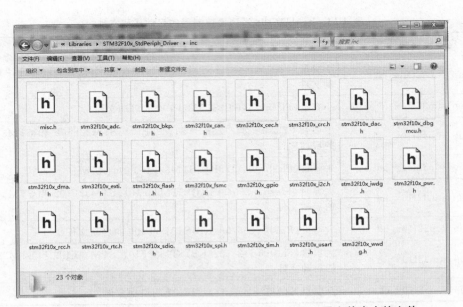

图 4-51　Libraries\STM32F10x_StdPeriph_Driver\inc 子文件夹中的文件

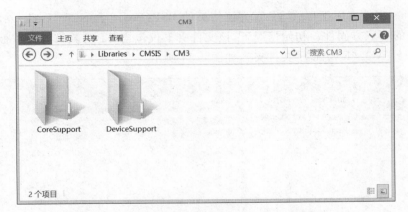

图 4-52　Libraries\CMSIS\CM3 子文件夹的目录结构

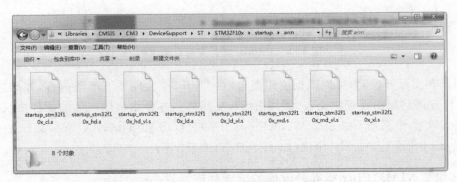

图 4-53　STM32F10x 系列微控制器的启动代码文件目录

表 4-14　STM32F10x 系列微控制器的启动代码文件

启动代码文件名	启动代码文件说明
startup_stm32f10x_ld. s	小容量（Flash＜64KB）STM32F101、STM32F102 和 STM32F103 的启动文件
startup_stm32f10x_ld_vl. s	小容量（Flash＜64KB）STM32F100 的启动文件
startup_stm32f10x_md. s	中容量（Flash＝64/128KB）STM32F101、STM32F102 和 STM32F103 的启动文件
startup_stm32f10x_md_vl. s	中容量（Flash＝64/128KB）STM32F100 的启动文件
startup_stm32f10x_hd. s	大容量（Flash＝256/384KB）STM32F101、STM32F102 和 STM32F103 的启动文件
startup_stm32f10x_hd_vl. s	大容量（Flash＝256/384KB）STM32F100 的启动文件
startup_stm32f10x_xl. s	大容量（Flash＝512/1024KB）STM32F101、STM32F102 和 STM32F103 的启动文件
startup_stm32f10x_cl. s	互联型 STM32F105、STM32F107 的启动文件

3) Utilities 文件夹

Utilities 文件夹用于存放 ST 官方评估板的 BSP（Board Support Package，板级支持包）和额外的第三方固件。初始情况下，该文件夹下仅包含 ST 各款官方评估板的板级驱动程序（即 STM32_EVAL 子文件夹），如图 4-54 所示。

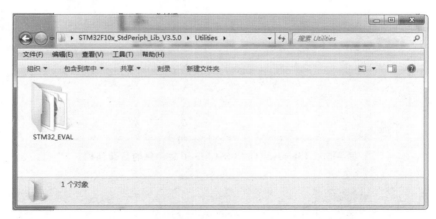

图 4-54　Utilities 文件夹的目录结构

用户在实际开发时，可以根据应用需求，在 Utilities 文件夹下增删内容，如删除仅支持 ST 官方评估板的板级驱动包、添加由 ST 及其第三方合作伙伴提供的固件协议，包括各种嵌入式操作系统（如 μC/OS、μCLinux、FreeRTOS 和 ThreadX 等）、文件系统（如 FatFS、μC/FS 等）、TCP/IP 协议（LwIP、μC/TCP-IP）等。

4. 设置 STM32F10x 标准外设库的软硬件支持性

在了解了 STM32F10x 标准外设库的体系架构和下载包的目录结构后，继续从硬件

和软件开发工具两个方面探讨 STM32F10x 标准外设库的支持性。需要注意的是,使用固件库进行 STM32F10x 微控制器开发时,必须将其软硬件支持都打开。

1) 硬件支持

硬件支持是指 STM32F10x 标准外设库对具体某款型号 STM32F10x 微控制器的支持。

STM32F10x 标准外设库支持 STM32F10x 所有型号的微控制器,但使用前要进行预先设置:在使用库函数开发 STM32F103 微控制器应用时,必须去掉 stm32f10x.h 文件中关于微控制器所属产品系列语句的注释。

例如,要如同本书实验一样使用 STM32F10x 标准外设库进行微控制器 STM32F103RCT6 应用开发时,必须在 stm32f10x.h 文件中去掉其所属产品系列(即 STM32F10X_HD)编译预处理语句的注释,如下所示:

```
/* Uncomment the line below according to the target STM32 device used in your
application*/
  #if !defined (STM32F10X_LD)&&!defined (STM32F10X_LD_VL) &&
      !defined (STM32F10X_MD)&&!defined (STM32F10X_MD_VL) &&
      !defined (STM32F10X_HD)&&!defined (STM32F10X_HD_VL) &&
      !defined (STM32F10X_XL)&&!defined (STM32F10X_CL)
  /*#define STM32F10X_LD*/        /*STM32 Low density devices*/
  /*#define STM32F10X_LD_VL*/     /*STM32 Low density Value Line devices*/
  /*#define STM32F10X_MD*/        /*STM32 Medium density devices*/
   /* # define STM32F10X _ MD _ VL */   /* STM32 Medium density Value Line
devices*/
  #define STM32F10X_HD           /*STM32 High density devices*/
  /*#define STM32F10X_HD_VL*/     /*STM32 High density value line devices*/
  /*#define STM32F10X_XL*/        /*STM32 XL-density devices*/
  /*#define STM32F10X_CL*/        /*STM32 Connectivity line devices*/
#endif
```

以上操作也可以通过在嵌入式软件开发工具的编译预处理选项卡中预定义标号(如 STM32F10X_HD)达到同样的效果。例如,在 KEIL MDL 中的设置如图 4-55 所示。

2) 软件支持

软件支持是指 STM32F10x 标准外设库对嵌入式软件开发工具的支持。

STM32F10x 标准外设库支持以下嵌入式软件开发工具,并提供在它们环境下的 STM32 工程模板:ARM 公司的 KEIL MDK、IAR 公司的 IAR EWARM、HITEX 公司的 HiTOP、RAISONANCE 公司的 RIDE 和 ATOLLIC 公司的 TrueSTUDIO。

如果想在上述开发工具中使用 STM32F10x 标准外设库开发 STM32 应用,必须在软件开发工具的编译预处理选项卡中预定义标号 USE_STDPERIPH_DRIVER,如图 4-56所示。

5. 使用 STM32F10x 标准外设库的帮助文档

为了帮助用户更好地使用 STM32F10x 标准外设库,ST 为用户提供了强大的帮助文

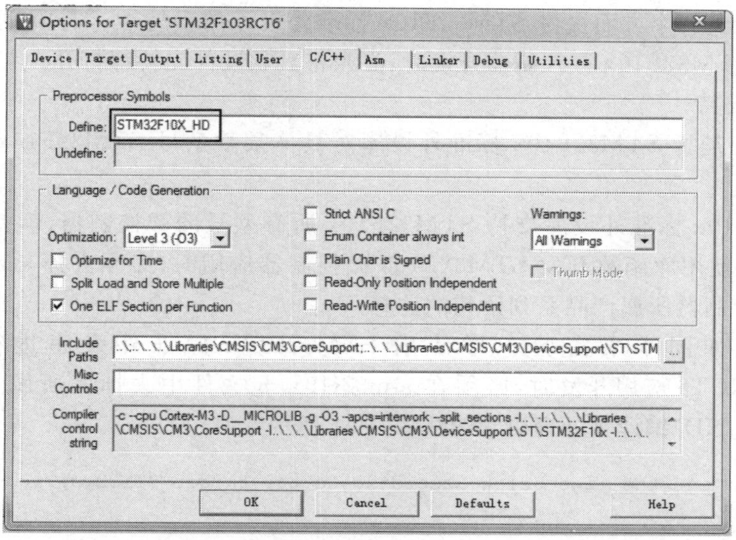

图 4-55　在 KEIL MDK 的编译预处理选项卡中预定义标号 STM32F10X_HD

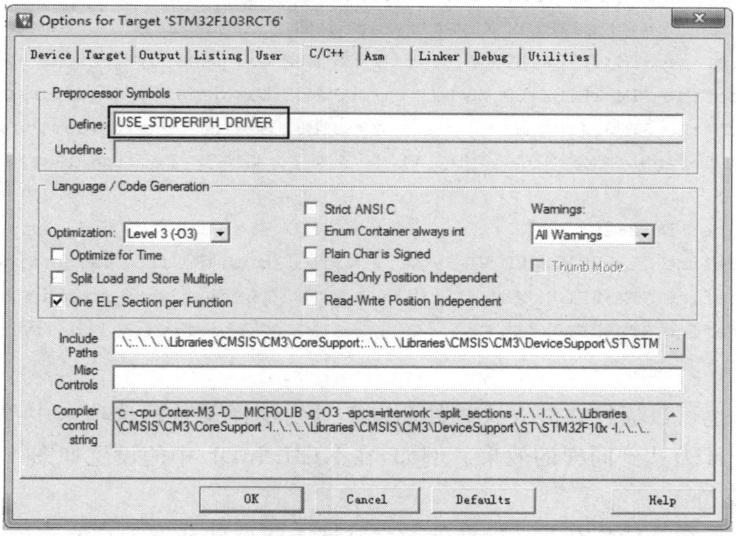

图 4-56　在 KEIL MDK 的编译预处理选项卡中预定义标号 USE_STDPERIPH_DRIVER

档：stm32f10x_stdperiph_lib_um.chm。它像一本词典，包括 STM32F10x 标准外设库所有库函数及其用到的变量、结构体的定义。用户在开发 STM32F10x 应用时，可以通过帮助文档快捷方便地查阅所用外设相关的库函数。

1) 使用"目录"标签查找

用户可以通过层层打开"目录"标签 Modules\STM32F10x_StdPeriph_Driver，找到对应的外设名（如 GPIO），继续打开该标签下的 GPIO\GPIO_Exported Functions\Functions，下面列出了该外设相关的所有函数。找到想要查找的库函数名（如 GPIO_Init）双击，帮助文档的右侧窗口即显示该库函数的基本信息，如函数原型、函数功能说明、可用输入参数和返回值

等,如图 4-57 所示。如欲了解更详细的信息(如库函数 GPIO_Init 的两个输入参数类型: GPIO_TypeDef 和 GPIO_InitTypeDef),单击函数原型中带下划线的 GPIO_TypeDef 和 GPIO _InitTypeDef,进入这两个自定义结构体的定义页面查看即可。

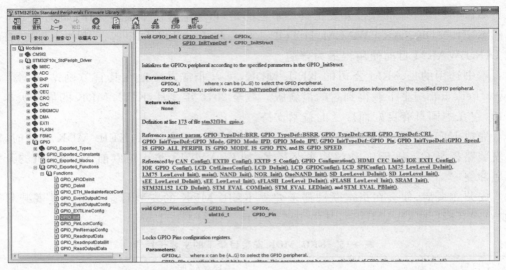

图 4-57 使用"目录"标签查找 STM32F10x 标准外设库的帮助文档

2)使用"搜索"标签查找

用户也可以通过在"搜索"标签的文本框中直接输入要查找的库函数名或结构体名 (如 GPIO_InitTypeDef),查找相关的库函数或结构体的详细信息,如图 4-58 所示。

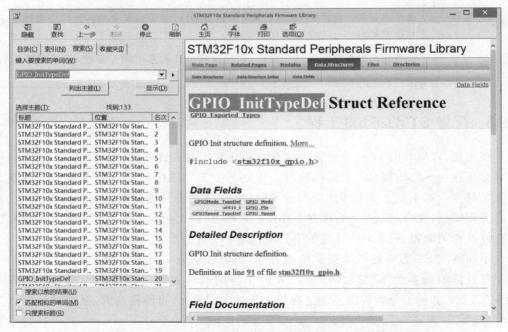

图 4-58 使用"搜索"标签查找 STM32F10x 标准外设库的帮助文档

4.9.2 嵌入式开发工具的下载和安装

在下载 STM32F10x 标准外设库并对其有了基本了解后,接下来要下载和安装一个支持 STM32 固件库的软件开发工具。幸运的是,市场上提供了很多选择,如 4.9.1 节提到的 KEIL MDK、IAR EWARM、HiTOP、RIDE 和 TrueSTUDIO 等。其中,KEIL MDK 和 IAR EWARM 目前使用得最为普遍。

本书选用的是 ARM 公司的 KEIL MDK,可以非常方便地在其官方网站(http://www.keil.com/)上下载得到它的最新版。截至 2016 年 3 月,KEIL MDK 的最新版本为 5.18,它在中国具有良好而广泛的技术支持。

完成 KEIL MDK 的下载后,即可对其进行安装。需要注意,KEIL MDK 安装时,默认安装路径是 C:\KEIL,建议换个路径名,如 C:\MDK,防止与以前 51 单片机的开发环境冲突。

安装完成后,便会在指定驱动器上建立 KEIL MDK 的安装目录。进入其安装目录(如 C:\KEIL 或 C:\MDK),其中主要的子目录如表 4-15 所示。

表 4-15　KEIL MDK 安装目录下的主要子目录

子目录名	子目录说明
\ARM\INC	各个半导体厂商的各款微控制器固件库的头文件,如 ST 目录下有 STM32F103 系列微控制器的固件库头文件
\ARM\RV31	各个半导体厂商的各款微控制器固件库的源代码(RV31\LIB)
\ARM\Startup	各个半导体厂商的各款微控制器的启动代码
\ARM\Flash	各个半导体厂商的 Flash 芯片所用的驱动程序,可以以其中的例程作为模板添加自己的驱动
\ARM\RL	免费的操作系统及第三方软件,如想编写自己的实时操作系统,可参考里面的资料

4.9.3 配置 STM32F103 工程

在完成 STM32F10x 标准外设库和支持库开发的嵌入式开发工具的准备工作后,便进入真正建立 STM32F103 工程的阶段。建立一个 STM32F103 工程,无需用户从头开始从零起步。如 4.9.1 节中所述,ST 在 STM32F10x 标准外设库中为用户提供了一个现成的工程模板,完全可以在 ST 官方工程模板基础上,根据目标微控制器型号和编译相关选项修改相关配置,完成对一个新的 STM32F103 工程的设置。

下面就从 ST 官方提供的工程模板开始,讲解在嵌入式开发工具 KEIL MDK 4.50 下配置目标控制器为 STM32F103RCT6 的工程的具体过程。其他嵌入式开发工具下 STM32F103 其他型号微控制器的工程配置与此大同小异,可照猫画虎,据此而行。

1. 打开 STM32F10x 标准外设库中的工程模板

进入刚才下载的 STM32F10x 标准外设库中 ST 官方提供的工程模板目录 STM32F10x_StdPeriph_Lib_V3.5.0\Project\STM32F10x_StdPeriph_Template,找到对应 KEIL MDK 的嵌入式开发工具文件夹 MDK-ARM,打开该文件夹下的工程项目文件 Project.uvproj,进入 KEIL MDK 界面,如图 4-59 和图 4-60 所示。

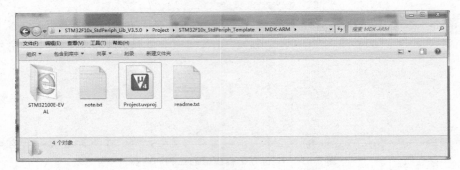

图 4-59 对应 KEIL MDK 的 ST 工程模板目录

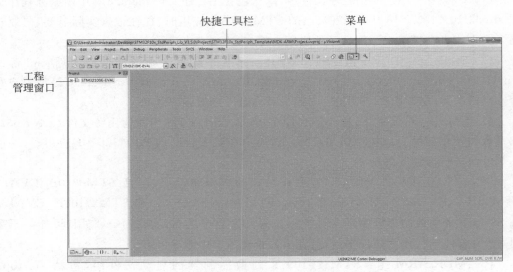

图 4-60 在 KEIL MDK 中打开 ST 官方工程模板

从图 4-60 可以看到,嵌入式软件开发工具 KEIL MDK 的界面风格和 Visual C++ 等 PC 软件开发工具非常相似:主界面的上方是菜单和快捷工具栏,在快捷工具栏的下方左侧是工程管理窗口,右侧是文件编辑窗口。用户使用时可根据需要通过 View 菜单添加或隐藏窗口。在左侧的工程管理窗口中,单击 ST 官方工程名 STM32100E-EVAL 前的"+"标签,展开该工程的目录树。继续打开该工程的组(如 User),双击组下的文件名(如 User 组下的 main.c),则该文件的具体内容会显示在右侧的文件编辑窗口中,用户可在此窗口中进行编辑,如图 4-61 所示。

由图 4-61 可见,ST 官方工程模板 STM32100E-EVAL 主要由以下文件组构成:

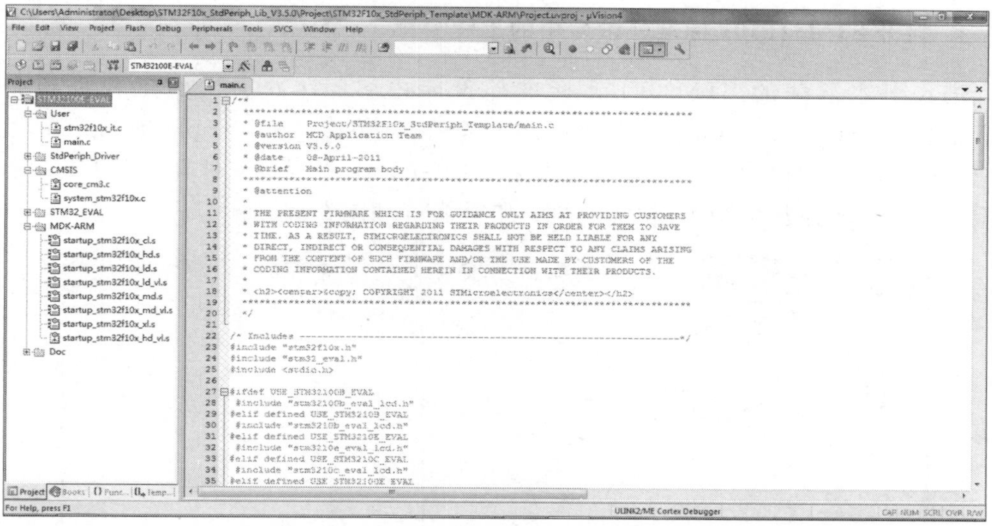

图 4-61　ST 官方工程模板的结构和内容

（1）User 组：用户应用程序文件组，默认包含主程序文件 main.c 和中断服务程序文件 stm32f10x_it.c。用户在开发自己的 STM32F10x 应用时，往往根据实际需要，修改这两个文件或者在该组中添加自己的应用文件。

（2）StdPeriph_Driver 组：STM32F10x 标准外设驱动函数文件组，包括 misc.c、stm32f10x_gpio.c、stm32f10x_tim.c、stm32f10x_dma.c、stm32f10x_usart.c 等。用户在开发自己的 STM32F10x 应用时，一般不对该组进行增删或改动。

（3）CMSIS 组：CMSIS 核心层文件组，包括 Cortex-M3 内核通用源文件 core_cm3.c 和系统初始化文件 system_stm32f10x.c。用户在开发自己的 STM32F10x 应用时，一般不对该组进行增删或改动。

（4）STM32_EVAL 组：ST 官方评估板的板级驱动组，包括 STM3210B_EVAL、STM3210C_EVAL、STM3210E_EVAL、STM32100B_EVAL 和 STM32100E_EVAL 5 块 ST 官方评估板的板级驱动文件。用户在开发自己的 STM32F10x 应用时，如果不采用 ST 官方评估板作为硬件平台，可在工程管理窗口中删除该组。

（5）MDK-ARM 组：STM32F10x 系列微控制器的启动文件组，包括 startup_stm32f10x_cl.s、startup_stm32f10x_xl.s、startup_stm32f10x_hd.s、startup_stm32f10x_hd_vl.s、startup_stm32f10x_md.s、startup_stm32f10x_md_vl.s、startup_stm32f10x_ld.s、startup_stm32f10x_ld_vl.s 8 个文件。用户在开发自己的 STM32F103 应用时，根据选用微控制器的具体型号，选择其中的一个作为启动文件。

（6）Doc 组：工程说明文档组。用户在开发自己的 STM32F103 应用时，可删除该组。

2. 更新工程名并重新设置工程包含的组

打开 STM32F10x 标准外设库的工程模板后，首先更新工程名并重新设置工程包含

的组。这一步是在 Components，Environment and Books 对话框中设置完成的。

在刚才打开 STM32F10x 标准外设库工程模板的 KEIL MDK 的主界面中，选中工程管理窗口中的 ST 官方工程 STM32100E-EVAL 并右击，在出现的右键菜单中选择 Manage Components 命令（如图 4-62 所示），便打开 Components，Environment and Books 对话框，进行更新工程名和重新设置组等操作。

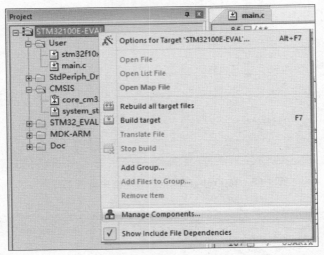

图 4-62　选择 ST 官方工程 STM32100E-EVAL 右键菜单中的 Manage Components 命令

（1）在 Project Targets 列表框中更新工程名。

在该对话框 Project Components 选项卡的 Project Targets 列表框中列有多个工程，其中排列第一的 STM32100E-EVAL 便是当前的工程。

首先，删除不需要的工程：依次选中除 STM32100E-EVAL 外其他所有的工程，并单击上方的×键，逐个删除之。

然后，双击工程名 STM32100E-EVAL，便可对当前工程名进行修改，例如，根据本书实验中使用的目标微控制器，将其改名为 STM32F103RCT6。此时，当前工程模板中仅剩下一个工程，即 STM32F103RCT6，如图 4-63 所示。

（2）在 Groups 和 Files 列表框中重新设置工程包含的组。

在该对话框 Project Components 选项卡的 Groups 和 Files 列表框中设置当前工程包含的组及其文件，如图 4-64 所示。

如果想要对组进行操作（如添加、删除一个组或者更新组名等），可以通过选中 Groups 列表框中的指定组，然后单击 Groups 列表框右侧相应的按钮实现。

如果想要对组中的文件进行操作（如添加、删除某个组中的文件等），可以通过选中 Groups 列表框中的指定组，然后单击 Files 列表框相应的按钮实现。例如，删除当前工程 User 组中的 main.c 文件，可先选中 Groups 列表框中的组 User，再选中 Files 列表框的文件 main.c，最后单击 Files 列表框右侧的×按钮完成。又如，向当前工程 User 组中添加 main.c 文件，可先选中 Groups 列表框中的组 User，再单击 Files 列表框下方的 Add Files 按钮，弹出 Add Files to Group 'User'对话框，在该对话框中更改目录找到并选中要添加的文件 main.c，

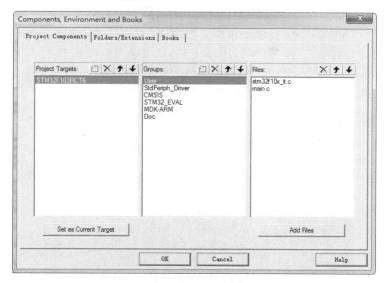

图 4-63　在 Project Targets 列表框中更新工程名

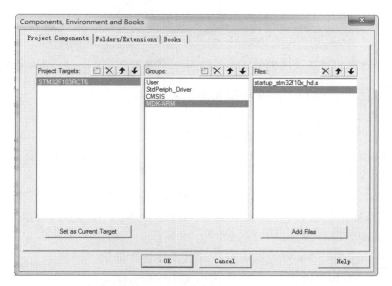

图 4-64　在 Groups 和 Files 列表框中设置工程下的组及其文件

最后单击 OK 按钮完成添加,并关闭 Add Files to Group 'User'对话框。

对于刚更新工程名的 ST 官方工程模板 STM32F103RCT6,应进一步对其包含的组及文件做以下配置:

首先,删除 Doc 组。在 Groups 列表框中,选中 Doc 并单击上方的×按钮,删除该组。

其次,删除 STM32_EVAL 组。如果用户在开发自己的 STM32F10x 应用中不使用 ST 官方评估板及其驱动程序,可使用相同的方法删除该组。

再次,删除 MDK-ARM 组中除了目标控制器所属的产品系列外的其他启动代码文

件。以本书实验使用中的微控制器 STM32F103RCT6 为例,在 Groups 列表框中单击 MDK-ARM 组名,右侧的 Files 列表框中即列出该组中所有文件。依次选中除 startup_ stm32f10x_hd.s 以外的所有其他文件,单击上方的×按钮,删除这些启动代码文件。

最后,以上设置完成后,单击 OK 按钮,保存设置,退出 Components, Environment and Books 对话框,返回 KEIL MDK 主界面。并且,在 KEIL MDK 主界面的工程管理窗口中,单击工程 STM32F103RCT6 前的"+"标签,依次展开该工程的目录树,可验证刚才对工程做的各项设置,如图 4-65 所示。

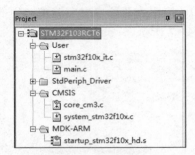

图 4-65　新设置的工程 **STM32F103RCT6** 及其目录

3. 设置启动代码文件的属性

在图 4-65 的工程管理窗口中,选中 MDK-ARM 组中的启动文件 startup_stm32f10x _hd.s 并右击,弹出右键菜单,选择 Option for File 'startup_stm32f10x_hd.s'菜单命令,打开 Option for File 'startup_stm32f10x_hd.s'对话框。

在该对话框中,选择 Properties 选项卡。在该选项卡中,勾选 Include in Target Build 和 Always Build 复选框,如图 4-66 所示。设置完成后,单击 OK 按钮确认后返回。

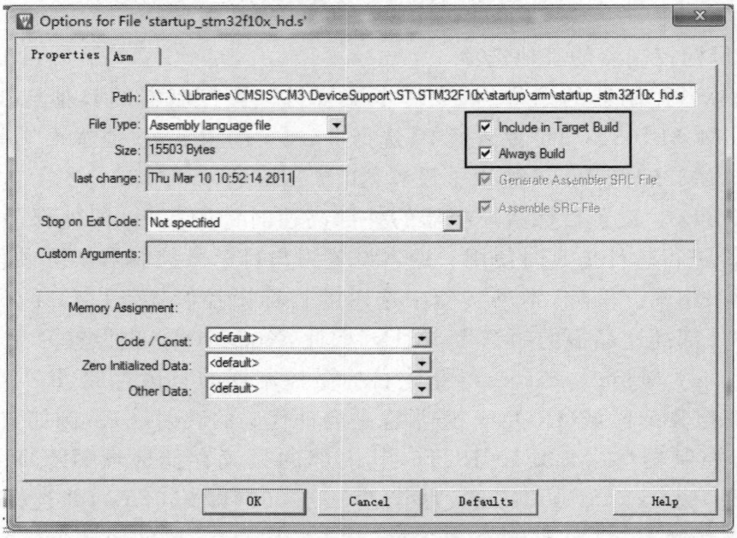

图 4-66　启动代码文件的设置

4. 设置目标微控制器的相关选项

在图 4-65 的工程管理窗口中,选中刚才更新的工程 STM32F103RCT6 并右击,在出现的右键菜单中选择 Option for Target 'STM32F103RCT6'菜单命令,打开 Option for Target 'STM32F103RCT6'对话框。

(1) 设置目标控制器的型号。

在该对话框中,选择 Device 选项卡。在 Device 选项卡的 Toolset 列表中选中目标微控制器的具体型号后,单击 OK 按钮确认。本书实验中选用的是 STM32F103RCT6 微控制器,因此,相应的设置如图 4-67 所示。

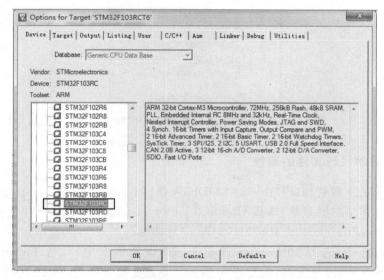

图 4-67 在 Device 选项卡中设置目标微控制器的型号

(2) 设置目标控制器的其他选项。

在设置目标微控制器的型号后,进一步配置目标微控制器的其他选项。在 Option for Target 'STM32F103RCT6'对话框中,选择 Target 选项卡,根据本书实验中选用的目标微控制器 STM32F103RCT6 作以下设置,如图 4-68 所示。

① Xtal(MHz):设置目标微控制器的外部高速时钟的频率,即外部晶振的频率,仅在 KEIL MDK 进行软件仿真时使用。通常设置为与目标微控制器实际硬件连接的外部高速晶振的频率相同。例如,本书实验中选用的目标微控制器 STM32F103RCT6,其实际硬件连接的外部高速晶振的频率为 8MHz,因此,Xtal(MHz)也设置为 8MHz。

② Read/Only Memory Access:指定目标微控制器的只读存储(RO)区域(ROMx)和内部只读存储(RO)区域(IROMx,通常也是启动代码的映射区)。例如,根据本书实验选用的目标微控制器 STM32F103RCT6,其内部的只读存储区域(IROM1)应配置为:Start(起始地址)为 0x08000000,Size(大小)为 0x40000(即 256KB),并选择 Startup 单选按钮(启动代码的映射区)和 default 复选框(对于应用而言,该区域是全局可访问的)。

③ Read/Write Memory Access:指定目标微控制器的零初始化(ZI)区域和可读可

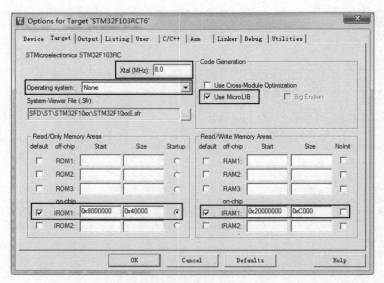

图 4-68　在 Target 选项卡中确认目标微控制器其他相关选项的配置

写（RW）区域。例如，根据本书实验选用的目标微控制器 STM32F103RCT6，其内部的零初始化和可读可写存储区域（IRAM1）应配置为：Start（起始地址）为 0x20000000，Size（大小）为 0xC000（即 48KB），并选择 default 复选框（对于应用而言，该区域是全局可访问的）。

④ Use MicroLIB：指定是否使用 MicroLIB 作为 C 运行时库。MicroLIB 是一个专门为基于 ARM 的嵌入式应用而编写的 C 函数库。与标准的 C 函数库相比，MicroLIB 进行了高度优化使得代码很小，可以满足绝大多数小型嵌入式应用的要求，而且这些应用程序通常不在操作系统下运行。但是，MicroLIB 不兼容 ANSI/ISO C，其功能比标准的 C 函数库少，某些库函数（如 memcpy()）执行也更慢，仅支持不能带参数且必须无返回的主函数 main()，只提供分离的栈和堆的两区存储模式。

⑤ Operating System：指定是否为目标工程选择一个实时操作系统。例如，本书中基于 STM32F103 微控制器的应用均在无操作系统下开发运行，因此，此处选择 None 即可。

5. 设置 C/C++ 编译选项

在上一步设置目标控制器相关选项的 Option for Target 'STM32F103RCT6' 对话框中，选择 C/C++ 选项卡，作以下编译预处理配置，如图 4-69 所示。

（1）更改预定义符号。

在如图 4-69 所示的 C/C++ 选项卡中，修改 Preprocessor Symbols 的 Define 文本框的内容，对工程模板中原有的预定义符号作以下更改：

① 保留原有 USE_STDPERIPH_DRIVER，删去其他的预定义符号。

预定义符号 USE_STDPERIPH_DRIVER 表示使用库函数开发。如果目标工程使用库函数开发，必须保留该预定义符号。例如，本书中基于 STM32F103 微控制器的应用

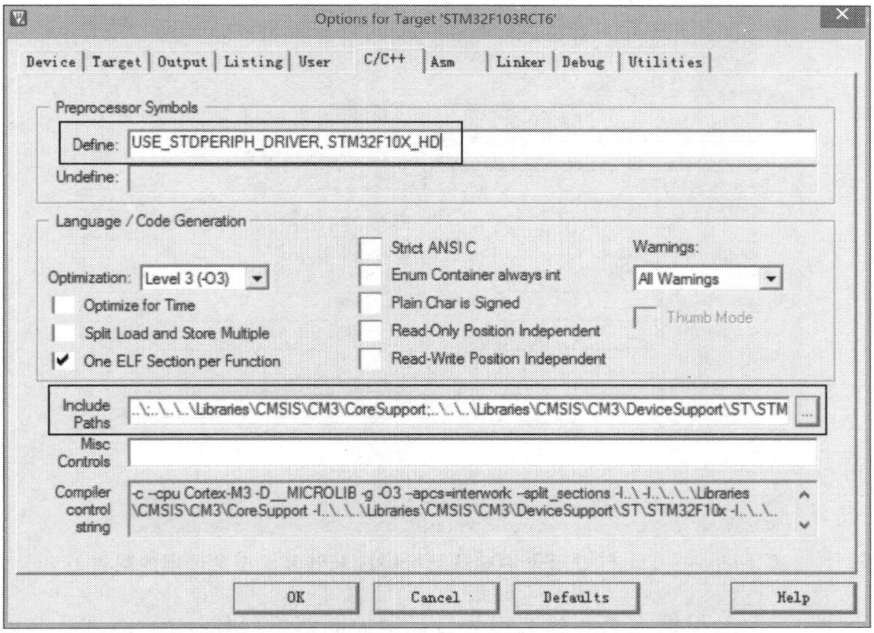

图 4-69   在 C/C++ 选项卡中设置 C/C++ 编译选项

均采用库函数方式,因此,必须保留该预定义符号,如图 4-69 所示。

②根据目标微控制器所属的产品系列,添加新的预定义符号 STM32F10X_HD。

预定义符号 STM32F10X_HD 表示使用 STM32F1 系列控制器大容量产品的寄存器。如果目标微控制器是 STM32F1 系列控制器的小容量或中容量产品,则应分别选用对应的预定符号 STM32F10X_LD 或 STM32F10X_MD。由于本书实验中选用的 STM32F103RCT6 微控制器属于 STM32F1 系列控制器大容量产品,因此,应添加对应预定义符号 STM32F10X_HD。需要注意的是,两个预定义符号 USE_STDPERIPH_DRIVER 与 STM32F10X_HD 之间用逗号隔开。设置完成后,单击 OK 按钮确认,如图 4-69 所示。

(2) 设置目标工程包含头文件的搜索路径。

继续在如图 4-69 所示的 C/C++ 选项卡中,单击 Include Paths 文本框后的…按钮,弹出 Folder Setup 对话框,设置目标工程包含头文件的搜索路径。

如果目标工程(例如本书所有的 STM32F103 工程)不使用 ST 官方评估板及其板级驱动程序,在 Folder Setup 对话框列表中依次单击 ST 官方评估板及其驱动程序的相关路径..\..\..\Utilities\STM32_EVAL\Common、..\..\..\Utilities\STM32_EVAL\STM32100E_EVAL 和..\..\..\Utilities\STM32_EVAL,再单击右上角的×按钮,逐个删除之。设置完成后,如图 4-70 所示。单击 OK 按钮确认。

4.9.4   编写用户程序源代码

在配置 STM32F103 工程完成后,接下来进入用户程序源代码编写阶段。用户编写

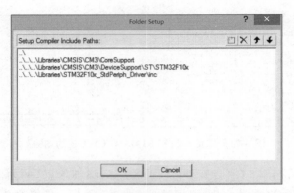

图 4-70 在 Folder Setup 对话框中设置目标工程包含头文件的搜索路径

的应用程序文件在工程目录的 User 组中,包括 main.c 和 stm32f10x_it.c。

1. 编写用户主程序文件(main.c)的代码

main.c 是用户 C 程序的主函数 main() 所在,也是用户应用程序的入口。STM32F103 微控制器启动过程完成后,即跳转到 main.c 文件中的 main() 函数中执行。ST 官方工程模板中的 main.c 文件是为 ST 对应的官方评估板编写的,用户可清空工程模板提供的 main.c 文件中的全部内容,重新编写。STM32F103 主应用程序文件 main.c 以基于无限循环结构的 main() 函数为主体,至少应包括以下内容:

```
#include "stm32f10x.h"
int main(void)
{
    while (1)
    {
    }
}
```

2. 异常服务函数文件 stm32f10x_it.c

stm32f10x_it.c 是异常服务函数文件。ST 官方提供了异常服务函数的模板,用户可根据实际应用需求,参考 ST 官方的工程模板和开发示例,自行编写和添加新的异常服务函数。异常服务函数的具体编写可参考第 7 章。

4.9.5 编译和链接 STM32F103 工程

在完成用户源代码的编写后,选择菜单 Project→Build target 命令或按快捷键 F7,编译和链接整个工程。

编译链接的结果会在 Build Output 窗口(位于 KEIL MDK 主界面的下方)显示,如图 4-71 所示。

图 4-71 显示当前工程编译和链接正确的结果。如果在编译和链接的过程中发生错

```
Build Output
compiling stm32f10x_pwr.c...
compiling stm32f10x_rtc.c...
compiling stm32f10x_tim.c...
compiling stm32f10x_wwdg.c...
compiling core_cm3.c...
compiling system_stm32f10x.c...
assembling startup_stm32f10x_hd.s...
linking...
Program Size: Code=344 RO-data=320 RW-data=0 ZI-data=1024
".\STM32100E-EVAL\STM32100E-EVAL.axf" - 0 Error(s), 0 Warning(s)
```

图 4-71　编译和链接 STM32F103 工程的结果

误或警告,Build Output 窗口中会显示错误或警告的详细信息(例如,错误或警告所在的行号、错误或警告产生的原因)。可根据这些提示信息进一步修改代码。当代码修改完毕想要再次编译、链接整个工程时,可选择菜单 Project→Rebuild all target files 命令,先删除以前编译和链接生成时的所有文件(包括中间的目标文件、最后的可执行文件等),再进行重新编译和链接。如此循环往复,直至当前工程编译、链接没有错误和警告为止。

4.9.6　调试 STM32F103 工程

STM32F103 工程编译链接成功并做好相关的软硬件调试准备后,便可进入调试阶段。STM32F103 工程的调试根据有无硬件支持可分为两种不同方式: 目标硬件调试方式和纯软件模拟调试方式。

1. 目标硬件调试方式

在具备 STM32F103 目标板和仿真器的条件下,可以借助仿真器,在嵌入式开发工具中设置目标硬件调试方式调试 STM32F103 工程。

下面以 KEIL MDK 为例,讲述使用 J-LINK 仿真调试 STM32F103 工程的具体过程。

(1) 调试前的硬件准备——连接开发用 PC、仿真器和目标板并给目标板上电。

在调试前,先要使用仿真器连接目标机和宿主机。在 STM32F103 开发中,将仿真器的一端通过 USB 线与调试主机(即开发用 PC)的 USB 口连接,另一端通过 JTAG 连线与 STM32F103 目标板上的 JTAG 接口(通常是 20 针标准接口)连接,如图 4-72 所示。

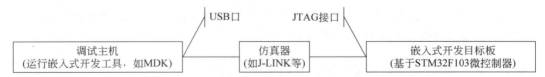

图 4-72　STM32F103 目标板、仿真器和调试主机的连接示意图

在完成 STM32F103 目标板、仿真器和开发用主机的之间连接后,打开目标板电源,给微控制器上电,然后继续进行调试前的软件配置。

(2) 调试前的软件准备——嵌入式软件开发工具中设置调试及下载相关选项。

在完成调试前的硬件连接并给目标板及微控制器上电后,还需在嵌入式软件开发工

具中设置调试和下载相关选项。在 KEIL MDK 中，这些操作都在 Option for Target …
对话框中完成。

　　例如，对于刚才配置、编译和链接的工程 STM32F103RCT6，通过选择菜单 Project→
Option for Target 'STM32F103RCT6' 命令，打开 Option for Target 'STM32F103RCT6'
对话框，并作以下配置：

　　① 设置调试相关选项。

STM32F103 工程的调试相关选项包括仿真器类型和调试接口的选择。

　　首先，在 Option for Target 'STM32F103RCT6'对话框中，选择 Debug 选项卡，选中
右侧 Use 选项框，并根据调试使用的仿真器在列表框中选择相应的仿真器型号。本书调
试时选用的是 J-LINK 硬件仿真器，因此选择 J-LINK/J-Trace Cortex 选项。同时，设置
右侧 Driver DLL 为 SARMCM3. DLL 和它的 Parameter 为空，并根据目标硬件微控制器
的型号设置右侧 Dialog DLL 为 TARMSTM. DLL 和它的 Parameter 为-pSTM32F103RC，如
图 4-73 所示。

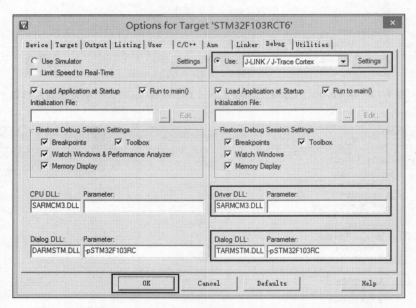

图 4-73　在 Debug 选项卡中设置硬件调试方式（选择仿真器型号）

　　然后，单击右侧 Use 列表框后的 Settings 按钮，打开 Cortex J Link/J-Trace Target
Driver Setup 对话框，在 Debug 选项卡的左侧 Port 列表框中设置调试接口：选择使用占
用 I/O 引脚更少的 SW 接口。由于在上一步调试前的硬件准备中已将目标微控制器通
过 J-LINK 仿真器连接到调试主机并上电，因此，此时的 KEIL MDK 能通过仿真器检测
到目标微控制器。相应地，右侧的 SW Device 框中会显示当前目标微控制器的 Device
Name 和 IDCODE，如图 4-74 所示。如果此时 KEIL MDK 未能通过仿真器检测到目标
微控制器（即右侧的 SW Device 框中没有出现目标微控制器对应的 Device Name 和
IDCODE），则先检查是否给目标板及目标微控制器上电，再检查调试主机上是否正确安

装了 J-LINK 的驱动程序(查看"设备管理器"→"通用串行总线控制器"下是否有 J-LINK,如图 4-75 所示)。

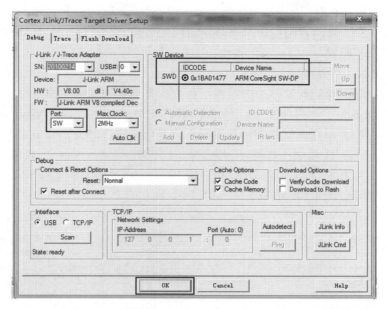

图 4-74　在 Cortex J Link/J-Trace Target Driver Setup 对话框中设置调试接口

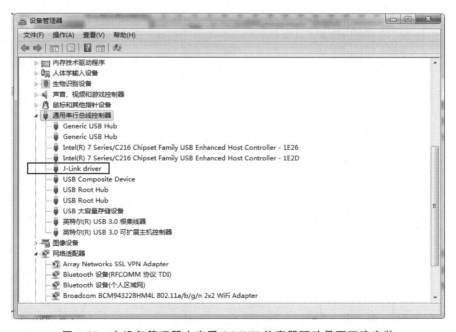

图 4-75　在设备管理器中查看 J-LINK 仿真器驱动是否正确安装

最后,在确认仿真器型号以及目标微控制器的 Device Name、IDCODE 正确无误后,一路单击 OK 按钮退出,完成调试选项的配置。

② 设置下载相关选项。

由于 STM32F103 应用程序通常是下载到其内置 Flash 中调试运行的,所以在调试前,不仅要在嵌入式软件开发工具中配置调试相关选项,还要设置下载相关选项。

例如,对于前面配置、编写、编译和链接的工程 STM32F103RCT6,打开 Option for Target 'STM32F103RCT6' 对话框,并选择 Utilities 选项卡。根据应用程序下载中使用的工具或命令,在 Utilities 选项卡右侧的 Configure Flash Menu Command 下 Use Target Driver for Flash Programming 的列表框中选择相应的下载工具(本书实验中选用的下载工具是 J-LINK 仿真器),如图 4-76 所示。

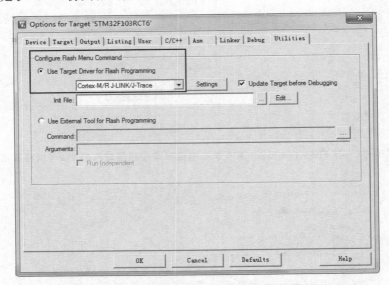

图 4-76　在 Utilities 选项卡中设置使用的下载工具

在选定 J-LINK 仿真器作为下载工具后,单击旁边的 Settings 按钮,再次弹出 Cortex J Link/J-Trace Target Driver Setup 对话框,选择 Flash Download 选项卡,单击 Add 按钮,打开 Add Flash Programming Algorithm 对话框,在列表中选择程序下载目标 Flash 的所属系列。例如,本书实验中下载程序的目标 Flash 是 STM32F103RCT6 微控制器的片内 Flash,属于 STM32F10x 大容量产品(STM32F10x High-Density Flash),类型为片内 Flash。因此,在列表中选中 STM32F10x High-Density Flash,单击 Add 按钮添加。然后,一路单击 OK 按钮返回,相应的设置如图 4-77 和图 4-78 所示。

(3) 开始调试。

至此,调试前的所有软硬件准备工作均已就绪。再次检查目标板的电源是否已打开,并在 KEIL MDK 主界面中选择菜单 Debug→Start/Stop Debug Session 命令,进入调试界面,如图 4-79 所示。

在调试过程中,嵌入式软件工程师需借助一些调试方法和技巧跟踪应用程序的运行,例如,设置断点(菜单 Debug→Insert/Remove Breakpoint 命令),遇到函数就进入并且在函数内继续单步执行(菜单 Debug→Step 命令),遇到函数不进入而将其视为一步执行完成后再暂停(菜单 Debug→Step Over 命令),全速执行(菜单 Debug→Run 命令),手动暂停(菜单

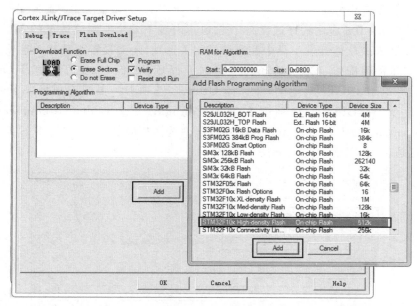

图 4-77　在 Flash Download 选项卡添加目标微控制器对应的 Flash 编程算法

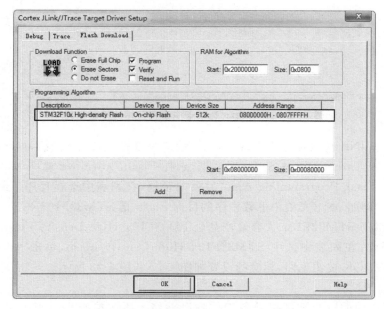

图 4-78　设置完成后的 Flash Download 选项卡

Debug→Stop 命令)等,如图 4-80 所示。这与主机上应用软件的调试非常相似。

　　除此以外,KEIL MDK 还提供了强大的设备模拟器和功能分析器。嵌入式软件工程师在跟踪程序运行的过程中,可以实时得到应用程序中的变量、ARM 寄存器和存储器等这些常规调试信息(如图 4-79 所示),还可以得到代码覆盖情况、程序运行时间、函数调用次数等信息。有关 STM32F103 应用程序的调试方法和技巧将在后面讲述 STM32F103

源代码窗口   反汇编窗口

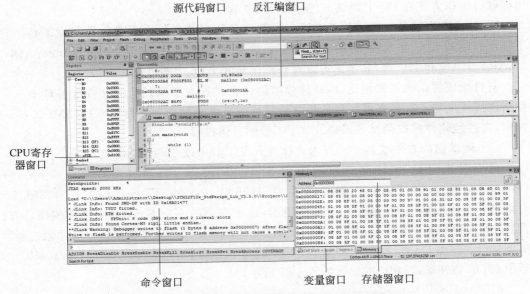

CPU寄存器窗口

命令窗口   变量窗口   存储器窗口

图 4-79   KEIL MDK 下 STM32F103 工程的调试界面

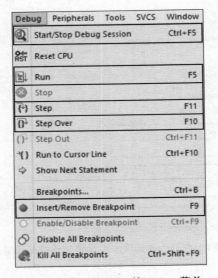

图 4-80   KEIL MDK 的 Debug 菜单

的外设开发时再具体介绍。

（4）结束调试。

当硬件调试完成后，选择菜单 Debug→Start/Stop Debug Session 命令，退出调试界面，结束调试。

2. 纯软件模拟调试方式

如果尚不具备 STM32F103 目标板，可以通过嵌入式软件开发工具自带的模拟器，采

用纯软件模拟方式在 PC 上调试 STM32F103 工程。

KEIL MDK 就是这样一款具有强大的模拟和仿真功能的嵌入式软件开发工具。它不仅可以进行指令集和中断的仿真,还能仿真大量的片上外设,包括 Timer、ADC、USART、CAN 和 I2C 等,甚至还可以对外部信号和 I/O、中断过程进行仿真。

与目标硬件调试方式相比,纯软件模拟调试方式省去了调试前的硬件准备环节——包括连接开发用 PC、仿真器和目标板并给目标板上电等操作。下面以 KEIL MDK 4.50 为例,讲述纯软件模拟调试 STM32F103 工程的具体过程。

（1）调试前的软件准备——嵌入式软件开发工具中设置调试相关选项。

对于刚才配置、编译和链接的工程 STM32F103RCT6,通过选择菜单 Project→Option for Target 'STM32F103RCT6' 命令,打开 Option for Target 'STM32F103RCT6' 对话框。在该对话框中,选择 Debug 选项卡,选中左侧的 Use Simulator 单选按钮,同时设置左侧 CPU DLL 为 SARMCM3.DLL 和它的 Parameter 为空,并根据目标硬件微控制器的型号设置左侧 Dialog DLL 为 DARMSTM.DLL 和它的 Parameter 为-pSTM32F103RC,然后单击 OK 按钮确定,相应的设置如图 4-81 所示。

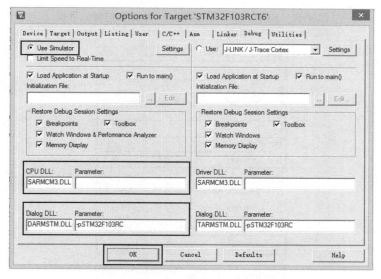

图 4-81　在 Debug 选项卡中设置软件模拟调试方式

（2）开始调试。

配置软件模拟调试选项完成后,选择菜单 Debug→Start/Stop Debug Session 命令,进入调试界面,即可开始软件模拟调试。软件模拟调试过程中采用的调试方法和技巧和目标硬件调试方式类似,可参考前面关于目标硬件调试方式的相关内容,在此不再赘述。

（3）结束调试。

当软件模拟调试完成后,选择菜单 Debug→Start/Stop Debug Session 命令,退出调试界面,结束调试。

综上所述,软件模拟调试方式可在无目标硬件情况下模拟微控制器的许多特性。因此,即使目标硬件尚未制作完成,嵌入式软件工程师也可以脱离硬件,在嵌入式开发工具

中采用软件模拟方式来调试所开发的应用程序,而无须等待硬件准备完毕才开始调试。这打破了传统的"先硬件后软件"的串行开发流程,使得嵌入式系统的软硬件开发可以同时进行,从而大大缩短了嵌入式系统的开发周期。

4.9.7　将可执行程序下载到 STM32F103 运行

当整个调试完成后,可将编译链接生成的可执行程序(二进制文件)下载到 STM32F103 的片内 Flash 中执行。

1. 配置下载选项

在程序下载前,首先要配置或确认下载选项。在 KEIL MDK 中,配置或确认下载选项的操作都在 Option for Target …对话框中完成。

例如,对于刚才配置、编译和链接的工程 STM32F103RCT6,通过选择菜单 Project→Option for Target 'STM32F103RCT6'命令,打开 Option for Target 'STM32F103RCT6'对话框,并作以下配置:

(1) 选择下载工具。

在刚才打开的 Option for Target 'STM32F103RCT6'对话框中,选择 Utilities 选项卡。根据应用程序下载中使用的工具或命令,在 Utilities 选项卡的 Configure Flash Menu Command 下 Use Target Driver for Flash Programming 的列表框中选择相应的下载工具(本书实验中选用的下载工具是 J-LINK 仿真器),如图 4-82 所示。

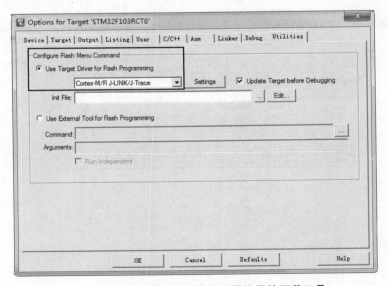

图 4-82　在 Utilities 选项卡中设置使用的下载工具

(2) 选择目标 Flash 的编程算法。

在选定 J-LINK 仿真器作为下载工具后,单击旁边的 Settings 按钮,再次弹出 Cortex J Link/J-Trace Target Driver Setup 对话框,选择 Flash Download 选项卡,单击 Add 按

钮,打开 Add Flash Programming Algorithm 对话框,在列表中选择程序下载目标 Flash 的所属系列。例如,本书实验中下载程序的目标 Flash 是 STM32F103RCT6 微控制器的片内 Flash,属于 STM32F10x 大容量产品(STM32F10x High-Density Flash),类型为片内 Flash。因此,在列表中选中 STM32F10x High-Density Flash,单击 Add 按钮添加。然后,一路单击 OK 按钮返回,相应的设置如图 4-83 和图 4-84 所示。

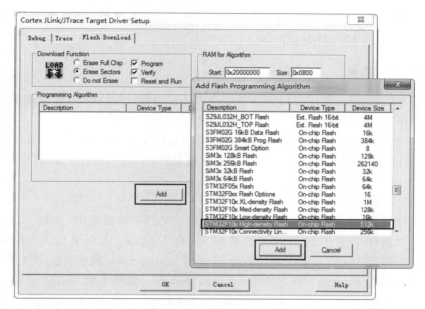

图 4-83   在 Flash Download 选项卡添加目标微控制器对应的 Flash 编程算法

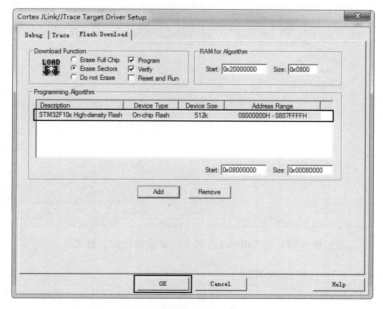

图 4-84   设置完成后的 Flash Download 选项卡

2. 将可执行程序下载到 STM32F103 的片内 Flash

下载选项配置完成后,用户可通过在 KEIL MDK 的主界面中选择菜单 Flash→Download 命令或者单击工具栏中的 Download 按钮(如图 4-85 所示),将应用程序的可执行二进制文件从宿主机(开发用 PC)通过下载工具(这里是 J-LINK 仿真器)下载到目标 Flash(这里是微控制器 STM32F103RCT6 的内置 Flash)中。

可执行程序下载到目标 Flash 的结果会显示在 KEIL MDK 的 Bulid Output 窗口中。图 4-86 是下载成功时 Bulid Output 窗口的输出。

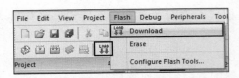

图 4-85　下载可执行应用程序

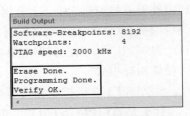

图 4-86　可执行应用程序下载成功

3. 复位 STM32F103,执行片内 Flash 的用户应用程序

可执行应用程序下载成功到目标板微控制器的 Flash 后,按下目标板上的 Reset 键,使目标板上的 STM32F103 微控制器上电复位,执行复位异常处理程序后,便跳入用户应用程序的 main 函数执行。

4.10　本 章 小 结

本章承上启下,在理清 ARM Cortex-M3 内核与基于 ARM Cortex-M3 的微控制器这两个既有联系又有区别的基本概念之后,从产品线、生态系统、开发方法和应用领域等多个方面介绍意法半导体公司基于 ARM Cortex-M3 内核的 STM32 系列微控制器。并以一款目前广泛使用的 STM32 微控制器——STM32F103 为例深入剖析:重点讲述其系统结构、存储器组织、时钟系统、调试接口、最小系统、启动代码和启动过程等。最后,给出了在 KEIL MDK 下建立 STM32F103 工程的开发实例。

习　题　4

1. 简述 ARM Cortex 内核与基于 ARM Cortex-M3 内核的微控制器之间的区别和联系。

2. 简述 STM32 系列微控制器的适用场合、命名规则和主要产品线。

3. 目前微控制器的开发方法主要有哪些?

4. STM32F103 微控制器的主系统由哪几部分构成? 画出 STM32F103 微控制器的

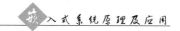

系统结构图。

　　5. 画出 STM32F103 微控制器的存储器映射图。

　　6. 什么是微控制器的最小系统？它通常由哪几部分构成？

　　7. 简述 STM32F103 微控制器的供电方案。

　　8. STM32F103 微控制器集成了标准 ARM CoreSight 调试端口 SWJ-DP,它有两种不同的端口：JTAG-DP 和 SW-DP。相比 JTAG-DP,SW-DP 有什么优势？

　　9. STM32F103 微控制器有哪些时钟源？

　　10. STM32F103 微控制器 AHB 高速总线时钟 HCLK、APB2 外设总线时钟 PCLK2 和 APB1 外设总线时钟 PCLK1 分别给哪些模块提供时钟信号？ 当 STM32F103 微控制器复位后,它们默认的工作频率分别是多少？

　　11. STM32F103 微控制器有哪些低功耗模式？它们各自有什么特点？如何进入和退出这些低功耗模式？

　　12. STM32F103 微控制器有哪些安全特性？

　　13. 什么是看门狗？STM32F103 微控制器的看门狗有何特性？

　　14. 什么是启动代码？它主要执行哪些工作？

　　15. 简述 STM32F103 微控制器的启动过程。

　　16. 使用嵌入式软件开发工具(如 KEIL MDK 等)构建基于 STM32F103 微控制器应用的开发过程,具体可以分为哪几步？

第 3 篇
片内外设篇

第 5 章

GPIO

本章学习目标

- 了解 GPIO 的基本概念。
- 理解 STM32F103 微控制器 GPIO 的内部结构、工作模式和主要特性。
- 熟悉按键、LED 等常用的嵌入式 I/O 设备,并掌握其与 STM32F103 微控制器的接口设计。
- 熟悉 STM32F103 微控制器 GPIO 相关的常用库函数。
- 学会在 KEIL MDK 下使用库函数开发基于 STM32F103 的 GPIO 应用程序。
- 学会在 KEIL MDK 下采用软件仿真方式调试基于 STM32F103 的 GPIO 应用程序,学会使用 General Purpose I/O 对话框和 Logic Analyzer 窗口观察引脚的输入输出。

本章在前两章的基础上,以意法半导体公司基于 ARM Cortex-M3 内核的 STM32F103 微控制器为例,讲述最基本 I/O 接口——GPIO(General Purpose Input Output,通用输入输出)。GPIO 是微控制器必备的片上外设,几乎所有的基于微控制器的嵌入式应用开发都会用到它。本书就从这里进入 STM32 开发的世界。

5.1 GPIO 概述

GPIO 是微控制器数字输入输出的基本模块,可以实现微控制器与外部环境的数字交换。借助 GPIO,微控制器可以实现对外围设备(如 LED 和按键等)最简单、最直观的监控。除此之外,当微控制器没有足够的 I/O 引脚或片内存储器时,GPIO 还可用于串行和并行通信、存储器扩展等。无论对于新手还是程序员,GPIO 都是他们了解、学习或者开发嵌入式应用的第一步。

5.2 STM32F103 的 GPIO 工作原理

根据具体型号不同,STM32F103 微控制器的 GPIO 可以提供最多 112 个多功能双向 I/O 引脚。这些 I/O 引脚分布在 GPIOA、GPIOB、GPIOC、GPIOD、GPIOE、GPIOF 和

GPIOG 等端口中。其中,端口号通常以大写字母命名,从"A"开始,依次类推。每个端口有 16 个 I/O 引脚,通常以数字命名,从 0 开始,直到 15 为止。例如,STM32F103RCT6 微控制器的 GPIOA 有 16 个引脚,分别为 PA0,PA1,PA2,…,PA15。

5.2.1　内部结构

STM32F103 微控制器 GPIO 的内部结构如图 5-1 所示。

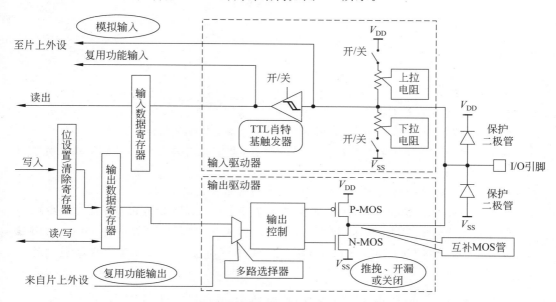

图 5-1　STM32F103 微控制器 GPIO 引脚的内部结构图

由图 5-1 可以看出,STM32F103 微控制器 GPIO 的内部主要分为输出驱动器(图 5-1 下方虚线框)和输入驱动器两部分(图 5-1 上方虚线框)。

1. 输出驱动器

GPIO 的输出驱动器主要由多路选择器、输出控制和一对互补的 MOS 管组成。

1)多路选择器

多路选择器根据用户设置决定该引脚是 GPIO 普通输出还是复用功能输出。

(1)普通输出:该引脚的输出来自 GPIO 的输出数据寄存器。

(2)复用功能(Alternate Function,AF)输出:该引脚的输出来自片上外设。并且,一个 STM32 微控制器引脚输出可能来自多个不同外设,即一个引脚可以对应多个复用功能输出。但同一时刻,一个引脚只能使用这些复用功能中的一个,而这个引脚对应的其他复用功能都处于禁止状态。

例如,根据微控制器 STM32F103xC 子系列的数据手册(Datasheet)中的引脚定义表,微控制器 STM32F103RCT6 的引脚 PA9 在系统复位时默认是普通输出。不仅如此,引脚 PA9 还可作为片内外设 USART1 的发送端 Tx,也可作为另一个片内外设 TIM1_CH2 输出,但在同一时刻,PA9 只能选择普通输出、USART1 的发送端 Tx 或 TIM1 的

CH2 输出这 3 种模式之一。

2) 输出控制逻辑和一对互补的 MOS 管

输出控制逻辑根据用户设置通过控制 PMOS 管和 NMOS 管的状态(导通/关闭)决定 GPIO 输出模式(推挽、开漏还是关闭)。

(1) 推挽(Push-Pull,PP)输出:推挽输出可以输出高电平和低电平。当内部输出 1 时,PMOS 管导通,NMOS 管截止,外部输出高电平(输出电压等于 V_{DD},对于 STM32F103 微控制器的 GPIO 来说,通常是 3.3V);当内部输出 0 时,NMOS 管导通 PMOS 管截止,外部输出低电平(输出电压 0V)。

由此可见,相比于普通输出方式,推挽输出既提高了负载能力,又提高了开关速度,适于输出 0 和 V_{DD} 的场合。

(2) 开漏(Open-Drain,OD)输出:与推挽输出相比,开漏输出中连接 V_{DD} 的 PMOS 管始终处于截止状态。这种情况,与三极管的集电极开路非常类似。在开漏输出模式下,当内部输出 0 时,NMOS 管导通,外部输出低电平(输出电压 0V);当内部输出 1 时,NMOS 管截止,由于此时 PMOS 管也处于截止状态,外部输出既不是高电平,也是不是低电平,而是高阻态(悬空)。如果想要外部输出高电平,必须在 I/O 引脚外接一个上拉电阻(pull-up resistor)。

这样,通过开漏输出,可以提供灵活的电平输出方式——改变外接上拉电源的电压,便可以改变传输电平电压的高低。例如,如果 STM32 微控制器想要输出 5V 高电平,只需要在外部接一个上拉电阻且上拉电源为 5V,并把 STM32 微控制器上对应的 I/O 引脚设置为开漏输出模式,当内部输出 1 时,由上拉电阻和上拉电源向外输出 5V 电平。需要注意的是,上拉电阻的阻值决定逻辑电平电压转换的速度。阻值越大,速度越低,功耗越小,所以负载电阻的选择应兼顾功耗和速度。

由此可见,开漏输出可以匹配电平,一般适用于电平不匹配的场合,而且,开漏输出吸收电流的能力相对较强,适合做电流型的驱动。

2. 输入驱动器

GPIO 的输入驱动器主要由 TTL 肖特基触发器、带开关的上拉电阻电路和带开关的下拉电阻电路组成。值得注意的是,与输出驱动器不同,GPIO 的输入驱动器没有多路选择开关,输入信号送到 GPIO 输入数据寄存器的同时也送给片上外设,所以 GPIO 的输入没有复用功能选项。

根据 TTL 肖特基触发器、上拉电阻端和下拉电阻端两个开关的状态,GPIO 的输入可分为以下 4 种:

(1) 模拟输入:TTL 肖特基触发器关闭。

(2) 上拉输入:GPIO 内置上拉电阻,此时 GPIO 内部上拉电阻端的开关闭合,GPIO 内部下拉电阻端的开关打开。该模式下,引脚在默认情况下输入为高电平。

(3) 下拉输入:GPIO 内置下拉电阻,此时 GPIO 内部下拉电阻端的开关闭合,GPIO 内部上拉电阻端的开关打开。该模式下,引脚在默认情况下输入为低电平。

(4) 浮空输入:GPIO 内部既无上拉电阻也无下拉电阻,此时 GPIO 内部上拉电阻端

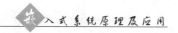

和下拉电阻端的开关都处于打开状态。该模式下,引脚在默认情况下为高阻态(即悬空),其电平高低完全由外部电路决定。

5.2.2　工作模式

根据 STM32F103 的 GPIO 内部结构,STM32F103 的 I/O 引脚有 8 种工作模式,包括 4 种输出模式和 4 种输入模式。

(1)普通推挽输出。该模式下,引脚可以输出低电平(0)和高电平(V_{DD}),用于较大功率驱动的输出。例如,常见的连接 LED、蜂鸣器等数字器件的 I/O 引脚设置为该模式。

(2)普通开漏输出。该模式下,引脚只能输出低电平(0),如果想输出高电平(外接上拉电源的电压)需要外接上拉电阻和上拉电源。通常,连接到不同电平器件、线与输出或使用普通模式模拟 I2C 通信的 I/O 引脚设置为该模式。

(3)复用推挽输出。该模式下,引脚不再是普通的 I/O。它不仅具有推挽输出的特点,而且还使用片内外设的功能。通常,STM32F103 的某个 I/O 引脚用作 USART 的发送端 Tx 或者 SPI 的 MOSI、MISO、SCK 时,应被设置为该模式。

(4)复用开漏输出。该模式下,引脚不再是普通的 I/O。它不仅具有开漏输出特点,而且还使用片内外设功能。通常,STM32F103 的某个 I/O 引脚用作 I2C 的 SCL 或 SDA 时,应被设置为该模式。

(5)上拉输入。用于默认上拉至高电平输入。

(6)下拉输入。用于默认下拉至低电平输入。

(7)浮空输入。用于不确定高低电平输入。例如,连接外部按键或者作为 USART 接收端 Rx 的 I/O 引脚应被设置为该模式。

(8)模拟输入。用于外部模拟信号输入。

5.2.3　输出速度

如果 STM32F103 的 I/O 引脚工作在某个输出模式下,通常还需设置其输出速度。这个输出速度指的是 I/O 口驱动电路的响应速度,而不是输出信号的速度。输出信号的速度取决于软件程序。

STM32F103 的芯片内部在 I/O 口的输出部分安排了多个响应速度不同的输出驱动电路,用户可以根据自己的需要,通过选择响应速度选择合适的输出驱动模块,以达到最佳噪声控制和降低功耗的目的。众所周知,高频的驱动电路噪声也高。当不需要高输出频率时,尽量选用低频响应速度的驱动电路,这样非常有利于提高系统的 EMI 性能。当然如果要输出较高频率的信号,但却选用了较低频率响应速度的驱动模块,很可能会得到失真的输出信号。一般推荐 I/O 引脚的输出速度是其输出信号速度的 5~10 倍。

STM32F103 的 I/O 引脚的输出速度有 3 种选择:2MHz、10MHz 和 50MHz。下面,根据一些常见的应用,给读者一些选用参考:

- 连接 LED、蜂鸣器等外部设备的普通输出引脚:一般设置为 2MHz。
- 用作 USART 复用功能输出引脚:假设 USART 工作时最大比特率为 115.2Kbps,

选用 2MHz 的响应速度也足够了,既省电,噪声又小。

- 用作 I2C 复用功能的输出引脚:假设 I2C 工作时最大比特率为 400Kbps,那么 2MHz 的引脚速度或许不够,这时可以选用 10MHz 的 I/O 引脚速度。
- 用作 SPI 复用功能的输出引脚:假设 SPI 工作时比特率为 18Mbps 或 9Mbps,那么 10MHz 的引脚速度显然不够,这时需要选用 50MHz 的 I/O 引脚速度。
- 用作 FSMC 复用功能连接存储器的输出引脚:一般设置为 50MHz 的 I/O 引脚速度。

5.2.4　复用功能重映射

如 5.2.2 节中所述,STM32F103 微控制器的 I/O 引脚除了通用功能外,还可以设置为一些片上外设的复用功能。而且,一个 I/O 引脚除了可以作为某个默认外设的复用引脚外,还可以作为其他多个不同外设的复用引脚。类似地,一个片上外设,除了默认的复用引脚,还可以有多个备用的复用引脚。在基于 STM32 微控制器的应用开发中,用户根据实际需要可以把某些外设的复用功能从默认引脚转移到备用引脚上,这就是外设复用功能的 I/O 引脚重映射。

从 I/O 引脚角度看,例如,对于 STM32F103RCT6 微控制器的引脚 PB10,根据附录 B,它的主功能是 PB10,默认复用功能是 I2C2 的时钟端 SCL 和 USART3 的发送端 Tx,重定义功能是 TIM2_CH3。这表示在 STM32F103 上电复位后,PB10 默认为普通输出,而 I2C2 的 SCL 和 USART3 的 Tx 是它的默认复用功能。另外,在定时器 2(TIM2)进行 I/O 引脚重映射后,定时器 2 的通道 3(TIM2_CH3)也可以成为 PB10 的复用功能。如果想要使用 PB10 的默认复用功能——USART3,则需编程配置 PB10 为复用推挽输出模式,同时使能 USART3 并保持 I2C2 禁止状态。如果要使用 PB10 的重定义复用功能——TIM2_CH3,则需要编程对 TIM2 进行重映射,然后再按复用功能方式配置对应引脚。

从外设的复用功能的角度看,例如对于 USART2,它的发送端 Tx 和接收端 Rx 默认映射到引脚 PA2 和 PA3。但如果此时引脚 PA2 已被另一复用功能 TIM2 的通道 3(TIM2_CH3)占用,就需要对 USART2 进行重映射,将 Tx 和 Rx 重新映射到引脚 PD5 和 PD6,如图 5-2 所示。

由此可见,复用功能的 I/O 重映射,能够优化引脚的配置和 PCB 的布线,在 PCB 设计时具有更大的灵活性,同时潜在地减少了信号的交叉干扰,甚至在需要时可以分时复用某些外设,虚拟地增加了端口数量。

1. 复用功能中断映射的实现

实现复用功能重映射需进行以下操作,如图 5-3 所示。其中,特别需要注意的是,如需使用 STM32F103 微控制器 I/O 引脚的复用功能重映射功能,须先打开 APB2 总线上的 AFIO 时钟。

例如,要将前面讲述的 USART2 的 Tx 和 Rx 从默认的引脚 PA2 和 PA3 重新映射到引脚 PD5 和 PD6,根据上述步骤,可使用库函数编程如下:

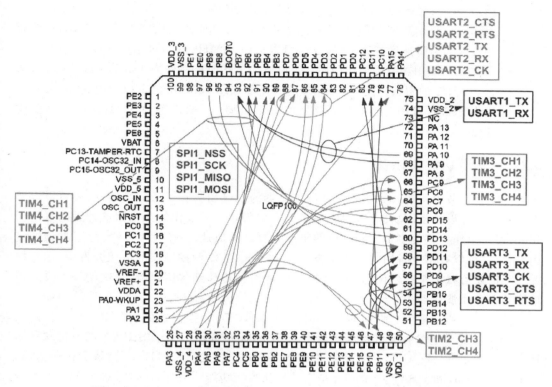

图 5-2　STM32F103 微控制器（LQFP100 引脚）复用功能的 I/O 重映射图

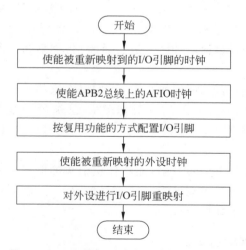

图 5-3　GPIO 的复用功能重映射操作流程图

```
//使能引脚 PD5 和 PD6 的时钟
RCC_APB2PeriphClockCmd(RCC_APB2Periph_GPIOD, ENABLE);
//使能引脚 PD5 和 PD6 上的 AFIO 时钟
RCC_APB2PeriphClockCmd(RCC_APB2Periph_AFIO, ENABLE);
//根据 USART2 的 Tx 和 Rx,分别将引脚 PD5 和 PD6 设置为推挽复用和浮空输入模式
```

```
GPIO_InitStructure.GPIO_Pin=GPIO_Pin_5;
GPIO_InitStructure.GPIO_Mode=GPIO_Mode_AF_PP;
GPIO_Init(GPIOD, &GPIO_InitStructure);
GPIO_InitStructure.GPIO_Pin=GPIO_Pin_6;
GPIO_InitStructure.GPIO_Mode=GPIO_Mode_IN_FLOATING;
GPIO_Init(GPIOD, &GPIO_InitStructure);
//使能要进行 I/O 引脚重映射的外设 USART2 的时钟
RCC_APB1PeriphClockCmd(RCC_APB1Periph_USART2, ENABLE);
//进行 USART2 的 I/O 引脚重映射
GPIO_PinRemapConfig(GPIO_Remap_USART2, ENABLE);
```

以上语句中用到的库函数可参考 5.3 节中的相关介绍。

2. 特殊的复用功能重映射——将 JTAG 引脚重新映射为 GPIO 普通引脚

如 4.4.4 节所述，STM32F103 微控制器内部集成了标准的 ARM CoreSight 调试端口 SWJ-DP，包括 JTAG-DP 和 SW-DP。复位后，STM32F103 微控制器中属于 SWJ-DP 的 5 个引脚都被初始化为被调试器使用的专用引脚。用户在应用开发时，通过复用功能重映射禁止 SWJ-DP 的部分或所有专用引脚的调试功能，将这些专用引脚释放用于普通 I/O，如表 5-1 所示。

表 5-1　SWJ-DP 引脚的可用性

调试端口	PA13/JTMS/SWDIO	PA14/JTCK/SWCLK	PA15/JTDI	PB3/JTDO	PB4/JNTRST
使能 SWJ-DP 所有的引脚（JTAG-DP 和 SW-DP）	专用	专用	专用	专用	专用
使能 SWJ-DP 所有的引脚，除 JNTRST(JTAG-DP 和 SW-DP)外	专用	专用	专用	专用	可作普通 I/O
禁止 JTAG-DP，使能 SW-DP	专用	专用	可作普通 I/O	可作普通 I/O	可作普通 I/O
禁止 SWJ-DP 所有的引脚	可作普通 I/O	可作普通 I/O	可作普通 I/O	可作普通 I/O	可作普通 I/O

例如，要禁用 JTAG-DP 接口而仅使用 SW-DP 接口调试，即释放引脚 PA15 和 PB3 作为普通 I/O 引脚，可进行以下编程：

```
GPIO_PinRemapConfig(GPIO_Remap_SWJ_Disable, ENABLE);
```

特别需要注意的是，为避免出现任何不受控制的 I/O 电平，STM32F103 微控制器在 SWJ-DP 的输入引脚内部嵌入了上拉或下拉电阻：JNTRST/PB4（内部上拉）、JTDI/PA15（内部上拉）、JTMS/SWDIO/PA13（内部上拉）、JTCK/SWCLK/PA14（内部下拉）。一旦 SWJ-DP 的这些调试引脚被用户代码释放，复位时它们被视作普通 I/O 引脚，并被

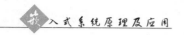

设置到相应的工作模式：JNTRST/PB4（上拉输入）、JTDI/PA15（上拉输入）、JTMS/SWDIO/PA13（上拉输入）、JTCK/SWCLK/PA14（下拉输入）、JTDO（浮空输入）。

5.2.5 外部中断映射和事件输出

借助 AFIO,STM32F103 微控制器的 I/O 引脚不仅可以实现外设复用功能的重映射,而且可以实现外部中断映射和事件输出。需要注意的是,如需使用 STM32F103 微控制器 I/O 引脚的以上功能,都必须先打开 APB2 总线上的 AFIO 时钟。

1. 外部中断映射

当 STM32F103 微控制器的某个 I/O 引脚被映射为外部中断线后,该 I/O 引脚就可以成为一个外部中断源,可以在这个 I/O 引脚上产生外部中断实现对用户 STM32 运行程序的交互。

STM32F103 微控制器的所有 I/O 引脚都具有外部中断能力。每个外部中断线 EXTI Line××和所有的 GPIO 端口 GPIO[A..G].××共享。为了使用外部中断线,该 I/O 引脚必须配置成输入模式。具体内容将在 7.3 节中详细讲述。

2. 事件输出

STM32F103 微控制器几乎每个 I/O 引脚（除端口 F 和 G 的引脚外）都可用作事件输出。例如,使用 SEV 指令产生脉冲,通过事件输出信号将 STM32F103 从低功耗模式中唤醒。

5.2.6 主要特性

综上所述,STM32F103 微控制器的 GPIO 主要具有以下特性:
- 提供最多 112 个多功能双向 I/O 引脚,80%的引脚利用率。
- 几乎每个 I/O 引脚（除 ADC 外）都兼容 5V,每个 I/O 具有 20mA 驱动能力。
- 每个 I/O 引脚最高 18MHz 的翻转速度,50MHz 的输出速度。
- 每个 I/O 引脚有 8 种工作模式,在复位时和刚复位后,复用功能未开启,I/O 引脚被配置成浮空输入模式。
- 所有 I/O 引脚都具备复用功能,包括 JTAG/SWD、Timer、USART、I2C、SPI 等。
- 某些复用功能引脚可通过复用功能重映射用作另一复用功能,方便 PCB 设计。
- 所有 I/O 引脚都可作为外部中断输入,同时可以有 16 个中断输入。
- 几乎每个 I/O 引脚（除端口 F 和 G 外）都可用作事件输出。
- PA0 可作为从待机模式唤醒的引脚,PC13 可作为入侵检测的引脚。

5.3 STM32F10x 的 GPIO 相关库函数

本节将介绍 STM32F10x 的 GPIO 相关库函数的用法及其参数定义。如果在 GPIO 开发过程中使用到时钟系统相关库函数（如打开/关闭 GPIO 时钟）,请参见 4.5.4 节中关

于时钟系统相关库函数的介绍。另外,本书介绍和使用的库函数均基于 STM32F10x 标准外设库的最新版本 3.5。

　　STM32F10x 的 GPIO 相关库函数存放在 STM32F10x 标准外设库的 stm32f10x_gpio.h 和 stm32f10x_gpio.c 文件中。其中,头文件 stm32f10x_gpio.h 用来存放 GPIO 相关结构体和宏的定义以及 GPIO 库函数的声明,源代码文件 stm32f10x_gpio.c 用来存放 GPIO 库函数的定义。

　　如果在用户应用程序中要使用 STM32F10x 的 GPIO 库函数,需要将 GPIO 库函数的头文件包含进来。该步骤可通过在用户应用程序文件开头添加 #include "stm32f10x_gpio.h"语句,或在工程目录下的 stm32f10x_conf.h 文件中去除// #include "stm32f10x_gpio.h"语句前的注释符//完成。

　　STM32F10x 的 GPIO 常用库函数如下:

- GPIO_DeInit:将 GPIOx 端口的寄存器恢复为复位启动时的默认值。
- GPIO_Init:根据 GPIO_InitStruct 中指定的参数初始化 GPIOx 端口。
- GPIO_SetBits:将指定的 GPIO 端口的一个或多个指定引脚置位。
- GPIO_ResetBits:将指定的 GPIO 端口的一个或多个指定引脚复位。
- GPIO_Write:向指定的 GPIO 端口写入数据。
- GPIO_ReadOutputDataBit:读取指定 GPIO 端口的指定引脚的输出值(1b)。
- GPIO_ReadOutputData:读取指定 GPIO 端口的输出值(16b)。
- GPIO_ReadInputDataBit:读取指定 GPIO 端口的指定引脚的输入值(1b)。
- GPIO_ReadInputData:读取指定 GPIO 端口的输入值(16b)。
- GPIO_EXTILineConfig:选择被用作外部中断/事件线的 GPIO 引脚。

5.3.1　GPIO_DeInit

函数原型

　　void GPIO_DeInit(GPIO_TypeDef * GPIOx);

功能描述

　　将外设 GPIOx 寄存器恢复为复位启动时的默认值(初始值)。

输入参数

　　GPIOx:要恢复初始设置的 GPIO 端口,x 可以是 A、B、C、D、E、F 或 G。

输出参数

　　无。

返回值

　　无。

5.3.2　GPIO_Init

函数原型

　　void GPIO _ Init (GPIO _ TypeDef * GPIOx, GPIO _ InitTypeDef * GPIO _

InitStruct）；

功能描述

根据 GPIO_InitStruct 中指定的参数初始化外设 GPIOx 寄存器。

输入参数

GPIOx：选择 GPIO 端口,x 可以是 A、B、C、D、E、F 或 G。

GPIO_InitStruct：指向结构体 GPIO_InitTypeDef 的指针,包含外设 GPIO 的配置信息。GPIO_InitTypeDef 定义于文件 stm32f10x_gpio.h：

```
typedef struct
{
    u16 GPIO_Pin;
    GPIOSpeed_TypeDef GPIO_Speed;
    GPIOMode_TypeDef GPIO_Mode;
} GPIO_InitTypeDef;
```

(1) GPIO_Pin 选择待配置的 GPIO 引脚,使用操作符"|"可以一次选中多个引脚。可使用以下取值的任意组合：

- GPIO_Pin_None：无引脚被选中。
- GPIO_Pin_0：选中引脚 0。
- GPIO_Pin_1：选中引脚 1。
- GPIO_Pin_2：选中引脚 2。
- GPIO_Pin_3：选中引脚 3。
- GPIO_Pin_4：选中引脚 4。
- GPIO_Pin_5：选中引脚 5。
- GPIO_Pin_6：选中引脚 6。
- GPIO_Pin_7：选中引脚 7。
- GPIO_Pin_8：选中引脚 8。
- GPIO_Pin_9：选中引脚 9。
- GPIO_Pin_10：选中引脚 10。
- GPIO_Pin_11：选中引脚 11。
- GPIO_Pin_12：选中引脚 12。
- GPIO_Pin_13：选中引脚 13。
- GPIO_Pin_14：选中引脚 14。
- GPIO_Pin_15：选中引脚 15。
- GPIO_Pin_All：选中全部引脚。

(2) GPIO_Speed 设置选中 GPIO 引脚的速率,该参数可取的值如下：

- GPIO_Speed_2MHz：最高输出速率 2MHz。
- GPIO_Speed_10MHz：最高输出速率 10MHz。
- GPIO_Speed_50MHz：最高输出速率 50MHz。

(3) GPIO_Mode 设置选中 GPIO 引脚的工作状态,该参数可取的值如下：

- GPIO_Mode_AIN：模拟输入。
- GPIO_Mode_IN_FLOATING：浮空输入。
- GPIO_Mode_IPD：下拉输入。
- GPIO_Mode_IPU：上拉输入。
- GPIO_Mode_Out_OD：开漏输出。
- GPIO_Mode_Out_PP：推挽输出。
- GPIO_Mode_AF_OD：复用开漏输出。
- GPIO_Mode_AF_PP：复用推挽输出。

输出参数

无。

返回值

无。

5.3.3　GPIO_SetBits

函数原型

void GPIO_SetBits(GPIO_TypeDef * GPIOx, u16 GPIO_Pin);

功能描述

指定 GPIO 端口的指定引脚置高电平。

输入参数

GPIOx：选择 GPIO 端口，x 可以是 A、B、C、D、E、F 或 G。

GPIO_Pin：待写入的引脚，该参数可以取 GPIO_Pin_x（x 可以是 0～15）的任意组合。

输出参数

无。

返回值

无。

5.3.4　GPIO_ResetBits

函数原型

void GPIO_ResetBits(GPIO_TypeDef * GPIOx, u16 GPIO_Pin);

功能描述

指定 GPIO 端口的指定引脚置低电平。

输入参数

GPIOx：选择 GPIO 端口，x 可以是 A、B、C、D、E、F 或 G。

GPIO_Pin：待写入的引脚，该参数可以取 GPIO_Pin_x（x 可以是 0～15）的任意组合。

输出参数

无。

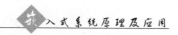

返回值

无。

5.3.5　GPIO_Write

函数原型

void GPIO_Write(GPIO_TypeDef＊ GPIOx，u16 PortVal)；

功能描述

向指定 GPIO 端口写入数据。

输入参数

GPIOx：选择 GPIO 端口，x 可以是 A、B、C、D、E、F 或 G。

PortVal：待写入 GPIO 端口的数据值。

输出参数

无。

返回值

无。

5.3.6　GPIO_ReadOutputDataBit

函数原型

u8 GPIO_ReadOutputDataBit(GPIO_TypeDef＊ GPIOx，u16 GPIO_Pin)；

功能描述

读取指定 GPIO 端口的指定引脚的输出。

输入参数

GPIOx：选择 GPIO 端口，x 可以是 A、B、C、D、E、F 或 G。

GPIO_Pin：待读取的引脚，该参数可以取 GPIO_Pin_x（x 可以是 0～15）的任意组合。

输出参数

无。

返回值

GPIO 指定端口指定引脚的输出值。

5.3.7　GPIO_ReadOutputData

函数原型

u16 GPIO_ReadOutputData(GPIO_TypeDef＊ GPIOx)；

功能描述

读取指定 GPIO 端口的输出。

输入参数

GPIOx：选择 GPIO 端口，x 可以是 A、B、C、D、E、F 或 G。

输出参数

无。

返回值

GPIO 指定端口的输出值。

5.3.8　GPIO_ReadInputDataBit

函数原型

u8 GPIO_ReadInputDataBit(GPIO_TypeDef * GPIOx，u16 GPIO_Pin);

功能描述

读取指定 GPIO 端口的指定引脚的输入。

输入参数

GPIOx：选择 GPIO 端口,x 可以是 A、B、C、D、E、F 或 G。

GPIO_Pin：待读取的引脚,该参数可以取 GPIO_Pin_x(x 可以是 0～15)的任意组合。

输出参数

无。

返回值

指定 GPIO 端口指定引脚的输入值。

5.3.9　GPIO_ReadInputData

函数原型

u16 GPIO_ReadInputData(GPIO_TypeDef * GPIOx);

功能描述

读取指定 GPIO 端口的输入。

输入参数

GPIOx：选择 GPIO 端口,x 可以是 A、B、C、D、E、F 或 G。

输出参数

无。

返回值

指定 GPIO 端口的输入值。

5.3.10　GPIO_EXTILineConfig

函数原型

void GPIO_EXTILineConfig(uint8_t GPIO_PortSource，uint8_t GPIO_PinSource);

功能描述

选择被用作外部中断/事件线的 GPIO 引脚。

输入参数

GPIO_PortSource：指定被用作外部中断/事件线的 GPIO 引脚所属的端口，取值范围为 GPIO_PortSourceGPIOx，x 可以是 A、B、C、D、E、F 或 G。

GPIO_PinSource：指定被用作外部中断/事件线的 GPIO 引脚，取值范围为 GPIO_PinSourceX，X 可以是 0～15 中的任意一个。

输出参数

无。

返回值

无。

5.3.11　GPIO_PinRemapConfig

函数原型

void GPIO_PinRemapConfig(uint32_t GPIO_Remap，FunctionalState NewState)；

功能描述

改变指定外设的复用引脚映射。

输入参数

GPIO_Remap：选择重映射的外设。可以是以下取值之一：

- GPIO_Remap_SPI1：SPI1 复用功能映射。
- GPIO_Remap_I2C1：I2C1 复用功能映射。
- GPIO_Remap_USART1：USART1 复用功能映射。
- GPIO_Remap_USART2：USART2 复用功能映射。
- GPIO_FullRemap_USART3：USART3 复用功能完全映射。
- GPIO_PartialRemap_USART3：USART3 复用功能部分映射。
- GPIO_FullRemap_TIM1：TIM1 复用功能完全映射。
- GPIO_PartialRemap1_TIM2：TIM2 复用功能部分映射 1。
- GPIO_PartialRemap2_TIM2：TIM2 复用功能部分映射 2。
- GPIO_FullRemap_TIM2：TIM2 复用功能完全映射。
- GPIO_PartialRemap_TIM3：TIM3 复用功能部分映射。
- GPIO_FullRemap_TIM3：TIM3 复用功能完全映射。
- GPIO_Remap_TIM4：TIM4 复用功能映射。
- GPIO_Remap1_CAN：CAN 复用功能映射 1。
- GPIO_Remap2_CAN：CAN 复用功能映射 2。
- GPIO_Remap_PD01：PD01 复用功能映射。
- GPIO_Remap_SWJ_NoJTRST：除 JTRST 外，SWJ-DP 完全使能（JTAG-DP 和 SW-DP）。
- GPIO_Remap_SWJ_JTAGDisable：JTAG-DP 禁止，SW-DP 使能。
- GPIO_Remap_SWJ_Disable：SWJ-DP 完全禁止（JTAG-DP 和 SW-DP）。

NewState：引脚重映射的新状态。可以是以下取值之一：

- ENABLE：使能指定外设的复用引脚映射。
- DISABLE：禁止指定外设的复用引脚映射。

输出参数

无。

返回值

无。

5.4　STM32F103 的 GPIO 开发实例——LED 闪烁

5.4.1　功能要求

本实例完成的功能很简单,使目标板上红色 LED 按固定时间一直闪烁。

5.4.2　硬件设计

目标板上的红色 LED(LED0)通过一个限流电阻与 STM32F103 微控制器的引脚 PA8 相连,具体电路如图 5-4 所示。

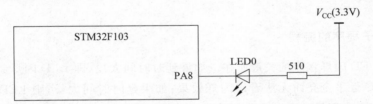

图 5-4　红色 LED(LED0)与 STM32F103 微控制器接口电路图

在本例中,只使用了一个外围设备——LED。LED(Light Emitting Diode,发光二极管)是半导体二极管的一种,可以直接将电转换为光,是嵌入式系统中最为常见的输出设备。它和二极管具有相同的极性:长脚为阳极,短脚为阴极。它的工作原理如下:当施以正向偏压时,LED 发光;当施以逆向偏压时,LED 则不发光。不同颜色(波长)的 LED,工作电压(即正向电压)也不同。例如,红色和黄色 LED 的工作电压一般为 $1.8 \sim 2.2$V,蓝色和绿色 LED 的工作电压一般为 $3.0 \sim 3.6$V。而且,LED 的发光亮度与通过的电流成正比。一般来说,LED 的工作电流在几毫安至几十毫安之间,通常为 20mA 左右。如果电流过大会损坏 LED,因此必须串联一个限流电阻,如图 5-4 所示。

PA8：连接红色 LED(LED0)

根据图 5-4 中 STM32F103 微控制器引脚 PA8 与红色 LED(LED0)的硬件连接方式,应将引脚 PA8 设置为普通推挽输出(GPIO_Mode_Out_PP)的工作模式。并且,当引脚 PA8 输出低电平(0V)时,红色 LED(LED0)点亮;当引脚 PA8 输出高电平(3.3V)时,红色 LED(LED0)熄灭。

5.4.3 软件流程设计

1. 主流程

本实例的主流程由一个初始化函数加上一个无限循环构成,具体如图5-5所示。

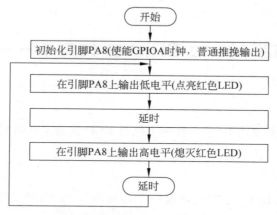

图 5-5   LED 闪烁程序的软件流程图

2. 延时子程序的流程

延时是 LED 闪烁程序的关键所在。如果延时时间太短(即 LED 闪烁频率过快),人眼看上去 LED 近乎全亮而无法看出闪烁效果;如果延时时间太长,则 LED 亮灭间隔时间过长也无法看出闪烁效果。在本例中,由于没有严格规定精确的延时时间,通常使用一个简单的空循环实现不精确的延时。而这个空循环中循环变量的取值范围决定延时的时间。只有通过反复地修改、下载和调试,才能得到合适的取值。

3. 初始化连接红色 LED(LED0)的引脚 PA8 的流程

除延时外,本例的软件流程图(图5-5)中的其他步骤都可在 4.5.4 节和 5.3 节中找到对应的库函数编程实现。

例如,初始化连接红色 LED(LED0)的 STM32F103 的引脚 PA8,可以通过以下两步实现:

(1) 使能 APB2 总线上引脚 PA8 所属端口 GPIOA 的时钟,具体实现方法参见 4.5.4 节中的库函数 RCC_APB2PeriphClockCmd。

(2) 将引脚 PA8 配置为普通推挽输出模式,具体实现方法参见 5.3.1 节。

5.4.4 软件代码实现

在编辑代码前,需要新建或配置已有的 STM32F103 工程,并将代码文件包含在该工程内,具体操作步骤参见 4.9 节。

　　根据 5.4.3 节中的软件流程图,结合本章及以前各章介绍的相关库函数,写出本例
的实现代码(main. c)如下。

```c
#include "stm32f10x.h"
void LED0_Config(void);
void LED0_On(void);
void LED0_Off(void);
void Delay(unsigned long x);
int main(void)
{
    LED0_Config();
    while (1)
    {
        LED0_On();
        Delay(0x5FFFFF);
        LED0_Off();
        Delay(0x5FFFFF);
    }
}
void LED0_Config(void)
{
    GPIO_InitTypeDef GPIO_InitStructure;
    /* Enable GPIO_LED0 clock */
    RCC_APB2PeriphClockCmd(RCC_APB2Periph_GPIOA, ENABLE);
    /* GPIO_LED0 Pin(PA8) Configuration */
    GPIO_InitStructure.GPIO_Pin=GPIO_Pin_8;
    GPIO_InitStructure.GPIO_Mode=GPIO_Mode_Out_PP;
    GPIO_InitStructure.GPIO_Speed=GPIO_Speed_2MHz;
    GPIO_Init(GPIOA, &GPIO_InitStructure);
}
void LED0_On(void)
{
    GPIO_ResetBits(GPIOA, GPIO_Pin_8);
}
void LED0_Off(void)
{
    GPIO_SetBits(GPIOA, GPIO_Pin_8);
}
void Delay(unsigned long x)
{
    unsigned long i;
    for (i=0;i<x;i++);
}
```

5.4.5　软件模拟仿真

在编译链接包含以上代码的 STM32F103 工程生成可执行文件(具体操作步骤可参见 4.9.5 节)后,先在主机上进行软件模拟仿真,根据仿真结果修改程序代码,直至仿真结果完全正确,才将生成的可执行文件下载到 STM32F103 微控制器上运行。

下面继续以 KEIL MDK 为例,讲述本实例程序软件仿真的具体步骤。

(1) 将调试方式设置为软件模拟仿真方式。

将调试方式设置为软件模拟仿真方式。在 KEL MDK 的工程管理窗口中,选中刚才编译链接成功的 STM32F103 工程并右击,在右键菜单中选择 Option for Target 'STM32F103RCT6'命令,打开 Option for Target 'STM32F103RCT6'对话框。在该对话框中,选择 Debug 选项卡,选中左侧的 Use Simulator 单选按钮,同时设置左侧 CPU DLL 为 SARMCM3.DLL 和它的 Parameter 为空,并设置左侧 Dialog DLL 为 DARMSTM.DLL 和它的 Parameter 为-pSTM32F103RC,然后单击 OK 按钮确定,相应的设置如图 5-6 所示。

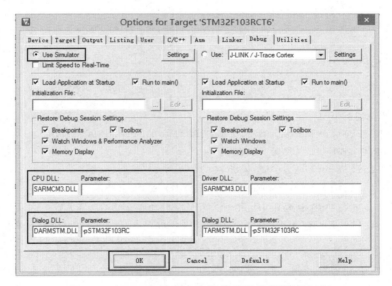

图 5-6　在 Debug 选项卡中设置软件模拟调试方式

(2) 进入调试模式(软件模拟调试方式)。

选择菜单 Debug→Start/Stop Debug Session 命令或者单击工具栏中的 Debug 按钮(如图 5-7 所示),进入调试模式(软件模拟调试方式)。

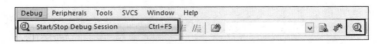

图 5-7　进入调试模式(软件模拟调试方式)

(3) 打开相关窗口添加监测变量或信号。

选择菜单 View→Analysis Windows→Logic Analyzer 命令或者直接单击工具栏的 Logic Analyzer 按钮,打开逻辑分析仪窗口,如图 5-8 和图 5-9 所示。

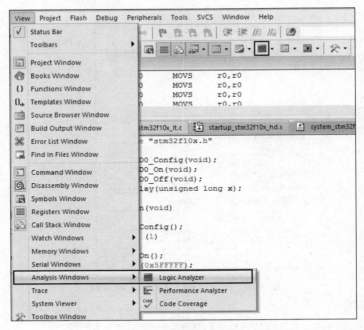

图 5-8　逻辑分析仪窗口

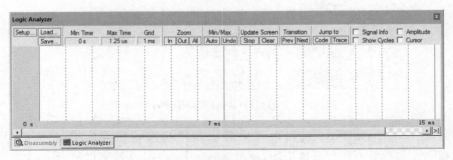

图 5-9　逻辑分析仪窗口

单击逻辑分析仪窗口的 Setup 按钮,打开 Setup Logic Analyzer 对话框,单击右上角的 New 按钮,在空白框中输入 PORTA.8 新增一个观测信号——STM32F103 微控制器的 PA8(连接红色 LED 的引脚),并在 Display Type 下拉列表框中选择 Bit,单击 Close 按钮退出,如图 5-10 所示。这样,就在 Logic Analyzer 窗口中添加了一个观测信号 PORTA.8。在程序软件仿真运行过程中,可通过观察该信号的波形图得到 STM32F103 微控制器的引脚 PA8 上输入或输出的变化情况。

(4)软件模拟运行程序,观察仿真结果。

选择菜单 Debug→Run 命令或者单击工具栏中的 Run 按钮,开始仿真。让程序运行一段时间后,再选择菜单 Debug→Stop 命令或者单击工具栏中的 Stop 按钮,暂停仿真,

如图 5-11 所示。

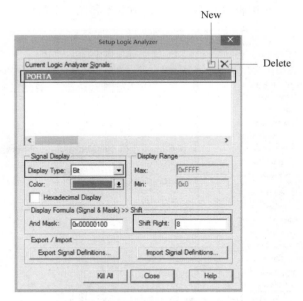

图 5-10　Setup Logic Analyzer 对话框

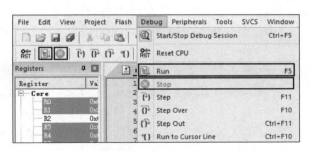

图 5-11　开始运行(Run)和暂停运行(Stop)

　　然后,在 Logic Analyzer 窗口中可以看到程序仿真运行期间 PA8 的信号图,如图 5-12所示。如果看不清信号波形图,单击 Zoom 中的 All 按钮可以显示全部波形,还可以通过 In 按钮放大波形,Out 按钮缩小波形。

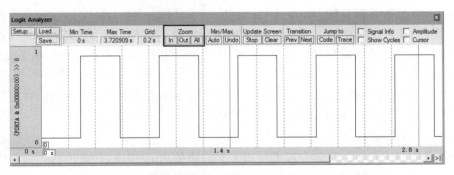

图 5-12　程序仿真运行期间逻辑分析仪窗口中的 PA8 信号图

从图 5-12 中,可以观察到程序软件仿真运行期间的 PA8 信号完全符合预期,仿真结果正确,接下来可以下载到 STM32F103 微控制器中硬件运行。

(5) 退出调试模式(软件模拟调试方式)。

最后,选择菜单 Debug→Start/Stop Debug Session 命令或者单击工具栏中的 Debug 按钮,退出调试模式(软件模拟调试方式)。

5.4.6　下载到硬件运行

下载到硬件运行的步骤如下:

(1) 下载程序到 STM32F103 的 Flash 中。

将 STM32F103 工程编译链接生成的可执行文件下载到开发板的 STM32F103 微控制器中,具体操作步骤可参见 4.9.7 节。

(2) 复位 STM32F103,观察程序运行结果。

按开发板上的 Reset 键,使 STM32F103 微控制器复位后运行刚才下载的程序,可以看到开发板上红色的 LED 不断地闪烁。

5.4.7　开发经验小结——STM32 微控制器开发的一般步骤

LED 闪烁一般是在微控制器上开发的第一个应用程序,尽管程序代码并不复杂,希望读者不仅学会如何使用 STM32F103 的 GPIO,而且可以掌握在常用的嵌入式开发工具下使用库函数进行 STM32F103 微控制器应用开发的整个过程。

一般来说,使用库函数开发基于 STM32F103 微控制器的应用可分为以下几步骤:

(1) 从 ST 官网下载 STM32F10x 标准外设库,从 ST 提供的官方工程模板起步。

(2) 根据目标微控制器的型号,修改官方工程模板的各项配置。

(3) 根据实际应用需求,在主程序文件和异常服务程序文件中编写程序代码。

(4) 编译链接工程,并确保结果没有错误和警告。

(5) 采用软件模拟仿真或目标硬件方式反复调试应用程序,直至没有 bug 为止。

(6) 使用仿真器等工具将可执行文件下载到目标微控制器的片内 Flash 中运行。

5.5　STM32F103 的 GPIO 开发实例——按键控制 LED 亮灭

5.5.1　功能要求

本实例完成如下功能:当按键 KEY0 按下时,目标板上红色 LED 点亮;当按键 KEY0 释放时,目标板上红色 LED 熄灭。

5.5.2　硬件设计

目标板上的按键 KEY0 和红色 LED 分别与 STM32F103 微控制器的引脚 PC5 和

PA8 相连,具体电路如图 5-13 所示。

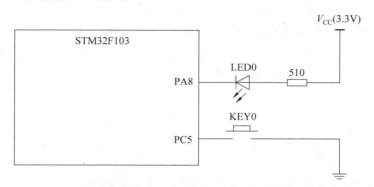

图 5-13　按键 KEY0 和红色 LED 与 STM32F103 微控制器接口电路图

在本例中,使用了两个外围设备——LED 和按键。关于 LED 的介绍参见 5.4.2 节的相关内容。下面,主要介绍嵌入式系统另一种常用的外围设备——按键。按键又称开关(switch),是嵌入式系统中最为常见的输入设备。图 5-13 中的按键 KEY0 即是一种常开型的微动开关(micro switch),用于用户输入,其机械寿命为 3 万~1000 万次不等。

1. PA8:连接红色 LED(LED0)

根据图 5-13 中 STM32F103 微控制器引脚 PA8 与红色 LED(LED0)的硬件连接方式,应将引脚 PA8 设置为普通推挽输出(GPIO_Mode_Out_PP)工作模式。并且,当引脚 PA8 输出低电平(0V)时,红色 LED(LED0)点亮;当引脚 PA8 输出高电平(3.3V)时,红色 LED(LED0)熄灭。

2. PC5:连接按键(KEY0)

根据图 5-13 中 STM32F103 微控制器引脚 PC5 与按键(KEY0)的硬件连接方式,应将引脚 PC5 设置为上拉输入(GPIO_Mode_IPU)的工作模式。并且,当按下按键 KEY0 时,引脚 PC5 输入低电平(0V);当释放按键 KEY0 时,引脚 PC8 输入高电平(3.3V)。

5.5.3　软件流程设计

与本章上一个实例类似,本实例的主流程也是由初始化函数和无限循环两部分组成的。其中,无限循环是本实例主流程的主体:在这个无限循环中,根据引脚 PC5 上读到的电平高低,判断按键 KEY0 是否被按下,并通过控制引脚 PA8 输出高低电平熄灭或点亮红色 LED。本实例的主流程如图 5-14 所示。

本实例软件流程图(图 5-14)中的所有步骤都可由 STM32F10x 标准外设库中的库函数编程实现,可以参考上一个实例——LED 闪烁中的相关操作,在 4.5.4 节和 5.3 节中查找完成相应功能的函数。

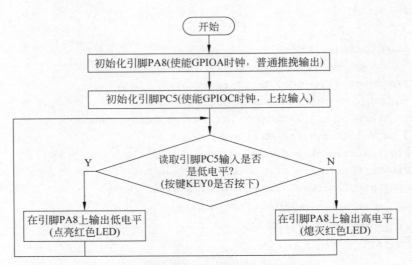

图 5-14 按键控制 LED 亮灭程序的软件流程

5.5.4 软件代码实现

在编辑代码前,需要新建或配置已有的 STM32F103 工程,并将代码文件包含在该工程内,具体操作步骤参见 4.9 节。

根据 5.5.3 节中的软件流程图,结合本章及以前各章介绍的相关库函数,写出本例的实现代码(main.c)如下。

```c
#include "stm32f10x.h"
void LED0_Config(void);
void LED0_On(void);
void LED0_Off(void);
void KEY0_Config(void);
unsigned int Key0_Read(void);
int main(void)
{
    unsigned int key_no=0;
    LED0_Config();
    KEY0_Config();
    LED0_Off();
    while (1)
    {
        key_no=Key0_Read();
        if (key_no)
            LED0_On();
        else
            LED0_Off();
```

```c
    }
}
void LED0_Config(void)
{
    GPIO_InitTypeDef GPIO_InitStructure;
    /* Enable GPIO_LED0 clock */
    RCC_APB2PeriphClockCmd(RCC_APB2Periph_GPIOA, ENABLE);
    /* GPIO_LED0 Pin(PA8) Configuration */
    GPIO_InitStructure.GPIO_Pin=GPIO_Pin_8;
    GPIO_InitStructure.GPIO_Mode=GPIO_Mode_Out_PP;
    GPIO_InitStructure.GPIO_Speed=GPIO_Speed_2MHz;
    GPIO_Init(GPIOA, &GPIO_InitStructure);
}
void LED0_On(void)
{
    GPIO_ResetBits(GPIOA, GPIO_Pin_8);
}
void LED0_Off(void)
{
    GPIO_SetBits(GPIOA, GPIO_Pin_8);
}
void KEY0_Config(void)
{
    GPIO_InitTypeDef GPIO_InitStructure;
    /* Enable GPIO_KEY0 clock */
    RCC_APB2PeriphClockCmd(RCC_APB2Periph_GPIOC, ENABLE);
    /* Configure KEY0 Button */
    GPIO_InitStructure.GPIO_Mode=GPIO_Mode_IPU;
    GPIO_InitStructure.GPIO_Pin=GPIO_Pin_5;
    GPIO_Init(GPIOC, &GPIO_InitStructure);
}
unsigned int Key0_Read(void)
{
    /* if KEY0 is pressed */
    if(!GPIO_ReadInputDataBit(GPIOC, GPIO_Pin_5))
        return 1;
    else
        return 0;
}
```

5.5.5　软件模拟仿真

在对 STM32F103 工程编译链接生成可执行文件后,可以在没有硬件条件的情况时软件模拟仿真运行结果。

下面，继续以 KEIL MDK 为例，讲述本实例程序软件仿真的具体步骤。

（1）将调试方式设置为软件模拟仿真方式。

将调试方式设置为软件模拟仿真，具体操作步骤参见 5.4.5 节中将调试方式设置为软件模拟仿真方式的相关内容。

（2）进入调试模式（软件模拟调试方式）。

选择菜单 Debug→Start/Stop Debug Session 命令或者单击工具栏中的 Debug 按钮，进入调试模式（软件模拟调试方式）。

（3）打开相关窗口添加监测变量或信号。

选择菜单 View→Analysis Windows→Logic Analyzer 命令或者直接单击工具栏的 Logic Analyzer 按钮，打开 Logic Analyzer 窗口。在该窗口中添加两个观测信号：STM32F103 微控制器的 PA8（连接红色 LED 的引脚）和 PC5（连接按键 KEY0 的引脚），并指定它们的 Display Type 为 Bit，具体操作步骤参见 5.4.5 节中打开相关窗口添加监测变量或信号的内容。

选择菜单 Peripherals→General Purpose I/O→GPIOC 命令（如图 5-15 所示），打开 General Purpose I/O C（GPIOC）窗口（如图 5-16 所示），用来监控连接按键 KEY0 的引脚 PC5 的输入情况。

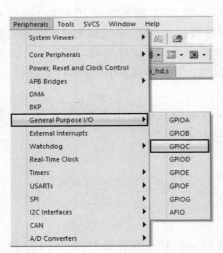

图 5-15　打开 General Purpose I/O C
（GPIOC）窗口的命令

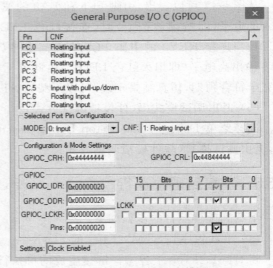

图 5-16　在 GPIOC 窗口中模拟 Pin5
引脚上的输入信号

（4）软件模拟运行程序，观察仿真结果。

选择菜单 Debug→Run 命令或者单击工具栏中的 Run 按钮（如图 5-11 所示），让程序运行，开始仿真。在程序运行过程中，多次模拟按下和释放按键 KEY0 的动作：在打开的 General Purpose I/O C（GPIOC）窗口中勾选 Pins 的第 5 位（此时引脚 PC5 输入为高电平，即模拟释放按键 KEY0 的情况），等待一段时间在 Pins 的第 5 位上去除勾选（此时引脚 PC5 为低电平，即模拟按下按键 KEY0 的情况），如图 5-16 所示。如此反复多次

后,再选择菜单 Debug→Stop 命令或者单击工具栏中的 Stop 按钮(如图 5-11 所示),暂停仿真。

之后,在 Logic Analyzer 窗口中可以看到程序仿真运行期间连接红色 LED 的引脚 PA8 和连接 KEY0 的引脚 PC5 的信号图,如图 5-17 所示。如果看不清信号波形图,单击 Zoom 中的 All 按钮可以显示全部波形,还可以通过 In 按钮放大波形,Out 按钮缩小波形。

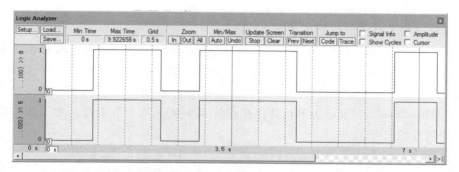

图 5-17   程序仿真运行期间逻辑分析仪窗口中的 PA8 和 PC5 的信号图

从图 5-17 可以看出,引脚 PC5 和 PA8 的波形完全同步:当连接 KEY0 的引脚 PC5 输入低电平(即按键被按下)时,连接红色 LED 的引脚 PA8 输出低电平(即点亮红色 LED);当连接 KEY0 的引脚 PC5 输入高电平(即释放按键)时,连接红色 LED 的引脚 PA8 输出高电平(即熄灭红色 LED)。由此可见,程序软件仿真运行期间,PC5 和 PA8 信号完全符合预期,仿真结果正确,可以下载到 STM32F103 微控制器中,在硬件上运行。

（5）退出调试模式（软件模拟调试方式）。

选择菜单 Debug→Start/Stop Debug Session 命令或者单击工具栏中的 Debug 按钮,退出调试模式（软件模拟调试方式）。

5.5.6   下载到硬件运行

下载到硬件运行的步骤如下:

（1）下载程序到 STM32F103 的 Flash 中。

将 STM32F103 工程编译链接生成的可执行文件下载到开发板的 STM32F103 微控制器中,具体操作步骤可参见 4.9.7 节。

（2）复位 STM32F103,观察程序运行结果。

按下开发板上的 Reset 键,使 STM32F103 微控制器复位后运行刚才下载的程序,可以看到:当按下开发板上的 KEY0 键时,红色 LED 点亮;当释放开发板上的 KEY0 键时,红色 LED 熄灭。

5.5.7   开发经验小结——使用库函数开发 STM32F103 的 GPIO

通过以上 GPIO 应用开发,可以总结出通过库函数开发 STM32F103 微控制器 GPIO

的"三部曲"。

　　对于连接到某个外围设备(如 LED、按键等)的 STM32F103 普通 I/O 引脚,编程开发的一般步骤如图 5-18 所示。

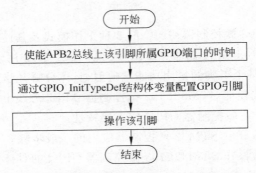

图 5-18　使用库函数开发 STM32F103 的 GPIO 的一般步骤

　　(1) 使能该引脚所属 GPIO 端口(如 GPIOA、GPIOB 等)的时钟。

　　对于使用 STM32F103 微控制器的任何一个片上外设,这一步都是不可或缺的,往往放在初始化一开始就进行。

　　(2) 通过 GPIO_InitTypeDef 结构体变量配置 GPIO 引脚。

　　GPIO_InitTypeDef 结构体是 GPIO 引脚配置的关键。使用库函数进行 GPIO 开发,必须首先掌握 GPIO_InitTypeDef 这个结构体。通过这个结构体的成员组成,可以快速了解 GPIO 的特性。通过将指定的工作模式和输出速度写入 GPIO_InitTypeDef 结构体变量对应的成员,并用这个结构体变量初始化指定的 GPIO 引脚,可以实现对 GPIO 引脚的真正配置。

　　(3) 操作该引脚。

　　如果该引脚被设置为输出(如 LED 闪烁实例中的连接红色 LED 的引脚 PA8),对于该引脚的操作是往该引脚上输出高电平(熄灭红色 LED)或者低电平(点亮红色 LED)。

　　如果该引脚被设置为输入(如按键控制 LED 亮灭实例中的连接按键 KEY0 的引脚 PC5),对于该引脚的操作是从该引脚上读取电平(高电平或低电平)。

5.6　本 章 小 结

　　在掌握了 STM32F103 微控制器的基础知识及其开发工具后,从本章开始,将结合嵌入式常用的外设接口和功能模块,讲述 STM32F103 微控制器对应的片上外设。

　　对于嵌入式常用的外设接口和功能模块,本章及后续各章将由浅入深,从一般到具体,均遵循以下顺序向读者讲述:

- 嵌入式常用外设接口和功能模块(如 GPIO)的一般原理。
- STM32F103 微控制器对应的片上外设(如 GPIO)的功能特性。
- STM32F103 微控制器对应的片上外设(如 GPIO)的库函数。
- STM32F103 微控制器对应的片上外设(如 GPIO)的配置和开发实例。

习 题 5

1. 什么是 GPIO？

2. 列举 STM32F103 微控制器 GPIO 的 8 种工作模式及其使用场合。

3. 对于 STM32F103 微控制器 GPIO 来说，什么是复用功能重映射？要实现 STM32F103 微控制器某个引脚的复用功能重映射，具体分哪几步操作？

4. 哪些情况下需要使能 STM32F103 微控制器 APB2 总线上的 AFIO 时钟？

5. 概述 STM32F103 微控制器 GPIO 的主要特性。

6. 简述使用库函数开发 STM32 微控制器应用的一般步骤。

7. 简述使用库函数操作 STM32F103 微控制器 GPIO 的具体过程。

第6章

定时器

chapter 6

本章学习目标

- 了解定时器的基本功能。
- 掌握 STM32F103 微控制器定时器的类型及其内部结构、工作模式和主要特性。
- 熟悉 STM32F103 微控制器定时器相关的常用库函数。
- 学会在 KEIL MDK 下使用库函数开发基于 STM32F103 的定时器应用程序。
- 学会在 KEIL MDK 下采用软件仿真方式调试基于 STM32F103 的定时器应用程序,学会使用 printf 重定向在 Debug (printf) Viewer 窗口中输出调试信息。

本章以 STM32F103 为例,讲述微控制器另一个基本的片上外设——定时器。与第 5 章讲述的 GPIO 一样,定时器也是微控制器必备的片上外设。微控制器中的定时器实际上是一个计数器,可以对内部脉冲/外部输入进行计数,不仅具有基本的计数/延时功能,还具有输入捕获、输出比较和 PWM 输出等高级功能,可以连接颜色传感器、步进电机(PWM 输出)等多种外设。在嵌入式开发中,充分利用定时器的强大功能,可显著提高外设驱动的编程效率和 CPU 利用率,增强系统的实时性。因此,掌握定时器的基本功能、工作原理和编程方法是嵌入式系统学习的重要内容。

6.1 定时器概述

延时在嵌入式应用中是常用操作,例如在第 5 章 GPIO 的开发实例——LED 闪烁中就用到了延时。

6.1.1 延时的实现

嵌入式应用中的延时通常可以用以下 3 种方式实现。

1. 纯硬件电路

在早期仪器仪表中,经常使用模拟或数字电路来实现定时/计数功能。例如,模拟电路中 555 集成芯片,辅以少量的电阻和电容,即可实现一个定时器,如图 6-1 所示。类似地,数字电路中 74 系列集成计数器也可以实现二进制和十进制计数,如图 6-2 所示。

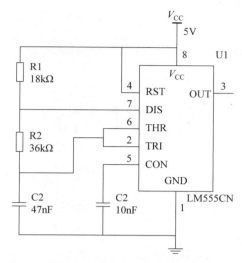

图 6-1　使用 555 集成电路芯片实现的定时器

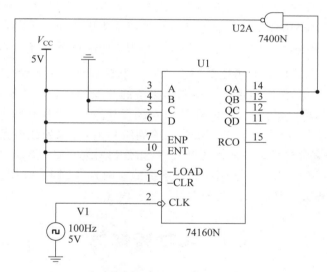

图 6-2　使用 74160 集成电路芯片实现的计数器

由于硬件电路结构固定,由其产生的延时时间无法改变。因此,使用纯硬件电路实现的延时主要应用于无微控制器的简单应用系统或是有特殊要求的应用系统中。目前,嵌入式系统中使用纯硬件方式来实现延时已经越来越少了。

2. 纯软件编程

微控制器基于一定的时钟条件运行,因此,可以根据代码执行所需的时钟周期来完成延时操作。

通常,在基于微控制器的嵌入式系统中,对于短时延时,可以通过执行一定数量的空指令来实现,空指令每执行一次需要一个周期;对于长时延时,可以通过循环结构来实

现。例如,在 5.4 节中,就使用了循环语句 for（nCount＝0xFFFFFF；nCount！＝0；nCount－－）来实现 LED 点亮和熄灭时间的延时。

延时的纯软件方式实现起来非常简单,但具有以下缺点:

（1）对于不同的微控制器,每条指令的执行时间不同,很难做到精确延时。例如,在上面讲到的 LED 闪烁应用案例中,如果要使 LED 点亮和熄灭的时间精确到各为 500ms,对应软件实现的循环语句中决定延时时间的变量 nCount 的具体取值很难由计算准确得出。

（2）延时过程中 CPU 始终被占用,CPU 利用率不高。

虽然纯软件定时/计数方式有以上缺点,但由于其简单方便、易于实现等优点,在当今的嵌入式应用中,尤其在短延时和不精确延时中,被频繁地使用。例如,高速 ADC 的转换时间可能只需要几个时钟周期,这种情况下,使用软件延时反而效率更高。

3. 可编程定时/计数器

当前的微控制器往往内置一个或多个定时/计数器,以代替 CPU 计数,克服纯硬件和纯软件方式的缺点,并结合它们各自的优点实现延时。并且,这些定时/计数器都是用户可编程的,其时钟源、预分频系数、工作模式和启动/停止等参数均可由软件配置。

由此可见,微控制器内置的定时/计数器具有通用性强、用户可编程、可重复利用、不占用 CPU、成本低等特点,是目前使用最多的一种定时/计数的实现方式。

6.1.2 可编程定时/计数器功能概述

可编程定时/计数器（简称定时器）是当代微控制器标配的片上外设和功能模块。它不仅可以实现延时,而且还完成其他功能:

- 如果时钟源来自内部系统时钟,那么可编程定时/计数器可以实现精确的定时。此时的定时器工作于普通模式、比较输出或 PWM 输出模式,通常用于延时、输出指定波形、驱动电机等应用中。
- 如果时钟源来自外部输入信号,那么可编程定时/计数器可以完成对外部信号的计数。此时的定时器工作于输入捕获模式,通常用于测量输入信号的频率和占空比、测量外部事件的发生次数和时间间隔等应用中。

在嵌入式系统应用中,使用定时器可以完成以下功能:

- 在多任务的分时系统中用作中断来实现任务的切换。
- 周期性执行某个任务,如每隔固定时间完成一次 AD 采集。
- 延时一定时间执行某个任务,如交通灯信号变化。
- 显示实时时间,如万年历。
- 产生不同频率的波形,如 MP3 播放器。
- 产生不同脉宽的波形,如驱动伺服电机。
- 测量脉冲的个数,如测量转速。
- 测量脉冲的宽度,如测量频率。

6.2　STM32F103 的定时器概述

STM32F103 的定时器专为工业控制应用度身定做,具有延时、信号的频率测量、信号的 PWM 测量、PWM 输出、三相六步电机控制及编码接口等功能。

STM32F103 微控制器内部集成了多个可编程定时器,可分为基本定时器、通用定时器和高级定时器 3 种类型。从功能上看,基本定时器的功能是通用定时器的子集,而通用定时器的功能又是高级定时器的一个子集,如表 6-1 所示。

表 6-1　STM32F103 定时器的主要类型

主 要 特 点	基本定时器 TIM6/7	通用定时器 TIM2～5	高级定时器 TIM1/8
内部时钟 CK_INT 的来源 TIMxCLK	APB1 分频器输出	APB1 分频器输出	APB2 分频器输出
内部预分频器的位数(分频系数范围)	16 位(1～65 536)	16 位(1～65 536)	16 位(1～65 536)
内部计数器的位数(计数范围)	16 位(1～65 536)	16 位(1～65 536)	16 位(1～65 536)
更新中断和 DMA	有	有	有
计数方向	向上	向上、向下、双向	向上、向下、双向
外部事件计数	无	有	有
其他定时器触发或级联	无	有	有
4 个独立的输入捕获、输出比较通道	无	有	有
单脉冲输出方式	无	有	有
正交编码器输入	无	有	有
霍尔传感器输入	无	有	有
刹车信号输入	无	无	有
7 路 3 对 PWM 互补输出带死区产生	无	无	有

6.3　STM32F103 的基本定时器 TIM6 和 TIM7

STM32F103 基本定时器 TIM6 和 TIM7 只具备最基本的定时功能,即累计时钟脉冲数超过预定值时,产生定时器溢出事件。如果使能了中断或者 DMA 操作,则将产生中断或者 DMA 操作。

TIM6 和 TIM7 还可以作为通用定时器提供时间基准。特别地,它们可以为数模转换器 DAC 提供时钟。实际上,在 STM32F103 微控制器内部 TIM6 和 TIM7 直接连接到 DAC 并通过触发输出直接驱动 DAC。

6.3.1 内部结构

STM32F103 基本定时器 TIM6 和 TIM7 的内部结构较为简单,由触发控制器、一个 16 位预分频器、一个带自动重装载寄存器的 16 位计数器等构成,如图 6-3 所示。其中,由可编程的 16 位预分频器驱动的具有自动重装载功能的 16 位计数器 TIMx_CNT 是 STM32F103 基本定时器的核心。

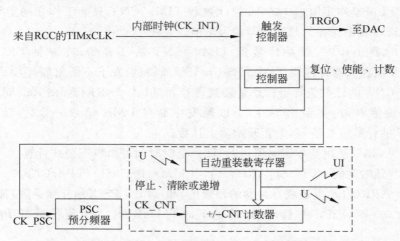

图 6-3 STM32F103 基本定时器 TIM6 和 TIM7 的内部结构图

6.3.2 时钟源

从 STM32F103 基本定时器 TIM6 和 TIM7 的内部结构可以看出,基本定时器 TIM6 和 TIM7 只有一种时钟源——内部时钟 CK_INT。对于 STM32F103 所有的定时器,内部时钟 CK_INT 都来自 RCC(Reset and Clock Control,复位和时钟控制)的 TIMxCLK。但对于不同的定时器,TIMxCLK 的来源不同。

根据 4.5 节中所述的 STM32F103 时钟树(如图 4-32 所示),基本定时器 TIM6 和 TIM7 的 TIMxCLK 来源于 APB1 预分频器的输出,具体如图 6-4 所示。

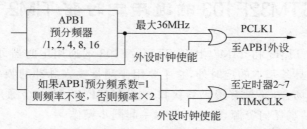

图 6-4 STM32F103 基本定时器内部时钟源 TIMxCLK

TIMxCLK 根据 APB1 的预分频系数分为两种情况:
• 若 APB1 预分频系数等于 1,TIMxCLK 等于 APB1 时钟频率 PCLK1。

- 若 APB1 预分频系数不等于 1，TIMxCLK 等于 APB1 时钟频率 PCLK1×2。

通常情况下，STM32F103 上电复位后，APB1 的预分频系数为 2，APB1 时钟频率 PCLK1 为 36MHz。因此如上所述，基本定时器 TIM6 和 TIM7 的时钟 TIMxCLK，是 APB1 时钟频率 PCLK1 的 2 倍，即 72MHz。

6.3.3　计数模式

STM32F103 基本定时器中的 16 位计数器 TIMx_CNT 只能工作在向上计数模式，自动重装载寄存器中保存的是定时器的溢出值。

基本定时器工作时，脉冲计数器 TIMx_CNT 从 0 开始，在时钟 CK_CNT（由 TIMxCLK 经预分频器寄存器 TIMx_PSC 预分频而得）触发下不断累加计数。当脉冲计数器 TIMx_CNT 的计数值等于自动重装载寄存器 TIMx_ARR（Auto Reload Register）中保存的预设值时，产生溢出事件，可以触发中断或 DMA 请求。然后，脉冲计数器 TIMx_CNT 的计数值被清零，重新开始向上计数。

由此可见，如果使用基本定时器进行延时，延时时间可由以下公式计算：
$$延时时间 = (TIMx\_ARR+1)×(TIMx\_PSC+1)/TIMxCLK$$
其中，TIMx_ARR（自动重装载寄存器的预设值）和 TIMx_PSC（预分频系数）都是 16 位，取值范围为 0～65 535。并且，通常情况下，STM32F103 上电复位后，TIMxCLK 等于 72MHz。

6.3.4　主要特性

综上所述，STM32F103 基本定时器具有以下主要特性：
- 具有自动重装载功能的 16 位累加计数器，其内部时钟 CK_CNT 的来源 TIMxCLK 来自 APB1 预分频器的输出。
- 具有 16 位可编程可实时修改的预分频器。
- 在更新事件（计数器溢出）时可产生中断/DMA 请求。
- 可触发 DAC 的同步电路。

6.4　STM32F103 的通用定时器 TIM2—TIM5

与基本定时器 TIM6 和 TIM7 相比，STM32F103 的通用定时器 TIM2—TIM5 功能就复杂多了。除了具备基本的定时外，它主要用于测量输入脉冲的频率和脉冲宽度以及输出 PWM 脉冲等场合，还具有编码器接口。STM32F103 的每个通用定时器都是完全独立的，没有互相共享任何资源，但它们可以一起同步操作。

6.4.1　内部结构

STM32F103 通用定时器 TIM2—TIM5 的内部结构如图 6-5 所示。

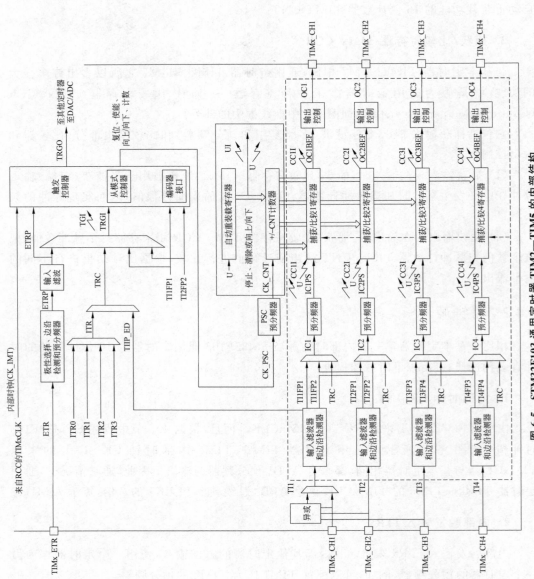

图 6-5　STM32F103 通用定时器 TIM2—TIM5 的内部结构

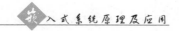

1. 计数器 TIMx_CNT

与基本定时器 TIM6/TIM7 相比,通用定时器 TIM2—TIM5 的内部结构复杂得多。但是,其核心部分和基本定时器相同,仍然是一个由可编程的 16 位预分频器驱动的具有自动重装载功能的 16 位计数器 TIMx_CNT。

2. 捕获/比较寄存器 TIMx_CCR

与基本定时器 TIM6/TIM7 相比,通用定时器 TIM2—TIM5 之所以多出许多强大的功能,就是因为通用定时器多了一种寄存器——捕获/比较寄存器 TIMx_CCR(Capture/Compare Register),即图 6-5 中虚线框中的部分。

它包括捕获输入部分(数字滤波、多路复用和预分频器)和比较输出部分(比较器和输出控制)。

(1) 捕获输入。在输入时,捕获/比较寄存器 TIMx_CCR 被用于当捕获(存储)输入脉冲在电平发生翻转时加载脉冲计数器 TIMx_CNT 的当前计数值,从而实现脉冲的频率测量。

(2) 比较输出。在输出时,捕获/比较寄存器 TIMx_CCR 用来存储一个脉冲数值,把这个数值与脉冲计数器 TIMx_CNT 的当前计数值进行比较,根据比较结果进行不同的电平输出。

6.4.2　时钟源

相比于基本定时器单一的内部时钟源,STM32F103 通用定时器的 16 位计数器的时钟有多种选择,可由以下时钟源提供。

1. 内部时钟 CK_INT

内部时钟 CK_INT 来自 RCC 的 TIMxCLK。而且,根据 4.5 节中所述 STM32F103 时钟树(如图 4-32 所示),通用定时器 TIM2—TIM5 内部时钟 CK_INT 的来源 TIMxCLK,与基本定时器相同,都来自 APB1 预分频器的输出。因此,通常情况下,通用定时器 TIM2—TIM5 的 TIMxCLK 也是 APB1 总线频率 PCLK1 的 2 倍,等于 72MHz。

2. 内部触发输入 ITRx

内部触发输入 ITRx 来自芯片内部其他定时器的触发输入,使用一个定时器作为另一个定时器的预分频器,例如,可以配置 TIM1 作为 TIM2 的预分频器。

3. 外部输入捕获引脚 TIx(外部时钟模式 1)

外部输入捕获引脚 TIx(外部时钟模式 1)来自外部输入捕获引脚上的边沿信号。计数器可以在选定的输入端(引脚 1: TI1FP1 或 TI1F_ED,引脚 2: TI2FP2)的每个上升沿或下降沿计数。

4．外部触发输入引脚 ETR（外部时钟模式 2）

外部触发输入引脚 ETR（外部时钟模式 2）来自外部引脚 ETR。计数器能在外部触发输入 ETR 的每个上升沿或下降沿计数。

6.4.3　计数模式

计数模式是定时器最基本的工作模式。

与基本定时器不同，STM32F103 通用定时器中的 16 位计数器 TIMx_CNT 可以工作在向上计数、向下计数和双向计数 3 种模式下，如图 6-6 所示。

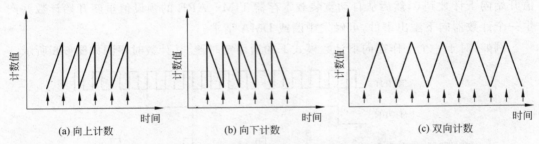

(a) 向上计数　　　　(b) 向下计数　　　　(c) 双向计数

图 6-6　STM32F103 通用定时器 TIM2—TIM5 的计数模式

1．向上计数

在 6.3 节讲述基本定时器时就提到了向上计数模式，而且这是基本定时器唯一的计数模式。

在向上计数模式中，计数器在时钟 CK_CNT（通常由 TIMxCLK 经 TIMx_PSC 分频而得）的驱动下从 0 开始累加计数到自动重装载寄存器 TIMx_ARR 的预设值，重新从 0 开始计数并且产生一个计数器溢出事件，并可触发中断或 DMA 请求。

例如，对于一个工作在向上计数模式下的通用定时器，其计数时序图如图 6-7 所示。

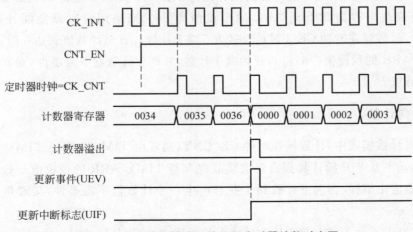

图 6-7　向上计数模式下的通用定时器计数时序图

由图 6-7 可知,图中通用定时器的预分频寄存器 TIMx_PSC 值为 1(内部分频系数为 2),自动重装载寄存器 TIMx_ARR 的预设值为 36。当通用定时器使能计数(CNT_EN=1)时,计数器在时钟 CK_CNT 的驱动下累加计数。直至计数值到达 36(TIMx_ARR 的预设值)时,计数值清零重新开始计数,并产生计数器溢出事件,触发更新中断或 DMA 请求。

2. 向下计数

与向上计数模式类似,在向下计数模式中,计数器在时钟 CK_CNT(通常由 TIMxCLK 经 TIMx_PSC 分频而得)的驱动下从自动重装载寄存器 TIMx_ARR 的预设值开始向下计数到 0,然后从自动重装载寄存器 TIMx_ARR 的预设值重新开始计数并产生一个计数器向下溢出事件,可触发中断或 DMA 请求。

例如,对于一个工作在向下计数模式下的通用定时器,其计数时序图如图 6-8 所示。

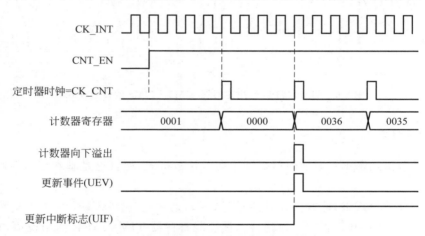

图 6-8　向下计数模式下的通用定时器的计数时序图

由图 6-8 可知,图中通用定时器的预分频寄存器 TIMx_PSC 值为 3(内部分频系数为 4),自动重装载寄存器 TIMx_ARR 的预设值为 36。当通用定时器使能计数(CNT_EN=1)时,计数器在时钟 CK_CNT 的驱动下减 1 计数。直至计数值到达 0 时,计数器载入 TIMx_ARR 的预设值(36)重新开始减 1 计数,并产生计数器下溢事件,触发更新中断或 DMA 请求。

3. 双向计数

在双向计数模式中,计数器在时钟 CK_CNT(通常由 TIMxCLK 经 TIMx_PSC 分频而得)的驱动下从 0 开始计数到自动重装载寄存器 TIMx_ARR 的预设值-1,然后产生一个计数器溢出事件,再向下计数到 1 并且产生一个计数器下溢事件,接着再从 0 开始重新计数。

例如,对于一个工作在双向计数模式下的通用定时器,其计数时序图如图 6-9 所示。

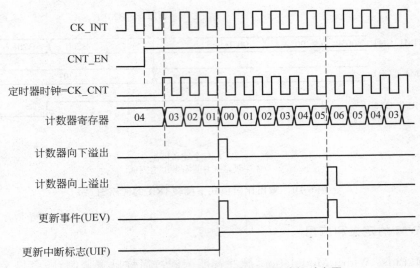

图 6-9 双向计数模式下的通用定时器计数时序图

由图 6-9 可知，图中通用定时器的预分频寄存器 TIMx_PSC 值为 0（内部分频系数为 1），自动重装载寄存器 TIMx_ARR 的预设值为 6。当通用定时器使能计数（CNT_EN＝1）时，计数器在时钟 CK_CNT 的驱动下减 1 计数。当计数值到达 1 时，产生计数器下溢事件，然后继续从 0 开始加 1 计数。当计数值到达 5 时，产生计数器溢出事件，然后继续从 6 开始减 1 计数。

6.4.4 输出比较模式

输出比较模式通常用来控制一个输出波形或者指示一段给定的时间已经到时。

当捕获/比较寄存器 TIMx_CCRx 的值与脉冲计数器 TIMx_CNT 的计数值相等时：
- 相应的输出引脚可根据设置的编程模式选择以下赋值：置位、复位、翻转或不变。
- 中断状态寄存器中的相应标志位置位。
- 如果相应的中断屏蔽位置位，则产生中断。
- 如果 DMA 请求使能置位，则产生 DMA 请求。

需要注意的是，使用输出比较模式时，TIMx_CCRx 寄存器能够在任何时候通过软件进行更新以控制输出波形（如图 6-10 所示），前提条件是不使用预装载寄存器（即 TIMx_CCMRx 寄存器的 OCxPE 位为 0），否则 TIMx_CCRx 影子寄存器只能在发生下一次更新事件时被更新。

6.4.5 PWM 输出模式

PWM 输出模式是一种特殊的输出模式，在电力电子领域得到广泛的应用。

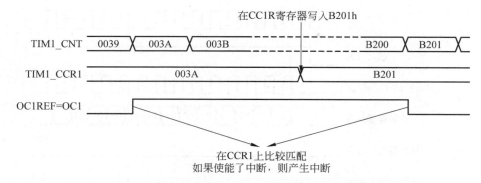

图 6-10　输出比较模式下翻转 OC1 的时序图

1. PWM 的定义和应用

PWM(Pulse Width Modulation,脉冲宽度调制),简称脉宽调制,顾名思义,指对脉冲宽度的控制。它是一种利用微控制器的数字输出来对模拟电路进行控制的非常有效的技术。

PWM 因为控制简单、灵活和动态响应好等优点而成为电力电子技术中应用最广泛的控制方式,其应用领域包括测量、通信、功率控制与变换、电机控制、伺服控制、调光、开关电源,甚至某些音频放大器。例如,根据乐谱中每个音符的音高和节拍输出指定频率和时长的 PWM 波形作为一个频率可变的信号发生器,连接到压电式电声转换器(如蜂鸣器),可使其演奏任意一段乐曲。

2. PWM 的实现

目前,在运动控制系统或电动机控制系统中实现 PWM 的方法主要有传统的数字电路、微控制器普通 I/O 模拟和微控制器的 PWM 直接输出等。

(1)传统的数字电路方式。用传统的数字电路实现 PWM,电路设计较复杂,体积大,抗干扰能力差,系统的控制周期较长。

(2)微控制器普通 I/O 模拟方式。对于微控制器中无 PWM 输出功能的情况,可以通过 CPU 操控普通 I/O 口来实现 PWM 输出。但这样实现 PWM 将消耗大量的时间,大大降低了 CPU 的效率,而且得到的 PWM 信号精度不太高。

(3)微控制器的 PWM 直接输出方式。对于具有 PWM 输出功能的微控制器,在进行简单的配置后即可在微控制器的指定引脚上输出 PWM 脉冲。这也是目前使用最多的 PWM 实现方式。

STM32F103 就是这样一款具有 PWM 输出功能的微控制器。除了基本定时器 TIM6 和 TIM7 之外,STM32F103 的其他定时器都可以用来产生 PWM 输出。其中,通用定时器 TIM2—TIM5 能同时产生 4 路的 PWM 输出。

3. PWM 输出模式的工作过程

通用定时器 PWM 输出模式的工作过程如下：

(1) 若配置脉冲计数器 TIMx_CNT 为向上计数模式,自动重装载寄存器 TIMx_ARR 的预设值为 N,则脉冲计数器 TIMx_CNT 的当前计数值 X 在时钟 CK_CNT(通常由 TIMxCLK 经 TIMx_PSC 分频而得)的驱动下从 0 开始不断累加计数。

(2) 在脉冲计数器 TIMx_CNT 随着时钟 CK_CNT 触发进行累加计数的同时,脉冲计数器 TIMx_CNT 的当前计数值 X 与捕获/比较寄存器 TIMx_CCR 的预设值 A 进行比较：如果 $X < A$,输出高电平(或低电平)；如果 $X \geqslant A$,输出低电平(或高电平)。

(3) 当脉冲计数器 TIMx_CNT 的计数值 X 大于自动重装载寄存器 TIMx_ARR 的预设值 N 时,脉冲计数器 TIMx_CNT 的计数值清零并重新开始计数。如此循环往复,得到的 PWM 输出信号的周期为 $(N+1) \times$ TCK_CNT,其中,N 为自动重装载寄存器 TIMx_ARR 的预设值,TCK_CNT 为时钟 CK_CNT 的周期。PWM 输出信号的脉冲宽度为 $A \times$ TCK_CNT,其中,A 为捕获/比较寄存器 TIMx_CCR 的预设值,TCK_CNT 为时钟 CK_CNT 的周期。PWM 输出信号的占空比为 $A/(N+1)$。

下面举例具体说明,当通用定时器被设置为向上计数,自动重装载寄存器 TIMx_ARR 的预设值为 8,4 个捕获/比较寄存器 TIMx_CCRx 分别设为 0、4、8 和大于 8 时,通用定时器的 4 个 PWM 通道的输出时序 OCxREF 和触发中断时序 CCxIF 如图 6-11 所示。例如,在 TIMx_CCR=4 情况下,当 TIMx_CNT<4 时,OCxREF 输出高电平；当 TIMx_CNT≥4 时,OCxREF 输出低电平,并在比较结果改变时触发 CCxIF 中断标志。此 PWM 的占空比为 $4/(8+1)=4/9=44.4\%$。

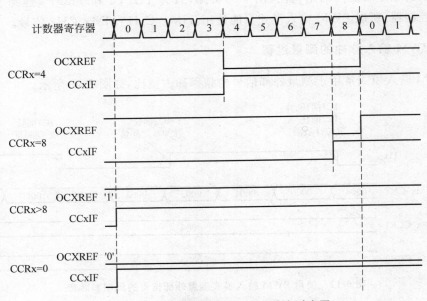

图 6-11　向上计数模式下 PWM 输出时序图

需要注意的是,在 PWM 输出模式下,脉冲计数器 TIMx_CNT 的计数模式有向上计数、向下计数和双向计数 3 种。以上仅介绍其中的向上计数方式,但读者在掌握了通用定时器向上计数模式的 PWM 输出原理后,由此及彼,通用定时器其他两种计数模式的 PWM 输出也就容易推出了。

6.4.6 输入捕获模式

在输入捕获模式下,IC1、IC2 和 IC3、IC4 可以分别通过软件设置将其映射到 TI1、TI2 和 TI3、TI4。当每次检测到 ICx 信号上相应的边沿后,脉冲计数器 TIMx_CNT 的当前值被锁存到捕获/比较寄存器 TIMx_CCRx 中。当捕获事件发生时,TIMx_SR 寄存器相应的 CCxIF 标志被置 1,如果使能了中断或者 DMA 操作,则将产生中断或者 DMA 操作。

6.4.7 PWM 输入模式

PWM 输入模式是输入捕获模式的一个特例。

1. PWM 输入模式与输入捕获模式的区别

PWM 输入模式与输入捕获模式相比具有以下不同:

- 2 个 ICx 信号被映射至同一个 TIx 输入。
- 2 个 ICx 信号为边沿有效但是极性相反。
- 其中一个 TIxFP 信号被作为触发输入信号,而从模式控制器被配置成复位模式。从通用定时器内部结构图(图 6-5)可知,只有 TI1FP1 和 TI2FP2 连到了从模式控制器,所以 PWM 输入模式只能使用 TIMx_CH1/TIMx_CH2 信号。

2. PWM 输入脉冲的测量过程

PWM 输入模式常用于测量外部信号的频率和占空比,如图 6-12 所示。

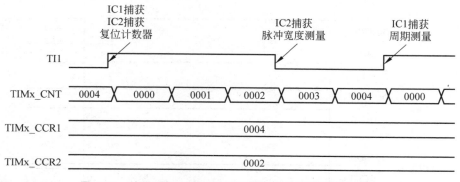

图 6-12 使用 PWM 输入模式测量外部信号的周期和脉宽

使用 PWM 模式测量 PWM 输入脉冲的工作过程如下:

（1）将要测量的 PWM 输入信号通过 GPIO 引脚输入到定时器的 PWM 输入脉冲检测通道（即图 6-12 中的信号 TI1），并设置脉冲计数器 TIMx_CNT 为向上计数模式，自动重装载寄存器 TIMx_ARR 的预设值设置为足够大。

（2）当输入脉冲 TI1 的上升沿到达时，触发 IC1 和 IC2 输入捕获中断，此时脉冲计数器 TIMx_CNT 的计数值复位为 0。随后，TIMx_CNT 的计数值在时钟 CK_CNT 的驱动下从 0 开始不断累加计数。

（3）当 TI1 的下降沿到来时，触发 IC2 捕获事件，此时脉冲计数器 TIMx_CNT 的当前值被锁存到捕获/比较寄存器 TIMx_CCR2 中，而 TIMx_CNT 继续累加。显然，待测 PWM 输入脉冲的高电平时间可由以下公式得出：

$$待测 PWM 输入脉冲的高电平时间 = (TIMx\_CCR2 + 1) \times TCK\_CNT$$

其中，TIMx_CCR2 是捕获/比较寄存器 TIMx_CCR2 的值，TCK_CNT 为时钟 CK_CNT 的周期。

（4）当 TI1 第二个上升沿到达时，触发 IC1 中断，此时脉冲计数器 TIMx_CNT 的当前值被锁存到捕获/比较寄存器 TIMx_CCR1 中。显然，待测 PWM 输入脉冲的周期可由以下公式得出：

$$待测 PWM 输入脉冲周期 = (TIMx\_CCR1 + 1) \times TCK\_CNT$$

其中，TIMx_CCR2 是捕获/比较寄存器 TIMx_CCR1 的值，TCK_CNT 为时钟 CK_CNT 的周期。有了周期和高电平时间，就可以算出待测 PWM 脉冲的频率和占空比了。占空比是指脉冲处于高电平的时间在脉冲周期中所占的比例，即

$$占空比 = (脉冲处于高电平的时间/脉冲周期) \times 100\%$$

如图 6-12 中的待测 PWM 脉冲 TI1，它的占空比为 $(2+1)/(4+1) = 3/5 = 60\%$。

6.4.8　单脉冲模式

单脉冲模式（One Pulse Mode，OPM）是前述众多模式的一个特例。单脉冲模式允许计数器响应一个激励，并在一个可编程的延时之后产生一个脉宽可程序控制的脉冲。通过软件可以设定选用两种单脉冲模式波形：单脉冲或重复脉冲。

6.4.9　编码器接口

编码器通常用于测量运动系统（直线和圆周运动）的位置和速度。而 STM32F103 通用定时器的编码器接口模式用作对外部设置的方向的选择。计数器提供当前位置的信息（例如电动机转子的旋转角度）。为了获取动态信息（速度、加速度），必须通过另一个定时器测量产生两个周期性事件之间的计数值。

6.4.10　主要特性

综上所述，与基本定时器相比，STM32F103 通用定时器具有以下不同特性：

- 具有自动重装载功能的 16 位递增/递减计数器，其内部时钟 CK_CNT 的来源

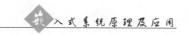

TIMxCLK 来自 APB1 预分频器的输出。

- 具有 4 个独立的通道,每个通道都可用于输入捕获、输出比较、PWM 输入和输出以及单脉冲模式输出等。
- 在更新(向上溢出/向下溢出)、触发(计数器启动/停止)、输入捕获以及输出比较事件时,可产生中断/DMA 请求。
- 支持针对定位的增量(正交)编码器和霍尔传感器电路。
- 使用外部信号控制定时器和定时器互连的同步电路。

6.5　STM32F103 的高级定时器 TIM1 和 TIM8

STM32F103 的高级定时器 TIM1 和 TIM8,除了具有通用定时器的所有功能外,还可以被看成是一个分配到 6 个通道的三相 PWM 发生器,具有带死区插入的互补 PWM 输出。STM32F103 的高级定时器可适合多种用途,包含测量输入信号的脉冲宽度(输入捕获)或产生输出波形(输出比较、PWM、嵌入死区时间的互补 PWM 等)。而且,STM32F103 的高级定时器 TIM1 和 TIM8 与通用定时器 TIM2—TIM5 是完全独立的,它们不共享任何资源,但它们可以同步操作。

6.5.1　内部结构

STM32F103 高级定时器的内部结构要比通用定时器复杂一些,但其核心仍然与基本定时器、通用定时器相同,是一个由可编程的预分频器驱动的具有自动重装载功能的 16 位计数器,如图 6-13 所示。

与通用定时器相比,STM32F103 高级定时器主要多了 BRK 和 DTG 两个结构(图 6-13 中的两个虚线框),因而具有了死区时间的控制功能。

6.5.2　时钟源

STM32F103 高级定时器的时钟源与通用定时器基本相同。唯一的不同在于,根据 4.5 节中所述的 STM32F103 时钟树(如图 4-32 所示),高级定时器 TIM1 和 TIM8 内部时钟 CK_INT 的来源 TIMxCLK 来自 APB2 预分频器的输出,如图 6-14 所示。

类似地,高级定时器 TIM1 和 TIM8 内部时钟 CK_INT 的来源 TIMxCLK 也根据预分频系数分为两种情况:

- 若 APB2 预分频系数等于 1,TIMxCLK 等于 APB2 时钟频率 PCLK2。
- 若 APB2 预分频系数不等于 1,TIMxCLK 等于 APB2 时钟频率 PCLK2×2。

通常情况下,STM32F103 上电复位后,APB2 的预分频系数为 1,APB2 时钟频率 PCLK2 为 72MHz。因此,高级定时器 TIM1 和 TIM8 的 TIMxCLK 也是 APB2 时钟频率 PCLK2,即 72MHz。

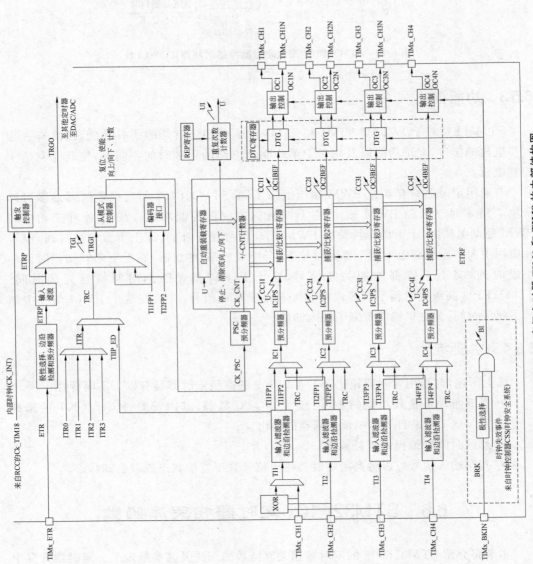

图 6-13 STM32F103 高级定时器 TIM1 和 TIM8 的内部结构图

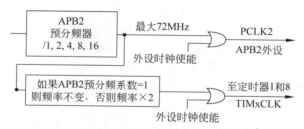

图 6-14 STM32F103 高级定时器内部时钟源 TIMxCLK

6.5.3 功能描述

STM32F103 高级定时器 TIM1 和 TIM8 除了通用定时器的所有功能,还具有三相六步电机的接口、刹车功能以及用于 PWM 驱动电路的死区时间控制等,使其非常适于控制电机。

与通用定时器只有 4 路 PWM 输出通道不同,STM32F103 的高级定时器最多可以产生 7 路 3 对互补的 PWM 输出,并具有死区时间的控制功能。在 H 桥和三相桥的 PWM 驱动电路中,上下两个桥臂的 PWM 驱动信号是互补的,即上下臂轮流导通,但实际应用中为防止出现上下两个臂同时导通(会造成短路)的情况,在上下两臂切换时留一小段时间,对上下臂都施加关断信号,这个上下臂都关断的时间就是死区时间。STM32F103 高级定时器不仅可以输出互补的 PWM 信号,并且在这个 PWM 信号中加入了死区时间,为电机控制带来了极大的便利。

6.5.4 主要特性

综上所述,与通用定时器相比,STM32F103 的高级定时器具有以下不同特性:

- 具有自动重装载功能的 16 位递增/递减计数器,其内部时钟 CK_CNT 的来源 TIMxCLK 来自 APB2 预分频器的输出。
- 死区时间可编程的互补输出。
- 刹车输入信号可以将高级定时器输出信号置于复位状态或者已知状态。

6.6 STM32F10x 定时器相关库函数

本节将介绍 STM32F10x 的定时器相关库函数的用法及其参数定义。定时器开发中使用到的时钟系统相关库函数请参见 4.5.4 节。另外,本书介绍和使用的库函数均基于 STM32F10x 标准外设库的最新版本 3.5。

STM32F10x 的定时器库函数存放在 STM32F10x 标准外设库的 stm32f10x_tim.h 和 stm32f10x_tim.c 文件中。其中,头文件 stm32f10x_tim.h 用来存放定时器相关结构体和宏的定义以及定时器库函数声明,源代码文件 stm32f10x_tim.c 用来存放定时器库函数定义。

如果在用户应用程序中要使用 STM32F10x 的定时器相关库函数,需要将定时器库函数的头文件包含进来。该步骤可通过在用户应用程序文件开头添加 ♯ include "stm32f10x_tim. h"语句或在工程目录下的 stm32f10x_conf. h 文件中去除//♯ include "stm32f10x_tim. h"语句前的注释符//完成。

常用的 STM32F10x 定时器库函数如下:

- TIM_DeInit:将 TIMx 的寄存器恢复为复位启动时的默认值。
- TIM_TimeBaseInit:根据 TIM_TimeBaseInitStruct 中指定的参数初始化 TIMx。
- TIM_OC1Init:根据 TIM_OCInitStruct 中指定的参数初始化外设 TIMx 的通道 1。
- TIM_OC2Init:根据 TIM_OCInitStruct 中指定的参数初始化外设 TIMx 的通道 2。
- TIM_OC3Init:根据 TIM_OCInitStruct 中指定的参数初始化外设 TIMx 的通道 3。
- TIM_OC4Init:根据 TIM_OCInitStruct 中指定的参数初始化外设 TIMx 的通道 4。
- TIM_OC1PreloadConfig:使能或者禁止 TIMx 在 CCR1 上的预装载寄存器。
- TIM_OC2PreloadConfig:使能或者禁止 TIMx 在 CCR2 上的预装载寄存器。
- TIM_OC3PreloadConfig:使能或者禁止 TIMx 在 CCR3 上的预装载寄存器。
- TIM_OC4PreloadConfig:使能或者禁止 TIMx 在 CCR4 上的预装载寄存器。
- TIM_ARRPreloadConfig:使能或者禁止 TIMx 在 ARR 上的预装载寄存器。
- TIM_CtrlPWMOutputs:使能或禁止 TIMx 的主输出。
- TIM_Cmd:使能或者禁止 TIMx。
- TIM_GetFlagStatus:检查指定的 TIMx 标志位的状态。
- TIM_ClearFlag:清除 TIMx 的待处理标志位。
- TIM_ITConfig:使能或者禁止指定的 TIMx 中断。
- TIM_GetITStatus:检查指定的 TIMx 中断是否发生。
- TIM_ClearITPendingBit:清除 TIMx 的中断挂起位。

6.6.1 TIM_DeInit

函数原型

　　void TIM_DeInit(TIM_TypeDef * TIMx);

功能描述

　　将外设 TIMx 寄存器恢复为复位启动时的默认值(初始值)。

输入参数

　　TIMx:要恢复初始设置的定时器,x 可以是 1~8,用来选择 TIM1—TIM8。

输出参数

　　无。

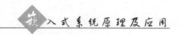

返回值

无。

6.6.2 TIM_TimeBaseInit

函数原型

void TIM_TimeBaseInit(TIM_TypeDef * TIMx, TIM_TimeBaseInitTypeDef *TIM_TimeBaseInitStruct);

功能描述

根据 TIM_TimeBaseInitStruct 中指定的参数初始化 TIMx 寄存器。

输入参数

TIMx：选择定时器，x 可以是 1～8，用来选择 TIM1—TIM8。

TIM_TimeBaseInitStruct：指向结构体 TIM_TimeBaseInitTypeDef 的指针，包含了定时器 TIM 的配置信息。

TIM_TimeBaseInitTypeDef 定义于文件 stm32f10x_tim. h：

```
typedef struct
{
    uint16_t TIM_Prescaler;
    uint16_t TIM_CounterMode;
    uint16_t TIM_Period;
    uint16_t TIM_ClockDivision;              //与输入捕获相关
    /*定时器时钟 CK_INT 与数字滤波器(ETR,TIx)使用的采样频率间的分频比例*/
    uint8_t TIM_RepetitionCounter;           //仅对高级定时器 TIM1 和 TIM8 有效
} TIM_TimeBaseInitTypeDef;
```

其中，常用的成员如下：

(1) TIM_Prescaler。TIMx 预分频器寄存器 TIMx_PSC 的值，等于 TIMx 计数器 TIMx_CNT 的预分频系数减 1。TIMx 的时钟源 TIMxCLK 经 TIM_Prescaler 分频后作为 TIMx 计数器 TIMx_CNT 的输入脉冲。TIM_Prescaler 是一个 16 位无符号整型数，取值范围为 0～65 535，用来扩大定时和计数的范围。

(2) TIM_Period。下一个更新事件时装入自动重装载寄存器 TIMx_ARR 的周期值，应等于 TIMx 计数器 TIMx_CNT 的计数周期减 1。TIMx 的计数器 TIMx_CNT 对其输入脉冲(即 TIMx 的时钟源 TIMxCLK 经 TIM_Prescaler 分频后的信号)经过 TIM_Period 次计数后，将 TIM_FLAG_Update 标志位置 1，即定时时间到，同时可以产生中断。TIM_Period 是一个 16 位无符号整型数，取值范围为 0～65 535。

由此可见，使用 TIM 进行精确延时主要取决于 TIM_Prescaler 和 TIM_Period 这两个成员的设置。定时时间 T 与 TIM_Prescaler、TIM_Period 具有以下关系：

$$T = (TIM\_Prescaler + 1) \times (TIM\_Period + 1) / TIMxCLK$$

其中，TIMxCLK 是定时器 TIMx 的时钟源频率，STM32F103 的 TIMxCLK 默认设置为 72MHz。

（3）TIM_CounterMode。TIM 计数器 TIMx_CNT 的计数模式,可以是以下取值之一:

- TIM_CounterMode_Up：TIM 向上计数模式。
- TIM_CounterMode_Down：TIM 向下计数模式。
- TIM_CounterMode_CenterAligned1：TIM 中央对齐模式 1 计数模式。
- TIM_CounterMode_CenterAligned2：TIM 中央对齐模式 2 计数模式。
- TIM_CounterMode_CenterAligned3：TIM 中央对齐模式 3 计数模式。

输出参数

无。

返回值

无。

6.6.3 TIM_OC1Init

函数原型

void TIM_OC1Init（TIM_TypeDef * TIMx，TIM_OCInitTypeDef * TIM_OCInitStruct）;

功能描述

根据 TIM_OCInitStruct 中指定的参数初始化 TIMx 的通道 1。

输入参数

TIMx：选择定时器,x 可以是 1～8,除了 6 和 7(TIM6 和 TIM7 是基本定时器)。

TIM_OCInitStruct：指向结构体 TIM_OCInitTypeDef 的指针,包含了定时器 TIM 的输出相关配置信息。

TIM_OCInitTypeDef 定义于文件 stm32f10x_tim.h:

```
typedef struct
{
    uint16_t TIM_OCMode;
    uint16_t TIM_OutputState;
    uint16_t TIM_OutputNState;          //仅对高级定时器 TIM1 和 TIM8 有效
    uint16_t TIM_Pulse;
    uint16_t TIM_OCPolarity;
    uint16_t TIM_OCNPolarity;           //仅对高级定时器 TIM1 和 TIM8 有效
    uint16_t TIM_OCIdleState;           //仅对高级定时器 TIM1 和 TIM8 有效
    uint16_t TIM_OCNIdleState;          //仅对高级定时器 TIM1 和 TIM8 有效
} TIM_OCInitTypeDef;
```

其中,常用的成员如下:

（1）TIM_OCMode。TIM 的输出模式,可以是以下取值之一:

- TIM_OCMode_Timing：TIM 输出比较冻结模式,匹配成功时不在输出引脚上产生输出。即基本定时模式。

- TIM_OCMode_Active：TIM 输出比较主动模式,匹配成功时设置输出引脚为有效电平。当计数器 TIMx_CNT 的值与捕获/比较寄存器 1(TIMx_CCR1)相同时,强制 OC1REF 为高电平。
- TIM_OCMode_Inactive：TIM 输出比较非主动模式,匹配成功时设置输出引脚为无效电平。当计数器 TIMx_CNT 的值与捕获/比较寄存器 1(TIMx_CCR1)相同时,强制 OC1REF 为低电平。
- TIM_OCMode_Toggle：TIM 输出比较触发模式,匹配成功时翻转输出引脚当时的电平。当计数器 TIMx_CNT 的值与捕获/比较寄存器 1(TIMx_CCR1)相同时,翻转 OC1REF 的电平。
- TIM_OCMode_PWM1：TIM 脉冲宽度调制模式 1。在向上计数时,一旦计数器 TIMx_CNT 小于捕获/比较寄存器 TIMx_CCR1 时,通道 1 为有效电平,否则为无效电平;在向下计数时,一旦计数器 TIMx_CNT 大于捕获/比较寄存器 TIMx_CCR1 时,通道 1 为无效电平,否则为有效电平。
- TIM_OCMode_PWM2：TIM 脉冲宽度调制模式 2。在向上计数时,一旦计数器 TIMx_CNT 小于捕获/比较寄存器 TIMx_CCR1 时,通道 1 为无效电平,否则为有效电平;在向下计数时,一旦计数器 TIMx_CNT 大于捕获/比较寄存器 TIMx_CCR1 时,通道 1 为有效电平,否则为无效电平。

（2）TIM_OCPolarity。TIM 的输出极性,可以是以下取值之一：
- TIM_OCPolarity_High：输出有效电平是高电平。
- TIM_OCPolarity_Low：输出有效电平是低电平。

（3）TIM_Pulse。待装入捕获/比较寄存器 TIMx_CCR1 的脉冲值,和结构体 TIM_TimeBaseInitTypeDef 的成员 TIM_Period(即自动重装载寄存器 TIMx_ARR)一起决定了输出引脚上 PWM 输出信号的占空比：

$$PWM\ 输出信号的占空比 = TIM\_Pulse/(TIM\_Period+1)$$
$$= TIMx\_CCR1\ /\ (TIMx\_ARR+1)$$

其中,有关 TIMx_CCR1 和 TIMx_ARR 在 PWM 输出中的设置参见 6.4.5 节,有关 TIM_Period 的具体介绍参见 6.6.2 节。

（4）TIM_OutputState。输出比较状态,可以是以下取值之一：
- TIM_OutputState_Enable：使能输出比较状态。
- TIM_OutputState_Disable：禁止输出比较状态。

输出参数

无。

返回值

无。

6.6.4　TIM_OC2Init

函数原型

void TIM_OC2Init(TIM_TypeDef * TIMx, TIM_OCInitTypeDef * TIM_OCInitStruct);

功能描述

　　根据 TIM_OCInitStruct 中指定的参数初始化 TIMx 的通道 2。

输入参数

　　TIMx：选择定时器，x 可以是 1~8，除了 6 和 7(TIM6 和 TIM7 是基本定时器)。

　　TIM_OCInitStruct：指向结构体 TIM_OCInitTypeDef 的指针，包含了定时器 TIM 的输出相关配置信息。具体取值参见 6.6.3 节中的同名输入参数。

输出参数

　　无。

返回值

　　无。

6.6.5　TIM_OC3Init

函数原型

　　void TIM _ OC3Init (TIM _ TypeDef * TIMx, TIM _ OCInitTypeDef * TIM _ OCInitStruct)；

功能描述

　　根据 TIM_OCInitStruct 中指定的参数初始化 TIMx 的通道 3。

输入参数

　　TIMx：选择定时器，x 可以是 1~8，除了 6 和 7(TIM6 和 TIM7 是基本定时器)。

　　TIM_OCInitStruct：指向结构体 TIM_OCInitTypeDef 的指针，包含了定时器 TIM 的输出相关配置信息。具体取值参见 6.6.3 节中的同名参数。

输出参数

　　无。

返回值

　　无。

6.6.6　TIM_OC4Init

函数原型

　　void TIM _ OC4Init (TIM _ TypeDef * TIMx, TIM _ OCInitTypeDef * TIM _ OCInitStruct)；

功能描述

　　根据 TIM_OCInitStruct 中指定的参数初始化 TIMx 的通道 4。

输入参数

　　TIMx：选择定时器，x 可以是 1~8，除了 6 和 7(TIM6 和 TIM7 是基本定时器)。

　　TIM_OCInitStruct：指向结构体 TIM_OCInitTypeDef 的指针，包含了定时器 TIM 的输出相关配置信息。具体取值参见 6.6.3 节中的同名参数。

输出参数

　　无。

返回值

无。

6.6.7　TIM_OC1PreloadConfig

函数原型

void TIM_OC1PreloadConfig(TIM_TypeDef * TIMx, uint16_t TIM_OCPreload);

功能描述

使能或者禁止 TIMx 在 CCR1 上的预装载寄存器。

输入参数

TIMx：选择定时器，x 可以是 1~8，除了 6 和 7(TIM6 和 TIM7 是基本定时器)。

TIM_OCPreload：输出比较预装载状态，可以是以下取值之一：

- TIM_OCPreload_Enable：开启 TIMx 在 CCR1 上的预装载功能，预装载值只有在下一个更新事件到来时才被传送至 TIMx 的 CCR1 寄存器。
- TIM_OCPreload_Disable：关闭 TIMx 在 CCR1 上的预装载功能，预装载值随时被传送至 TIMx 的 CCR1 寄存器，并且新装载入的数值立即起作用。

输出参数

无。

返回值

无。

6.6.8　TIM_OC2PreloadConfig

函数原型

void TIM_OC2PreloadConfig(TIM_TypeDef * TIMx，uint16_t TIM_OCPreload);

功能描述

使能或者禁止 TIMx 在 CCR2 上的预装载寄存器。

输入参数

TIMx：选择定时器，x 可以是 1~8，除了 6 和 7(TIM6 和 TIM7 是基本定时器)。

TIM_OCPreload：输出比较预装载状态，可以是以下取值之一：

- TIM_OCPreload_Enable：开启 TIMx 在 CCR2 上的预装载功能，预装载值只有在下一个更新事件到来时才被传送至 TIMx 的 CCR2 寄存器。
- TIM_OCPreload_Disable：关闭 TIMx 在 CCR2 上的预装载功能，预装载值随时被传送至 TIMx 的 CCR2 寄存器，并且新装载入的数值立即起作用。

输出参数

无。

返回值

无。

6.6.9　TIM_OC3PreloadConfig

函数原型

void TIM_OC3PreloadConfig(TIM_TypeDef * TIMx，uint16_t TIM_OCPreload);

功能描述

　　使能或者禁止 TIMx 在 CCR3 上的预装载寄存器。

输入参数

　　TIMx：选择定时器，x 可以是 1～8，除了 6 和 7（TIM6 和 TIM7 是基本定时器）。

　　TIM_OCPreload：输出比较预装载状态，可以是以下取值之一：

- TIM_OCPreload_Enable：开启 TIMx 在 CCR3 上的预装载功能，预装载值只有在下一个更新事件到来时才被传送至 TIMx 的 CCR3 寄存器。
- TIM_OCPreload_Disable：关闭 TIMx 在 CCR3 上的预装载功能，预装载值随时被传送至 TIMx 的 CCR3 寄存器，并且新装载入的数值立即起作用。

输出参数

　　无。

返回值

　　无。

6.6.10　TIM_OC4PreloadConfig

函数原型

　　void TIM_OC4PreloadConfig(TIM_TypeDef * TIMx, uint16_t TIM_OCPreload);

功能描述

　　使能或者禁止 TIMx 在 CCR4 上的预装载寄存器。

输入参数

　　TIMx：选择定时器，x 可以是 1～8，除了 6 和 7（TIM6 和 TIM7 是基本定时器）。

　　TIM_OCPreload：输出比较预装载状态，可以是以下取值之一：

- TIM_OCPreload_Enable：开启 TIMx 在 CCR4 上的预装载功能，预装载值只有在下一个更新事件到来时才被传送至 TIMx 的 CCR4 寄存器。
- TIM_OCPreload_Disable：关闭 TIMx 在 CCR4 上的预装载功能，预装载值随时被传送至 TIMx 的 CCR4 寄存器，并且新装载入的数值立即起作用。

输出参数

　　无。

返回值

　　无。

6.6.11　TIM_ARRPreloadConfig

函数原型

　　void TIM_ARRPreloadConfig(TIM_TypeDef * TIMx, FunctionalState NewState);

功能描述

　　使能或者禁止 TIMx 在 ARR 上的预装载寄存器。

输入参数

　　TIMx：选择定时器，x 可以是 1～8，除了 6 和 7（TIM6 和 TIM7 是基本定时器）。

　　NewState：TIMx_CR1 寄存器 ARPE 位的新状态，可以是以下取值之一：

- ENABLE：开启 TIMx 在 ARR 上的预装载功能,预装载值只有在下一个更新事件到来时才被传送至 TIMx 的 ARR 寄存器。
- DISABLE：关闭 TIMx 在 ARR 上的预装载功能,预装载值随时被传送至 TIMx 的 ARR 寄存器。

输出参数

无。

返回值

无。

6.6.12　TIM_CtrlPWMOutputs

函数原型

void TIM_CtrlPWMOutputs(TIM_TypeDef * TIMx, FunctionalState NewState);

功能描述

使能或者禁止 TIMx 的主输出。

输入参数

TIMx：选择定时器,x 可以是 1 或 8。

NewState：TIMx 主输出的新状态,可以是以下取值之一：

- ENABLE：使能 TIMx 的主输出。
- DISABLE：禁止 TIMx 的主输出。

输出参数

无。

返回值

无。

6.6.13　TIM_Cmd

函数原型

void TIM_Cmd(TIM_TypeDef * TIMx, FunctionalState NewState);

功能描述

使能或者禁止 TIMx。

输入参数

TIMx：选择定时器,x 可以是 1～8,用来选择 TIM1—TIM8。

NewState：TIMx 的新状态,可以是以下取值之一：

- ENABLE：使能 TIMx。
- DISABLE：禁止 TIMx。

输出参数

无。

返回值

无。

6.6.14 TIM_GetFlagStatus

函数原型

FlagStatus TIM_GetFlagStatus(TIM_TypeDef * TIMx，uint16_t TIM_FLAG);

功能描述

查询 TIMx 指定标志位的状态(是否置位)，但并不检测该中断是否被屏蔽。因此，当该位置位时，TIMx 的指定中断并不一定得到响应(例如，TIMx 的指定中断被禁止时)。

输入参数

TIMx：选择定时器，x 可以是 1~8，用来选择 TIM1—TIM8。

TIM_FLAG：待查询的 TIM 标志位，可以使用以下取值之一：

- TIM_FLAG_Update：TIM 更新标志。
- TIM_FLAG_CC1：TIM 捕获/比较 1 标志位。
- TIM_FLAG_CC2：TIM 捕获/比较 2 标志位。
- TIM_FLAG_CC3：TIM 捕获/比较 3 标志位。
- TIM_FLAG_CC4：TIM 捕获/比较 4 标志位。
- TIM_FLAG_Trigger：TIM 触发标志位。
- TIM_FLAG_COM：TIM 通信标志位。
- TIM_FLAG_Break：TIM 刹车标志位。
- TIM_FLAG_CC1OF：TIM 捕获/比较 1 溢出标志位。
- TIM_FLAG_CC2OF：TIM 捕获/比较 2 溢出标志位。
- TIM_FLAG_CC3OF：TIM 捕获/比较 3 溢出标志位。
- TIM_FLAG_CC4OF：TIM 捕获/比较 4 溢出标志位。

输出参数

无。

返回值

TIMx 指定标志位的最新状态，可以是以下取值之一：

- SET：TIMx 的指定标志位置位。
- RESET：TIMx 的指定标志位清零。

6.6.15 TIM_ClearFlag

函数原型

void TIM_ClearFlag(TIM_TypeDef * TIMx，uint16_t TIM_FLAG);

功能描述

清除 TIMx 指定的待处理标志位(将 TIMx 指定的待处理标志位清零)。

输入参数

TIMx：选择定时器，x 可以是 1~8，用来选择 TIM1—TIM8。

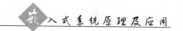

TIM_FLAG：待清除的 TIM 标志位，具体取值参见 6.6.14 节中的同名参数。

输出参数

无。

返回值

无。

6.6.16　TIM_ITConfig

函数原型

void TIM_ITConfig(TIM_TypeDef * TIMx, uint16_t TIM_IT, FunctionalState NewState);

功能描述

使能或禁止指定 TIM 的指定中断。

输入参数

TIMx：选择定时器，x 可以是 1～8，用来选择 TIM1—TIM8。

TIM_IT：待使能或禁止的 TIM 中断源，可以使用以下取值的任意组合：

- TIM_IT_Update：TIM 更新中断。
- TIM_IT_CC1：TIM 捕获/比较 1 中断。
- TIM_IT_CC2：TIM 捕获/比较 2 中断。
- TIM_IT_CC3：TIM 捕获/比较 3 中断。
- TIM_IT_CC4：TIM 捕获/比较 4 中断。
- TIM_IT_COM：TIM 通信中断。
- TIM_IT_Trigger：TIM 触发中断。
- TIM_IT_Break：TIM 刹车中断。.

NewState：TIMx 指定中断源的新状态，可以是以下取值之一：

- ENABLE：使能 TIMx 的指定中断。
- DISABLE：禁止 TIMx 的指定中断。

输出参数

无。

返回值

无。

6.6.17　TIM_GetITStatus

函数原型

ITStatus TIM_GetITStatus(TIM_TypeDef * TIMx, uint16_t TIM_IT);

功能描述

检查是否发生过 TIMx 的指定中断，即查询 TIMx 指定标志位的状态并检测该中断是否被屏蔽。与 6.6.14 节相比，TIM_GetITStatus 多了一步——检测该中断是否被

屏蔽。

输入参数

TIMx：选择定时器，x 可以是 1～8，用来选择 TIM1—TIM8。

TIM_IT：待查询状态的 TIM 中断源，具体取值参见 6.6.16 节中的同名参数。

输出参数

无。

返回值

TIMx 指定中断的最新状态，可以是以下取值之一：

- SET：TIMx 的指定中断请求位置位。
- RESET：TIMx 的指定中断请求位清零。

6.6.18　TIM_ClearITPendingBit

函数原型

void TIM_ClearITPendingBit(TIM_TypeDef * TIMx，uint16_t TIM_IT)；

功能描述

清除指定 TIM 指定中断的中断请求位(挂起位)。

输入参数

TIMx：选择定时器，x 可以是 1～8，用来选择 TIM1—TIM8。

TIM_IT：待清除的 TIM 中断请求标志，具体取值参见 6.6.16 节中的同名参数。

输出参数

无。

返回值

无。

6.7　STM32F103 定时器开发实例——精确定时的 LED 闪烁

6.7.1　功能要求

本实例完成的功能在 5.4 节的基础上更进一步，使目标板上红色 LED 按固定时间一直闪烁，其中点亮时间 500ms，熄灭时间 500ms。同时，在主程序中定义一个 32 位无符号变量 CountOfToggle 统计红色 LED 闪烁的次数，并且每当红色 LED 完成一次闪烁时，便在调试窗口中输出该变量的值。

6.7.2　硬件设计

目标板上的红色 LED(LED0)通过一个限流电阻与 STM32F103 微控制器的引脚 PA8 相连，具体电路如图 6-15 所示。

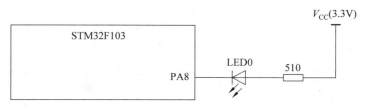

图 6-15　红色 LED(LED0)与 STM32F103 微控制器接口电路图

本例仅需使用一个外围设备——LED。关于 LED 的介绍,参见 5.4.2 节中的相关内容。

PA8：连接红色 LED(LED0)

根据图 6-15 中 STM32F103 微控制器引脚 PA8 与红色 LED(LED0)的硬件连接方式,应将引脚 PA8 设置为普通推挽输出(GPIO_Mode_Out_PP)的工作模式。并且,当引脚 PA8 输出低电平(0V)时,红色 LED(LED0)点亮;当引脚 PA8 输出高电平(3.3V)时,红色 LED(LED0)熄灭。

6.7.3　软件流程设计

1. 主流程

本实例完成的功能与 5.4 节非常相似。因此,其主流程也是由初始化函数加上一个无限循环构成,具体如图 6-16 所示。

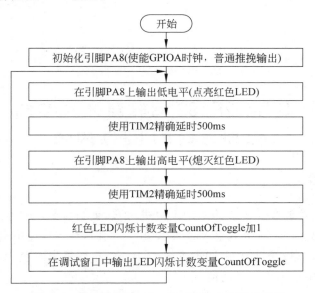

图 6-16　精确定时的 LED 闪烁程序的软件流程图

与 5.4 节的实例相比,就功能而言,本例唯一的变化就是把"不精确的延时"改成了"精确的延时"。因此,在软件流程图上(图 6-16 与图 5-5),其差别也仅仅把使用简单空循

环实现延时变成使用 TIM2 实现精确延时。

2. 使用定时器（TIM2）实现精确延时的流程

在本例中，使用 TIM2 实现精确延时的具体流程如图 6-17 所示。

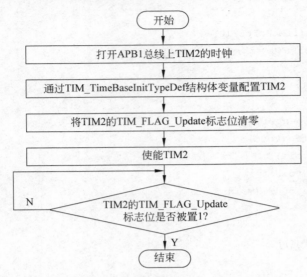

图 6-17　使用 TIM2 精确延时的软件流程图

在使用 TIM2 精确延时的软件流程中，通过 TIM_TimeBaseInitTypeDef 结构体变量配置 TIM2 这一步是关键所在，重点是对 TIM_TimeBaseInitTypeDef 结构体变量中结构体成员的设置，例如 TIM_Prescaler、TIM_Period、TIM_CounterMode 等。这些成员的具体含义以及设置可参见 6.6.2 节。

6.7.4　软件代码实现

在编辑代码前，需要新建或配置已有的 STM32F103 工程，并将代码文件包含在该工程内，具体操作步骤参见 4.9 节。

根据 6.7.3 节中的软件流程图，结合本章及以前各章介绍的相关库函数，写出本例的实现代码。

main.c（主程序文件）

```
#include "stm32f10x.h"
#include <stdio.h>
#define ITM_Port8(n)      (* ((volatile unsigned char * )(0xE0000000+4 * n)))
#define ITM_Port16(n)     (* ((volatile unsigned short * )(0xE0000000+4 * n)))
#define ITM_Port32(n)     (* ((volatile unsigned long * )(0xE0000000+4 * n)))
#define DEMCR             (* ((volatile unsigned long * )(0xE000EDFC)))
#define TRCENA            0x01000000
struct __FILE { int handle; /* Add whatever is needed * / };
```

```
FILE __stdout;
FILE __stdin;
int fputc(int ch, FILE * f)
{
    if (DEMCR & TRCENA)
    {
        while (ITM_Port32(0)==0);
        ITM_Port8(0)=ch;
    }
    return(ch);
}
unsigned int CountOfToggle=0;
void LED0_Config(void);
void LED0_On(void);
void LED0_Off(void);
void TIM2_Delay500MS(void);
int main(void)
{
    LED0_Config();
    while (1)
    {
        LED0_On();
        TIM2_Delay500MS();
        LED0_Off();
        TIM2_Delay500MS();
        CountOfToggle++;
        printf("The Count of Toggle is %d\n", CountOfToggle);
    }
}
void LED0_Config(void)
{
    GPIO_InitTypeDef GPIO_InitStructure;
    /* Enable GPIO_LED0 clock */
    RCC_APB2PeriphClockCmd(RCC_APB2Periph_GPIOA, ENABLE);
    /* GPIO_LED0 Pin(PA8) Configuration */
    GPIO_InitStructure.GPIO_Pin=GPIO_Pin_8;
    GPIO_InitStructure.GPIO_Mode=GPIO_Mode_Out_PP;
    GPIO_InitStructure.GPIO_Speed=GPIO_Speed_2MHz;
    GPIO_Init(GPIOA, &GPIO_InitStructure);
}
void LED0_On(void)
{
    GPIO_ResetBits(GPIOA, GPIO_Pin_8);
}
```

```
void LED0_Off(void)
{
    GPIO_SetBits(GPIOA, GPIO_Pin_8);
}
void TIM2_Delay500MS()
{
    TIM_TimeBaseInitTypeDef TIM_TimeBaseStructure;
    /* Enable TIM2 clock */
    RCC_APB1PeriphClockCmd(RCC_APB1Periph_TIM2, ENABLE);
    /*  TIM2 Time Base Configuration:
        TIM2CLK / ((TIM_Prescaler+1) * (TIM_Period+1))=TIM2 Frequency
        TIM2CLK=72MHz, TIM2 Frequency=2Hz,
        TIM_Prescaler=36000-1, (TIM2 Counter Clock=2kHz), TIM_Period=1000-1 */
    TIM_TimeBaseStructure.TIM_Prescaler=36000-1;
    TIM_TimeBaseStructure.TIM_Period=1000-1;
    TIM_TimeBaseStructure.TIM_CounterMode=TIM_CounterMode_Up;
    TIM_TimeBaseInit(TIM2, &TIM_TimeBaseStructure);
    /* Clear TIM2 update pending flag */
    TIM_ClearFlag(TIM2, TIM_FLAG_Update);
    /* Enable TIM2 counter */
    TIM_Cmd(TIM2,ENABLE);
    while (TIM_GetFlagStatus(TIM2, TIM_FLAG_Update)==RESET);
}
```

6.7.5　软件模拟仿真

在对 STM32F103 工程编译链接生成可执行文件后,可以在没有硬件条件的情况时用软件模拟仿真运行。

下面,继续以 KEIL MDK 为例,讲述软件仿真本实例程序的具体步骤。

(1) 将调试方式设置为软件模拟仿真方式。

将调试方式设置为软件模拟仿真,具体操作步骤参见 5.4.5 节中关于将调试方式设置为软件模拟仿真方式的内容。

(2) 进入调试模式(软件模拟调试方式)。

选择菜单 Debug→Start/Stop Debug Session 命令或者单击工具栏中的 Debug 按钮,进入调试模式(软件模拟调试方式)。

(3) 打开相关窗口,添加监测变量或信号。

① 调试窗口 Debug (printf) Viewer。

选择菜单 View→Serial Windows→Debug (printf) Viewer,打开调试窗口,如图 6-18和图 6-19 所示。

② 逻辑分析仪窗口 Logic Analyzer。

选择菜单 View→Analysis Windows→Logic Analyzer 命令或者直接单击工具栏的

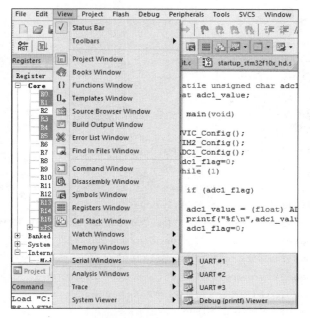

图 6-18   打开调试窗口 Debug（printf）Viewer

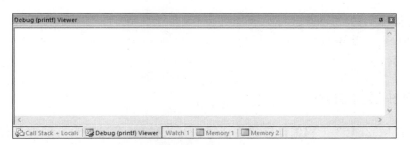

图 6-19   调试窗口 Debug（printf）Viewer

Logic Analyzer 按钮，打开 Logic Analyzer 窗口。在该窗口中添加一个观测信号：STM32F103 微控制器的 PA8（即连接红色 LED 的引脚），具体操作步骤参见 5.4.5 节中关于打开相关窗口添加监测变量或信号的相关内容。

（4）软件模拟运行程序，观察仿真结果。

选择菜单 Debug→Run 命令或者单击工具栏中的 Run 按钮（如图 5-11 所示），开始仿真。让程序跑一段时间后，再选择菜单 Debug→Stop 命令或者单击工具栏中的 Stop 按钮（如图 5-11 所示），暂停仿真。在打开的 Debug（printf）Viewer 和 Logic Analyzer 窗口中观察程序软件模拟仿真的结果：

① 调试窗口 Debug（printf）Viewer。

在 Debug（printf）Viewer 窗口中可以看到，程序仿真运行期间，随着红色 LED 闪烁，记录其闪烁次数的变量 CountOfToggle 逐次加 1，如图 6-20 所示。由此可见，对于记录红色 LED 闪烁次数的功能，仿真结果符合预期要求。

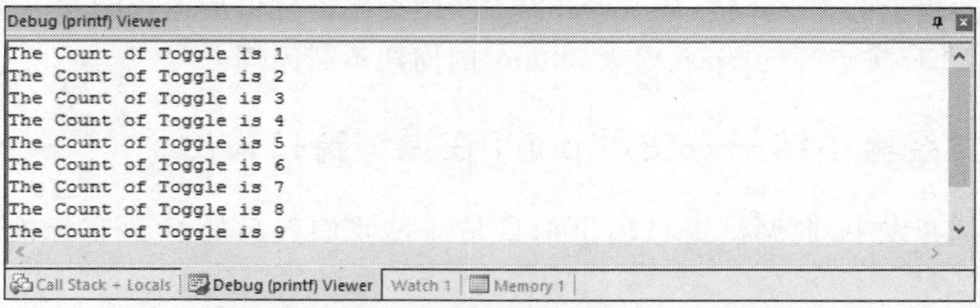

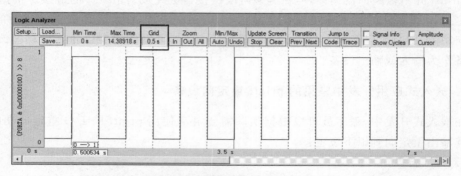

图 6-20　程序仿真运行期间调试窗口中输出的记录闪烁次数的变量 **CountOfToggle** 的信息

② 逻辑分析仪窗口 Logic Analyzer。

同时,在 Logic Analyzer 窗口中可以看到程序仿真运行期间连接红色 LED 的引脚 PA8 的信号图,如图 6-21 所示。为了更好地观察仿真结果,可以通过单击 Zoom 中的 In/ Out 按钮来调整放大/缩小比例,使得 Logic Analyzer 窗口的 Grid(网格)大小为 0.5s。

图 6-21　程序仿真运行期间逻辑分析仪窗口中的 **PA8** 信号

从图 6-21 可以看出,连接红色 LED 的 STM32F103 微控制器引脚 PA8 的波形是周期性信号:其中,PA8 输出为低电平(即红色 LED 点亮)的时间是 0.5s(正好 1 个网格大小),PA8 输出为高电平(即红色 LED 熄灭)的时间也是 0.5s(正好 1 个 Grid)。由此可见,程序仿真运行期间,对于红色 LED 的闪烁周期(红色 LED 以亮 0.5s 暗 0.5s 的周期不断闪烁),PA8 的输出信号完全符合预期要求,仿真结果正确,接下来可以下载到 STM32F103 微控制器中硬件运行。

(5) 退出调试模式(软件模拟调试方式)。

选择菜单 Debug→Start/Stop Debug Session 命令或者单击工具栏中的 Debug 按钮,退出调试模式(软件模拟调试方式)。

6.7.6　下载到硬件运行

下载到硬件运行的步骤如下:

(1) 下载程序到 STM32F103 的 Flash 中。

将 STM32F103 工程编译链接生成的可执行文件下载到开发板的 STM32F103 微控制器中,具体操作步骤可参见 4.9.7 节。

(2) 复位 STM32F103,观察程序运行结果。

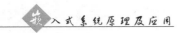

按下开发板上的 Reset 键，使 STM32F103 微控制器复位后运行刚才下载的程序，可以看到红色 LED 按点亮 500ms、熄灭 500ms 的周期不断闪烁。

6.7.7 开发经验小结——使用 printf 在调试窗口输出

在本实例开发中，向调试窗口输出信息是通过我们熟悉的 C 语言标准输出库函数 printf 实现的。

C 语言是一种具有良好移植性的高级编程语言，可用于目前大多数微控制器的应用开发中。但是，由于 I/O 与设备硬件相关(例如，不同显示器具有不同的输出特性)，只有把这些硬件相关部分从 C 语言中分离出来，才能增强其可移植性。因此，C 语言本身不具备 I/O 功能，而是依赖具体函数模块实现具体的 I/O 功能。

printf 就是这样一个 I/O 函数，用于向标准输出设备按指定格式输出信息。在编译阶段 printf 并不被编译器编译，但在链接阶段链接器会完成对 printf 的链接。根据 C 语言规定，printf 默认的标准输出设备是显示器，但另一方面，C 语言还提供了灵活的 I/O 重定向功能，即只要以标准 I/O 设计的 C 语言程序，都可以使用 I/O 重定向功能改用其他设备作为输入或输出设备。

1. 嵌入式应用开发中常见的 printf 重定向设备

在嵌入式开发中，程序员可以根据实际需要灵活使用 printf 的 I/O 重定向功能，通常将其输出重定向到以下设备：

1) 调试窗口

调试窗口是嵌入式软件调试过程中重要的辅助工具。例如，KEIL MDK 的 Debug (printf) Viewer 就是程序员常用的调试窗口。在使用 KEIL MDK 进行嵌入式软件开发时，程序员通过重定向 printf 输出到调试窗口，可以将变量输出到 Debug (printf) Viewer 中显示，从而实现程序运行过程中对指定变量的监测。将变量输出到调试窗口是嵌入式开发中重要的调试手段之一。具体的开发和调试实例可参见 6.7 节、7.6 节和 9.4 节等。

2) USART

USART 是 printf 重定向另一个常见的输出设备。在嵌入式应用开发中，程序员通过将 printf 重定向输出到 USART，可以将不同格式的信息(如字符串、整数、小数等)方便地发送到与指定 USART 相连的设备(如 PC 串口等)上，具体实例参见 10.5 节。

3) LCD

LCD 也是一种常见的 printf 重定向输出设备。通过将 printf 重定向到 LCD，程序员可以调用 C 语言标准输出函数 printf 直接在 LCD 上输出字符串、整数、小数等不同格式的信息。这样，不仅简化了 LCD 显示程序的编写，而且便于在不同环境(不同厂商、不同型号、不同大小的 LCD)上移植嵌入式应用(只需修改 LCD 的底层驱动即可)，减少了移植的工作量。

2. 在 STM32F103 微控制器上实现 printf 重定向的步骤

对于 STM32F103 微控制器的应用开发,要将 printf 重定向到其他设备,必须包括以下步骤:

(1) 重新实现 fputc 函数。

例如,本例中,为了将 printf 输出重定向到调试窗口,在主程序文件 main.c 的起始部分就重写了 fputc 函数:

```
int fputc(int ch,FILE * f);
```

(2) 包含头文件 stdio.h。

如果要在程序中使用 C 语言标准输出函数 printf,必须在源程序文件的起始处便包含 printf 所在的头文件 stdio.h。例如,本例的主程序文件 main.c 的一开头,就用 #include <stdio.h> 将头文件 stdio.h 包含进来。

(3) 勾选 USE MicroLIB 项。

例如,配置本例工程时,必须在 Option for Target 'STM32F103RCT6' 对话框的 Target 选项卡中勾选 Use MicroLIB 复选框,如图 6-22 所示。

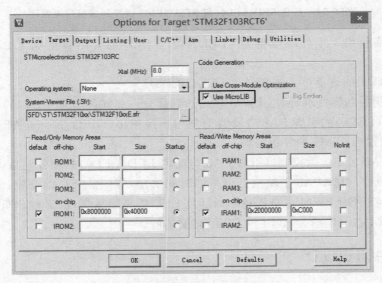

图 6-22　勾选 Use MicroLIB 复选框

6.8　STM32F103 定时器开发实例——PWM 输出

6.8.1　功能要求

本实例要求完成的功能是:使用 PWM 输出达到部分点亮红色 LED 的效果,即在连接红色 LED 引脚 PA8(TIM1 的通道 1)上输出频率为 20kHz、占空比(即正脉冲时间与

信号周期的比值)为 94% 的矩形脉冲信号,如图 6-23 所示。

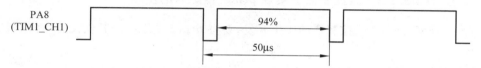

图 6-23   连接红色 LED 的引脚 PA8(TIM1 的通道 1)上指定输出的波形图

6.8.2   硬件设计

目标板上的红色 LED(LED0)通过一个限流电阻与 STM32F103 微控制器的引脚 PA8 相连,具体电路如图 6-24 所示。

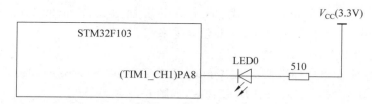

图 6-24   红色 LED(LED0)与 STM32F103 微控制器接口电路图

本例仅需使用 1 个外围设备——LED。关于 LED 的介绍参见 5.4.2 节中的相关内容。

PA8(TIM1 的通道 1):连接红色 LED(LED0)

根据本例的功能要求(使用 PWM 输出达到部分点亮红色 LED 的效果)和附录 B,外接红色 LED(LED0)的引脚 PA8 应设置为复用推挽输出(GPIO_Mode_AF_PP)的工作模式,并且配置为 TIM1 的复用引脚。

又由 STM32F103 微控制器引脚 PA8 与红色 LED(LED0)的硬件连接方式可知(如图图 6-24 所示),引脚 PA8 上输出低电平的时间决定了红色 LED 的亮度:PA8 输出低电平的时间越长(即 PWM 占空比越小),红色 LED 的亮度越高;PA8 输出低电平的时间越短(即 PWM 占空比越大),红色 LED 的亮度越低。

6.8.3   软件流程设计

1. 主流程

本实例的主流程设计与 6.7 节的实例类似,同样由一个初始化函数和一个无限循环构成,具体如图 6-25 所示。

2. 使用定时器(TIM1)在其通道 1 上 PWM 输出的流程

显然,初始化 TIM1 使其在通道 1(即引脚 PA8)上 PWM 输出是本实例软件设计的关键,其具体流程如图 6-26 所示。

由图 6-26 可见,初始化 TIM1 使其在通道 1 的复用引脚 PA8 上进行 PWM 输出的

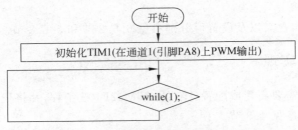

图 6-25 PWM 输出程序的软件流程图

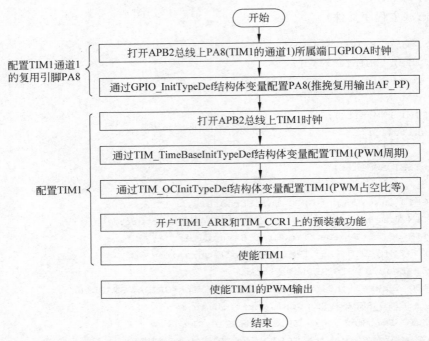

图 6-26 初始化 TIM1(在其通道 1 的复用引脚 PA8 上 PWM 输出)的软件流程图

流程具体可分为以下两步:

(1) 配置 TIM1 通道 1 的复用引脚 PA8。

PA8 是 STM32F103 微控制器连接红色 LED 的引脚。与 6.7 节的开发实例中 PA8 作为 GPIO 普通输入输出引脚不同,本实例中 PA8 作为复用功能推挽输出引脚。

(2) 配置 TIM1。

配置 TIM1 是通过设置 TIM_TimeBaseInitTypeDef 和 TIM_OCInitTypeDef 两个结构体,然后用这两个结构体设置 TIM1 的相关寄存器完成的。因此,配置 TIM1 的关键是对 TIM_TimeBaseInitTypeDef 和 TIM_OCInitTypeDef 这两个结构体中重要成员的设置。

- 结构体 TIM_TimeBaseInitTypeDef 的重要成员: TIM_CounterMode、TIM_Prescaler 和 TIM_Period 等。
- 结构体 TIM_OCInitTypeDef 的重要成员: TIM_OCMode、TIM_OCPolarity 和

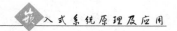

TIM_Pulse 等。

这些成员的具体含义以及设置可分别参见 6.6.2 节和 6.6.3 节。

6.8.4　软件代码实现

在编辑代码前,需要新建或配置已有的 STM32F103 工程,并将代码文件包含在该工程内,具体操作步骤参见 4.9 节。

根据 6.8.3 节中的软件流程图,结合本章及以前各章介绍的相关库函数,写出本例的实现代码。

main. c(主程序文件)

```c
#include "stm32f10x.h"
void TIM1_PWMInit(void);
int main(void)
{
    TIM1_PWMInit();
    while(1);
}
void TIM1_PWMInit()
{
    GPIO_InitTypeDef GPIO_InitStructure;
    TIM_TimeBaseInitTypeDef TIM_TimeBaseStructure;
    TIM_OCInitTypeDef TimOCInitStructure;
    /* TIM1 GPIO(PA8: TIM1_CH1) Configuration */
    /* Enable GPIO_REDLED clock */
    RCC_APB2PeriphClockCmd(RCC_APB2Periph_GPIOA, ENABLE);
    /* GPIO_REDLED Pin Configuration */
    GPIO_InitStructure.GPIO_Pin=GPIO_Pin_8;
    GPIO_InitStructure.GPIO_Mode=GPIO_Mode_AF_PP;
    GPIO_InitStructure.GPIO_Speed=GPIO_Speed_50MHz;
    GPIO_Init(GPIOA, &GPIO_InitStructure);
    /* Enable TIM1 clock */
    RCC_APB2PeriphClockCmd(RCC_APB2Periph_TIM1, ENABLE);
    /*    TIM1 Time Base Configuration:
        TIM1CLK / ((TIM_Prescaler+1) * (TIM_Period+1))=TIM1 Frequency
        TIM1CLK=72MHz, TIM1 Frequency=20kHz,
        TIM_Prescaler=72-1, (TIM1 Counter Clock=1MHz), TIM_Period=50-1 */
    /* Time base configuration */
    TIM_TimeBaseStructure.TIM_Prescaler=72-1;
    TIM_TimeBaseStructure.TIM_Period=50-1;
    TIM_TimeBaseStructure.TIM_CounterMode=TIM_CounterMode_Up;
    TIM_TimeBaseInit(TIM1, &TIM_TimeBaseStructure);
    /* PWM Configuration */
    /* PWM Mode 1:
```

```
    When counting up
        --TIMx_CNT <TIMx_CCR: Active Polarity
        --TIMx_CNT>TIMx_CCR: InActive Polarity
    When counting down
        --TIMx_CNT <TIMx_CCR: InActive Polarity
        --TIMx_CNT>TIMx_CCR: Active Polarity
*/
TimOCInitStructure.TIM_OCMode=TIM_OCMode_PWM1;
//PWM Output Active (during the TIM_Pulse) Polarity
TimOCInitStructure.TIM_OCPolarity=TIM_OCPolarity_High;
//Duty Cycle=(TIM_Pulse / (TIM_Period+1)) * 100%
TimOCInitStructure.TIM_Pulse=47;
//Enable Output State
TimOCInitStructure.TIM_OutputState=TIM_OutputState_Enable;
//Initialize TIM1_CH1
TIM_OC1Init(TIM1, &TimOCInitStructure);
//Enables the TIM1 Preload on CCR1 Register
TIM_OC1PreloadConfig(TIM1, TIM_OCPreload_Enable);
//Enables the TIM1 Preload on ARR Register
TIM_ARRPreloadConfig(TIM1, ENABLE);
/* Enable TIM1 counter */
TIM_Cmd(TIM1,ENABLE);
//Enables the TIM(1,8) Peripheral Main Outputs
TIM_CtrlPWMOutputs(TIM1,ENABLE);
}
```

6.8.5 软件模拟仿真

在对 STM32F103 工程编译链接生成可执行文件后,可以在没有硬件条件的情况时软件模拟仿真运行结果。

下面,继续以 KEIL MDK 为例,讲述软件仿真本实例程序的具体步骤。

(1) 将调试方式设置为软件模拟仿真方式。

将调试方式设置为软件模拟仿真,具体操作步骤参见 5.4.5 节中关于将调试方式设置为软件模拟仿真方式的内容。

(2) 进入调试模式(软件模拟调试方式)。

选择菜单 Debug→Start/Stop Debug Session 命令或者单击工具栏中的 Debug 按钮,进入调试模式(软件模拟调试方式)。

(3) 打开相关窗口添加监测变量或信号。

选择菜单 View→Analysis Windows→Logic Analyzer 命令或者直接单击工具栏的 Logic Analyzer 按钮,打开 Logic Analyzer 窗口。在该窗口中新增一个观测信号: STM32F103 微控制器的 PA8(连接红色 LED 的引脚),并指定它们的 Display Type 为 Bit,具体操作步骤参见 5.4.5 节中有关打开相关窗口添加监测变量或信号的内容。

（4）软件模拟运行程序，观察仿真结果。

选择菜单 Debug→Run 命令或者单击工具栏中的 Run 按钮（如图 5-11 所示），开始仿真。让程序跑一段时间后，再选择菜单 Debug→Stop 命令或者工具栏中的 Stop 按钮（如图 5-11 所示），暂停仿真。

随后，在 Logic Analyzer 窗口中可以看到程序仿真运行期间连接红色 LED 的引脚 PA8 的信号图，如图 6-27 所示。

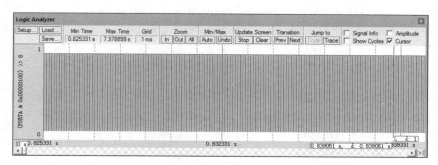

图 6-27 程序仿真运行期间 Logic Analyzer 窗口中的 PA8 信号图 1

如果看不清信号波形图，单击 Zoom 中的 In 按钮放大波形，直到在 Logic Analyzer 窗口中能完整清晰地看清楚一个 PWM 周期的波形为止。

比例调整合适后，选中 Logic Analyzer 窗口右侧的 Cursor 复选框，先后单击 PWM 输出波形相邻两个下降沿，可在时间线右侧看到它们之间的时间差为 $50\mu s$，即 PWM 频率为 20kHz，如图 6-28 所示。再先后单击 PWM 输出波形相邻两个跳变沿（即一个下降沿和一个上升沿），可在时间线右侧看到它们之间的时间差为 $3\mu s$，即 PWM 占空比为 $(50-3)/50=94\%$，如图 6-29 所示。

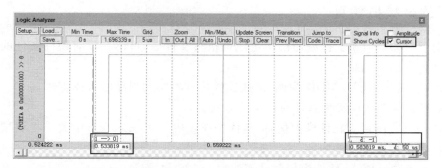

图 6-28 程序仿真运行期间 Logic Analyzer 窗口中的 PA8 信号图 2（观察 PWM 周期）

由此可见，程序软件仿真运行期间，PA8 信号完全符合预期，仿真结果正确，接下来可以下载到 STM32F103 微控制器中硬件运行。

（5）退出调试模式（软件模拟调试方式）。

选择菜单 Debug→Start/Stop Debug Session 命令或者单击工具栏中的 Debug 按钮，退出调试模式（软件模拟调试方式）。

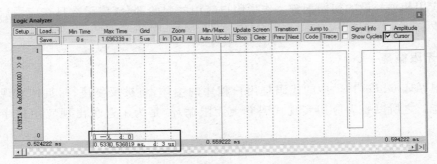

图 6-29 程序仿真运行期间逻辑分析仪窗口中的 PA8 信号图 3（观察 PWM 占空比）

6.8.6 下载到硬件运行

（1）下载程序到 STM32F103 的 Flash 中。

将 STM32F103 工程编译链接生成的可执行文件下载到开发板的 STM32F103 微控制器中，具体操作步骤可参见 4.9.7 节。

（2）复位 STM32F103，观察程序运行结果。

按下开发板上的 Reset 键，使 STM32F103 微控制器复位后运行刚才下载的程序，可以看到，与 5.5 节中红色 LED 全亮相比，红色 LED 仅被部分点亮。

6.8.7 开发经验小结——基于无限循环的嵌入式软件架构

在至今为止所有的 STM32F103 应用开发中，所有的代码都保存在主程序文件 main.c 中。而 main.c 的核心内容是主函数 main。在 4.8.4 节中，我们提到这个主函数 main 即是用户应用程序的入口。STM32F103 微控制器上电复位完成系统初始化后，即会跳转到用户应用程序的主函数 main 执行。

分析至今为止所有 STM32F103 应用（GPIO 和定时器）的主函数 main 的结构，可以发现：主函数 main()都基于无限循环的架构，由一个系统初始化函数和一个无限循环构成，如下所示：

```
int main(){
    PPP_Init();
    while(1){
    ...
    }
}
```

这种基于无限循环的结构，是无操作系统下最简单的嵌入式软件架构，尤其适合简单的应用场合。

1. 系统初始化

系统初始化函数 PPP_Init 是微控制器上电复位进入用户程序后首先执行的操作，通

常完成应用相关外设的初始配置。作为用户应用的起始部分,该函数只在应用启动时被执行一次。

2. 无限循环

无限循环 while(1){}中的代码是用户程序的主体,将被反复执行,具体实现用户应用的功能。之所以要为应用实现代码套上无限循环,是为了避免出现应用程序跑飞的现象。

6.9　本章小结

本章从嵌入式应用中定时和计数的实现方法入手,逐步引入定时器的基本概念;然后以通用定时器为重点分别讲述 STM32F103 微控制器内 3 种不同类型定时器的内部结构、工作原理及其功能;接着介绍了 STM32F10x 定时器相关库函数;最后讨论 STM32F103 通用定时器在延时和 PWM 输出中的配置和应用,并给出编程实例。

习　题　6

1. 嵌入式系统中,定时器的主要功能有哪些?
2. STM32F103 微控制器定时器的类型有哪几种? STM32F103 微控制器不同类型的定时器有什么区别?
3. STM32F103 微控制器通用定时器的常用工作模式有哪些?
4. 什么是 PWM? PWM 的实现方式有哪几种?
5. 简述无操作系统下基于无限循环的嵌入式软件架构的组成及应用场合。
6. 使用 C 语言开发基于 STM32F103 微控制器的应用程序时,是否可以像在 PC 上一样调用 printf 函数输出信息? 如果可以,应该预先做哪些配置?

第7章

chapter 7

中　断

本章学习目标

- 掌握中断的基本概念和处理过程。
- 掌握 STM32F103 微控制器中断的类型、优先级、中断向量表以及中断设置过程。
- 了解 STM32F103 微控制器 NVIC 的特点。
- 理解 STM32F103 微控制器 EXTI 的内部结构、工作原理和主要特性。
- 熟悉 STM32F103 微控制器 NVIC 和 EXTI 相关的常用库函数。
- 学会在 KEIL MDK 下使用库函数开发基于前后台架构的 STM32F103 应用程序。
- 学会在 KEIL MDK 下采用软件仿真方式调试基于前后台架构的 STM32F103 应用程序,学会设置断点跟踪程序的运行。

本章以 STM32F103 为例,讲述当代微控制器又一个重要的组成部分——中断系统。中断是嵌入式系统中一个非常重要的概念,中断系统已经成为现代微控制器的基础设施之一。一个微控制器的中断系统通常包括硬件(中断控制器)和软件(中断服务函数)两部分。几乎大多数嵌入式应用,都需要用到中断系统。尤其在无操作系统下的嵌入式开发中,利用微控制器的中断系统,使用基于前后台的嵌入式软件架构设计应用程序,不仅可以及时响应外部的紧急事件,而且可以明显地提高 CPU 的使用率。因此,掌握中断机制,学会设置中断向量表和编写中断服务程序,是嵌入式开发人员的基本技能。

7.1　中断的基本概念

中断是计算机系统中一个非常重要的概念,在现代计算机中毫无例外地都要采用中断技术。那么,究竟什么是中断? 计算机系统中为什么需要中断? 中断又有什么优劣呢?

为了更形象地描述中断,我们用一个日常生活中常见的例子来作比方。假如你有朋友下午要来拜访,可又不知道他具体什么时候到。为了提高效率,你就边看书边等。在看书过程中,门铃响了。这时,你先在书签上记下当前阅读的页码,然后暂停阅读放下手中的书,开门接待朋友。等接待完毕后,再从书签上找到阅读进度,从刚才暂停的页码处

继续看书。这个例子很好地表现了日常生活中的中断及其处理过程：门铃的铃声使你暂时中止当前的工作(看书),而去处理更为紧急的事情(朋友来访),把急需处理的事情(接待朋友)处理完毕之后,再回头来继续原来的事情(看书)。显然,这样的处理方式比一个下午你不做任何事一直站在门口傻等要高效多了。

类似地,在计算机执行程序的过程中,当出现了某个特殊情况(或者称为"事件")时,CPU 会中止当前程序的执行,转而去执行该事件的处理程序(即中断处理或中断服务程序),待中断服务程序执行完毕,再返回断点继续执行原来的程序,这个过程称为中断。

7.1.1 中断源

能引发中断的事件称为中断源。通常,中断源都与外设有关。在前面讲述的朋友来访的例子中,门铃的铃声是一个中断源,它由门铃这个外设发出,告诉主人(CPU)有客来访(事件),并等待主人(CPU)响应和处理(开门接待客人)。计算机系统中,常见的中断源有按键、定时器溢出、串口收到数据等,与此相关的外设有键盘、定时器和串口等。

每个中断源都有它对应的中断标志位,一旦该中断发生,它的中断标志位就会被置位。如果中断标志位被清除,那么它所对应的中断便不会再被响应。所以,一般在中断服务程序最后要将对应的中断标志位清零,否则将始终响应该中断,不断执行该中断服务程序。

7.1.2 中断屏蔽

在前面讲述的朋友来访的例子中,如果在看书过程中门铃响起,你也可以选择不理会门铃声,继续看书。这就是中断屏蔽。

中断屏蔽是中断系统一个十分重要的功能。在计算机系统中,程序员可以通过设置相应的中断屏蔽位,禁止 CPU 响应某个中断,从而实现中断屏蔽。在微控制器中,对于一个中断源能否被响应,一般由"总中断允许控制位"和该中断自身的"中断允许控制位"共同决定。这两个中断控制位中的任何一个被关闭,该中断就无法被响应。

中断屏蔽的目的是保证在执行一些关键程序时不响应中断,以免造成延迟而引起错误。例如,在系统启动执行初始化程序时屏蔽键盘中断,能够使初始化程序顺利进行。这时,按任何键都不会响应。当然,对于一些重要的中断请求是不能屏蔽的,例如重新启动、电源故障、内存出错、总线出错等影响整个系统工作的中断请求等。因此,从中断是否可以被屏蔽划分,可分为可屏蔽中断和不可屏蔽中断两类。

值得注意的是,尽管某个中断源可以被屏蔽,但一旦该中断发生,不管该中断屏蔽与否,它的中断标志位都会被置位,而且只要该中断标志位不被软件清除,它就一直有效。等待该中断被重新使能时,它即允许被 CPU 响应。

7.1.3 中断处理过程

在介绍了中断源和中断屏蔽的这两个基本概念后,接下来进一步讲述计算机系统中CPU 处理中断的整个过程。中断的具体处理过程,可以分为中断响应、执行中断服务程

序和中断返回三步,如图 7-1 所示。在前面讲述的朋友来访的例子中,暂停看书去开门叫作"中断响应",开门接待朋友的过程就是"执行中断服务程序",接待朋友完毕后继续看书被称为"中断返回"。

一般来说,在计算机系统中,中断响应和中断返回由硬件自动执行完成,而中断服务程序由用户根据应用需求编写,在中断发生时执行,以实现对中断的具体处理和操作。

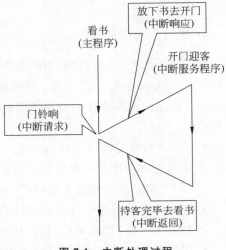

图 7-1　中断处理过程

1. 中断响应

当某个中断请求产生后,CPU 进行识别并根据中断屏蔽位判断该中断是否被屏蔽。若该中断请求已被屏蔽,仅将中断寄存器中该中断的标志位置位,CPU 不作任何响应,继续执行当前程序;若该中断请求未被屏蔽,不仅中断寄存器中该中断的标志位将置位,CPU 还执行以下步骤响应异常。

(1) 保护现场。

保护现场是为了在中断处理完成后可以返回断点处继续执行下去而在中断处理前必须做的操作。就像在刚才讲述的日常生活实例中,在开门迎客前要先用书签(栈)保存当前的阅读进度(CPU 关键寄存器的内容)。而在计算机系统中,保护现场通常是通过将CPU 关键寄存器进栈实现的。

(2) 找到该中断对应的中断服务程序的地址。

中断发生后,CPU 是如何准确地找到这个中断对应的处理程序的呢?就像在前面讲述的朋友来访的例子中,当门铃响起,你会去开门(执行门铃对应的处理程序),而不是去接电话(执行电话铃对应的处理程序)。当然,对于具有正常思维能力的人,以上的判断和响应是逻辑常识。但是,对于不具备人类思考和推理能力的 CPU,这点又是如何保证的呢?

答案就是中断向量表。中断向量表是中断系统中非常重要的概念。它是一块存储区域,通常位于存储器的零地址处,在这块区域上按中断号从小到大依次存放着所有中断处理程序的入口地址。当某个中断产生且经判断其未被屏蔽后,CPU 会根据识别到的中断号到中断向量表中找到该中断号所在的表项,取出该中断对应的中断服务程序的入口地址,然后跳转到该地址执行。就像在前面讲述的朋友来访的例子中,假设主人是一个尚不具备逻辑常识但非常听家长话的小孩(CPU),家长(程序员)写了一本生活指南(中断服务程序文件)留给他。这本生活指南记录了家长离开期间所有可能发生事件的应对措施,并配有以这些事件号排序的目录(中断向量表)。当门铃声响起时,小孩先根据发生的事件(门铃响)在目录中找到该事件的应对措施在生活指南中的页码,然后打开生活指南翻到该页码处就能准确无误地找到该事件应对措施的具体内容了。与实际生活相比,这种目录查找方式更适用于计算机系统。在计算机系统中,中断向量表就相当

于目录,CPU 在响应中断时使用这种类似查字典的方法通过中断向量表找到每个中断对应的处理方式。

2. 执行中断服务程序

每个中断都有自己对应的中断服务程序,用来处理中断。CPU 响应中断后,转而执行对应的中断服务程序。通常,中断服务程序,又称中断服务函数(interrupt service routine),由用户根据具体的应用使用汇编语言或 C 语言编写,用来实现对该中断真正的处理操作。

中断服务程序具有以下特点:

- 中断服务程序是一种特殊的函数(function),既没有参数,也没有返回值,更不由用户调用,而是当某个事件产生一个中断时由硬件自动调用。
- 在中断服务程序中修改,在其他程序中访问的变量,在其定义和声明时要在前面加上 volatile 修饰词,具体使用参见 7.7.5 节的相关内容。
- 中断服务程序要求尽量简短,这样才能够充分利用 CPU 的高速性能和满足实时操作的要求。

3. 中断返回

CPU 执行中断服务程序完毕后,通过恢复现场(CPU 关键寄存器出栈)实现中断返回,从断点处继续执行原程序。

7.1.4　中断优先级

7.1.3 节讲述了单个中断的处理过程。计算机系统中的中断往往不止一个,那么,对于多个同时发生的中断或者嵌套发生的中断,CPU 又该如何处理? 应该先响应哪一个中断? 为什么? 答案就是设定中断优先级。

为了更形象地说明中断优先级的概念,还是从身边生活中的实例开始讲起。生活中的突发事件很多,为了便于快速处理,通常把这些事件按重要性或紧急程度从高到低依次排列。这种分级就称为优先级。如果多个事件同时发生,根据它们的优先级从高到低依次响应。例如,在前面讲述的朋友来访的例子中,如果在门铃响的同时,电话铃也响了,那么你将在这两个中断请求中选择先响应哪一个请求。这里就有一个优先的问题。如果开门比接电话更重要(即门铃的优先级比电话的优先级高),那么就应该先开门(处理门铃中断),然后再接电话(处理电话中断),接完电话后再回来继续看书(回到原程序),如图 7-2 所示。

类似地,计算机系统中的中断源众多,它们也有轻重缓急之分,这种分级就被称为中断优先级。一般来说,各个中断源的优先级都有事先规定。通常,中断的优先级是根据中断的实时性、重要性和软件处理的方便性预先设定的。当同时有多个中断请求产生时,CPU 会先响应优先级较高的中断请求。由此可见,优先级是中断响应的重要标准,也是区分中断的重要标志。

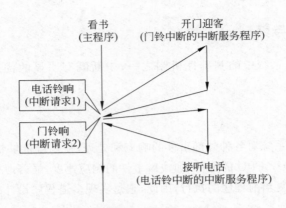

图 7-2 多个中断请求同时发生的中断处理过程

7.1.5 中断嵌套

中断优先级除了用于并发中断中,还用于嵌套中断中。

还是回到前面讲述的朋友来访的例子,在你看书时电话铃响了,你去接电话,在通话的过程中门铃又响了。这时,门铃中断和电话中断形成了嵌套。由于门铃的优先级比电话的优先级高,你只能让通话的对方稍等,放下电话去开门。开门之后再回头继续接电话,通话完毕再回去继续看书,如图 7-3 所示。当然,如果门铃的优先级比电话的优先级低,那么在通话的过程中门铃响了也不予理睬,继续接听电话(处理电话中断),通话结束后再去开门迎客(即处理门铃中断)。

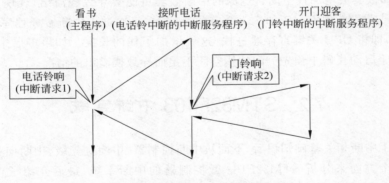

图 7-3 中断嵌套时的中断处理过程

类似地,在计算机系统中,中断嵌套是指当系统正在执行一个中断服务时又有新的中断事件发生而产生了新的中断请求。此时,CPU 如何处理取决于新旧两个中断的优先级。当新发生的中断的优先级高于正在处理的中断时,CPU 将中止执行优先级较低的当前中断处理程序,转去处理新发生的、优先级较高的中断,处理完毕才返回原来的中断处理程序继续执行。

通俗地说,中断嵌套其实就是更高一级的中断"加塞",当 CPU 正在处理中断时,又接收了更紧急的另一件"急件",转而处理更高一级的中断的行为。

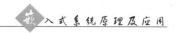

7.1.6　中断的利与弊

作为现代计算机系统中的基础性机制之一,中断既有明显的优点,也存在不可避免的缺点。

1. 中断之利

中断协调计算机系统对各种外部事件的响应和处理,使系统能够快速响应紧急事件或优先处理重要任务,减少 CPU 的负荷,加快对事件的响应速度,显著地提高了系统效率。由于中断能够暂停和恢复当前程序的执行,因此,它是实现多道程序设计的必要条件。

2. 中断之弊

中断在具有以上优点的同时,也不可避免地存在一些弊端,嵌入式软件工程师在使用中断开发应用程序时尤其需要注意以下一些问题:

(1) 中断会增加程序执行的不确定性和时间长度。在存在中断的情况下,只能算出主程序的最短执行时间(当没有中断发生时主程序的执行时间)和最长执行时间(当所有中断发生时主程序的执行时间)。主程序的实际执行时间在这两者之间。

(2) 中断会抢占正在使用的资源。由于中断服务程序何时被执行由中断发生时间决定,这使得中断服务程序的执行顺序相对于主程序并不固定。因此,编写程序时要注意对正在使用的重要资源(如变量、寄存器等)加以保护,避免其在中断服务程序执行过程中被破坏。例如,对于临界区,应在执行前关中断,在执行后开中断。

(3) 中断嵌套会增加栈空间。过深的中断嵌套可能会导致栈溢出,表现为中断产生后出现死机或跑飞的现象。正如 7.1.3 节中所述,在每次进入中断服务程序前,CPU 都会保护现场,即将 CPU 关键寄存器进栈,这就增加了栈的长度。如果多层中断嵌套,可能会出现由于启动代码中预先分配的栈空间不足而导致栈溢出的情况。

7.2　STM32F103 中断系统

在了解了中断相关基础知识后,下面从中断控制器、中断优先级、中断向量表和中断服务程序 4 个方面来分析 STM32F103 微控制器的中断系统,最后介绍了设置和使用 STM32F103 中断系统的整个过程。

7.2.1　嵌套向量中断控制器 NVIC

在 3.3.6 节中,就提到过嵌套向量中断控制器 NVIC。它集成在 ARM Cortex-M3 内核中,与中央处理器核心 CM3Core 紧密耦合,从而实现低延迟的中断处理和高效地处理晚到的较高优先级的中断。NVIC 最多可以支持 256 个异常(包括 16 个内部异常和 240 个非内核异常中断)和 256 级可编程异常优先级的设置。其中,非内核异常的中断数量可由各芯片厂商配置,数量为 1～240。

STM32F103 微控制器基于 ARM Cortex-M3 内核设计。它的 NVIC 具有以下特性：
- 支持 84 个异常,包括 16 个内部异常和 68 个非内核异常中断。
- 使用 4 位优先级设置,具有 16 级可编程异常优先级。
- 中断响应时处理器状态的自动保存无须额外的指令。
- 中断返回时处理器状态的自动恢复无须额外的指令。
- 支持嵌套和向量中断。
- 支持中断尾链技术。

7.2.2 STM32F103 中断优先级

中断优先级决定了一个中断是否能被屏蔽以及在未屏蔽的情况下何时可以响应。下面从分组、实现等方面具体讲述 STM32F103 中断优先级管理。

1. 优先级分组

STM32F103 中断优先级分为抢占优先级和子优先级。

(1) 抢占优先级(preempting priority)。又称组优先级或者占先优先级,标识了一个中断的抢占式优先响应能力的高低。抢占优先级决定了是否会有中断嵌套发生。例如,一个具有高抢占先优先级的中断会打断当前正在执行的中断服务程序,转而执行它对应的中断服务程序。

(2) 子优先级(sub-priority)。又称从优先级,仅在抢占优先级相同时才有影响,它标识了一个中断非抢占式优先响应能力的高低。即在抢占优先级相同的情况下,如果有中断正被处理,那么高子优先级的中断只好等待正被响应的低子优先级中断处理结束后才能得到响应。在抢占优先级相同的情况下,如果没有中断正被处理,那么高子优先级的中断将优先被响应。

2. 优先级实现

STM32F103 微控制器的每个中断源有 4 位优先级(Cortex-M3 内核定义了 8 位,STM32 微控制器只使用了其中的 4 位),具有 16 级可编程异常优先级。用户可以根据实际应用需求通过编程设定 4 位优先级中抢占优先级的位数(图 7-4 中加了灰底的位置)和子优先级的位数(图 7-4 中白色位置),如图 7-4 所示。

PRIGROUP (3 Bits)	Binary Point (group. sub)		Preempting Priority (Group Priority)		Sub-Priority	
			Bits	Levels	Bits	Levels
011	4.0	gggg	4	16	0	0
100	3.1	gggs	3	8	1	2
101	2.2	ggss	2	4	2	4
110	1.3	gsss	1	2	3	8
111	0.4	ssss	0	0	4	16

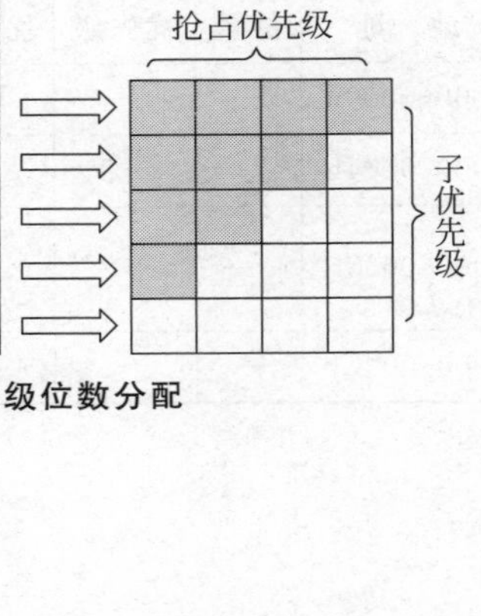

图 7-4 **STM32F103 中断的抢占优先级和子优先级位数分配**

3. STM32F103 中断的响应顺序

STM32F103 对于中断的响应顺序遵循以下原则：

- 先比较抢占优先级，抢占优先级高的中断优先响应。
- 当抢占优先级相同时，比较子优先级，子优先级高的中断优先响应。
- 当上述两者都相同时，比较它们在中断向量表中的位置，位置低的中断优先响应。

下面以火车站售票为例形象地说明 STM32F103 中断响应顺序的 3 条原则。例如，针对蜂拥而至的春运购票人群，火车站作了以下规定：第一，军人优先购票（军人比非军人具有更高的抢占优先级）；第二，军衔高的优先购票（高军衔军人比低军衔军人具有更高的子优先级）；第三，年龄大的优先购票（军衔相同的军人年纪大的具有更高的优先级，会得到更快的响应）。根据以上规定，火车站售票员面对不同情况，会作出以下的响应和处理：

（1）如果在对非军人售票过程中，有军人购票（抢占优先级不同的中断嵌套），售票员必须立即停止正在进行的对非军人的售票，先处理军人的购票，在军人购票完成后再来处理对原非军人的售票（抢占优先级的作用：较高抢占优先级中断的到来能打断较低抢占优先级中断的处理过程）。

（2）如果在一个军人购票过程中，又来一个军人也要购票（抢占优先级相同子优先级不同），即使后来的军人军衔高于正在购票的军人，售票员也要等正在购票的低军衔军人购票完毕，才能向后一个高军衔军人售票（子优先级不具备中断嵌套的能力）。

（3）如果两个军人一起购票（抢占优先级相同子优先级不同的并发中断），那么售票员先向军衔较高的军人售票，等高军衔军人购票完毕，再向军衔较低的军人售票。

（4）如果两个上士一起来购票（抢占优先级相同、子优先级相同的并发中断），那么售票员先向年纪大的上士售票，等年纪大的上士购票完毕，再向年纪小的上士售票。本例中，军人的年纪就相当于中断在中断向量表中的位置。

7.2.3　STM32F103 中断向量表

STM32F103 各个中断对应的中断服务程序的入口地址统一存放在 STM32F103 的中断向量表中。STM32F103 的中断向量表一般位于其存储器的 0 地址处。

下面以 STM32F103 产品为例，说明其中断向量表的具体构成，如表 7-1 所示。

表 7-1　STM32F103 的中断向量表

地　　址	位置	优先级	优先级类型	名称	说　　明
0000_0000h	—	—	—	—	栈顶地址（MSP 的初始值）
0000_0004h	—	−3	固定	Reset	复位
0000_0008h	—	−2	固定	NMI	不可屏蔽中断，连接 RCC 时钟安全系统（CSS）
0000_000Ch	—	−1	固定	HardFault	各种错误情况

地　　址	位置	优先级	优先级类型	名称	说　　明
0000_0010h	—	0	可设置	MemManage	存储器管理错误
0000_0014h	—	1	可设置	BusFault	总线错误，预取指失败
0000_0018h	—	2	可设置	UsageFault	使用错误，未定义指令或非法状态
0000_001Ch	—	—	—	—	保留
0000_0020h	—	—	—	—	保留
0000_0024h	—	—	—	—	保留
0000_0028h	—	—	—	—	保留
0000_002Ch	—	3	可设置	SVCall	通过 SWI 指令的系统服务调用
0000_0030h	—	4	可设置	DebugMonitor	调试监控器
0000_0034h	—	—	—	—	保留
0000_0038h	—	5	可设置	PendSV	可挂起的系统服务
0000_003Ch	—	6	可设置	Systick	系统定时器
0000_0040h	0	7	可设置	WWDG	窗口定时器中断
0000_0044h	1	8	可设置	PVD	连接 EXTI 的电源电压检测（PVD）中断
0000_0048h	2	9	可设置	TAMPER	入侵检测中断
0000_004Ch	3	10	可设置	RTC	实时时钟全局中断
0000_0050h	4	11	可设置	FLASH	闪存全局中断
0000_0054h	5	12	可设置	RCC	复位和时钟控制中断
0000_0058h	6	13	可设置	EXTI0	EXTI 线 0 中断
0000_005Ch	7	14	可设置	EXTI1	EXTI 线 1 中断
0000_0060h	8	15	可设置	EXTI2	EXTI 线 2 中断
0000_0064h	9	16	可设置	EXTI3	EXTI 线 3 中断
0000_0068h	10	17	可设置	EXTI4	EXTI 线 4 中断
0000_006Ch	11	18	可设置	DMA1 通道 1	DMA1 通道 1 全局中断
0000_0070h	12	19	可设置	DMA1 通道 2	DMA1 通道 2 全局中断
0000_0074h	13	20	可设置	DMA1 通道 3	DMA1 通道 3 全局中断
0000_0078h	14	21	可设置	DMA1 通道 4	DMA1 通道 4 全局中断
0000_007Ch	15	22	可设置	DMA1 通道 5	DMA1 通道 5 全局中断
0000_0080h	16	23	可设置	DMA1 通道 6	DMA1 通道 6 全局中断
0000_0084h	17	24	可设置	DMA1 通道 7	DMA1 通道 7 全局中断

地　址	位置	优先级	优先级类型	名称	说　明
0000_0088h	18	25	可设置	ADC1_2	ADC1 和 ADC2 的全局中断
0000_008Ch	19	26	可设置	USB_HP_CAN_TX	USB 高优先级或 CAN 发送中断
0000_0090h	20	27	可设置	USB_LP_CAN_RX0	USB 低优先级或 CAN 接收 0 中断
0000_0094h	21	28	可设置	CAN_RX1	CAN 接收 1 中断
0000_0098h	22	29	可设置	CAN_SCE	CAN 状态改变错误中断
0000_009Ch	23	30	可设置	EXTI9_5	EXTI 线[9：5]中断
0000_00A0h	24	31	可设置	TIM1_BRK	TIM1 刹车中断
0000_00A4h	25	32	可设置	TIM1_UP	TIM1 更新中断
0000_00A8h	26	33	可设置	TIM1_TRG_COM	TIM1 触发和通信中断
0000_00ACh	27	34	可设置	TIM1_CC	TIM1 捕获比较中断
0000_00B0h	28	35	可设置	TIM2	TIM2 全局中断
0000_00B4h	29	36	可设置	TIM3	TIM3 全局中断
0000_00B8h	30	37	可设置	TIM4	TIM4 全局中断
0000_00BCh	31	38	可设置	I2C1_EV	I2C1 事件中断
0000_00C0h	32	39	可设置	I2C1_ER	I2C1 错误中断
0000_00C4h	33	40	可设置	I2C2_EV	I2C2 事件中断
0000_00C8h	34	41	可设置	I2C2_ER	I2C2 错误中断
0000_00CCh	35	42	可设置	SPI1	SPI1 全局中断
0000_00D0h	36	43	可设置	SPI2	SPI2 全局中断
0000_00D4h	37	44	可设置	USART1	USART1 全局中断
0000_00D8h	38	45	可设置	USART2	USART2 全局中断
0000_00DCh	39	46	可设置	USART3	USART3 全局中断
0000_00E0h	40	47	可设置	EXTI15_10	EXTI 线[15：10]中断
0000_00E4h	41	48	可设置	RTC ALARM	连接到 EXTI 的 RTC 闹钟中断
0000_00E8h	42	49	可设置	USB WKUP	连接到 EXTI 的从 USB 待机唤醒中断
0000_00ECh	43	50	可设置	TIM8_BRK	TIM8 刹车中断
0000_00F0h	44	51	可设置	TIM8_UP	TIM8 更新中断
0000_00F4h	45	52	可设置	TIM8_TRG_COM	TIM8 触发和通信中断
0000_00F8h	46	53	可设置	TIM8_CC	TIM8 捕获比较中断
0000_00FCh	47	54	可设置	ADC3	ADC3 全局中断

续表

地 址	位置	优先级	优先级类型	名称	说 明
0000_0100h	48	55	可设置	FSMC	可变静态存储控制器中断
0000_0104h	49	56	可设置	SDIO	SDIO 中断
0000_0108h	50	57	可设置	TIM5	TIM5 全局中断
0000_010Ch	51	58	可设置	SPI3	SPI3 全局中断
0000_0110h	52	59	可设置	UART4	UART4 全局中断
0000_0114h	53	60	可设置	UART5	UART5 全局中断
0000_0118h	54	61	可设置	TIM6	TIM6 全局中断
0000_011Ch	55	62	可设置	TIM7	TIM7 全局中断
0000_0120h	56	63	可设置	DMA2 通道 1	DMA2 通道 1 全局中断
0000_0124h	57	64	可设置	DMA2 通道 2	DMA2 通道 2 全局中断
0000_0128h	58	65	可设置	DMA2 通道 3	DMA2 通道 3 全局中断
0000_012Ch	59	66	可设置	DMA2 通道 4	DMA2 通道 4 全局中断
0000_0130h	60	67	可设置	DMA2 通道 5	DMA2 通道 5 全局中断
0000_0134h	61	68	可设置	ETH	以太网全局中断
0000_0138h	62	69	可设置	ETH_WKUP	连接到 EXTI 的以太网唤醒中断
0000_013Ch	63	70	可设置	CAN2_TX	CAN2 的发送中断
0000_0140h	64	71	可设置	CAN2_RX0	CAN2 接收 0 中断
0000_0144h	65	72	可设置	CAN2_RX1	CAN2 接收 1 中断
0000_0148h	66	73	可设置	CAN2_SCE	CAN2 状态改变错误中断
0000_014Ch	67	74	可设置	OTG_FS	全速 USB OTG 全局中断

由表 7-1 可知,STM32F103 系列微控制器的 NVIC 支持 68 个可屏蔽中断通道(不包括 ARM Cortex-M3 内核的 16 个中断源,即表 7-1 中最前面的 16 行),具有 16 级可编程中断优先级设置,除了个别中断的优先级被固定以外,其他中断的优先级都是可设置的。

7.2.4 STM32F103 中断服务函数

中断服务程序,在结构上与函数非常相似。但不同的是,函数一般有参数有返回值,并在应用程序中被人为显式地调用执行,而中断服务程序一般没有参数也没有返回值,并只有中断发生时才会被自动隐式地调用执行。每个中断都有自己的中断服务程序,用来记录中断发生后要执行的真正意义上的处理操作。

1. STM32F103 中断服务函数特点

STM32F103 所有的中断服务函数在该微控制器所属产品系列的启动代码文件中都

有预先定义。用户开发自己的 STM32F103 应用时可在文件 stm32f10x_it.c 中使用 C 语言编写函数重新定义之。

STM32F103 的中断服务函数通常以 PPP_IRQHandler 命名(其中,PPP 是中断对应的外设名),并具有以下特点:

(1) 预置弱定义属性。除了复位程序以外,STM32F103 其他所有中断服务程序都在启动代码中预设了弱定义(WEAK)属性。用户可以在其他文件中编写同名的中断服务函数替代在启动代码中默认的中断服务程序,具体参见 4.8.3 节中的相关内容。

(2) 全 C 实现。STM32F103 中断服务程序,可以全部使用 C 语言编程实现,无须像以前 ARM7 或 ARM9 处理器那样要在中断服务程序的首尾加上汇编语言"封皮"用来保护和恢复现场(寄存器)。STM32F103 的中断处理过程中,保护和恢复现场的工作由硬件自动完成,无须用户操心。用户只需集中精力编写中断服务程序即可。

2. STM32F103 中断服务函数实例

STM32F103 中断服务程序的以上特性,给用户使用 STM32F103 中断系统进行编程和应用开发带来极大的方便。用户在开发 STM32F103 应用时,可以根据实际需求在中断服务程序文件 stm32f10x_it.c 中使用 C 语言添加或修改相关中断的中断服务程序,在最后链接生成可执行程序阶段,会使用用户自定义的同名中断服务程序替代启动代码中原来默认的中断服务程序。

例如,要更新定时器 2 的中断服务程序(其他的中断服务程序可由此类推而得),可直接在 STM32F103 中断服务程序文件 stm32f10x_it.c 中新增或修改定时器 2 的中断服务程序,如下所示:

```
void TIM2_IRQHandler(void)
{
    ...                            //user code
}
```

尤其需要注意的是,在更新 STM32F103 中断服务程序时,必须确保 STM32F103 中断服务程序文件(stm32f10x_it.c)中的中断服务程序名(如 TIM2_IRQHandler)和启动代码(startup_stm32f10x_xx.s)中的中断服务程序名(如 TIM2_IRQHandler)相同,否则在链接生成可执行文件时无法使用用户自定义的中断服务程序替换原来默认的中断服务程序。

7.2.5 STM32F103 中断设置过程

综上所述,并结合第 4 章中 STM32F103 启动代码和启动过程的知识,建立或设置一个 STM32F103 中断的过程,如图 7-5 所示。

1. 建立中断向量表

当中断发生时,STM32F103 将通过查找中断向量表来找到对应的中断服务程序的

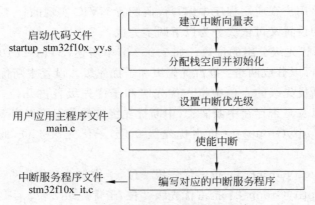

图 7-5　STM32F103 中断的建立过程

入口地址。因此,中断向量表的建立必须在用户应用程序执行前完成,通常在启动过程中完成。用户可以根据应用需求选择在 Flash 或在 RAM 中建立中断向量表。

(1) 在 Flash 中建立中断向量表。

如果把中断向量表放在 Flash 中,则无须重新定位中断向量表。嵌入式应用程序运行过程中,每个中断对应固定的中断服务程序不能更改。这也是默认设置。

(2) 在 RAM 中建立中断向量表。

如果把中断向量表放在 RAM 中,则需要重定位中断向量表。嵌入式应用程序运行过程中,可根据需要动态地改变中断服务程序。

2. 分配栈空间并初始化

当执行中断服务程序时,STM32F103 进入 Handler 模式,并使用主堆栈的栈顶指针 MSP。因此,与上一步建立中断向量表一样,栈空间的分配和初始化也必须在用户应用程序执行前完成,通常也是在启动过程中完成的。本步又可分为分配栈空间和初始化栈两部分:

(1) 分配栈空间。栈空间的分配通常位于 STM32F103 启动代码的起始位置。为了保证在中断响应和返回时有足够的空间来保护和恢复现场(xPSR、PC、LR、R12、R3—R0 共 8 个寄存器),应在 RAM 中为栈分配足够大的空间,避免中断发生(尤其是嵌套中断)时主堆栈溢出。在预算栈空间大小时,除了要计入最深函数调用时对栈空间的需求,还需要判定最多可能有多少级中断嵌套。一个麻烦但很保险的方法是假设每个中断都可以嵌套。对于每一级嵌套的中断,都要保存和恢复 ARM Cortex-M3 内核中的 8 个寄存器,至少需要 8 个字(32B)的空间。并且如果中断服务程序过于复杂,还可能有更多的栈空间需求。

(2) 初始化栈。如 4.8.4 节中所述,栈的初始化工作通常在 STM32F103 微控制器上电复位后执行复位服务程序时完成。

3. 设置中断优先级

不同于在启动代码中系统自动完成的前两步,建立 STM32F103 中断的第三步——

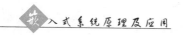

设置中断优先级是用户在应用程序中编写代码配置 NVIC 实现的。

中断优先级的设置又可依次分为以下两步完成：

（1）设置中断优先级分组的位数。如 7.2.2 节中所述，STM32F103 中断优先级用 4 个二进制位表示，可以分成两组：抢占优先级和子优先级。设置中断优先级分组的位数，即确定在表示中断优先级的 4 位中抢占优先级和子优先级各占几位。根据实际开发中用到的中断总数以及是否存在中断嵌套，中断优先级位的分组可以有 5 种方式：

- NVIC_PriorityGroup_0：抢占优先级 0 位，子优先级 4 位，此时不会发生中断嵌套。
- NVIC_PriorityGroup_1：抢占优先级 1 位，子优先级 3 位。
- NVIC_PriorityGroup_2：抢占优先级 2 位，子优先级 2 位。
- NVIC_PriorityGroup_3：抢占优先级 3 位，子优先级 1 位。
- NVIC_PriorityGroup_4：抢占优先级 4 位，子优先级 0 位。

（2）设置中断的抢占优先级和子优先级。根据中断优先级分组情况，分别设置中断的抢占优先级和子优先级。例如，如果使用 NVIC_PriorityGroup_1 对 4 位中断优先级进行分组（即抢占优先级 1 位，子优先级 3 位），那么某中断（通道）的抢占优先级应在 0、1 中取值设置，子优先级在 0～7 中取值设置。

4. 使能中断

在设置完中断的优先级后，通过失效中断总屏蔽位和分屏蔽位，可以使能对应的中断。

5. 编写对应的中断服务程序代码

中断设置的最后一步是编写中断服务程序代码。

STM32F103 中断服务程序名已在启动代码中指定，一般是 PPP_IRQHandler，其中 PPP 为对应外设名，如 TIM1、USART1 等。

STM32F103 中断服务程序（如 TIM1_ IRQHandler）的具体内容由用户使用 C 语言编写，实现对中断的具体处理。尤其需要注意的是，通常在中断服务程序最后、退出中断服务程序前清除对应中断的标志位，表示该中断已处理完毕，否则，该中断请求始终存在，该中断服务程序将被反复执行。

7.3　STM32F103 外部中断/事件控制器 EXTI

在第 5 章讲述 STM32F103 微控制器的 GPIO 时，提到 STM32F103 的通用 I/O 引脚可以被直接映射为外部中断通道或事件输出，用于产生中断/事件请求。那么，如何在通用 I/O 引脚上产生中断/事件请求的呢？答案就是 STM32F103 微控制器上的另一个片上外设——外部中断/事件控制器 EXTI。

7.3.1　内部结构

在 STM32F103 微控制器中,外部中断/事件控制器 EXTI 由 19 根外部输入线、19 个产生中断/事件请求的边沿检测器和 APB 外设接口等部分组成,如图 7-6 所示。

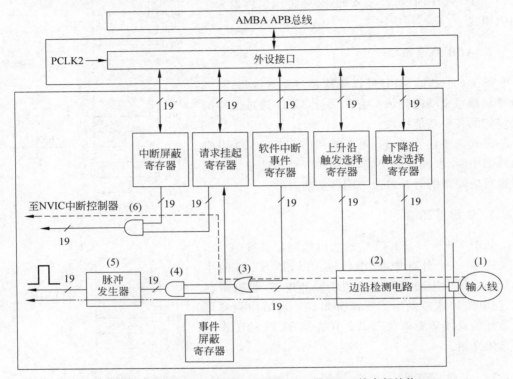

图 7-6　STM32F103 外部中断/事件控制器 EXTI 的内部结构

1. 外部中断/事件输入线

从图 7-6 可以看到,STM32F103 外部中断/事件控制器 EXTI 内部信号线上画有一条斜线,旁边标有 19,表示这样的线路共有 19 套。

与此对应,EXTI 的外部中断/事件输入线也有 19 根,分别为 EXTI0、EXTI1、EXTI2、…、EXTI18。除了 EXTI16(PVD 输出)、EXTI17(RTC 闹钟)和 EXTI18(USB 唤醒)外,其他 16 根外部信号输入线 EXTI0、EXTI1、EXTI2、…、EXTI15 可以分别对应于 STM32F103 微控制器的 16 个引脚 Px0、Px1、Px2、…、Px15,x 为 A、B、C、D、E、F、G。

STM32F103 微控制器最多有 112 个引脚,可以以以下方式连接到 16 根外部中断/事件输入线上:任一端口的 0 号引脚(如 PA0、PB0、…、PG0)映射到 EXTI 的外部中断/事件输入线 EXTI0 上,任一端口的 1 号引脚(如 PA1、PB1、…、PG1)映射到 EXTI 的外部中断/事件输入线 EXTI1 上,以此类推,……,任一端口的 15 号引脚(如 PA15、PB15、…、PG15)映射到

EXTI 的外部中断/事件输入线 EXTI15 上,如图 7-7 所示。需要注意的是,在同一时刻,只能有一个端口的 n 号引脚映射到 EXTI 对应的外部中断/事件输入线 EXTIn 上,$n \in \{0,1,2,\cdots,15\}$。

另外,如果将 STM32F103 的 I/O 引脚映射为 EXTI 的外部中断/事件输入线,必须将该引脚设置为输入模式。

2. APB 外设接口

图 7-6 上部的 APB 外设模块接口是 STM32F103 微控制器每个功能模块都有的部分,CPU 通过这样的接口访问各个功能模块。

尤其需要注意的是,如果使用 STM32F103 引脚的外部中断/事件映射功能,必须打开 APB2 总线上该引脚对应端口的时钟以及 AFIO 功能时钟。

3. 边沿检测器

如图 7-6 所示,EXTI 中的边沿检测器共有 19 个,用来连接 19 个外部中断/事件输入线,是 EXTI 的主体部分。每个边沿检测器由边沿检测电路、控制寄存器、门电路和脉冲发生器等部分组成。边沿检测器每个部分的具体功能将在 7.3.2 节结合 EXTI 的工作原理具体介绍。

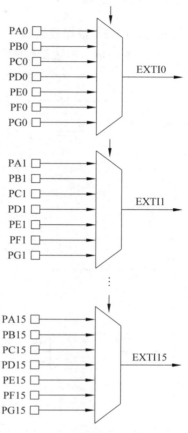

图 7-7　EXTI 外部中断/事件输入线的映像

7.3.2　工作原理

在初步介绍了 STM32F103 外部中断/事件控制器 EXTI 的内部结构(如图 7-6 所示)后,本节由右向左,从输入(外部输入线)到输出(外部中断/事件请求信号),逐步讲述 EXTI 的工作原理,即 STM32F103 微控制器中外部中断/事件请求信号的产生和传输过程。

1. 外部中断/事件请求的产生和传输

外部中断/事件请求的产生和传输过程如下:

(1) 外部信号从编号 1 的 STM32F103 微控制器引脚进入。

(2) 经过边沿检测电路。这个边沿检测电路受到上升沿触发选择寄存器和下降沿触发选择寄存器控制,用户可以配置这两个寄存器选择在哪一个边沿产生中断/事件,由于选择上升沿或下降沿分别受两个平行的寄存器控制,所以用户还以可以在双边沿(即同时选择上升沿和下降沿)都产生中断/事件。

(3) 经过编号 3 的或门,这个或门的另一个输入是软件中断/事件寄存器,由此可见,软件可优先于外部信号产生一个中断或事件请求,即当软件中断/事件寄存器对应位为 1

时,不管外部信号如何,编号 3 的或门都会输出有效的信号。到此为止,无论是中断或事件,外部请求信号的传输路径都是一致的。

(4) 外部请求信号进入编号 4 的与门。这个与门的另一个输入是事件屏蔽寄存器。如果事件屏蔽寄存器的对应位为 0,则该外部请求信号不能传输到与门的另一端,从而实现对某个外部事件的屏蔽;如果事件屏蔽寄存器的对应位为 1,则与门产生有效的输出并送至编号 5 的脉冲发生器。脉冲发生器把一个跳变的信号转变为一个单脉冲,输出到STM32F103 微控制器的其他功能模块。以上是外部事件请求信号的传输路径,如图 7-6 中点划线箭头所示。

(5) 外部请求信号进入挂起请求寄存器,挂起请求寄存器记录了外部信号的电平变化。外部请求信号经过挂起请求寄存器后,最后进入编号 6 的与门。这个与门的功能和编号 4 的与门类似,用于引入中断屏蔽寄存器的控制。只有当中断屏蔽寄存器的对应位为 1 时,该外部请求信号才被送至 NVIC 中断控制器,从而发出一个中断请求,否则,屏蔽之。以上是外部中断请求信号的传输路径,如图 7-6 中虚线箭头所示。

2. 事件与中断

由上面讲述的外部中断/事件请求信号的产生和传输过程可知,从外部激励信号看,中断和事件的请求信号没有区别,只是在 STM32F103 微控制器的内部将它们分开。

- 一路信号(中断)会被送至 NVIC 向 CPU 产生中断请求,至于 CPU 如何响应,由用户编写或系统默认的对应的中断服务程序决定。
- 另一路信号(事件)会向其他功能模块(如定时器、USART、DMA 等)发送脉冲触发信号,至于其他功能模块会如何响应这个脉冲触发信号,则由对应的模块自己决定。

7.3.3 主要特性

STM32F103 微控制器的外部中断/事件控制器 EXTI,具有以下主要特性:

- 每个外部中断/事件输入线都可以独立地配置它的触发事件(上升沿、下降沿或双边沿),并能够单独地被屏蔽。
- 每个外部中断都有专用的标志位(请求挂起寄存器),保持着它的中断请求。
- 可以将多达 112 个通用 I/O 引脚映射到 16 个外部中断/事件输入线上。
- 可以检测脉冲宽度低于 APB2 时钟宽度的外部信号。

7.4 STM32F10x 的 NVIC 相关库函数

本节将介绍 STM32F10x 的 NVIC 相关库函数的用法及其参数定义。如果在 NVIC 开发过程中使用到时钟系统相关库函数,请参见 4.5.4 节中关于时钟系统相关库函数的介绍。另外,本书介绍和使用的库函数均基于 STM32F10x 标准外设库的最新版本 3.5。STM32F10x 的 NVIC 库函数存放在 STM32F10x 标准外设库的 misc.h 和 misc.c

等文件中。其中,头文件 misc. h 用来存放 NVIC 和 SysTick 相关结构体和宏定义、NVIC 和 SysTick 库函数声明,源代码文件 misc. c 用来存放 NVIC 和 SysTick 库函数定义。

如果在用户应用程序中要使用 STM32F10x 的 NVIC 库函数,需要将 NVIC 库函数的头文件包含进来。该步骤可通过在用户应用程序文件开头添加 #include "misc. h"语句或在工程目录下的 stm32f10x_conf. h 文件中去除// #include "misc. h"语句前的注释符//完成。

STM32F10x 的 NVIC 常用的库函数如下:
- NVIC_PriorityGroupConfig:设置优先级分组。
- NVIC_Init:根据 NVIC_InitStruct 中指定的参数初始化 NVIC。
- NVIC_DeInit:将 NVIC 的寄存器恢复为复位启动时的默认值。

7.4.1　NVIC_PriorityGroupConfig

函数原型

void NVIC_PriorityGroupConfig(uint32_t NVIC_PriorityGroup);

功能描述

设置优先级分组,即抢占优先级和子优先级各自所占的位数。

输入参数

NVIC_PriorityGroup:优先级分组位长度,可以是以下取值之一:
- NVIC_PriorityGroup_0:0 位抢占优先级,4 位子优先级。
- NVIC_PriorityGroup_1:1 位抢占优先级,3 位子优先级。
- NVIC_PriorityGroup_2:2 位抢占优先级,2 位子优先级。
- NVIC_PriorityGroup_3:3 位抢占优先级,1 位子优先级。
- NVIC_PriorityGroup_4:4 位抢占优先级,0 位子优先级。

输出参数

无。

返回值

无。

7.4.2　NVIC_Init

函数原型

void NVIC_Init(NVIC_InitTypeDef * NVIC_InitStruct);

功能描述

根据 NVIC_InitStruct 中指定的参数初始化外设 NVIC 寄存器。

输入参数

NVIC_InitStruct:指向结构体 NVIC_InitTypeDef 的指针,包含了 NVIC 相关配置信息。

NVIC_InitTypeDef 定义于文件 misc. h:

```
typedef struct
{
    uint8_t NVIC_IRQChannel;
    uint8_t NVIC_IRQChannelPreemptionPriority;
    uint8_t NVIC_IRQChannelSubPriority;
    FunctionalState NVIC_IRQChannelCmd;
} NVIC_InitTypeDef;
```

(1) NVIC_IRQChannel。指定将要使能或禁止 IRQ 通道,对于大容量 STM32F103 微控制器(如 STM32F103RC)来说,可以是以下取值之一:

- NonMaskableInt_IRQn:不可屏蔽中断。
- MemoryManagement_IRQn:Cortex-M3 存储器管理错误中断。
- BusFault_IRQn:Cortex-M3 总线错误中断。
- UsageFault_IRQn:Cortex-M3 使用错误中断。
- SVCall_IRQn:Cortex-M3 使用 SVC 指令调用系统服务中断。
- DebugMonitor_IRQn:Cortex-M3 调试监视器中断。
- PendSV_IRQn:Cortex-M3 可挂起的系统服务请求中断。
- SysTick_IRQn:Cortex-M3 系统定时器中断。
- WWDG_IRQn:窗口看门狗中断。
- PVD_IRQn:PVD 通过 EXTI 探测中断。
- TAMPER_IRQn:篡改中断。
- RTC_IRQn:RTC 全局中断。
- FLASH_IRQn:Flash 全局中断。
- RCC_IRQn:RCC 全局中断。
- EXTI0_IRQn:外部中断线 0 中断。
- EXTI1_IRQn:外部中断线 1 中断。
- EXTI2_IRQn:外部中断线 2 中断。
- EXTI3_IRQn:外部中断线 3 中断。
- EXTI4_IRQn:外部中断线 4 中断。
- DMA1_Channel1_IRQn:DMA1 通道 1 全局中断。
- DMA1_Channel2_IRQn:DMA1 通道 2 全局中断。
- DMA1_Channel3_IRQn:DMA1 通道 3 全局中断。
- DMA1_Channel4_IRQn:DMA1 通道 4 全局中断。
- DMA1_Channel5_IRQn:DMA1 通道 5 全局中断。
- DMA1_Channel6_IRQn:DMA1 通道 6 全局中断。
- DMA1_Channel7_IRQn:DMA1 通道 7 全局中断。
- ADC1_2_IRQn:ADC1 和 ADC2 全局中断。
- USB_HP_CAN1_TX_IRQn:USB 高优先级中断或者 CAN1 发送中断。
- USB_LP_CAN1_RX0_IRQn:USB 低优先级中断或者 CAN1 接收 0 中断。

- CAN1_RX1_IRQn：CAN1 的接收 1 中断。
- CAN1_SCE_IRQn：CAN1 的 SCE 中断。
- EXTI9_5_IRQn：外部中断线[9：5]中断。
- TIM1_BRK_IRQn：TIM1 刹车中断。
- TIM1_UP_IRQn：TIM1 更新中断。
- TIM1_TRG_COM_IRQn：TIM1 触发和通信中断。
- TIM1_CC_IRQn：TIM1 捕获比较中断。
- TIM2_IRQn：TIM2 全局中断。
- TIM3_IRQn：TIM3 全局中断。
- TIM4_IRQn：TIM4 全局中断。
- I2C1_EV_IRQn：I2C1 事件中断。
- I2C1_ER_IRQn：I2C1 错误中断。
- I2C2_EV_IRQn：I2C2 事件中断。
- I2C2_ER_IRQn：I2C2 错误中断。
- SPI1_IRQn：SPI1 全局中断。
- SPI2_IRQn：SPI2 全局中断。
- USART1_IRQn：USART1 全局中断。
- USART2_IRQn：USART2 全局中断。
- USART3_IRQn：USART3 全局中断。
- EXTI15_10_IRQn：外部中断线[15：10]中断。
- RTCAlarm_IRQn：RTC 闹钟通过 EXTI 线中断。
- USBWakeUp_IRQn：USB 通过 EXTI 线从悬挂唤醒中断。
- TIM8_BRK_IRQn：TIM8 刹车中断。
- TIM8_UP_IRQn：TIM8 更新中断。
- TIM8_TRG_COM_IRQn：TIM8 触发和通信中断。
- TIM8_CC_IRQn：TIM8 捕获比较中断。
- ADC3_IRQn：ADC3 全局中断。
- FSMC_IRQn：FSMC 全局中断。
- SDIO_IRQn：SDIO 全局中断。
- TIM5_IRQn：TIM5 全局中断。
- SPI3_IRQn：SPI3 全局中断。
- UART4_IRQn：UART4 全局中断。
- UART5_IRQn：UART5 全局中断。
- TIM6_IRQn：TIM6 全局中断。
- TIM7_IRQn：TIM7 全局中断。
- DMA2_Channel1_IRQn：DMA2 通道 1 全局中断。
- DMA2_Channel2_IRQn：DMA2 通道 2 全局中断。
- DMA2_Channel3_IRQn：DMA2 通道 3 全局中断。

- DMA2_Channel4_5_IRQn：DMA2 通道 4 和通道 5 全局中断。

（2）NVIC_IRQChannelPreemptionPriority。

NVIC_IRQChannel 中定义的 IRQ 通道的抢占优先级，取值范围由抢占优先级所占的位数决定，即由 7.4.1 节中输入参数 NVIC_PriorityGroup 的取值决定。

例如，当 NVIC_PriorityGroup 取值为 NVIC_PriorityGroup_2（即抢占优先级的位数为 2，子优先级的位数为 4－2＝2）时，NVIC_IRQChannelPreemptionPriority 的取值范围为 0～3。而当 NVIC_PriorityGroup 取值为 NVIC_PriorityGroup_0（即抢占优先级的位数为 0，子优先级的位数为 4－0＝4）时，NVIC_IRQChannelPreemptionPriority 的取值只能为 0。

（3）NVIC_IRQChannelSubPriority。NVIC_IRQChannel 中定义的 IRQ 通道的子优先级，取值范围由子优先级所占的位数决定，即由 7.4.1 节中输入参数 NVIC_PriorityGroup 的取值决定。

例如，当 NVIC_PriorityGroup 取值为 NVIC_PriorityGroup_1（即抢占优先级的位数为 1，子优先级的位数为 4－1＝3）时，NVIC_IRQChannelSubPriority 的取值范围为 0～7。而当 NVIC_PriorityGroup 取值为 NVIC_PriorityGroup_4（即抢占优先级的位数为 4，子优先级的位数为 4－4＝0）时，NVIC_IRQChannelSubPriority 的取值只能为 0。

（4）NVIC_IRQChannelCmd。指定 NVIC_IRQChannel 中定义的 IRQ 通道被使能还是禁止，可以是以下取值之一：

- Enable：使能 NVIC_IRQChannel 中定义的 IRQ 通道。
- Disable：禁止 NVIC_IRQChannel 中定义的 IRQ 通道。

输出参数

无。

返回值

无。

7.4.3　NVIC_DeInit

函数原型

void NVIC_DeInit(void)；

功能描述

将 NVIC 的寄存器恢复为复位启动时的默认值（初始值）。

输入参数

无。

输出参数

无。

返回值

无。

7.5 STM32F10x 的 EXTI 相关库函数

本节将介绍 STM32F10x 的 EXTI 相关库函数的用法及其参数定义。在使用 EXTI 前,必先使用 GPIO 库函数中的 GPIO_EXTILineConfig(参见 5.3.10 节的相关内容),将指定的 GPIO 引脚设置为外部中断/事件线。

STM32F10x 的 EXTI 相关库函数,存放在 STM32F10x 标准外设库的 stm32f10x_exti.h 和 stm32f10x_exti.c 文件中。其中,头文件 stm32f10x_exti.h 用来存放 EXTI 相关结构体和宏的定义以及 EXTI 库函数声明,源代码文件 stm32f10x_exti.c 用来存放 EXTI 库函数定义。

如果在用户应用程序中要使用 STM32F10x 的 EXTI 相关库函数,需要将 EXTI 库函数的头文件包含进来。该步骤可通过在用户应用程序文件开头添加 #include "stm32f10x_exti.h"语句或者在工程目录下的 stm32f10x_conf.h 文件中去除// #include "stm32f10x_exti.h"语句前的注释符//完成。

STM32F10x 的 EXTI 常用的库函数如下:

- EXTI_DeInit:将 EXTI 的寄存器恢复为复位启动时的默认值。
- EXTI_Init:根据 EXTI_InitStruct 中指定的参数初始化 EXTI。
- EXTI_GetFlagStatus:检查指定的外部中断/事件线的标志位。
- EXTI_ClearFlag:清除指定外部中断/事件线的标志位。
- EXTI_GetITStatus:检查指定的外部中断/事件线的触发请求发生与否。
- EXTI_ClearITPendingBit:清除指定外部中断/事件线的中断挂起位。

7.5.1 EXTI_DeInit

函数原型

    void EXTI_DeInit(void);

功能描述

    将 EXTI 寄存器恢复为复位启动时的默认值(初始值)。

输入参数

    无。

输出参数

    无。

返回值

    无。

7.5.2 EXTI_Init

函数原型

    void EXTI_Init(EXTI_InitTypeDef * EXTI_InitStruct);

功能描述

根据 EXTI_InitStruct 中指定的参数初始化 EXTI。

输入参数

EXTI_InitStruct：指向结构体 EXTI_InitTypeDef 的指针，包含了 EXTI 相关配置信息。

EXTI_InitTypeDef 定义于文件 stm32f10x_exti.h：

```
typedef struct
{
    uint32_t EXTI_Line;
    EXTIMode_TypeDef EXTI_Mode;
    EXTITrigger_TypeDef EXTI_Trigger;
    FunctionalState EXTI_LineCmd;
}EXTI_InitTypeDef;
```

(1) EXTI_Line。选择将要被使能或禁止的外部中断/事件线，使用操作符"|"可以一次选中多个外部中断/事件线。对于 STM32F103 来说，可使用以下取值的任意组合：

- EXTI_Line0：外部中断/事件线 0。
- EXTI_Line1：外部中断/事件线 1。
- EXTI_Line2：外部中断/事件线 2。
- EXTI_Line3：外部中断/事件线 3。
- EXTI_Line4：外部中断/事件线 4。
- EXTI_Line5：外部中断/事件线 5。
- EXTI_Line6：外部中断/事件线 6。
- EXTI_Line7：外部中断/事件线 7。
- EXTI_Line8：外部中断/事件线 8。
- EXTI_Line9：外部中断/事件线 9。
- EXTI_Line10：外部中断/事件线 10。
- EXTI_Line11：外部中断/事件线 11。
- EXTI_Line12：外部中断/事件线 12。
- EXTI_Line13：外部中断/事件线 13。
- EXTI_Line14：外部中断/事件线 14。
- EXTI_Line15：外部中断/事件线 15。
- EXTI_Line16：外部中断/事件线 16(连接 PVD 输出)。
- EXTI_Line17：外部中断/事件线 17(连接 RTC 警报事件)。
- EXTI_Line18：外部中断/事件线 18(连接 USB 唤醒事件)。

(2) EXTI_Mode。被使能或禁止的外部中断/事件线的工作模式，可以是以下取值之一：

- EXTI_Mode_Event：指定的外部中断/事件线为事件请求。
- EXTI_Mode_Interrupt：指定的外部中断/事件线为中断请求。

（3）EXTI_Trigger。被使能或禁止的外部中断/事件线的触发方式,可以是以下取值之一:

- EXTI_Trigger_Falling:指定的外部中断/事件线为下降沿触发。
- EXTI_Trigger_Rising:指定的外部中断/事件线为上升沿触发。
- EXTI_Trigger_Rising_Falling:指定的外部中断/事件线为上升沿和下降沿触发。

（4）EXTI_LineCmd。指定的外部中断/事件线是被使能还是禁止,可以是以下取值之一:

- ENABLE:使能指定的外部中断/事件线。
- DISABLE:禁止指定的外部中断/事件线。

输出参数

　　无。

返回值

　　无。

7.5.3　EXTI_GetFlagStatus

函数原型

　　FlagStatus EXTI_GetFlagStatus(uint32_t EXTI_Line);

功能描述

　　检查指定 EXTI 线的标志位(是否置位),但不检测该中断是否被屏蔽。因此,当该位置位时,EXTI 线中断并不一定得到响应(例如,EXTI 线中断被禁止时)。

输入参数

　　EXTI_Line:待检查的指定 EXTI 线,取值范围参见 7.5.2 节中的输入参数。

输出参数

　　无。

返回值

　　指定 EXTI 线的最新状态,可以是以下取值之一:

- SET:指定 EXTI 线的状态位置位。
- RESET:指定 EXTI 线的状态位清零。

7.5.4　EXTI_ClearFlag

函数原型

　　void EXTI_ClearFlag(uint32_t EXTI_Line);

功能描述

　　清除指定 EXTI 线的标志位。

输入参数

EXTI_Line：待清除的指定 EXTI 线，取值范围参见 7.5.2 节中的输入参数。

输出参数

无。

返回值

无。

7.5.5 EXTI_GetITStatus

函数原型

ITStatus EXTI_GetITStatus(uint32_t EXTI_Line);

功能描述

检查指定 EXTI 线的触发请求发生与否，即查询指定 EXTI 线标志位的状态并检测该 EXTI 线中断是否被屏蔽。与 7.5.3 节相比，EXTI_GetITStatus 多了一步：检测该中断是否被屏蔽。

输入参数

EXTI_Line，待检查的指定 EXTI 线，取值范围参见 7.5.2 节中的输入参数。

输出参数

无。

返回值

指定 EXTI 线的最新状态，可以是以下取值之一：

• SET：指定 EXTI 线的中断请求位置位。

• RESET：指定 EXTI 线的中断请求位清零。

7.5.6 EXTI_ClearITPendingBit

函数原型

void EXTI_ClearITPendingBit(uint32_t EXTI_Line);

功能描述

清除指定 EXTI 线的中断请求位(挂起位)。

输入参数

EXTI_Line：待清除的指定 EXTI 线中断，取值范围参见 7.5.2 节中的输入参数。

输出参数

无。

返回值

无。

7.6　STM32F103 的中断开发实例——按键控制 LED 亮灭

7.6.1　功能要求

本实例完成的功能,在 5.5 节的基础上更进一步:当 KEY0 完成一次按键,目标板上红色 LED 发生一次翻转,即如果按键前红色 LED 点亮,则按键后熄灭红色 LED;反之,如果按键前红色 LED 熄灭,则按键后点亮红色 LED。而且,本例要求使用 EXTI 外部中断实现。

7.6.2　硬件设计

目标板上的按键 KEY0 和红色 LED 分别与 STM32F103 微控制器的引脚 PC5 和 PA8 相连,具体电路,如图 7-8 所示。

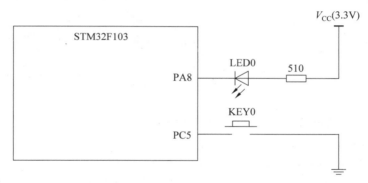

图 7-8　按键 KEY0 和红色 LED 与 STM32F103 微控制器接口电路图

在本例中,使用了两个外围设备——LED 和按键。关于 LED 和按键的介绍,参见 5.4.2 节中的相关内容。

1. PA8：连接红色 LED(LED0)

根据图 7-8 中 STM32F103 微控制器引脚 PA8 与红色 LED(LED0)的硬件连接方式,应将引脚 PA8 设置为普通推挽输出(GPIO_Mode_Out_PP)的工作模式。并且,当引脚 PA8 输出低电平(0V)时,红色 LED(LED0)点亮;当引脚 PA8 输出高电平(3.3V)时,红色 LED(LED0)熄灭。

2. PC5(EXTI_Line5)：连接按键(KEY0)

根据图 7-8 中 STM32F103 微控制器引脚 PC5 与按键(KEY0)的硬件连接方式,应将引脚 PC5 设置为上拉输入(GPIO_Mode_IPU)的工作模式。并且,当按下按键 KEY0 时,引脚 PC5 输入低电平(0V);当释放按键 KEY0 时,引脚 PC8 输入高电平(3.3V)。

由于本例要求使用 EXTI 外部中断实现,因此,还需要将连接按键(KEY0)的引脚 PC5 配置为外部中断/事件线(即 EXTI_Line5),并打开第二功能 AFIO 时钟。具体的配置函数参见 5.3.10 节和 4.5.4 节。

7.6.3　软件流程设计

由于使用了 EXTI 线路中断,本实例的软件设计采用基于前/后台架构,因此其流程也分为后台和前台两部分。

1. 后台(主程序)

与前面两章的实例程序相比,本例的后台程序也是由系统初始化和一个无限循环构成的,如图 7-9 所示。

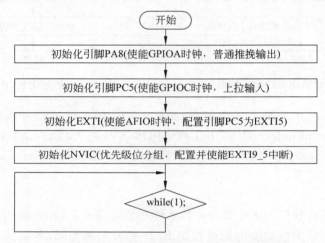

图 7-9　使用中断按键控制 LED 亮灭程序的后台软件流程

1)系统初始化

在本实例中,STM32F103 微控制器上电复位后,首先通过一系列初始化函数完成系统初始化工作,包括初始化引脚 PA8(连接红色 LED 的引脚)、初始化引脚 PC5(连接按键 KEY0 的引脚)、初始化 EXTI 和初始化 NVIC 等。

(1)初始化引脚 PA8。

引脚 PA8 连接 LED0,其初始化配置参见 5.5 节的相关内容。

(2)初始化引脚 PC5。

引脚 PC5 连接 KEY0,其初始化配置参见 5.5 节的相关内容。

(3)初始化 EXTI。

如需使用 STM32F103 的 EXTI 中断,不仅要先使能 APB2 总线上的 AFIO 时钟,还需通过 EXTI_InitTypeDef 结构体设置 EXTI 相关寄存器,将相应的 I/O 引脚配置为 EXTI 线路,并配置其工作模式、触发方式及使能状态。在本实例中,初始化 EXTI 的软

件流程具体如图 7-10 所示。

初始化 EXTI 可通过时钟系统库函数 RCC_APB2PeriphClockCmd、GPIO 库函数 GPIO_EXTILineConfig、EXTI 库函数 EXTI_Init 和结构体 EXTI_InitTypeDef 实现。以上相关库函数和结构体的具体说明分别参见 4.5.4 节、5.3 节和 7.5 节。

（4）初始化 NVIC。

如需使用 STM32F103 微控制器的 EXTI 中断，除了配置 EXTI，还需配置 NVIC，包括设置优先级位分组，设置 EXTI9_5 中断优先级和使能 EXTI9_5 中断，如图 7-11 所示。

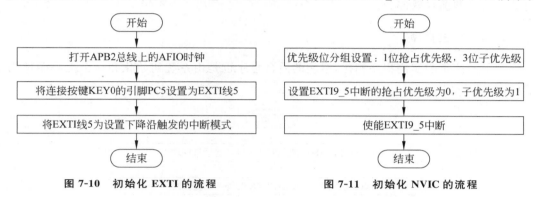

图 7-10　初始化 EXTI 的流程　　　　　图 7-11　初始化 NVIC 的流程

与初始化 EXTI 的实现方式类似，初始化 NVIC 的具体过程可通过 NVIC 库函数 NVIC_PriorityGroupConfig、NVIC_Init 和结构体 NVIC_InitTypeDef 实现。其中，库函数 NVIC_PriorityGroupConfig、NVIC_Init 和结构体 NVIC_InitTypeDef 的具体说明参见 7.4.1 节和 7.4.2 节。

2）无限循环

无限循环是后台程序的主体部分。当系统初始化完成后，即始终陷于该无限循环中运行。与 5.5 节完成类似功能的按键控制 LED 亮灭实例不同，本实例后台的无限循环非常简单，不做任何事情。因为，所有的工作都由前台（在本例中，即为按键 KEY0 对应的中断服务程序——EXTI9_5_IRQHandler）完成。

2. 前台（EXTI9_5 中断服务程序）

本实例的前台，由 EXTI9_5 中断服务程序构成。当按键 KEY0 按下（即连接 KEY0 的引脚 PC5 上产生了一个下降沿）后，该中断服务程序被执行。因此，应重写 EXTI9_5 中断服务程序 EXTI9_5_IRQHandler，实现每次按键 KEY0 按下（即发生 EXTI5 中断）后相应的处理（使红色 LED 翻转，即在引脚 PA8 输出相反的电平），其具体流程如图 7-12 所示。

与后台类似，本实例前台流程中的每一步都可使用相应的库函数编程实现，具体参见 5.3 节和 7.5 节。

7.6.4　软件代码实现

在编辑代码前，需要新建或配置已有的 STM32F103 工程，并将代码文件包含在该工

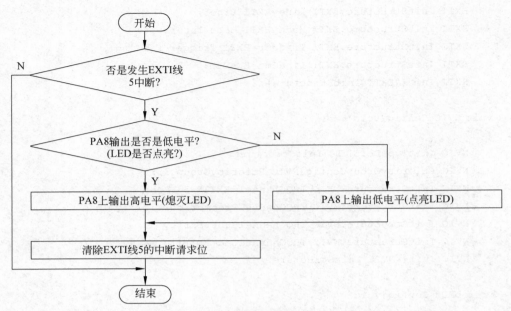

图 7-12　使用中断按键控制 LED 亮灭程序的前台软件流程

程内,具体操作步骤参见 4.9 节。

根据 7.6.3 节中的软件流程图,结合本章及以前各章介绍的相关库函数,写出本例的实现代码。

1. main.c（后台,主程序文件）

```c
#include "stm32f10x.h"
void LED0_Config(void);
void KEY0_Config(void);
void EXTI_Config(void);
void NVIC_Config(void);
int main(void)
{
    LED0_Config();
    KEY0_Config();
    EXTI_Config();
    NVIC_Config();
    while(1);
}
void EXTI_Config(void)
{
    EXTI_InitTypeDef EXTI_InitStructure;
    RCC_APB2PeriphClockCmd(RCC_APB2Periph_AFIO, ENABLE);
    GPIO_EXTILineConfig(GPIO_PortSourceGPIOC, GPIO_PinSource5);
```

```
        EXTI_InitStructure.EXTI_Line=EXTI_Line5;
        EXTI_InitStructure.EXTI_Mode=EXTI_Mode_Interrupt;
        EXTI_InitStructure.EXTI_Trigger=EXTI_Trigger_Falling;
        EXTI_InitStructure.EXTI_LineCmd=ENABLE;
        EXTI_Init(&EXTI_InitStructure);
    }
    void NVIC_Config(void)
    {
        NVIC_InitTypeDef NVIC_InitStructure;
        NVIC_PriorityGroupConfig(NVIC_PriorityGroup_1);
        NVIC_InitStructure.NVIC_IRQChannel=EXTI9_5_IRQn;
        NVIC_InitStructure.NVIC_IRQChannelPreemptionPriority=0;
        NVIC_InitStructure.NVIC_IRQChannelSubPriority=1;
        NVIC_InitStructure.NVIC_IRQChannelCmd=ENABLE;
        NVIC_Init(&NVIC_InitStructure);
    }
    void LED0_Config(void)
    {
        GPIO_InitTypeDef GPIO_InitStructure;
        /* Enable GPIO_LED0 clock */
        RCC_APB2PeriphClockCmd(RCC_APB2Periph_GPIOA, ENABLE);
        /* GPIO_LED0 Pin(PA8) Configuration */
        GPIO_InitStructure.GPIO_Pin=GPIO_Pin_8;
        GPIO_InitStructure.GPIO_Mode=GPIO_Mode_Out_PP;
        GPIO_InitStructure.GPIO_Speed=GPIO_Speed_2MHz;
        GPIO_Init(GPIOA, &GPIO_InitStructure);
    }
    void KEY0_Config(void)
    {
        GPIO_InitTypeDef GPIO_InitStructure;
        /* Enable GPIO_KEY0 clock */
        RCC_APB2PeriphClockCmd(RCC_APB2Periph_GPIOC, ENABLE);
        /* Configure KEY0 Button */
        GPIO_InitStructure.GPIO_Mode=GPIO_Mode_IPU;
        GPIO_InitStructure.GPIO_Pin=GPIO_Pin_5;
        GPIO_Init(GPIOC, &GPIO_InitStructure);
    }
```

2. stm32f10x_it.c（前台，中断服务程序文件）

在中断服务程序文件 stm32f10x_it.c 中，添加外部中断线 9_5 的中断服务程序 EXTI9_5_IRQHandler()：

```
#include "stm32f10x_it.h"
```

```
void LED0_On(void);
void LED0_Off(void);
unsigned char LED0_IsOn(void);
void EXTI9_5_IRQHandler(void)
{
    unsigned char temp=LED0_IsOn();
    if(EXTI_GetITStatus(EXTI_Line5) !=RESET){
        if (temp)
            LED0_Off();
        else
            LED0_On();
        EXTI_ClearITPendingBit(EXTI_Line5);
    }
}
void LED0_On(void)
{
    GPIO_ResetBits(GPIOA, GPIO_Pin_8);
}
void LED0_Off(void)
{
    GPIO_SetBits(GPIOA, GPIO_Pin_8);
}
unsigned char LED0_IsOn(void)
{
    return !GPIO_ReadOutputDataBit(GPIOA, GPIO_Pin_8);
}
```

7.6.5　下载到硬件运行

下载到硬件运行的过程如下：

(1) 下载程序到 STM32F103 的 Flash 中。

将 STM32F103 工程编译链接生成的可执行文件下载到开发板的 STM32F103 微控制器中，具体操作步骤可参见 4.9.7 节。

(2) 复位 STM32F103，观察程序运行结果。

按下开发板上的 Reset 键，使 STM32F103 微控制器复位后运行刚才下载的程序，可以看到：当开发板上的 KEY0 完成一次按键后，红色 LED 发生翻转（如果按键前红色 LED 点亮，则按键后红色 LED 熄灭；如果按键前红色 LED 熄灭，按键后红色 LED 点亮）。

7.6.6　开发经验小结——前/后台嵌入式软件架构

中断是一种优秀的硬件机制，使系统能快速响应紧急事件或优先处理重要任务，并

在此基础上，可以采用基于前/后台的软件设计方法，显著地提高了系统效率。因此，中断是使用微控制器进行应用开发必须掌握的内容之一。

不同于前几章中开发的基于无限循环架构的嵌入式应用程序，本章的应用程序是基于前/后台架构。前/后台架构，顾名思义，是由后台程序和前台程序两部分构成的。后台又被称为任务级程序，主要负责处理日常事务；前台通过中断及其服务函数实现，因此又被称为中断级程序。它可以打断后台的执行，主要用于快速响应事件，处理紧急事务和执行时间相关性较强的操作。实际生活中，很多基于微控制器的产品都采用前/后台架构设计，例如微波炉、电话机、玩具等。在另外一些基于微控制器的应用中，从省电的角度出发，平时微控制器运行于后台停机状态，所有的事务和操作都通过中断服务完成。

对于基于前/后台架构的 STM32F103 应用，其软件设计和实现也分为两部分：后台和前台，如图 7-13 所示。

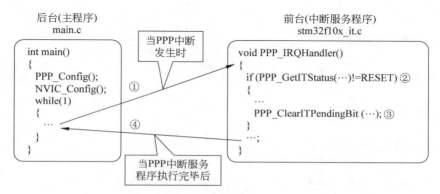

图 7-13　基于前/后台架构的 STM32F103 应用软件结构

1. 后台

后台，即 STM32F103 应用主程序，位于 main.c 文件中，其主体是主函数 main。当 STM32F103 微控制器上电复位完成系统初始化后，就会转入这个主函数 main 中执行。这与前两章讲述的基于无限循环的嵌入式软件架构中的主函数 main 是一样的。

主函数 main 通常由一个初始化函数和一个无限循环构成。其中，初始化函数完成对 STM32F103 中断源（如定时器、EXTI 等）和嵌套向量中断控制器（NVIC）的配置。

例如，STM32F103 微控制器任何一个 I/O 引脚都可以被配置为外部中断/事件线（EXTI），因此，在 STM32F103 微控制器 I/O 引脚的电平跳变都可以引发中断，这就是 EXTI 中断。但在使用 EXIT 中断前，必须完成以下工作：

- 配置 EXTI：包括打开 APB2 上的 AFIO 时钟，并将指定 I/O 引脚设置为按照某种模式触发中断的 EXTI 线 n。
- 配置 NVIC：包括分配抢占优先级和子优先级的位数，设置 EXTI 线 n 中断的抢占优先级和子优先级，使能该 EXTI 线 n 中断。

2. 前台

前台，即 STM32F103 中断服务程序，位于 stm32f10x_it.c 文件中，由 STM32F103 中断服务函数组成。用户可以根据应用需求通过在该文件中添加相应的代码重定义相关中断服务函数的实现方式。例如，本实例在 STM32F103 的中断服务程序文件 stm32f10x_it.c 中重写了外部中断/事件线 9_5（EXTI9_5）的中断服务函数 EXTI9_5_IRQHandler 的代码，更新了它原来在启动文件 startup_stm32f10x_xx.s 中的定义。需要注意的是，在 stm32f10x_it.c 中进行重定义的中断服务函数名必须和原来在启动文件 startup_stm32f10x_xx.s 中定义的中断服务函数名保持一致。

STM32F103 的中断服务函数（如图 7-13 中的 PPP_IRQHandler）是一种特殊的函数，它既没有参数，也没有返回值，更不由用户调用，而是当某个中断产生时由硬件自动调用，打断主程序（后台）的运行（如图 7-13 中①）。在对应的中断服务函数中，实现对该中断的具体处理，通常在处理开始前先判断中断源（如图 7-13 中②），在处理完成后清除对应的中断源请求位（如图 7-13 中③）。当中断服务函数执行完毕后，返回主程序（后台）从刚才的断点继续运行（如图 7-13 中④）。

7.7 STM32F103 的中断开发实例——精确延时的 LED 闪烁

7.7.1 功能要求

本实例完成的功能与 6.7 节精确定时的 LED 闪烁完全相同——使目标板上红色 LED 按固定时间一直闪烁，其中点亮时间为 500ms，熄灭时间为 500ms。同时，在主程序中定义一个 32 位无符号变量 CountOfToggle 统计红色 LED 闪烁的次数，并且每当红色 LED 完成一次闪烁时，便在调试窗口中输出该变量的值。而且，本例要求使用中断实现。注意比较使用中断和不使用中断两种不同方式下编程的区别。

7.7.2 硬件设计

目标板上的红色 LED 通过一个限流电阻与 STM32F103 微控制器的引脚 PA8 相连，具体电路如图 7-14 所示。

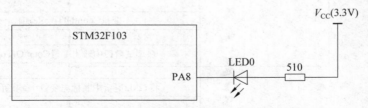

图 7-14 红色 LED 与 STM32F103 微控制器接口电路图

本例仅需使用 1 个外围设备——LED。关于 LED 的介绍,参见 5.4.2 节中的相关内容。

PA8:连接红色 LED(LED0)

根据图 7-13 中 STM32F103 微控制器引脚 PA8 与红色 LED(LED0)的硬件连接方式,应将引脚 PA8 设置为普通推挽输出(GPIO_Mode_Out_PP)的工作模式。并且,当引脚 PA8 输出低电平(0V)时,红色 LED(LED0)点亮;当引脚 PA8 输出高电平(3.3V)时,红色 LED(LED0)熄灭。

7.7.3　软件流程设计

虽然本实例的功能与 6.7 节精确定时的 LED 闪烁完全相同,但由于使用了定时器中断,本实例的软件设计不采用基于无限循环的架构,而基于前/后台架构,其流程也分为后台和前台两部分。

1. 后台(主程序)

本实例的后台流程依然由系统初始化加上一个无限循环构成,如图 7-15 所示。

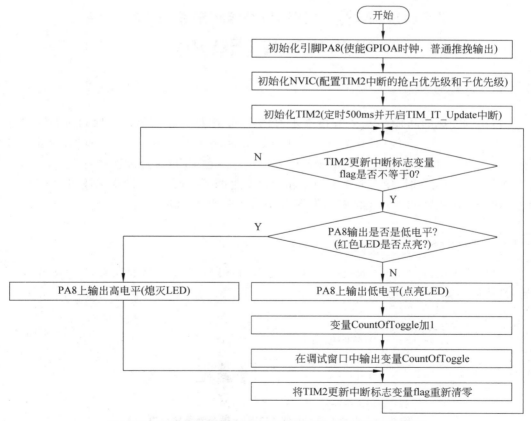

图 7-15　使用中断精确定时的 LED 闪烁程序的后台软件流程

1) 系统初始化

与本章上一个开发实例类似,本实例中的 STM32F103 微控制器上电复位后,首先通过一系列初始化函数完成系统初始化工作,包括初始化引脚 PA8(连接红色 LED 的复用引脚)、初始化 NVIC 和初始化 TIM2 等。

(1) 初始化引脚 PA8。

引脚 PA8 连接 LED0,其初始化配置参见 5.5 节按键控制 LED 亮灭实例的相关内容。

(2) 初始化 NVIC。

本例中初始化 NVIC(设置 TIM2 中断)的过程与本章上一个实例中初始化 NVIC(设置 EXTI9_5 中断)非常相似,其具体流程参见 7.6 节按键控制 LED 亮灭实例的相关内容。

(3) 初始化 TIM2。

如需使用 STM32F103 微控制器的定时器中断,除了常规配置定时器(参见 6.7 节精确定时的 LED 闪烁实例的相关内容)外,还需使能定时器的相关中断源。

具体来说,本实例中初始化 TIM2 的软件流程如图 7-16 所示。

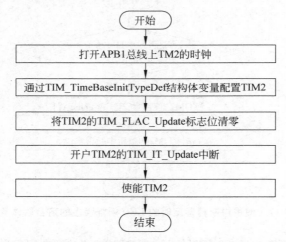

图 7-16　初始化 TIM2(定时 500ms 并使能 TIM_IT_Update 中断)的流程

类似地,本实例初始化 TIM2 过程中的每一步都可以由 STM32F10x 标准外设库中对应的库函数编程实现,可以参考前两章开发实例中的相关操作,并在 4.5.4 节的时钟系统相关库函数和 6.6 节的定时器相关库函数中查找完成相应功能的函数。

2) 无限循环

无限循环是后台程序的主体部分。当系统初始化完成后,即始终陷于该无限循环中运行。与本章上一个实例程序相比,本例后台的无限循环要显得复杂。在本例的后台循环中,不断查询 TIM2 更新中断标志变量 flag(初始值 0)并做相应的处理:

- 如果 flag 的值为 0(即 TIM2 的更新中断还未发生或者已处理完毕),那么此时微控制器什么也不做,回到无限循环的起始处继续查询。
- 如果 flag 的值为 1(即 TIM2 的更新中断发生且未被处理),那么此时微控制器将

翻转连接红色 LED 的引脚 PA8 的输出,记录红色 LED 闪烁的次数,并将 flag 清零后回到无限循环的起始处重新开始查询。

由此可见,本例和本章上一个实例的区别在于:本章上一个实例由中断服务程序直接负责对中断请求(如按键 KEY0 被按下)的具体处理操作;本例虽然也使用中断服务程序,但仍在主程序中实现对中断请求(如 TIM2 计数溢出)的具体处理操作。这样做的好处是,尽可能地减少中断服务函数中的操作,从而缩短中断服务函数的执行时间和中断响应时间。

2. 前台(TIM2 中断服务程序)

本实例的前台软件由 TIM2 中断服务程序构成,该中断服务程序(因 TIM2 更新中断)每隔 500ms 被执行一次。

本例中对 TIM2 更新中断的处理(如翻转红色 LED、统计其闪烁次数等)都由主程序实现,并根据 TIM2 更新中断标志变量的取值而执行。因此,TIM2 中断服务程序非常简短,其主要工作就是将 ADC1 读取标志变量置 1,具体流程如图 7-17 所示。

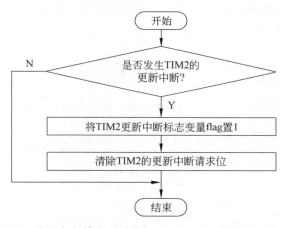

图 7-17　使用中断精确定时的 LED 闪烁程序的前台软件流程

除了"将 TIM2 更新中断标志变量 flag 置 1"这一步外,本实例前台流程的其他各步都可使用相应的库函数编程实现,具体参见 6.6 节的定时器相关库函数。

7.7.4　软件代码实现

在编辑代码前,需要新建或配置已有的 STM32F103 工程,并将代码文件包含在该工程内,具体操作步骤参见 4.9 节。

根据 7.7.3 节中的软件流程图,结合本章及以前各章介绍的相关库函数,写出本例的实现代码。

1. main. c(后台,主程序文件)

```
#include "stm32f10x.h"
```

```c
#include <stdio.h>
#define ITM_Port8(n)        (*((volatile unsigned char *)(0xE0000000+4*n)))
#define ITM_Port16(n)       (*((volatile unsigned short *)(0xE0000000+4*n)))
#define ITM_Port32(n)       (*((volatile unsigned long *)(0xE0000000+4*n)))
#define DEMCR               (*((volatile unsigned long *)(0xE000EDFC)))
#define TRCENA              0x01000000
struct __FILE { int handle; /* Add whatever is needed */ };
FILE __stdout;
FILE __stdin;
int fputc(int ch, FILE * f)
{
    if (DEMCR & TRCENA)
    {
        while (ITM_Port32(0)==0);
        ITM_Port8(0)=ch;
    }
    return(ch);
}
volatile unsigned char flag=0;
unsigned int CountOfToggle=0;
void LED0_Config(void);
void LED0_On(void);
void LED0_Off(void);
unsigned char LED0_IsOn(void);
void NVIC_Config(void);
void TIM2_Config(void);
int main(void)
{
    LED0_Config();
    NVIC_Config();
    TIM2_Config();
    while(1)
    {
        if (flag)
        {
            if (LED0_IsOn())
            {
                LED0_Off();
            }//if (LED0_IsOn())
            else
            {
                CountOfToggle++;
                printf("CountOfToggle is %d\n", CountOfToggle);
                LED0_On();
```

```
            }//if (LED0_IsOff())
            flag=0;
        } //if (flag)
    }//while(1)
}
void NVIC_Config()
{
    NVIC_InitTypeDef NVIC_InitStructure;
    NVIC_PriorityGroupConfig(NVIC_PriorityGroup_1);
    NVIC_InitStructure.NVIC_IRQChannel=TIM2_IRQn;
    NVIC_InitStructure.NVIC_IRQChannelPreemptionPriority=0;
    NVIC_InitStructure.NVIC_IRQChannelSubPriority=1;
    NVIC_InitStructure.NVIC_IRQChannelCmd=ENABLE;
    NVIC_Init(&NVIC_InitStructure);
}
void TIM2_Config()
{
    TIM_TimeBaseInitTypeDef TIM_TimeBaseStructure;
    /* Enable TIM1 clock */
    RCC_APB1PeriphClockCmd(RCC_APB1Periph_TIM2, ENABLE);
    /* TIM2 Time Base Configuration:
        TIM2CLK / ((TIM_Prescaler+1) * (TIM_Period+1))=TIM1 Frequency
        TIM2CLK=72MHz, TIM1 Frequency=2Hz,
        TIM_Prescaler=36000-1, (TIM2 Counter Clock=1MHz), TIM_Period=1000-1 */
    /* Time base configuration */
    TIM_TimeBaseStructure.TIM_Prescaler=36000-1;
    TIM_TimeBaseStructure.TIM_Period=1000-1;
    TIM_TimeBaseStructure.TIM_ClockDivision=0;
    TIM_TimeBaseStructure.TIM_CounterMode=TIM_CounterMode_Up;
    TIM_TimeBaseInit(TIM2, &TIM_TimeBaseStructure);
    //Clear TIM2's Update Flag
    TIM_ClearFlag(TIM2, TIM_FLAG_Update);
    //Enable TIM2's Interrupt
    TIM_ITConfig(TIM2,TIM_IT_Update,ENABLE);
    //Enable TIM2
    TIM_Cmd(TIM2,ENABLE);
}
void LED0_Config(void)
{
    GPIO_InitTypeDef GPIO_InitStructure;
    /* Enable GPIO_LED0 clock */
    RCC_APB2PeriphClockCmd(RCC_APB2Periph_GPIOA, ENABLE);
    /* GPIO_LED0 Pin(PA8) Configuration */
    GPIO_InitStructure.GPIO_Pin=GPIO_Pin_8;
```

```
        GPIO_InitStructure.GPIO_Mode=GPIO_Mode_Out_PP;
        GPIO_InitStructure.GPIO_Speed=GPIO_Speed_2MHz;
        GPIO_Init(GPIOA, &GPIO_InitStructure);
}
void LED0_On(void)
{
        GPIO_ResetBits(GPIOA, GPIO_Pin_8);
}
void LED0_Off(void)
{
        GPIO_SetBits(GPIOA, GPIO_Pin_8);
}
unsigned char LED0_IsOn(void)
{
        return !GPIO_ReadOutputDataBit(GPIOA, GPIO_Pin_8);
}
```

2. stm32f10x_it.c(前台,中断服务程序文件)

在中断服务程序文件 stm32f10x_it.c 中添加 TIM2 中断服务程序 TIM2_IRQHandler(),完成相关中断标志变量的更新,如下所示:

```
#include "stm32f10x_it.h"
extern volatile unsigned char flag;
void TIM2_IRQHandler(void)
{
    if (TIM_GetITStatus(TIM2,TIM_IT_Update) !=RESET){
        flag=1;
        TIM_ClearITPendingBit(TIM2, TIM_IT_Update);
    }
}
```

7.7.5 软件代码分析——volatile

在本例的代码中,出现了嵌入式 C 程序中常用的变量限定符: volatile。

1. volatile 的基本概念

volatile 意为易变的、不稳定的。简单地说,就是不让编译器进行优化,即每次读取或者修改 volatile 变量的值时,都必须重新从内存或者寄存器中读取或者修改。嵌入式开发中,volatile 主要用于以下场合:

- 中断服务程序中修改的供其他程序检测的变量。
- 多任务环境下各任务间共享的标志。
- 存储器映射的硬件寄存器。

2. 本例中 volatile 的使用

本例中的 volatile 即属于第一种情况。volatile 在本例中用来修饰在中断服务程序中修改、在主程序中访问的变量 flag。flag 是定时器 TIM2 更新中断请求及处理标志变量。它在应用主程序文件 main.c 中定义和访问,在 STM32F103 中断服务程序文件 stm32f10x_it.c 中声明和修改,因此要用 volatile 限定。

7.7.6 软件模拟仿真

在对 STM32F103 工程编译链接生成可执行文件后,可以在没有硬件条件的情况时软件模拟仿真运行结果。

下面,继续以 KEIL MDK 为例,讲述软件仿真本实例程序的具体步骤:

(1) 将调试方式设置为软件模拟仿真方式。

首先将调试方式设置为软件模拟仿真,具体操作步骤参见 5.4.5 节中关于将调试方式设置为软件模拟仿真方式的相关内容。

(2) 在程序中插入断点。

然后,为了更好地跟踪程序的运行,在重要节点的语句处插入断点(程序遇断点即暂停运行,等待用户观测变量完毕并按键后从断点处语句开始继续执行)。对于本例的程序,按照预想的运行顺序及重要的观测节点,设置以下 3 个断点:

① 断点 1:进入 TIM2 的更新中断服务程序后。在 stm32f10x_it.c 文件中,选中 "flag=1;"语句并右击,出现右键菜单,选择其中的 Insert/Remove Breakpoint 命令,在此处添加断点。

② 断点 2:主程序熄灭红色 LED 前。在 main.c 文件中,选中"LED0_Off();"语句并右击,出现右键菜单,选择其中的 Insert/Remove Breakpoint 命令,在此处添加断点。

③ 断点 3:主程序点亮红色 LED 前。在 main.c 文件中,选中"LED0_On();"语句并右击,出现右键菜单,选择其中的 Insert/Remove Breakpoint 命令,在此处添加断点。

(3) 进入调试模式(软件模拟调试方式)。

选择菜单 Debug→Start/Stop Debug Session 命令或者单击工具栏中的 Debug 按钮,进入调试模式(软件模拟调试方式)。

(4) 打开调试窗口。

在进入调试模式(软件模拟调试方式)后,可以看到 CPU 暂停在主函数 main 的第一条语句处,如图 7-17 所示。在代码窗口中,用黄色箭头指向该位置。

选择菜单 View→Serial Windows→Debug (printf) Viewer 命令,在右下角打开调试窗口,如图 7-18 所示。在代码窗口中,黄色箭头标识程序当前暂停的位置,红色圆圈标识程序断点所在的语句。

(5) 断点跟踪程序模拟运行,观察仿真结果。

选择菜单 Debug→Run 命令或者单击工具栏中的 Run 按钮(如图 5-11 所示),开始仿真运行,直到遇到下一个断点处暂停。此时用户可通过 Register 窗口、Watch 窗口、Memory 窗口和 Peripheral 窗口观察 CPU 寄存器、变量、存储器和外设寄存器的情况。

黄色箭头，标识程序当前(初始时)暂停位置　　　　　　红色圆点，标识断点2

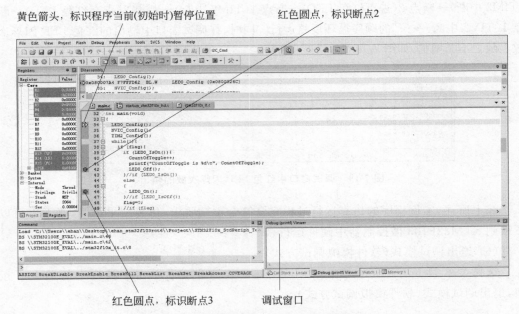

红色圆点，标识断点3　　　　　调试窗口

图 7-18　打开调试窗口后的下载和调试模式

观察完毕后，再次选择 Debug 菜单下的 Run 或按快捷键 F5，程序会继续仿真运行，直到遇到下一个断点处。如此循环往复，可以通过跟踪断点和观察变量来监测程序的运行情况。

在本例中，不断选择 Debug 菜单下的 Run 或按快捷键 F5，程序的仿真运行过程如下：

① 选择 Debug 菜单下的 Run 或按快捷键 F5，经过一段时间等待后，程序在断点 1 处暂停。这说明经过指定时间的延时后，可以正常进入 TIM2 中断服务程序执行。

② 继续选择 Debug 菜单下的 Run 或按快捷键 F5，程序在断点 2 处暂停。这表明 TIM2 更新中断产生后，随着在 TIM2 中断服务程序中置位中断标志变量 flag，在主程序中跳转到相应的处理部分执行(熄灭红色 LED，并将 TIM2 中断标志变量 flag 重新清零)。

③ 继续选择 Debug 菜单下的 Run 或按快捷键 F5，经过一段时间等待后，程序又在断点 1 处暂停。这说明经过指定时间的延时(即红色 LED 熄灭一段时间)后，再次进入 TIM2 中断服务程序执行。

④ 继续选择 Debug 菜单下的 Run 或按快捷键 F5，程序在断点 3 处暂停。这表明 TIM2 更新中断产生后，随着在 TIM2 中断服务程序中置位中断标志变量 flag，在主程序中跳转到相应的处理部分执行(点亮红色 LED，红色 LED 闪烁次数加 1 并输出到调试窗口，并将 TIM2 中断标志变量 flag 重新清零)。

⑤ 继续选择 Debug 菜单下的 Run 或按快捷键 F5，转到情况①。

由此可见，不断选择 Debug 菜单下的 Run 或按快捷键 F5，本例程序将以"断点 1(TIM2 中断)→断点 2(熄灭红色 LED)→断点 1(TIM2 中断)→断点 3(点亮红色 LED)→断点 1

(TIM2 中断)→断点 2(熄灭红色 LED)→断点 1(TIM2 中断)→断点 3(点亮红色 LED)→断点 1(TIM2 中断)→…"的顺序循环反复运行。同时,在调试窗口中输出的红色 LED 闪烁次数也随之不断增加,如图 7-19 所示。

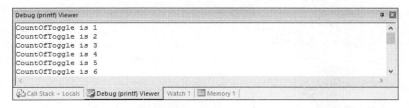

图 7-19　调试窗口中红色 LED 闪烁次数的输出

综上所述,本例程序的仿真运行过程完全符合预期要求,仿真结果正确,接下来可以下载到 STM32F103 微控制器中硬件运行。

(6) 退出调试模式(软件模拟调试方式)。

选择菜单 Debug→Start/Stop Debug Session 命令或者单击工具栏中的 Debug 按钮,退出调试模式(软件模拟调试方式)。

7.7.7　下载到硬件运行

下载到硬件运行的过程如下:

(1) 下载程序到 STM32F103 的 Flash 中。

将 STM32F103 工程编译链接生成的可执行文件下载到开发板的 STM32F103 微控制器中,具体操作步骤可参见 4.9.7 节。

(2) 复位 STM32F103,观察程序运行结果。

按下开发板上的 Reset 键,使 STM32F103 微控制器复位后运行刚才下载的程序,可以看到红色 LED 按点亮 500ms、熄灭 500ms 的周期不断闪烁。

7.7.8　开发经验小结——改进的前/后台嵌入式软件架构

与本章上一个实例相比,本实例的程序仍然采用基于前/后台架构的嵌入式软件架构,但遵循中断服务程序应尽可能高效快速的原则,在前台和后台的内容上做了一定的改进——把对中断请求的处理操作从中断服务程序转移到主程序的无限循环结构中完成,而中断服务程序只负责修改对应的中断标志变量。这样,避免了由于在中断服务程序中调用其他函数或进行数学运算而可能导致的堆栈溢出和时间开销,使中断服务程序的代码尽可能简洁,缩短了中断服务的执行时间,提高了中断服务的效率,尤其适合多个中断频繁发生的复杂嵌入式系统。

改进的前/后台嵌入式软件架构如图 7-20 所示。

1. 后台

在改进的前/后台嵌入式软件架构中,后台程序由一系列中断标志变量、初始化函数

```
volatile unsigned char flag1=0,
flag2=0, …, flagN=0;
int main()
{
   PPP1_Config();
   PPP2_Config();
   …
   PPPn_Config();
   NVIC_Config();

   while(1)
   {
      if(flag1)
      {
        process1();
        flag1=0;
      }
      if(flag2)
      {
        process2();
        flag2=0;
      }
      …
      if(flagN)
      {
        processN();
        flagN=0;
      }
   }
}
```

```
extern volatile unsigned char flag1,
flag2, …, flagN;
void PPP1_IRQHandleer()
{
    if (PPP1_GetITStatus(…)!=RESET)
    {
       …
       flag1=1;
       PPP1_ClearITPendingBit(…);
    }
    …
}
void PPP2_IRQHandleer()
{
    if (PPP2_GetITStatus(…)!=RESET)
    {
       …
       flag2=1;
       PPP2_ClearITPendingBit(…);
    }
    …
}
…
void PPPn_IRQHandleer()
{
    if (PPPn_GetITStatus(…)!=RESET)
    {
       …
       flagN=1;
       PPPn_ClearITPendingBit(…);
    }
    …
}
```

(a) 后台(主程序main.c)   (b) 前台(中断服务程序stm32f10x_it.c)

图 7-20 改进的前/后台的嵌入式软件架构

和无限循环构成。

(1) 中断标志变量。用来表征相应的中断请求发生与否。它们在后台(主程序)定义和检测,在前台(相应的中断服务程序)声明和修改,因此必须用 volatile 限定。

(2) 初始化函数。完成对中断控制器(NVIC)以及各个外设中断源(PPP1,PPP2,…,PPPn)的配置。

(3) 无限循环。在无限循环中,依次查询中断标志变量(flag1,flag2,…,flagN),判断是否有某个中断请求(PPPx)发生:如果发生了某个中断请求,则执行相应的处理(processX)并清除相应的中断标志变量(flagX);反之,则什么都不做,继续查询下一个中断标志变量。如此循环往复,一直进行。

2. 前台

在改进的前/后台嵌入式软件架构中,前台程序包括一系列中断标志变量的外部声明和中断服务程序的实现。

(1) 中断标志变量。在后台(主程序)定义,在前台(相应的中断服务程序)引用,因此

必须在前台一开始先用 extern 关键词声明。

（2）中断服务程序。前台的每个中断服务程序都非常简短,仅仅更新了中断标志变量,而将对中断的具体处理工作交由后台（主程序）无限循环中断标志变量的相应分支完成。

7.8　本 章 小 结

本章从中断的一般原理入手,阐述了中断源、中断屏蔽、中断处理、中断优先级和中断嵌套等一系列中断相关的基本概念;然后从嵌套中断向量控制器 NVIC、中断优先级、中断向量表和中断服务程序等方面讲述一个典型的中断系统——STM32F103 的中断系统;接着介绍了 STM32F103 富有特色的外部中断/事件控制器 EXTI,并列出 STM32F10x 标准外设库中常用的 NVIC 和 EXTI 相关库函数;最后,以 LED 闪烁和按键控制 LED 为应用背景,给出了定时器中断和外部中断在 STM32F103 微控制器中的开发示例。

习 题 7

1. 中断服务函数与普通的函数相比有何异同?
2. 什么是中断向量表?它通常存放在存储器的哪个位置?
3. 概述中断处理过程。
4. 简述使用中断的优缺点。
5. STM32F103 微控制器的中断系统共支持多少个异常?其中包括多少个内部异常和多少个可屏蔽的非内核异常中断?
6. STM32F103 微控制器的中断系统,使用多少位优先级设置?一共支持多少级可编程异常优先级?
7. 对于不同的中断源,STM32F103 微控制器的响应顺序遵循什么规则?
8. STM32F103 微控制器复位中断服务程序的地址存放在中断向量表中的哪个位置?
9. STM32F103 微控制器的中断设置过程可以分为哪几步?
10. STM32F103 微控制器事件和中断有什么区别和联系?
11. STM32F103 微控制器 EXTI 信号线一共有多少根?它们分别对应哪些输入?
12. 若要使用 STM32F103 微控制器的 EXTI 中断,必先使能哪个时钟?
13. C 语言的关键字 volatile 有什么作用?主要用于哪些场合?

第 8 章

chapter 8

DMA

本章学习目标
- 掌握 DMA 的基本概念。
- 理解 STM32F103 微控制器 DMA 的触发通道、工作原理、传输模式和主要特性。
- 熟悉 STM32F103 微控制器 DMA 相关的常用库函数。
- 学会在 KEIL MDK 下使用库函数开发基于 STM32F103 的 DMA 应用程序。
- 学会在 KEIL MDK 下采用目标硬件运行的方式调试基于 STM32F103 的 DMA 应用程序,学会设置断点跟踪程序,并使用 Watch 和 Memory 窗口监测程序运行过程中指定变量和存储器地址的变化情况。

DMA(Direct Memory Access,直接内存访问)是计算机系统中用于快速、大量数据交换的重要技术。对于初学嵌入式的读者来说,它或许还有些陌生。但其实这是一个古老而经典的概念,在早期的 Intel 处理器上就有 DMA 的应用。那么,究竟什么是 DMA? DMA 适合于哪些应用场合? STM32F103 微控制器的 DMA 又具有哪些特点? 如何在 STM32F103 微控制器上开发基于 DMA 的应用? 本章将从 DMA 的基本概念开始,向读者一一介绍。

8.1　DMA 的基本概念

8.1.1　DMA 的引入

一个完整的微控制器就像一台集成在一块芯片上的计算机系统(因此,微控制器又名单片机),通常包括 CPU、存储器和外设等部件。这些相互独立的各个部件在 CPU 的协调和交互下协同工作。作为微控制器的大脑,CPU 的相当一部分工作被数据传输占据了。比如,CPU 要从外接温度传感器的片上外设 ADC 中读取温度数据传送到内存的某个变量,或者 CPU 要将内存中的某个字符串输出到 LCD 上。这些输入输出相关的数据传输操作在微控制器应用中非常常见,因此耗费了大量的 CPU 时间。这不是我们所希望看到的。

打个比方,如果把微控制器看作一家公司,CPU 就是公司的大脑——经理,外设是公

司的员工,存储器则是公司的仓库,而数据是仓库中的物品。一开始,公司规定,仓库中的物品由经理直接管理。因此,员工采购来物品,先交给经理,然后由经理负责放入仓库中。员工要使用物品,也要直接告诉经理,由经理到仓库去取。当公司小、人员少的时候,经理还能亲力亲为。但当公司逐步发展,会有越来越多的员工和物品进出仓库。此时,如果经理的大部分时间都耗在处理这些事情上,就没有时间去考虑公司其他更重要的事情了。于是,公司雇用了仓库保管员,分担原来由经理直接负责的物品管理的工作。仓库保管员专门负责物品的出库和入库,只要每次物品出库或入库前,将出库单和入库单交给经理过目同意,后面出入库的具体过程,经理就不再管了,而由仓库保管员负责,并在出入库工作完成后告知经理即可。这样,经理可以从琐碎的物品管理中解放出来,集中精力去处理公司发展和运作中更重要的事情。

　　类似地,我们也希望,作为微控制器优秀的"指挥官",CPU能从简单频繁的"数据搬运"工作中摆脱出来,去处理那些更重要(数据运算)、更紧急(实时响应)的事情,而把"数据搬运"交给专门的部件去完成,就像在第6章中讲述的,CPU把"计数"操作交给定时器去完成一样。于是,DMA和DMA控制器就应运而生了。

8.1.2　DMA的定义

　　DMA(Direct Memory Access,直接存储器存取)是一种完全由硬件执行数据交换的工作方式。它由DMA控制器而不是CPU控制在存储器和存储器、存储器和外设之间的批量数据传输,如图8-1所示。

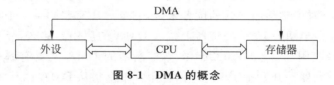

图 8-1　DMA 的概念

　　一般来说,一个DMA有若干条通道,每条通道连接多个外设。这些连接在同一条DMA通道上的多个外设可以分时共享这条DMA通道。但同一时刻,一条DMA通道上只能有一个外设进行DMA数据传输。

8.1.3　DMA传输要素

　　一般来说,使用DMA进行数据传输有四大要素:
　　(1) 传输源,DMA数据传输的来源。
　　(2) 传输目标,DMA数据传输的目标。
　　(3) 传输单位数量,DMA传输数据的大小。
　　(4) 触发信号,用于触发一次数据传输的动作,可以用来控制数据传输的时机。

8.1.4　DMA传输过程

　　具体地说,一个完整的DMA数据传输过程如下:

（1）DMA 请求。CPU 初始化 DMA 控制器，外设（I/O 接口）发出 DMA 请求。

（2）DMA 响应。DMA 控制器判断 DMA 请求的优先级及屏蔽，向总线仲裁器提出总线请求。当 CPU 执行完当前总线周期时，可释放总线控制权。此时，总线仲裁器输出总线应答，表示 DMA 已经响应，DMA 控制器从 CPU 接管对总线的控制，并通知外设（I/O 接口）开始 DMA 传输。

（3）DMA 传输。DMA 数据以规定的传输单位（通常是字）传输，每个单位的数据传送完成后，DMA 控制器修改地址，并对传送单位的个数进行计数，继而开始下一个单位数据的传送，如此循环往复，直至达到预先设定的传送单位数量为止。

（4）DMA 结束。当规定数量的 DMA 数据传输完成后，DMA 控制器通知外设（I/O 接口）停止传输，并向 CPU 发送一个信号（产生中断或事件）报告 DMA 数据传输操作结束，同时释放总线控制权。

8.1.5　DMA 的特点与应用

DMA 具有以下优点：

首先，从 CPU 使用率角度，DMA 控制数据传输的整个过程，既不通过 CPU，也不需要 CPU 干预，都在 DMA 控制器的控制下完成。因此，CPU 除了在数据传输开始前配置，在数据传输结束后处理外，在整个数据传输过程中可以进行其他的工作。DMA 降低了 CPU 的负担，释放了 CPU 资源，使得 CPU 的使用效率大大提高。

其次，从数据传输效率角度，当 CPU 负责存储器和外设之间的数据传输时，通常先将数据从源地址存储到某个中间变量（该变量可能位于 CPU 的寄存器中，也可能位于内存中），再将数据从中间变量转送到目标地址上。当使用 DMA 由 DMA 控制器代替 CPU 负责数据传输时，不再需要通过中间变量，而直接将源地址上的数据送到目标地址。这样，显著地提高了数据传输的效率，能满足高速 I/O 设备的要求。

最后，从用户软件开发角度，由于在 DMA 数据传输过程中，没有保存现场、恢复现场之类的工作。而且存储器地址修改、传送单位个数的计数等也不是由软件而是由硬件直接实现的。因此，用户软件开发的代码量得以减少，程序变得更加简洁，编程效率得以提高。

由此可见，DMA 带来了不是"双赢"而是"三赢"：它不仅减轻了 CPU 的负担，而且提高了数据传输的效率，还减少了用户开发的代码量。

当然，DMA 也存在弊端：由于 DMA 允许外设直接访问内存，从而形成在一段时间内对总线的独占。如果 DMA 传输的数据量过大，会造成中断延时过长，不适于在一些实时性较强的（硬实时）嵌入式系统中使用。

正由于具有以上的特点，DMA 一般用于高速传送成组数据的应用场合。

8.2　STM32F103 的 DMA 工作原理

在前述公司物品管理的比喻中，一个公司有多个仓库保管员，每个仓库保管员负责管理多个仓库，每个仓库也可以为公司不同部门的员工提供物品。

类似地,STM32F103 微控制器有两个 DMA,每个 DMA 有若干个触发通道,每个通道可以管理来自多个外设对存储器的访问请求。而且,每个外设的 DMA 请求,可以使用相应的库函数,被独立地开启或关闭。

8.2.1　功能框图

STM32F103 微控制器 DMA 的功能框图如图 8-2 所示。

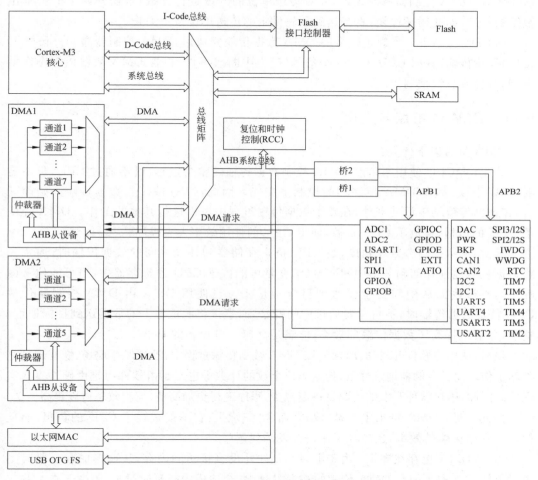

图 8-2　STM32F103 微控制器 DMA 的功能框图

从微观上看,DMA 模块由 AHB 从设备、仲裁器和若干个通道(DMA1 有 7 调通道,DMA2 有 5 条通道)等部分组成。

从宏观上看,DMA 控制器和 Cortex-M3 内核共享系统数据总线。当 CPU 和 DMA 同时访问相同的目标(存储器或外设)时,DMA 请求会暂停 CPU 访问系统总线达若干个周期,总线仲裁器执行循环调度,保证 CPU 至少可以得到一半的系统总线(存储器或外设)带宽。

8.2.2　触发通道

STM32F103 微控制器有两个 DMA，每个 DMA 有不同数量的触发通道，分别对应于不同外设对存储器的访问请求。尤其需要注意的是，除了硬件通道，软件也可触发 DMA 请求。这些功能都可以通过软件来配置。

1. DMA1 触发通道

STM32F103 的 DMA1 有 7 个触发通道，每个触发又可对应于不同的外设，如表 8-1 所示。

表 8-1　STM32F103 的 DMA1 通道映射表

外设	通道 1	通道 2	通道 3	通道 4	通道 5	通道 6	通道 7
ADC	ADC1						
SPI1/I2S		SPI1_RX	SPI1_TX	SPI/I2S2_RX	SPI/I2S2_TX		
USART		USART3_TX	USART3_RX	USART1_TX	USART1_RX	USART2_RX	USART2_TX
I2C				I2C2_TX	I2C2_RX	I2C1_TX	I2C1_RX
TIM1		TIM1_CH1	TIM1_CH2	TIM1_TX4 TIM1_TRIG TIM1_COM	TIM1_UP	TIM1_CH3	
TIM2	TIM2_CH3	TIM2_UP			TIM1_CH1		TIM1_CH2 TIM1_CH4
TIM3		TIM3_CH3	TIM3_CH4 TIM3_UP			TIM1_CH1 TIM3_TRIG	
TIM4	TIM4_CH1			TIM4_CH2	TIM4_CH3		TIM4_UP

STM32F103 的 DMA1 通道请求映像如图 8-3 所示。

由图 8-3 可以看出，从外设 TIM1—TIM4、ADC1、SPI1、SPI/I2S2、I2C1、I2C2 和 USART1—USART3 产生的 7 个请求通过逻辑或输入到 DMA1 控制器，这意味着同时只能有一个请求有效。

2. DMA2 触发通道

DMA2 仅存在于大容量的 STM32F103 和互联型的 STM32F105、STM32F107 系列产品中。它有 5 个触发通道，每个触发又可对应于不同的外设，如表 8-2 所示。

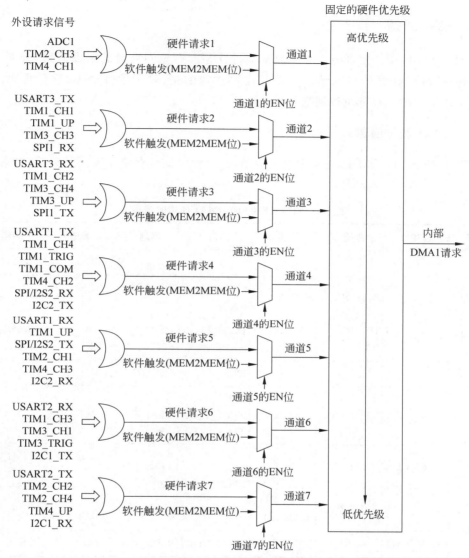

图 8-3　STM32F103 微控制器 DMA1 的通道映射图

表 8-2　STM32F103 的 DMA2 通道映射表

外设	通道 1	通道 2	通道 3	通道 4	通道 5
ADC3					ADC3
SPI1/I2S3	SPI/I2S3_RX	SPI/I2S3_TX			
UART4			UART4_RX		UART4_TX
SDIO				SDIO	
TIM5	TIM5_CH4 TIM5_TRIG	TIM5_CH3 TIM5_UP		TIM5_CH2	TIM5_CH1

续表

外设	通道 1	通道 2	通道 3	通道 4	通道 5
TIM6/ DAC 通道 1			TIM6_UP/ DAC 通道 1		
TIM7/ DAC 通道 2				TIM6_UP/ DAC 通道 2	
TIM8	TIM8_CH3 TIM8_UP	TIM8_CH4 TIM8_TRIG TIM8_COM	TIM8_CH1		TIM8_CH2

　　STM32F103 的 DMA2 通道请求映像如图 8-4 所示。

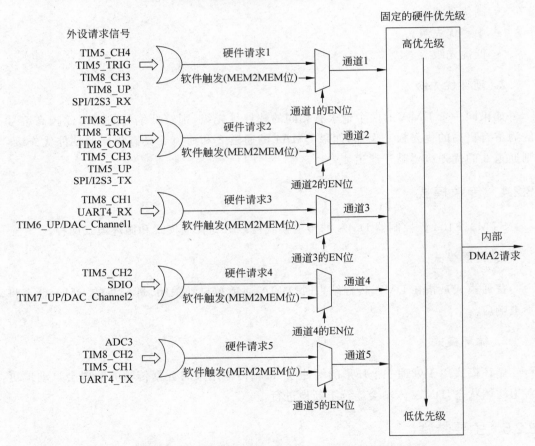

图 8-4　STM32F103 微控制器 DMA2 的通道映射图

　　由图 8-4 可以看出,从外设 TIM5—TIM8、ADC3、SPI/I2S3、UART4、DAC 通道 1、DAC 通道 2、SDIO 产生的 5 个请求通过逻辑或输入到 DMA2 控制器,这意味着同时只能有一个请求有效。

8.2.3　优先级

与中断的中断源类似,对于 DMA 的每个通道也可以赋予优先级。在每个 DMA 中, DMA 的仲裁器根据通道请求的优先级来启动外设/存储器的访问,同一时刻,一个 DMA 只能有一个请求有效。

DMA 优先级管理分两个阶段:

1. 软件优先级

DMA 每个通道的软件优先级可以在 DMA_CCRx 寄存器中设置,有 4 个等级:
- 最高优先级。
- 高优先级。
- 中等优先级。
- 低优先级。

2. 硬件优先级

如果同一个 DMA 的两个请求有相同的软件优先级,则较低编号的通道比较高编号的通道有更高的优先权。例如,如果 DMA1 的通道 2 和通道 4 具有相同的软件优先级,则通道 2 的优先级要高于通道 4。

8.2.4　传输模式

STM32F103 微控制器 DMA 的传输模式可以分为普通模式和循环模式两种。

1. 普通模式

普通模式是指在 DMA 传输结束时,DMA 通道被自动关闭,进一步的 DMA 请求将不被响应。

2. 循环模式

循环模式用于处理一个环形的缓冲区,每轮传输结束时数据传输的配置会自动地更新为初始状态,DMA 传输会连续不断地进行。

8.2.5　主要特性

综上所述,STM32F10x 微控制器的 DMA 主要具有以下特性:
- DMA 可实现存储器和存储器、外设和存储器、存储器和外设之间的传输,闪存、 SRAM、外设的 SRAM、APB1、APB2 和 AHB 上的外设均可作为访问的源和目标。
- 具有 12 个独立的可配置的通道/请求:DMA1 有 7 个通道,DMA2 有 5 个通道。

当在存储器之间使用 DMA 进行数据传输时,可使用任意 DMA 的任意通道。

- 每个通道既有直接连接专用的硬件 DMA 请求,同时也支持软件触发,这些功能可以通过软件来配置。
- 在同一个 DMA 上,多个通道请求的优先级可以通过软件编程设置,当软件优先级设置相等时由硬件决定优先级高低。
- 每个通道都有 3 个事件标志:DMA 半传输、DMA 传输完成和 DMA 传输出错,这 3 个事件标志逻辑或成为一个单独的中断请求。
- DMA 数据传输数量(最大为 65 535)可编程。
- 支持循环的 DMA 缓冲区管理,避免 DMA 传输到达缓冲区结尾时所产生的中断。

8.3　STM32F10x 的 DMA 相关库函数

本节将介绍 STM32F10x 的 DMA 相关库函数的用法及其参数定义。如果在 DMA 开发过程中使用到时钟系统相关库函数(如打开/关闭 DMA 时钟),请参见 4.5.4 节中关于时钟系统相关库函数的介绍。另外,本书介绍和使用的库函数均基于 STM32F10x 标准外设库的最新版本 3.5。

STM32F10x 的 DMA 相关库函数存放在 STM32F10x 标准外设库的 stm32f10x_dma.h、stm32f10x_dma.c 等文件中。其中,头文件 stm32f10x_dma.h 用来存放 DMA 相关结构体和宏定义以及 DMA 库函数的声明,源代码文件 stm32f10x_dma.c 用来存放 DMA 库函数定义。

如果在用户应用程序中要使用 STM32F10x 的 DMA 相关库函数,需要将 DMA 库函数的头文件包含进来。该步骤可通过在用户应用程序文件开头添加 #include "stm32f10x_dma.h"语句或者在工程目录下的 stm32f10x_conf.h 文件中去除//#include "stm32f10x_dma.h"语句前的注释符//来完成。

STM32F10x 的 DMA 常用的库函数如下:

- DMA_DeInit:将 DMAy 的通道 x 的寄存器恢复为复位启动时的默认值。
- DMA_Init:根据 DMA_InitStruct 中指定的参数初始化指定 DMA 通道的寄存器。
- DMA_GetCurrDataCounter:返回当前指定 DMA 通道剩余的待传输数据数目。
- DMA_Cmd:使能或者禁止指定的 DMA 通道。
- DMA_GetFlagStatus:查询指定的 DMA 通道的标志位状态。
- DMA_ClearFlag:清除指定的 DMA 通道的待处理标志位。
- DMA_ITConfig:使能或禁止指定的 DMA 通道中断。
- DMA_GetITStatus:查询指定 DMAy 的通道 x 的中断的状态。
- DMA_ClearITPendingBit:清除 DMAy 的通道 x 的中断挂起位。

8.3.1　DMA_DeInit

函数原型

void DMA_DeInit(DMA_Channel_TypeDef * DMAy_Channelx);

功能描述

将 DMAy 的通道 x 的寄存器重设为复位启动时的默认值(初始值)。

输入参数

DMAy_Channelx：DMAy 的通道 x。

- y：用来指定某个 DMA,根据目标微控制器,可以是 1 或 2,用来选择 DMA1 或 DMA2。
- x：用来指定 DMA 的某个通道。对于 DMA1,x 可以是 1~7；对于 DMA2,x 可以是 1~5。

输出参数

无。

返回值

无。

8.3.2　DMA_Init

函数原型

void DMA_Init(DMA_Channel_TypeDef * DMAy_Channelx, DMA_InitTypeDef * DMA_InitStruct);

功能描述

根据 DMA_InitStruct 中指定的参数初始化 DMAy 中通道 x 的寄存器。

输入参数

DMAy_Channelx：DMAy 的通道 x,x 和 y 的具体取值参见 8.3.1 节 DMA_DeInit 函数中的输入参数。

DMA_InitStruct：指向结构体 DMA_InitTypeDef 的指针,包含了 DMAy 的通道 x 的配置信息。DMA_InitTypeDef 定义于文件 stm32f10x_dma.h：

```
typedef struct
{
    uint32_t DMA_PeripheralBaseAddr;
    uint32_t DMA_MemoryBaseAddr;
    uint32_t DMA_DIR;
    uint32_t DMA_BufferSize;
    uint32_t DMA_PeripheralInc;
    uint32_t DMA_MemoryInc;
    uint32_t DMA_PeripheralDataSize;
    uint32_t DMA_MemoryDataSize;
```

```
    uint32_t DMA_Mode;
    uint32_t DMA_Priority;
    uint32_t DMA_M2M;
}DMA_InitTypeDef;
```

（1）DMA_M2M。使能 DMA 通道的内存到内存传输，可以是以下取值之一：

• DMA_M2M_Enable：将 DMAy 的通道 x 设置为内存到内存传输。

• DMA_M2M_Disable：没有将 DMAy 的通道 x 设置为内存到内存传输。

（2）DMA_DIR。指定外设是作为 DMA 数据传输的目的地还是来源，可以是以下取值之一：

• DMA_DIR_PeripheralDST：外设作为数据传输的目的地。

• DMA_DIR_PeripheralSRC：外设作为数据传输的来源。

（3）DMA_PeripheralBaseAddr。为 DMAy 的通道 x 设置外设基地址。

（4）DMA_MemoryBaseAddr。为 DMAy 的通道 x 设置内存基地址。

（5）DMA_PeripheralInc。设定外设地址寄存器是否递增，可以是以下取值之一：

• DMA_PeripheralInc_Enable：外设地址寄存器递增。

• DMA_PeripheralInc_Disable：外设地址寄存器不变。

（6）DMA_MemoryInc。设定内存地址寄存器是否递增，可以是以下取值之一：

• DMA_MemoryInc_Enable：内存地址寄存器递增。

• DMA_MemoryInc_Disable：内存地址寄存器不变。

（7）DMA_PeripheralDataSize。设定外设数据宽度，可以是以下取值之一：

• DMA_PeripheralDataSize_Byte：数据宽度为 8 位。

• DMA_PeripheralDataSize_HalfWord：数据宽度为 16 位。

• DMA_PeripheralDataSize_Word：数据宽度为 32 位。

（8）DMA_MemoryDataSize。设定内存数据宽度，可以是以下取值之一：

• DMA_MemoryDataSize_Byte：数据宽度为 8 位。

• DMA_MemoryDataSize_HalfWord：数据宽度为 16 位。

• DMA_MemoryDataSize_Word：数据宽度为 32 位。

（9）DMA_BufferSize。指定 DMAy 的通道 x 的 DMA 缓存的大小，单位为数据单位。根据传输方向，数据单位等于 DMA_InitTypeDef 结构中 DMA_PeripheralDataSize 或者 DMA_MemoryDataSize 的值。

（10）DMA_Mode。设置 DMAy 的通道 x 的工作模式，可以是以下取值之一：

• DMA_Mode_Normal：工作在正常缓存模式。

• DMA_Mode_Circular：工作在循环缓存模式。特别注意，当指定 DMA 通道数据传输配置为内存到内存时，不能使用循环缓存模式。

（11）DMA_Priority。设置 DMAy 的通道 x 的软件优先级，可以是以下取值之一：

• DMA_Priority_VeryHigh：DMAy 的通道 x 拥有非常高优先级。

• DMA_Priority_High：DMAy 的通道 x 拥有高优先级。

• DMA_Priority_Medium：DMAy 的通道 x 拥有中优先。

    • DMA_Priority_Low：DMAy 的通道 x 拥有低优先级。

输出参数

    无。

返回值

    无。

8.3.3　DMA_GetCurrDataCounter

函数原型

    uint16 _ t DMA _ GetCurrDataCounter（DMA _ Channel _ TypeDef ＊ DMAy _ Channelx）；

功能描述

    返回当前 DMAy 的通道 x 剩余的待传输数据数目。

输入参数

    DMAy_Channelx：DMAy 的通道 x,x 和 y 的具体取值参见 8.3.1 节 DMA_DeInit 函数中的输入参数。

输出参数

    无。

返回值

    当前 DMAy 的通道 x 剩余的待传输数据数目。

8.3.4　DMA_Cmd

函数原型

    void DMA _ Cmd（DMA _ Channel _ TypeDef ＊ DMAy _ Channelx，FunctionalState NewState）；

功能描述

    使能或者禁止 DMAy 的通道 x。

输入参数

    DMAy_Channelx：DMAy 的通道 x,x 和 y 的具体取值参见 8.3.1 节 DMA_DeInit 函数中的输入参数。

    NewState：DMAy 的通道 x 的新状态,可以是以下取值之一：

    • ENABLE：使能 DMAy 的通道 x。

    • DISABLE：禁止 DMAy 的通道 x。

输出参数

    无。

返回值

    无。

8.3.5　DMA_GetFlagStatus

函数原型

FlagStatus DMA_GetFlagStatus(uint32_t DMAy_FLAG);

功能描述

查询 DMAy 通道 x 的指定标志位状态(是否置位),但不检测该中断是否被屏蔽。因此,当该位置位时,DMAy 通道 x 的指定中断并不一定得到响应(例如,DMAy 通道 x 的指定中断被禁止时)。

输入参数

DMAy_FLAG:待查询的 DMAy 通道 x 的指定标志位,可以使用以下取值之一:

- DMA1_FLAG_GL1:DMA1 通道 1 全局标志位。
- DMA1_FLAG_TC1:DMA1 通道 1 传输完成标志位。
- DMA1_FLAG_HT1:DMA1 通道 1 传输过半标志位。
- DMA1_FLAG_TE1:DMA1 通道 1 传输错误标志位。
- DMA1_FLAG_GL2:DMA1 通道 2 全局标志位。
- DMA1_FLAG_TC2:DMA1 通道 2 传输完成标志位。
- DMA1_FLAG_HT2:DMA1 通道 2 传输过半标志位。
- DMA1_FLAG_TE2:DMA1 通道 2 传输错误标志位。
- DMA1_FLAG_GL3:DMA1 通道 3 全局标志位。
- DMA1_FLAG_TC3:DMA1 通道 3 传输完成标志位。
- DMA1_FLAG_HT3:DMA1 通道 3 传输过半标志位。
- DMA1_FLAG_TE3:DMA1 通道 3 传输错误标志位。
- DMA1_FLAG_GL4:DMA1 通道 4 全局标志位。
- DMA1_FLAG_TC4:DMA1 通道 4 传输完成标志位。
- DMA1_FLAG_HT4:DMA1 通道 4 传输过半标志位。
- DMA1_FLAG_TE4:DMA1 通道 4 传输错误标志位。
- DMA1_FLAG_GL5:DMA1 通道 5 全局标志位。
- DMA1_FLAG_TC5:DMA1 通道 5 传输完成标志位。
- DMA1_FLAG_HT5:DMA1 通道 5 传输过半标志位。
- DMA1_FLAG_TE5:DMA1 通道 5 传输错误标志位。
- DMA1_FLAG_GL6:DMA1 通道 6 全局标志位。
- DMA1_FLAG_TC6:DMA1 通道 6 传输完成标志位。
- DMA1_FLAG_HT6:DMA1 通道 6 传输过半标志位。
- DMA1_FLAG_TE6:DMA1 通道 6 传输错误标志位。
- DMA1_FLAG_GL7:DMA1 通道 7 全局标志位。
- DMA1_FLAG_TC7:DMA1 通道 7 传输完成标志位。
- DMA1_FLAG_HT7:DMA1 通道 7 传输过半标志位。
- DMA1_FLAG_TE7:DMA1 通道 7 传输错误标志位。

- DMA2_FLAG_GL1：DMA2 通道 1 全局标志位。
- DMA2_FLAG_TC1：DMA2 通道 1 传输完成标志位。
- DMA2_FLAG_HT1：DMA2 通道 1 传输过半标志位。
- DMA2_FLAG_TE1：DMA2 通道 1 传输错误标志位。
- DMA2_FLAG_GL2：DMA2 通道 2 全局标志位。
- DMA2_FLAG_TC2：DMA2 通道 2 传输完成标志位。
- DMA2_FLAG_HT2：DMA2 通道 2 传输过半标志位。
- DMA2_FLAG_TE2：DMA2 通道 2 传输错误标志位。
- DMA2_FLAG_GL3：DMA2 通道 3 全局标志位。
- DMA2_FLAG_TC3：DMA2 通道 3 传输完成标志位。
- DMA2_FLAG_HT3：DMA2 通道 3 传输过半标志位。
- DMA2_FLAG_TE3：DMA2 通道 3 传输错误标志位。
- DMA2_FLAG_GL4：DMA2 通道 4 全局标志位。
- DMA2_FLAG_TC4：DMA2 通道 4 传输完成标志位。
- DMA2_FLAG_HT4：DMA2 通道 4 传输过半标志位。
- DMA2_FLAG_TE4：DMA2 通道 4 传输错误标志位。
- DMA2_FLAG_GL5：DMA2 通道 5 全局标志位。
- DMA2_FLAG_TC5：DMA2 通道 5 传输完成标志位。
- DMA2_FLAG_HT5：DMA2 通道 5 传输过半标志位。
- DMA2_FLAG_TE5：DMA2 通道 5 传输错误标志位。

输出参数

无。

返回值

DMAy 通道 x 的指定标志位的最新状态，可以是以下取值之一：

- SET：DMAy 通道 x 的指定标志位置位。
- RESET：DMAy 通道 x 的指定标志位清零。

8.3.6　DMA_ClearFlag

函数原型

void DMA_ClearFlag(uint32_t DMAy_FLAG)；

功能描述

清除 DMAy 通道 x 指定的待处理标志位（将 DMAy 通道 x 指定的待处理标志位清零）。

输入参数

DMAy_FLAG：待清除的 DMAy 通道 x 的指定标志位，具体取值参见 8.3.5 节 DMA_GetFlagStatus 函数中的输入参数。

输出参数

无。

返回值

无。

8.3.7 DMA_ITConfig

函数原型

void DMA_ITConfig(DMA_Channel_TypeDef * DMAy_Channelx，uint32_t DMA_IT，FunctionalState NewState)；

功能描述

使能或禁止 DMAy 通道 x 的指定中断。

输入参数

DMAy_Channelx：DMAy 的通道 x，x 和 y 的具体取值参见 8.3.1 节 DMA_DeInit 函数中的输入参数。

DMA_IT：待使能或者禁止的 DMAy 通道 x 的中断源，可以取以下一个或者多个取值的组合作为该参数的值：

- DMA_IT_TC：传输完成中断。
- DMA_IT_HT：传输过半中断。
- DMA_IT_TE：传输错误中断。

NewState：DMAy 通道 x 指定中断的新状态，可以是以下取值之一：

- ENABLE：使能 DMAy 通道 x 指定中断。
- DISABLE：禁止 DMAy 通道 x 指定中断。

输出参数

无。

返回值

无。

8.3.8 DMA_GetITStatus

函数原型

ITStatus DMA_GetITStatus(uint32_t DMAy_IT)；

功能描述

查询 DMAy 通道 x 的指定中断是否发生，即查询 DMAy 的通道 x 指定标志位的状态并检测该中断是否被屏蔽。与 8.3.5 节介绍的 DMA_GetFlagStatus 相比，DMA_GetITStatus 多了一步：检测该中断是否被屏蔽。

输入参数

DMAy_IT：待查询的 DMAy 通道 x 的中断源，可以使用以下取值之一：

- DMA1_IT_GL1：DMA1 通道 1 全局中断标志位。
- DMA1_IT_TC1：DMA1 通道 1 传输完成中断标志位。
- DMA1_IT_HT1：DMA1 通道 1 传输过半中断标志位。

- DMA1_IT_TE1：DMA1 通道 1 传输错误中断标志位。
- DMA1_IT_GL2：DMA1 通道 2 全局中断标志位。
- DMA1_IT_TC2：DMA1 通道 2 传输完成中断标志位。
- DMA1_IT_HT2：DMA1 通道 2 传输过半中断标志位。
- DMA1_IT_TE2：DMA1 通道 2 传输错误中断标志位。
- DMA1_IT_GL3：DMA1 通道 3 全局中断标志位。
- DMA1_IT_TC3：DMA1 通道 3 传输完成中断标志位。
- DMA1_IT_HT3：DMA1 通道 3 传输过半中断标志位。
- DMA1_IT_TE3：DMA1 通道 3 传输错误中断标志位。
- DMA1_IT_GL4：DMA1 通道 4 全局中断标志位。
- DMA1_IT_TC4：DMA1 通道 4 传输完成中断标志位。
- DMA1_IT_HT4：DMA1 通道 4 传输过半中断标志位。
- DMA1_IT_TE4：DMA1 通道 4 传输错误中断标志位。
- DMA1_IT_GL5：DMA1 通道 5 全局中断标志位。
- DMA1_IT_TC5：DMA1 通道 5 传输完成中断标志位。
- DMA1_IT_HT5：DMA1 通道 5 传输过半中断标志位。
- DMA1_IT_TE5：DMA1 通道 5 传输错误中断标志位。
- DMA1_IT_GL6：DMA1 通道 6 全局中断标志位。
- DMA1_IT_TC6：DMA1 通道 6 传输完成中断标志位。
- DMA1_IT_HT6：DMA1 通道 6 传输过半中断标志位。
- DMA1_IT_TE6：DMA1 通道 6 传输错误中断标志位。
- DMA1_IT_GL7：DMA1 通道 7 全局中断标志位。
- DMA1_IT_TC7：DMA1 通道 7 传输完成中断标志位。
- DMA1_IT_HT7：DMA1 通道 7 传输过半中断标志位。
- DMA1_IT_TE7：DMA1 通道 7 传输错误中断标志位。
- DMA2_IT_GL1：DMA2 通道 1 全局中断标志位。
- DMA2_IT_TC1：DMA2 通道 1 传输完成中断标志位。
- DMA2_IT_HT1：DMA2 通道 1 传输过半中断标志位。
- DMA2_IT_TE1：DMA2 通道 1 传输错误中断标志位。
- DMA2_IT_GL2：DMA2 通道 2 全局中断标志位。
- DMA2_IT_TC2：DMA2 通道 2 传输完成中断标志位。
- DMA2_IT_HT2：DMA2 通道 2 传输过半中断标志位。
- DMA2_IT_TE2：DMA2 通道 2 传输错误中断标志位。
- DMA2_IT_GL3：DMA2 通道 3 全局中断标志位。
- DMA2_IT_TC3：DMA2 通道 3 传输完成中断标志位。
- DMA2_IT_HT3：DMA2 通道 3 传输过半中断标志位。
- DMA2_IT_TE3：DMA2 通道 3 传输错误中断标志位。
- DMA2_IT_GL4：DMA2 通道 4 全局中断标志位。

- DMA2_IT_TC4：DMA2 通道 4 传输完成中断标志位。
- DMA2_IT_HT4：DMA2 通道 4 传输过半中断标志位。
- DMA2_IT_TE4：DMA2 通道 4 传输错误中断标志位。
- DMA2_IT_GL5：DMA2 通道 5 全局中断标志位。
- DMA2_IT_TC5：DMA2 通道 5 传输完成中断标志位。
- DMA2_IT_HT5：DMA2 通道 5 传输过半中断标志位。
- DMA2_IT_TE5：DMA2 通道 5 传输错误中断标志位。

输出参数

　　无。

返回值

　　DMAy 的通道 x 指定中断的最新状态，可以是以下取值之一：

- SET：DMAy 通道 x 的指定中断请求位置位。
- RESET：DMAy 通道 x 的指定中断请求位清零。

8.3.9　DMA_ClearITPendingBit

函数原型

　　void DMA_ClearITPendingBit(uint32_t DMAy_IT)；

功能描述

　　清除 DMAy 的通道 x 的中断请求位(挂起位)。

输入参数

　　DMA_IT：待清除的 DMAy 通道 x 的中断请求，具体取值参见 8.3.8 节 DMA_GetITStatus 函数中的输入参数。

输出参数

　　无。

返回值

　　无。

8.4　STM32F103 的 DMA 开发实例——存储器间的数据传输

8.4.1　功能要求

　　本实例要求在 STM32F103 微控制器上设计从片内 Flash 到片内 SRAM 的 48B 数据搬运程序，并在完成时检查数据传输是否正确。

8.4.2　硬件设计

　　本实例只需使用 STM32F103 微控制器片内的 Flash 和 SRAM，无需用外在硬件资

源。并且,由于是存储器之间的数据传输,可选用任意 DMA 的任意通道。在本实例中,选用 DMA1 的通道 6 完成从 Flash 到 SRAM 的 48B 数据传输。

8.4.3 软件流程设计

由于使用了 DMA 中断,本实例的软件设计采用基于前/后台架构,因此其流程也分为后台和前台两部分。

1. 后台(主程序)

1) 主流程

本实例的后台主程序仍由一系列初始化函数和一个无限循环过程构成,其软件流程如图 8-5 所示。

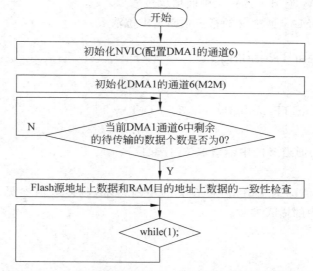

图 8-5 使用 DMA 进行存储器间数据传输程序的后台软件流程图

2) 初始化 DMA1 通道 6 的流程

其中,初始化 DMA1 通道 6 是本实例后台流程的关键步骤,其具体过程如图 8-6 所示。

本实例后台软件流程(图 8-5 和图 8-6)中的所有步骤都可以由 STM32F10x 标准外设库中的库函数编程实现,可以参考第 5～7 章开发实例中的相关操作,并在 4.5.4 节介绍的时钟系统相关库函数、7.4 节介绍的 NVIC 相关库函数和 8.3 节介绍的 DMA 相关库函数中查找完成相应功能的函数。

2. 前台(DMA1 通道 6 的中断服务程序)

本实例的前台软件由 DMA1 通道 6 的中断服务程序构成,其流程如图 8-7 所示。

与后台类似,本实例前台流程中的每一步都可使用相应的库函数编程实现,具体参见 8.3 节。

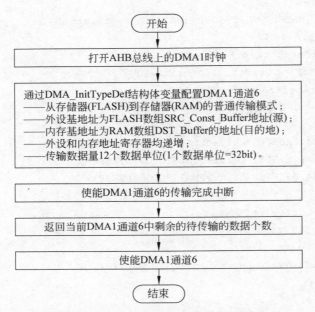

图 8-6　初始化 DMA1 通道 6 的软件流程图

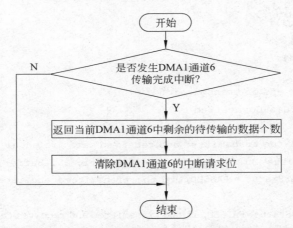

图 8-7　使用 DMA 进行存储器间数据传输程序的前台软件流程图

8.4.4　软件代码实现

在编辑代码前,需要新建或配置已有的 STM32F103 工程,并将代码文件包含在该工程内,具体操作步骤参见 4.9 节。

根据 8.4.3 节中的软件流程图,结合本章及以前各章介绍的相关库函数,写出本例的实现代码。

1. main. c(后台,主程序文件)

```
#include "stm32f10x.h"
```

```
typedef enum {FAILED=0, PASSED=!FAILED} TestStatus;
#define BufferSize 12
uint32_t CurrDataCounterBegin=0;
volatile uint32_t CurrDataCounterEnd=1;
TestStatus TransferStatus=FAILED;
const uint32_t SRC_Const_Buffer[BufferSize]=
{
    0x01020304,0x05060708,0x090A0B0C,0x0D0E0F10,
    0x11121314,0x15161718,0x191A1B1C,0x1D1E1F20,
    0x21222324,0x25262728,0x292A2B2C,0x2D2E2F30
};
uint32_t DST_Buffer[BufferSize];
void NVIC_Config(void);
void DMA_Config(void);
TestStatus Buffercmp(const uint32_t * pBuffer, uint32_t * pBuffer1, uint16_t
BufferLength);
int main(void)
{
    /* NVIC Init */
    NVIC_Config();
    /* DMA Init */
    DMA_Config();

    /* Wait the end of transmission */
    while (CurrDataCounterEnd !=0);

    /* Check if the transmitted and received data are equal */
    TransferStatus=Buffercmp(SRC_Const_Buffer, DST_Buffer, BufferSize);
    /* TransferStatus = PASSED, if the transmitted and received data are the
same */
    /* TransferStatus=FAILED, if the transmitted and received data are different */
    while (1);
}
void NVIC_Config(void)
{
    NVIC_InitTypeDef NVIC_InitStructure;
    NVIC_PriorityGroupConfig(NVIC_PriorityGroup_1);
    /* Enable DMA1 channel6 IRQ Channel */
    NVIC_InitStructure.NVIC_IRQChannel=DMA1_Channel6_IRQn;
    NVIC_InitStructure.NVIC_IRQChannelPreemptionPriority=0;
    NVIC_InitStructure.NVIC_IRQChannelSubPriority=0;
    NVIC_InitStructure.NVIC_IRQChannelCmd=ENABLE;
    NVIC_Init(&NVIC_InitStructure);
}
```

```
void DMA_Config(void)
{
DMA_InitTypeDef DMA_InitStructure;
    /* Enable DMA1 clock */
    RCC_AHBPeriphClockCmd(RCC_AHBPeriph_DMA1, ENABLE);
    /* DMA1 channel6 configuration */
    DMA_DeInit((DMA1_Channel6));
    DMA_InitStructure.DMA_DIR =DMA_DIR_PeripheralSRC;
    DMA_InitStructure.DMA_PeripheralBaseAddr= (uint32_t)SRC_Const_Buffer;
    DMA_InitStructure.DMA_MemoryBaseAddr= (uint32_t)DST_Buffer;
    DMA_InitStructure.DMA_BufferSize=BufferSize;
    DMA_InitStructure.DMA_PeripheralInc=DMA_PeripheralInc_Enable;
    DMA_InitStructure.DMA_MemoryInc=DMA_MemoryInc_Enable;
    DMA_InitStructure.DMA_PeripheralDataSize=DMA_PeripheralDataSize_Word;
    DMA_InitStructure.DMA_MemoryDataSize=DMA_MemoryDataSize_Word;
    DMA_InitStructure.DMA_Mode=DMA_Mode_Normal;
    DMA_InitStructure.DMA_Priority=DMA_Priority_High;
    DMA_InitStructure.DMA_M2M=DMA_M2M_Enable;
    DMA_Init(DMA1_Channel6, &DMA_InitStructure);
    /* Enable DMA1 Channel6 Transfer Complete interrupt */
    DMA_ITConfig(DMA1_Channel6, DMA_IT_TC, ENABLE);
    /* Get Current Data Counter value before transfer begins */
    CurrDataCounterBegin=DMA_GetCurrDataCounter(DMA1_Channel6);
    /* Enable DMA1 Channel6 transfer */
    DMA_Cmd(DMA1_Channel6, ENABLE);
}
TestStatus Buffercmp(const uint32_t * pBuffer, uint32_t * pBuffer1, uint16_t
BufferLength)
{
    while(BufferLength--)
    {
        if(* pBuffer != * pBuffer1)
        {
            return FAILED;
        }

        pBuffer++;
        pBuffer1++;
    }
    return PASSED;
}
```

2. stm32f10x_it.c(中断服务程序文件)

在中断服务程序文件 stm32f10x_it.c 中,添加 DMA1 的通道 6 的中断服务程序

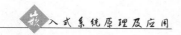

DMA1_Channel6_IRQHandler(),完成更新当前 DMAy 通道 x 剩余的待传输数据数目的操作,如下所示:

```
#include "stm32f10x_it.h"
extern volatile uint32_t CurrDataCounterEnd;
void DMA1_Channel6_IRQHandler(void)
{
    /* Test on DMA1 Channel6 Transfer Complete interrupt */
    if(DMA_GetITStatus(DMA1_IT_TC6))
    {
        /* Get Current Data Counter value after complete transfer */
        CurrDataCounterEnd=DMA_GetCurrDataCounter(DMA1_Channel6);
        /* Clear DMA1 Channel6 Global interrupt pending bits */
        DMA_ClearITPendingBit(DMA1_IT_GL6);
    }
}
```

8.4.5 软件代码分析——const

在本例的代码中,除了第 7 章讲过的 volatile,还出现了嵌入式 C 程序中另一个常用的变量限定符——const。

const 出现在本例 main.c 文件 SRC_Const_Buffer 变量的定义中:

```
const uint32_t SRC_Const_Buffer[BufferSize]=
{
    0x01020304,0x05060708,0x090A0B0C,0x0D0E0F10,
    0x11121314,0x15161718,0x191A1B1C,0x1D1E1F20,
    0x21222324,0x25262728,0x292A2B2C,0x2D2E2F30
};
```

const 意为只读,在这里修饰数组 SRC_Const_Buffer。KEIL MDK 的 C 编译器会将该数组视为只读并存放在 Flash 中,而不像一般变量会被存放在 RAM 中。特别需要注意的是,如果要将某变量指定存放在 Flash 中,该变量不仅必须用 const 修饰,而且必须被定义在任何一个函数(包括主函数 main)外,就如同 main.c 文件中 SRC_Const_Buffer 变量的定义一样。否则,该变量仍然会被存放在 RAM 中。

8.4.6 下载硬件调试

本实例实现的功能是从微控制器片内 Flash 到片内 RAM 的数据传输,不涉及外围设备,因此无法从外围设备(如 LED)上直接看到程序运行结果。但可通过设置断点、监测变量和存储器变化的方法跟踪调试程序。这是嵌入式应用程序常用的调试方法,必须掌握,并在应用开发时熟练使用。

本实例中,以 KEIL MDK 为开发环境,下载硬件跟踪调试运行,具体可分为以下步骤。

（1）将调试方式设置为目标硬件调试方式。

首先，将调试方式设置为目标硬件调试方式，具体操作参见 4.9.6 节的相关内容。

（2）在程序中插入断点。

在程序下载目标硬件调试前，为了更好地跟踪程序的运行，在重要节点的语句处插入断点（程序遇断点即暂停运行，等待用户观测变量完毕并按键后从断点处语句开始继续执行）。对于本例的程序，按照预想的运行顺序及重要的观测节点，设置以下 3 个断点：

① 断点 1：DMA1 通道 6 初始化完成后。在 main.c 文件中，选中"while(CurrDataCounterEnd!=0);"语句并右击，出现右键菜单，选择其中的 Insert/Remove Breakpoint 命令，在此处添加断点。

② 断点 2：DMA1 通道 6 传输完成后（DMA1 通道 6 的中断服务函数中）。在 stm32f10x_it.c 文件中，选中"DMA_ClearITPendingBit(DMA1_IT_GL6);"语句并右击，出现右键菜单，选择其中的 Insert/Remove Breakpoint 命令，在此处添加断点。

③ 断点 3：传输前 Flash 源地址和传输后 RAM 目的地址的数据一致性检查完成后。在 main.c 文件中，选中"while(1);"语句并右击，出现右键菜单，选择其中的 Insert/Remove Breakpoint 命令，在此处添加断点。

（3）进入调试模式（目标硬件调试方式）。

选择菜单 Debug→Start/Stop Debug Session 命令或者单击工具栏中的 Debug 按钮，进入调试模式（目标硬件调试方式）。进入目标硬件调试方式后，程序暂停在主函数 main 的第一条语句处，在代码窗口中用黄色箭头标示，如图 8-8 所示。

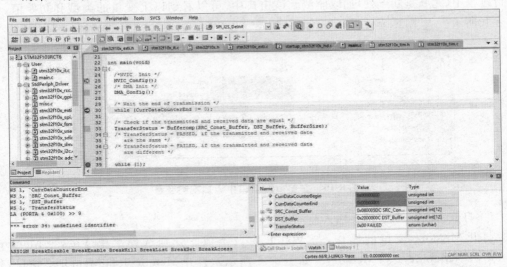

图 8-8　进入目标硬件调试方式

（4）打开相关窗口添加监测变量或信号。

打开 Watch 和 Memory 窗口，分别添加监测变量和监测地址。

① 打开 Watch 窗口并添加监测变量。

在目标硬件调试模式中,选择菜单 View→Watch Windows→Watch1 命令(如图 8-9 所示),打开 Watch1 窗口。

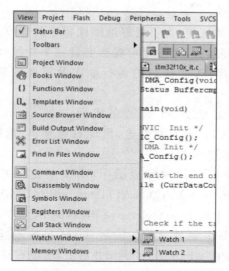

图 8-9　打开 Watch 窗口

此时,KEIL MDK 主界面的右下角出现了 Watch1 窗口,用来添加和存放程序调试时需要监测的变量。将本例程序中重要的变量 CurrDataCounterBegin、CurrDataCounterEnd、SRC _Const_Buffer、DST_Buffer 和 TransferStatus 依次输入到 Watch1 窗口的 Name 列中,在程序运行过程中(尤其是断点处)加以监测。该窗口中,可以看到以上变量的类型和初始值,如图 8-10所示。

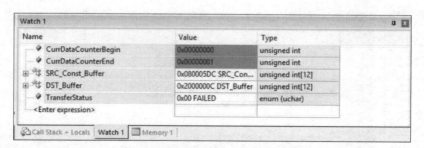

图 8-10　在 Watch 窗口中添加观测变量

② 打开 Memory 窗口并输入监测地址。

打开 Memory 窗口的操作,与 Watch 窗口类似。分别选择菜单 View→Memory Windows→Memory1 和 Memory2(如图 8-11 所示),打开 Memory1 和 Memory2 窗口,分别用来观察 DMA 数据传输的源地址和目的地址上的数据。

Memory1 窗口位于 KEIL MDK 主界面的右下方,在本例中被用作观察 DMA 源地址上数据的窗口。在本例中,DMA 的数据源位于 STM32F103 片内 Flash 中,即程序中的数组 SRC_Const_Buffer[BufferSize]。因此,DMA 数据源地址为该数组名 SRC_Const _Buffer,值为 0x080005DC(即 Watch 窗口中 SRC_Const_Buffer 的值)。将 DMA 数据传

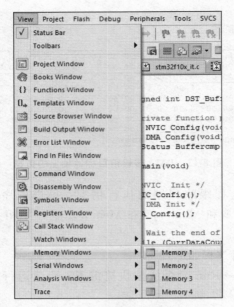

图 8-11 打开 Memory 窗口

输的源地址 0x080005DC 输入 Memory1 窗口的 Address 文本框后,按回车,即可在 Memory1 窗口看到 DMA 源地址上的数据,如图 8-12 所示。由图 8-12 可见,这些数据 (即 SRC_Const_Buffer 数组)按小端顺序存放在 STM32F103 微控制器的片内 Flash 中。 所谓的小端顺序,是指多字节数据将高位字节存放在高地址,低位字节存放在低地址。

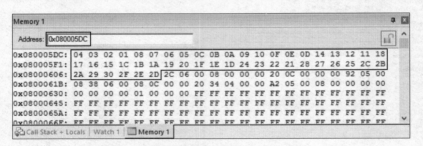

图 8-12 DMA 传输前源地址上的数据

Memory2 窗口也位于 KEIL MDK 主界面的右下方,在本例中被用作观察 DMA 目标地址上数据的窗口。本例中,DMA 传输的目的地址位于 STM32F103 片内 RAM 中, 即程序中的数组 DST_Buffer[BufferSize]。因此,DMA 数据传输的目标地址为该数组名 DST_Buffer,值为 0x2000000C(即 Watch 窗口中 DST_Buffer 的值)。将 DMA 传输的目标地址 0x2000000C 输入 Memory2 窗口的 Address 文本框后,按回车,即可在 Memory2 窗口看到 DMA 传输目标地址上的数据,如图 8-13 所示。由图 8-13 可见,程序运行前, DMA 传输目标地址上的数据全部被初始化为 0。

(5)断点跟踪程序硬件执行,观察运行结果。

此后,不断选择菜单 Debug→Run 命令或按快捷键 F5,在目标硬件上反复全速执行

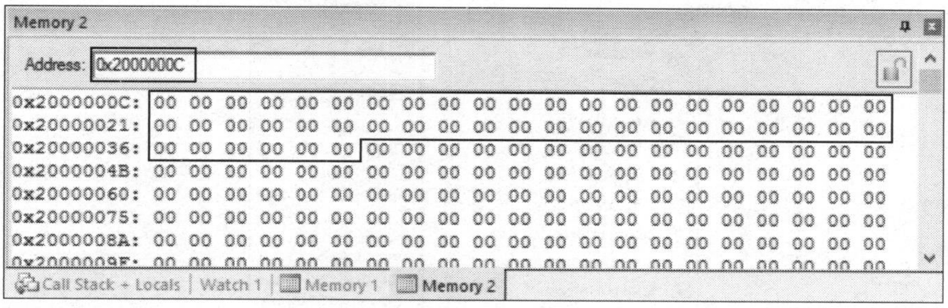

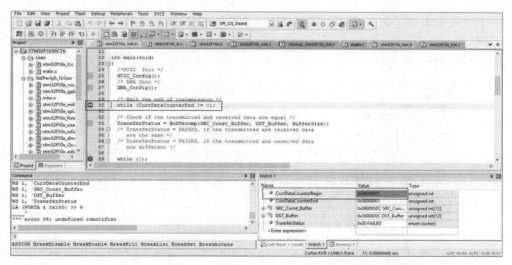

图 8-13　DMA 传输前目标地址上的数据

程序。同时,通过断点全程跟踪程序的执行情况:每当程序在断点前暂停时,观察 Watch1 窗口中的相关变量和 Memory1 和 Memory2 窗口中相关地址单元的内容,验证程序的执行结果。

本例程序的跟踪执行过程如下:

① 选择菜单 Debug→Run 命令或按快捷键 F5,全速运行程序并在第一个断点处暂停。

本例的第一个断点设置在初始化 DMA1 通道 6 完成后,如图 8-14 所示。此时,选择右下角的 Watch1 选项卡,打开 Watch1 窗口。

图 8-14　第一个断点(初始化 DMA1 通道 6 完成后)的变量观察

在 Watch1 窗口中观察变量(CurrDataCounterBegin)。由图 8-14 可见,只有变量 CurrDataCounterBegin 值的背景变成深色,其他均无变化。这表明在刚才程序运行过程中,只有 CurrDataCounterBegin 这个变量的值发生了变化,即从初始化时的 0x0 变成了现在的 0xC。根据程序可知,变量 CurrDataCounterBegin 表示 DMA1 通道 6 上剩余的待传输数据数目。此时,即在 DMA1 通道 6 完成初始化后进行数据传输前,该通道上剩余的待传输数据数目应为本次 DMA 数据传输总共的数据数目。根据程序可知,即是数组

SRC_Const_Buffer[BufferSize]中的元素个数,即为 BufferSize,即 12(0xC)。由此可见,程序实际运行与预想的一致无误,可继续运行。

② 选择菜单 Debug→Run 命令或按快捷键 F5,全速运行程序并在第二个断点处暂停。

本例的第二个断点设置在 DMA1 通道 6 上的数据传输完成后(即图 8-15DMA1 通道 6 的中断服务函数中的标示处)。此时,选择右下角的 Watch1 选项卡,打开 Watch1 窗口,如图 8-15 所示。

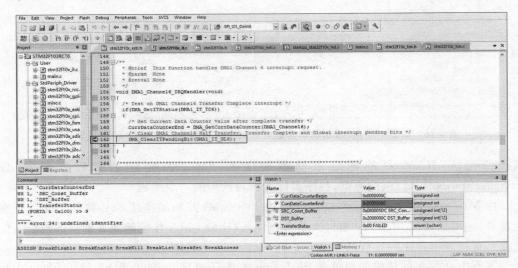

图 8-15　第二个断点(DMA1 通道 6 传输完成后)的变量观察

在 Watch1 窗口中观察变量(CurrDataCounterEnd)。由图 8-15 可见,只有变量 CurrDataCounterEnd 值的背景变成深色,其他均无变化。这表明在刚才程序运行过程中,只有 CurrDataCounterEnd 这个变量的值发生了变化,即从初始化时的 0x1 变成了现在的 0x0。由程序可知,变量 CurrDataCounterEnd 表示 DMA1 通道 6 上剩余的待传输数据数目。此时,即在 DMA1 通道 6 的数据传输完成后,该通道上剩余的待传输数据数目应为 0。由此可见,程序实际运行与预想的一致无误,可继续运行。

③ 选择菜单 Debug→Run 命令或按快捷键 F5,全速运行程序并在第三个断点处暂停。

本例的第三个断点设置在传输前 Flash 源地址和传输后 RAM 目的地址的数据一致性检查完成后(即图 8-16 代码窗口中的标示处)。此时,选择右下角的 Watch1 选项卡,打开 Watch1 窗口,如图 8-16 所示。

在 Watch1 窗口中观察变量(TransferStatus)。由图 8-16 可见,只有变量 TransferStatus 值的背景变成深色,其他均无变化。这表明在刚才程序运行过程中,只有 TransferStatus 这个变量的值发生了变化,即从初始化时的 0x0(FAILED)变成了现在的 0x1(PASSED)。由程序可知,变量 TransferStatus 表示 Flash 源地址上的数据和传输后 RAM 目的地址上的数据是否相同,相同为 1,不同为 0。此时,DMA1 通道 6 的数据传

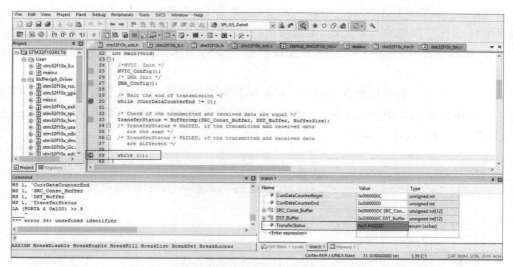

图 8-16　第三个断点（传输前和传输后的数据一致性检查完成后）的变量观察

输已经完成，RAM 目的地址上的数据应和 Flash 源地址上的数据相同，即 TransferStatus 为 1。由此可见，程序实际运行与预想的一致无误。

在 Memory2 窗口中观察存储器地址 0x2000000C 开始的连续 48B 数据。除了观察变量外，还可以通过 Memory 窗口来检查存储器（比较 DMA 传输源地址和目的地址上的数据），直接观察程序的运行结果是否正确。

本例中，DMA 的传输源地址是 SRC_Const_Buffer（即 0x080005DC，位于 Flash 中），目的地址是 DST_Buffer（即 0x2000000C，位于 SRAM 中），总共传输的数据数目为 BufferSize(12)，每个数据长度为 4B，总共传输 4×12＝48B。传输完毕后，目的地址上的数据可通过选择右下角的 Memory2 选项卡打开 Memory2 窗口观察而得，如图 8-17 所示。

Memory 2

Address: 0x2000000C

0x2000000C:	04 03 02 01 08 07 06 05 0C 0B 0A 09 10 0F 0E 0D 14 13 12 11 18
0x20000021:	17 16 15 1C 1B 1A 19 20 1F 1E 1D 24 23 22 21 28 27 26 25 2C 2B
0x20000036:	2A 29 30 2F 2E 2D 00 00 00 00 00 00 00 00 00 00 00 00 00 00 00
0x2000004B:	00 00 00 00 00 00 00 00 00 00 00 00 00 00 00 00 00 00 00 00 00
0x20000060:	00 00 00 00 00 00 00 00 00 00 00 00 00 00 00 00 00 00 00 00 00
0x20000075:	00 00 00 00 00 00 00 00 00 00 00 00 00 00 00 00 00 00 00 00 00
0x2000008A:	00 00 00 00 00 00 00 00 00 00 00 00 00 00 00 00 00 00 00 00 00
0x2000009F:	00 00 00 00 00 00 00 00 00 00 00 00 00 00 00 00 00 00 00 00 00

Call Stack + Locals | Watch 1 | Memory 1 | Memory 2

图 8-17　第三个断点（传输前和传输后的数据一致性检查完成后）的存储器观察

由图 8-17 可见，当 DMA1 通道 6 的数据传输完成后，DMA 目的地址 0x0200000 开始的连续 48B 数据（位于 SRAM），不再是初始化时的全 0 状态（如图 8-13 所示），而与 DMA 源地址 0x080005DC 开始的连续 48B 数据（位于 Flash 中）相同（如图 8-12 所示）。再次证明，程序实际运行与预想的一致无误，DMA 成功完成了数据从 Flash 指定地址到 SRAM 指定地址的传输。

（6）退出调试模式（目标硬件调试方式）。

最后，选择菜单 Debug→Start/Stop Debug Session 命令或者单击工具栏中的 Debug 按钮，退出调试模式（目标硬件调试方式）。

8.4.7　开发经验小结——使用 DMA

1. 使用 DMA 和不使用 DMA 的比较

本实例的功能也可不使用 DMA（就像以前没有 DMA 时我们常做的那样），而通过一个简单的循环实现，如下所示：

```
uint32_t i=0;
for (i=0;i<BufferSize;i++)
    DST_Buffer[i]=SRC_Const_Buffer[i];
```

但是，以上语句的执行需要占用 CPU。有兴趣的读者可以借助定时器（TIMx）编程计算出使用 CPU 执行数据搬运所需的时间（在数据搬运的循环语句前使能 TIMx 开始计时，在数据搬运的循环语句后关闭 TIMx 停止计时）。显然，如果本例不使用 DMA，还是由 CPU 搬运数据，那么 BufferSize 取值越大，CPU 被占用执行数据搬运的时间也越长。由此可见，由 CPU 负责数据传输，尤其在大量数据传输的场合，会过多占用 CPU 时间，显著降低 CPU 的使用效率。

使用 DMA 后，CPU 只需对 DMA 进行一些简单的配置（如传输方向、传输模式、起始地址、源地址和数据数目等），即可将繁重的数据传输任务委托给 DMA 去处理。DMA 会根据配置自动地进行数据传输。并且，当 DMA 一次数据传输完成或出错时，会产生相应的 DMA 中断，通知 CPU。CPU 可在对应的 DMA 中断服务函数中进行相应处理。这样，CPU 作为嵌入式系统最为重要的资源，从简单繁重的数据搬运工作中脱离出来，节省大量的时间，从而可以去处理更有意义和价值的其他各项任务。

2. DMA 及其通道的选择

经过以上分析和实验可知，使用 DMA 可以使程序更简洁，CPU 使用效率更高。在 STM32F103 微控制器开发过程中合理使用 DMA，将给开发带来事半功倍的效果。

STM32F103 微控制器有两个 DMA，每个 DMA 又有若干个通道。因此，选择正确的 DMA 及其通道是合理使用 DMA 的第一步。DMA 及其通道选择可分为以下两种情况：

（1）涉及片上外设的数据传输（硬件通道触发）。当 DMA 数据传输涉及 STM32F103 微控制器的片上外设（如 TIM、ADC、USART、SPI 和 I2C 等）时，应根据相关外设在 STM32F103 微控制器 DMA1 和 DMA2 通道映射表（表 8-1 和表 8-2）的分配情况，选择指定对应的 DMA 及其通道。例如，当使用 DMA 传输 ADC1 的数据时，只能选择 DMA1 的通道 1。

（2）仅涉及存储器之间的数据传输（软件触发）。当 DMA 数据传输仅涉及

STM32F103 微控制器的存储器（即如本例）时，可任意选择未被外设占用的 DMA 通道。当所有的 DMA 通道均未被外设占用时，可选择 DMA 的任一通道。本例即属于这种情况，本例中选择 DMA1 的通道 6 作为 STM32F103 存储器之间进行数据传输的通道。如果选择 DMA1 或 DMA2 的其他通道，也能达到同样的效果。

8.5 本 章 小 结

本章首先介绍了 DMA 的基本概念，然后从功能框图、触发通道、传输模式及其优先级等方面详细讲述 STM32F103 微控制器中的 DMA 模块，并介绍了 STM32F10x 标准外设库中常用的 DMA 相关库函数；最后，以从片内 Flash 到片内 SRAM 的数据传输为应用背景，给出了 DMA 在 STM32F103 微控制器中的开发示例。

习 题 8

1. 什么是 DMA？ DMA 有哪些传输要素？ DMA 的整个传输过程分为哪几个步骤？
2. STM32F103 微控制器 DMA 一共有多少个通道？ 如何响应在不同通道上同时产生的 DMA 请求？
3. STM32F103 微控制器 DMA 通道的软件和硬件触发方式分别用于哪种场合？ 两者对于通道的选择是否有所限定？
4. STM32F103 微控制器的 DMA 传输模式有哪几种？
5. STM32F103 微控制器 DMA 传输允许的最大数据量是多少？
6. C 语言的关键字 volatile 有什么作用？ 主要用于哪些场合？

第 9 章

ADC

本章学习目标

- 掌握 ADC 的基本概念和工作原理。
- 理解 STM32F103 微控制器 ADC 的内部结构、通道分组、触发方式、转换时间和转换模式。
- 熟悉 STM32F103 微控制器 ADC 相关的常用库函数。
- 学会在 KEIL MDK 下使用库函数开发基于 STM32F103 的 ADC 应用程序。
- 学会在 KEIL MDK 下分别采用软件模拟仿真和目标硬件运行的方式调试基于 STM32F103 的 ADC 应用程序,学会设置断点跟踪程序,并使用 Watch 窗口监测程序运行过程中指定变量的变化情况。

　　ADC(Analog-to-Digital Converter,模拟数字转换器,简称模数转换器),顾名思义,是一种将连续变化的模拟信号转换为离散的数字信号的电子器件。ADC 在嵌入式系统中得到了广泛的应用,它是以数字处理为中心的嵌入式系统与现实模拟世界沟通的桥梁。有了 ADC,微控制器就如同多了一双观察模拟世界的眼睛,增加了模拟输入的功能。本章从 ADC 的基本概念和工作原理入手,重点讲述 STM32F103 微控制器 ADC 的内部结构、工作过程、转换模式、库函数和开发实例。

9.1　ADC 概述

9.1.1　ADC 的由来

　　众所周知,自然界中的绝大部分信号都是模拟信号,例如光强、温度、湿度、加速度、压力和声音等。而人因为有眼睛、皮肤等感觉器官,才可以感知到这些信号,并由此感知并改造世界。随着计算机和电子技术的迅猛发展,嵌入式系统越来越多地替代人类应用在社会生活和生产中。那么,如何让只能识别高低电平的微控制器也能像人类一样感知自然世界中那么多信号呢? 首先,人类发现了一种神奇的材料,能将某种自然界的模拟信号(例如声音、温度)转换为电信号,例如压电材料可以将压力大小转化为电量大小,光电材料可以将光的强度转化为电压强度,这就是传感器的前身。于是,刚才的问题简化

为：作为数字 IC 的微控制器如何识别并量化电信号？ADC 的出现彻底解决了这个问题。

ADC 负责将模拟信号转换为数字信号，起着联系模拟现实世界和数字世界的中介作用，如图 9-1 所示。最初，ADC 以独立的集成电路形式存在，通过数据线和控制线与微控制器相连。随着芯片集成度的日益提高，当今的 ADC 越来越多地以片上外设的形式出现在微控制器的内部。

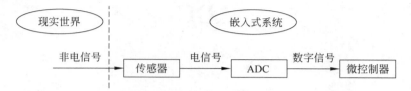

图 9-1   现实世界中的模拟信号到微控制器中的数字信号间的转换

9.1.2　ADC 的基本原理

ADC 进行模数转换一般包含三个关键步骤：采样、量化和编码。

1. 采样

采样是在间隔为 T 的 T、$2T$、$3T$、…时刻抽取被测模拟信号幅值，如图 9-2 所示。相邻两个采样时刻之间的间隔 T 也被称为采样周期。

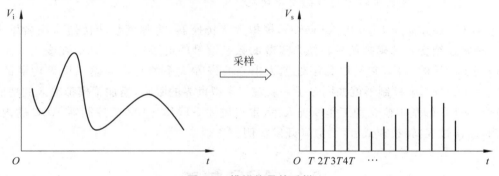

图 9-2   模拟信号的采样

为了能正确无误地用采样信号 V_s 表示模拟信号 V_i，采样信号必须有足够高的频率，即采样周期 T 足够小。根据采样定律（奈奎斯特定律，Nyquist Law）可知，为了保证能从采样信号 V_s 将原来的被采样信号 V_i 恢复，必须满足 $f_s \geqslant 2f_i(\max)$ 或 $T \leqslant 1/2f_i(\max)$，f_s 为采样频率，$f_i(\max)$ 为输入模拟信号 V_i 的最高频率分量的频率，T 为采样周期。例如，人耳能听到的声音频率一般在 20000Hz 以下。因此，根据奈奎斯特定律，要满足人耳的听觉要求，每秒至少需要进行 40000 次采样，即至少选用 40kHz 的采样率。考虑到留有 10% 的余量和 PAL/NTSC 制式，我们生活中常见的 CD（Compact Disc）的标准采样率就被设定为 44.1kHz。ADC 工作时选取的采样频率必须满足以上采样定律的要求，即大于等于 $2f_i(\max)$。同时，随着 ADC 采样频率的提高，留给每次转换进行量化和编码的时间会相应

地缩短,这就要求相关电路必须具备更快的工作速度。因此,不能无限制地提高采样频率。

2. 量化

对模拟信号进行采样后,得到一个时间上离散的脉冲信号序列,但每个脉冲的幅度仍然是连续的。然而,CPU 所能处理的数字信号不仅在时间上是离散的,而且数值大小的变化也是不连续的。因此,必须把采样后每个脉冲的幅度进行离散化处理,得到能被CPU 处理的离散数值,这个过程就称为量化。

为了实现离散化处理,用指定的最小单位将纵轴划分为若干个(通常是 2^n 个)区间,然后确定每个采样脉冲的幅度落在哪个区间内,即把每个时刻的采样电压表示为指定的最小单位的整数倍,如图 9-3 所示。这个指定的最小单位就叫做量化单位,用 Δ 表示。

显然,如果在纵轴上划分的区间越多,量化单位就越小,所表示的电压值也越准确。为了便于使用二进制编码量化后的离散数值,通常将纵轴划分为 2^n 个区间,于是,量化后的离散数值可用 n 位二进制数表示,故也被称为 n 位量化。常用的量化有 8 位量化、12位量化和 16 位量化等。

既然每个时刻的采样电压是连续的,那么它就不一定能被 Δ 整除,因此量化过程不可避免地会产生误差,这种误差称为量化误差。显然,在纵轴上划分的区间越多,即量化级数或量化位数越多,量化单位就越小,相应地,量化误差也越小。

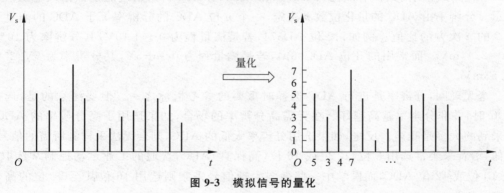

图 9-3 模拟信号的量化

一般地,对每次的采样值进行量化的方法有下列两种:

(1) 只舍去不进位。取最小量化单位 $\Delta = U/2^n$,U 是输入模拟电压的最大值,n 是量化位数。当采样电压 V 在 $0 \sim \Delta$ 之间,则归入 0Δ;当 V 在 $1\Delta \sim 2\Delta$ 之间,则归入 1Δ;以此类推。这样的量化方法产生的最大量化误差为 $+\Delta$,量化误差总是为正。图 9-3 中的量化过程即采用了这样的方法。

(2) 有舍去有进位。取量化单位 $\Delta = 2U/(2^{n+1}-1)$,U 是输入模拟电压的最大值,n 是量化位数。当采样电压 V 在 $0 \sim \Delta/2$ 之间,归入 0Δ;当 V 在 $\Delta/2 \sim 3\Delta/2$ 之间,归入 1Δ;以此类推。这种量化方法产生的最大量化误差为 $\pm\Delta/2$,量化误差有正有负。

3. 编码

把量化的结果二进制表示出来称为编码。而且,一个 n 位量化的结果值恰好用一个

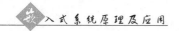

n 位二进制数表示。这个 n 位二进制数就是 ADC 转换完成后的输出结果。

9.1.3　ADC 的性能参数

ADC 的主要性能参数有量程、分辨率、精度、转换时间等，这些也是选择 ADC 的重要参考指标。

1. 量程

量程(Full Scale Range,FSR)是指 ADC 所能转换的模拟输入电压的范围,分为单极性和双极性两种类型。例如,单极性的量程为 $0\sim+3.3\text{V}$、$0\sim+5\text{V}$ 等;双极性的量程为 $-5\sim+5\text{V}$、$-12\sim+12\text{V}$ 等。

2. 分辨率

分辨率(resolution)是指 ADC 所能分辨的最小模拟输入量,反映 ADC 对输入信号微小变化的响应能力。若小于最小变化量的输入模拟电压的任何变化,将不会引起 ADC 输出数字值的变化。

由此可见,分辨率是 ADC 数字输出一个最小量时输入模拟信号对应的变化量,通常用 ADC 数字输出的最低有效位(Least Significant Bit,LSB)所对应的模拟输入电压值来表示。分辨率由 ADC 的量化位数 n 决定,一个 n 位 ADC 的分辨率等于 ADC 的满量程与 2 的 n 次方的比值。例如,12 位 AD574,若是满量程为 $0\sim+10\text{V}$,其分辨率为 $10\text{V}/2^{12}=2.44\text{mV}$。而常用的 8 位 ADC0804,若是满量程为 $0\sim+5\text{V}$,其分辨率为 $5\text{V}/2^{8}=19.53\text{mV}$。

毫无疑问,分辨率是进行 ADC 选择时重要的参考指标之一。但要注意的是,选择 ADC 时,并非分辨率越高越好。在无需高分辨率的场合,如果选用了高分辨率的 ADC,所采到的大多是噪声。反之,如果选用分辨率太低的 ADC,则会无法采样到所需的信号。例如,语音采集常选用 8 位、12 位或 16 位(高保真)ADC,普通的工业运动控制常选取 8 位、10 位或 12 位 ADC,而医学中一些微弱生理信号采集则选用 16 位甚至 24 位的高分辨率 ADC。

3. 精度

精度(accuracy)是指对于 ADC 的数字输出(二进制代码),其实际需要的模拟输入值与理论上要求的模拟输入值之差。

需要注意的是,精度和分辨率是两个不同的概念,不要把两者混淆。通俗地说,"精度"是用来描述物理量的准确程度的,而"分辨率"是用来描述刻度大小的。做一个简单的比喻,一把量程是 10cm 的尺,上面有 100 个刻度,最小能读出 1mm 的有效值。那么我们就说这把尺子的分辨率是 1mm 或者量程的 1%;而它的实际精度就不得而知了(不一定是 1mm)。而对于一个 ADC 来说,即使它的分辨率很高,也有可能由于温度漂移、线性度等原因,导致其精度不高。影响 ADC 精度的因素除了前面讲过的量化误差以外,还有非线性误差、零点漂移误差和增益误差等。ADC 实际输出与理论上的输出之差是这些误

差共同相加的结果。

精度根据计算方式不同,可以分为绝对精度(absolute accuracy)和相对精度(relative accuracy)。在一个 ADC 中,任何一个数字量所对应的实际模拟电压与其理想的电压之差并不是一个常数,把这些差值中的最大值定义为该 ADC 的绝对精度,通常用具体数值或输出数字量最低有效位 LSB 的分数值来表示。而相对精度则定义为这个最大差值与满量程模拟电压的百分数,通常用百分比来表示。例如,一个量程 $0 \sim +10V$ 的 10 位 ADC,若其绝对精度为 $\pm 1/2$ LSB,则其分辨率或量化单位为 $10V/2^{10} = 9.77mV$,其绝对精度为 $0.5 \times 10V/2^{10} = 4.88mV$,其相对精度为 $4.88mV/10V \times 100\% = 0.048\%$。

4. 转换时间

转换时间(conversion time)是 ADC 完成一次 A/D 转换所需要的时间,是指从启动 ADC 开始到获得相应数据所需要的总时间。ADC 的转换时间等于 ADC 的采样时间加上 ADC 量化和编码时间。通常,对于一个 ADC 来说,它的量化和编码时间是固定的,而采样时间可根据被测信号的不同而灵活设置,但必须符合采样定律中的规定。

需要注意的是,转换时间和采样时间是不同的两个时间。采样时间是指两次 A/D 转换的间隔。为了保证转换的正确完成,采样速率(sample rate)必须小于或等于转换速率。因此有人习惯上将转换速率在数值上等同于采样速率也是可以接受的。采样速率的常用单位是 Ksps 或 Msps,表示每秒千次/百万次采样(kilo / Million Samples per Second)。

9.1.4　ADC 的主要类型

目前 ADC 的类型有很多,主要有逐次逼近型 ADC、电压时间转换型 ADC 和电压频率转换型 ADC 三种。

1. 逐次逼近型 ADC

逐次逼近型 ADC 是目前应用非常普遍的一种数模转换器,尤其是在独立的集成 ADC 产品中。它是一种直接 A/D 转换器,不需要通过中间变量即可直接把输入的模拟电压转换为输出的数字量。

1) 工作原理

逐次逼近型 ADC 主要由一个 D/A 转换器和一个比较器构成。进行 A/D 转换时,由 D/A 转换器从高位到低位依次逐位增加转换位数,产生不同的输出电压,把输出电压与输入电压通过比较器进行比较,经过 n 次比较后得到最终的数字值(寻找输出数字值的过程本质是进行二分查找的过程)。

2) 主要特点

逐次逼近型 ADC 的电路规模中等,转换速度较快(转换时间为微秒级),转换精度较高,功耗低,在低分辨率(<12 位)时价格便宜,但高分辨率(>12 位)时价格很高。

3) 典型器件

典型的逐次逼近型 ADC 芯片有 ADC0809 等。另外,STM32F103 微控制器内部集

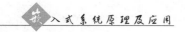

成的 ADC 也是逐次逼近型 ADC。

2. 电压时间转换型 ADC

电压时间转换型(Voltage-Time,V-T)ADC 是一种通过间接转换方式实现的 A/D 转换器。

1) 工作原理

电压时间转换型 ADC 主要由一个 V-T 转换电路(通常是积分器)和一个计数器构成。进行 A/D 转换时,首先把输入的模拟电压信号转换成与之成正比的时间宽度信号,然后在这个时间宽度里对固定频率的时钟脉冲计数,计数的结果就是正比于输入模拟电压的数字信号。

2) 主要特点

最常用的电压时间转换型 ADC 是双积分型 A/D 转换器,其优点是工作性能比较稳定且抗干扰能力强,缺点是转换精度依赖于积分时间,因此转换速度慢(转换时间一般为毫秒级)。

3) 典型器件

早期的单芯片 A/D 转换器大多采用双积分型,如 TLC7135,特别在转换速度要求不高的场合(例如数字式电压表等)使用非常广泛。

3. 电压频率转换型 ADC

电压频率转换型(Voltage-Frequency,V-F)ADC 是另一种通过间接转换方式实现的 A/D 转换器。

1) 工作原理

电压频率转换型 ADC 主要由一个 V-F 转换电路和一个计数器构成。进行 A/D 转换时,首先把输入的模拟电压信号转换成与之成正比的频率信号,然后在一个固定的时间间隔里对得到的频率信号计数,所得到的计数结果就是正比于输入模拟电压的数字量。

2) 主要特点

与电压时间转换型 ADC 类似,电压频率转换型 ADC 的抗干扰能力强,但由于每次转换都需要在一段较长的时间间隔内令计数器计数(计数脉冲的频率一般不可能很高,而计数器的容量又要求足够大),转换速度较慢。

3) 典型器件

典型的电压频率转换型 ADC 芯片有 LM2917 和 AD650 等,非常适合应用于遥测和遥控系统中。

9.2 STM32F103 的 ADC 工作原理

作为 STM32 的"王牌"之一,ADC 是 STM32F103 微控制器最为复杂的片上外设之一,具备强大的功能。尤其是具有双 ADC 单元的 STM32F103 微控制器,能够完成一些相当复杂的转换序列。此外,STM32F103 的 ADC 还提供一个片上温度传感器,但由于

精度不高,只适合应用于要求不高的嵌入式场合。

9.2.1　主要特性

STM32F103 微控制器内部集成 1~3 个 12 位逐次逼近型 ADC,主要具有以下特性:

- 每个 ADC 最多有 18 路模拟输入通道,可测量 16 个外部信号和 2 个内部信号。
- ADC 的供电要求为 $2.4\sim3.6\mathrm{V}$。
- ADC 可测模拟输入信号 V_{IN} 的范围是 $V_{\mathrm{REF-}}\leqslant V_{\mathrm{IN}}\leqslant V_{\mathrm{REF+}}$。其中,$V_{\mathrm{REF+}}$ 和 $V_{\mathrm{REF-}}$ 分别是 ADC 使用的正极和负极参考电压,如果需要测量负电压或测量的电压超出范围时,要先经过运算电路进行平移或利用电阻分压后再输入 ADC。
- ADC 的模数转换可以单次、连续、扫描或间断模式进行,每次转换结束后,转换结果以左对齐或右对齐方式存储在 16 位数据寄存器中,同时可以产生中断请求,并且 ADC1 和 ADC3 可产生 DMA 请求。
- ADC 可将 18 路通道分为规则通道组和注入通道组,其中规则通道组最多包含 16 路通道,注入通道组最多包含 4 路通道。并且,仅有规则通道可以产生 DMA 请求。
- 当系统时钟等于 56MHz、ADC 时钟等于 14MHz、ADC 采样时间等于 1.5 个 ADC 时钟周期时,ADC 获得最短的转换时间是 $1\mu\mathrm{s}$。

9.2.2　内部结构

STM32F103 微控制器 ADC 的内部结构如图 9-4 所示。

1. V_{DDA} 和 V_{SSA}

图 9-4 左侧框线上的 V_{DDA} 和 V_{SSA} 分别是 STM32F103 微控制器模拟部分的电源和地。通常情况下,V_{DDA} 和 V_{SSA} 分别连接到 V_{DD} 和 V_{SS} 上。

在电路设计时,V_{DDA} 上一定要有良好的滤波,使用高质量的滤波电容,并且要尽可能靠近芯片的引脚。

2. $V_{\mathrm{REF+}}$ 和 $V_{\mathrm{REF-}}$

图 9-4 左侧框线上的 $V_{\mathrm{REF+}}$ 和 $V_{\mathrm{REF-}}$ 分别是 STM32F103 微控制器 ADC 参考电压的正极和负极。STM32F103 微控制器 ADC 所能测量的模拟信号 V_{IN} 的电压范围在 $V_{\mathrm{REF+}}$ 和 $V_{\mathrm{REF-}}$ 之间,即 $V_{\mathrm{REF-}}\leqslant V_{\mathrm{IN}}\leqslant V_{\mathrm{REF+}}$。

$V_{\mathrm{REF+}}$ 和 $V_{\mathrm{REF-}}$ 只有在 100 引脚和 144 引脚的 STM32F103 产品中有引出引脚,并且通常情况下,$V_{\mathrm{REF-}}$ 与 V_{SSA} 相连,$V_{\mathrm{REF+}}$ 的取值范围可以在 2.4V 到 V_{DDA} 之间。而在其他 STM32F103 产品的封装中,$V_{\mathrm{REF+}}$ 和 $V_{\mathrm{REF-}}$ 没有引出引脚,而是在芯片内部分别与 V_{DDA} 和 V_{SSA} 相连。

在电路设计时,与 V_{DDA} 一样,$V_{\mathrm{REF+}}$ 上一定要有良好的滤波,使用高质量的滤波电容,并且要尽可能靠近芯片的引脚。

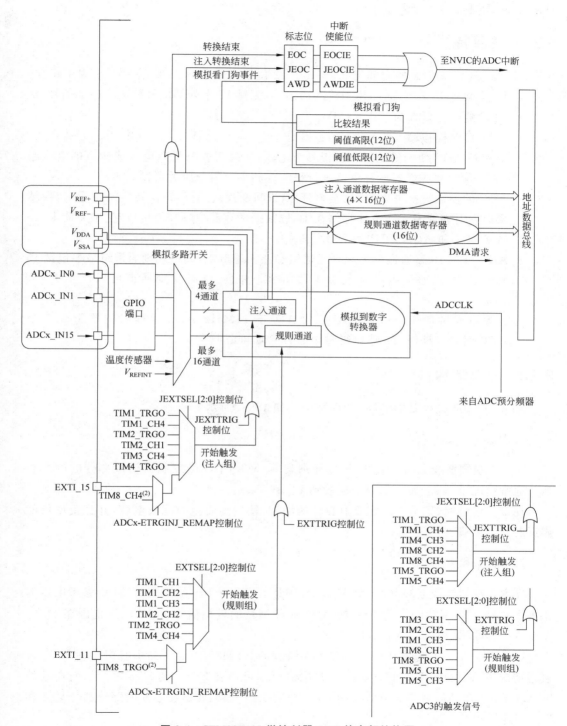

图 9-4　STM32F103 微控制器 ADC 的内部结构图

3. ADCx_IN0—ADCx_IN15

图 9-4 左侧框线上的 ADCx_IN0—ADCx_IN15 是 STM32F103 微控制器 ADCx 的 16 路模拟信号输入通道,它们连接在这 16 路通道对应的那些 GPIO 引脚上,ADC 通道 与 GPIO 引脚之间的映射关系参见附录 B。

4. 模拟至数字转换器

图 9-4 中心位置的模拟至数字转换器是 STM32F103 微控制器 ADC 的核心。它由 软件或硬件触发,在 ADC 时钟 ADCCLK 的驱动下对规则通道或注入通道中的模拟信号 进行采样、量化和编码。

5. 数据寄存器(1+4)

数据寄存器用来存放模拟至数字转换器的转换结果,模拟至数字转换器的 12 位转 换结果可以以左对齐或右对齐的方式存放在 16 位数据寄存器中。

根据转换通道不同,数据寄存器可以分为规则通道数据寄存器和注入通道数据寄 存器:

(1) 规则通道数据寄存器(1 个)。用来存放模拟至数字转换器对规则通道中模拟信 号的转换结果。由于 STM32F103 的 ADC 只有 1 个规则通道数据寄存器,因此如果需要 对多个规则通道的模拟信号进行转换时,经常使用 DMA 方式将转换结果自动传输到内 存变量中。

(2) 注入通道数据寄存器(4 个)。用来存放模拟至数字转换器对注入通道中模拟信 号的转换结果。STM32F103 的 ADC 有 4 个注入通道数据寄存器。

9.2.3 ADC 通道及分组

STM32F103 微控制器的 ADC 最多有 18 路模拟输入通道。除了 ADC1_IN16 与内 部温度传感器相连,ADC1_IN17 与内部参照电压 V_{REFINT}(1.2V)相连,其他的 16 路通道 ADCx_IN0—ADCx_IN15 都被连接到 STM32F103 微控制器对应的 I/O 引脚上,可以用 作模拟信号的输入。例如,ADC1 的通道 8(ADC1_IN8)连接到 STM32F103 微控制器的 引脚 PB0,可以测量引脚 PB0 上输入的模拟电压。ADC 通道(ADCx_IN0—ADCx_ IN15)与 I/O 引脚之间的映射关系由具体的微控制器型号决定。例如,对于微控制器 STM32F103RCT6,它的 ADC 通道与 I/O 引脚之间的映射关系参见附录 B 中的引脚定 义表。特别需要注意的是,内部温度传感器和内部参照电压 V_{REFINT} 仅出现在 ADC1 中, ADC2 和 ADC3 都只有 16 路模拟输入通道。

为了更好地进行通道管理和成组转换,借鉴中断中后台程序与前台程序的概念, STM32F103 微控制器的 ADC 根据优先级把所有通道分为两个组:规则通道组和注入 通道组。当用户在应用程序中将通道分组设置完成后,一旦触发信号到来,相应通道组 中的各个通道即可自动地进行逐个转换。

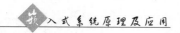
1. 规则通道组

划分到规则通道组(group of regular channel)中的通道称为规则通道。大多数的情况下,如果仅是一般模拟输入信号的转换,那么将该模拟输入信号的通道设置为规则通道即可。

规则通道组最多可以有 16 个规则通道,当每个规则通道转换完成后,将转换结果保存到同一个规则通道数据寄存器,同时产生 ADC 转换结束事件,可以产生对应的中断和DMA 请求。

2. 注入通道组

划分到注入通道组(group of injected channel)中的通道称为注入通道。如果需要转换的模拟输入信号的优先级较其他模拟输入信号要高,那么可将该模拟输入信号的通道归入注入通道组中。

注入通道组最多可以有 4 个注入通道,对应地,也有 4 个注入通道寄存器用来存放注入通道的转换结果。当每个注入通道转换完成后,产生 ADC 注入转换结束事件,可产生对应的中断,但不具备 DMA 传输能力。

注入通道组转换的启动有两种方式:触发注入和自动注入。

1) 触发注入

触发注入方式与中断的前后台处理非常相似。中断会打断后台程序的正常运行,转而执行该中断对应的前台中断服务程序,在触发注入方式中,规则通道组可以看成后台的例行程序,而注入通道组可以视作前台的中断服务程序。

与中断处理过程类似,触发注入的具体过程如下:

(1) 通过软件或硬件触发启动规则通道组的转换。

(2) 在规则通道组转换期间,如果有外部注入触发产生,那么当前转换的规则通道被复位,注入通道组被以单次扫描的方式依次转换。需要注意的是,在注入通道组转换期间如果产生了规则通道组的触发事件,注入转换将不会被中断。

(3) 直至注入通道转换完毕后,再恢复上次被中断的规则通道转换继续进行。

2) 自动注入

在自动注入方式下,注入通道组将在规则通道组后被自动转换。这样,每次启动规则通道组转换后,也会自动转换注入通道组;反之则不成立,启动注入通道组转换后,不会自动对规则通道组进行转换。另外,在该方式下,还必须禁止注入通道的外部触发。

9.2.4 ADC 触发转换

STM32F103 微控制器 ADC 转换可以由外部事件触发(如果设置了 ADC_CR2 寄存器的 EXTTRIG 控制位),例如定时器捕获、EXTI 线等。需要特别注意的是,当外部信号被选为触发 ADC 规则转换或注入转换时,只有它的上升沿可以启动 ADC 转换。

对于不同 ADC 的规则通道和注入通道,其外部触发信号也各不相同。

1. ADC1 和 ADC2

1）规则通道

对于 ADC1 和 ADC2 的规则通道，外部触发转换事件有以下 8 个：SWSTART（软件控制位）、TIM1_CC1、TIM1_CC2、TIM1_CC3、TIM2_CC2、TIM3_TRGO、TIM4_CC4、EXTI_11/TIM8_TRGO。

2）注入通道

对于 ADC1 和 ADC2 的注入通道，外部触发转换事件有以下 8 个：JSWSTART（软件控制位）、TIM1_TRGO、TIM1_CC4、TIM2_TRGO、TIM2_CC1、TIM3_CC4、TIM4_TRGO、EXTI_15/TIM8_CC4。

2. ADC3

1）规则通道

对于 ADC3 的规则通道，外部触发转换事件有以下 8 个：SWSTART（软件控制位）、TIM3_CC1、TIM2_CC3、TIM1_CC3、TIM8_CC1、TIM8_TRGO、TIM5_CC1 和 TIM5_CC3。

2）注入通道

对于 ADC3 的注入通道，外部触发转换事件有以下 8 个：JSWSTART（软件控制位）、TIM1_TRGO、TIM1_CC4、TIM4_CC3、TIM8_CC2、TIM8_CC4、TIM5_TRGO 和 TIM5_CC4。

9.2.5 ADC 时钟和转换时间

1. ADC 时钟

根据 4.5 节中所述 STM32F103 时钟树，ADC 时钟 ADCCLK 来自 APB2 总线，经 ADC 预分频器后而得，具体如图 9-5 所示。

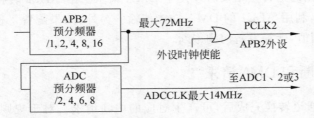

图 9-5 STM32F103 微控制器的 ADC 时钟 ADCCLK

其中，ADC 预分频系数可以是 2、4、6 或 8，并且 APB2 经 ADC 预分频后得到的 ADCCLK 最大不能超过 14MHz。

2. ADC 转换时间

STM32F103 微控制器 ADC 的转换时间 T_{conv}＝采样时间＋量化编码时间，其中量化

编码时间是固定的,为 12.5 个 ADC 时钟周期。采样时间是可编程的,可以是 1.5、7.5、13.5、28.5、41.5、56.5、71.5 或 239.5 个 ADC 时钟周期。采样时间的具体取值根据实际被测信号而定,必须符合采样定律的要求。

例如,若 STM32F103 的 APB2 总线频率为 56MHz,ADC 预分频系数设置为 4,采样时间选取最小的 1.5ADC 时钟周期,那么此时 ADC 转换时间＝1.5＋12.5＝14 个 ADC 时钟周期,$14×(1／(14×1000000))=1\mu s$。由于 ADC 时钟 ADCCLK 最大不能超过 14MHz,因此 STM32F103 的 ADC 最短转换时间实际上就是 $1\mu s$。

9.2.6　ADC 工作过程

ADC 通道的转换过程如下:

(1) 输入信号经过 ADC 的输入信号通道 ADCx_IN0—ADCx_IN15 被送到 ADC 部件(即图 9-4 中的模拟至数字转换器)。

(2) ADC 部件需要受到触发信号后才开始进行 A/D 转换,触发信号可以使用软件触发,也可以是 EXTI 外部触发或定时器触发。从图 9-4 上可以看到,规则通道组的硬件触发源有 EXTI_11、TIM8_TRGO、TIM1_CH1、TIM1_CH2、TIM1_CH3、TIM2_CH2、TIM3_TRGO 和 TIM4_CH4 等,注入通道组的硬件触发源有 EXTI_15、TIM8_CH4、TIM1_TRGO、TIM1_CH4、TIM2_TRGO、TIM2_CH1、TIM3_CH4 和 TIM4_TRGO 等。

(3) ADC 部件接收到触发信号后,在 ADC 时钟 ADCCLK 的驱动下,对输入通道的信号进行采样、量化和编码。

(4) ADC 部件完成转换后,将转换后的 12 位数值以左对齐或者右对齐的方式保存到一个 16 位的规则通道数据寄存器或注入通道数据寄存器中,产生 ADC 转换结束/注入转换结束事件,可触发中断或 DMA 请求。这时,程序员可通过 CPU 指令或者使用 DMA 方式将其读取到内存(变量)中。特别需要注意的是,仅 ADC1 和 ADC3 具有 DMA 功能,且只有在规则通道转换结束时才发生 DMA 请求。由 ADC2 转换的数据结果可以通过双 ADC 模式,利用 ADC1 的 DMA 功能传输。另外,如果配置了模拟看门狗并且采集的电压值大于阈值,会触发看门狗中断。

9.2.7　ADC 中断和 DMA 请求

ADC 在每个通道转换完成后,可产生对应的中断请求。对于规则通道,如果 ADC_CR1 寄存器的 EOCIE 位置 1,则会产生 EOC 中断;对于注入通道,如果 ADC_CR1 寄存器的 JEOCIE 位置 1,则会产生 EOC 中断。而且,当 ADC1 和 ADC3 的规则通道转换完成后,可产生 DMA 请求。

1. 中断

ADC 在每个通道转换完成后,如果总中断和 ADC 中断未被屏蔽,则可产生中断请求,跳转到对应的 ADC 中断服务程序中执行。其中,ADC1 和 ADC2 的中断映射在同一

个中断向量上,而 ADC3 的中断有自己的中断向量。

ADC 中断事件主要有以下 3 个:

- ADC_IT_EOC:EOC(End Of Conversion)中断,即规则组转换结束中断,针对规则通道。
- ADC_IT_JEOC:JEOC(End Of inJected Conversion)中断,即注入组转换结束中断,针对注入通道。
- ADC_IT_AWD:AWDOG(Analog WatchDOG)中断,即模拟看门狗中断。

2. DMA

由于规则通道的转换值存储在一个唯一的数据寄存器 ADC_DR 中,因此当转换多个规则通道时需要使用 DMA,这样可以避免丢失已经存储在数据寄存器 ADC_DR 中的转换结果。而 4 个注入通道有 4 个数据寄存器用来存储每个注入通道的转换结果,因此注入通道无需 DMA。

并非所有 ADC 的规则通道转换结束后都能产生 DMA 请求,只有当 ADC1 和 ADC3 的规则通道转换完成后,可产生 DMA 请求,并将转换的数据从数据寄存器 ADC_DR 传送到用户指定的目标地址。例如,ADC1 的规则通道组中有 4 个通道,依次为通道 2、通道 1、通道 8 和通道 4,并在内存中定义了接收这 4 个通道转换结果的数组 Converted_Value[4]。当以上每个规则通道转换结束时,DMA 将 ADC1 规则通道数据寄存器 ADC_DR 中的数据自动传送到 Converted_Value 数组中。每次数据传送完毕,清除 ADC 的 EOC 标志位,DMA 目标地址自增,如图 9-6 所示。

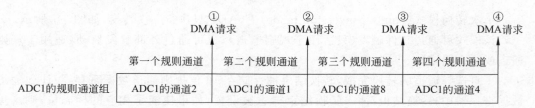

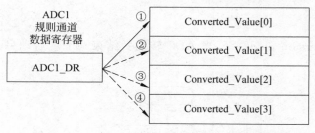

图 9-6　ADC 规则通道数据的 DMA 传输

对于不具备 DMA 功能的 ADC2,由 ADC2 转换的数据可通过双 ADC 模式,利用 ADC1 的 DMA 功能传输。关于双 ADC 模式的介绍,参见 9.2.8 节。

9.2.8　独立模式和双 ADC 模式

STM32F103 的 ADC 有两种工作模式：独立模式和双 ADC 模式。

1. 独立模式

在独立模式下，尽管 STM32F103 有多个 ADC，但每个 ADC 都独立工作。

2. 双 ADC 模式

在有 2 个或 2 个以上 ADC 的 STM32F103 器件中，可以使用双 ADC 模式，其中 ADC1 为主设备，ADC2 为从设备。在双 ADC 模式中，转换的启动可以通过 ADC1 主、ADC2 从的交替触发或同步触发。每次转换完成后，由 ADC2 转换的数据可以通过双 ADC 模式，利用 ADC1 的 DMA 功能传输。

具体来说，双 ADC 模式又可分为以下 9 种情况：同步注入模式、同步规则模式、快速交替模式、慢速交替模式、交替触发模式、混合的同步规则模式和同步注入模式、混合的同步规则模式和交替触发模式、混合的同步注入模式和快速交替模式、混合的同步注入模式和慢速交替模式。

9.2.9　单次和连续转换模式

1. 单次转换模式

单次转换模式(single conversion mode)下，ADC 只执行一次转换，如图 9-7 所示。

该模式可通过软件触发(只适用于规则通道)，也可通过外部触发启动(适用于规则通道或注入通道)。

一旦选择通道的转换完成，转换结果被存储在 16 位规则通道数据寄存器/注入通道数据寄存器中，转换结束/注入转换结束标志被设置，如果使能了相应的标志位，则产生中断。如果是 ADC1 或 ADC3 的规则通道，可以产生 DMA 请求。

2. 连续转换模式

连续转换模式(continuous conversion mode)下，当 ADC 转换一结束马上就启动另一次转换，如图 9-8 所示。

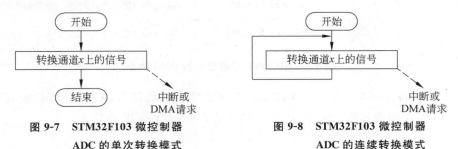

图 9-7　STM32F103 微控制器　　　　图 9-8　STM32F103 微控制器
ADC 的单次转换模式　　　　　　　　ADC 的连续转换模式

无论是对于规则通道还是注入通道,该模式既可通过软件触发启动,也可通过外部触发启动。

一旦选择通道的一次转换完成,转换结果将被存储在 16 位规则通道数据寄存器/注入通道数据寄存器中,转换结束/注入转换结束标志被设置,如果使能相应的标志位,则产生中断。如果是 ADC1 或 ADC3 的规则通道,可以产生 DMA 请求。

9.2.10　扫描模式

前面讲述的是对于单通道的单次转换和连续转换。但在嵌入式应用中需要转换的模拟输入信号往往不止一个,需要进行多通道的转换。

STM32F103 微控制器 ADC 的扫描模式(scan mode),用于扫描一组通道,可以一次实现对多个通道模拟信号的转换。如 9.2.3 节所述,ADC 的通道可以分为两组:规则通道组和注入通道组。根据通道分组情况,扫描模式可对通道组中的多个通道上以任意顺序进行成组转换。

根据扫描通道中是否存在注入通道,扫描模式可分为规则转换扫描模式和注入转换扫描模式。

1. 规则转换扫描模式

在规则转换扫描模式下,扫描通道中不包含注入通道。根据不同的转换模式,规则转换扫描模式又可分为单次转换的扫描模式和连续转换的扫描模式。

1) 单次转换的扫描模式

单次转换的扫描模式下,ADC 只执行一次转换,但一次可扫描规则通道组的所有通道。扫描的规则通道数最多可达 16 个,并且可以不同的采样先后顺序排列。而且,每个通道也可根据不同的被测模拟信号设置不同的采样时间。例如,规则通道组中有 4 个通道,依次为通道 2、通道 1、通道 8 和通道 4,分别以 1.5、7.5、13.5 和 7.5 个 ADC 时钟周期为采样时间对规则通道组进行单次转换扫描,如图 9-9 所示。

2) 连续转换的扫描模式

与单次转换的扫描模式类似,连续转换的扫描模式下,ADC 可扫描规则通道组的所有通道,并且每个通道可根据不同的模拟输入信号设置不同的采样周期。不同的是,当 ADC 对规则通道组一轮转换结束后,立即启动对规则通道组的下一轮转换。例如,规则通道组中有 4 个通道,依次为通道 2、通道 1、通道 8 和通道 4,分别以 1.5、7.5、13.5 和 7.5 个 ADC 时钟周期为采样时间对规则通道组进行连续转换扫描,如图 9-10 所示。

2. 注入转换扫描模式

在注入转换扫描模式下,扫描通道中包括注入通道。根据注入通道组的特点,注入通道的触发转换将中断正在进行的规则通道转换,转而执行注入通道的转换,直至注入通道组全部转换完毕后,再回到被中断的规则通道组中继续执行,如图 9-11 所示。

例如,一个基于 STM32F103 的温度监控系统需要时刻监视室外 6 个点的温度,对于室内 2 个点的温度只是想通过按钮切换偶尔看看。

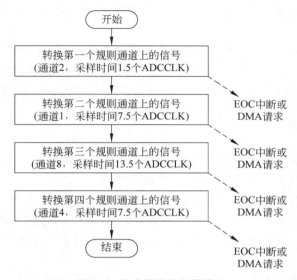

图 9-9　单次转换的扫描模式

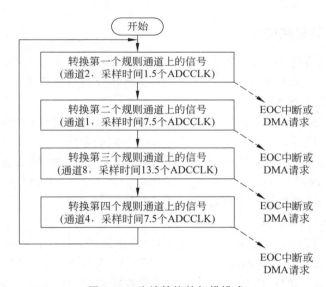

图 9-10　连续转换的扫描模式

从通道分组上看,可以把室外的 6 个温度传感器和室内的 2 个温度传感器分别连接到 STM32F103 微控制器 ADC 的 8 个通道上,并将这 8 个通道进行分组,把连接室外 6 个温度传感器的 ADC 通道划分为规则通道组,连接室内 2 个温度传感器的 ADC 通道划分为注入通道组。系统完成初始化后,STM32F103 的 ADC 依次循环扫描规则通道组的 6 个通道,进行室外温度的采集。如果想观察室内温度,可通过按钮启动注入通道组。此时,暂停正在进行的规则通道转换。等注入通道组的 2 个注入通道转换(2 个室内温度传感器数据采集)完成后,ADC 再回到规则通道组从暂停处继续进行室外温度的循环采集。

从程序设计上看,在系统初始化阶段就为室外和室内的温度传感器分别设置不同的通

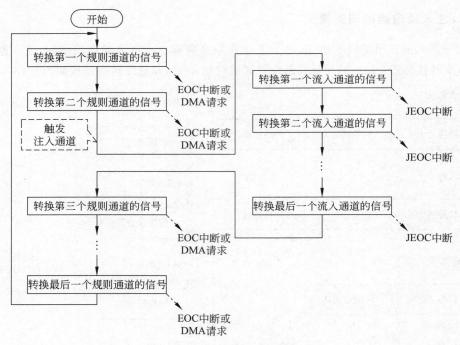

图 9-11　注入转换的扫描模式

道组。这样,系统运行中不必再变更循环转换的配置,从而达到两个温度采集任务互不干扰和快速切换的结果。如果不划分规则通道组和注入通道组,那么当切换按钮按下时,需要重新配置 ADC 单次转换扫描的通道(依次连接到 2 个室内温度传感器),在室内温度采集完毕后,需要再次配置 ADC 连续转换扫描的通道(依次连到 6 个室外温度传感器)。

　　上述室内外温度监控的实例因为速度较慢,不能完全体现划分规则通道组和注入通道组进行注入转换扫描的优势。工业应用领域中有很多检测或监视传感器需要较快地处理,借鉴中断前台和后台程序的概念,根据优先级分组 ADC 通道并以注入转换的扫描模式进行 A/D 转换,将在简化事件处理程序的同时提高事件处理的速度。

9.2.11　间断模式

　　STM32F103 微控制器 ADC 的间断模式(discontinuous mode),可以将通道转换的序列分解为多个子序列。

　　根据是否存在注入通道,间断模式可分为规则通道组的间断模式和注入通道组的扫描模式。

1. 规则通道组的间断模式

　　对于规则通道组的间断模式,每个子序列最多可以有 8 个规则通道。例如,规则通道组中有以下转换通道:0、1、2、3、6、7、9、10,并且间断模式通道数量 $n = 3$,其触发转换过程如图 9-12 所示。

2. 注入通道组的间断模式

对于注入通道组的间断模式,每个子序列最多只有 1 个注入通道。例如,注入通道组中有以下转换通道:1、2、3,并且间断模式通道数量 $n=1$,其触发转换过程如图 9-13 所示。

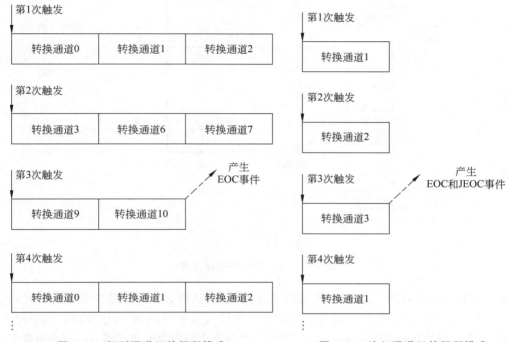

图 9-12　规则通道组的间断模式　　　图 9-13　注入通道组的间断模式

需要特别注意的是,必须避免将规则通道组和注入通道组同时设置为间断模式,也不能同时使用自动注入和间断模式。

9.2.12　校准

STM32F103 微控制器的 ADC 有一个内置自校准模式。校准可大幅减小因内部电容器组的变化而造成的精度误差。在校准期间,在每个电容器上都会计算出一个误差修正码(数字值),这个码用于消除在随后的转换中每个电容器上产生的误差。

通过设置 ADC_CR2 寄存器的 CAL 位启动校准。一旦校准结束,CAL 位被硬件复位,可以开始正常转换。建议在上电时执行一次 ADC 校准。校准阶段结束后,校准码存储在 ADC_DR 中。

9.3　STM32F10x 的 ADC 相关库函数

本节将介绍 STM32F10x 的 ADC 相关库函数的用法及其参数定义。如果在 ADC 开发过程中使用到时钟系统相关库函数(如打开/关闭 ADC 时钟),请参见 4.5.4 节中关

于时钟系统相关库函数的介绍。另外,本书介绍和使用的库函数均基于 STM32F10x 标准外设库的最新版本 3.5。

STM32F10x 的 ADC 相关库函数存放在 STM32F10x 标准外设库的 stm32f10x_adc.h、stm32f10x_adc.c 等文件中。其中,头文件 stm32f10x_adc.h 用来存放 ADC 相关结构体和宏定义以及 ADC 库函数的声明,源代码文件 stm32f10x_adc.c 用来存放 ADC 库函数定义。

如果在用户应用程序中要使用 STM32F10x 的 ADC 相关库函数,需要将 ADC 库函数的头文件包含进来。该步骤可以通过在用户应用程序文件开头添加 #include "stm32f10x_adc.h"语句或者在工程目录下的 stm32f10x_conf.h 文件中去除// #include "stm32f10x_adc.h"语句前的注释符//完成。

常用的 STM32F10x 的 ADC 库函数如下:

* ADC_DeInit:将 ADCx 的寄存器恢复为复位启动时的默认值。
* ADC_Init:根据 ADC_InitStruct 中指定的参数初始化外设 ADCx 的寄存器。
* ADC_RegularChannelConfig:设置指定 ADC 的规则组通道。
* ADC_InjectedChannelConfig:设置指定 ADC 的注入组通道。
* ADC_InjectedSequencerLengthConfig:设置指定 ADC 的注入组通道转换序列长度。
* ADC_SetInjectedOffset:设置指定 ADC 的注入组通道的转换偏移量。
* ADC_TampSensorVrefintCmd:使能或者禁止温度传感器和内部参考电压通道。
* ADC_Cmd:使能或者禁止指定的 ADC。
* ADC_ResetCalibration:重置指定的 ADC 的校准寄存器。
* ADC_GetResetCalibrationStatus:获取 ADC 重置校准寄存器的状态。
* ADC_StartCalibration:开始指定 ADC 的校准程序。
* ADC_GetCalibrationStatus:获取指定 ADC 的校准状态。
* ADC_SoftwareStartConvCmd:使能或者禁止指定的 ADC 的软件启动转换功能。
* ADC_ExternalTrigConvCmd:使能或者禁止指定 ADC 的外部触发启动转换功能。
* ADC_SoftwareStartInjectedConvCmd:使能或者禁止指定 ADC 的软件触发启动注入组转换功能。
* ADC_ExternalTrigInjectedConvCmd:使能或者禁止指定 ADC 的外部触发启动注入组转换功能。
* ADC_ExternalTrigInjectedConvConfig:设置指定 ADC 的外部触发启动注入组转换功能。
* ADC_AutoInjectedConvCmd:使能或者禁止指定 ADC 在规则组转换完成后自动开始注入组转换。
* ADC_DiscModeCmd:使能或者禁止指定 ADC 规则组通道的间断模式。
* ADC_DiscModeChannelCountConfig:对 ADC 规则组通道配置间断模式。
* ADC_InjectedDiscModeCmd:使能或者禁止指定 ADC 注入组通道的间断模式。
* ADC_GetConversionValue:返回最近一次 ADCx 规则组的转换结果。

- ADC_GetInjectedConversionValue：返回最近一次 ADCx 指定注入通道的转换结果。
- ADC_GetFlagStatus：检查指定的 ADC 标志（是否置位）。
- ADC_ClearFlag：清除指定的 ADCx 标志位。
- ADC_ITConfig：使能或者禁止指定的 ADC 的中断。
- ADC_GetITStatus：检查指定的 ADC 中断是否发生。
- ADC_ClearITPendingBit：清除指定的 ADCx 中断挂起位（待处理位）。
- ADC_DMACmd：使能或者禁止指定的 ADC 的 DMA 请求。

9.3.1　ADC_DeInit

函数原型

　　void ADC_DeInit(ADC_TypeDef * ADCx)；

功能描述

　　将 ADCx 的寄存器重设为复位启动时的默认值（初始值）。

输入参数

　　ADCx：指定操作的 ADC。x 用来指定某个 ADC，可以是 1、2 或 3，分别用于选择 ADC1、ADC2 或 ADC3。

输出参数

　　无。

返回值

　　无。

9.3.2　ADC_Init

函数原型

　　void ADC_Init(ADC_TypeDef * ADCx，ADC_InitTypeDef * ADC_InitStruct)；

功能描述

　　根据 ADC_InitTypeDef 中指定的参数初始化外设 ADCx 的寄存器。

输入参数

　　ADCx：指定操作的 ADC。x 用来指定某个 ADC，可以是 1、2 或 3，分别用于选择 ADC1、ADC2 或 ADC3。

　　ADC_InitStruct：指向结构体 ADC_InitTypeDef 的指针，包含了 ADCx 的配置信息。

　　ADC_TypeDef 定义于文件 stm32f10x_adc.h：

```
typedef struct
{
    uint32_t ADC_Mode;
    FunctionalState ADC_ScanConvMode;
```

```
        FunctionalState ADC_ContinuousConvMode;
        uint32_t ADC_ExternalTrigConv;
        uint32_t ADC_DataAlign;
        uint8_t ADC_NbrOfChannel;
    }ADC_InitTypeDef;
```

(1) ADC_Mode。设置 ADC 的工作模式（独立或者双 ADC 模式），可以是以下取值之一：

- ADC_Mode_Independent：ADC1 和 ADC2 工作在独立模式。
- ADC_Mode_InjecSimult：ADC1 和 ADC2 工作在同步注入模式。
- ADC_Mode_RegSimult：ADC1 和 ADC2 工作在同步规则模式。
- ADC_Mode_FastInterl：ADC1 和 ADC2 工作在快速交替模式。
- ADC_Mode_SlowInterl：ADC1 和 ADC2 工作在慢速交替模式。
- ADC_Mode_AlterTrig：ADC1 和 ADC2 工作在交替触发模式。
- ADC_Mode_RegInjecSimult：ADC1 和 ADC2 工作在同步规则和同步注入模式。
- ADC_Mode_RegSimult_AlterTrig：ADC1 和 ADC2 工作在同步规则模式和交替触发模式。
- ADC_Mode_InjecSimult_FastInterl：ADC1 和 ADC2 工作在同步规则模式和快速交替模式。
- ADC_Mode_InjecSimult_SlowInterl：ADC1 和 ADC2 工作在同步注入模式和慢速交替模式。

(2) ADC_ScanConvMode。指定 ADC 工作在扫描模式（多通道）还是单次（单通道）模式。可以是以下取值之一：

- ENABLE：ADC 工作在扫描模式（多通道）。
- DISABLE：ADC 工作在单次模式（单通道）。

(3) ADC_ContinuousConvMode。指定 ADC 工作在连续模式还是单次模式。可以是以下取值之一：

- ENABLE：ADC 工作在连续模式。
- DISABLE：ADC 工作在单次模式。

(4) ADC_ExternalTrigConv。定义了使用外部触发来启动规则通道的 ADC 模数转换。可以是以下取值之一：

- ADC_ExternalTrigConv_T1_CC1：选择定时器 1 的捕获/比较 1 作为 ADC 转换外部触发事件（对 ADC1 和 ADC2）。
- ADC_ExternalTrigConv_T1_CC2：选择定时器 1 的捕获/比较 2 作为 ADC 转换外部触发事件（对 ADC1 和 ADC2）。
- ADC_ExternalTrigConv_T1_CC3：选择定时器 1 的捕获/比较 3 作为 ADC 转换外部触发事件（对 ADC1、ADC2 和 ADC3）。
- ADC_ExternalTrigConv_T2_CC2：选择定时器 2 的捕获/比较 2 作为 ADC 转换外部触发事件（对 ADC1 和 ADC2）。

- ADC_ExternalTrigConv_T2_CC3：选择定时器 2 的捕获/比较 3 作为 ADC 转换外部触发事件（仅对 ADC3）。
- ADC_ExternalTrigConv_T3_CC1：选择定时器 3 的捕获/比较 1 作为 ADC 转换外部触发事件（仅对 ADC3）。
- ADC_ExternalTrigConv_T3_TRGO：选择定时器 3 的 TRGO 作为 ADC 转换外部触发事件（对 ADC1 和 ADC2）。
- ADC_ExternalTrigConv_T4_CC4：选择定时器 4 的捕获/比较 4 作为 ADC 转换外部触发事件（对 ADC1 和 ADC2）。
- ADC_ExternalTrigConv_T5_CC1：选择定时器 5 的捕获/比较 1 作为 ADC 转换外部触发事件（仅对 ADC3）。
- ADC_ExternalTrigConv_T5_CC3：选择定时器 5 的捕获/比较 3 作为 ADC 转换外部触发事件（仅对 ADC3）。
- ADC_ExternalTrigConv_T8_CC1：选择定时器 8 的捕获/比较 1 作为 ADC 转换外部触发事件（仅对 ADC3）。
- ADC_ExternalTrigConv_T8_TRGO：选择定时器 8 的 TRGO 作为 ADC 转换外部触发事件（仅对 ADC3）。
- ADC_ExternalTrigConv_Ext_IT11_TIM8_TRGO：选择 EXTI 线 11 或定时器 8 的 TRGO 作为 ADC 转换外部触发事件（对 ADC1 和 ADC2）。
- ADC_ExternalTrigConv_None：ADC 转换由软件而不是外部触发启动（对 ADC1、ADC2 和 ADC3）。

（5）ADC_DataAlign。指定 ADC 转换数据是靠左对齐还是靠右对齐。可以是以下取值之一：

- ADC_DataAlign_Right：ADC 转换数据是靠右对齐。
- ADC_DataAlign_Left：ADC 转换数据是靠左对齐。

（6）ADC_NbrOfChannel。指定顺序进行转换的规则通道组中 ADC 通道的数目。取值范围为 1～16。

输出参数

无。

返回值

无。

9.3.3　ADC_RegularChannelConfig

函数原型

void ADC_RegularChannelConfig(ADC_TypeDef * ADCx, uint8_t ADC_Channel, uint8_t Rank, uint8_t ADC_SampleTime)；

功能描述

设置指定 ADC 的规则组通道,设置它们的采样顺序和采样时间。

输入参数

ADCx：指定操作的 ADC。x 用来指定某个 ADC，可以是 1、2 或 3，分别用于选择 ADC1、ADC2 或 ADC3。

ADC_Channel：被设置的 ADC 通道。可以是以下取值之一：

- ADC_Channel_0：选择 ADC 通道 0。
- ADC_Channel_1：选择 ADC 通道 1。
- ADC_Channel_2：选择 ADC 通道 2。
- ADC_Channel_3：选择 ADC 通道 3。
- ADC_Channel_4：选择 ADC 通道 4。
- ADC_Channel_5：选择 ADC 通道 5。
- ADC_Channel_6：选择 ADC 通道 6。
- ADC_Channel_7：选择 ADC 通道 7。
- ADC_Channel_8：选择 ADC 通道 8。
- ADC_Channel_9：选择 ADC 通道 9。
- ADC_Channel_10：选择 ADC 通道 10。
- ADC_Channel_11：选择 ADC 通道 11。
- ADC_Channel_12：选择 ADC 通道 12。
- ADC_Channel_13：选择 ADC 通道 13。
- ADC_Channel_14：选择 ADC 通道 14。
- ADC_Channel_15：选择 ADC 通道 15。
- ADC_Channel_16：选择 ADC 通道 16。
- ADC_Channel_17：选择 ADC 通道 17。

Rank：被设置通道在规则通道组中的采样顺序。取值范围为 1~16。

ADC_SampleTime：被设置通道的采样时间。可以是以下取值之一：

- ADC_SampleTime_1Cycles5：采样时间为 1.5 周期。
- ADC_SampleTime_7Cycles5：采样时间为 7.5 周期。
- ADC_SampleTime_13Cycles5：采样时间为 13.5 周期。
- ADC_SampleTime_28Cycles5：采样时间为 28.5 周期。
- ADC_SampleTime_41Cycles5：采样时间为 41.5 周期。
- ADC_SampleTime_55Cycles5：采样时间为 55.5 周期。
- ADC_SampleTime_71Cycles5：采样时间为 71.5 周期。
- ADC_SampleTime_239Cycles5：采样时间为 239.5 周期。

输出参数

无。

返回值

无。

9.3.4   ADC_InjectedChannelConfig

函数原型

  void ADC_InjectedChannelConfig(ADC_TypeDef * ADCx，uint8_t ADC_Channel，uint8_t Rank，uint8_t ADC_SampleTime)；

功能描述

  设置指定 ADC 的注入组通道，设置它们的采样顺序和采样时间。

输入参数

  ADCx：指定操作的 ADC。x 用来指定某个 ADC，可以是 1、2 或 3，分别用于选择 ADC1、ADC2 或 ADC3。

  ADC_Channel：被设置的 ADC 通道。具体取值参见 9.3.3 节 ADC_RegularChannelConfig 函数中的同名输入参数。

  Rank：被设置通道在注入通道组中的采样顺序。具体取值参见 9.3.3 节 ADC_RegularChannelConfig 函数中的同名输入参数。

  ADC_SampleTime：被设置通道的采样时间。具体取值参见 9.3.3 节 ADC_RegularChannelConfig 函数中的同名输入参数。

输出参数

  无。

返回值

  无。

9.3.5   ADC_InjectedSequencerLengthConfig

函数原型

  void ADC_InjectedSequencerLengthConfig(ADC_TypeDef * ADCx，uint8_t Length)；

功能描述

  设置注入组通道的转换序列长度。

输入参数

  ADCx：指定操作的 ADC。x 用来指定某个 ADC，可以是 1、2 或 3，分别用于选择 ADC1、ADC2 或 ADC3。

  Length：指定注入组序列的通道数。取值范围为 1～4。

输出参数

  无。

返回值

  无。

9.3.6   ADC_SetInjectedOffset

函数原型

void ADC_SetInjectedOffset（ADC_TypeDef ＊ ADCx，uint8_t ADC_InjectedChannel，uint16_t Offset）；

功能描述

设置注入组通道的转换偏移值。

输入参数

ADCx：指定操作的 ADC。x 用来指定某个 ADC，可以是 1、2 或 3，分别用于选择 ADC1、ADC2 或 ADC3。

ADC_InjectedChannel：被设置转换偏移量的注入通道。可以是以下取值之一：

- ADC_InjectedChannel_1：选择注入通道 1。
- ADC_InjectedChannel_2：选择注入通道 2。
- ADC_InjectedChannel_3：选择注入通道 3。
- ADC_InjectedChannel_4：选择注入通道 4。

Offset：ADC 注入通道的转换偏移值，这是一个 12 位的值。

输出参数

无。

返回值

无。

9.3.7   ADC_TampSensorVrefintCmd

函数原型

void ADC_TempSensorVrefintCmd(FunctionalState NewState)；

功能描述

使能或者禁止温度传感器和内部参考电压的 ADC 通道。

输入参数

NewState：指定温度传感器和内部参考电压通道的新状态。可以是以下取值之一：

- ENABLE：使能温度传感器和内部参考电压的 ADC 通道。
- DISABLE：禁止温度传感器和内部参考电压的 ADC 通道。

输出参数

无。

返回值

无。

9.3.8　ADC_Cmd

函数原型

　　void ADC_Cmd(ADC_TypeDef * ADCx，FunctionalState NewState)；

功能描述

　　使能或者禁止指定的 ADC。

输入参数

　　ADCx：指定操作的 ADC。x 用来指定某个 ADC，可以是 1、2 或 3，分别用于选择 ADC1、ADC2 或 ADC3。

　　NewState：指定温度传感器和内部参考电压通道的新状态。可以是以下取值之一：

- ENABLE：使能指定的 ADC。
- DISABLE：禁止指定的 ADC。

输出参数

　　无。

返回值

　　无。

9.3.9　ADC_ResetCalibration

函数原型

　　void ADC_ResetCalibration(ADC_TypeDef * ADCx)；

功能描述

　　重置指定的 ADC 的校准寄存器。

输入参数

　　ADCx：指定操作的 ADC。x 用来指定某个 ADC，可以是 1、2 或 3，分别用于选择 ADC1、ADC2 或 ADC3。

输出参数

　　无。

返回值

　　无。

9.3.10　ADC_GetResetCalibrationStatus

函数原型

　　FlagStatus ADC_GetResetCalibrationStatus(ADC_TypeDef * ADCx)；

功能描述

　　获取 ADC 重置校准寄存器的状态（即 ADC_CR2 寄存器中 RSTCAL 位的状态）。初始化校准寄存器后该状态将被清零。

输入参数

　　ADCx：指定操作的 ADC。x 用来指定某个 ADC，可以是 1、2 或 3，分别用于选择 ADC1、ADC2 或 ADC3。

输出参数

　　无。

返回值

　　ADCx 重置校准寄存器的新状态（即 ADC_CR2 寄存器中 RSTCAL 位），可以是以下取值之一：

- SET：ADCx 重置校准寄存器的状态（即 ADC_CR2 寄存器中 RSTCAL 位）置位。
- RESET：ADCx 重置校准寄存器的状态（即 ADC_CR2 寄存器中 RSTCAL 位）清零。

9.3.11　ADC_StartCalibration

函数原型

　　void ADC_StartCalibration(ADC_TypeDef * ADCx);

功能描述

　　开始指定 ADC 的校准程序。

输入参数

　　ADCx：指定操作的 ADC。x 用来指定某个 ADC，可以是 1、2 或 3，分别用于选择 ADC1、ADC2 或 ADC3。

输出参数

　　无。

返回值

　　无。

9.3.12　ADC_GetCalibrationStatus

函数原型

　　FlagStatus ADC_GetCalibrationStatus(ADC_TypeDef * ADCx);

功能描述

　　获取指定 ADC 的校准状态（即 ADC_CR2 寄存器中 CAL 位的状态）。ADC 校准完成后该状态将被清零。

输入参数

　　ADCx：指定操作的 ADC。x 用来指定某个 ADC，可以是 1、2 或 3，分别用于选择 ADC1、ADC2 或 ADC3。

输出参数

　　无。

返回值

　　ADCx 校准的新状态（即 ADC_CR2 寄存器中 CAL 位），可以是以下取值之一：

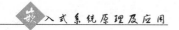

- SET：未完成 ADCx 校准。
- RESET：已完成 ADCx 校准。

9.3.13　ADC_SoftwareStartConvCmd

函数原型

void ADC _ SoftwareStartConvCmd（ADC _ TypeDef ＊ ADCx，FunctionalState NewState）；

功能描述

使能或者禁止指定 ADC 的软件启动转换功能。

输入参数

ADCx：指定操作的 ADC。x 用来指定某个 ADC,可以是 1、2 或 3,分别用于选择 ADC1、ADC2 或 ADC3。

NewState：指定 ADC 软件启动转换新状态。可以是以下取值之一：
- ENABLE：使能指定 ADC 的软件启动转换功能。
- DISABLE：禁止指定 ADC 的软件启动转换功能。

输出参数

无。

返回值

无。

9.3.14　ADC_ExternalTrigConvCmd

函数原型

void ADC _ ExternalTrigConvCmd（ADC _ TypeDef ＊ ADCx，FunctionalState NewState）；

功能描述

使能或者禁止指定 ADC 的外部触发启动转换功能。

输入参数

ADCx：指定操作的 ADC。x 用来指定某个 ADC,可以是 1、2 或 3,分别用于选择 ADC1、ADC2 或 ADC3。

NewState：指定 ADC 外部触发启动转换的新状态。
- ENABLE：使能指定 ADC 的外部触发启动转换功能。
- DISABLE：禁止指定 ADC 的外部触发启动转换功能。

输出参数

无。

返回值

无。

9.3.15 ADC_SoftwareStartInjectedConvCmd

函数原型

void ADC_SoftwareStartInjectedConvCmd(ADC_TypeDef * ADCx，FunctionalState NewState)；

功能描述

使能或者禁止指定 ADC 的软件触发启动注入组转换功能。

输入参数

ADCx：指定操作的 ADC。x 用来指定某个 ADC,可以是 1、2 或 3,分别用于选择 ADC1、ADC2 或 ADC3。

NewState：指定 ADC 软件触发启动注入转换的新状态。

- ENABLE：使能指定 ADC 的软件触发启动注入转换功能。
- DISABLE：禁止指定 ADC 的软件触发启动注入转换功能。

输出参数

无。

返回值

无。

9.3.16 ADC_ExternalTrigInjectedConvCmd

函数原型

void ADC_ExternalTrigInjectedConvCmd(ADC_TypeDef * ADCx，FunctionalState NewState)；

功能描述

使能或者禁止指定 ADC 的外部触发启动注入组转换功能。

输入参数

ADCx：指定操作的 ADC。x 用来指定某个 ADC,可以是 1、2 或 3,分别用于选择 ADC1、ADC2 或 ADC3。

NewState：指定 ADC 的外部触发启动注入转换的新状态。可以是以下取值之一：

- ENABLE：使能指定 ADC 的外部触发启动注入转换功能。
- DISABLE：禁止指定 ADC 的外部触发启动注入转换功能。

输出参数

无。

返回值

无。

9.3.17　ADC_ExternalTrigInjectedConvConfig

函数原型

void ADC _ ExternalTrigInjectedConvConfig（ADC _ TypeDef ＊ ADCx，uint32 _ t ADC_ExternalTrigInjecConv）；

功能描述

设置指定 ADC 的外部触发启动注入组转换功能。

输入参数

ADCx：指定操作的 ADC。x 用来指定某个 ADC，可以是 1、2 或 3，分别用于选择 ADC1、ADC2 或 ADC3。

ADC_ExternalTrigInjecConv：启动注入转换的 ADC 外部触发。可以是以下取值之一：

- ADC_ExternalTrigInjecConv_T1_TRGO：选择定时器 1 的 TRGO 作为注入转换外部触发（对 ADC1、ADC2 和 ADC3）。
- ADC_ExternalTrigInjecConv_T1_CC4：选择定时器 1 的 捕获/比较 4 作为注入转换外部触发（对 ADC1、ADC2 和 ADC3）。
- ADC_ExternalTrigInjecConv_T2_TRGO：选择定时器 2 的 TRGO 作为注入转换外部触发（对 ADC1 和 ADC2）。
- ADC_ExternalTrigInjecConv_T2_CC1：选择定时器 2 的 捕获/比较 1 作为注入转换外部触发（对 ADC1 和 ADC2）。
- ADC_ExternalTrigInjecConv_T3_CC4：选择定时器 3 的 捕获/比较 4 作为注入转换外部触发（对 ADC1 和 ADC2）。
- ADC_ExternalTrigInjecConv_T4_TRGO：选择定时器 4 的 TRGO 作为注入转换外部触发（对 ADC1 和 ADC2）。
- ADC_ExternalTrigInjecConv_Ext_IT15_TIM8_CC4：选择 EXTI 线 15 或定时器 8 的 捕获/比较 4 作为注入转换外部触发（对 ADC1 和 ADC2）。
- ADC_ExternalTrigInjecConv_T4_CC3：选择定时器 4 的 捕获/比较 3 作为注入转换外部触发（仅对 ADC3）。
- ADC_ExternalTrigInjecConv_T8_CC2：选择定时器 8 的 捕获/比较 2 作为注入转换外部触发（仅对 ADC3）。
- ADC_ExternalTrigInjecConv_T8_CC4：选择定时器 8 的 捕获/比较 4 作为注入转换外部触发（仅对 ADC3）。
- ADC_ExternalTrigInjecConv_T5_TRGO：选择定时器 5 的 TRGO 作为注入转换外部触发（仅对 ADC3）。
- ADC_ExternalTrigInjecConv_T5_CC4：选择定时器 5 的 捕获/比较 4 作为注入转换外部触发（仅对 ADC3）。
- ADC_ExternalTrigInjecConv_None：注入转换由软件而不是外部触发启动（对 ADC1、ADC2 和 ADC3）。

9.3.18 ADC_AutoInjectedConvCmd

函数原型

void ADC _ AutoInjectedConvCmd（ADC _ TypeDef ＊ ADCx，FunctionalState NewState）；

功能描述

使能或者禁止指定 ADC 在规则组转换完成后自动开始注入组转换。

输入参数

ADCx：指定操作的 ADC。x 用来指定某个 ADC，可以是 1、2 或 3，分别用于选择 ADC1、ADC2 或 ADC3。

NewState：指定 ADC 的自动注入转换的新状态。可以是以下取值之一：

- ENABLE：使能指定 ADC 在规则组转换完成后自动开始注入组转换。
- DISABLE：禁止指定 ADC 在规则组转换完成后自动开始注入组转换。

输出参数

无。

返回值

无。

9.3.19 ADC_DiscModeCmd

函数原型

void ADC_DiscModeCmd(ADC_TypeDef ＊ ADCx，FunctionalState NewState)；

功能描述

使能或者禁止指定 ADC 规则组通道的间断模式。

输入参数

ADCx：指定操作的 ADC。x 用来指定某个 ADC，可以是 1、2 或 3，分别用于选择 ADC1、ADC2 或 ADC3。

NewState：ADC 规则组通道上间断模式的新状态。可以是以下取值之一：

- ENABLE：使能指定 ADC 规则组通道的间断模式。
- DISABLE：禁止指定 ADC 规则组通道的间断模式。

输出参数

无。

返回值

无。

9.3.20　ADC_DiscModeChannelCountConfig

函数原型

　　void ADC _ DiscModeChannelCountConfig (ADC _ TypeDef * ADCx，uint8 _ t Number)；

功能描述

　　对 ADC 规则组通道配置间断模式(子序列的长度)。

输入参数

　　ADCx：指定操作的 ADC。x 用来指定某个 ADC，可以是 1、2 或 3，分别用于选择 ADC1、ADC2 或 ADC3。

　　Number：间断模式规则组通道计数器的值。取值范围为 1~8。

输出参数

　　无。

返回值

　　无。

9.3.21　ADC_InjectedDiscModeCmd

函数原型

　　void ADC _ InjectedDiscModeCmd (ADC _ TypeDef * ADCx，FunctionalState NewState)；

功能描述

　　使能或者禁止指定 ADC 注入组通道的间断模式。

输入参数

　　ADCx：指定操作的 ADC。x 用来指定某个 ADC，可以是 1、2 或 3，分别用于选择 ADC1、ADC2 或 ADC3。

　　NewState：ADC 注入组通道上间断模式的新状态。可以是以下取值之一：

　　• ENABLE：使能指定 ADC 注入组通道的间断模式。

　　• DISABLE：禁止指定 ADC 注入组通道的间断模式。

输出参数

　　无。

返回值

　　无。

9.3.22　ADC_GetConversionValue

函数原型

　　uint16_t ADC_GetConversionValue(ADC_TypeDef * ADCx)；

功能描述

返回最近一次 ADCx 规则通道的转换结果。

输入参数

ADCx：指定操作的 ADC。x 用来指定某个 ADC，可以是 1、2 或 3，分别用于选择 ADC1、ADC2 或 ADC3。

输出参数

无。

返回值

最近一次 ADCx 规则通道的转换结果。

9.3.23　ADC_GetInjectedConversionValue

函数原型

uint16_t ADC_GetInjectedConversionValue(ADC_TypeDef * ADCx，uint8_t ADC_InjectedChannel)；

功能描述

返回最近一次 ADCx 指定注入通道的转换结果。

输入参数

ADCx：指定操作的 ADC。x 用来指定某个 ADC，可以是 1、2 或 3，分别用于选择 ADC1、ADC2 或 ADC3。

ADC_InjectedChannel：被设置转换偏移量的注入通道。具体取值参见 9.3.6 节 ADC_SetInjectedOffset 函数中的同名输入参数。

输出参数

无。

返回值

最近一次 ADCx 指定注入通道的转换结果。

9.3.24　ADC_GetFlagStatus

函数原型

FlagStatus ADC_GetFlagStatus(ADC_TypeDef * ADCx，uint8_t ADC_FLAG)；

功能描述

查询指定的 ADC 标志(是否置位)，但不检测该中断是否被屏蔽。因此，当该位置位时，ADCx 的指定中断并不一定得到响应(例如，ADCx 的指定中断被禁止时)。

输入参数

ADCx：指定操作的 ADC。x 用来指定某个 ADC，可以是 1、2 或 3，分别用于选择 ADC1、ADC2 或 ADC3。

ADC_FLAG：待查询的 ADCx 的指定标志位，可以是以下取值之一：

* ADC_FLAG_AWD：模拟看门狗标志位。

- ADC_FLAG_EOC：转换结束标志位。
- ADC_FLAG_JEOC：注入组转换结束标志位。
- ADC_FLAG_JSTRT：注入组转换开始标志位。
- ADC_FLAG_STRT：规则组转换开始标志位。

输出参数

无。

返回值

ADCx 指定标志位的最新状态，可以是以下取值之一：

- SET：ADCx 的指定标志位置位。
- RESET：ADCx 的指定标志位清零。

9.3.25　ADC_ClearFlag

函数原型

void ADC_ClearFlag(ADC_TypeDef * ADCx，uint8_t ADC_FLAG)；

功能描述

清除指定的 ADCx 标志位。

输入参数

ADCx：指定操作的 ADC。x 用来指定某个 ADC，可以是 1、2 或 3，分别用于选择 ADC1、ADC2 或 ADC3。

ADC_FLAG：待清除的 ADCx 的指定标志位，具体取值参见 9.3.24 节 ADC_GetFlagStatus 函数中的同名输入参数。

输出参数

无。

返回值

无。

9.3.26　ADC_ITConfig

函数原型

void ADC_ITConfig(ADC_TypeDef * ADCx，uint16_t ADC_IT，FunctionalState NewState)；

功能描述

使能或者禁止指定的 ADC 的中断。

输入参数

ADCx：指定操作的 ADC。x 用来指定某个 ADC，可以是 1、2 或 3，分别用于选择 ADC1、ADC2 或 ADC3。

ADC_IT：将要被使能或禁止的 ADCx 的指定中断源，可以取以下一个或者多个取值的组合作为该参数的值：

- ADC_IT_EOC：EOC 中断(End Of Conversion)。
- ADC_IT_AWD：AWDOG 中断(Analog WatchDOG)。
- ADC_IT_JEOC：JEOC 中断(End Of inJected Conversion)。

NewState：ADCx 指定中断源的新状态,可以是以下取值之一:

- ENABLE：使能 ADCx 的指定中断。
- DISABLE：禁止 ADCx 的指定中断。

输出参数

无。

返回值

无。

9.3.27　ADC_GetITStatus

函数原型

ITStatus ADC_GetITStatus(ADC_TypeDef * ADCx, uint16_t ADC_IT)；

功能描述

查询指定的 ADC 中断是否发生(是否置位),即查询 ADCx 指定标志位的状态并检测该中断是否被屏蔽。与 9.3.24 节的 ADC_GetFlagStatus 函数相比,ADC_GetITStatus 多了一步:检测该中断是否被屏蔽。

输入参数

ADCx：指定操作的 ADC。x 用来指定某个 ADC,可以是 1、2 或 3,分别用于选择 ADC1、ADC2 或 ADC3。

ADC_IT：待查询是否发生的 ADCx 中断。具体取值参见 9.3.26 节 ADC_ITConfig 函数中的同名输入参数。

输出参数

无。

返回值

ADCx 指定中断的最新状态,可以是以下取值之一:

- SET：ADCx 的指定中断请求位置位。
- RESET：ADCx 的指定中断请求位清零。

9.3.28　ADC_ClearITPendingBit

函数原型

void ADC_ClearITPendingBit(ADC_TypeDef * ADCx, uint16_t ADC_IT)；

功能描述

清除指定的 ADCx 中断挂起位(待处理位)。

输入参数

ADCx：指定操作的 ADC。x 用来指定某个 ADC,可以是 1、2 或 3,分别用于选择

ADC1、ADC2 或 ADC3。

ADC_IT：待清除的 ADCx 指定中断，具体取值参见 9.3.26 节 ADC_ITConfig 函数中的同名输入参数。

输出参数

无。

返回值

无。

9.3.29　ADC_DMACmd

函数原型

void ADC_DMACmd(ADC_TypeDef * ADCx，FunctionalState NewState)；

功能描述

使能或者禁止指定的 ADC 的 DMA 请求。

输入参数

ADCx：指定操作的 ADC。x 用来指定某个 ADC，可以是 1、2 或 3，分别用于选择 ADC1、ADC2 或 ADC3。

NewState：指定 ADC 的 DMA 传输新状态。可以是以下取值之一：

- ENABLE：使能指定 ADC 的 DMA 请求。
- DISABLE：禁止指定 ADC 的 DMA 请求。

输出参数

无。

返回值

无。

9.4　STM32F103 的 ADC 开发实例——使用轮询方式读取 GPIO 引脚电压

9.4.1　功能要求

本实例实现的功能是：每隔 0.5s 读取 STM32F103 微控制器引脚 PB0 上的电压，其中，引脚 PB0 连接到 ADC1_IN8 输入通道上。

9.4.2　硬件设计

本实例硬件设计很简单，只需要使用一根杜邦线将 STM32F103 微控制器的引脚 PB0 与电源（V_{CC}，3.3V）或地（GND）相连即可，如图 9-14 或图 9-15 所示。

PB0（ADC12 的通道 8）：连接电源或地

根据本例的功能要求（采样引脚 PB0 上的模拟电压）和附录 B，引脚 PB0 应被设置为

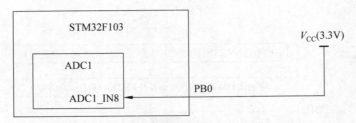

图 9-14 STM32F103 微控制器引脚 PB0 与电源相连

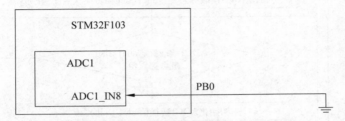

图 9-15 STM32F103 微控制器引脚 PB0 与地相连

模拟输入(GPIO_Mode_AIN)的工作模式,并且配置为 ADC1 的通道 8(ADC1_IN8)或者 ADC2 的通道 8(ADC2_IN8)的复用引脚。在本例的程序中,PB0 配置为 ADC1 的通道 8 (ADC1_IN8)的复用引脚(如图 9-14、图 9-15 所示)。

由于 STM32F103 微控制器的 ADC 精度为 12 位且其模拟部分的供电电源 V_{DDA} 接 3. 3V,因此,其引脚 PB0 上的电压与 ADC 转换后得到的数字量(ADC_DR)的关系可以表示为

$$V_{PB0} = ADC\_DR \times 3.3/2^{12}$$

9.4.3 软件流程设计

根据本实例的功能要求(以 500ms 为周期读取引脚 PB0 上的电压),使用定时器中断是最佳设计方案。因此,本实例的软件设计采用 7.7.8 节中讲述的改进后的前/后台架构(如图 7-19 所示),其流程分为后台和前台两部分。

1. 后台(主程序)

与前述前/后台结构的开发实例类似,本实例的后台软件流程也是由系统初始化加上一个无限循环两部分构成,如图 9-16 所示。

1)系统初始化

与本章上一个开发实例类似,本实例中的 STM32F103 微控制器上电复位后,首先通过一系列初始化函数完成系统初始化工作,包括初始化 NVIC、初始化 TIM2、初始化 ADC1 和初始化 ADC 读取标志变量。

(1)初始化 NVIC。

初始化 NVIC 的过程在 7.6 节介绍的精确延时的 LED 闪烁实例中已有介绍,这里不再赘述。

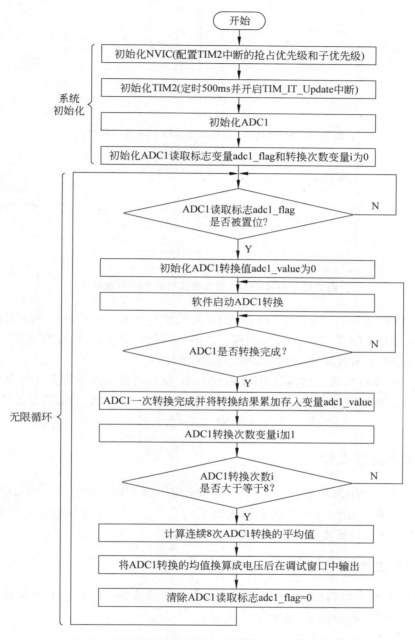

图 9-16 读取 GPIO 引脚电压程序的后台软件流程图

（2）初始化 TIM2。

初始化 TIM2 的过程在 7.6 节介绍的精确延时的 LED 闪烁实例中已有介绍，这里不再赘述。

（3）初始化 ADC1。

与 STM32F103 微控制器其他外设的初始化过程类似，ADC1 的初始化具体可分为

ADC1 通道引脚（PB0）配置和 ADC1 配置，如图 9-17 所示。

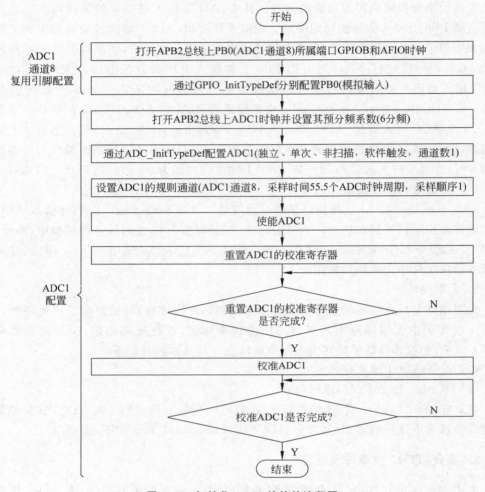

图 9-17　初始化 ADC1 的软件流程图

初始化 ADC1 的软件流程，又可以分为配置 ADC1 通道引脚和配置 ADC1 两步：

① 配置 ADC1 通道 8 的复用引脚 PB0。PB0 是 STM32F103 微控制器连接和测量外界模拟输入电压的引脚。与上一个开发实例中 PB0 作为 GPIO 普通输入输出引脚不同，本实例中 PB0 作为模拟输入引脚。以上操作可由 STM32F10x 标准外设库中的库函数编程实现，可以参考前几章开发实例中的相关操作，并在 4.5.4 节介绍的时钟系统相关库函数和 5.3 节介绍的 GPIO 相关库函数中查找完成相应功能的函数。

② 配置 ADC1。本步通过 ADC_InitTypeDef 结构体变量配置 ADC1，是初始化 ADC1 的关键所在。重点是对 ADC_InitTypeDef 结构体变量中各个主要成员的设置，例如，ADC_Mode、ADC_ScanConvMode、ADC_ContinuousConvMode、ADC_ExternalTrigConv、ADC_NbrOfChannel 和 ADC_DataAlign 等。关于如何配置这些成员，可参见 9.3.2 节。并且，以上操作都可由 STM32F10x 标准外设库中的库函数编程实现，可以参考前几章开

发实例中的相关操作,并在4.5.4节介绍的时钟系统相关库函数和9.3节介绍的ADC相关库函数中查找完成相应功能的函数。其中,ADC1输入通道8的采样周期设置由其映射引脚PB0上输入信号的周期决定。根据采样定律,ADC1输入通道8设定的采样频率应大于等于其映射引脚PB0上输入信号频率的2倍。本例中,如果将引脚PB0连接电源(Vcc,3.3V)或地(GND),则引脚PB0上的输入电压为直流电压。因此,其对应的ADC1输入通道8上的采样周期可以设置为8个可选值的任意一个,8个可选值参见9.3.3节ADC_RegularChannelConfig中的输入参数ADC_SampleTime的取值。本例选取55.5个ADC时钟周期(ADC_SampleTime_55Cycles5)作为ADC1输入通道8上的采样周期,即当STM32微控制器的系统时钟为默认72MHz且ADC1的时钟预分频系数设置为6时,ADC1输入通道8(即引脚PB0)上的采样时间为$55.5/(72/6)=4.625\mu s$。

（4）初始化ADC1读取标志变量。

adc1_flag是读取ADC转换结果的标志变量。仅当adc1_flag=1时,才读取ADC转换结果并输出。该变量在后台(主程序)定义,初始时值为0,在后续运行过程中,前台(即TIM2中断服务程序)每隔0.5s更新一次。因此,adc1_flag必须用volatile限定,并在中断服务程序文件中先声明后使用。

2）无限循环

无限循环是后台程序的主体部分。当系统初始化完成后,即始终陷于该无限循环中运行。本实例中无限循环不断查询ADC1读取标志,根据查询结果,决定是否要启动ADC1转换,并将转换结果换算为电压值后输出。其具体流程如下:

（1）查询ADC1读取标志adc1_flag。

（2）当adc1_flag=0时,返回(1)。

（3）当adc1_flag=1时,连续进行8次ADC1转换,并将连续8次ADC1转换结果求均值后换算为电压值后输出,然后将ADC1读取标志adc1_flag清零,返回(1)。

2. 前台（TIM2中断服务程序）

本实例的前台软件由TIM2中断服务程序构成,该中断服务程序(因TIM2更新中断)每隔500ms被执行一次。

与7.7节的精确延时的LED闪烁实例类似,本例采用改进的前/后台架构,对TIM2更新中断的处理(读取ADC1的转换结果并换算成电压输出)由后台主程序实现,并根据ADC1读取标志变量的具体取值来执行。因此,本例前台(TIM2中断服务程序)非常简短,其主要工作就是将ADC1读取标志变量置1,具体流程如图9-18所示。

除了"置位ADC1读取标志adc1_flag=1"这一步外,本实例前台流程的其他各步都可使用相应的库函数编程实现,具体参见6.6节中的定时器相关库函数。

9.4.4　软件代码实现

在编辑代码前,需要新建或配置已有的STM32F103工程,并将代码文件包含在该工程内,具体操作步骤参见4.9节。

根据9.4.3节中的软件流程图,结合本章及以前各章介绍的相关库函数,写出本例

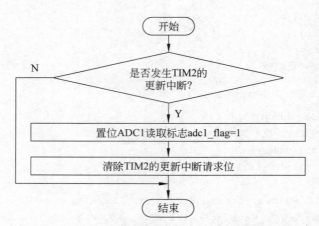

图 9-18　读取 GPIO 引脚电压程序的前台软件流程图

的实现代码。

1. main.c（后台，主程序文件）

```c
#include "stm32f10x.h"
#include <stdio.h>
#define ITM_Port8(n)    (*((volatile unsigned char *)(0xE0000000+4*n)))
#define ITM_Port16(n)   (*((volatile unsigned short *)(0xE0000000+4*n)))
#define ITM_Port32(n)   (*((volatile unsigned long *)(0xE0000000+4*n)))
#define DEMCR           (*((volatile unsigned long *)(0xE000EDFC)))
#define TRCENA          0x01000000
struct __FILE { int handle; /* Add whatever is needed */ };
FILE __stdout;
FILE __stdin;
int fputc(int ch, FILE * f)
{
    if (DEMCR & TRCENA)
    {
        while (ITM_Port32(0)==0);
        ITM_Port8(0)=ch;
    }
    return(ch);
}
void NVIC_Config(void);
void TIM2_Config(void);
void ADC1_Config(void);
volatile unsigned char adc1_flag;
unsigned short adc1_value=0x0;
float voltage_PB0=0.0;
int main(void)
{
```

```
        NVIC_Config();
        TIM2_Config();
        ADC1_Config();
        adc1_flag=0;
        while(1)
        {
            if (adc1_flag)
            {
                adc1_value =0;
                for(i=0;i<8;i++)
                {
                ADC_SoftwareStartConvCmd(ADC1, ENABLE);
                while(ADC_GetFlagStatus(ADC1, ADC_FLAG_EOC)==RESET);
                    adc1_value +=ADC_GetConversionValue(ADC1);
                }
                adc1_value =adc1_value >>3;
                voltage_PB0 =(float) adc1_value * 3.3 / 4096;
                printf("% f\n",voltage_PB0);
                adc1_flag=0;
            }
        }
    }
    void NVIC_Config()
    {
        NVIC_InitTypeDef NVIC_InitStructure;
        NVIC_PriorityGroupConfig(NVIC_PriorityGroup_1);
        NVIC_InitStructure.NVIC_IRQChannel=TIM2_IRQn;
        NVIC_InitStructure.NVIC_IRQChannelPreemptionPriority=0;
        NVIC_InitStructure.NVIC_IRQChannelSubPriority=1;
        NVIC_InitStructure.NVIC_IRQChannelCmd=ENABLE;
        NVIC_Init(&NVIC_InitStructure);
    }
    void TIM2_Config()
    {
        TIM_TimeBaseInitTypeDef TIM_TimeBaseStructure;
        /* Enable TIM2 clock */
        RCC_APB1PeriphClockCmd(RCC_APB1Periph_TIM2, ENABLE);
        /*   TIM2 Time Base Configuration:
            TIM2CLK / ((TIM_Prescaler+1) * (TIM_Period+1))=TIM1 Frequency
            TIM2CLK=72MHz, TIM1 Frequency=2Hz,
            TIM_Prescaler=36000-1, (TIM2 Counter Clock=1MHz), TIM_Period=1000-1 */
        /* Time base configuration */
        TIM_TimeBaseStructure.TIM_Prescaler=36000-1;
        TIM_TimeBaseStructure.TIM_Period=1000-1;
        TIM_TimeBaseStructure.TIM_ClockDivision=0;
        TIM_TimeBaseStructure.TIM_CounterMode=TIM_CounterMode_Up;
        TIM_TimeBaseInit(TIM2, &TIM_TimeBaseStructure);
```

```
    //Clear TIM2's Update Flag
    TIM_ClearFlag(TIM2, TIM_FLAG_Update);
    //Enable TIM2's Interrupt
    TIM_ITConfig(TIM2,TIM_IT_Update,ENABLE);
    //Enable TIM2
    TIM_Cmd(TIM2,ENABLE);
}
void ADC1_Config(void){
    GPIO_InitTypeDef GPIO_InitStructure;
    ADC_InitTypeDef ADC_InitStructure;
    //Enable the clock of ADC1_Channel_8's pin(PB0)
    RCC_APB2PeriphClockCmd(RCC_APB2Periph_GPIOB,ENABLE);
    //Config ADC1_Channel_8(PB0)
    GPIO_InitStructure.GPIO_Pin=GPIO_Pin_0;
    GPIO_InitStructure.GPIO_Mode=GPIO_Mode_AIN;
    GPIO_Init(GPIOB,&GPIO_InitStructure);
    /* Enable ADC1 clock */
    RCC_APB2PeriphClockCmd(RCC_APB2Periph_ADC1, ENABLE);
    RCC_ADCCLKConfig(RCC_PCLK2_Div6);
    /* ADC1 configuration */
    ADC_DeInit(ADC1);
    //ADC1 and ADC2 in the Independent mode or in some Dual modes
    ADC_InitStructure.ADC_Mode=ADC_Mode_Independent;
    ADC_InitStructure.ADC_ScanConvMode =DISABLE;
    ADC_InitStructure.ADC_ScanConvMode=ENABLE;
    ADC_InitStructure.ADC_ContinuousConvMode =DISABLE;
    ADC_InitStructure.ADC_ContinuousConvMode=ENABLE;
    //Number of Regular channels
    ADC_InitStructure.ADC_NbrOfChannel=1;
    //Conversion can be triggered by an External Event or Software
    ADC_InitStructure.ADC_ExternalTrigConv=ADC_ExternalTrigConv_None;
    //Data Alignment
    ADC_InitStructure.ADC_DataAlign=ADC_DataAlign_Right;
    ADC_Init(ADC1, &ADC_InitStructure);
    //ADC1_Channel_8 Sampling_Time =55.5/(72/6) =4.625us
    //ADC1_Channel_8 Conversion_Time= (55.5+12.5) / (72 / 6)=5.67 us
    ADC_ RegularChannelConfig (ADC1, ADC _ Channel _ 8, 1, ADC _ SampleTime _
    55Cycles5);
    /* Enable ADC1 */
    ADC_Cmd(ADC1, ENABLE);
    /* Enable ADC1 reset calibaration register */
    ADC_ResetCalibration(ADC1);
    /* Check the end of ADC1 reset calibration register */
    while(ADC_GetResetCalibrationStatus(ADC1));
    /* Start ADC1 calibaration */
    ADC_StartCalibration(ADC1);
```

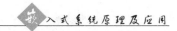

```
    /* Check the end of ADC1 calibration */
    while(ADC_GetCalibrationStatus(ADC1));
}
```

2. stm32f10x_it.c（前台,中断服务程序文件）

在中断服务程序文件 stm32f10x_it.c 中添加 TIM2 中断服务程序 TIM2_IRQHandler()的定义以及 ADC1 读取标志变量 adc1_flag 的声明:

```
#include "stm32f10x_it.h"
extern unsigned char adc1_flag;
void TIM2_IRQHandler(void)
{
    if (TIM_GetITStatus(TIM2,TIM_IT_Update) !=RESET){
        adc1_flag=1;
        TIM_ClearITPendingBit(TIM2, TIM_IT_Update);
    }
}
```

9.4.5 软件模拟仿真

在对 STM32F103 工程编译链接生成可执行文件后,可先进行软件模拟仿真运行,观察仿真结果。下面,继续以 KEIL MDK 为例,讲述软件仿真本实例程序的具体步骤。

(1) 将调试方式设置为软件模拟仿真方式。

具体操作步骤参见 5.4.5 节中关于将调试方式设置为软件模拟仿真方式的相关内容。

(2) 在程序中插入断点。

为更好地跟踪本例运行,分别在系统初始化完成后、TIM2 中断服务函数退出前和 PB0 电压值输出到调试窗口后设置 3 个断点。设置断点的具体操作可参见 7.7.6 节的相关内容。

(3) 进入调试模式(软件模拟调试方式)。

选择菜单 Debug→Start/Stop Debug Session 命令或者单击工具栏中的 Debug 按钮,进入调试模式(软件模拟调试方式)。

(4) 打开调试窗口和 ADC 外设对话框。

分别打开调试窗口和 ADC 外设对话框。

① 打开调试窗口 Debug (printf) Viewer,选择菜单 View→Serial Windows→Debug (printf) Viewer,打开调试窗口 Debug (printf) Viewer,如图 9-19 和图 9-20 所示。

② 打开 ADC 外设对话框 Analog/Digital Converter 1(ADC1),选择菜单 Peripherals→A/D Converters→ADC1 命令,打开 ADC 外设对话框 Analog/Digital Converter 1(ADC1),如图 9-21 所示。

在打开的 Analog/Digital Converter 1 (ADC1)对话框中,找到 Analog Inputs 框,在其中的 ADC1_IN8 单元格,手工编辑 ADC1_IN8(即引脚 PB0 对应的 ADC 通道)的输入

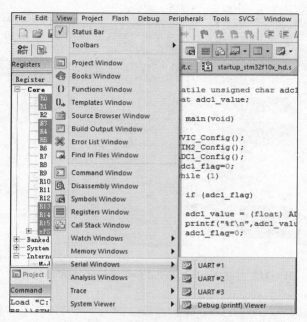

图 9-19　打开调试窗口

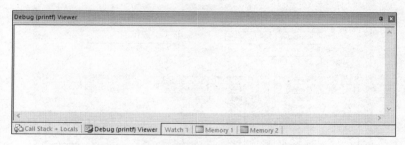

图 9-20　调试窗口 Debug（printf）Viewer

电压值（默认是 0.00，可以修改成 0～3.3V 中的任意值，如 2.00），如图 9-22 所示。这个输入电压值只是一个软件模拟值，与万用表在真实引脚上测得的实际电压无关。编辑完毕后，关闭该对话框。

（5）软件模拟运行程序，观察仿真结果。

选择菜单 Debug→Run 命令或者按快捷键 F5，开始仿真。程序运行一段时间后，将在断点处暂停，再次选择菜单 Debug→Run 命令或者按快捷键 F5，继续运行程序。当程序经过第 3 个断点继续运行时，调试窗口 Debug（printf）Viewer 中会显示引脚 PB0 的电压值（刚才在 Analog/Digital Converter 1（ADC1）对话框 ADC1_IN8 单元格中输入的值），如图 9-23 所示。

在程序运行过程中，可以通过编辑 Analog/Digital Converter 1（ADC1）对话框的 ADC1_IN8 单元格不断改变引脚 PB0 的输入电压（软件模拟值，如 2.0、0、3.3、1.2、2.5 和 0.5 等），同时观察调试窗口 Debug（printf）Viewer 的输出情况，验证 ADC 的转换结

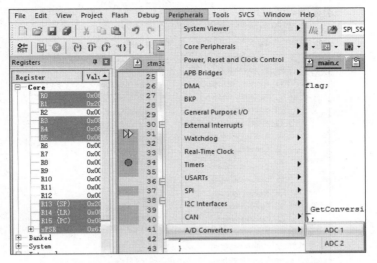

图 9-21 打开 Analog/Digital Converter 1(ADC1)对话框

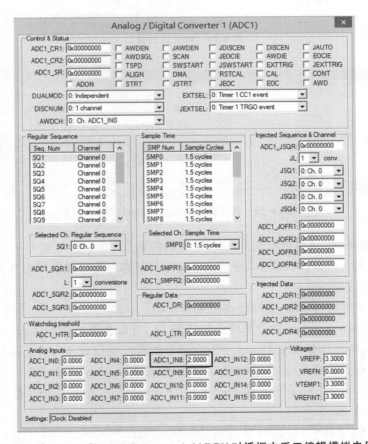

图 9-22 在 Analog/Digital Converter 1(ADC1)对话框中手工编辑模拟电压值

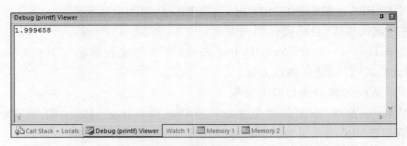

图 9-23 调试窗口中输出的经 ADC 转换后的 PB0 引脚电压值

果,如图 9-24 所示。

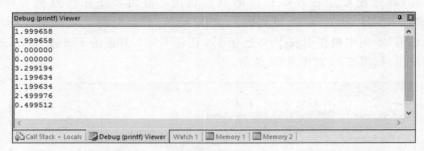

图 9-24 调试窗口中反复输出的经 ADC 转换后的 PB0 引脚电压值

由图 9-24 可知,每隔固定时间(0.5s),调试窗口会输出一行,而且每次的输出值和当时对话框 Analog/Digital Converter 1 (ADC1)中单元格 ADC1_IN8 的输入值非常接近,软件仿真程序运行符合预期,可进入下一步,下载到真实硬件运行。

(6) 退出调试模式(软件模拟调试方式)。

最后,选择菜单 Debug→Start/Stop Debug Session 命令或者单击工具栏中的 Debug 按钮,退出调试模式(软件模拟调试方式)。

9.4.6 下载到硬件调试

下载到硬件调试的过程如下:

(1) 将调试方式设置为目标硬件调试方式。

具体操作参见 4.9.6 节中的相关内容。

(2) 在程序中插入断点。

为了更好地跟踪本例的运行,在程序中每次输出引脚 PB0 上模拟电压的语句处(即 printf("%f\n",voltage_PB0);)设置断点。设置断点的具体操作参见 8.4.6 节的相关内容。

(3) 连接 PB0 引脚。

在下载到 STM32F103 微控制器运行和跟踪前,使用杜邦线将电源(V_{CC})或地(GND)与引脚 PB0 相连:

• 当引脚 PB0 连接到电源(V_{CC})时,引脚 PB0 的输入电压为 3.3V。

- 当引脚 PB0 连接到地(GND)时,引脚 PB0 的输入电压为 0V。

(4) 进入调试模式(目标硬件调试方式)。

选择菜单 Debug→Start/Stop Debug Session 命令或者单击工具栏中的 Debug 按钮,进入调试模式(目标硬件调试方式)。

(5) 打开 Watch 窗口添加监测变量。

打开 Watchy 窗口,添加监测变量 adc1_value 和 voltage_PB0。打开 Watch 窗口和在 Watch 窗口添加监测变量的具体操作参见 8.4.6 节的相关内容。

(6) 断点跟踪程序硬件执行,观察运行结果。

此后,不断选择菜单 Debug→Run 命令或按快捷键 F5,在目标硬件上反复全速执行程序。同时,通过断点全程跟踪程序的执行情况:每当程序在断点前暂停时,观察 Watch1 窗口中变量 adc1_value 和 voltage_PB0 的值,并与引脚 PB0 当时实际连接的输入模拟电压值(本例中根据引脚 PB0 连接 V_{cc} 还是 GND,其值为 3.3 或 0)比较,验证程序的执行结果,如图 9-25 和图 9-26 所示。

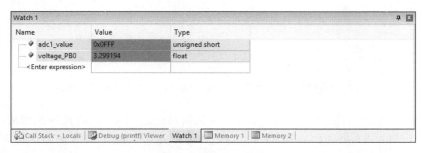

图 9-25　当引脚 PB0 外接 V_{cc} 时 Watch1 窗口中变量 adc1_value 和 voltage_PB0 的值

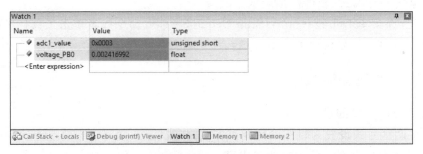

图 9-26　当引脚 PB0 外接 GND 时 Watch1 窗口中变量 adc1_value 和 voltage_PB0 的值

由图 9-25 和图 9-26 可见,程序在目标硬件上的实际运行情况与预想的一致,无误。

(7) 退出调试模式(目标硬件调试方式)。

最后,选择菜单 Debug→Start/Stop Debug Session 命令或者单击工具栏中的 Debug 按钮,退出调试模式(目标硬件调试方式)。

9.4.7　开发经验小结——使用软件滤波降低噪声

在本实例程序的硬件调试过程中,我们发现即使 ADC 通道上的模拟输入固定不变,

但每次经 ADC 转换后的结果并不相同。即使引脚 PB0 上输入电压固定为 3.3V(将引脚
PB0 连接到电源上),每次经 ADC 转换后的结果(adc1_value,可通过调试窗口或变量窗
口观察而得)也不一样,但通常会在某一平均值附近变化。

　　产生这一现象的原因主要是受干扰信号影响。为了减小噪声对 ADC 被测模拟信号
的干扰,有很多种软件滤波方法。例如,常用的中位值平均滤波法的具体步骤为:连续采
样 n 个 ADC 转换数据,对这些数据进行排序之后,去掉其中最小的 m 个和最大的 m 个,
然后取中间($n-2m$)个采样数据的平均值作为最后的输出结果。由此可见,中位值平均
滤波法融合了中位值滤波法和算术平均滤波法的优点,对于偶然出现的脉冲性干扰,可
以消除由于脉冲干扰所引起的采样值偏差,能够得到一个更加稳定的 ADC 输出结果,但
测量速度较慢,比较浪费 RAM 空间。

9.5　STM32F103 的 ADC 开发实例——使用 DMA 方式读取芯片温度

9.5.1　功能要求

　　STM32F103 微控制器芯片内部集成了一个温度传感器,它在芯片内部和 ADC 通道
ADC1_IN16 连接。本实例实现的功能是:每隔 0.5s 采集该温度传感器的数据一次,并
保存在变量 temperature 中。

9.5.2　硬件设计

　　本实例硬件不涉及任何外部器件,仅使用到了 STM32F103 微控制器的内部传感器。
该温度传感器位于微控制器内部,被连接到 ADC1_IN16 输入通道。ADC1_IN16 输入通
道把温度传感器的输出电压转换成数字值,并输出到微控制器内部数据总线上,如图 9-27
所示。通常,ADC 对内置温度传感器输入的采样时间需大于 $2.2\mu s$,推荐采样时间(最
大时间)为 $17.1\mu s$。而且,当内置温度传感器没有被使用时,它可以置于禁止状态,必须
通过设置 ADC 控制寄存器 ADC_CR2 的 TSVREFE 位使能 ADC1 的 2 个内部通道——
ADC1_IN16(温度传感器)和 ADC1_IN17(VREFINT)的转换。

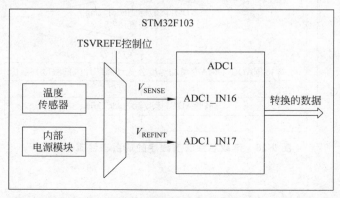

图 9-27　STM32F103 微控制器内置温度传感器与 ADC 的连接

STM32F103 微控制器内置温度传感器,测量范围为 $-40\sim+125℃$,精度为 $\pm1.5℃$。一旦使能,它将输出一个随温度线性变化的电压,温度与电压的关系如下:

$$Temperature=((V_{25}-V_{SENSE})/Avg\_Slope)+25$$

- V_{25}:温度传感器在 25℃时的电压值,典型值为 1.43V。
- V_{SENSE}:温度传感器当前输出电压值,由于 STM32F103 微控制器的 ADC 是 12 位且模拟部分的供电电源 V_{DDA} 接 3.3V,因此,温度传感器的电压值与 ADC 转换后得到的数字量(ADC_DR)的关系是 $V_{SENSE}=ADC\_DR\times3.3/2^{12}$。
- Avg_Slope 是温度与温度传感器输出电压之间的斜率,典型值为 4.3mV/℃。

9.5.3 软件流程设计

与本章上一个开发实例类似,根据本实例的功能要求,使用定时器中断是最佳设计方案。因此,本实例的软件设计采用基于前/后台架构,其流程也分为后台和前台两部分。而且,本例还使用 DMA 自动将 ADC 转换结果传送到指定的内存变量,这样,不仅提高了 CPU 的工作效率,而且简化了程序设计。

1. 后台(主程序)

本实例的后台软件流程由系统初始化和无限循环两部分构成,如图 9-28 所示。

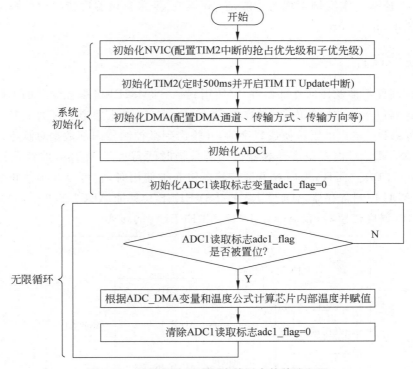

图 9-28 读取芯片温度程序的后台软件流程图

1）系统初始化

与本章上一个开发实例类似，本实例中的 STM32F103 微控制器上电复位后，首先通过一系列初始化函数完成系统初始化工作，包括初始化 NVIC、初始化 TIM2、初始化 DMA、初始化 ADC1 和初始化标志变量。

（1）初始化 NVIC。

初始化 NVIC 的过程与本章上一个开发实例完全相同，参见 9.4 节介绍的读取 GPIO 引脚电压实例中的相关内容，在此不再赘述。

（2）初始化 TIM2。

初始化 TIM2 的过程与本章上一个开发实例完全相同，参见 9.4 节介绍的读取 GPIO 引脚电压实例中的相关内容，在此不再赘述。

（3）初始化 DMA。

初始化 DMA 主要是配置 ADC 相关 DMA 通道的参数。其具体过程可分为以下 3 步，如图 9-29 所示。

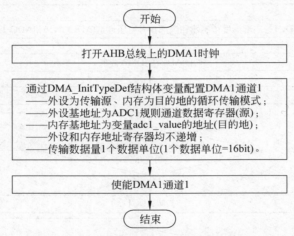

图 9-29　初始化 ADC 相关的 DMA 通道的软件流程图

需要注意的是，本例中使用 DMA 负责将 STM32F103 微控制器片上外设 ADC 的转换结果从 ADC 数据寄存器（ADC1_DR）传输到内存变量（adc1_value）。由于本例中的 DMA 数据传输涉及外设，因此，初始化 DMA 时，不能如 8.4 节介绍的存储器间的数据传输实例那样任意选择空闲的 DMA 通道配置，而只能选用 ADC1 对应的 DMA 通道——DMA1 通道 1。

本实例初始化 DMA 软件流程中的所有步骤都可由 STM32F10x 标准外设库中的库函数编程实现，可参考 8.4 节介绍的存储器间的数据传输实例中初始化 DMA 的相关操作，并在 4.5.4 节介绍的时钟系统相关库函数和 8.3 节介绍的 DMA 相关库函数中查找完成相应功能的函数。

（4）初始化 ADC1。

与上一个 ADC 实例相比，本实例 ADC 测量的不是外部信号，而是内部温度传感器的信号，因此，本实例初始化 ADC1，无须配置 ADC 通道对应的 GPIO 引脚，只需配置 ADC1 即

可。在配置 ADC1 的过程中,将 ADC1 通道 16(即连接内部温度传感器的 ADC 输入通道)的采样周期设置为 71.5 个 ADC 时钟周期。即在 STM32 微控制器的系统时钟为默认72MHz 且 ADC1 的时钟预分频系数设置为 6 的情况下,采样时间＝71.5/(72/6)＝5.96μs≤17.1μs,能够满足 STM32 微控制器内置传感器采样时间的要求(参见 9.5.2 硬件设计中 STM32F103 微控制器内置温度传感器的相关内容)。另外,由于本实例中 ADC 开启了内部温度传感器通道和 DMA 请求,需把这两项加入配置 ADC1 的流程中。综上所述,本例中初始化 ADC1 的具体流程如图 9-30 所示。

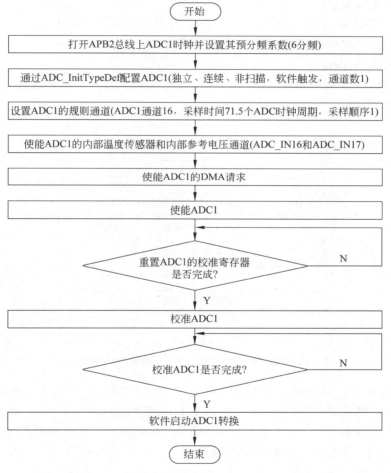

图 9-30　初始化 ADC1(配置 ADC1)的软件流程图

　　本实例初始化 ADC1 软件流程中的所有步骤都可以由 STM32F10x 标准外设库中的库函数编程实现,可参考 9.4 节介绍的读取 GPIO 引脚电压实例中初始化 ADC1 的相关操作,并在 4.5.4 节介绍的时钟系统相关库函数和 9.3 节介绍的 ADC 相关库函数中查找完成相应功能的函数。

　　(5) 初始化 ADC1 读取标志变量。

　　ADC1 读取标志变量 adc1_flag 的定义、初始化及其使用与本章上一个开发实例完全

相同,参见 9.4 节读取 GPIO 引脚电压实例中的相关内容,在此不再赘述。

　　2)无限循环

　　无限循环是后台程序的主体部分。当系统初始化完成后,即始终陷于该无限循环中运行。本实例中无限循环,通过不断查询 ADC1 读取标志,并根据查询结果,决定是否要读取 ADC_DMA 内存变量并且换算为温度后输出。其具体流程如下:

　　① 查询 ADC1 读取标志 adc1_flag。

　　② 当 adc1_flag=0 时,返回(1)。

　　③ 当 adc1_flag=1 时,根据 ADC_DMA 内存变量 adc1_value 和温度公式计算出芯片内部温度并赋值给 temperature,而后将 ADC1 读取标志 adc1_flag 清零,返回(1)。

　　2. 前台(TIM2 中断服务程序)

　　本实例的前台软件流程与本章上一个开发实例完全相同,参见 9.4 节介绍的读取 GPIO 引脚电压实例中的相关内容,在此不再赘述。

9.5.4　软件代码实现

　　在编辑代码前,需要新建或配置已有的 STM32F103 工程,并将代码文件包含在该工程内,具体操作步骤参见 4.9 节。

　　根据 9.5.3 节中的软件流程图,结合本章及以前各章介绍的相关库函数,写出本例的实现代码。

　　1. main. c(后台,主程序文件)

```
#include "stm32f10x.h"
#define ADC1_DR_Address ((uint32_t)0x4001244C)
void DMA_Config(void);
void NVIC_Config(void);
void TIM2_Config(void);
void ADC1_Config(void);
volatile unsigned char adc1_flag;
unsigned short adc1_value=0;
float temperature=0.0;
int main(void)
{
    NVIC_Config();
    TIM2_Config();
    DMA_Config();
    ADC1_Config();
    adc1_flag=0;
    while (1)
    {
        if (adc1_flag)
        {
```

```
                temperature=(1.43 - (float) adc1_value * 3.3/4096) * 1000 / 4.3
    +25;
            adc1_flag=0;
        }
    }
}
void NVIC_Config()
{
    NVIC_InitTypeDef NVIC_InitStructure;
    NVIC_PriorityGroupConfig(NVIC_PriorityGroup_1);
    NVIC_InitStructure.NVIC_IRQChannel=TIM2_IRQn;
    NVIC_InitStructure.NVIC_IRQChannelPreemptionPriority=0;
    NVIC_InitStructure.NVIC_IRQChannelSubPriority=1;
    NVIC_InitStructure.NVIC_IRQChannelCmd=ENABLE;
    NVIC_Init(&NVIC_InitStructure);
}
void TIM2_Config()
{
    TIM_TimeBaseInitTypeDef TIM_TimeBaseStructure;
    /* Enable TIM2 clock */
    RCC_APB1PeriphClockCmd(RCC_APB1Periph_TIM2, ENABLE);
    /*   TIM2 Time Base Configuration:
        TIM2CLK / ((TIM_Prescaler+1) * (TIM_Period+1))=TIM1 Frequency
        TIM2CLK=72MHz, TIM1 Frequency=2Hz,
        TIM_Prescaler=36000-1, (TIM2 Counter Clock=1MHz), TIM_Period=1000
        -1
     */
    /* Time base configuration */
    TIM_TimeBaseStructure.TIM_Prescaler=36000-1;
    TIM_TimeBaseStructure.TIM_Period=1000-1;
    TIM_TimeBaseStructure.TIM_ClockDivision=0;
    TIM_TimeBaseStructure.TIM_CounterMode=TIM_CounterMode_Up;
    TIM_TimeBaseInit(TIM2, &TIM_TimeBaseStructure);
    //Clear TIM2's Update Flag
    TIM_ClearFlag(TIM2, TIM_FLAG_Update);
    //Enable TIM2's Interrupt
    TIM_ITConfig(TIM2,TIM_IT_Update,ENABLE);
    //Enable TIM2
    TIM_Cmd(TIM2,ENABLE);
}
void ADC1_Config(void)
{
    ADC_InitTypeDef ADC_InitStructure;

    /* Enable ADC1 clock */
    RCC_APB2PeriphClockCmd(RCC_APB2Periph_ADC1, ENABLE);
```

```
    RCC_ADCCLKConfig(RCC_PCLK2_Div6);
    /* ADC1 configuration */
    ADC_DeInit(ADC1);
    // ADC1 and ADC2 in the Independent mode or in some Dual modes
    ADC_InitStructure.ADC_Mode=ADC_Mode_Independent;
    // Enable or Disable the Scan mode which is used to scan a group of analog channels
    ADC_InitStructure.ADC_ScanConvMode=DISABLE;
    // Enable or Disable the Continuous Conversion mode
    ADC_InitStructure.ADC_ContinuousConvMode=ENABLE;
    // Number of Regular channels
    ADC_InitStructure.ADC_NbrOfChannel=1;
    // Conversion can be triggered by an External Event or Software
    ADC_InitStructure.ADC_ExternalTrigConv=ADC_ExternalTrigConv_None;
    // Data Alignment
    ADC_InitStructure.ADC_DataAlign=ADC_DataAlign_Right;
    ADC_Init(ADC1, &ADC_InitStructure);
    //ADC1_Channel_16 Sampling_Time =71.5/(72/6) =5.96us≤17.1us
    // ADC1_Channel_16 Conversion_Time= (71.5+12.5) / (72 / 6)=7 us
    ADC_RegularChannelConfig(ADC1,ADC_Channel_16,1,ADC_SampleTime_71Cycles5);
    /* Enables or disables the temperature sensor and Vrefint channel */
    ADC_TempSensorVrefintCmd(ENABLE);
    /* Enable ADC1 DMA */
    ADC_DMACmd(ADC1, ENABLE);
    /* Enable ADC1 */
    ADC_Cmd(ADC1, ENABLE);
    /* Enable ADC1 reset calibaration register */
    ADC_ResetCalibration(ADC1);
    /* Check the end of ADC1 reset calibration register */
    while(ADC_GetResetCalibrationStatus(ADC1));
    /* Start ADC1 calibaration */
    ADC_StartCalibration(ADC1);
    /* Check the end of ADC1 calibration */
    while(ADC_GetCalibrationStatus(ADC1));
    /* Start ADC1 Software Conversion */
    ADC_SoftwareStartConvCmd(ADC1, ENABLE);
}
void DMA_Config()
{
    DMA_InitTypeDef DMA_InitStructure;
    //Enable DMA1 Clock
    RCC_AHBPeriphClockCmd(RCC_AHBPeriph_DMA1,ENABLE);
    DMA_DeInit(DMA1_Channel1);
    DMA_InitStructure.DMA_PeripheralBaseAddr=ADC1_DR_Address;
    DMA_InitStructure.DMA_MemoryBaseAddr= (unsigned int)&adc1_value;
    DMA_InitStructure.DMA_DIR=DMA_DIR_PeripheralSRC;
    DMA_InitStructure.DMA_BufferSize=1;
```

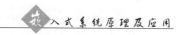

```
DMA_InitStructure.DMA_PeripheralInc=DMA_PeripheralInc_Disable;
DMA_InitStructure.DMA_MemoryInc=DMA_MemoryInc_Disable;
DMA_InitStructure.DMA_PeripheralDataSize=DMA_PeripheralDataSize_HalfWord;
DMA_InitStructure.DMA_MemoryDataSize=DMA_MemoryDataSize_HalfWord;
DMA_InitStructure.DMA_Mode=DMA_Mode_Circular;
DMA_InitStructure.DMA_Priority=DMA_Priority_High;
DMA_InitStructure.DMA_M2M=DMA_M2M_Disable;
DMA_Init(DMA1_Channel1, &DMA_InitStructure);
/* Enable DMA1 channel1 */
DMA_Cmd(DMA1_Channel1, ENABLE);
}
```

2. stm32f10x_it.c（前台，中断服务程序文件）

在中断服务程序文件 stm32f10x_it.c 中添加 TIM2 中断服务程序 TIM2_IRQHandler()的定义以及 ADC1 读取标志变量 adc1_flag 的声明：

```
#include "stm32f10x_it.h"
extern unsigned char adc1_flag;
void TIM2_IRQHandler(void)
{
    if (TIM_GetITStatus(TIM2,TIM_IT_Update) !=RESET){
        adc1_flag=1;
        TIM_ClearITPendingBit(TIM2, TIM_IT_Update);
    }
}
```

9.5.5　下载到硬件调试

（1）将调试方式设置为目标硬件调试方式。

具体操作参见 4.9.6 节中的相关内容。

（2）在程序中插入断点。

其次，为了更好地跟踪本例的运行，在程序中 temperature 赋值语句（即 temperature＝(1.43－(float) adc1_value * 3.3/4096) * 1000/4.3＋25;）处设置断点。设置断点的具体操作参见 8.4.6 节的相关内容。

（3）进入调试模式（目标硬件调试方式）。

选择菜单 Debug→Start/Stop Debug Session 命令或者单击工具栏中的 Debug 按钮，进入调试模式（目标硬件调试方式）。

（4）打开 Watch 窗口添加监测变量。

打开 Watch 窗口，添加监测变量 adc1_value 和 temperature。打开 Watch 窗口和在 Watch 窗口添加监测变量的具体操作参见 8.4.6 节中的相关内容。

（5）断点跟踪程序硬件执行，观察运行结果。

此后，不断选择菜单 Debug→Run 命令或按快捷键 F5，在目标硬件上反复全速执行

程序。同时,通过断点全程跟踪程序的执行情况:每当程序在断点前暂停时,观察 Watch1 窗口中变量 adc1_value 和 temperature 的值,验证程序的执行结果,如图 9-31 所示。当前变量 adc1_value 的值(即 ADC1 的转换结果)为 0x06B3(12b),当前变量 temperature 的值(即芯片内部温度)为 36.04197℃。

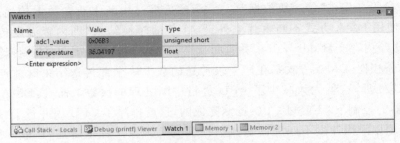

图 9-31　Watch1 窗口中变量 **adc1_value** 和 **temperature** 的值

(6) 退出调试模式(目标硬件调试方式)。

最后,选择菜单 Debug→Start/Stop Debug Session 命令或者单击工具栏中的 Debug 按钮,退出调试模式(目标硬件调试方式)。

9.5.6　开发经验小结——轮询、中断和 DMA

众所周知,在计算机系统中,外围 I/O 设备进行数据交换有 3 种方式:轮询、中断和 DMA。作为计算机系统的一大分支,嵌入式系统也不例外。

1. 轮询

在轮询方式下,CPU 对各个外围 I/O 设备轮流询问一遍有无处理要求。询问之后,如有要求,则加以处理,并在处理完 I/O 设备的请求后返回继续工作。例如,在 5.5 节介绍的按键控制 LED 亮灭实例中,使用轮询方式通过 GPIO 读取按键 KEY0 的输入。显然,轮询会占据 CPU 相当一部分的处理时间,是一种效率较低的方式,在嵌入式系统中主要用于 CPU 不忙且传送速度不高的情况。特别地,无条件传送方式,作为轮询方式的一个特例,主要用于对简单 I/O 设备的控制或 CPU 明确知道 I/O 设备所处状态的情况下。

2. 中断

在中断方式下,外围 I/O 设备的数据通信是由 CPU 通过中断服务程序来完成的。例如,在 7.6 节介绍的按键控制 LED 亮灭实例中,通过 EXTI 使用中断方式读取按键 KEY0 的输入。I/O 设备中断方式提高了 CPU 的利用率,并且能够支持多道程序和 I/O 设备的并行操作,在嵌入式系统中主要用于 CPU 比较忙的情况,尤其适合实时控制和紧急事件的处理。而且,为了充分利用 CPU 的高速性能和实时操作的要求,中断服务程序通常要求尽量简短。尽管如此,每次中断处理都需要保护和恢复现场,因此,频繁地中断或在中断服务程序中进行大量的数据交换,造成 CPU 利用率降低以及无法响应中断。

3. DMA

DMA 是指外围 I/O 设备不通过 CPU 而直接与系统内存交换数据,即 I/O 设备与内存间传送一个数据块的过程中,不需要 CPU 的任何中间干涉,只需要 CPU 在数据传输开始时向 I/O 设备发出"传送块数据"的命令,然后通过中断来获知数据传输过程结束。在本例中,使用 DMA 方式不断将片上外设 ADC 的转换结果(即内置温度传感器的数据)自动传送给内存变量 dc1_value,并且每次传送完毕后产生一个 DMA 传输完成中断请求。与中断相比,DMA 方式是在所要求传送的数据块全部传送结束时才产生中断请求要求 CPU 处理,这就大大减少了 CPU 进行中断处理的次数。而且,DMA 方式是在 DMA 控制器的控制下,不经过 CPU 控制完成的,这就排除了 CPU 因并行 I/O 设备过多而来不及处理以及因速度不匹配而造成数据丢失等现象。综上所述,在嵌入式系统中,DMA 方式主要用于高速外设进行大批量或频繁数据传送的场合。

9.6　本 章 小 结

本章从基本概念入手介绍 ADC 的基本原理、技术指标和主要类型,然后从内部结构、通道分组、时钟和转换时间、工作过程、转换和扫描模式等方面着重讲述了 STM32F103 微控制器 ADC 的工作原理,并列举了 STM32F103 的 ADC 常用库函数,最后分别给出了基于轮询、中断和 DMA 方式的 ADC 应用和开发实例。

习　题　9

1. 什么是 ADC?

2. ADC 进行模数转换分为哪三步?

3. ADC 的性能参数有哪些? 分别代表什么意义?

4. ADC 的主要类型有哪些? 它们各自有什么特点?

5. 要使 STM32F103 的 ADC 能正常工作,对供电电源有何要求?

6. STM32F103 的 ADC 可测模拟输入信号 V_{IN} 的范围是多少?

7. STM32F103 的 ADC 共有几路通道? 可分为几组? 每组最多可容纳多少路通道?

8. 假设 STM32F103 的 APB2 总线频率为 72MHz,ADC 预分频系数设置为 8,采样时间选取 41.5 个 ADC 时钟周期,那么此时 ADC 转换时间是多少?

9. STM32F103 的 ADC 的模数转换模式有哪几种?

10. STM32F103 的 ADC 的触发转换方式有哪些?

11. STM32F103 的每个 ADC 是否都能产生 DMA 请求? ADC 的每路通道是否都能产生 DMA 请求?

12. 常用的软件滤波算法有哪些?

13. 外围 I/O 设备与 CPU 交换数据的方式有哪几种? 试说明它们各自的特点。

第 10 章

UART

本章学习目标

- 掌握数据通信的基本概念。
- 掌握 UART 通信原理(包括物理层和协议层)。
- 理解 STM32F103 微控制器 USART 的主要特性、内部结构、中断和 DMA 机制。
- 熟悉 STM32F103 微控制器 USART 相关的常用库函数。
- 学会在 KEIL MDK 下使用库函数开发基于 STM32F103 的 USART 应用程序。
- 了解 STM32F103 微控制器 USART 与 PC 串口的连接方式,学会在 KEIL MDK 下采用目标硬件运行的方式调试基于 STM32F103 的 USART 应用程序。

通信是嵌入式系统的重要功能之一。嵌入式系统中使用的通信接口有很多,如 UART、SPI、I2C、USB 和 CAN 等。其中,UART(Universal Asynchronous Receiver/ Transmitter,通用异步收发器)是最常见、最方便、使用最频繁的通信接口。在嵌入式系统中,很多微控制器或者外设模块都带有 UART 接口,例如,STM32F103 系列微控制器、6 轴运动处理组件 MPU6050(包括 3 轴陀螺仪和 3 轴加速器)、超声波测距模块 US-100、GPS 模块 UBLOX、13.56MHz 非接触式 IC 卡读卡模块 RC522 等。它们彼此通过 UART 相互通信交换数据,但由于 UART 通信距离较短,一般仅能支持板级通信,因此,通常在 UART 的基础上,经过简单扩展或变换,就可以得到实际生活中常用的各种适于较长距离的串行数据通信接口,如 RS232、RS485 和 IrDA 等。

出于成本和功能两方面的考虑,目前大多的半导体厂商选择在微控制器内部集成 UART 模块。ST 公司的 STM32F103 系列微控制器也不例外,在它内部配备了强大的 UART 模块——USART(Universal Synchronous/Asynchronous Receiver/Transmitter,通用同步/异步收发器)。STM32F103 的 USART 模块不仅具备 UART 接口的基本功能,而且还支持同步单向通信、LIN(局部互联网)协议、智能卡协议、IrDA SIR 编码/解码规范、调制解调器(CTS/RTS)操作。

本章从数据通信的基本概念出发,遵循从一般原理到典型器件的顺序依次讲述 UART 通信的基本原理以及 STM32F103 微控制器的 UART 部件——USART,重点介绍 STM32F103 微控制器 USART 的工作原理和开发技术。

10.1　数据通信的基本概念

在嵌入式系统中,微控制器经常需要与外围设备(如 LCD、传感器等)或其他微控制器交换数据,一般采用并行或串行的方式实现数据交换。

10.1.1　并行和串行

并行通信是指使用多条数据线传输数据。并行通信时,各个位(bit)同时在不同的数据线上传送,数据可以字或字节为单位并行进行传输,就像具有多车道(数据线)的街道可以同时让多辆车(位)通行。显然,并行通信的优点是传输速度快,一般用于传输大量、紧急的数据。例如,在嵌入式系统中,微控制器与 LCD 之间的数据交换通常采用并行通信的方式。同样,并行通信的缺点也很明显,它需要占用更多的 I/O 口,传输距离较短,且易受外界信号干扰。

串行通信是指使用一条数据线将数据一位一位地依次传输,每一位数据占据一个固定的时间长度,就像只有一条车道(数据线)的街道一次只能允许一辆车(位)通行。它的优点是只需寥寥几根线(如数据线、时钟线或地线等)便可实现系统与系统间或系统与部件间的数据交换,且传输距离较长,因此被广泛应用于嵌入式系统中。其缺点是由于只使用一根数据线,数据传输速度较慢。

10.1.2　单工、半双工和全双工

单工(simplex)是最简单的一种通信方式。在这种方式下,数据只能单向传送:一端固定地作为发送方,只能发送但不能接收数据;另一端固定地作为接收方,只能接收但不能发送数据。例如,日常生活中的广播和电视采用的就是单工方式。

半双工(half duplex)是指在同一条通路上数据可以双向传输,但在同一时刻这条通路上只能有一个方向的数据在传输,即半双工通信的一端可以发送也可以接收数据,但不能在发送数据的同时接收数据。例如,辩论就是半双工方式,正方和反方可以轮流发言,但不能同时发言。

全双工(full duplex)是指使用不同通路实现数据两个方向的传输,从而使数据在两个方向上可以同时进行传送。即全双工通信的双方可以同时发送和接收数据。例如,电话就是全双工方式。

10.1.3　同步和异步

在数据通信过程中,发送端和接收端双方必须相互"协调",才能实现数据的正确传输。发送端和接收端之间的协调方式有两种:同步和异步。由此,数据通信也被分为同步通信和异步通信两种。

对于同步通信,通过在发送端和接收端之间使用共同的时钟从而使得它们保持"协调"。在同步通信中,发送端和接收端之间必然通过一根时钟信号线连接。并且,双方只有在时钟沿跳变时发送和接收数据。同步通信的发送端和接收端都多占用了一个 I/O 口用于时钟,但数据传输速度快,适于需要高速通信的场合。例如,后续两章讲述的 SPI 和 I2C 即属于同步通信。

对于异步通信,在发送端和接收端之间不存在共同的时钟。通常,异步通信中的数据以指定的格式打包为帧进行传输,并在一个数据帧的开头和结尾使用起始位和停止位来实现收发间的"协调"。起始位和停止位用来通知接收端一个新数据帧的到来或者一个数据帧的结束。由于每个数据帧中都包含额外的起始位(1 位)和停止位(1~2 位),异步通信的数据传输速率远低于同步通信,但在发送端和接收端无需额外的时钟线。本章讲述的 UART,如 STM32F103 微控制器的 USART,即属于异步通信。

10.2　UART 通信原理

为了确保能正确地发送和接收数据,通信双方必须事先在物理上建立连接,在逻辑上商定协议。就像我们平时拨打电话,先要在通信双方间接通线路(建立物理连接),并使用双方都能听懂的语言(商定逻辑协议),才能开始通话(全双工数据通信)。

作为嵌入式系统中典型的异步串行全双工通信接口,UART 也不例外。下面就从物理层和协议层这两方面具体讲述使用 UART 进行数据通信的基本原理。

10.2.1　UART 的物理层

UART 的物理层主要描述 UART 及其扩展——RS232 的接口组成和电平标准。

1. UART

1) UART 接口

在 10.1 节中介绍了 UART 是异步串行全双工通信。由于异步,因此 UART 没有时钟线;由于全双工,因此 UART 至少有两根数据线实现数据的双向同时传输。由于串行,收发数据只能一位一位地在各自的数据线上传输,因此 UART 最多只有两根数据线:一根发送数据线和一根接收数据线。

由此可见,最简单的 UART 接口可以由 TxD、RxD 和 GND 3 根线组成。其中,TxD 用于发送数据,RxD 用于接收数据,GND 是地线。如果想使用 UART 更复杂的功能(如硬件流控制等),除了 TxD、RxD 和 GND 3 个基本引脚外,还需要更多的引脚(如 RTS/CTS 等)。

2) UART 电平

UART 采用 TTL/CMOS 的逻辑电平标准(0~5V、0~3.3V、0~2.5V 或 0~1.8V)

表示数据,用高电平表示逻辑 1,用低电平表示逻辑 0。

例如,在 TTL 电平标准中:逻辑 1 通常用＋5V 表示,逻辑 0 通常用 0V 表示。又如,在 CMOS 电平标准中,逻辑 1 的电平一般接近于电源电压,逻辑 0 的电平一般接近于 0V。

3) UART 互连

如果想连接两个 UART 设备(如集成 UART 的微控制器和自带 UART 接口的外设模块之间、集成 UART 的两个微控制器之间)进行相互通信,由于它们使用相同的电平标准,直接将两个 UART 接口的 3 线互连即可。需要注意的是,两个 UART 的 TxD 和 RxD 必须交叉相连,即一个 UART 的 TxD 必须连接到另一个 UART 的 RxD,而一个 UART 的 RxD 必须连到另一个 UART 的 TxD,如图 10-1 所示。

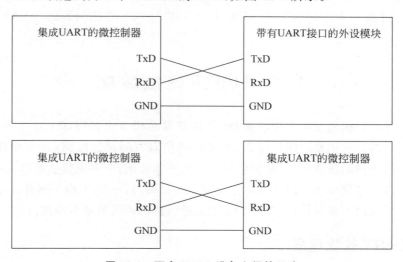

图 10-1　两个 UART 设备之间的互连

2. RS232

UART 采用的电平标准决定了它的通信距离较短,一般仅限于板级通信。为了扩展它的传输距离和应用范围,RS232 便应运而生。

RS232 是在 UART 基础上扩展而成的。它由美国电子工业协会制定,是最常见的串行通信标准,在世界上得到了广泛的应用。例如,PC 上俗称的串口或 COM 口(如 COM1、COM2 等)就是 RS232 的具体实例。通过 PC 上的 Windows 操作系统的设备管理器,可以迅速查找本机上 COM 口的个数及其编号。如图 10-2 所示,该 PC 有两个 COM 口,分别为 COM1 和 COM2。

1) RS232 接口

RS232 接口通常采用 DB-9 或 DB-25 的形式。目前,以 DB-9 最为常见,PC 上的 COM 口即采用这种形式,如图 10-3 和表 10-1 所示。

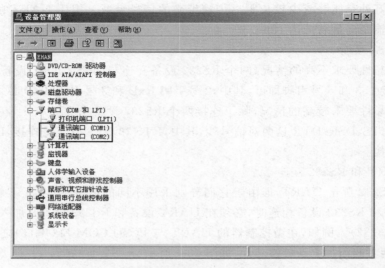

图 10-2　通过 Windows 操作系统的设备管理器查找 PC 上的 COM 口

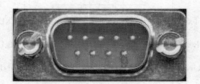

图 10-3　RS232 的 DB-9 接口

表 10-1　DB-9 接口定义表

序　号	信　号	功　　能	序　号	信　号	功　　能
1	DCD	数据载波检测	6	DSR	数据设备就绪
2	RxD	数据接收	7	RTS	请求发送
3	TxD	数据发送	8	CTS	清除发送
4	DTR	数据终端就绪	9	RI	振铃
5	SG	信号地			

在对可靠性要求不高的场合,只需使用 DB-9 接口其中的 3 个引脚(即 2 号引脚 RxD、3 号引脚 TxD 和 5 号引脚 SG),即可实现 RS232 的全双工数据通信。这也是目前最常用的方式。

如果需要支持高可靠性传输,可采用硬件流控制。此时,需启用 DB-9 接口中另外 4 个引脚(即 4 号引脚 DTR、6 号引脚 DSR、7 号引脚 RTS 和 8 号引脚 CTS),以实现流量控制,通常使用在调制解调器通信中。

2) RS232 电平

RS232 采用负逻辑:用 $-3 \sim -15$V(通常为 -12V)来表示逻辑 1,用 $+3 \sim +15$V(通常为 $+12$V)表示逻辑 0。

这样的好处是能够减少较长距离传输带来的信号衰减。相比 UART 的板级通信，RS232 的传输距离最高可达 15m。

3）RS232 互连

对于可靠性要求不高的情况，两个 RS232 设备互连与两个 UART 设备互连完全相同，只需连接 2、3 和 5 号引脚即可，其中，2 号引脚 RxD 和 3 号引脚 TxD 必须交叉连接。

对于可靠性要求较高的情况，除了连接两个 RS232 设备的 2、3 和 5 号引脚外，还要连接 RTS/CTS、DSR/DTR 这两对信号线，其中，RTS 和 CTS 需交叉连接，DSR 和 DTR 也需交叉连接。

4）UART 和 RS232 互连

虽然 RS232 源于 UART，但由于它们分别采用不同的电平标准，互不兼容，所以将 UART 设备和 RS232 设备相连时，必须在 UART 设备和 RS232 设备间加入电平转换芯片（如 MAX3232）。例如，在微控制器的 UART 与 PC 的 COM 口（串口）之间进行通信时，必须在两者间添加电平转换芯片，如图 10-4 所示。

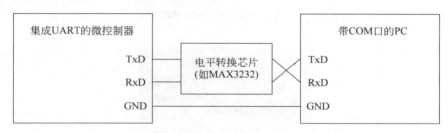

图 10-4　微控制器的 UART 与 PC 的串口的互连

10.2.2　UART 的协议层

除了建立必要的物理链接，通信双方还需要约定使用一个相同的协议进行数据传输，否则发送和接收的数据就会发生错误。这个通信协议一般包括 3 个方面：时序、数据格式和传输速率。

由于 UART 是异步通信，没有时钟线，因此，本节从数据格式和传输速率两方面来具体讲述 UART 的协议。

1. UART 数据格式

UART 数据是按照一定的格式打包成帧，以帧为单位在物理链路上进行传输的。UART 的数据格式由起始位、数据位、校验位、停止位和空闲位等构成，如图 10-5 所示。其中，起始位、数据位、校验位和停止位构成了一个数据帧。

（1）起始位。必需项，长度为 1 位，值为逻辑 0。UART 在每一个数据帧的开始，先发出一个逻辑 0 信号，表示传输字符的开始。

（2）数据位。必需项，长度可以是 5～8 位，每个数据位的值可以为逻辑 0 或逻辑 1。通常，数据用 ASCII 码表示，采用小端方式一位一位传输，即 LSB（Least Significant Bit，最低有效位）在前，MSB（Most Significant Bit，最高有效位）在后，由低位到高位依次传输。

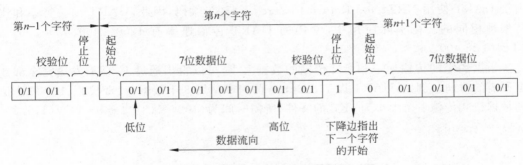

图 10-5　UART 数据格式

（3）校验位。可选项，长度为 0 或 1 位，值可以为逻辑 0 或逻辑 1。如果校验位长度为 0，即不对数据位进行校验。如果校验位为 1，则需对数据位进行奇校验或偶校验。奇校验或偶校验的规则是，加上这 1 位校验位后，使得数据位连同校验位中逻辑 1 的位数为奇数（奇校验）或偶数（偶校验）。

（4）停止位。必需项，长度可以是 1 位、1.5 位或 2 位，值一般为逻辑 1。停止位是一个数据帧结束标志。

（5）空闲位。数据传送完毕，线路上将保持逻辑 1，即空闲状态，即线路上当前没有数据传输。

综上所述，UART 通信以帧为单位进行数据传输。一个 UART 数据帧由 1 位起始位、5～8 位数据位、0/1 位校验位和 1/1.5/2 位停止位 4 部分构成。除了起始位外，其他 3 部分所占的位数具体由 UART 通信双方在数据传输前设定。

例如，UART 通信双方事先设定使用 8 个数据位、奇校验、1 个停止位的帧数据格式传送数据。当传输字符'a'（ASCII 码为 0b01100001）时，UART 传输线路 RxD 或 TxD 上的波形如图 10-6 所示。

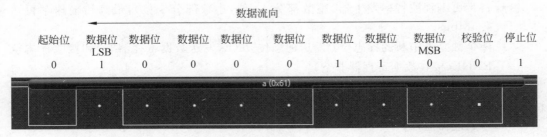

图 10-6　UART 使用 8 个数据位、奇校验、1 个停止位的数据格式传输字符'a'的波形

2. UART 传输速率

除了上述提到的统一的数据格式，UART 通信双方必须事先约定相同的传输速率发送和接收数据。

UART 数据传输速率可以用比特率或者波特率来表示。比特率，即每秒传送的二进制位数，单位为 bps（bit per second）、kbps 或 Mbps。需要特别注意的是，在这里的 k 和 M 分别表示 10^3 和 10^6，而非 2^{10} 和 2^{20}。波特率，即每秒传送码元的个数，单位为 baud。

由于 UART 使用 NRZ(Non-Return to Zero,不归零)编码,因此,UART 的波特率和比特率是相同的。在实际应用中,常用的 UART 传输速率有 1200、2400、4800、9600、19 200、38 400、…、115 200 等。

根据约定的传输速率和所要传输的数据大小,可以得出通过 UART 发送完全部数据所需的时间。例如,UART 以 115.2kbps 的速率使用 8 个数据位、奇校验、1 个停止位的数据格式传输一个大小为 1KB 的文件,所需时间为 $(1024 \times (8+1+1+1))/(115.2 \times 10^3) = 97.8ms$。

10.3 STM32F103 的 USART 工作原理

STM32F103 系列微控制器中的 UART 模块被称为 USART。从名称上看,相比 UART,多了一个字母 S,它代表 Synchronous。因此,STM32F103 系列微控制器内部集成的 USART 模块在具备 UART 异步全双工串行通信传输基本功能的同时,还具有同步单向通信的功能。不仅如此,STM32F103 系列微控制器的 USART 还可以支持多处理器通信、LIN(局部互联网)协议、智能卡协议、IrDA SIR 编码/解码等。

10.3.1 主要特性

STM32F103 微控制器的小容量产品有 2 个 USART,中等容量产品有 3 个 USART,大容量产品有 5 个 USART+2 个 UART。

STM32F103 微控制器的 USART 主要具有以下特性:

- USART1 位于高速 APB2 总线上,其他的 USART 和 UART 位于 APB1 总线上。
- 全功能可编程串行接口特性:数据位(8 或 9 位);校验位(奇、偶或无);停止位(1 或 2 位);支持硬件流控制(CTS 和 RTS)。
- 自带可编程波特率发生器(整数部分 12 位,小数部分 4 位),最高传输速率可达 4.5Mbps。
- 两个独立带中断的标志位:发送标志位 TXE(发送数据寄存器空)和接收标志位 RXNE(接收数据寄存器非空)。
- 支持 DMA 传输:发送 DMA 请求和接收 DMA 请求。
- 单线半双工通信。
- 多处理器通信。
- LIN 主发送同步断开符的能力以及 LIN 从检测断开符的能力:当 USART 硬件配置成 LIN 时,生成 13 位断开符、检测 10/11 位断开符。
- 智能卡模拟功能:智能卡接口支持 ISO 7816-3 标准中定义的异步智能卡协议。
- IRDA SIR 编码器解码器:在正常模式下支持 3/16 位的持续时间。

10.3.2 内部结构

STM32F103 系列微控制器的 USART 结构自下而上可分为波特率控制、收发控制和数据存储转移三大部分,如图 10-7 所示。

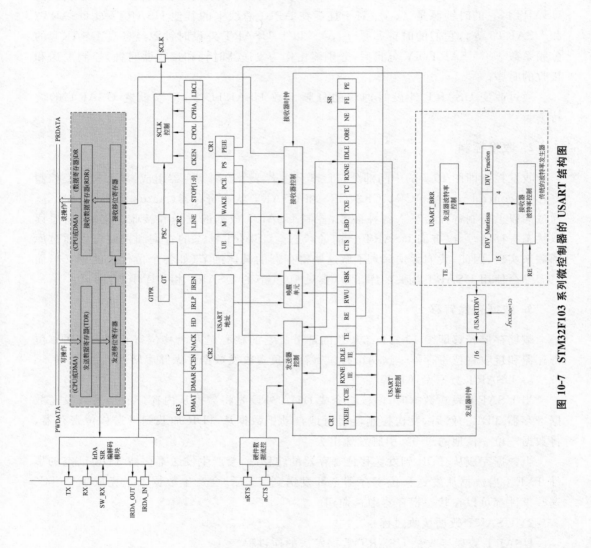

图 10-7　STM32F103 系列微控制器的 USART 结构图

1. 波特率控制

波特率控制即图 10-7 下部虚线框的部分。通过对 USART 时钟的控制,可以控制 USART 的数据传输速度。

USART 外设时钟源根据 USART 的编号不同而不同:对于挂载在 APB2 总线上的 USART1,它的时钟源是 f_{PCLK_2};对于挂载在 APB1 总线上的其他 USART(如 USART2 和 USART3 等),它们的时钟源是 f_{PCLK_1}。以上 USART 外设时钟源经各自 USART 的分频系数——USARTDIV 分频后,分别输出作为发送器时钟和接收器时钟,控制发送和接收的时序。

通过改变 USART 外设时钟源的分频系数 USARTDIV,可以设置 USART 的波特率。

2. 收发控制

收发控制即图 10-7 的中间部分。该部分由若干个控制寄存器组成,如 USART 控制寄存器(control register)CR1、CR2、CR3 和 USART 状态寄存器(status register)SR 等。通过向以上控制寄存器写入各种参数,控制 USART 数据的发送和接收。同时,通过读取状态寄存器,可以查询 USART 当前的状态。USART 状态的查询和控制可以通过库函数来实现,因此,我们无须深入了解这些寄存器的具体细节(如各个位代表的意义),而只需学会使用 USART 相关的库函数(参见 10.4 节的 USART 相关库函数)即可。

3. 数据存储转移

数据存储转移即图 10-7 上部灰色的部分。它的核心是两个移位寄存器:发送移位寄存器和接收移位寄存器。这两个移位寄存器负责收发数据并做并串转换。

1) USART 数据发送过程

当 USART 发送数据时,内核指令或 DMA 外设先将数据从内存(变量)写入发送数据寄存器 TDR。然后,发送控制器适时地自动把数据从 TDR 加载到发送移位寄存器,将数据一位一位地通过 Tx 引脚发送出去。

当数据完成从 TDR 到发送移位寄存器的转移后,会产生发送寄存器 TDR 已空的事件 TXE。当数据从发送移位寄存器全部发送到 Tx 后,会产生数据发送完成事件 TC。这些事件都可以在状态寄存器中查询到。

2) USART 数据接收过程

USART 数据接收是 USART 数据发送的逆过程。

当 USART 接收数据时,数据从 Rx 引脚一位一位地输入到接收移位寄存器中。然后,接收控制器自动将接收移位寄存器的数据转移到接收数据寄存器 RDR 中。最后,内核指令或 DMA 将接收数据寄存器 RDR 的数据读入内存(变量)中。

当接收移位寄存器的数据转移到接收数据寄存器 RDR 后,会产生接收数据寄存器 RDR 非空/已满事件 RXNE。

10.3.3　USART 中断

STM32F103 系列微控制器的 USART 主要有以下各种中断事件：

- 发送期间的中断事件包括发送完成（TC）、清除发送（CTS）、发送数据寄存器空（TXE）；
- 接收期间：空闲总线检测（IDLE）、溢出错误（ORE）、接收数据寄存器非空（RXNE）、校验错误（PE）、LIN 断开检测（LBD）、噪声错误（NE，仅在多缓冲器通信）和帧错误（FE，仅在多缓冲器通信）。

如果设置了对应的使能控制位，这些事件就可以产生各自的中断，如表 10-2 所示。

表 10-2　STM32F103 系列微控制器 USART 的中断事件及其使能标志位

事 件 标 志	中 断 事 件	中断使能位
TXE	发送数据寄存器空	TXEIE
CTS	清除发送	CTSIE
TC	发送完成	TCIE
RXNE	接收数据就绪可读	RXNEIE
ORE	检测到数据溢出	
IDLE	检测到空闲线路	IDLEIE
PE	奇偶校验错	PEIE
LBD	断开	LBDIE
NE/ORE/FE	多缓冲通信中的噪声/溢出错误/帧错误	EIE

STM32F103 系列微控制器 USART 以上各种不同的中断事件都被连接到同一个中断向量，如图 10-8 所示。

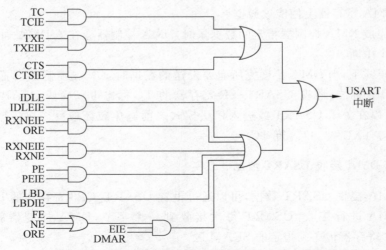

图 10-8　STM32F103 系列微控制器 USART 的中断映射

10.3.4 使用 DMA 进行 USART 通信

STM32F103 系列微控制器的 USART 可利用 DMA 进行连续通信。但需要注意的是，每个 USART 的 Rx 缓冲器和 Tx 缓冲器的 DMA 请求是分别产生的，即每个 USART 有一个 DMA 的发送请求和一个 DMA 的接收请求，并被分别映射到不同的 DMA 通道上。这样，在同一时刻可以使用 DMA 对 STM32F103 系列微控制器所有的 USART 进行数据传输。

STM32F103 系列微控制器每个 USART 的 DMA 接收请求和 DMA 发送请求和 DMA 及其通道间的具体映射关系参见表 8-1 和表 8-2。例如，USART1 的 DMA 接收请求 USART1_Rx 被映射到 DMA1 的通道 5，USART1 的 DMA 发送请求 USART1_Tx 被映射到 DMA1 的通道 4；而 UART4 的 DMA 接收请求 UART4_Rx 被映射到 DMA2 的通道 3，UART4 的 DMA 发送请求 UART4_Tx 被映射到 DMA2 的通道 5。

1. 使用 DMA 发送 USART 数据

使用 DMA 发送 USART 数据，可通过设置 USART_CR3 寄存器上的 DMAT 位使能。当 TXE 被置位（即为 1）时，DMA 就从指定的 SRAM 区传送数据到 USART_DR 寄存器。

为 USART 的发送分配一个 DMA 通道的步骤如下：

- 在 DMA 控制寄存器上将 USART_DR 寄存器地址配置成 DMA 传输的目的地址。在每个 TXE 事件后，数据将被传送到这个地址。
- 在 DMA 控制寄存器上将存储器地址配置成 DMA 传输的源地址。在每个 TXE 事件后，将从此存储器区读出数据并传送到 USART_DR 寄存器。
- 在 DMA 控制寄存器中配置要传输的总的字节数。
- 在 DMA 寄存器上配置通道优先级。
- 根据应用程序的要求，配置在传输完成一半还是全部完成时产生 DMA 中断。
- 在 DMA 寄存器上使能该通道。

当传输完成 DMA 控制器指定的数据量时，DMA 控制器会在该 DMA 通道的中断向量上产生一个中断。

在发送模式下，当 DMA 传输完所有要发送的数据时，DMA 控制器设置 DMA_ISR 寄存器的 TCIF 标志；监视 USART_SR 寄存器的 TC 标志可以确认 USART 通信是否结束，这样可以在关闭 USART 或进入停机模式之前避免破坏最后一次传输的数据；软件需要先等待 TXE＝1，再等待 TC＝1。

2. 使用 DMA 接收 USART 数据

使用 DMA 接收 USART 数据，可以通过设置 USART_CR3 寄存器的 DMAR 位使能。使用 DMA 进行接收，USART 每次接收到一个字节，DMA 控制器就把数据从 USART_DR 寄存器传送到指定的 SRAM 区。

为 USART 的接收分配一个 DMA 通道的步骤如下：

- 通过 DMA 控制寄存器把 USART_DR 寄存器地址配置成传输的源地址。在每个 RXNE 事件后，将从此地址读出数据并传输到存储器。
- 通过 DMA 控制寄存器把存储器地址配置成传输的目的地址。在每个 RXNE 事件后，数据将从 USART_DR 传输到此存储器区。
- 在 DMA 控制寄存器中配置要传输的总的字节数。
- 在 DMA 寄存器上配置通道优先级。
- 根据应用程序的要求配置在传输完成一半还是全部完成时产生 DMA 中断。
- 在 DMA 控制寄存器上使能该通道。

当接收完成 DMA 控制器指定的传输量时，DMA 控制器将在该 DMA 通道的中断向量上产生一个中断。

10.4 STM32F10x 的 USART 相关库函数

本节将介绍 STM32F10x 的 USART 相关库函数的用法及其参数定义。如果在 USART 开发过程中使用到时钟系统相关库函数（如打开/关闭 USART 时钟），可参见 4.5.4 节的时钟系统相关库函数中关于时钟系统相关库函数的介绍。另外，本书介绍和使用的库函数，均基于 STM32F10x 标准外设库的最新版本 3.5。

STM32F10x 的 USART 库函数存放在 STM32F10x 标准外设库的 stm32f10x_usart.h、stm32f10x_usart.c 等文件中。其中，头文件 stm32f10x_usart.h 用来存放 USART 相关结构体和宏定义以及 USART 库函数的声明，源代码文件 stm32f10x_usart.c 用来存放 USART 库函数定义。

如果在用户应用程序中要使用 STM32F10x 的 USART 相关库函数，需将 USART 库函数的头文件包含进来。该步骤可通过在用户应用程序文件开头添加 #include "stm32f10x_usart.h"语句或者在工程目录下的 stm32f10x_conf.h 文件中去除//#include "stm32f10x_usart.h"语句前的注释符//完成。

STM32F10x 的 USART 常用库函数如下：

- USART_DeInit：将 USARTx 的寄存器恢复为复位启动时的默认值。
- USART_Init：根据 USART_InitStruct 中指定的参数初始化指定 USART 的寄存器。
- USART_Cmd：使能或禁止指定 USART。
- USART_SendData：通过 USART 发送单个数据。
- USART_ReceiveData：返回指定 USART 最近接收到的数据。
- USART_GetFlagStatus：查询指定 USART 的标志位状态。
- USART_ClearFlag：清除指定 USART 的标志位。
- USART_ITConfig：使能或禁止指定的 USART 中断。
- USART_GetITStatus：查询指定的 USART 中断是否发生。
- USART_ClearITPendingBit：清除指定的 USART 中断挂起位。
- USART_DMACmd：使能或禁止指定 USART 的 DMA 请求。

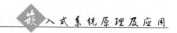

10.4.1　USART_DeInit

函数原型

　　void USART_DeInit(USART_TypeDef * USARTx);

功能描述

　　将 USARTx 的寄存器重设为复位启动时的默认值(初始值)。

输入参数

　　USARTx：指定的 USART 外设,该参数的取值可以是 USART1、USART2、USART3、UART4 或者 UART5。

输出参数

　　无。

返回值

　　无。

10.4.2　USART_Init

函数原型

　　void USART _ Init (USART _ TypeDef * USARTx, USART _ InitTypeDef * USART_InitStruct);

功能描述

　　根据 USART_InitStruct 中指定的参数初始化外设 USARTx 寄存器。

输入参数

　　USARTx：指定的 USART 外设,该参数的取值可以是 USART1、USART2、USART3、UART4 或者 UART5。

　　USART_InitStruct：指向结构体 USART_InitTypeDef 的指针,包含 USARTx 的配置信息。

　　USART_InitTypeDef 定义于文件 stm32f10x_usart. h：

```
typedef struct
{
    uint32_t USART_BaudRate;
    uint16_t USART_WordLength;
    uint16_t USART_StopBits;
    uint16_t USART_Parity;
    uint16_t USART_Mode;
    uint16_t USART_HardwareFlowControl;
} USART_InitTypeDef;
```

　　(1) USART_BaudRate。设置 USART 传输的波特率。

　　(2) USART_WordLength。设置 USART 数据帧中数据位的位数,可以是以下取值

之一：
- USART_WordLength_8b：8 位数据。
- USART_WordLength_9b：9 位数据。

（3）USART_StopBits。设置 USART 数据帧中停止位的位数，可以是以下取值之一：

- USART_StopBits_0_5：在帧结尾传输 0.5 个停止位。
- USART_StopBits_1：在帧结尾传输 1 个停止位。
- USART_StopBits_1_5：在帧结尾传输 1.5 个停止位。
- USART_StopBits_2：在帧结尾传输 2 个停止位。

（4）USART_Parity。设置 USART 数据帧的校验模式。需要注意的是，校验模式一旦使能，在发送数据的 MSB 插入经计算后的奇/偶校验位（数据位 9 位时的第 9 位，数据位 8 位时的第 8 位）。

USART_Parity 可以是以下取值之一：
- USART_Parity_No：无校验。
- USART_Parity_Even：偶校验。
- USART_Parity_Odd：奇校验。

（5）USART_Mode。设置是否使能 USART 的发送或接收模式，可以是以下取值的任意组合：

- USART_Mode_Tx：使能发送模式。
- USART_Mode_Rx：使能接收模式。

（6）USART_HardwareFlowControl。设置是否使能 USART 的硬件流模式，可以是以下取值之一：

- USART_HardwareFlowControl_None：禁止硬件流控制。
- USART_HardwareFlowControl_RTS：使能发送请求 RTS。
- USART_HardwareFlowControl_CTS：使能清除发送 CTS。
- USART_HardwareFlowControl_RTS_CTS：使能 RTS 和 CTS。

输出参数

无。

返回值

无。

10.4.3　USART_Cmd

函数原型

void USART_Cmd(USART_TypeDef * USARTx, FunctionalState NewState);

功能描述

使能或者禁止 USARTx。

输入参数

USARTx：指定的 USART 外设，该参数的取值可以是 USART1、USART2、

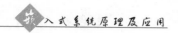

USART3、UART4 或者 UART5。

NewState：USARTx 的新状态，可以是以下取值之一：
- Enable：使能 USARTx。
- Disable：禁止 USARTx。

输出参数

无。

返回值

无。

10.4.4　USART_SendData

函数原型

void USART_SendData(USART_TypeDef * USARTx, uint16_t Data);

功能描述

通过 USARTx 发送单个数据。

输入参数

USARTx：指定的 USART 外设，该参数的取值可以是 USART1、USART2、USART3、UART4 或者 UART5。

Data：待发送的数据。

输出参数

无。

返回值

无。

10.4.5　USART_ReceiveData

函数原型

uint16_t USART_ReceiveData(USART_TypeDef * USARTx);

功能描述

返回 USARTx 最近收到的数据。

输入参数

USARTx：指定的 USART 外设，该参数的取值可以是 USART1、USART2、USART3、UART4 或者 UART5。

输出参数

无。

返回值

接收到的数据。

10.4.6 USART_GetFlagStatus

函数原型

FlagStatus USART _ GetFlagStatus（USART _ TypeDef ＊ USARTx，uint16 _ t USART_FLAG）；

功能描述

查询指定 USART 的标志位状态（是否置位），但不检测该中断是否被屏蔽。因此，当该位置位时，指定 USART 的中断并不一定得到响应（例如，指定 USART 的中断被禁止时）。

输入参数

USARTx：指定的 USART 外设，该参数的取值可以是 USART1、USART2、USART3、UART4 或者 UART5。

USART_FLAG：待查询的指定 USART 的标志位，可以使用以下取值之一：

- USART_FLAG_CTS：CTS 标志位（UART4 和 UART5 没有）。
- USART_FLAG_LBD：LIN 断开检测标志位。
- USART_FLAG_TXE：发送数据寄存器空标志位。
- USART_FLAG_TC：发送完成标志位。
- USART_FLAG_RXNE：接收数据寄存器非空标志位。
- USART_FLAG_IDLE：空闲总线标志位。
- USART_FLAG_ORE：溢出错误标志位。
- USART_FLAG_NE：噪声错误标志位。
- USART_FLAG_FE：帧错误标志位。
- USART_FLAG_PE：奇偶错误标志位。

输出参数

无。

返回值

USARTx 指定标志位的最新状态，可以是以下取值之一：

- SET：USARTx 指定标志位置位。
- RESET：USARTx 指定标志位清零。

10.4.7 USART_ClearFlag

函数原型

void USART_ClearFlag(USART_TypeDef ＊ USARTx，uint16_t USART_FLAG)；

功能描述

清除指定的 USART 标志位（将指定的 USART 标志位清零）。

输入参数

USARTx：指定的 USART 外设，该参数的取值可以是 USART1、USART2、

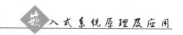

USART3、UART4 或者 UART5。

　　USART_FLAG：待清除的指定 USARTx 的标志位，可以使用以下取值之一：

- USART_FLAG_CTS：CTS 标志位（UART4 和 UART5 没有）。
- USART_FLAG_LBD：LIN 断开检测标志位。
- USART_FLAG_TC：发送完成标志位。
- USART_FLAG_RXNE：接收数据寄存器非空标志位。

需要注意的是，

　　对于 USART_FLAG_TC，也可通过一次读寄存器 USART_SR（USART_GetFlagStatus()）和紧跟着的写寄存器 USART_DR(USART_SendData())的连续操作清除之。

　　对于 USART_FLAG_RXNE，也可通过读寄存器 USART_DR（USART_ReceiveData()）清除。

　　对于 USART_FLAG_TXE，只能通过写寄存器 USART_DR(USART_SendData())清除。

　　对于 USART_FLAG_ORE、USART_FLAG_NE、USART_FLAG_FE、USART_FLAG_PE 和 USART_FLAG_IDLE 等，可通过依次读寄存器 USART_SR(USART_GetFlagStatus())和 USART_DR(USART_ReceiveData())的连续操作清除之。

输出参数

　　无。

返回值

　　无。

10.4.8　USART_ITConfig

函数原型

　　void USART_ITConfig(USART_TypeDef * USARTx, uint16_t USART_IT, FunctionalState NewState);

功能描述

　　使能或禁止指定的 USART 中断。

输入参数

　　USARTx：指定的 USART 外设，该参数的取值可以是 USART1、USART2、USART3、UART4 或者 UART5。

　　USART_IT：待使能或者禁止的 USARTx 中断源，可以使用以下取值之一：

- USART_IT_CTS：CTS 中断。
- USART_IT_LBD：LIN 断开检测中断。
- USART_IT_TXE：发送中断。
- USART_IT_TC：传输完成中断。
- USART_IT_RXNE：接收中断。
- USART_IT_IDLE：空闲总线中断。

- USART_IT_PE：奇偶错误中断。
- USART_IT_ERR：错误中断(包括溢出错误、噪声错误和帧错误)。

NewState：指定 USARTx 中断的新状态,可以是以下取值之一:

- ENABLE：使能指定 USARTx 中断。
- DISABLE：禁止指定 USARTx 中断。

输出参数

　　无。

返回值

　　无。

10.4.9　USART_GetITStatus

函数原型

　　ITStatus USART_GetITStatus(USART_TypeDef * USARTx, uint16_t USART_IT);

功能描述

　　查询指定的 USART 中断是否发生(是否置位),即查询 USARTx 指定标志位的状态并检测该中断是否被屏蔽。与 10.4.6 节的 USART_GetFlagStatus 相比,USART_GetITStatus 多了一步：检测该中断是否被屏蔽。

输入参数

　　USARTx：指定的 USART 外设,该参数的取值可以是 USART1、USART2、USART3、UART4 或者 UART5。

　　USART_IT：待查询的 USARTx 中断源,可以使用以下取值之一:

- USART_IT_CTS：CTS 中断标志位(UART4 和 UART5 没有)。
- USART_IT_LBD：LIN 断开检测中断标志位。
- USART_IT_TXE：发送数据寄存器空中断标志位。
- USART_IT_TC：发送完成中断标志位。
- USART_IT_RXNE：接收数据寄存器非空中断标志位。
- USART_IT_IDLE：空闲总线中断标志位。
- USART_IT_ORE：溢出错误中断标志位。
- USART_IT_NE：噪声错误中断标志位。
- USART_IT_FE：帧错误中断标志位。
- USART_IT_PE：奇偶错误中断标志位。

输出参数

　　无。

返回值

　　USARTx 指定中断的最新状态,可以是以下取值之一:

- SET：USARTx 的指定中断请求位置位。
- RESET：USARTx 的指定中断请求位清零。

10.4.10   USART_ClearITPendingBit

函数原型

void USART_ClearITPendingBit(USART_TypeDef * USARTx, uint16_t USART_IT);

功能描述

清除指定的 USART 中断请求位(挂起位)。

输入参数

USARTx：指定的 USART 外设，该参数的取值可以是 USART1、USART2、USART3、UART4 或者 UART5。

USART_IT：待清除的 USARTx 指定中断，可以是以下取值之一：

- USART_IT_CTS：CTS 中断标志位(UART4 和 UART5 没有)。
- USART_IT_LBD：LIN 断开检测中断标志位。
- USART_IT_TC：发送完成中断标志位。
- USART_IT_RXNE：接收数据寄存器非空中断标志位。

输出参数

无。

返回值

无。

10.4.11   USART_DMACmd

函数原型

void USART_DMACmd(USART_TypeDef * USARTx, uint16_t USART_DMAReq, FunctionalState NewState);

功能描述

使能或禁止指定 USART 的 DMA 请求。

输入参数

USARTx：指定的 USART 外设，该参数的取值可以是 USART1、USART2、USART3、UART4 或者 UART5。

USART_DMAReq：选择待使能或者禁止的 USARTx 的 DMA 请求，可以是以下取值的任意组合：

- USART_DMAReq_Tx：发送 DMA 请求。
- USART_DMAReq_Rx：接收 DMA 请求。

NewState：指定 USARTx 的 DMA 请求源的新状态，可以是以下取值之一：

- ENABLE：使能 USARTx 的 DMA 请求。
- DISABLE：禁止 USARTx 的 DMA 请求。

输出参数

无。

返回值

无。

10.5　STM32F103 的 USART 开发实例
——重定向 printf

10.5.1　功能要求

本实例要求重定向 printf 到 USART1,并通过 USART1 向 PC 串口发送"hello world!"。并且,STM32F103 微控制器 USART1 与 PC 串口之间的通信速率和通信协议规定如下:数据传输速率为 115 200bps,数据格式为 8 位数据位,无奇偶校验位,2 位停止位,无数据流控制。

10.5.2　硬件设计

1. 方案 1——与带 DB-9 串口的 PC 连接

对于带 DB-9 串口的 PC 来说,它的 DB-9 串口使用基于负逻辑的 RS232 电平标准。而 STM32F103 的 USART 使用基于正逻辑的 TTL/CMOS 电平标准,具体可参见 10.2.1 节中的相关内容。

如欲将基于 RS232 电平标准的 DB-9 串口(PC)和基于 TTL/CMOS 电平标准的 USART(STM32F103)物理相连并进行通信,必须在两者之间添加电平转换芯片(如 MAX3232)。具体的硬件设计方案如图 10-9 所示。

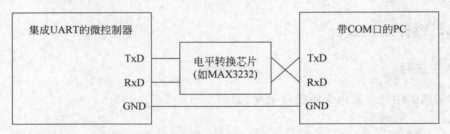

图 10-9　微控制器的 UART 与 PC 的串口的互连

如果采用以上硬件设计方案,无须在 PC 上安装任何驱动软件即可使用其自带的 DB-9 串口通过电平转换芯片(如 MAX3232)与 STM32 微控制器的 USART 进行全双工数据通信。

2. 方案 2——与不带 DB-9 串口的 PC 连接

随着接口的发展与更新,目前很多 PC 上已经不带 DB-9 串口,但一般都带有多个 USB 接口。

对于不带 DB-9 串口而带有多个 USB 接口的 PC,可以通过添加软硬件的方式将 PC

上空闲的 USB 接口转换为串口。具体操作方式如下：外接 USB 转串口芯片（如 CH340）到 PC 闲置的 USB 口，并在 PC 上安装 USB 转串口芯片（如 CH340）的驱动软件，即可将其所连接的 USB 口转换为串口。而且，经此转换而得的串口，已经基于 TTL/CMOS 电平标准，无须再进行电平转换，可直接与采用相同电平标准的 STM32 微控制器的 USART 相连，如图 10-10 所示。本实例即采用这样的硬件设计。

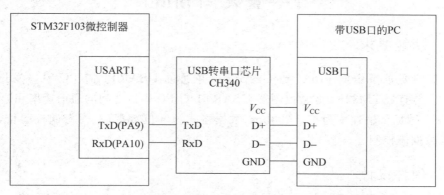

图 10-10 STM32F103 微控制器与 PC 串口（USB 转串口）的接口电路图

（1）PA9（USART1 的 Tx）：通过 USB 转串口芯片 CH340 连接 PC。

根据本例的功能要求（使用 USART1 与 PC 串口通信）和附录 B，作为 USART1 的复用引脚 Tx（发送引脚），PA9 应设置为复用推挽输出（GPIO_Mode_AF_PP）的工作模式。

（2）PA10（USART1 的 Rx）：通过 USB 转串口芯片 CH340 连接 PC。

根据本例的功能要求（使用 USART1 与 PC 串口通信）和附录 B，作为 USART1 的复用引脚 Rx（接收引脚），PA10 应设置为浮空输入（GPIO_Mode_IN_FLOATING）的工作模式。

10.5.3 软件流程设计

1. 主流程

本实例的主流程采用无限循环架构，如图 10-11 所示。

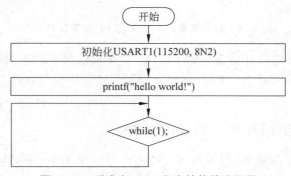

图 10-11 重定向 prinf 程序的软件流程图

2. 初始化 USART1 的流程

初始化 USART1 是本实例软件设计的关键,其具体流程如图 10-12 所示。

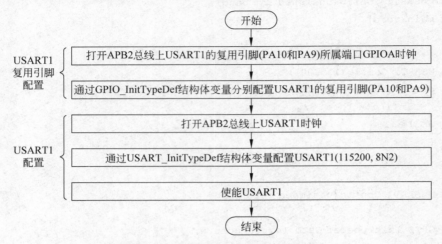

图 10-12　初始化 USART1 的软件流程图

初始化 USART1 的软件流程又可以分为 USART1 的引脚配置和 USART1 配置两步。其中,通过 USART_InitTypeDef 结构体变量配置 USART1 是初始化 USART1 的关键所在,重点是对 USART_InitTypeDef 结构体变量中成员的设置,例如 USART_BaudRate、USART _ WordLength、USART _ StopBits、USART _ Parity、USART _ HardwareFlowControl 和 USART_Mode 等。关于如何配置这些成员,可参见 10.4.2 节的 USART_Init 函数。

综上所述,本实例软件流程(图 10-11 和图 10-12)中的所有步骤都可由 STM32F10x 标准外设库中的库函数编程实现,可以参考以前各章开发实例中的相关操作,并在 4.5.4 节介绍的时钟系统相关库函数、5.3 节介绍的 GPIO 相关库函数和 10.4 节介绍的 USART 相关库函数中查找完成相应功能的函数。

10.5.4　软件代码实现

在编辑代码前,需要新建或配置已有的 STM32F103 工程,并将代码文件包含在该工程内,具体操作步骤参见 4.9 节。

根据 10.5.3 节中的软件流程图,结合本章及以前各章介绍的相关库函数,写出本例的实现代码。

main.c(主程序文件)

```
#include "stm32f10x.h"
int fputc(int ch, FILE * f)
{
    while (USART_GetFlagStatus(USART1, USART_FLAG_TC)==RESET);
```

```
        USART_SendData(USART1, (uint8_t) ch);
        return ch;
    }
    void USART1_Config(unsigned int baud);
    int main(void)
    {
        /* USART1 Init with 115200bps */
        USART1_Config(115200);
        printf("hello world!");
        /* Infinite loop */
        while (1)
        {
        }
    }
    void USART1_Config(unsigned int baud)
    {
        GPIO_InitTypeDef GPIO_InitStructure;
        USART_InitTypeDef USART_InitStructure;

        /* Enable GPIO's clock */
        RCC_APB2PeriphClockCmd(RCC_APB2Periph_GPIOA,ENABLE);
        /* Configure USART1 Tx(PA.9) as Alternate Function Push-Pull */
        GPIO_InitStructure.GPIO_Pin=GPIO_Pin_9;
        GPIO_InitStructure.GPIO_Mode=GPIO_Mode_AF_PP;
        GPIO_InitStructure.GPIO_Speed=GPIO_Speed_50MHz;
        GPIO_Init(GPIOA, &GPIO_InitStructure);
        /* Configure USART1 Rx(PA.10) as In-Floating */
        GPIO_InitStructure.GPIO_Pin=GPIO_Pin_10;
        GPIO_InitStructure.GPIO_Mode=GPIO_Mode_IN_FLOATING;
        GPIO_InitStructure.GPIO_Speed=GPIO_Speed_50MHz;
        GPIO_Init(GPIOA, &GPIO_InitStructure);

        /* Enable USART1 clock */
        RCC_APB2PeriphClockCmd(RCC_APB2Periph_USART1, ENABLE);

        /* USARTx configured as follow:
            -BaudRate=baud
            -Word Length=8 Bits
            -Two Stop Bit
            -No parity
            -Hardware flow control disabled (RTS and CTS signals)
            -Receive and transmit enabled
        */
        USART_InitStructure.USART_BaudRate=baud;
```

```
USART_InitStructure.USART_WordLength=USART_WordLength_8b;
USART_InitStructure.USART_StopBits=USART_StopBits_2;
USART_InitStructure.USART_Parity=USART_Parity_No;
USART_InitStructure.USART_HardwareFlowControl=\
                    USART_HardwareFlowControl_None;
USART_InitStructure.USART_Mode=USART_Mode_Rx | USART_Mode_Tx;
USART_Init(USART1, &USART_InitStructure);
/* Clear USART1 Transmission complete flag */
USART_ClearFlag(USART1, USART_FLAG_TC);
/* Enable USART1 */
USART_Cmd(USART1, ENABLE);
}
```

10.5.5　下载到硬件运行

下载到硬件运行的过程如下：

(1) 下载程序到 STM32F103 的 Flash 中。

将 STM32F103 工程编译链接生成的可执行文件下载到开发板的 STM32F103 微控制器中，具体操作步骤可参见 4.9.7 节。

(2) 在 PC 上安装串口监控软件和 USB 转串口芯片驱动软件。

为了实现并监控 PC 串口与 STM32 微控制器的 USART 之间的通信，必须在 PC 上安装串口监控软件和 USB 转串口芯片驱动软件。

① 安装串口监控软件。

目前，免费的 PC 串口监控软件很多，都可以在 Internet 下载得到，如 AccessPort、串口调试助手等。

② 安装 USB 转串口芯片驱动软件。

如果采用 USB 转串口芯片（如 CH340、PL2303）的硬件设计方案（如图 10-10 所示）连接 PC 的 USB 口和 STM32 微控制器的 USART，那么除了在 PC 上安装串口监控软件外，还需要安装相应转换芯片的驱动（如 CH340 驱动程序或 PL2303 驱动程序）。

完成 USB 转串口的芯片驱动安装后，PC 将与 USB 转串口芯片相连的 USB 口识别为串口，并在 Windows 设备管理器的"端口（COM 和 LPT）"列表中显示为"USB-SERIAL…"（如图 10-13 所示）。这样，PC 才能与 STM32 微控制器的 USART 进行异步全双工串行数据通信。本实验即采用这种方式。

如果采用电平转换芯片（如 MAX3232）的硬件设计方案（如图 10-9 所示）连接 PC 的 DB-9 串口和 STM32 微控制器的 USART，那么除了串口监控软件外，无须在 PC 上安装任何驱动程序。DB-9 串口通常在 Windows 设备管理器的"端口（COM 和 LPT）"列表中显示为 COM1。PC 即使用该 DB-9 串口（COM1）与 STM32 微控制器的 USART 进行异步全双工串行数据通信。

(3) 打开 PC 上的串口监控软件，监控 PC 串口数据。

为了与 PC 串口建立通信，在复位 STM32F103 微控制器运行本实例程序前，先在

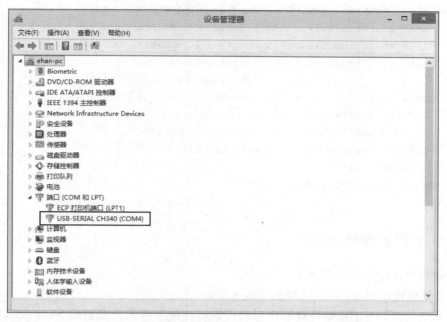

图 10-13　通过 Windows 设备管理器的"端口（COM 和 LPT）"查找新添的串口

PC 上作以下配置：

① 找到 PC 上的 COM 口编号。

无论是 PC 上自带的 DB-9 串口，还是经 USB 转串口芯片（如 CH340）转换而得的 USB 串口，都会有一个 COM 口编号。这个编号可以在 Windows 设备管理器的"端口（COM 和 LPT）"下查得，如图 10-13 所示。

本实验在不带 DB-9 串口的 PC 上通过外接 USB 转串口芯片 CH340，将 PC 上的一个 USB 口转换为串口（USB-SERIAL CH340），编号为 COM4，如图 10-13 所示。

② 打开 PC 串口监控软件，监控 PC 串口数据。

为了监控 PC 串口与 STM32F103 微控制器之间的通信，除了建立硬件连接，还要在 PC 上打开串口监控软件。

目前，PC 上的串口监控软件很多，本实例中使用的是其中常用的一款——AccessPort。打开 AccessPort，选择"工具"菜单下的"配置参数"命令，弹出"选项"对话框，根据上一步查得的 COM 口编号、本实例规定的 USART 通信协议和通信速率配置 PC 串口，如图 10-14 所示。配置完成后，单击"确定"按钮，即开始监控 PC 指定的 COM 口数据收发的情况。

（4）复位 STM32F103，观察程序运行结果。

按下开发板上的 Reset 键，使 STM32F103 微控制器复位后运行刚才下载的程序。可以看到，在 PC 串口监控软件 AccessPort 上方的接收框中出现了字符串"hello world!"（即 PC 串口收到的来自 STM32F103 微控制器 USART1 的数据）及其对应的 ASCII 码，如图 10-15 所示。

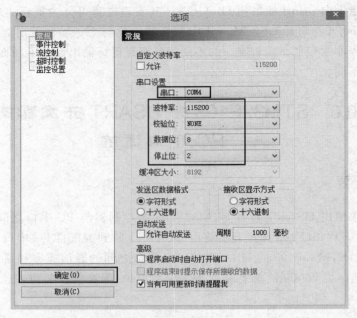

图 10-14　在 PC 串口监控软件 AccessPort 中配置参数

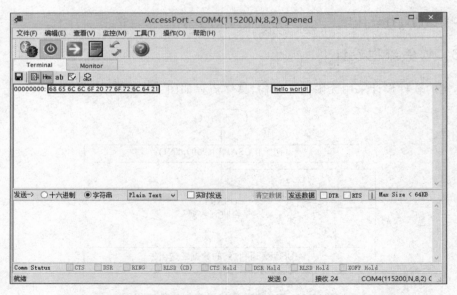

图 10-15　在 PC 串口监控软件 AccessPort 中测试和查看通信情况

10.5.6　开发经验小结——使用 printf 重定向到 USART1

对于 printf 重定向的概念,读者想必已经不再陌生,在 6.7.7 节中有所介绍,而且在以前各章(第 6 章、第 7 章和第 9 章)的开发实例中也详细阐述了将 printf 重定向输出到调试窗口的具体实现过程。

本实例要重定向 printf 输出到 USART1。其实现过程可分为重新实现 fputc 函数、包含头文件 stdio. h 和勾选 USE MicroLIB 项三步。这与上一实例重定向 printf 输出到调试窗口的过程非常相似。两者唯一的不同就是由于目标输出设备不同而导致 fputc 函数实现方式的不同。

10.6　STM32F103 的 USART 开发实例
——PC 串口通信

10.6.1　功能要求

本实例要求使用 USART 设计 STM32F103 微控制器与 PC 串口之间的通信程序,实现以下功能:STM32F103 微控制器将由 USART1 收到的来自 PC 串口的数据再发回 PC 串口。并且,STM32F103 的 USART 与 PC 串口之间的通信速率和通信协议规定如下:数据传输速率为 9600bps,数据格式为 8 位数据位,无奇偶校验位,1 位停止位,无数据流控制。

10.6.2　硬件设计

本实例的硬件设计与上一实例完全相同,可参考 10.5.2 节。

10.6.3　软件流程设计

本例的软件设计采用无限循环架构,具体流程如图 10-16 所示。

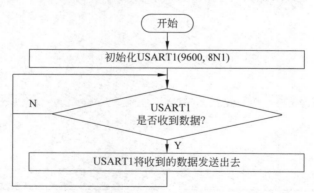

图 10-16　PC 串口通信程序的软件流程图

其中,初始化 USART1 是本实例软件设计的关键,其具体流程与上一实例非常相似,可参考 10.5.3 节中关于初始化 USART1 的流程的相关内容。

10.6.4　软件代码实现

在编辑代码前,需要新建或配置已有的 STM32F103 工程,并将代码文件包含在该工

程内,具体操作步骤参见 4.9 节。

根据 10.6.3 节中的软件流程图,结合本章及以前各章介绍的相关库函数,写出本例的实现代码。

main.c(主程序文件)

```c
#include "stm32f10x.h"
void USART1_Config(unsigned int baud);
void USART1_SendChar(unsigned char ch);
unsigned char USART1_RxIsNotEmpty(void);
unsigned char USART1_RecvChar(void);
int main(void)
{
    /* USART1 Init with 9600bps */
    USART1_Config(9600);
    /* Infinite loop */
    while (1)
    {
        if (USART1_RxIsNotEmpty())
            USART1_SendChar(USART1_RecvChar());
    }
}
void USART1_Config(unsigned int baud)
{
    GPIO_InitTypeDef GPIO_InitStructure;
    USART_InitTypeDef USART_InitStructure;
    /* Enable GPIO's clock */
    RCC_APB2PeriphClockCmd(RCC_APB2Periph_GPIOA, ENABLE);
    /* Configure USART1 Tx(PA.9) as Alternate Function Push-Pull */
    GPIO_InitStructure.GPIO_Pin=GPIO_Pin_9;
    GPIO_InitStructure.GPIO_Mode=GPIO_Mode_AF_PP;
    GPIO_InitStructure.GPIO_Speed=GPIO_Speed_50MHz;
    GPIO_Init(GPIOA, &GPIO_InitStructure);
    /* Configure USART1 Rx(PA.10) as In-Floating */
    GPIO_InitStructure.GPIO_Pin=GPIO_Pin_10;
    GPIO_InitStructure.GPIO_Mode=GPIO_Mode_IN_FLOATING;
    GPIO_Init(GPIOA, &GPIO_InitStructure);
    /* Enable USART1 clock */
    RCC_APB2PeriphClockCmd(RCC_APB2Periph_USART1, ENABLE);
    /* USARTx configured as follow:
        -BaudRate=baud
        -Word Length=8 Bits
        -One Stop Bit
        -No parity
        -Hardware flow control disabled (RTS and CTS signals)
```

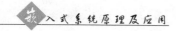

```
                  -Receive and transmit enabled
     */
    USART_InitStructure.USART_BaudRate=baud;
    USART_InitStructure.USART_WordLength=USART_WordLength_8b;
    USART_InitStructure.USART_StopBits=USART_StopBits_1;
    USART_InitStructure.USART_Parity=USART_Parity_No;
    USART_InitStructure.USART_HardwareFlowControl=\
                        USART_HardwareFlowControl_None;
    USART_InitStructure.USART_Mode=USART_Mode_Rx | USART_Mode_Tx;
    USART_Init(USART1, &USART_InitStructure);
    /* Enable USART1 */
    USART_Cmd(USART1, ENABLE);
}
void USART1_SendChar(unsigned char ch)
{
    USART_SendData(USART1, ch);
    /* Loop until the end of transmission */
    while (USART_GetFlagStatus(USART1, USART_FLAG_TC)==RESET);
}
unsigned char USART1_RxIsNotEmpty()
{
    /* if the USARTz Receive Data Register is not empty */
    if (USART_GetFlagStatus(USART1, USART_FLAG_RXNE) !=RESET)
        return 1;
    else
        return 0;
}
unsigned char USART1_RecvChar()
{
    return USART_ReceiveData(USART1);
}
```

10.6.5　下载到硬件运行

下载到硬件运行的过程如下：

（1）下载程序到 STM32F103 的 Flash 中。

将 STM32F103 工程编译链接生成的可执行文件下载到开发板的 STM32F103 微控制器中，具体操作步骤可参见 4.9.7 节。

（2）在 PC 上安装串口监控软件和 USB 转串口芯片驱动软件。

为了实现并监控 PC 串口与 STM32 微控制器的 USART 之间的通信，必须在 PC 上安装串口监控软件和 USB 转串口芯片驱动软件，具体操作步骤可参见 10.5.5 节中在 PC 上安装串口监控软件和 USB 转串口芯片驱动软件的相关内容。

（3）打开 PC 串口监控软件，监控 PC 串口数据。

　　为了监控 PC 串口的通信,在复位 STM32F103 微控制器运行本例程序前,先在 PC 上打开 PC 串口监控软件 AccessPort 并配置通信参数,具体操作步骤可参见 10.5.5 节中打开 PC 串口监控软件监控 PC 串口数据的相关内容。其中,根据本例中的通信速率和通信协议,AccessPort 的参数配置如图 10-17 所示。

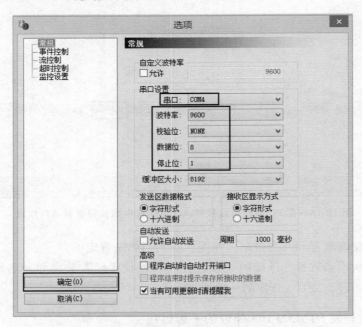

图 10-17　在 PC 串口监控软件 AccessPort 中配置参数

　　(4) 复位 STM32F103,观察程序运行结果。

　　首先,按下开发板上的 Reset 键,使 STM32F103 微控制器复位后运行刚才下载的程序。

　　然后,在 PC 串口监控软件 AccessPort 下方的发送框中输入字符串 abcd1234 并单击"发送数据"按钮后,可以看到在 AccessPort 上方的接收框中出现了字符串 abcd1234(即 PC 串口收到的来自 STM32F103 微控制器 USART1 的数据),如图 10-18 所示。

　　而后,使用任意数据进行测试。经过反复试验,可以发现:在 AccessPort 下方发送框中输入的数据,在单击"发送数据"按钮后,即可在上方的接收框中收到。这表明:PC 串口发出的数据被 STM32F103 微控制器接收并原封不动地发送回来,完全符合设计要求。

10.6.6　开发经验小结——库函数开发 STM32F103 外设的一般原理

　　从第 5 章讲述的第一个片上外设——GPIO 开始到本章讲述的 USART,本书已经介绍了 STM32F103 微控制器上的很多常用外设,如定时器、ADC 和 USART 等。那么,通过前面各章对以上各个外设的内部结构剖析、工作原理阐述、常用库函数介绍以及开发实例讲解,能否找到使用库函数开发 STM32F103 微控制器这些片上外设共同的规律,

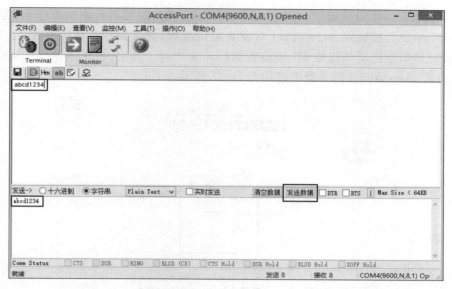

图 10-18　在 PC 串口监控软件 AccessPort 中测试和查看通信情况

从而为后续外设的学习和开发带来方便呢？答案当然是肯定的。

下面分别从库函数开发外设的一般过程以及外设库函数分类和命名两方面介绍使用库函数开发 STM32F103 开发的一般原理。

1. 库函数开发 STM32F103 外设的一般过程

早在第 5 章介绍 STM32F103 微控制器第一个片上外设 GPIO 时,本书就概述了使用库函数开发 GPIO 的一般过程,即 GPIO 的开发三部曲,如图 5-18 所示。而 STM32F103 微控制器其他外设的使用、操作和开发过程与之非常类似。因此,从 STM32F103 微控制器第一个外设 GPIO 的开发过程出发,由此及彼,触类旁通,不难得出通过库函数使用、操作和开发 STM32F103 微控制器片上外设 PPP 的一般步骤,如图 10-19 所示。

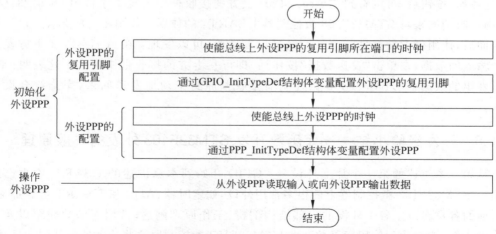

图 10-19　通过库函数使用、操作和开发 STM32F103 外设的一般步骤

从图 10-19 可以看到,通过库函数使用、操作和开发 STM32F103 外设一般可以分为初始化外设和操作外设 PPP 这两步。

1) 初始化外设 PPP

使用外设的第一步是初始化 PPP。在实际应用编程中,初始化 PPP 的语句通常置于主函数 main 的无限循环体外,当 STM32F103 微控制器上电复位进入主函数 main 时执行一次。

初始化外设 PPP 可分为配置外设 PPP 的复用引脚和配置外设 PPP 两步。其中的每一步又可分为使能时钟和参数设置等两小步,如图 10-19 所示。首先,对于 STM32F103 微控制器的每个片上外设,都必须先打开其时钟而后才能使用。其次,根据实际应用要求设置 STM32F103 微控制器相关外设的性能参数是初始化外设 PPP 的关键。而 STM32F103 微控制器外设的参数配置,是通过设置其对应结构体的成员来实现的。STM32F10x 标准外设库为用户提供了各个结构体(如 TIM_InitTypeDef、ADC_InitTypeDef、USART_InitTypeDef 等)来配置 STM32F103 微控制器的不同外设。这些以外设名开头的结构体 PPP_InitTypeDef 既是了解相关外设特性和功能的重要线索,又是使用库函数进行相关外设开发的必备工具。读者可沿着这一线索学习本书后续两章介绍的其他外设,并在 STM32F103 应用开发过程中逐步体会,加深理解,举一反三,熟练使用,一定会达到事半功倍的效果。

2) 操作外设 PPP

操作外设 PPP 这一步负责外设 PPP 的输入和输出。不同于初始化 PPP,操作外设 PPP 语句通常置于主函数 main 的无限循环体或者相应的中断服务函数内。在嵌入式系统运行期间,只要条件满足,STM32F103 微控制器将反复执行该操作。

2. STM32F10x 标准外设库函数的命名和分类

根据 STM32F10x 标准外设库的规定,无论对于 STM32F10x 微控制器上的哪个外设 PPP(PPP 可以是 USART、SPI 和 I2C 等)而言,通常都拥有以下函数:

1) PPP_DeInit

功能描述:以系统默认的参数初始化外设 PPPx 的寄存器。

输入参数:PPPx,指定的外设 PPPx。

输出参数:无。

返回值:无。

2) PPP_Init

功能描述:根据 PPP_InitTypeDef 结构体变量中指定的参数初始化外设 PPPx 的寄存器。

输入参数:PPPx,指定的外设 PPPx。

　　　　　PPP_InitStruct,指向结构体 PPP_InitTypeDef 的指针,包含 PPPx 的配置信息。

输出参数:无。

返回值:无。

3）PPP_Cmd

功能描述：使能或禁止外设 PPPx。

输入参数：PPPx，指定的外设 PPPx。

NewState，外设 PPPx 的新状态，可以是以下取值之一：

- ENABLE：使能外设 PPPx。
- DISABLE：禁止外设 PPPx。

输出参数：无。

返回值：无。

4）PPP_SendData

功能描述：通过外设 PPPx 发送数据（常见于 USART、SPI 和 I2C 等外设）。

输入参数：PPPx，指定的外设 PPPx。

Data，待发送的数据。

输出参数：无。

返回值：无。

5）PPP_ReceiveData

功能描述：返回外设 PPPx 最新收到的数据（常见于 USART、SPI 和 I2C 等外设）。

输入参数：PPPx，指定的外设 PPPx。

输出参数：无。

返回值：外设 PPPx 最新收到的数据。

6）PPP_GetFlagStatus

功能描述：查询外设 PPPx 的指定标志位。

输入参数：PPPx，指定的外设 PPPx。

PPP_FLAG，待查询的指定外设 PPP 的标志位。

输出参数：无。

返回值：外设 PPPx 指定标志位的最新状态（SET 或者 RESET）。

7）PPP_ClearFlag

功能描述：清除外设 PPPx 的指定标志位。

输入参数：PPPx，指定的外设 PPPx。

PPP_FLAG，待清除的指定外设 PPP 的标志位。

输出参数：无。

返回值：无。

8）PPP_ITConfig

功能描述：使能或禁止外设 PPPx 的指定中断。

输入参数：PPPx，指定的外设 PPPx。

PPP_IT，待使能或者禁止的 PPPx 中断源。

NewState，外设 PPPx 指定中断源的新状态，可以是以下取值之一：

- ENABLE：使能外设 PPPx 的指定中断源。
- DISABLE：禁止外设 PPPx 的指定中断源。

输出参数：无。

返回值：无。

9）PPP_GetITStatus

功能描述：查询外设 PPPx 的指定中断是否发生（是否置位）。

输入参数：PPPx，指定的外设 PPPx。

　　　　　PPP_IT，待查询的外设 PPPx 的指定中断源。

输出参数：无。

返回值：外设 PPPx 指定中断的最新状态（SET 或者 RESET）。

10）PPP_ClearITPendingBit

功能描述：清除挂起的外设 PPPx 的指定中断标志位。

输入参数：PPPx，指定的外设 PPPx。

　　　　　PPP_IT，待清除的外设 PPPx 的指定中断。

输出参数：无。

返回值：无。

11）PPP_DMACmd

功能描述：使能或禁止外设 PPPx 的 DMA 请求。

输入参数：PPPx，指定的外设 PPPx。

　　　　　PPP_DMAReq，选择待使能或者禁止的 PPPx 的 DMA 请求，如 DMA 发送请求、DMA 接收请求等。

　　　　　NewState，外设 PPPx 的 DMA 请求的新状态，可以是以下取值之一：

　　　　　• ENABLE：使能外设 PPPx 的 DMA 请求。

　　　　　• DISABLE：禁止外设 PPPx 的 DMA 请求。

输出参数：无。

返回值：无。

10.7　本章小结

本章的内容安排遵循从一般原理到典型器件的顺序。首先，从数据通信的基本概念介绍入手；然后，自下而上从物理层到协议层详细分析 UART 通信的基本原理；接着，从主要特性、内部结构、中断和 DMA 等方面讲述 STM32F103 微控制器的 USART 模块，并介绍了 STM32F10x 标准外设库中常用的 USART 相关库函数；最后，以 STM32F103 微控制器与 PC 之间的串口数据通信为应用背景，给出了 USART 在 STM32F103 微控制器中的开发示例。

习　题　10

1. 解释以下数据通信相关的基本概念：串行通信、并行通信、单工通信、半双工通信、全双工通信、同步通信、异步通信。

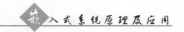

2. 在数据通信中,波特率和比特率有什么区别和联系?

3. 简述 UART 的接口组成及其电平标准。

4. 简述 RS232 的接口组成及其电平标准。

5. 画出带 UART 接口的微控制器与带 RS232 接口的 PC 的物理连接图。

6. 画出带 UART 接口的微控制器与带 USB 接口的 PC 的物理连接图。

7. UART 数据帧由哪些部分组成?

8. 简述 STM32F103 微控制器的 USART 的主要特点。

9. 概述 STM32F103 微控制器的 USART 的内部结构。

10. STM32F103 微控制器的 USART 有哪些中断事件? 可以产生哪些 DMA 请求?

11. 假设 STM32F103 微控制器的 USART1 设置为 38.4kbps,7 位数据位,1 位偶校验位,2 位停止位,发送一个大小为 1KB 的文件,需要多少时间?

12. 假设 STM32F103 微控制器的 USART1 设定以下数据格式:8 个数据位(低位在前高位在后),奇校验位,1 个停止位,画出发送字母'E'时 USART1 发送引脚 TxD 的波形图。

第11章

SPI

本章学习目标

- 掌握 SPI 通信原理(包括物理层和协议层)。
- 理解 STM32F103 微控制器 SPI 的主要特性、内部结构、主/从模式、中断和 DMA 机制。
- 熟悉 STM32F103 微控制器 SPI 相关的常用库函数。
- 学会在 KEIL MDK 下使用库函数开发基于 STM32F103 的 SPI 应用程序。
- 能看懂 SPI 器件(如 Flash 存储器 W25Q64)的数据手册,学会在 KEIL MDK 下采用目标硬件运行的方式通过设置断点、观察变量和存储器等方式跟踪调试基于 STM32F103 的 SPI 应用程序。

SPI(Serial Peripheral Interface,串行外围设备接口)是由美国摩托罗拉公司提出的一种高速全双工串行同步通信接口,首先出现在其 M68HC 系列处理器中。由于其简单方便,成本低廉,传输速度快,因此被其他半导体厂商广泛使用,从而成为事实上的标准。

目前,许多微控制器、存储器和外设模块都集成了 SPI 接口,如 STM32F103 系列微控制器、Flash 存储器 W25X16、双路 16 位 ADC 数据采集模块 AD7705、MicroSD 卡模块、TFT LCD 模块、三轴加速度传感器模块 ADXL345、音频编解码器模块 VS1003、13.56MHz 非接触式 IC 卡读卡模块 RC522 等。

与第 10 章讲述的 UART 相比,SPI 的数据传输速度要高得多,因此它被广泛地应用于微控制器与 ADC、LCD 等设备进行通信尤其是高速通信的场合。微控制器还可以通过 SPI 组成一个小型同步网络进行高速数据交换,完成较复杂的工作。

本章遵循从一般原理到典型器件的顺序,依次讲述 SPI 通信的基本原理以及 STM32F103 微控制器重要的同步串行通信接口——SPI,重点介绍 STM32F103 微控制器 SPI 的工作原理和开发技术。

11.1 SPI 通信原理

作为全双工同步串行通信接口,SPI 采用主/从模式(master/slave),支持一个或多个从设备,能够实现主设备和从设备之间的高速数据通信。SPI 具有硬件简单、成本低廉、

易于使用、传输数据速度快等优点,适用于成本敏感或者高速通信的场合。但同时,SPI也存在无法检错纠错、不具备寻址能力和接收方没有应答信号等缺点,不适合复杂或者可靠性要求较高的场合。

与第 10 章讲述 UART 通信原理类似,接下来从物理层和协议层两方面来深入剖析 SPI 通信的基本原理。

11.1.1　SPI 的物理层

1. SPI 接口

SPI 是同步全双工串行通信。由于异步,SPI 有一条公共的时钟线;由于全双工,SPI 至少有两根数据线来实现数据的双向同时传输;由于串行,SPI 收发数据只能一位一位地在各自的数据线上传输,因此最多只有两根数据线:一根发送数据线和一根接收数据线。

由此可见,SPI 接口在物理层体现为 4 根信号线,分别是 SCK、MOSI、MISO 和 SS。

- SCK(Serial Clock),即时钟线,由主设备产生。不同的设备支持的时钟频率不同。但每个时钟周期可以传输一位数据,经过 8 个时钟周期,一个完整的字节数据就传输完成了。
- MOSI(Master Output Slave Input),即主设备数据输出/从设备数据输入线。这条信号线上的方向是从主设备到从设备,即主设备从这条信号线发送数据,从设备从这条信号线上接收数据。有的半导体厂商(如 Microchip 公司),站在从设备的角度,将其命名为 SDI。
- MISO(Master Input Slave Output),即主设备数据输入/从设备数据输出线。这条信号线上的方向是由从设备到主设备,即从设备从这条信号线发送数据,主设备从这条信号线上接收数据。有的半导体厂商(如 Microchip 公司),站在从设备的角度,将其命名为 SDO。
- SS(Slave Select),有的时候也叫 CS(Chip Select),SPI 从设备选择信号线。当有多个 SPI 从设备与 SPI 主设备相连(即"一主多从")时,SS 用来选择激活指定的从设备,由 SPI 主设备(通常是微控制器)驱动,低电平有效。当只有一个 SPI 从设备与 SPI 主设备相连(即"一主一从")时,SS 并不是必须的。因此,SPI 也被称为三线同步通信接口。

除了 SCK、MOSI、MISO 和 SS 这 4 根信号线外,SPI 接口还有包含一个串行移位寄存器,如图 11-1 所示。

SPI 主设备向它的 SPI 串行移位数据寄存器写入一个字节发起一次传输,该寄存器通过数据线 MOSI 一位一位地将字节发送给 SPI 从设备;与此同时,SPI 从设备也将自己的 SPI 串行移位数据寄存器中的内容通过数据线 MISO 返回给主设备。这样,SPI 主设备和 SPI 从设备的两个数据寄存器中的内容相互交换。需要注意的是,对从设备的写操作和读操作是同步完成的。

如果只进行 SPI 从设备写操作(即 SPI 主设备向 SPI 从设备发送一个字节),SPI 主

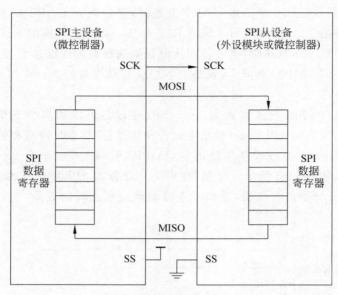

图 11-1 SPI 接口组成

设备只需忽略收到的字节即可。反之,如果要进行 SPI 从设备读操作(即 SPI 主设备要读取 SPI 从设备发送的一个字节),则 SPI 主设备必须发送一个空字节触发从设备的数据传输。

2. SPI 互连

SPI 互连主要有"一主一从"和"一主多从"两种方式。

1) "一主一从"

在"一主一从"的 SPI 互连方式下,只有一个 SPI 主设备和一个 SPI 从设备进行通信。这种情况下,只需分别将主设备的 SCK、MOSI、MISO 和从设备的 SCK、MOSI、MISO 直接相连,并将主设备的 SS 置高电平,从设备的 SS 接地(即置低电平,片选有效,选中该从设备)即可,如图 11-2 所示。

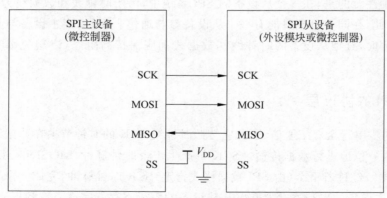

图 11-2 "一主一从"的 SPI 互连(全双工)

值得注意的是,在第 10 章讲述 UART 互连时,通信双方 UART 的两根数据线必须交叉连接,即一端的 TxD 必须与另一端的 RxD 相连,对应地,一端的 RxD 必须与另一端的 TxD 相连。而当 SPI 互连时,主设备和从设备的两根数据线必须直接相连,即主设备的 MISO 与从设备的 MISO 相连,主设备的 MOSI 与从设备的 MOSI 相连。

2)"一主多从"

在"一主多从"的 SPI 互连方式下,一个 SPI 主设备可以和多个 SPI 从设备相互通信。这种情况下,所有的 SPI 设备(包括主设备和从设备)共享时钟线和数据线,即 SCK、MOSI、MISO 3 根线,并在主设备端使用多个 GPIO 引脚来模拟多个 SS 引脚,以实现多个从设备的选择,如图 11-3 所示。显然,在多个从设备的 SPI 互连方式下,片选信号 SS 必须对每个从设备分别进行选通,增加了连接的难度和连线的数量,失去了串行通信的优势。

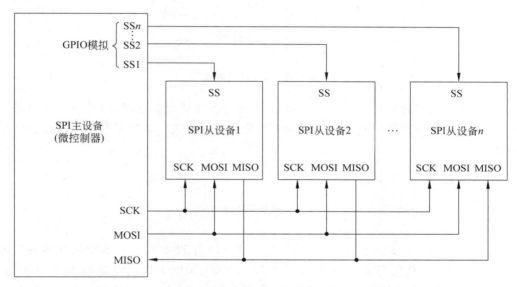

图 11-3　"一主多从"的 SPI 互连

需要特别注意的是,在多个从设备的 SPI 系统中,由于时钟线和数据线为所有的 SPI 设备共享,因此,在同一时刻只能有一个从设备参与通信。而且,当主设备与其中一个从设备进行通信时,其他从设备的时钟线和数据线都应保持高阻态,以避免影响当前数据的传输。

11.1.2　SPI 的协议层

SPI 是同步串行全双工通信,因此它按照时钟线 SCK 的时钟节拍在数据线 MOSI 和 MISO 上一位一位地进行数据传输。SCK 每产生 1 个时钟脉冲,MOSI 和 MISO 就各自传输 1 位数据。经过若干个(由 SPI 数据格式指定)SCK 时钟脉冲,完成一个 SPI 数据帧的传输,SPI 主设备的串行寄存器和 SPI 从设备的串行寄存器完成一次数据交换。

SPI 的协议层包括 SPI 时序、SPI 数据格式和 SPI 传输速率三个方面。

1. SPI 时序

SPI 时序与其时钟极性和时钟相位有关。

1）时钟极性

时钟极性（Clock Polarity，CPOL）是指 SPI 通信设备空闲时 SPI 时钟线 SCK 的电平，也可认为是 SPI 开始通信即 SPI 片选线 SS 为低电平时 SCK 的电平。

（1）CPOL＝0。

当 CPOL＝0 时，SCK 在空闲状态时为低电平。

（2）CPOL＝1。

当 CPOL＝1 时，SCK 在空闲状态时为高电平。

2）时钟相位

时钟相位（Clock Phase，CPHA）是指 SPI 数据接收方在 SCK 一个时钟周期中的哪个跳变沿从准备就绪的数据线上采样数据。

（1）CPHA＝0。

当 CPHA＝0 时，数据线 MOSI/MISO 上的数据会在 SCK 时钟线的奇数跳变沿（即第 1、3、5、…个跳变沿）存取，如图 11-4 所示。

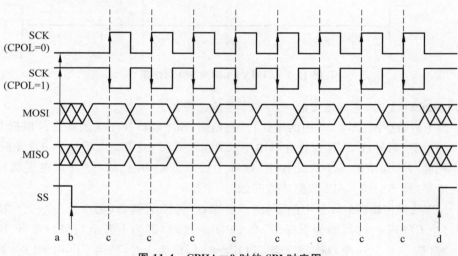

图 11-4　CPHA＝0 时的 SPI 时序图

当 CPHA＝0 时，主设备发起一次 SPI 通信的过程如下：

- SPI 初始空闲（图 11-4 中的 a 处）。初始时，SPI 接口处于空闲状态。根据 CPOL 的设置，时钟线 SCK 保持在低电平（CPOL＝0 时）或者高电平（CPOL＝1 时）。
- 使能与之通信的 SPI 从设备（图 11-4 中的 b 处）。片选线 SS 从高电平跳转到低电平（即 SS＝0），SPI 数据传输开始。
- SPI 数据传输（图 11-4 中的 c 处）。数据在 SCK 的奇数（第 1、3、5、…个）跳变沿（当 CPOL＝0 时，即为上升沿；当 CPOL＝1 时，即为下降沿）存取；在 SCK 的偶数（第 2、4、6、…个）跳变沿（当 CPOL＝0 时，即为下降沿；当 CPOL＝1 时，即为上

升沿)准备就绪。需要注意的是,SPI 数据传输的方向既可以从主设备到从设备,也可以反之,由从设备到主设备。

- 禁止与之通信的 SPI 从设备(图 11-4 中的 d 处)。SPI 数据传输结束后,将片选线 SS 从低电平置回到高电平。

(2) CPHA＝1。

当 CPHA＝1 时,数据线 MOSI/MISO 上的数据会在 SCK 时钟线的偶数跳变沿(即第 2、4、6、…个跳变沿)存取,如图 11-5 所示。

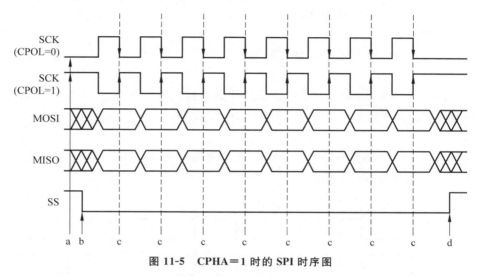

图 11-5　CPHA＝1 时的 SPI 时序图

当 CPHA＝1 时,主设备发起一次 SPI 通信过程如下:

- SPI 初始空闲(图 11-5 中的 a 处)。初始时,SPI 接口处于空闲状态。根据 CPOL 的设置,时钟线 SCK 保持在低电平(CPOL＝0 时)或者高电平(CPOL＝1 时)。
- 使能与之通信的 SPI 从设备(图 11-5 中的 b 处)。片选线 SS 从高电平跳转到低电平(即 SS＝0),SPI 数据传输开始。
- SPI 数据传输(图 11-5 中的 c 处)。数据在 SCK 的偶数(第 2、4、6、…个)跳变沿(当 CPOL＝0 时,即为下降沿;当 CPOL＝1 时,即为上升沿)存取;在 SCK 的奇数(第 1、3、5、…个)跳变沿(当 CPOL＝0 时,即为上升沿;当 CPOL＝1 时,即为下降沿)准备就绪。需要注意的是,SPI 数据传输的方向既可以从主设备到从设备,也可以反之,由从设备到主设备。
- 禁止与之通信的 SPI 从设备(图 11-5 中的 d 处)。SPI 数据传输结束后,将片选线 SS 从低电平置回到高电平。

2. SPI 数据格式

与 UART 相似,SPI 数据传输也是以帧为单位,通常可以选择 8 位或 16 位数据帧格式。

SPI 数据可以由高位到低位(即 MSB 在前,LSB 在后),也可以由低位到高位(即

LSB 在前,MSB 在后)依次传输。到底采用哪种数据格式,由具体 SPI 设备指定。

根据不同的 SPI 时序(时钟极性和时钟相位)和数据格式,SPI 数据传输实例如下。

(1) SPI 时序为 CPOL=0,CPHA=0,且数据格式为 8 位数据帧,低位在前、高位在后传输。

当 SPI 主设备向 SPI 从设备发送字节数据 0x1C(0b00011100)时,SCK、MOSI 和 SS 的波形如图 11-6 所示。

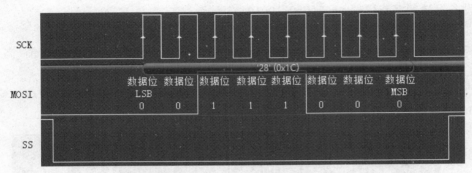

图 11-6　CPOL=0、CPHA=0 且 8 位数据帧、低位在先高位在后的 SPI 传输波形图

当 CPOL=0 且 CPHA=0 时,SCK 呈现正脉冲周期形式,数据在 SCK 时钟上升沿存取,在 SCK 时钟下降沿准备就绪,并且采用 8 位数据帧格式和低位在先、高位在后的顺序传输。因此,SPI 主设备向 SPI 从设备发送字节数据 0x1C 的具体过程如下:

① 将从设备的片选线 SS 置低电平。

② 主设备在 SCK 每个时钟下降沿将字节数据 0x1C(0b00011100)从低位到高位一位一位地依次送到 MOSI 数据线上;同时,主设备在数据线 MISO 上收到来自从设备发送的字节数据 0x1D(0b00011101)。

③ 将从设备的片选线 SS 置回高电平。

(2) SPI 时序为 CPOL=0,CPHA=1,且数据格式为 8 位数据帧,高位在前、低位在后传输。

当 SPI 主设备向 SPI 从设备发送小写字母'd'(ASCII 码为 0b01100100)时,SCK、MOSI 和 SS 的波形如图 11-7 所示。

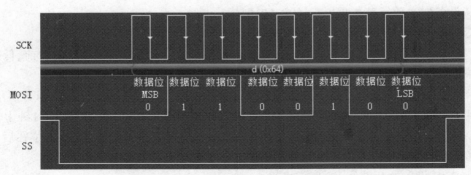

图 11-7　CPOL=0、CPHA=1 且 8 位数据帧、高位在先低位在后的 SPI 传输波形图

当 CPOL＝0 且 CPHA＝1 时,SCK 呈现正脉冲周期形式,数据在 SCK 时钟下降沿
存取,在 SCK 时钟上升沿准备就绪,并且采用 8 位数据帧格式和高位在先、低位在后的顺
序传输。因此,SPI 主设备向 SPI 从设备发送小写字母'd'的具体过程如下:

① 将从设备的片选线 SS 置低电平。

② 主设备在 SCK 每个时钟下降沿将小写字母'd'对应的 ASCII 码(0b01100100)从低
位到高位一位一位地依次送到 MOSI 数据线上;同时,主设备在数据线 MISO 上收到来
自从设备发送的字节数据 0x65(0b01100101)。

③ 将从设备的片选线 SS 置回高电平。

(3) SPI 时序为 CPOL＝1,CPHA＝0,且数据格式为 8 位数据帧,低位在前、高位在
后传输。

当 SPI 主设备向 SPI 从设备发送大写字母'T'(ASCII 码为 0b01010100)时,SCK、
MOSI 和 SS 的波形如图 11-8 所示。

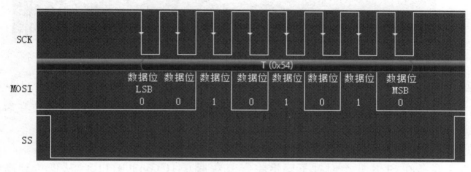

图 11-8　CPOL＝1、CPHA＝0 且 8 位数据帧、低位在先高位在后的 SPI 传输波形图

当 CPOL＝1 且 CPHA＝0 时,SCK 呈现负脉冲周期形式,数据在 SCK 时钟下降沿
存取,在 SCK 时钟上升沿准备就绪,并且采用 8 位数据帧格式和低位在先、高位在后的顺
序传输。因此,SPI 主设备向 SPI 从设备发送大写字母'T'的具体过程如下:

① 将从设备的片选线 SS 置低电平。

② 主设备在 SCK 每个时钟下降沿将大写字母'T'对应的 ASCII 码(0b01010100)从
低位到高位一位一位地依次送到 MOSI 数据线上;同时,主设备在数据线 MISO 上收到
来自从设备发送的字节数据 0x55(0b01010101)。

③ 将从设备的片选线 SS 置回高电平。

(4) SPI 时序为 CPOL＝1,CPHA＝1,且数据格式为 8 位数据帧,高位在前、低位在
后传输。

当 SPI 主设备向 SPI 从设备发送数字'4'时,SCK、MOSI 和 SS 的波形如图 11-9 所示。

当 CPOL＝1 且 CPHA＝1 时,SCK 呈现负脉冲周期形式,数据在 SCK 时钟上升沿
存取,在 SCK 时钟下降沿准备就绪,并且采用 8 位数据帧格式和高位在先、低位在后的顺
序传输。因此,SPI 主设备向 SPI 从设备发送数字'4'的具体过程如下:

① 将从设备的片选线 SS 置低电平。

② 主设备在 SCK 每个时钟上升沿将数字'4'对应的 ASCII 码(0b00110100)从高位到

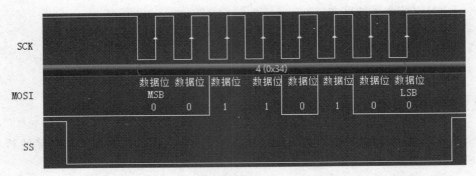

图 11-9　CPOL＝1、CPHA＝1 且 8 位数据帧、高位在先低位在后的 SPI 传输波形图

低位一位一位地依次送到数据线 MOSI 上；同时，主设备在数据线 MISO 上收到来自从设备发送的字节数据 0x35(0b00110101)。

③ 将从设备的片选线 SS 置回高电平。

3. SPI 传输速率

相比于第 10 章的 UART 和第 12 章的 I2C，SPI 具有较高的传输速率，它的时钟 SCK 最高可达几十兆赫。

11.2　STM32F103 的 SPI 工作原理

STM32F103 微控制器的 SPI 模块允许微控制器与外部设备以半双工/全双工、同步和串行方式通信。通常，它被配置为主模式，并为各个从设备提供通信时钟 SCK。而且，它可以以多主配置方式工作。不仅如此，STM32F103 微控制器的 SPI 模块还有多种用途，如使用一条双向数据线的双线单工同步传输、使用 CRC(Cyclic Redundancy Check，循环冗余校验)检验的可靠通信等。

11.2.1　主要特性

STM32F103 微控制器的小容量产品有 1 个 SPI，中等容量产品有 2 个 SPI，大容量产品则有 3 个 SPI。

STM32F103 微控制器的 SPI 主要具有以下特性：

- SPI1 位于高速 APB2 总线上，其他的 SPI(如 SPI2、SPI3 等)位于 APB1 总线上。
- 既可以作为主设备，也可以作为 SPI 从设备。
- 主模式和从模式下均可由软件或硬件进行 NSS 管理，动态改变主/从操作模式。
- 可编程的 SPI 时序，由时钟极性和时钟相位决定。
- 可编程的 SPI 数据格式，8 位或 16 位数据帧，LSB 在前或 MSB 在前的数据顺序。
- 可编程的 SPI 传输速率，最高 SPI 速率可达 18MHz。
- 可触发中断的两个标志位，发送标志位 TXE(发送缓冲区空)和接收标志位

RXNE(接收缓冲区非空)。

- 支持 DMA 功能的 1B 发送和接收缓冲区,分别产生发送和接收请求。
- 带或不带第三根双向数据线的双线单工同步传输。
- 支持以多主配置方式工作。

11.2.2　内部结构

STM32F103 系列微控制器 SPI 主要由波特率控制、收发控制和数据存储转移 3 部分构成,如图 11-10 所示。

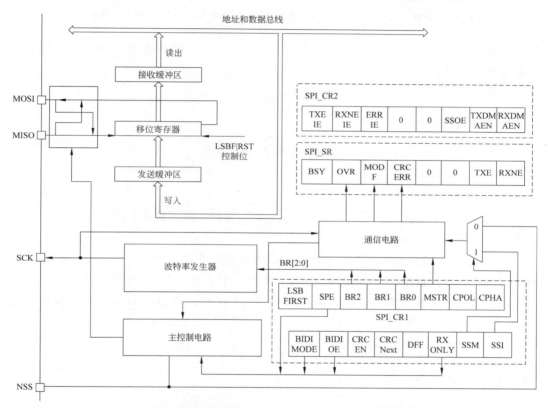

图 11-10　STM32F103 系列微控制器 SPI 的结构图

1. 波特率控制

波特率发生器用来产生 SPI 的 SCK 时钟信号。波特率预分频系数可以是 2、4、8、16、32、64、128 或 256。通过设置波特率控制位(BR)可以控制 SCK 时钟的输出频率,从而控制 SPI 的传输速率。

2. 收发控制

收发控制主要由若干个控制寄存器组成,如 SPI 控制寄存器(Control Register)SPI_

CR1、SPI_CR2 和 SPI 状态寄存器(Status Register)SPI_SR 等。

- SPI_CR1 寄存器主控收发电路,用于设置 SPI 的协议,例如时钟极性、时钟相位和数据格式等。
- SPI_CR2 寄存器用于设置各种 SPI 中断使能,例如使能 TXE 的 TXEIE 和使能 RXNE 的 RXNEIE 等。
- 通过 SPI_SR 寄存器中的各个标志位可以查询 SPI 当前的状态。

与 USART 类似,SPI 的控制和状态查询可以通过库函数来实现,因此,无须深入了解这些寄存器的具体细节(如各个位代表的意义),而只需学会使用 SPI 相关的库函数(参见 11.3 节)即可。

3. 数据存储转移

数据存储转移,即图 11-10 的左上部分,主要由移位寄存器、接收缓冲区和发送缓冲区等构成。

移位寄存器直接与 SPI 的数据引脚 MISO 和 MOSI 连接,一方面将从 MISO 收到的一个个数据位根据数据格式和数据顺序经串并转换后转发到接收缓冲区,另一方面将从发送缓冲区收到的数据根据数据格式和数据顺序经并串转换后一位一位地从 MOSI 上发送出去。

11.2.3　SPI 主模式

STM32F103 微控制器的 SPI 工作在主模式下,即作为 SPI 主设备,产生 SCK 时钟信号。在这种配置下,MOSI 是数据输出,MISO 是数据输入。

1. 配置步骤

将 STM32F103 微控制器的 SPI 配置为主模式的步骤如下:

(1) 设置 SPI 串行时钟波特率:SPI_CR1 寄存器的 BR[2:0]位。

(2) 设置 SPI 协议:SPI_CR1 寄存器的 CPOL 和 CPHA 位。

(3) 设置 SPI 数据格式:SPI_CR1 寄存器的 DFF 位和 LSBFIRST 位。

(4) 设置 NSS 工作模式:

① NSS 作为输出:当置位 SPI_CR2 寄存器的 SSOE 位或调用库函数 SPI_SSOutputCmd 时,开启主模式下的 NSS 输出(NSS 输出低电平)。此时,当其他 SPI 设备的 NSS 引脚与其相连,会收到低电平,即片选成功,成为从设备。

② NSS 作为输入:

- 硬件模式下,在整个数据帧传输期间应把 NSS 脚连接到高电平。
- 软件模式下,需将 SPI_CR1 寄存器的 SSM 位和 SSI 位设置为 1。此时,NSS 引脚被释放出来可以另作他用。例如,可以用来作为普通 GPIO 引脚驱动从设备的片选信号。

(5) 设置 SPI_CR1 寄存器的 MSTR 位和 SPE 位:只有当 NSS 脚被连到高电平,这些位才能保持置位。

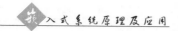

2. 数据发送过程

当数据被程序写入至发送缓冲区时,发送过程开始。在发送第一个数据位时,数据通过内部总线被并行地传入移位寄存器。然后,根据指定顺序(MSB 在先还是 LSB 在先)串行地移出到 MOSI 脚上。当数据完成从发送缓冲区到移位寄存器的传输时,TXE标志被置位。此时,如果设置了 SPI_CR1 寄存器中的 TXEIE 位,将产生中断。

一旦传输开始,如果下一个将发送的数据被放进了发送缓冲器,就可以维持一个连续的传输流。

3. 数据接收过程

MISO 引脚上的数据位随着时钟信号 SCK 被一位一位依次传入移位寄存器。在SCK 最后一个采样时钟边沿后,SPI_SR 寄存器中的 RXNE 标志被置位,移位寄存器中接收到的数据被全部传送到接收缓冲区。此时,如果 SPI_CR2 寄存器中的 RXNEIE 位被置 1,则会产生中断。当读取 SPI 数据寄存器 SPI_DR 时,会返回这个接收缓冲区的数值,并且清除 SPI_SR 寄存器中的 RXNE 位。

4. 小结

SPI 主模式是 STM32F103 微控制器 SPI 最为常用的模式。以上通过配置步骤、数据发送和数据接收三方面详细讲述了 STM32F103 微控制器 SPI 主模式的配置和使用。

需要特别注意的是,在主模式下,STM32F103 微控制器通过 MOSI 引脚发送数据的同时,也会在另一个引脚——MISO 上收到来自 SPI 从设备发来的数据。如果只对 SPI从设备进行写操作,那么 STM32F103 微控制器将接收到的字节忽略即可。但如果要对SPI 从设备进行读操作,则 STM32F103 微控制器必须发送一个空字节来触发从设备的数据传输。

11.2.4　SPI 从模式

STM32F103 微控制器的 SPI 工作在从模式下,即作为 SPI 从设备。在这种配置中,SCK 用于接收从 SPI 主设备来的串行时钟,MOSI 是数据输入,MISO 是数据输出。

需要注意的是,在主设备发送时钟之前,应先使能 SPI 从设备,否则可能会发生意外的数据传输。而且,在通信时钟第一个边沿到来之前或正在进行的通信结束之前,SPI 从设备的数据寄存器必须就绪。

1. 配置步骤

将 STM32F103 微控制器的 SPI 配置为从模式的步骤如下:

(1) 设置 SPI 协议:SPI_CR1 寄存器的 CPOL 和 CPHA 位。为保证正确的数据传输,必须和 SPI 主设备的 CPOL 和 CPHA 位配置成相同的方式。

(2) 设置 SPI 数据格式:SPI_CR1 寄存器的 DFF 位和 LSBFIRST 位,同样也必须和SPI 主设备的配置相同。

（3）设置 NSS 工作模式：NSS 只能作为输入（不能作为输出）。

- 硬件模式下，在完整的 8/16 位数据帧传输过程中，NSS 引脚必须为低电平。
- 软件模式下，需置位 SPI_CR1 寄存器中的 SSM 位并清除 SSI 位。

（4）清除 SPI_CR1 寄存器的 MSTR 位和设置 SPE 位，使相应引脚工作于 SPI 模式下。

2. 数据发送过程

当工作在 SPI 从模式下的 STM32F103 微控制器发送数据时，数据先被并行地写入发送缓冲区。当收到时钟信号 SCK 并在 MOSI 引脚上出现第一个数据位时，数据发送过程开始（此时第一个位被发送出去）。余下的位（对于 8 位数据帧格式，还有 7 位；对于 16 位数据帧格式，还有 15 位）被装进移位寄存器。当发送缓冲区中的数据完成向移位寄存器的传输时，SPI_SR 寄存器的 TXE 标志被置位，此时如果 SPI_CR2 寄存器的 TXEIE 位也被设置，将会产生中断。

3. 数据接收过程

工作在 SPI 从模式下的 STM32F103 微控制器接收数据时，MISO 引脚上的数据位随着时钟信号 SCK 被一位一位依次传入移位寄存器，并转入接收缓冲区。在 SCK 最后一个采样时钟边沿后，SPI_SR 寄存器中的 RXNE 标志被置位，移位寄存器中接收到的数据字节被全部传送到接收缓冲区。此时，如果 SPI_CR2 寄存器中的 RXNEIE 位被置 1，则会产生中断。当读取 SPI 数据寄存器 SPI_DR 时，返回这个接收缓冲区的数值，并且清除 SPI_SR 寄存器中的 RXNE 位。

11.2.5　SPI 状态标志和中断

STM32F103 应用程序可以通过 3 个状态标志来完全监控 SPI 的状态，也可以通过中断及中断服务程序来处理 SPI 事务。

1. SPI 状态标志

SPI 状态标志主要有以下 3 个：

（1）TXE（发送缓冲区空闲标志）。该状态标志被置位（即为 1）时，表示发送缓冲区为空。应用程序可以写下一个待发送的数据进入发送缓冲区中。当写 SPI 数据寄存器 SPI_DR 时，该标志被清除。需要注意的是，在每次试图写发送缓冲区之前，应确认 TXE 标志应该被置位。

（2）RXNE（接收缓冲区非空标志）。该状态标志被置位（即为 1）时，表示在接收缓冲区中包含有效的接收数据。读 SPI 数据寄存器 SPI_DR，可以清除该标志。

（3）BSY（Busy，忙标志）。该标志表示 SPI 通信层的状态。该标志由硬件设置与清除，应用程序中对该位执行写操作无任何效果。

当该标志被置位（即为 1）时，表示 SPI 正忙于通信。但有一个例外：在主模式的双向接收模式下，在接收期间 BSY 标志保持为低。在软件要关闭 SPI 模块并进入停机模式

（或关闭设备时钟）之前，可以使用 BSY 标志检测传输是否结束，这样可以避免破坏最后一次传输。

2. SPI 中断

与 USART 类似，STM32F103 系列微控制器中，不同的 SPI 有着不同的中断向量。而对于同一个 SPI，它的各种中断事件都被连接到同一个中断向量。

SPI 中断事件如表 11-1 所示。

表 11-1   STM32F103 系列微控制器 SPI 中断事件及其使能标志位

事 件 标 志	中 断 事 件	中断使能位
TXE	发送缓冲区空	TXEIE
RXNE	接收缓冲区非空	RXNEIE
MODF	主模式失效	ERRIE
OVR	溢出错误	
CRCERR	CRC 错误	

在 STM32F103 系列微控制器的 SPI 中断事件中，最常用的是 TXE 和 RXNE。

（1）TXE（发送缓冲区空闲中断请求）。当数据完成从发送缓冲区到移位寄存器的转换和传输时，SPI_SR 寄存器中的 TXE 标志被置位。此时，如果设置了 SPI_CR1 寄存器中的 TXEIE 位，将产生中断。

（2）RXNE（接收缓冲区非空中断请求）。当移位寄存器中接收到的数据字节被全部转换并传送到接收缓冲区时，SPI_SR 寄存器中的 RXNE 标志被置位。此时，如果 SPI_CR2 寄存器中的 RXNEIE 位被置 1，则会产生中断。

11.2.6   SPI 发送数据和接收数据

在 STM32F103 微控制器使用 SPI 发送数据前，程序员完成 SPI 物理层（如引脚）和协议层（时钟极性、时钟相位、数据格式和传输速率等）的相关配置，并将数据并行地写入发送缓冲区，进行 SPI 数据的收发。

1. SPI 发送数据

STM32F103 微控制器的 SPI1 发送一个字节数据的具体流程如图 11-11 所示。

2. SPI 接收数据

SPI 在发送一个字节数据的同时，也会收到一个字节的数据。因此，STM32F103 微控制器的 SPI1 接收一个字节数据和发送一个字节数据的过程基本相同。唯一不同在于，要从 SPI 接收数据时，发送的数据是一个空字节而不是有意义的指令字节，如图 11-12 所示。因此，在编程实现时，SPI 数据的发送和接收通常可以使用同一个函数实现，通过调用时对参数不同的赋值进行区别。

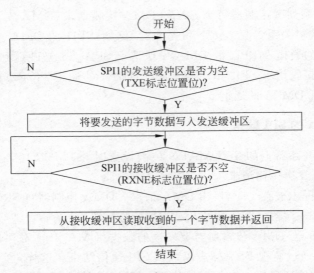

图 11-11　使用 STM32F103 微控制器的 SPI1 发送一个字节数据

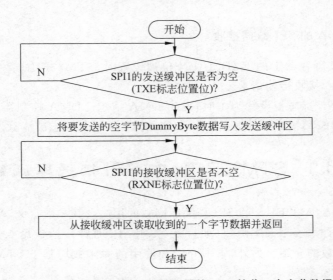

图 11-12　使用 STM32F103 微控制器的 SPI1 接收一个字节数据

11.2.7　使用 DMA 进行 SPI 通信

为了实现更为高效的数据传输,STM32F103 微控制器的 SPI 采用简单的请求/应答的 DMA 机制。尤其当 SPI 时钟频率较高时,建议采用 DMA 模式以避免由于 CPU 的访问瓶颈而造成 SPI 速度性能的降低。

如同 USART 的 Tx 缓冲器和 Rx 缓冲器,SPI 的发送缓冲区和接收缓冲区也分别有各自的 DMA 请求,它们被映射到不同的 DMA 通道上。因此,可以在同一时刻使用 DMA 进行所有的 SPI 传输。

STM32F103 系列微控制器每个 SPI 的 DMA 接收请求、DMA 发送请求和 DMA 及其通道间的具体映射关系参见表 8-1 和表 8-2。例如,SPI1 的 DMA 接收请求 SPI1_Rx 被映射到 DMA1 的通道 2,SPI1 的 DMA 发送请求 SPI1_Tx 被映射到 DMA1 的通道 3; 而 SPI2 的 DMA 接收请求 SPI2_Rx 被映射到 DMA1 的通道 4,SPI2 的 DMA 发送请求 SPI2_Tx 被映射到 DMA1 的通道 5。

1. 使用 DMA 的 SPI 数据发送

当 SPI_CR2 寄存器上的 TXDMAEN 位被设置时,STM32F103 微控制器的 SPI 模块可以发出 DMA 发送传输请求。

当每次 TXE 标志被置 1 时,发出 DMA 请求。DMA 控制器将 SRAM 指定地址上的数据写至 SPI_DR 寄存器。写入完成后,TXE 标志被清除。

在发送模式下,当 DMA 传输所有要发送的数据(DMA_ISR 寄存器的 TCIF 标志变为 1)完毕后,可以通过监视 BSY 标志以确认 SPI 通信结束。这样,可以避免在关闭 SPI 或进入停止模式时破坏最后一个数据的传输。因此,软件编程时需要先等待 TXE=1,然后等待 BSY=0。

2. 使用 DMA 的 SPI 数据接收

当 SPI_CR2 寄存器上的 RXDMAEN 位被设置时,STM32F103 微控制器的 SPI 模块可以发出 DMA 接收传输请求。

当每次 RXNE 标志被设置为 1 时,发出 DMA 请求。DMA 控制器从 SPI_DR 寄存器读出数据送到 SRAM 的指定地址。读取完成后,RXNE 标志被清除。

11.3　STM32F10x 的 SPI 相关库函数

本节将介绍 STM32F10x 的 SPI 相关库函数的用法及其参数定义。如果在 SPI 开发过程中使用到时钟系统相关库函数(如打开/关闭 SPI 时钟),请参见 4.5.4 节中关于时钟系统相关库函数的介绍。另外,本书介绍和使用的库函数均基于 STM32F10x 标准外设库的最新版本 3.5。

STM32F10x 的 SPI 库函数存放在 STM32F10x 标准外设库的 stm32f10x_spi.h、stm32f10x_spi.c 等文件中。其中,头文件 stm32f10x_spi.h 用来存放 SPI 相关结构体和宏定义以及 SPI 库函数的声明,源代码文件 stm32f10x_spi.c 用来存放 SPI 库函数定义。

如果在用户应用程序中要使用 STM32F10x 的 SPI 相关库函数,需要将 SPI 库函数的头文件包含进来。该步骤可通过在用户应用程序文件开头添加 #include "stm32f10x_spi.h"语句或者在工程目录下的 stm32f10x_conf.h 文件中去除//#include "stm32f10x_spi.h"语句前的注释符//来完成。

STM32F10x 的 SPI 常用库函数如下:
- SPI_I2S_DeInit:将 SPIx 的寄存器恢复为复位启动时的默认值。
- SPI_Init:根据 SPI_InitStruct 中指定的参数初始化指定 SPI 的寄存器。

- SPI_Cmd：使能或禁止指定 SPI。
- SPI_I2S_SendData：通过 SPI/I2S 发送单个数据。
- SPI_I2S_ReceiveData：返回指定 SPI/I2S 最近接收到的数据。
- SPI_I2S_GetFlagStatus：查询指定 SPI/I2S 的标志位状态。
- SPI_I2S_ClearFlag：清除指定 SPI/I2S 的标志位（SPI_FLAG_CRCERR）。
- SPI_I2S_ITConfig：使能或禁止指定的 SPI/I2S 中断。
- SPI_I2S_GetITStatus：查询指定的 SPI/I2S 中断是否发生。
- SPI_I2S_ClearITPendingBit：清除指定的 SPI/I2S 中断挂起位（SPI_IT_CRCERR）。
- SPI_I2S_DMACmd：使能或禁止指定 SPI/I2S 的 DMA 请求。

11.3.1　SPI_I2S_DeInit

函数原型

void SPI_I2S_DeInit(SPI_TypeDef * SPIx);

功能描述

将 SPIx 的寄存器重设为复位启动时的默认值（初始值）。

输入参数

SPIx：指定的 SPI 外设，该参数的取值可以是 SPI1、SPI2 或 SPI3。

输出参数

无。

返回值

无。

11.3.2　SPI_Init

函数原型

void SPI_Init(SPI_TypeDef * SPIx, SPI_InitTypeDef * SPI_InitStruct);

功能描述

根据 SPI_InitStruct 中指定的参数初始化外设 SPIx 寄存器。

输入参数

SPIx：指定的 SPI 外设，该参数的取值可以是 SPI1、SPI2 或 SPI3。

SPI_InitStruct：指向结构体 SPI_InitTypeDef 的指针，包含 SPIx 的配置信息。

SPI_InitTypeDef 定义于文件 stm32f10x_spi. h：

```
typedef struct
{
        uint16_t SPI_Direction;
        uint16_t SPI_Mode;
        uint16_t SPI_DataSize;
```

```
        uint16_t SPI_CPOL;
        uint16_t SPI_CPHA;
        uint16_t SPI_NSS;
        uint16_t SPI_BaudRatePrescaler;
        uint16_t SPI_FirstBit;
        uint16_t SPI_CRCPolynomial;
}SPI_InitTypeDef;
```

（1）SPI_Direction。设置 SPI 的数据流模式，可以是以下取值之一：

- SPI_Direction_2Lines_FullDuplex：双线双向全双工。
- SPI_Direction_2Lines_RxOnly：双线单向接收。
- SPI_Direction_1Line_Rx：单线双向接收。
- SPI_Direction_1Line_Tx：单线双向发送。

（2）SPI_Mode。设置 STM32F103 微控制器 SPI 的工作模式，可以是以下取值之一：

- SPI_Mode_Master：工作于 SPI 主模式。
- SPI_Mode_Slave：工作于 SPI 从模式。

（3）SPI_DataSize。设置 SPI 数据帧大小，可以是以下取值之一：

- SPI_DataSize_16b：16 位数据帧格式。
- SPI_DataSize_8b：8 位数据帧格式。

（4）SPI_CPOL。设置 SPI 时钟的极性，可以是以下取值之一：

- SPI_CPOL_High：SPI 通信空闲时，SPI 时钟（SCK）为高电平。
- SPI_CPOL_Low：SPI 通信空闲时，SPI 时钟（SCK）为低电平。

（5）SPI_CPHA。设置 SPI 时钟的相位，可以是以下取值之一：

- SPI_CPHA_1Edge：在 SPI 时钟（SCK）奇数个边沿（第 1、3、5、…个边沿）采样。
- SPI_CPHA_2Edge：在 SPI 时钟（SCK）偶数个边沿（第 2、4、6、…个边沿）采样。

（6）SPI_NSS。设置 SPI 引脚 NSS 的使用模式，可以是以下取值之一：

- SPI_NSS_Hard NSS：硬件模式，NSS 由外部引脚管理。在硬件模式下，SPI 的片选信号由硬件自动产生。
- SPI_NSS_Soft：软件模式，内部 NSS 信号由 SPI_CR1 寄存器的 SSI 位控制。在软件模式下，需要程序员将相应的 GPIO 引脚拉高或拉低分别产生非片选和片选信号。

（7）SPI_BaudRatePrescaler。设置 SPI 时钟的预分频值。通过该分频值对 SPI 所在的 f_{PCLK} 进行分频后得到的时钟即为 SPI 的 SCK 信号线的时钟频率。对于 STM32F103 微控制器，该时钟频率不能超过 18MHz。

SPI_BaudRatePrescaler 可以是以下取值之一：

- SPI_BaudRatePrescaler2：SPI 时钟的预分频值为 2（即对 f_{PCLK} 进行 2 分频）。
- SPI_BaudRatePrescaler4：SPI 时钟的预分频值为 4（即对 f_{PCLK} 进行 4 分频）。
- SPI_BaudRatePrescaler8：SPI 时钟的预分频值为 8（即对 f_{PCLK} 进行 8 分频）。

- SPI_BaudRatePrescaler16：SPI 时钟的预分频值为 16（即对 f_{PCLK} 进行 16 分频）。
- SPI_BaudRatePrescaler32：SPI 时钟的预分频值为 32（即对 f_{PCLK} 进行 32 分频）。
- SPI_BaudRatePrescaler64：SPI 时钟的预分频值为 64（即对 f_{PCLK} 进行 64 分频）。
- SPI_BaudRatePrescaler128：SPI 时钟的预分频值为 128（即对 f_{PCLK} 进行 128 分频）。
- SPI_BaudRatePrescaler256：SPI 时钟的预分频值为 256（即对 f_{PCLK} 进行 256 分频）。

（8）SPI_FirstBit。指定 SPI 数据是从 MSB（高位在前）还是从 LSB（低位在前）开始传输，可以是以下取值之一：

- SPI_FirstBit_MSB：数据从 MSB 位开始传输。
- SPI_FirstBit_LSB：数据从 LSB 位开始传输。

（9）SPI_CRCPolynomial。

指定 SPI 的 CRC 校验（循环冗余校验）中的多项式。如果 SPI 使用 CRC 校验时，就使用该参数来计算 CRC 的值。

输出参数

无。

返回值

无。

11.3.3 SPI_Cmd

函数原型

void SPI_Cmd(SPI_TypeDef * SPIx，FunctionalState NewState)；

功能描述

使能或者禁止 SPIx。

输入参数

SPIx：指定的 SPI 外设，该参数的取值可以是 SPI1、SPI2 或 SPI3。

NewState：SPIx 的新状态，可以是以下取值之一：

- ENABLE：使能 SPIx。
- DISABLE：禁止 SPIx。

输出参数

无。

返回值

无。

11.3.4 SPI_I2S_SendData

函数原型

void SPI_I2S_SendData(SPI_TypeDef * SPIx，uint16_t Data)；

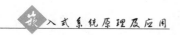

功能描述

通过指定的 SPI/I2S 发送单个数据。

输入参数

SPIx：指定的 SPI 外设，该参数的取值可以是 SPI1、SPI2 或 SPI3。

Data：待发送的数据。

输出参数

无。

返回值

无。

11.3.5　SPI_I2S_ReceiveData

函数原型

uint16_t SPI_I2S_ReceiveData(SPI_TypeDef * SPIx);

功能描述

返回指定的 SPI/I2S 最近收到的数据。

输入参数

SPIx：指定的 SPI 外设，该参数的取值可以是 SPI1、SPI2 或 SPI3。

输出参数

无。

返回值

指定的 SPI/I2S 最近收到的数据。

11.3.6　SPI_I2S_GetFlagStatus

函数原型

FlagStatus SPI_I2S_GetFlagStatus(SPI_TypeDef * SPIx, uint16_t SPI_I2S_FLAG);

功能描述

查询指定 SPI/I2S 的标志位状态（是否置位），但不检测该中断是否被屏蔽。因此，当该位置位时，指定 SPI/I2S 的中断并不一定得到响应（例如，指定 SPI/I2S 的中断被禁止时）。

输入参数

SPIx：指定的 SPI 外设，该参数的取值可以是 SPI1、SPI2 或 SPI3。

SPI_I2S_FLAG：待查询的指定 SPI/I2S 的标志位，可以是以下取值之一：

- SPI_I2S_FLAG_TXE：发送缓存空标志位。
- SPI_I2S_FLAG_RXNE：接收缓存非空标志位。
- SPI_I2S_FLAG_BSY：忙标志位。

- SPI_I2S_FLAG_OVR：溢出标志位。
- SPI_FLAG_MODF：模式错误标志位。
- SPI_FLAG_CRCERR：CRC 错误标志位。

输出参数

无。

返回值

SPI/I2S 指定标志位的最新状态，可以是以下取值之一：

- SET：SPI/I2S 指定标志位置位。
- RESET：SPI/I2S 指定标志位清零。

11.3.7 SPI_I2S_ClearFlag

函数原型

void SPI_I2S_ClearFlag(SPI_TypeDef * SPIx, uint16_t SPI_I2S_FLAG);

功能描述

清除指定 SPI/I2S 的 CRC 错误标志位 SPI_FLAG_CRCERR（将指定 SPI/I2S 的 CRC 错误标志位 SPI_ FLAG_CRCERR 清零）。

输入参数

SPIx：指定的 SPI 外设，该参数的取值可以是 SPI1、SPI2 或 SPI3。

SPI_I2S_FLAG：待清除的指定 SPI/I2S 的标志位，其取值只能为 SPI_ FLAG_ CRCERR。

对于 SPI_I2S_FLAG_TXE、SPI_I2S_FLAG_RXNE 和 SPI_I2S_FLAG_BSY 标志位，由硬件重置。

对于 SPI_I2S_FLAG_OVR 标志位，可以通过读寄存器 SPI_DR（（SPI_I2S_ ReceiveData()））和紧跟着的读寄存器 SPI_SR(SPI_I2S_GetFlagStatus())的连续操作清除之。

对于 SPI_FLAG_MODF 标志位，可以通过读寄存器 SPI_SR（SPI_I2S_ GetFlagStatus()）和紧跟着的写寄存器 SPI_CR1(SPI_Cmd())的连续操作清除之。

输出参数

无。

返回值

无。

11.3.8 SPI_I2S_ITConfig

函数原型

void SPI_I2S_ITConfig(SPI_TypeDef * SPIx,uint8_t SPI_I2S_IT,FunctionalState NewState);

功能描述

使能或禁止指定的 SPI/I2S 中断。

输入参数

SPIx：指定的 SPI 外设，该参数的取值可以是 SPI1、SPI2 或 SPI3。

SPI_I2S_IT：待使能或者禁止的 SPI/I2S 中断源，可以使用以下取值之一：

- SPI_I2S_IT_TXE：发送缓存空中断。
- SPI_I2S_IT_RXNE：接收缓存非空中断。
- SPI_I2S_IT_ERR：错误中断。

NewState：指定 SPI/I2S 中断的新状态，可以是以下取值之一：

- ENABLE：使能指定 SPI/I2S 中断。
- DISABLE：禁止指定 SPI/I2S 中断。

输出参数

无。

返回值

无。

11.3.9　SPI_I2S_GetITStatus

函数原型

ITStatus SPI_I2S_GetITStatus(SPI_TypeDef * SPIx, uint8_t SPI_I2S_IT);

功能描述

查询指定的 SPI/I2S 中断是否发生（是否置位），即查询 SPI/I2S 指定标志位的状态并检测该中断是否被屏蔽。与 11.3.6 节的 SPI_I2S_GetFlagStatus 函数相比，SPI_I2S_GetITStatus 多了一步：检测该中断是否被屏蔽。

输入参数

SPIx：指定的 SPI 外设，该参数的取值可以是 SPI1、SPI2 或 SPI3。

SPI_I2S_IT：待查询的 SPI/I2S 中断源，可以使用以下取值之一：

- SPI_I2S_IT_TXE：发送缓存空中断标志位。
- SPI_I2S_IT_RXNE：接收缓存非空中断标志位。
- SPI_IT_OVR：超出中断标志位。
- SPI_IT_MODF：模式错误中断标志位。
- SPI_IT_CRCERR：CRC 错误中断标志位。

输出参数

无。

返回值

指定的 SPI/I2S 中断的最新状态，可以是以下取值之一：

- SET：指定的 SPI/I2S 中断请求位置位。

- RESET：指定的 SPI/I2S 中断请求位清零。

11.3.10　SPI_I2S_ClearITPendingBit

函数原型

void SPI_I2S_ClearITPendingBit(SPI_TypeDef * SPIx, uint8_t SPI_I2S_IT)；

功能描述

清除指定 SPI/I2S 的 CRC 错误中断请求挂起位 SPI_IT_CRCERR（将指定 SPI/I2S 的 CRC 错误中断请求挂起位 SPI_IT_CRCERR 清零）。

输入参数

SPIx：指定的 SPI 外设，该参数的取值可以是 SPI1、SPI2 或 SPI3。

SPI_I2S_IT：待清除的 SPI/I2S 指定中断，其取值只能是 CRC 错误中断 SPI_IT_CRCERR。SPI/I2S 其他中断的清除方法与其标志位的清除方法相同，参见 11.3.7 节 SPI_I2S_ClearFlag 函数中的同名输入参数。

输出参数

无。

返回值

无。

11.3.11　SPI_I2S_DMACmd

函数原型

void SPI_I2S_DMACmd（SPI_TypeDef * SPIx, uint16_t SPI_I2S_DMAReq, FunctionalState NewState)；

功能描述

使能或禁止指定 SPI/I2S 的 DMA 请求。

输入参数

SPIx：指定的 SPI 外设，该参数的取值可以是 SPI1、SPI2 或 SPI3。

SPI_I2S_DMAReq：选择待使能或者禁止的 SPI/I2S 的 DMA 请求，可以是以下取值的任意组合：

- SPI_I2S_DMAReq_Tx：选择发送缓存 DMA 传输请求。
- SPI_I2S_DMAReq_Rx：选择接收缓存 DMA 传输请求。

NewState：指定 SPI/I2S 的 DMA 请求源的新状态，可以是以下取值之一：

- ENABLE：使能 SPI/I2S 的 DMA 请求。
- DISABLE：禁止 SPI/I2S 的 DMA 请求。

输出参数

无。

返回值

无。

11.4 STM32F103 的 SPI 开发实例——读写 SPI_FLASH

11.4.1 功能要求

本实例要求在 STM32F103 微控制器上编程,实现对具有 SPI 接口的串行 Flash 存储器 W25Q64 的以下操作:读 FLASH ID 信息,读 DEVICE ID 信息,擦除扇区,读数据和写数据,并将操作结果通过 USART1 输出到 PC 串口上。

11.4.2 硬件设计

根据功能要求,本实例硬件涉及 PC 串口和 Flash 存储器 W25Q64 两个外围设备。在具体的硬件设计中,STM32F103 微控制器分别通过 USART1、SPI1 与 PC 串口、Flash存储器 W25Q64 连接,如图 11-13 所示。

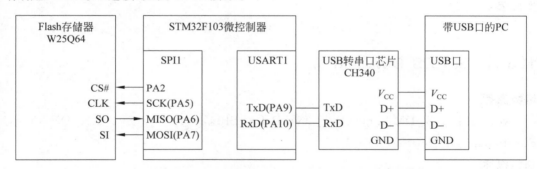

图 11-13　STM32F103 微控制器与 PC 串口和 W25Q64 的连接图

W25Q64(64Mb)是一个具有 SPI 接口、8MB 的串行 Flash 存储器。它由 32 768 个可编程页(page,每页 256B)构成,可以按扇区(Sector,每个扇区 16 页,即 4KB)、块(block,每块 128 页或 256 页,即 32KB 或 64KB)或芯片(32 768 页,即 2MB)擦除,但一次最多只能编程 256B(即 1 页)。

1. PA2:连接串行 Flash 存储器 W25Q64 的 CS♯

本实例中,将引脚 PA2 与 Flash 存储器 W25Q64 的片选引脚 CS♯ 相连。因此,引脚PA4 应设置为普通推挽输出(GPIO_Mode_Out_PP)的工作模式。

2. PA5(SPI1 的 SCK):连接串行 Flash 存储器 W25Q64 的 CLK

根据本例的功能要求(读写具有 SPI 接口的 Flash 存储器 W25Q64)和附录 B,作为

SPI1 主模式的复用引脚(时钟线),PA5 应设置为复用推挽输出(GPIO_Mode_AF_PP)的工作模式,最高输出速率为 50MHz。

3. PA6(SPI1 的 MISO):连接串行 Flash 存储器 W25Q64 的 SO

根据本例的功能要求(读写具有 SPI 接口的 Flash 存储器 W25Q64)和附录 B,作为 SPI1 主模式的复用引脚(主入从出数据线),PA6 可以设置为浮空输入(GPIO_Mode_IN_FLOATING)、上拉输入(GPIO_Mode_IPU)或者复用推挽输出(GPIO_Mode_AF_PP)的工作模式,最高输出速率为 50MHz。

4. PA7(SPI1 的 MOSI):连接串行 Flash 存储器 W25Q64 的 SI

根据本例的功能要求(读写具有 SPI 接口的 Flash 存储器 W25Q64)和附录 B,作为 SPI1 主模式的复用引脚(主出从入数据线),PA7 应设置为复用推挽输出(GPIO_Mode_AF_PP)的工作模式,最高输出速率为 50MHz。

5. PA9(USART1 的 Tx):通过 USB 转串口芯片 CH340 连接 PC

根据本例的功能要求(使用 USART1 与 PC 串口通信)和附录 B,作为 USART1 的复用引脚(Tx:发送引脚),PA9 应设置为复用推挽输出(GPIO_Mode_AF_PP)的工作模式。

6. PA10(USART1 的 Rx):通过 USB 转串口芯片 CH340 连接 PC

根据本例的功能要求(使用 USART1 与 PC 串口通信)和附录 B,作为 USART1 的复用引脚(Rx:接收引脚),PA10 应被设置为浮空输入(GPIO_Mode_IN_FLOATING)的工作模式。

11.4.3 软件架构设计

根据功能要求和硬件设计,本例的软件可分为以下 3 个模块:主程序模块、SPI_FLASH 存储器模块和 PC 串口通信模块,如图 11-14 所示。

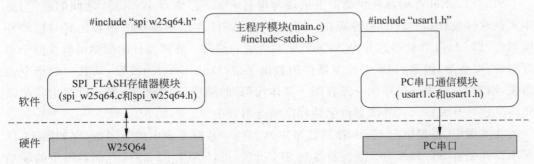

图 11-14 STM32F103 读写 Flash 程序的软件架构

（1）主程序模块，负责整个应用的主体流程。它包含主程序文件 main.c，其主体是主函数 main()，并包含了 SPI_FLASH 存储器模块和 PC 串口通信模块的头文件（spi_w25q64.h 和 usart1.h），通过调用这两个模块中的驱动函数来实现相应的功能。

（2）SPI_FLASH 存储器模块，负责主模块与串行 Flash 存储器 W25Q64 之间的通信。它包含了两个文件：spi_w25q64.c 和 spi_w25q64.h。C 程序文件 spi_w25q64.c 主要用于存放 SPI_FLASH 存储器驱动函数的定义。头文件 spi_w25q64.h 包含串行 Flash 存储器 W25Q64 驱动必要的头文件以及串行 Flash 存储器 W25Q64 驱动函数的声明。主程序文件 main.c 可以通过使用 ♯include 文件包含指令包含用户头文件 spi_w25q64.h 调用定义在 spi_w25q64.c 中的串行 Flash 存储器 W25Q64 驱动函数。

（3）PC 串口通信模块，负责通过 USART1 向 PC 串口输出信息。它包含两个文件：usart1.c 和 usart1.h。C 源程序文件 usart1.c 主要用于存放 PC 串口通信驱动函数的定义。头文件 usart1.h 包含 PC 串口通信必要的头文件（如系统头文件 stdio.h）以及 PC 串口通信驱动函数的声明。主程序文件 main.c 通过使用 ♯include 文件包含指令包含用户头文件 usart1.h，调用定义在 usart1.c 中的 PC 串口通信驱动函数和标准输入输出库函数 printf。其中，printf 被重定向，通过 USART1 输出到 PC 串口。

11.4.4　软件模块分析

由 11.4.3 节可知，本例的软件可划分为主程序、SPI_FLASH 存储器和 PC 串口通信 3 个模块。下面分别介绍这 3 个模块的具体设计和实现过程。

1. 主程序模块

主程序模块包含主函数 main()，负责整个应用的主体流程，如图 11-15 所示。

2. SPI_FLASH 存储器模块

SPI_FLASH 存储器模块负责主模块与串行 Flash 存储器 W25Q64 之间的通信，是本实例软件设计和实现的关键所在。而 SPI_FLASH 存储器模块的核心是其对应的外围器件（即 Flash 存储器芯片 W25Q64）驱动函数的编写。外围器件的驱动函数看似千头万绪、高深莫测，但是，如果以外围器件的数据手册（Datasheet）为线索，从其中的指令表出发，沿着"指令表→时序图→流程图→具体代码"的顺序，逐步推演，便不难写出其驱动代码。这是开发嵌入式外围器件驱动程序的通用方法。

在本例中，根据串行 Flash 存储器芯片 W25Q64 数据手册中的常用指令（如图 11-16 所示），并结合 STM32F103 微控制器的 SPI 设置，设计 SPI_FLASH 存储器模块的驱动函数，如图 11-17 所示。

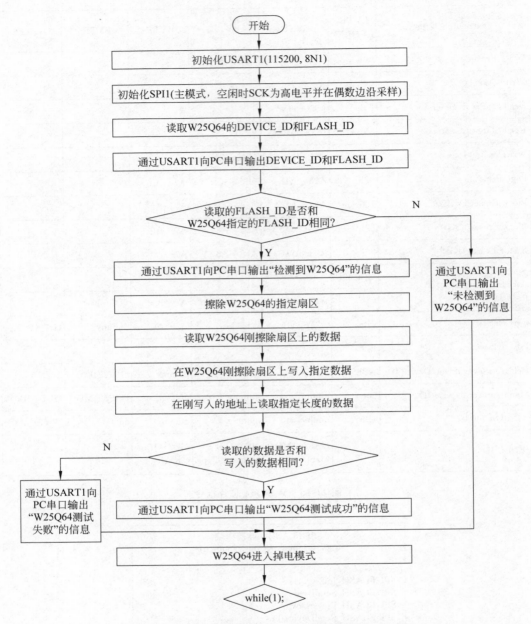

图 11-15　STM32F103 读写 Flash 的主程序模块流程图

其中,每个驱动函数的具体设计和实现过程如下:

1) SPI_FLASH_Init

SPI_FLASH_ Init 是 STM32F103 微控制器 SPI1 的初始化函数,其原型设计如表 11-2所示。

Instruction Name	BYTE1 (CODE)	BYTE2	BYTE3	BYTE4	BYTE5	BYTE6
Write Enable	06h					
Write Disable	04h					
Read Status Register-1	05h	(S7—S0)				
Read Status Register-2	35h	(S15—S8)				
Write Status Register	01h	(S7—S0)	(S15—S8)			
Page Program	02h	A23—A16	A15—A8	A7—A0	(D7—D0)	
Block Erase(64KB)	D8h	A23—A16	A15—A8	A7—A0		
Block Erase(32KB)	52h	A23—A16	A15—A8	A7—A0		
Sector Erase(4KB)	20h	A23—A16	A15—A8	A7—A0		
Chip Erase	C7h/60h					
Read Data	03h	A23—A16	A15—A8	A7—A0	(D7—D0)	
Fast Read	0Bh	A23—A16	A15—A8	A7—A0	dummy	(D7—D0)
Power-Down	B9h					
Release Power down/Device ID	ABh	dummy	dummy	dummy	(ID7—ID0)	
Manufacturer/Device ID	90h	dummy	dummy	00h	(MF7—MF0)	(ID7—ID0)
Read Unique ID	4Bh	dummy	dummy	dummy	dummy	(ID63—ID0)
JEDEC ID	9Fh	(MF7—MF0) Manufacturer	(ID15—ID8) Memory Type	(ID7—ID0) Capacity		

图 11-16　W25Q64 芯片指令

```
        SPI_FLASH存储器模块
   (spi_w25q64.c和spi_w25q64.h)

驱动函数：
SPI_FLASH_Init
SPI_FLASH_SendByte
SPI_FLASH_PowerDown
SPI_FLASH_ReadDeviceID
SPI_FLASH_ReadID
SPI_FLASH_BufferRead
SPI_FLASH_WriteEnable
SPI_FLASH_WaitForWriteEnd
SPI_FLASH_SectorErase
SPI_FLASH_PageWrite
SPI_FLASH_BufferWrite
```

图 11-17　SPI_FLASH 存储器模块设计

表 11-2　SPI_FLASH 模块中的驱动函数 SPI_FLASH_Init

函　　数	备　　注
函数原型	void SPI_FLASH_Init(void);
功能描述	根据串行 Flash 存储器 W25Q64 的 SPI 协议要求及其与 STM32F103 微控制器的硬件连接,初始化 STM32F103 微控制器的 SPI1
输入参数	无
输出参数	无
返回值	无
先决条件	无
调用函数	STM32F10x 的 SPI 相关库函数

SPI_FLASH_Init 的具体实现流程如图 11-18 所示。

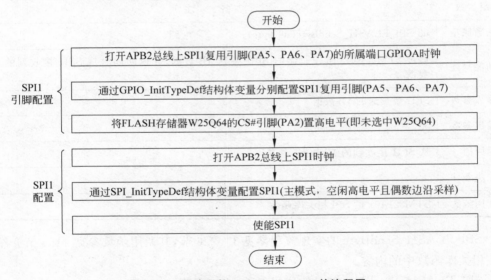

图 11-18　驱动函数 SPI_FLASH_Init 的流程图

由图 11-18 可知,与第 10 章初始化 USART 类似,初始化 STM32F103 微控制器的 SPI1 可以分为配置 SPI1 的引脚和配置 SPI1 两步。其中,初始化 STM32F103 微控制器 SPI1 的关键在于 SPI_InitTypeDef 结构体的设置。SPI_InitTypeDef 结构体各个成员的取值由 STM32F103 微控制器连接的具体外围器件的 SPI 协议决定。

本例中,STM32F103 微控制器连接的 SPI 外围器件是 W25Q64。通过查阅 W25Q64 的数据手册,可知其 SPI 操作应当遵循以下规定:
- W25Q64 的 SPI 时钟有两种选择:MODE 3(空闲时时钟为高电平并在偶数个时钟跳变沿时采样,即本实例程序中的选择)或者 MODE0(空闲时 SPI 时钟为低电平并在奇数个时钟跳变沿时采样);

- W25Q64 的 SPI 数据以字节为单位,以高位在前低位在后的格式进行传输。

因此,连接 W25Q64 的 STM32F103 微控制器,必须根据以上 SPI 协议规定配置其 SPI1。SPI1 配置过程中用到的库函数和结构体,可参考 4.5.4 节介绍的时钟系统相关库函数、5.3 节介绍的 GPIO 相关库函数和 11.3.1 节介绍的 SPI_Init 函数。其具体实现代码参见 11.4.5 节中相应函数的定义。

2) SPI_FLASH_SendByte

SPI_FLASH_SendByte,是 STM32F103 微控制器 SPI 的字节发送/接收函数,用于向/从串行 Flash 存储器(W25Q64 芯片)发送/接收 1B 数据。SPI 在发送 1B 数据的同时接收 1B 数据,SPI 接收字节数据的过程实际上是 SPI 发送特殊字节数据(即无意义的空字节)的过程。

因此,可以使用同一个函数 SPI_FLASH_SendByte 实现向/从串行 Flash 存储器(W25Q64 芯片)发送/接收 1B 数据,其原型设计如表 11-3 所示。

表 11-3　SPI_FLASH 模块中的驱动函数 SPI_FLASH_SendByte

函　　数	备　　注
函数原型	u8 SPI_FLASH_SendByte(u8 byte);
功能描述	通过 STM32F103 微控制器的 SPI1 发送 1B 数据,并返回同时从 SPI1 接收到的 1B 数据
输入参数	SPI1 要发送的 1B 数据
输出参数	无
返回值	从 SPI1 接收到的 1B 数据
先决条件	无
调用函数	STM32F10x 的 SPI 相关库函数

SPI_FLASH_SendByte 的实现流程参见 11.2.6 节,其调用函数参见 11.3 节介绍的 SPI 相关库函数中的内容。

SPI_FLASH_SendByte 的具体代码参见 11.4.5 节。

3) SPI_FLASH_PowerDown

驱动函数 SPI_FLASH_PowerDown 使串行 Flash 存储器 W25Q64 进入掉电模式,其原型设计如表 11-4 所示。

表 11-4　SPI_FLASH 模块中的驱动函数 SPI_FLASH_PowerDown

函　　数	备　　注
函数原型	void SPI_FLASH_PowerDown(void);
功能描述	使串行 Flash 存储器 W25Q64 进入掉电模式
输入参数	无

续表

函　数	备　　注
输出参数	无
返回值	无
先决条件	SPI_FLASH_Init
调用函数	SPI_FLASH_SendByte

（1）指令。

驱动函数 SPI_FLASH_PowerDown 对应于串行 FLASH 存储器 W25Q64 指令表（见图 11-16）中的 Power-down 指令。查串行 Flash 存储器 W25Q64 的数据手册可知，该指令的长度只有 1B，其具体格式如表 11-5 所示。

表 11-5　驱动函数 SPI_FLASH_PowerDown 对应的指令及其格式

指　令　名	字节 1（指令码）
Power-down	B9h

（2）时序图。

查串行 FLASH 存储器 W25Q64 的数据手册可知，Power-down 指令的时序图如图 11-19所示。

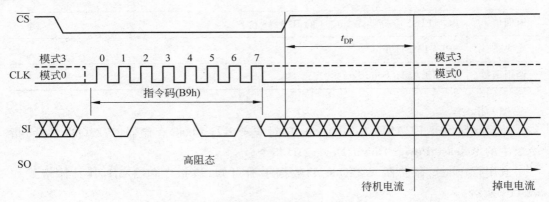

图 11-19　Power-down 指令的时序图

（3）流程图。

根据 Power-down 指令的时序图（图 11-19），可作出驱动函数 SPI_FLASH_PowerDown 的流程图，如图 11-20 所示。

（4）代码。

根据驱动函数 SPI_FLASH_PowerDown 的流程图（图 11-20），编写代码，具体代码参见 11.4.5 节中对应函数的定义。

4）SPI_FLASH_ReadDeviceID

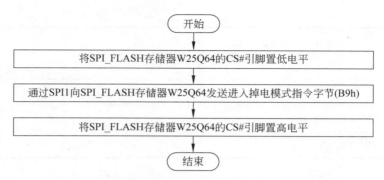

图 11-20 驱动函数 SPI_Flash_PowerDown 的流程图

驱动函数 SPI_FLASH_ReadDeviceID,将串行 Flash 存储器 W25Q64 从掉电模式唤醒,并读取其器件 ID,其原型设计如表 11-6 所示。

表 11-6 SPI_FLASH 模块中的驱动函数 SPI_FLASH_ReadDeviceID

函　　数	备　　注
函数原型	u32 SPI_FLASH_ReadDeviceID(void);
功能描述	将串行 Flash 存储器 W25Q64 从掉电模式唤醒,并读取器件 ID
输入参数	无
输出参数	无
返回值	串行 Flash 存储器 W25Q64 的 ID 号(8 位)
先决条件	SPI_FLASH_Init
调用函数	SPI_FLASH_SendByte

(1)指令。

驱动函数 SPI_FLASH_ReadDeviceID 对应于串行 Flash 存储器(W25Q64 芯片)指令表中的 Release Power Down/Device ID 指令。

查串行 Flash 存储器 W25Q64 的数据手册可知,该指令包含 5B,其具体格式如表 11-7所示。

表 11-7 驱动函数 SPI_FLASH_ReadDeviceID 对应的指令及其格式

指　令　名	字节 1(指令码)	字节 2	字节 3	字节 4	字节 5(ID)
Release Power Down/Device ID	ABh	空字节	空字节	空字节	ID7—ID0

对于串行 Flash 存储器 W25Q64 来说,读出的 ID7—ID0 的值是 16h。

(2)时序图。

查串行 Flash 存储器 W25Q64 的数据手册可知,Release Power Down/Device ID 指令的时序图如图 11-21 所示。

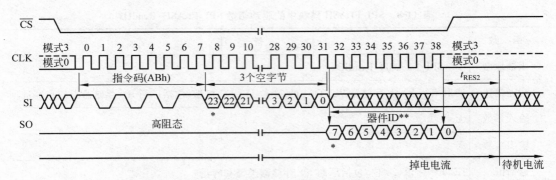

图 11-21 Release Power Down/Device ID 指令的时序图

（3）流程图。

根据 Release Power Down/Device ID 指令的时序图（图 11-21），可作出驱动函数 SPI_FLASH_ReadDeviceID 的流程图，如图 11-22 所示。

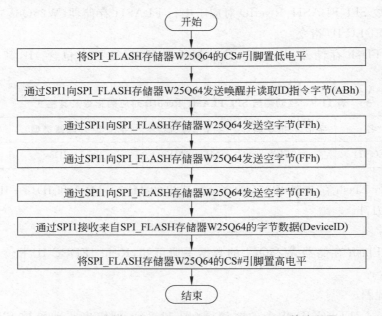

图 11-22 驱动函数 SPI_FLASH_ReadDeviceID 的流程图

（4）代码。

根据驱动函数 SPI_FLASH_ReadDeviceID 的流程图（图 11-22）编写代码，具体代码参见 11.4.5 节中对应函数的定义。需要特别注意的是，在具体代码编写过程中，Dummy Byte（空字节）通常用 FFh 表示。

5）SPI_FLASH_ReadID

驱动函数 SPI_FLASH_ReadID，读取串行 Flash 存储器 W25Q64 的 24 位 JEDEC 标识（包括厂商 ID、存储器类型和容量），其原型设计如表 11-8 所示。

表 11-8　SPI_FLASH 模块中的驱动函数 SPI_FLASH_ReadID

函　数	备　　注
函数原型	u32 SPI_FLASH_ReadID(void);
功能描述	读取串行 Flash 存储器 W25Q64 的 24 位 JEDEC 标识(包括厂商 ID、存储器类型和容量)
输入参数	无
输出参数	无
返回值	JEDEC 标识(24 位,包括厂商 ID、存储器类型和容量)
先决条件	SPI_FLASH_Init
调用函数	SPI_FLASH_SendByte

(1) 指令。

驱动函数 SPI_FLASH_ReadID 对应于串行 FLASH 存储器(W25Q64 芯片)指令表中的 Read JEDEC ID 指令。

查串行 Flash 存储器 W25Q64 的数据手册可知,该指令包含 4B,其具体格式如表 11-9 所示。

表 11-9　驱动函数 SPI_FLASH_ReadID 对应的指令及其格式

指　令　名	字节 1(指令码)	字节 2(厂商)	字节 3(存储器类型)	字节 4(容量)
Read JEDEC ID	9Fh	MF7—MF0	ID15—ID8	ID7—ID0

对于串行 Flash 存储器 W25Q64 来说,读出的 MF7—MF0 和 ID15—ID0 的值分别为 EFh 和 4017h。

(2) 时序图。

查串行 Flash 存储器 W25Q64 的数据手册可知,Read JEDEC ID 指令的时序图如图 11-23 所示。

(3) 流程图。

根据 Read JEDEC ID 指令的时序图(图 11-23),可作出驱动函数 SPI_FLASH_ReadID 的流程图,如图 11-24 所示。

(4) 代码。

根据驱动函数 SPI_FLASH_ReadID 的流程图(图 11-24)编写代码,具体代码参见 11.4.5 节中对应函数的定义。

6) SPI_FLASH_BufferRead

SPI_FLASH_BufferRead 是 Flash 存储器 W25Q64 读取函数,从指定地址开始连续读取指定长度的数据,其原型设计如表 11-10 所示。

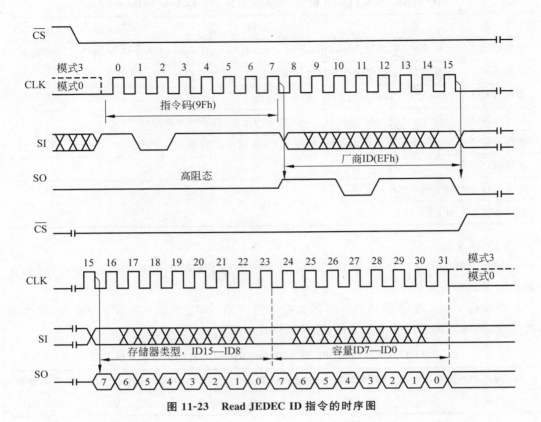

图 11-23　Read JEDEC ID 指令的时序图

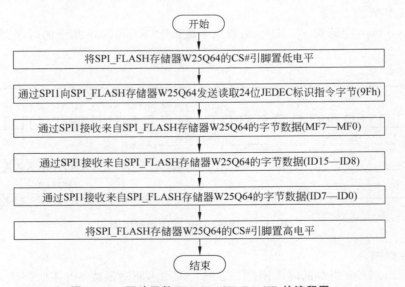

图 11-24　驱动函数 SPI_FLASH_ReadID 的流程图

表 11-10　SPI_FLASH 模块中的驱动函数 SPI_FLASH_BufferRead

函　数	备　注
函数原型	void SPI_FLASH_BufferRead(u8 * pBuffer, u32 ReadAddr, u16 NumByteToRead);
功能描述	数据读取,从指定地址开始连续读取指定长度的数据
输入参数 1	ReadAddr：待读取的 Flash 的内部地址
输入参数 2	NumByteToRead：待读取 Flash 数据的长度,以字节为单位
输出参数	pBuffer：数据接收区地址,指向从 Flash 读取的数据
返回值	无
先决条件	SPI_FLASH_Init
调用函数	SPI_FLASH_SendByte

（1）指令。

驱动函数 SPI_FLASH_BufferRead 对应于串行 Flash 存储器（W25Q64 芯片）指令表中的 Read Data 指令。

查串行 Flash 存储器 W25Q64 的数据手册可知,该指令是一条多字节指令,指令长度可变,具体取决于读取的字节数,其具体格式如表 11-11 所示。

表 11-11　驱动函数 SPI_FLASH_BufferRead 对应的指令及其格式

指令名	字节 1(指令码)	字节 2(24 位地址)	字节 3(24 位地址)	字节 4(24 位地址)	字节 5(数据)
Read Data	03h	A23—A16	A15—A8	A7—A0	D7—D0

（2）时序图。

查串行 Flash 存储器 W25Q64 的数据手册可知,Read Data 指令的时序图如图 11-25 所示。

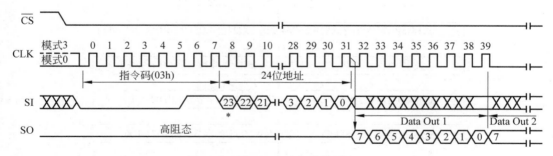

图 11-25　Read Data 指令的时序图

（3）流程图。

根据 Read Data 指令的时序图（图 11-25）,可作出驱动函数 SPI_FLASH_BufferRead 的流程图,如图 11-26 所示。

（4）代码。

根据驱动函数 SPI_FLASH_BufferRead 的流程图（图 11-26）编写代码,具体代码参

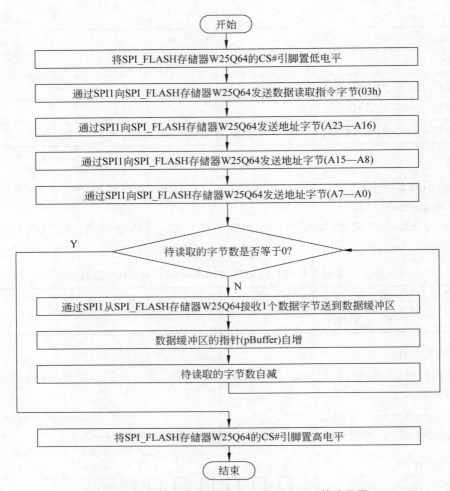

图 11-26　驱动函数 SPI_FLASH_BufferRead 的流程图

见 11.4.5 节中对应函数的定义。

7）SPI_FLASH_WriteEnable

SPI_FLASH_WriteEnable 是写使能函数。根据串行 Flash 存储器（W25Q64）的读写要求，在进行扇区擦除、块擦除、芯片擦除、页写入和写状态寄存器前，都要先发送写使能命令。驱动函数 SPI_FLASH_WriteEnable 的原型设计如表 11-12 所示。

表 11-12　SPI_FLASH 模块中的驱动函数 SPI_FLASH_WriteEnable

函　　数	备　　　注
函数原型	void SPI_FLASH_WriteEnable(void);
功能描述	串行 Flash 存储器 W25Q64 写使能
输入参数	无
输出参数	无

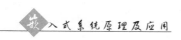

续表

函　数	备　　注
返回值	无
先决条件	SPI_FLASH_Init
调用函数	SPI_FLASH_SendByte
使用注意	在进行扇区擦除、块擦除、芯片擦除、页写入和写状态寄存器前,都要先执行本指令

（1）指令。

驱动函数 SPI_FLASH_WriteEnable 对应于串行 Flash 存储器（W25Q64 芯片）指令表中的 Write Enable 指令。

查串行 Flash 存储器 W25Q64 的数据手册可知,该指令仅有 1B,其具体格式如表 11-13所示。

表 11-13　驱动函数 SPI_FLASH_WriteEnable 对应的指令及其格式

指　令　名	字节 1（指令码）
Write Enable	06h

（2）时序图。

查串行 Flash 存储器 W25Q64 的数据手册可知,Write Enable 指令的时序图如图 11-27所示。

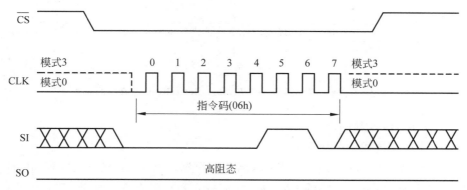

图 11-27　Write Enable 指令的时序图

（3）流程图。

根据 Write Enable 指令的时序图（图 11-27）,可作出驱动函数 SPI_FLASH_WriteEnable 的流程图,如图 11-28 所示。

（4）代码。

根据驱动函数 SPI_FLASH_WriteEnable 的流程图（图 11-28）编写代码,具体代码参见 11.4.5 节中对应函数的定义。

8）SPI_FLASH_WaitForWriteEnd

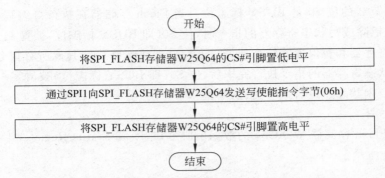

图 11-28 驱动函数 SPI_FLASH_WriteEnable 的流程图

SPI_FLASH_WaitForWriteEnd 是等待 Flash 存储器编程、擦除或者写状态寄存器等操作结束函数。根据串行 Flash 存储器（W25Q64）的读写要求，在进行扇区擦除和页写入等操作的前后，要使用该函数确保等待直到 Flash 存储器进入空闲的状态，以便能进行下一步的操作。驱动函数 SPI_FLASH_WaitForWriteEnd 的原型设计如表 11-14 所示。

表 11-14　SPI_FLASH 模块中的驱动函数 SPI_FLASH_WaitForWriteEnd

函　　数	备　　注
函数原型	void SPI_FLASH_WaitForWriteEnd（void）；
功能描述	等待 Flash 存储器擦除、编程或者写寄存器操作结束
输入参数	无
输出参数	无
返回值	无
先决条件	SPI_FLASH_Init
调用函数	SPI_FLASH_SendByte
使用注意	在进行扇区擦除、页写入等操作的前后，要使用该函数确保等待直到 Flash 存储器进入空闲的状态，以便能进行下一步的操作

（1）指令。

驱动函数 SPI_FLASH_WaitForWriteEnd 对应于串行 Flash 存储器（W25Q64 芯片）指令表中的 Read Status Register-1 指令。

查串行 Flash 存储器 W25Q64 的数据手册可知，该指令长度为 2B，其具体格式如表 11-15 所示。

表 11-15　驱动函数 SPI_FLASH_WaitForWriteEnd 对应的指令及其格式

指　令　名	字节 1（指令码）	字节 2（状态标志）
Read Status Register-1	05h	S7—S0

其中,字节 2 的位 S0 是 BUSY 标志位。当 Flash 存储器在执行页编程、扇区擦除、块擦除、芯片擦除或写状态寄存器的指令时,位 S0(即 BUSY 标志位)被置 1。在这期间,除了读状态寄存器和暂停擦除指令外,Flash 存储器将忽略后续其他所有指令。当编程、擦除或者写状态寄存器的指令执行完毕后,位 S0(即 BUSY 标志位)被清零。当前 Flash 存储器处于空闲状态,可执行下一条指令。

(2) 时序图。

查串行 Flash 存储器 W25Q64 的数据手册可知,Read Status Register-1 指令的时序图如图 11-29 所示。

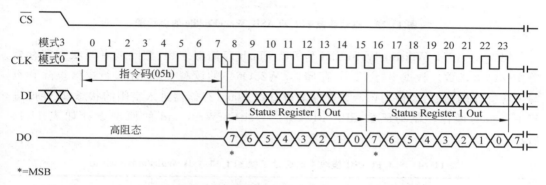

图 11-29　Read Status Register-1 指令的时序图

(3) 流程图。

根据 Read Status Register-1 指令的时序图(如图 11-29 所示),可以作出驱动函数 SPI_FLASH_WaitForWriteEnd 的流程图,如图 11-30 所示。

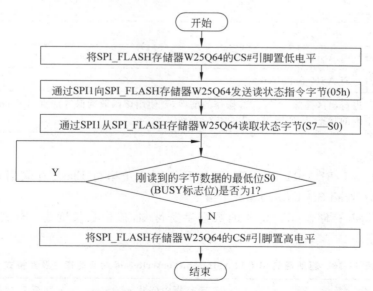

图 11-30　驱动函数 SPI_FLASH_WaitForWriteEnd 的流程图

（4）代码。

根据驱动函数 SPI_FLASH_WaitForWriteEnd 的流程图（图 11-30）编写代码，具体代码参见 11.4.5 节中对应函数的定义。

9) SPI_FLASH_SectorErase

驱动函数 SPI_FLASH_SectorErase 完成从 Flash 存储器的指定地址开始擦除整个扇区（4KB）的功能，其原型设计如表 11-16 所示。

表 11-16　SPI_FLASH 模块中的驱动函数——SPI_FLASH_SectorErase

函　数	备　注
函数原型	void SPI_FLASH_SectorErase(u32 SectorAddr)；
功能描述	从 Flash 存储器的指定地址开始擦除整个扇区（4KB）
输入参数	SectorAddr：待擦除扇区的起始地址
输出参数	无
返回值	无
先决条件	SPI_FLASH_Init
调用函数	SPI_FLASH_WriteEnable、SPI_FLASH_WaitForWriteEnd、SPI_FLASH_SendByte
使用注意	扇区擦除操作执行前，必先写使能 Flash 存储器，并等待 Flash 存储器处于空闲状态后才能开始擦除操作；扇区擦除操作执行后，同样也要等待 Flash 存储器处于空闲状态后，才能执行下一个操作

（1）指令。

驱动函数 SPI_FLASH_SectorErase 对应于串行 FLASH 存储器（W25Q64 芯片）指令表中的 Sector Erase 指令。

查串行 Flash 存储器 W25Q64 的数据手册可知，该指令包含 4B，其具体格式如表 11-17 所示。

表 11-17　驱动函数 SPI_FLASH_SectorErase 对应的指令及其格式

指　令　名	字节 1（指令码）	字节 2（24 位地址）	字节 3（24 位地址）	字节 4（24 位地址）
Sector Erase	20h	A23—A16	A15—A8	A7—A0

（2）时序图。

查串行 Flash 存储器 W25Q64 的数据手册可知，Sector Erase 指令的时序图如图 11-31 所示。

（3）流程图。

根据 Sector Erase 指令的时序图（图 11-31），可作出驱动函数 SPI_FLASH_SectorErase 的流程图，如图 11-32 所示。

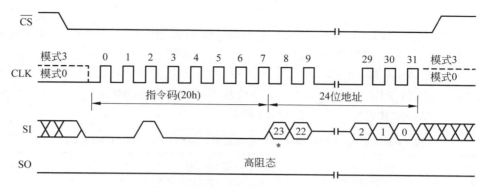

图 11-31　Sector Erase 指令的时序图

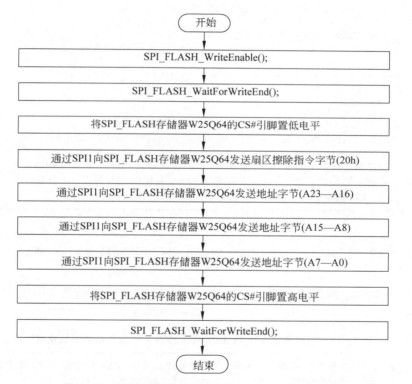

图 11-32　驱动函数 SPI_FLASH_SectorErase 的流程图

（4）代码。

根据驱动函数 SPI_FLASH_SectorErase 的流程图（图 11-32）编写代码，具体代码参见 11.4.5 节中对应函数的定义。

10）SPI_FLASH_PageWrite

对于 Flash 来说，写入方法一般只有页写入方式。驱动函数 SPI_FLASH_PageWrite 完成页写入的功能，即从 Flash 指定地址开始连续写入多个字节的数据。写入 Flash 的数据长度最多不得超过 Flash 页的大小，对于 W25Q64 来说，即不能超过

256B。其原型设计如表 11-18 所示。

表 11-18 SPI_FLASH 模块中的驱动函数——SPI_FLASH_PageWrite

函　数	备　注
函数原型	void SPI_FLASH_PageWrite(u8 * pBuffer, u32 WriteAddr, u16 NumByteToWrite);
功能描述	页写入,从 Flash 指定地址开始连续写入多个字节的数据
输入参数 1	pBuffer:数据缓冲区地址,指向要写入 Flash 的数据
输入参数 2	WriteAddr:待写入的 Flash 内部地址
输入参数 3	NumByteToWrite:待写入 Flash 的数据长度,以字节为单位,最多不能大于 Flash 页的大小,即对于 W25Q64,不能大于 256B
输出参数	无
返回值	无
先决条件	SPI_FLASH_Init
调用函数	SPI_FLASH_WriteEnable、SPI_FLASH_WaitForWriteEnd、SPI_FLASH_SendByte
使用注意	页写入操作执行前,必先写使能 Flash 存储器,并等待 FLASH 存储器处于空闲状态后才能开始擦除操作;页写入操作执行后,同样也要等待 Flash 存储器处于空闲状态后,才能执行下一个操作

（1）指令。

驱动函数 SPI_FLASH_PageWrite 对应于串行 FLASH 存储器（W25Q64 芯片）指令表中的 Page Program 指令。

查串行 Flash 存储器 W25Q64 的数据手册可知,该指令是一条多字节指令,指令长度可变,具体取决于写入数据的字节数,其格式如表 11-19 所示。

表 11-19 驱动函数 SPI_FLASH_PageWrite 对应的指令及其格式

指令名	字节 1 （指令码）	字节 2 （24 位地址）	字节 3 （24 位地址）	字节 4 （24 位地址）	字节 5 （数据）
Page Program	02h	A23—A16	A15—A8	A7—A0	D7—D0(N≤256)

（2）时序图。

查串行 Flash 存储器 W25Q64 的数据手册可知,Page Program 指令的时序图如图 11-33 所示。

（3）流程图。

根据 Page Program 指令的时序图（图 11-33）,可作出驱动函数 SPI_FLASH_PageWrite 的流程图,如图 11-34 所示。

（4）代码。

根据驱动函数 SPI_FLASH_PageWrite 的流程图（图 11-34）编写代码,具体代码参见 11.4.5 节中对应函数的定义。

11）SPI_FLASH_BufferWrite

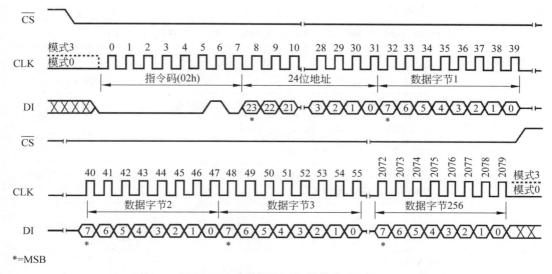

*=MSB

图 11-33　Page Program 指令的时序图

驱动函数 SPI_FLASH_BufferWrite 完成数据写入的功能,即向指定地址连续写入指定长度的数据,其原型设计如表 11-20 所示。

表 11-20　SPI_FLASH 模块中的驱动函数——SPI_FLASH_BufferWrite

函　　数	备　　注
函数原型	void SPI_FLASH_BufferWrite(u8 * pBuffer, u32 WriteAddr, u16 NumByteToWrite);
功能描述	数据写入,即向 Flash 指定地址连续写入多个字节的数据
输入参数 1	pBuffer:数据缓冲区地址,指向要写入 Flash 的数据
输入参数 2	WriteAddr:待写入的 Flash 内部地址
输入参数 3	NumByteToWrite:待写入 Flash 的数据长度,以字节为单位
输出参数	无
返回值	无
先决条件	SPI_FLASH_Init
调用函数	SPI_FLASH_PageWrite

与页写入函数 SPI_FLASH_PageWrite 相比,数据写入函数 SPI_FLASH_BufferWrite 取消了写入数据的字节数限制。为了方便地将大量数据写入 Flash,通常需要先进行转换,即先把待写入的数据按页(256B)划分,然后将数据一页一页地依次写到 Flash 中,最后一次写入的数据可能小于等于 256B。因此,数据写入函数 SPI_FLASH_ BufferWrite,直接依赖于页写入函数 SPI_FLASH_PageWrite。

3. PC 串口通信模块

PC 串口通信模块负责通过 USART1 向 PC 串口输出信息。它包含两个文件:

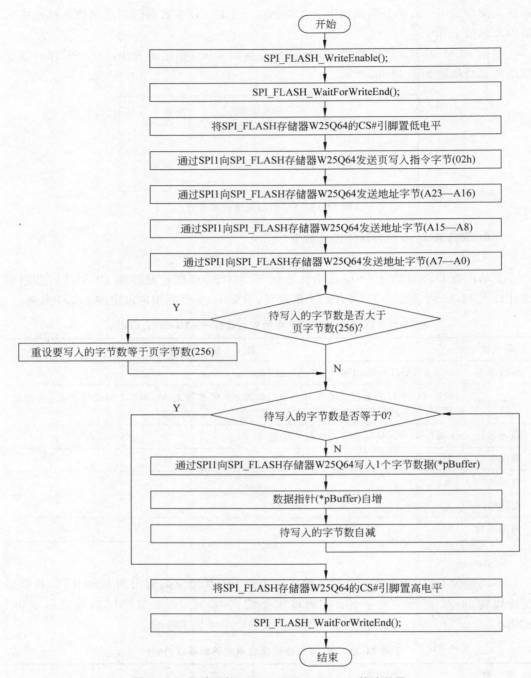

图 11-34 驱动函数 SPI_FLASH_PageWrite 的流程图

usart1.c 和 usart1.h。C 源程序文件 usart1.c 主要用于存放 PC 串口通信驱动函数的定义。头文件 usart1.h 包含 PC 串口通信必要的头文件以及 PC 串口通信驱动函数的声明。主程序文件 main.c 通过使用♯include 文件包含指令包含用户头文件 usart1.h 和

系统头文件 stdio. h,来分别调用定义在 usart1. c 中的 PC 串口通信驱动函数和标准输入输出库函数 printf。

根据 STM32F103 微控制器的 USART 设置和 printf 重定向方法,设计 PC 串口通信模块的驱动函数如图 11-35 所示。

```
                   PC串口通信模块
                 (usart1.c和usart1.h)

              驱动函数:
              USART1_Config
              fputc
```

图 11-35   PC 串口通信模块设计

其中,每个驱动函数的具体设计如下。

1) USART1_Config

驱动函数 USART1_Config 负责初始化 STM32F103 微控制器的 USART1,其原型设计如表 11-21 所示。关于 USART1 的配置,参见 10.5 节介绍的重定向 printf 实例。

表 11-21   PC 串口通信模块中的驱动函数——USART1_Config

函　　数	备　　注
函数原型	void USART1_Config(unsigned int baud);
功能描述	根据 PC 串口的通信要求及其与 STM32F103 微控制器 USART1 的硬件连接,初始化 STM32F103 微控制器的 USART1
输入参数	baud:与 PC 串口通信的数据传输速率
输出参数	无
返回值	无
先决条件	无
调用函数	无

2) fputc

驱动函数 fputc 负责将标准输入输出库函数 printf 重定向输出到 USART1,其原型设计如表 11-22 所示。关于 printf 的输出重定向,参见 10.5 节介绍的重定向 printf 实例。

表 11-22   PC 串口通信模块中的驱动函数 fputc

函　　数	备　　注
函数原型	int fputc(int ch, FILE * f);
功能描述	将标准输入输出库函数 printf 重定向输出到 USART1

11.4.5　软件代码实现

在编辑代码前,需要新建或配置已有的 STM32F103 工程,并将代码文件包含在该工程内,具体操作步骤参见 4.9 节。

根据 11.4.3 节,本实例的代码文件按模块可以分为以下三部分:主程序模块(main. c)、SPI_FLASH 存储器模块(spi_w25q64. c 和 spi _w25q64. h)和 PC 串口通信模块(usart1. c 和 usart1. h)。与以前的开发实例不同,本实例需要改写的代码文件不仅仅限于原来 ST 官方工程默认的源程序文件——main. c 或 stm32f10x_it. c,还包括本例中新添加的两个模块文件——SPI _FLASH 存储器模块文件和 PC 串口通信模块文件。因此,不仅要将这两个模块的相关文件(spi_w25q64. c 和 spi_w25q64. h、usart1. c 和 usart1. h)放在与 main. c 和 stm32f10x_it. c 同一目录下,而且要把其中的源程序文件 spi_w25q64. c 和

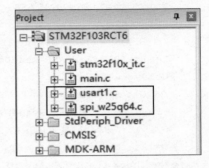

图 11-36　读写 SPI_FLASH 的 STM32工程目录树

usart1. c 添加到 STM32 工程的 User 组中,如图 11-36 所示。其中,向 STM32 工程的指定组添加源程序文件的具体操作参见 4.9.3 节的相关内容。

根据 11.4.3 节和 11.4.4 节中的指令表、时序图和流程图,结合本章及以前各章介绍的相关库函数,写出本例的实现代码。

1. main. c(主模块——主程序文件)

```
# include "stm32f10x.h"
# include "spi_w25q64.h"
# include "usart1.h"
typedef enum { FAILED=0, PASSED=!FAILED} TestStatus;
//count the number of the elements in an array of a
#define countof(a)              (sizeof(a) / sizeof( * (a)))
#define BufferSize              (countof(Tx_Buffer)-1)
#define FLASH_WriteAddress      0x12345
#define FLASH_ReadAddress       FLASH_WriteAddress
#define FLASH_SectorToErase     FLASH_WriteAddress
//data writen to the flash(w25q64)
uint8_t Tx_Buffer[]="This is an example of using SPI \
                    to erase, program and read the FLASH!";
//data read from the flash(w25q64)
uint8_t Rx_Buffer[BufferSize];
volatile uint32_t DeviceID=0;
volatile uint32_t FlashID=0;
volatile TestStatus TransferStatus1=FAILED;
```

```c
void Delay(__IO uint32_t nCount);
TestStatus Buffercmp(uint8_t * pBuffer1, uint8_t * pBuffer2, uint16_t BufferLength);
int main(void)
{
    USART1_Config(115200);
    printf("This is an example of using SPI to operate 8MB FLASH(w25q64)\n");
    /* Initialize the FLASH */
    SPI_FLASH_Init();
    /* Get SPI FLASH Device ID */
    DeviceID=SPI_FLASH_ReadDeviceID();
    Delay(200);
    /* Get SPI FLASH ID */
    FlashID=SPI_FLASH_ReadID();
    printf("FlashID is 0x%X, Manufacturer Device ID is 0x%X\n", FlashID,
    DeviceID);
    /* Check the SPI FLASH ID */
    if (FlashID==sFLASH_ID)
    {
        printf("Detect the FLASH(w25q64)!\n");
        /* Erase SPI FLASH Sector to write on */
        SPI_FLASH_SectorErase(FLASH_SectorToErase);
        /* Read data from SPI FLASH memory */
        SPI_FLASH_BufferRead(Rx_Buffer, FLASH_ReadAddress, BufferSize);
        /* Perform a write in the Flash followed by a read of the written data */
        /* Write Tx_Buffer data to SPI FLASH memory */
        SPI_FLASH_BufferWrite(Tx_Buffer, FLASH_WriteAddress, BufferSize);
        printf("The data written to the FLASH(w25q64):\n%s\n", Tx_Buffer);
        /* Read data from SPI FLASH memory */
        SPI_FLASH_BufferRead(Rx_Buffer, FLASH_ReadAddress, BufferSize);
        printf("The data read from the FLASH(w25q64):\n%s\n", Tx_Buffer);
        /* Check the correctness of written dada */
        TransferStatus1=Buffercmp(Tx_Buffer, Rx_Buffer, BufferSize);
        if(PASSED==TransferStatus1)
            printf("Program the FLASH(w25q64) successfully!\n");
        else
            printf("Failed to program the FLASH(w25q64)!\n");
    }// if (FlashID==sFLASH_ID)
    else
    {
        printf("Failed to detect the FLASH(w25q64)!\n");
    }// if (FlashID !=sFLASH_ID)
    SPI_FLASH_PowerDown();
    while(1);
}
```

```
TestStatus Buffercmp(uint8_t * pBuffer1, uint8_t * pBuffer2, uint16_t BufferLength)
{
    while(BufferLength--)
    {
    if(* pBuffer1 != * pBuffer2)
        return FAILED;
    pBuffer1++;
    pBuffer2++;
    }
    return PASSED;
}
void Delay(__IO uint32_t nCount)
{
    for(; nCount !=0; nCount--);
}
```

2. spi_w25q64.h(SPI_FLASH 存储器模块——驱动函数声明文件)

```
#ifndef __SPI_FLASH_H
#define __SPI_FLASH_H
#include "stm32f10x.h"
#define sFLASH_ID 0xEF4017 //W25Q64
#define SPI_FLASH_CS_LOW() GPIO_ResetBits(GPIOA, GPIO_Pin_2)
#define SPI_FLASH_CS_HIGH() GPIO_SetBits(GPIOA, GPIO_Pin_2)
u8 SPI_FLASH_SendByte(u8 byte);
void SPI_FLASH_WriteEnable(void);
void SPI_FLASH_WaitForWriteEnd(void);
void SPI_FLASH_Init(void);
void SPI_FLASH_PowerDown(void);
u32 SPI_FLASH_ReadID(void);
u32 SPI_FLASH_ReadDeviceID(void);
void SPI_FLASH_SectorErase(u32 SectorAddr);
void SPI_FLASH_PageWrite(u8 * pBuffer, u32 WriteAddr, u16 NumByteToWrite);
void SPI_FLASH_BufferWrite(u8 * pBuffer, u32 WriteAddr, u16 NumByteToWrite);
void SPI_FLASH_BufferRead(u8 * pBuffer, u32 ReadAddr, u16 NumByteToRead);
#endif /* __SPI_FLASH_H */
```

3. spi_w25q64.c(SPI_FLASH 存储器模块——驱动函数定义文件)

```
#include "spi_w25q64.h"
#define SPI_FLASH_PageSize           256
#define SPI_FLASH_PerWritePageSize   256
#define W25X_WriteEnable             0x06
#define W25X_WriteDisable            0x04
```

```c
#define W25X_ReadStatusReg          0x05
#define W25X_WriteStatusReg         0x01
#define W25X_ReadData               0x03
#define W25X_FastReadData           0x0B
#define W25X_FastReadDual           0x3B
#define W25X_PageProgram            0x02
#define W25X_BlockErase             0xD8
#define W25X_SectorErase            0x20
#define W25X_ChipErase              0xC7
#define W25X_PowerDown              0xB9
#define W25X_DeviceID               0xAB
#define W25X_ManufactDeviceID       0x90
#define W25X_JedecDeviceID          0x9F
#define WIP_Flag                    0x01 /* Write In Progress (WIP) flag */
#define Dummy_Byte                  0xFF
void SPI_FLASH_Init(void)
{
    SPI_InitTypeDef SPI_InitStructure;
    GPIO_InitTypeDef GPIO_InitStructure;
    /* Enable GPIO's clock */
    RCC_APB2PeriphClockCmd(RCC_APB2Periph_GPIOA, ENABLE);
    /* SPI_FLASH_SPI Periph clock enable */
    RCC_APB2PeriphClockCmd(RCC_APB2Periph_SPI1, ENABLE);
    /* Configure SPI_FLASH_SPI pins: SCK */
    GPIO_InitStructure.GPIO_Pin=GPIO_Pin_5;
    GPIO_InitStructure.GPIO_Speed=GPIO_Speed_50MHz;
    GPIO_InitStructure.GPIO_Mode=GPIO_Mode_AF_PP;
    GPIO_Init(GPIOA, &GPIO_InitStructure);
    /* Configure SPI_FLASH_SPI pins: MISO */
    GPIO_InitStructure.GPIO_Pin=GPIO_Pin_6;
    GPIO_Init(GPIOA, &GPIO_InitStructure);
    /* Configure SPI_FLASH_SPI pins: MOSI */
    GPIO_InitStructure.GPIO_Pin=GPIO_Pin_7;
    GPIO_Init(GPIOA, &GPIO_InitStructure);
    /* Configure SPI_FLASH_SPI_CS_PIN pin: SPI_FLASH Card CS pin */
    GPIO_InitStructure.GPIO_Pin=GPIO_Pin_2;
    GPIO_InitStructure.GPIO_Mode=GPIO_Mode_Out_PP;
    GPIO_Init(GPIOA, &GPIO_InitStructure);
    /* Deselect the FLASH: Chip Select high */
    SPI_FLASH_CS_HIGH();
    /* SPI1 configuration */
    // W25X16: data input on the DIO pin is sampled on the rising edge of the CLK.
    // Data on the DO and DIO pins are clocked out on the falling edge of CLK.
    SPI_InitStructure.SPI_Direction=SPI_Direction_2Lines_FullDuplex;
```

```
    SPI_InitStructure.SPI_Mode=SPI_Mode_Master;
    SPI_InitStructure.SPI_DataSize=SPI_DataSize_8b;
    SPI_InitStructure.SPI_CPOL=SPI_CPOL_High;
    SPI_InitStructure.SPI_CPHA=SPI_CPHA_2Edge;
    SPI_InitStructure.SPI_NSS=SPI_NSS_Soft;
    SPI_InitStructure.SPI_BaudRatePrescaler=SPI_BaudRatePrescaler_4;
    SPI_InitStructure.SPI_FirstBit=SPI_FirstBit_MSB;
    SPI_InitStructure.SPI_CRCPolynomial=7;
    SPI_Init(SPI1, &SPI_InitStructure);
    /* Enable SPI1 */
    SPI_Cmd(SPI1, ENABLE);
}
void SPI_FLASH_SectorErase(u32 SectorAddr)
{
    /* Send write enable instruction */
    SPI_FLASH_WriteEnable();
    SPI_FLASH_WaitForWriteEnd();
    /* Sector Erase */
    /* Select the FLASH: Chip Select low */
    SPI_FLASH_CS_LOW();
    /* Send Sector Erase instruction */
    SPI_FLASH_SendByte(W25X_SectorErase);
    /* Send SectorAddr high nibble address byte */
    SPI_FLASH_SendByte((SectorAddr & 0xFF0000)>>16);
    /* Send SectorAddr medium nibble address byte */
    SPI_FLASH_SendByte((SectorAddr & 0xFF00)>>8);
    /* Send SectorAddr low nibble address byte */
    SPI_FLASH_SendByte(SectorAddr & 0xFF);
    /* Deselect the FLASH: Chip Select high */
    SPI_FLASH_CS_HIGH();
    /* Wait the end of Flash writing */
    SPI_FLASH_WaitForWriteEnd();
}
void SPI_FLASH_PageWrite(u8 * pBuffer, u32 WriteAddr, u16 NumByteToWrite)
{
    /* Enable the write access to the FLASH */
    SPI_FLASH_WriteEnable();
    SPI_FLASH_WaitForWriteEnd();
    /* Select the FLASH: Chip Select low */
    SPI_FLASH_CS_LOW();
    /* Send "Write to Memory " instruction */
    SPI_FLASH_SendByte(W25X_PageProgram);
    /* Send WriteAddr high nibble address byte to write to */
    SPI_FLASH_SendByte((WriteAddr & 0xFF0000)>>16);
```

```
        /* Send WriteAddr medium nibble address byte to write to */
        SPI_FLASH_SendByte((WriteAddr & 0xFF00)>>8);
        /* Send WriteAddr low nibble address byte to write to */
        SPI_FLASH_SendByte(WriteAddr & 0xFF);
        if(NumByteToWrite>SPI_FLASH_PerWritePageSize)
        {
            NumByteToWrite=SPI_FLASH_PerWritePageSize;
            //printf("\n\r Err: SPI_FLASH_PageWrite too large!");
        }
        /* while there is data to be written on the FLASH */
        while (NumByteToWrite--)
        {
            /* Send the current byte */
            SPI_FLASH_SendByte(*pBuffer);
            /* Point on the next byte to be written */
            pBuffer++;
        }
        /* Deselect the FLASH: Chip Select high */
        SPI_FLASH_CS_HIGH();
        /* Wait the end of Flash writing */
        SPI_FLASH_WaitForWriteEnd();
}
void SPI_FLASH_BufferWrite(u8* pBuffer, u32 WriteAddr, u16 NumByteToWrite)
{
    u8 NumOfPage=0, NumOfSingle=0, Addr=0, count=0, temp=0;
    Addr=WriteAddr % SPI_FLASH_PageSize;
    count=SPI_FLASH_PageSize -Addr;
    NumOfPage=NumByteToWrite / SPI_FLASH_PageSize;
    NumOfSingle=NumByteToWrite % SPI_FLASH_PageSize;
    if (Addr==0) /* WriteAddr is SPI_FLASH_PageSize aligned */
    {
        if (NumOfPage==0) /* NumByteToWrite <SPI_FLASH_PageSize */
        {
            SPI_FLASH_PageWrite(pBuffer, WriteAddr, NumByteToWrite);
        }
        else /* NumByteToWrite>SPI_FLASH_PageSize */
        {
            while (NumOfPage--)
            {
                SPI_FLASH_PageWrite(pBuffer, WriteAddr, SPI_FLASH_PageSize);
                WriteAddr+=SPI_FLASH_PageSize;
                pBuffer+=SPI_FLASH_PageSize;
            }
            SPI_FLASH_PageWrite(pBuffer, WriteAddr, NumOfSingle);
```

```
        }
    }
    else /* WriteAddr is not SPI_FLASH_PageSize aligned */
    {
        if (NumOfPage==0) /* NumByteToWrite <SPI_FLASH_PageSize */
        {
            if(NumOfSingle>count) //(NumByteToWrite+WriteAddr)>SPI_FLASH_PageSize
            {
                temp=NumOfSingle -count;
                SPI_FLASH_PageWrite(pBuffer, WriteAddr, count);
                WriteAddr+=count;
                pBuffer+=count;
                SPI_FLASH_PageWrite(pBuffer, WriteAddr, temp);
            }
            else
            {
                SPI_FLASH_PageWrite(pBuffer, WriteAddr, NumByteToWrite);
            }
        }
        else /* NumByteToWrite>SPI_FLASH_PageSize */
        {
            NumByteToWrite -=count;
            NumOfPage=NumByteToWrite / SPI_FLASH_PageSize;
            NumOfSingle=NumByteToWrite % SPI_FLASH_PageSize;
            SPI_FLASH_PageWrite(pBuffer, WriteAddr, count);
            WriteAddr+=count;
            pBuffer+=count;
            while (NumOfPage--)
            {
                SPI_FLASH_PageWrite(pBuffer, WriteAddr, SPI_FLASH_PageSize);
                WriteAddr+=SPI_FLASH_PageSize;
                pBuffer+=SPI_FLASH_PageSize;
            }

            if (NumOfSingle !=0)
            {
                SPI_FLASH_PageWrite(pBuffer, WriteAddr, NumOfSingle);
            }
        }
    }
}
void SPI_FLASH_BufferRead(u8 * pBuffer, u32 ReadAddr, u16 NumByteToRead)
{
    /* Select the FLASH: Chip Select low */
```

```
        SPI_FLASH_CS_LOW();
        /* Send "Read from Memory " instruction */
        SPI_FLASH_SendByte(W25X_ReadData);
        /* Send ReadAddr high nibble address byte to read from */
        SPI_FLASH_SendByte((ReadAddr & 0xFF0000)>>16);
        /* Send ReadAddr medium nibble address byte to read from */
        SPI_FLASH_SendByte((ReadAddr& 0xFF00)>>8);
        /* Send ReadAddr low nibble address byte to read from */
        SPI_FLASH_SendByte(ReadAddr & 0xFF);
        while (NumByteToRead--) /* while there is data to be read */
        {
            /* Read a byte from the FLASH */
            * pBuffer=SPI_FLASH_SendByte(Dummy_Byte);
            /* Point to the next location where the byte read will be saved */
            pBuffer++;
        }
        /* Deselect the FLASH: Chip Select high */
        SPI_FLASH_CS_HIGH();
    }
    u32 SPI_FLASH_ReadID(void)
    {
        u32 Temp=0, Temp0=0, Temp1=0, Temp2=0;
        /* Select the FLASH: Chip Select low */
        SPI_FLASH_CS_LOW();
        /* Send "RDID " instruction */
        SPI_FLASH_SendByte(W25X_JedecDeviceID);
        /* Read a byte from the FLASH */
        Temp0=SPI_FLASH_SendByte(Dummy_Byte);
        /* Read a byte from the FLASH */
        Temp1=SPI_FLASH_SendByte(Dummy_Byte);
        /* Read a byte from the FLASH */
        Temp2=SPI_FLASH_SendByte(Dummy_Byte);
        /* Deselect the FLASH: Chip Select high */
        SPI_FLASH_CS_HIGH();
        Temp=(Temp0 <<16) | (Temp1 <<8) | Temp2;
        return Temp;
    }
    u32 SPI_FLASH_ReadDeviceID(void)
    {
        u32 Temp=0;
        /* Select the FLASH: Chip Select low */
        SPI_FLASH_CS_LOW();
        /* Send "RDID " instruction */
        SPI_FLASH_SendByte(W25X_DeviceID);
```

```
        SPI_FLASH_SendByte(Dummy_Byte);
        SPI_FLASH_SendByte(Dummy_Byte);
        SPI_FLASH_SendByte(Dummy_Byte);
        /* Read a byte from the FLASH */
        Temp=SPI_FLASH_SendByte(Dummy_Byte);
        /* Deselect the FLASH: Chip Select high */
        SPI_FLASH_CS_HIGH();
        return Temp;
}
u8 SPI_FLASH_SendByte(u8 byte)
{
        /* Loop while DR register in not emplty */
        while (SPI_I2S_GetFlagStatus(SPI1, SPI_I2S_FLAG_TXE)==RESET);
        /* Send byte through the SPI1 peripheral */
        SPI_I2S_SendData(SPI1, byte);
        /* Wait to receive a byte */
        while (SPI_I2S_GetFlagStatus(SPI1, SPI_I2S_FLAG_RXNE)==RESET);
        /* Return the byte read from the SPI bus */
        return SPI_I2S_ReceiveData(SPI1);
}
void SPI_FLASH_WriteEnable(void)
{
        /* Select the FLASH: Chip Select low */
        SPI_FLASH_CS_LOW();
        /* Send "Write Enable" instruction */
        SPI_FLASH_SendByte(W25X_WriteEnable);
        /* Deselect the FLASH: Chip Select high */
        SPI_FLASH_CS_HIGH();
}
void SPI_FLASH_WaitForWriteEnd(void)
{
        u8 FLASH_Status=0;
        /* Select the FLASH: Chip Select low */
        SPI_FLASH_CS_LOW();
        /* Send "Read Status Register" instruction */
        SPI_FLASH_SendByte(W25X_ReadStatusReg);
        /* Loop as long as the memory is busy with a write cycle */
        do
        {
            /* Send a dummy byte to generate the clock needed by the FLASH
            and put the value of the status register in FLASH_Status variable */
            FLASH_Status=SPI_FLASH_SendByte(Dummy_Byte);
        }
        while ((FLASH_Status & WIP_Flag)==SET); /* Write in progress */
```

```
    /* Deselect the FLASH: Chip Select high */
    SPI_FLASH_CS_HIGH();
}
void SPI_FLASH_PowerDown(void)
{
    /* Select the FLASH: Chip Select low */
    SPI_FLASH_CS_LOW();
    /* Send "Power Down" instruction */
    SPI_FLASH_SendByte(W25X_PowerDown);
    /* Deselect the FLASH: Chip Select high */
    SPI_FLASH_CS_HIGH();
}
```

4. usart1.h（PC 串口通信模块——驱动函数声明文件）

```
#include "stm32f10x.h"
#include <stdio.h>
void USART1_Config(unsigned int baud);
```

5. usart1.c（PC 串口通信模块——驱动函数定义文件）

```
#include "usart1.h"
int fputc(int ch, FILE *f)
{
    while (USART_GetFlagStatus(USART1, USART_FLAG_TC)==RESET);
    USART_SendData(USART1, (uint8_t) ch);
    return ch;
}
void USART1_Config(unsigned int baud)
{
    GPIO_InitTypeDef GPIO_InitStructure;
    USART_InitTypeDef USART_InitStructure;
    /* Enable GPIO Alternate Function clock */
    RCC_APB2PeriphClockCmd(RCC_APB2Periph_GPIOA, ENABLE);
    /* Configure USART1 Tx(PA.9) as Alternate Function Push-Pull */
    GPIO_InitStructure.GPIO_Pin=GPIO_Pin_9;
    GPIO_InitStructure.GPIO_Mode=GPIO_Mode_AF_PP;
    GPIO_InitStructure.GPIO_Speed=GPIO_Speed_50MHz;
    GPIO_Init(GPIOA, &GPIO_InitStructure);
    /* Configure USART1 Rx(PA.10) as In-Floating */
    GPIO_InitStructure.GPIO_Pin=GPIO_Pin_10;
    GPIO_InitStructure.GPIO_Mode=GPIO_Mode_IN_FLOATING;
    GPIO_InitStructure.GPIO_Speed=GPIO_Speed_50MHz;
    GPIO_Init(GPIOA, &GPIO_InitStructure);
```

```
    /* Enable USART1 clock */
    RCC_APB2PeriphClockCmd(RCC_APB2Periph_USART1, ENABLE);
    /* USARTx configured as follow:
        -BaudRate=baud
        -Word Length=8 Bits
        -One Stop Bit
        -No parity
        -Hardware flow control disabled (RTS and CTS signals)
        -Receive and transmit enabled
    */
    USART_InitStructure.USART_BaudRate=baud;
    USART_InitStructure.USART_WordLength=USART_WordLength_8b;
    USART_InitStructure.USART_StopBits=USART_StopBits_1;
    USART_InitStructure.USART_Parity=USART_Parity_No;
    USART_InitStructure.USART_HardwareFlowControl=\
        USART_HardwareFlowControl_None;
    USART_InitStructure.USART_Mode=USART_Mode_Rx | USART_Mode_Tx;
    USART_Init(USART1, &USART_InitStructure);
    /* Clear USART1 Transmission complete flag */
    USART_ClearFlag(USART1, USART_FLAG_TC);
    /* Enable USART1 */
    USART_Cmd(USART1, ENABLE);
}
```

11.4.6　下载硬件调试

1. 将调试方式设置为目标硬件调试方式

首先,将调试方式设置为目标硬件调试方式,具体操作参见 4.9.6 节中的相关内容。

2. 在程序中插入断点

为了便于跟踪串行 FLASH 存储器 W25Q64 读写程序的运行、测试实例的功能,在以下 3 个位置插入断点:

(1) 断点 1: 读取串行 Flash 存储器 W25Q64 标识完成后。

在主程序文件 main. c 中"if (FlashID＝＝sFLASH_ID)"语句处右击,出现右键菜单,选择其中的 Insert/Remove Breakpoint 命令,在此处添加断点。

(2) 断点 2: 读取串行 Flash 存储器 W25Q64 已擦除扇区的数据后。

在主程序文件 main. c 中"SPI_FLASH_BufferWrite(Tx_Buffer, FLASH_WriteAddress, BufferSize);"语句处右击,出现右键菜单,选择其中的 Insert/Remove Breakpoint 命令,在此处添加断点。

(3) 断点 3: 比较串行 Flash 存储器 W25Q64 写入和读出的数据后。

在主程序文件 main. c 中"if(PASSED＝＝TransferStatus1)"语句处右击,出现右键

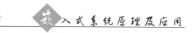

菜单,选择其中的 Insert/Remove Breakpoint 命令,在此处添加断点。

3. 进入调试模式(目标硬件调试方式)

选择菜单 Debug→Start/Stop Debug Session 命令或者单击工具栏中的 Debug 按钮,进入调试模式(目标硬件调试方式)。

4. 打开相关窗口添加监测变量或信号

打开 Watch 和 Memory 窗口,分别添加监测变量和监测地址。

1) 打开 Watch 窗口并添加监测变量

打开 Watch1 窗口,依次添加以下监测变量:DeviceID、FlashID、TransferStatus1、Tx_Buffer 和 Rx_Buffer,如图 11-37 所示。

- DeviceID:串行 Flash 存储器 W25Q64 的器件标识。
- FlashID:串行 Flash 存储器 W25Q64 的 JEDEC 标识。
- TransferStatus1:串行 Flash 存储器 W25Q64 读写成功标志。
- Tx_Buffer:数据发送缓冲区,用来存放将要写入到串行 Flash 存储器 W25Q64 的数据。
- Rx_Buffer:数据接收缓冲区,用来存放将从串行 Flash 存储器 W25Q64 读出的数据。

在 Watch 窗口中添加监测变量的具体操作步骤,参见 8.4.6 节的相关内容。

Watch 1		
Name	Value	Type
◆ DeviceID	0x00000000	unsigned int
◆ FlashID	0x00000000	unsigned int
◆ TransferStatus1	0x00 FAILED	enum (uchar)
Tx_Buffer	0x2000000C Tx_Buffer[] "This is an example of using SPI ..."	unsigned char[70]
Rx_Buffer	0x2000006C Rx_Buffer[] ""	unsigned char[69]
◆ [0]	0x00 '	unsigned char
◆ [1]	0x00 '	unsigned char
Call Stack + Locals Watch 1		

图 11-37 在 Watch 窗口中添加监测变量(TransferStatus1、Rx_Buffer 和 Tx_Buffer 等)

从图 11-37 可以看到,初始时,变量 DeviceID、FlashID、TransferStatus1 的值均为 0,数据发送缓冲区和接收缓冲区,即数组 Tx_Buffer 和 Rx_Buffer 的内容分别为"This is an example of using SPI to erase, program and read the FLASH!"和全 0。

2) 打开 Memory 窗口并输入监测地址

打开 Memory 窗口,在 Addrees 文本框中输入数组 Rx_Buffer 的地址(即 Watch 窗口中 Rx_Buffer 的值 0x2000006C)后按回车确认,以便在程序运行过程中观察接收缓冲区 Rx_Buffer 的变化情况,如图 11-38 所示。

在 Memory 窗口中添加监测地址的具体操作步骤,参见 8.4.6 节的相关内容。

从图 11-38 同样可以看到,程序初始时,数组 Rx_Buffer(即数据接收缓冲区)的内容为全 0。

数据接收缓冲区的地址，即Watch窗口中对应变量Rx_Buffer的值

```
Memory 1                                                          📌 ☒
 Address: 0x2000006C                                              🔒 ▲
0x2000006C:  00 00 00 00 00 00 00 00 00 00 00 00 00 00 00 00 00 00 00 00 00
0x20000081:  00 00 00 00 00 00 00 00 00 00 00 00 00 00 00 00 00 00 00 00 00
0x20000096:  00 00 00 00 00 00 00 00 00 00 00 00 00 00 00 00 00 00 00 00 00
0x200000AB:  00 00 00 00 00 00 00 00 00 00 00 00 00 00 00 00 00 00 00 00 00
0x200000C0:  00 00 00 00 00 00 00 00 00 00 00 00 00 00 00 00 00 00 00 00 00
0x200000D5:  00 00 00 00 00 00 00 00 00 00 00 00 00 00 00 00 00 00 00 00 00
0x200000EA:  00 00 00 00 00 00 00 00 00 00 00 00 00 00 00 00 00 00 00 00 00
0x200000FF:  00 00 00 00 00 00 00 00 00 00 00 00 00 00 00 00 00 00 00 00 00 ▼
📋 Call Stack + Locals | Watch 1 | 🗔 Memory 1
```

数据接收缓冲区Rx1_Buffer的初始内容

图 11-38　在 Memory 窗口中添加地址监测接收缓冲区 Rx_Buffer(0x2000006C)

5. 断点跟踪程序硬件执行,观察运行结果

此后,不断选择菜单 Debug→Run 命令或按快捷键 F5,在目标硬件上反复全速执行程序。同时,通过断点全程跟踪程序的执行情况:每当程序在断点前暂停时,观察 Watch1 窗口中的相关变量和 Memory1 窗口中相关地址(Rx_Buffer)单元的内容,验证程序的执行结果。

本例程序的跟踪执行过程如下:

(1) 选择菜单 Debug→Run 命令或按快捷键 F5,全速运行程序并在第一个断点处暂停。

(2) 本例的第一个断点设置在读取串行 Flash 存储器 W25Q64 标识完成后。当程序运行到 main 函数"if (FlashID==sFLASH_ID)"语句时,暂停执行。此时,选择右下角的 Watch1 选项卡,打开 Watch1 窗口,观察 Watch 窗口中变量 DeviceID 和 FlashID 的取值,如图 11-39 所示。

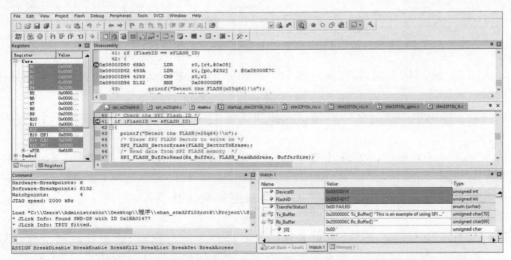

图 11-39　读取串行 Flash 存储器 W25Q64 标识完成后变量 DeviceID 和 FlashID 的取值

从图 11-39 可以看到，变量 DeviceID 和 FlashID 的 Value 列的背景变成了绿色。这表明在该段程序运行期间，变量 DeviceID 和 FlashID 的值发生了变化。当串行 Flash 存储器 W25Q64 标识读取完成后，变量 DeviceID 和 FlashID 的值分别为 0x16 和 0xEF4017，和串行 Flash 存储器 W25Q64 数据手册相关指令规定的返回值相同，这表明串行 Flash 存储器 W25Q64 通信正常，能够正确读取标识信息。

（3）选择菜单 Debug→Run 命令或按快捷键 F5，全速运行程序并在第二个断点处暂停。

本例的第二个断点设置在读取串行 Flash 存储器 W25Q64 已擦除扇区的数据后。当程序运行到 main 函数"SPI＿FLASH＿BufferWrite（Tx＿Buffer，FLASH＿WriteAddress，BufferSize）;"语句时，暂停执行。此时，观察 Memory 窗口中接收缓冲区 Rx_Buffer 的情况，如图 11-40 所示。由于使用驱动函数 SPI_FLASH_BufferRead 将已擦除扇区上的部分数据读取到接收缓冲区 Rx_Buffer 中，因此，通过数组 Rx_Buffer 可以查看已擦除扇区上的部分数据。

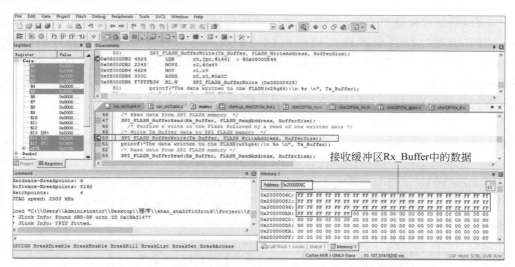

图 11-40　串行 Flash 存储器 W25Q64 某扇区被擦除后的情况

从图 11-40 可以看到，接收缓冲区 Rx_Buffer 中的数据全是 FFh，这表明指定扇区上的数据已被擦除。

（4）选择菜单 Debug→Run 命令或按快捷键 F5，全速运行程序并在第三个断点处暂停。

本例的第三个断点设置在比较串行 Flash 存储器 W25Q64 写入和读出的数据后。当程序运行到 main 函数"if（PASSED＝＝TransferStatus1）"语句时，暂停执行。此时，分别观察 Watch 窗口和 Memory 窗口中监测变量的变化情况，如图 11-41 和图 11-42 所示。

从 Watch 窗口（图 11-41）可以看到：在该段程序运行期间，数据接收缓冲区 Rx_Buffer 和变量 TransferStatus1 发生了变化。数据接收缓冲区 Rx_Buffer 从刚才读取的

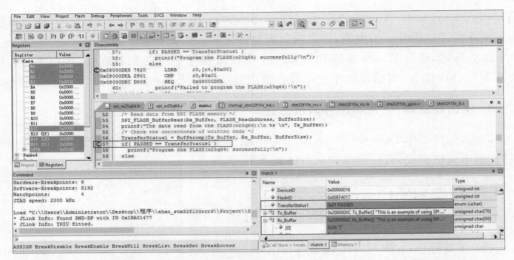

图 11-41　串行 Flash 存储器 W25Q64 写入和读出数据比较完成后各监测变量的取值

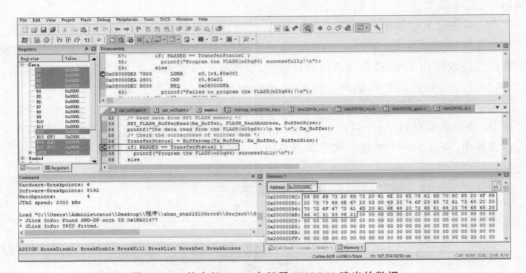

图 11-42　从串行 Flash 存储器 W25Q64 读出的数据

被擦除扇区的数据 FFh(如图 11-40 所示)改变为从串行 Flash 存储器 W25Q64 指定地址上读取的内容(即"This is an example of using SPI to erase, program and read the FLASH!"),与之前在该地址上写入的数据(即数据写入缓冲区 Tx_Buffer 的内容)完全相同。同时,在比较了从串行 Flash 存储器 W25Q64 同一地址上先后写入和读取的数据(即数据写入缓冲区 Tx_Buffer 和数据接收缓冲区 Rx_Buffer)后,串行 Flash 存储器 W25Q64 读写成功标志变量 TransferStatus 也从初始时的 FAILED(0x00)改变为 PASSED(0x01)。

从 Memory 窗口(图 11-42)可以看到:在读取串行 Flash 存储器 W25Q64 指定地址上的数据后,数据接收缓冲区 Rx_Buffer 发生了变化,从刚才读取的被擦除扇区的数据 FFh(如图 11-40 所示)改变为从串行 Flash 存储器 W25Q64 指定地址上读取的内容(即

"This is an example of using SPI to erase, program and read the FLASH!"),这与数据写入缓冲区 Tx_Buffer 的内容,即之前向该地址上写入的数据完全相同。

综上所述,通过 Watch 窗口和 Memory 窗口对程序运行的跟踪观察,串行 Flash 存储器 W25Q64 的读/写驱动程序完全符合预定的功能要求。

6. 退出调试模式(目标硬件调试方式)

最后,选择菜单 Debug→Start/Stop Debug Session 命令或者单击工具栏中的 Debug 按钮,退出调试模式(目标硬件调试方式)。

11.4.7　下载到硬件运行

下载到硬件运行的过程如下:

(1) 下载程序到 STM32F103 的 Flash 中。

将 STM32F103 工程编译链接生成的可执行文件下载到开发板的 STM32F103 微控制器中,具体操作步骤可参见 4.9.7 节。

(2) 在 PC 上安装串口监控软件和 USB 转串口芯片驱动软件。

为了实现并监控 PC 串口与 STM32 微控制器的 USART 之间的通信,必须在 PC 上安装串口监控软件和 USB 转串口芯片驱动软件,具体操作步骤可参见 10.5.5 节的相关内容。

(3) 打开 PC 串口监控软件,监控 PC 串口数据。

为了监控 PC 串口的通信,在复位 STM32F103 微控制器运行本例程序前,先在 PC 上打开 PC 串口监控软件 AccessPort 并配置通信参数,具体操作步骤可参见 10.5.5 节的相关内容。其中,根据本例中的通信速率和通信协议,AccessPort 的参数配置如图 11-43 所示。

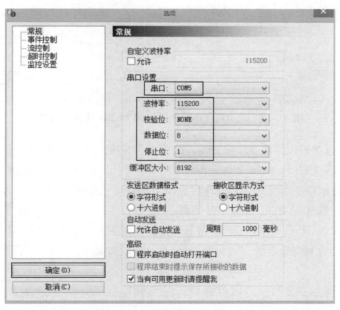

图 11-43　在 PC 串口监控软件 AccessPort 中配置参数

（4）复位 STM32F103，观察程序运行结果。

按下开发板上的 Reset 键，使 STM32F103 微控制器复位后运行刚才下载的程序。在 PC 串口监控软件 AccessPort 上方的接收框中，也可以看到串行 Flash 存储器 W25Q64 读写测试程序的输出结果（由 STM32F103 微控制器 USART1 发给 PC 串口），如图 11-44 所示。

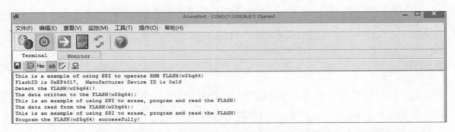

图 11-44　PC 串口收到的串行 Flash 存储器 W25Q64 测试程序的输出信息

11.4.8　开发经验小结——模块化开发的嵌入式软件设计

与以前各章中的实例开发不同，本例采用了模块化的嵌入式软件开发方法，即本例中的程序文件不仅仅只有一个主程序文件（main.c），还包含了两个模块：SPI_FLASH 存储器模块（spi_w25q64.c 和 spi_w25q64.h）和 PC 串口通信模块（usart1.c 和 usart1.h）。

对于较为复杂的嵌入式系统，根据功能或外围器件将嵌入式软件分为若干个模块（通常包括一个主模块和若干个子模块），如图 11-45 所示。模块化的嵌入式软件开发方法将一个复杂的大工程分解成若干个相对独立、简单的小模块，这样显著降低了嵌入式软件设计、编程、测试、维护等各个阶段的成本。

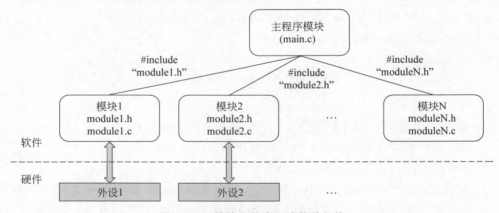

图 11-45　模块化的嵌入式软件架构

1. 子模块

每个子模块完成相对独立的子功能或驱动某个外围器件。通常，每个子模块由一个 C 源程序文件和一个头文件组成，C 源程序文件负责该模块具体功能函数或驱动函数的

实现,而头文件负责该模块具体功能函数或驱动函数的声明。

例如,在本例中,SPI_FLASH 存储器模块包括 spi_w25q64.c 和 spi_w25q64.h 两个文件。其中,spi_w25q64.c 是 C 源程序文件,用于存放串行 Flash 存储器 W25Q64 的驱动函数(如 SPI_FLASH_Init、SPI_FLASH_ReadID、SPI_FLASH_BufferRead、SPI_FLASH_SectorErase、SPI_FLASH_PageWrite 和 SPI_FLASH_BufferWrite 等)的定义。spi_w25q64.h 是头文件,包含了以上这些串行 Flash 存储器 W25Q64 驱动函数的声明,供主模块调用。

2. 主模块

主模块由主程序文件 main.c 构成,包含主函数 main,通常基于无限循环架构,负责实现嵌入式软件的主流程。通常,在主模块(主程序文件 main.c)的起始位置,使用 #include指令包含子模块的头文件,然后在主函数 main()中调用各个子模块的驱动函数来实现相应的功能。

需要注意的是,当模块间的函数调用关系复杂时,尤其存在多级函数调用时,需要将每一级的返回地址保存在栈中,容易导致溢出,此外函数的调用开销也会逐渐加大。

11.5 本 章 小 结

本章的内容安排遵循从一般原理到典型器件的顺序。首先,从 SPI 的基本概念入手,自下而上从物理层到协议层分析 SPI 的通信原理;然后,从主要特性、内部结构、主/从模式、中断和 DMA 等方面详细讲述 STM32F103 微控制器的 SPI 模块,并介绍了 STM32F10x 标准外设库中常用的 SPI 相关库函数;最后,以 STM32F103 微控制器(主设备)通过 SPI 读写串行 Flash 器件 W25Q64(从设备)为应用背景,给出了 SPI 在 STM32F103 微控制器中的开发示例。

习 题 11

1. 通常,SPI 接口由哪几根线组成? 它们分别有什么作用?
2. SPI 的传输时序有哪几种? 最大传输速率可达多少?
3. SPI 的数据格式有哪几种? 传输顺序可分为哪几种?
4. 假设 SPI 编程设定以下时序(CPOL=0,CPHA=0)和数据帧格式(8 个数据位,高位在前低位在后),画出 SPI 主设备发送字节数据 0x98(十六进制数)时其引脚 MOSI、SCK 和 CS 的波形图。
5. 假设 SPI 编程设定以下时序(CPOL=0,CPHA=1)和数据帧格式(8 个数据位,低位在前高位在后),画出 SPI 主设备发送数字'6'时其引脚 MOSI、SCK 和 CS 的波形图。
6. 假设 SPI 编程设定以下时序(CPOL=1,CPHA=0)和数据帧格式(8 个数据位,高位在前低位在后),画出 SPI 主设备发送字母'r'(十六进制数)时其引脚 MOSI、SCK 和

CS 的波形图。

7. 假设 SPI 编程设定以下时序（CPOL＝1，CPHA＝1）和数据帧格式（8 个数据位，低位在前高位在后），画出 SPI 主设备发送字节数据 0x54（十六进制数）时其引脚 MOSI、SCK 和 CS 的波形图。

8. 简述 STM32F103 微控制器的 SPI 的主要特点。

9. 概述 STM32F103 微控制器的 SPI 的内部结构。

10. 分别概述 STM32F103 微控制器 SPI 主模式的配置，以及在主模式下发送一个字节数据和接收一个字节数据的流程。

11. 分别概述 STM32F103 微控制器 SPI 从模式的配置，以及在从模式下发送一个字节数据和接收一个字节数据的流程。

12. 画出 STM32F103 微控制器 SPI 发送数据的程序流程图。

13. 画出 STM32F103 微控制器 SPI 接收数据的程序流程图。

14. STM32F103 微控制器的 SPI 有哪些状态标志位？可以产生哪些中断请求？

15. 如何使用 STM32F103 微控制器的 DMA 进行 SPI 通信？

chapter *12*

I2C

本章学习目标

- 掌握 I2C 通信原理(包括物理层和协议层)。
- 理解 STM32F103 微控制器 I2C 的主要特性、内部结构、主/从模式、中断和 DMA 机制。
- 熟悉 STM32F103 微控制器 I2C 相关的常用库函数。
- 学会在 KEIL MDK 下使用库函数开发基于 STM32F103 的 I2C 应用程序。
- 能读懂 I2C 器件(如 EEPROM 存储器 AT24C02)的数据手册,学会在 KEIL MDK 下采用目标硬件运行的方式通过设置断点、观察变量和存储器等方式跟踪调试基于 STM32F103 的 I2C 应用程序。

IIC(Inter-Integrated Circuit),又称 I2C 或 I^2C,是嵌入式系统中另一种常用的数据通信接口。顾名思义,I2C 是 IC 器件之间互联的两线制总线规范。它由飞利浦公司(现恩智浦公司)提出,最早用于解决电视中 CPU 与外设之间的通信问题。由于其引脚少,硬件简单,易于建立,可扩展性强,因此 I2C 的应用范围早已远远超出家电范畴,目前已经成为事实上的工业标准,被广泛地应用于微控制器、存储器和外设模块中。例如,STM32F103 系列微控制器、EEPROM 存储器模块 24Cxx 系列、温度传感器模块 TMP102、气压传感器模块 BMP180、光照传感器模块 BH1750FVI、电子罗盘模块 HMC5883L、CMOS 图像传感器模块 OV7670、超声波测距模块 KS103 和 SRF08、数字调频(FM)立体声无线电接收机模块 TEA5657、13.56MHz 非接触式 IC 卡读卡模块 RC522 等都集成了 I2C 接口。

与前两章讲述 UART 和 SPI 类似,本章遵循从一般原理到典型器件的顺序依次讲述 I2C 通信的基本原理以及 STM32F103 微控制器另一个重要的同步串行通信接口——I2C,重点介绍 STM32F103 微控制器 I2C 的工作原理和开发技术。

12.1 I2C 通信原理

作为半双工同步串行通信接口,I2C 虽然无法像前两章介绍的 UART 和 SPI 那样实现全双工通信,但它仅使用两根线就完成了数据的传输,可以极方便地构成多机系统和

外围器件扩展系统。而且,I2C 采用器件地址的硬件设置方法,通过软件寻址避免了像 SPI 那样的器件片选线寻址,显著地简化了微控制器和外围器件之间的连接。只要满足 I2C 标准的器件,不论采用何种工艺或电平范围,都可以连接在同一条总线上,便于建立更加复杂的网络以及随时增加和删除节点。不仅如此,I2C 通信要求被寻址的设备发回应答信息,这样可以提供相对可靠的系统。尽管 I2C 具有以上优点且应用广泛,但它同样易受干扰,并且不检查错误,传输速率也相对有限。

在讲述 I2C 原理之前,先要了解 I2C 的常用术语:

- 主机:初始化发送、产生时钟和终止发送的器件,通常是微控制器。
- 从机:被主机寻址的器件。
- 发送器:本次传输中发送数据到 I2C 总线的器件,既可以是主机也可以是从机,由通信过程具体确定。
- 接收器:本次传输中从 I2C 总线上接收数据的器件,既可以是主机也可以是从机,由通信过程具体确定。

连接在 I2C 总线上的器件既是主机(或从机),也是发送器(或接收器),这取决于器件所要完成的具体功能。

下面,就从物理层和协议层这两方面具体讲述使用 I2C 通信的基本原理。

12.1.1　I2C 的物理层

1. I2C 接口

I2C 是半双工同步串行通信,相比 UART 和 SPI,它所需的信号最少,只需 SCL 和 SCK 两根线。

- SCL(Serial Clock,串行时钟线):I2C 通信中用于传输时钟的信号线,通常由主机发出。SCL 采用集电极开路或漏极开路的输出方式。这样,I2C 器件只能使 SCL 下拉到逻辑 0,而不能强制 SCL 上拉到逻辑 1。
- SDA(Serial Data,串行数据线):I2C 通信中用于传输数据的信号线。与 SCL 类似,SDA 也采用集电极开路或漏极开路的输出方式。这样,I2C 器件同样也只能使 SDA 下拉到逻辑 0,而不能强制 SDA 上拉到逻辑 1。

2. I2C 互连

I2C 总线(即 SCL 和 SDA)上可以方便地连接多个 I2C 器件,如图 12-1 所示。

与第 1 章讲述的 SPI 互连相比,I2C 互连主要具有以下特点:

(1) 必须在 I2C 总线上外接上拉电阻。

由于 I2C 总线(SCL 和 SDA)采用集电极开路或漏极开路的输出方式,连接到 I2C 总线上的任何器件都只能使 SCL 或 SDA 置 0,因此必须在 SCL 和 SDA 上外加上拉电阻,使两根信号线进行置 1,才能正确进行数据通信。

当一个 I2C 器件将一根信号线下拉到逻辑 0 并释放该信号线后,上拉电阻将该信号线重新置逻辑 1。I2C 标准规定这段时间(即 SCL 或 SDA 的上升时间)必须小于

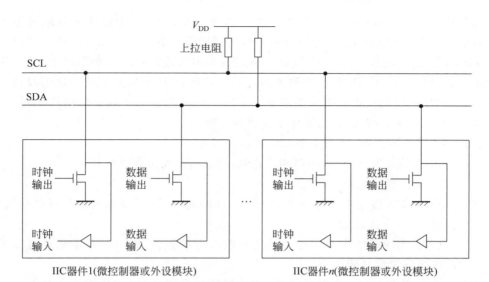

图 12-1　I2C 总线上的互连

1000ns。由于和信号线相连的半导体结构中不可避免地存在电容,且节点越多该电容越高(最大 400pF),因此根据 RC 时间常数的计算方法可以计算出所需的上拉电阻阻值。上拉电阻的默认阻值范围为 1~5.1kΩ,通常选用 5.1kΩ(5V)或 4.7kΩ(3.3V)。

(2) 通过地址区分挂载在 I2C 总线上不同的器件。

多个 I2C 器件可以并联在 I2C 总线上。第 11 章提到,SPI 使用不同的片选线来区分挂载在总线上的各个器件,这样,增加了连线数量,给器件扩展带来诸多不便。而 I2C 使用地址来识别总线上的器件,更易于器件的扩展。在 I2C 互连系统中,每个 I2C 器件都有一个唯一而独立的身份标识(ID)——器件地址(address),如图 12-2 所示。

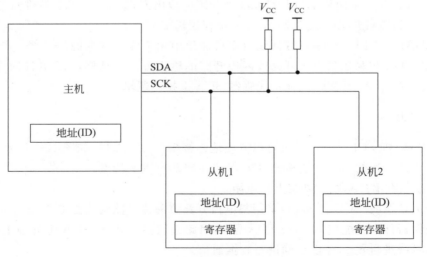

图 12-2　I2C 总线上的地址

正如在电话系统中每个座机有自己唯一的号码,只有先在线路上拨送正确的号码,才能通过线路和对应的座机进行通话。I2C 通信也是如此。I2C 主机必须先在总线上发送欲与之通信的 I2C 从机的地址,得到对方的响应后,才能和它进行数据通信。

(3)支持多主机互连。

I2C 带有竞争检测和仲裁电路,实现了真正的多主机互连。当多主机同时使用总线发送数据时,根据仲裁方式决定由哪个设备占用总线,以防止数据冲突和数据丢失。当然,尽管 I2C 支持多主机互连,但同一时刻只能有一个主机。

12.1.2 I2C 的协议层

I2C 是同步串行半双工通信,因此它按照时钟线 SCL 上的时钟节拍在数据线 SDA 上一位一位地进行数据传输。SCL 每产生 1 个时钟脉冲,SDA 上传输 1 位数据。

I2C 的协议层包括位传输、字节传输、数据流传输、传输模式和传输速率 5 个方面。

1. 位传输

I2C 的时序包括起始条件、数据有效性、停止条件等,如图 12-3 所示。

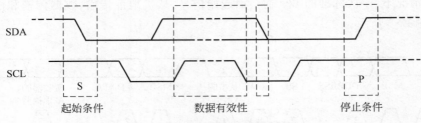

图 12-3 I2C 位传输的时序图

(1)起始条件(起始信号)。当 SCL 为高电平时,SDA 上由高到底的跳变。

(2)数据有效性。SDA 的数据线必须在 SCL 为高电平时内保持稳定,只能在 SCL 为低电平时改变。否则,会被误判为起始位或停止位。

(3)停止条件(停止信号)。当 SCL 为高电平时,SDA 上由低到高的跳变。

2. 字节传输

I2C 上所有数据都是以 1B(8b)为最小单位,按照高位(MSB)在前、低位(LSB)在后的顺序在 SDA 上传输。

每当发送器发送完一个字节,接收器必须发送一个应答位(ACK,Acknowledgement)来以确认接收器是否成功收到数据。具体实现方法如下(如图 12-4 所示):

发送器在随着 8 个 SCL 时钟脉冲(高电平)发送完 8b 数据后,在第 9 个 SCK 时钟脉冲到来之前释放 SDA(由于上拉电阻的缘故,SDA 会被拉高)。

接收器随后在 SDA 上发送一个应答位:

- 当 SDA 上的信号被拉低并在第 9 个 SCK 时钟脉冲高电平期间保持稳定的低电平时,即为有效应答信号(ACK 或者 A),表示接收器已经成功地接收了该字节。

- 当 SDA 上的应答信号为高电平时,即为非应答信号(NAK 或者/A),表示接收器接收该字节没有成功。

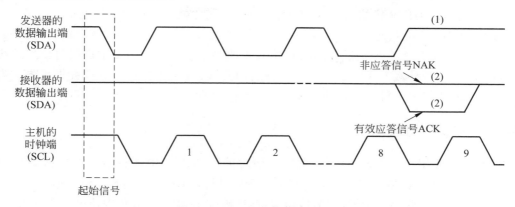

图 12-4 I2C 字节传输的时序图

3. 数据流传输

通常情况下,一次标准的 I2C 通信由起始信号、从机地址传输、数据传输和停止信号组成,如图 12-5 所示。

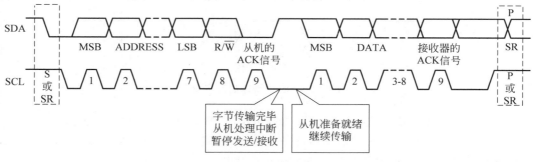

图 12-5 I2C 的数据流

(1) 起始信号 S 或重复起始信号 SR。I2C 通信由主机发送一个起始信号 S 或重复起始信号 SR 启动。

(2) 从机地址传输 ADDRESS。起始信号后,第一个字节由 7/10 位地址位(ADDRESS)和 1 位传输方向位($R/\overline{W}$)组成。特别地,当地址位全 0 且传输方向位也为 0 时,为广播呼叫地址。

① 地址位:I2C 支持 7 位地址位和 10 位地址位。对于 7 位地址位,它和传输方向位组成一个字节在 SDA 上传输,如图 12-5 所示。对于 10 位地址位,则需在它的 MSB 前加上帧头(header)11110 后按照高 7 位加 1 位传输方向位在前,低 8 位在后,分两个字节传输。当然,无论是 7 位地址位还是 10 位地址位,每个字节传输完成后必须等待接收器的应答。

对于 I2C 地址分配,非微控制器的 I2C 外设器件地址完全由器件类型和引脚电平给定,

是硬件地址。而微控制器作为从机时,其地址在 I2C 总线地址寄存器中给出,是软件地址。并且,在 I2C 总线系统中,不允许出现两个地址相同的器件,否则就会造成传输出错。

② 传输方向位:I2C 传输方向位只有 1 位,0 表示下一字节开始主机向从机写数据,1 表示下一字节开始主机从从机读取数据。

(3) 数据传输 DATA。I2C 每次传输可以发送的数据量不受限制,但总是以字节为单位传输。而且,每个字节传输完毕后必须等待接收器的应答。

在 I2C 数据传输过程中,如果从机要完成一些其他功能(如一个内部中断服务程序)后才能接收或发送下一个完整的数据字节,可以使时钟线 SCL 保持低电平,迫使主机进入等待状态。当从机准备好发送或接收下一个数据字节并释放时钟线 SCL 后,再继续数据传输。

(4) 停止信号 P 或重复起始信号 SR。

① 停止信号 P:数据全部传输结束后,由主机发送停止信号 P,结束通信。

② 重复起始信号 SR:数据全部传输结束后,主机通过再次发送开始信号 SR 并重新发送从地址和读写控制位,可以在不停止传输的情况下改变 SDA 上传输的数据流方向或数据存放地址及读写操作。重复起始信号 SR 的使用,对于主机与需多次访问且读写交替的 I2C 从机之间的数据通信特别有效。例如,当主机访问 I2C 接口的存储器时,除了发送地址字节确定从机外,还要发送存储单元地址和内容;如果需要读取存储单元的数据,还存在先写后读的情况。重复起始信号 SR 很好地解决这个问题。除此之外,重复起始信号 SR 还可以让主机在不丧失 I2C 总线控制权的情况下,寻址下一个器件,与另一个从机进行通信。

4. 传输模式

在掌握了 I2C 的位传输、字节传输和流传输原理后,下面从主机角度分析实际应用中 I2C 数据传输的两种模式(以 7 位地址为例)。

1) 主机向从机写数据

主机向从机写 n 个字节数据时,I2C 的数据线 SDA 上的数据流如图 12-6 所示。其中,加了灰底的框表示数据由主机传输到从机,白色的框表示数据流由从机传输到主机。

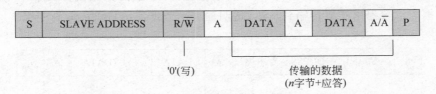

图 12-6 主机向从机写 n 个字节时 SDA 上的数据流

如果主机要向从机传输一个或多个字节数据,在 SDA 上需经历以下过程:

(1) 主机产生起始信号 S。

(2) 主机发送寻址字节 SLAVE ADDRESS,其中的高 7 位表示数据传输目标的从机地址;最后 1 位是传输方向位,此时其值为 0,表示数据传输方向从主机到从机。

(3) 当某个从机检测到主机在 I2C 总线上广播的地址与它的地址相同时,该从机就

被选中,并返回一个应答信号 A。没被选中的从机会忽略之后 SDA 上的数据。

(4) 当主机收到来自从机的应答信号后,开始发送数据 DATA。主机每发送完一个字节,从机产生一个应答信号。如果在 I2C 的数据传输过程中,从机产生了非应答信号/A,则主机提前结束本次数据传输。

(5) 当主机的数据发送完毕后,主机产生一个停止信号结束数据传输,或者产生一个重复起始信号进入下一次数据传输。

综上所述,根据上述传输方式和前面讲述的数据流传输、字节传输和位传输原理,可得到传输方式下 I2C 详细的时序图。

例如,主机要从从机读取 2B 的数据,且从机采用 7 位硬件地址为 0b0100000,其时序如图 12-7 所示。

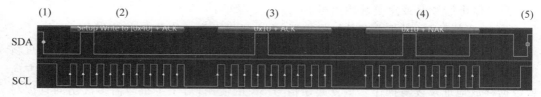

图 12-7　主机向从机(地址为 0b0100000)写入 2B 数据(0x10 和 0x10)的 I2C 时序图

(1) 主机发送起始信号(即在 SCL 为高电平时将 SDA 拉低)。

(2) 主机发送地址字节,包括 7 位从机地址(0b0100000)和 1 位传输方向(0b0,主机写从机);当匹配该地址的从机收到后,返回有效应答信号(ACK)。

(3) 当主机收到从机的应答后,向从机发送第 1 个字节数据 0x10(0b00110010);当从机接收到该数据后,返回有效应答信号(ACK)。

(4) 主机继续发送第 2 个字节数据 0x32(0b00110010);当主机收到第 2 个字节数据后,返回非应答信号(NAK)结束本次数据传输。

(5) 当主机收到该信号后,即自动停止数据传输,并产生一个停止信号结束数据传输。

2) 主机从从机读数据

主机从从机读 n 个字节数据时,I2C 的数据线 SDA 上的数据流如图 12-8 所示。其中,阴影框表示数据由主机传输到从机,透明框表示数据流由从机传输到主机。

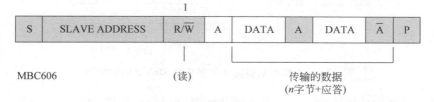

图 12-8　主机从从机读 n 个字节时 SDA 上的数据流

如果主机要从从机读取一个或多个字节数据,在 SDA 上需经历以下过程:

(1) 主机产生起始信号 S。

(2) 主机发送寻址字节 SLAVE ADDRESS,其中的高 7 位表示数据传输目标的从机

地址；最后 1 位是传输方向位，此时其值为 1，表示数据传输方向由从机到主机。寻址字节 SLAVE ADDRESS 发送完毕后，主机释放 SDA(拉高 SDA)。

(3) 当某个从机检测到主机在 I2C 总线上广播的地址与它的地址相同时，该从机就被选中，并返回一个应答信号 A。没被选中的从机会忽略之后 SDA 上的数据。

(4) 当主机收到应答信号后，从机开始发送数据 DATA。从机每发送完一个字节，主机产生一个应答信号。当主机读取从机数据完毕或者主机想结束本次数据传输时，可以向从机返回一个非应答信号 $\overline{A}$，从机即自动停止数据传输。

(5) 当传输完毕后，主机产生一个停止信号结束数据传输，或者产生一个重复起始信号进入下一次数据传输。

综上所述，根据上述传输方式和前面讲述的数据流传输、字节传输和位传输原理，可得到传输方式下 I2C 详细的时序图。

例如，主机要从从机读取 2B 的数据，且从机采用 7 位硬件地址为 0b0100000，其时序如图 12-9 所示。

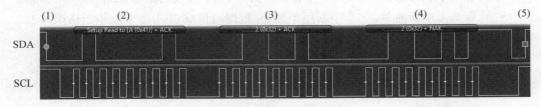

图 12-9　主机从从机(地址为 0b0100000)读取 2B 数据(0x32 和 0x32)的 I2C 时序图

(1) 主机发送起始信号(即在 SCL 为高电平时将 SDA 拉低)。

(2) 主机发送从机地址字节，包括 7 位从机地址(0b0100000)和 1 位传输方向(0b1，主机读从机)；当匹配该地址的从机收到后，返回有效应答信号(ACK)。

(3) 从机向主机发送第 1 个字节数据 0x32(0b00110010)；当主机接收到该数据后，也返回有效应答信号(ACK)。

(4) 从机继续发送第 2 个字节数据 0x32(0b00110010)；当主机收到第 2 个字节数据后，返回非应答信号(NAK)结束本次数据传输。

(5) 当从机收到该信号后，即自动停止数据传输；主机产生一个停止信号结束数据传输。

5. 传输速率

I2C 的标准传输速率为 100kbps，快速传输可达 400kbps。目前，还增加了高速模式，最高传输速率可达 3.4Mbps。

12.2　STM32F103 的 I2C 工作原理

STM32F103 微控制器的 I2C 模块连接微控制器和 I2C 总线，提供多主机功能，支持标准和快速两种传输速率，控制所有 I2C 总线特定的时序、协议、仲裁和定时。

STM32F103 微控制器的 I2C 有多种用途,包括 CRC 码的生成和校验、SMBus(System Management Bus,系统管理总线)和 PMBus(Power Management Bus,电源管理总线)。根据特定设备的需要,还可以使用 DMA 以减轻 CPU 的负担。

12.2.1 主要特性

STM32F103 微控制器的小容量产品有 1 个 I2C,中等容量和大容量产品有 2 个 I2C。STM32F103 微控制器的 I2C 主要具有以下特性:

- 所有的 I2C 都位于 APB1 总线。
- 支持标准(100kbps)和快速(400kbps)两种传输速率。
- 所有的 I2C 可工作于主模式或从模式,可以作为主发送器、主接收器、从发送器或者从接收器。
- 支持 7 位或 10 位寻址和广播呼叫。
- 具有 3 个状态标志:发送器/接收器模式标志、字节发送结束标志、总线忙标志。
- 具有 2 个中断向量:1 个中断用于地址/数据通信成功,1 个中断用于错误。
- 具有单字节缓冲器的 DMA。
- 兼容系统管理总线 SMBus 2.0。

12.2.2 内部结构

STM32F103 系列微控制器的 I2C 结构,由 SDA 线和 SCL 线展开(其中 SMBALERT 线用于 SMBus),主要分为时钟控制、数据控制和控制逻辑等部分,负责实现 I2C 的时钟产生、数据收发、总线仲裁和中断、DMA 等功能,如图 12-10 所示。

1. 时钟控制

时钟控制模块根据控制寄存器 CCR、CR1 和 CR2 中的配置产生 I2C 协议的时钟信号,即 SCL 线上的信号。为了产生正确的时序,必须在 I2C_CR2 寄存器中设定 I2C 的输入时钟。当 I2C 工作在标准传输速率时,输入时钟的频率必须大于等于 2MHz;当 I2C 工作在快速传输速率时,输入时钟的频率必须大于等于 4MHz。

2. 数据控制

数据控制模块通过一系列控制架构,在将要发送数据的基础上,按照 I2C 的数据格式加上起始信号、地址信号、应答信号和停止信号,将数据一位一位从 SDA 线上发送出去。读取数据时,则从 SDA 线上的信号中提取出接收到的数据值。发送和接收的数据都被保存在数据寄存器(Data Register,DR)中。

3. 控制逻辑

控制逻辑用于产生 I2C 中断和 DMA 请求。

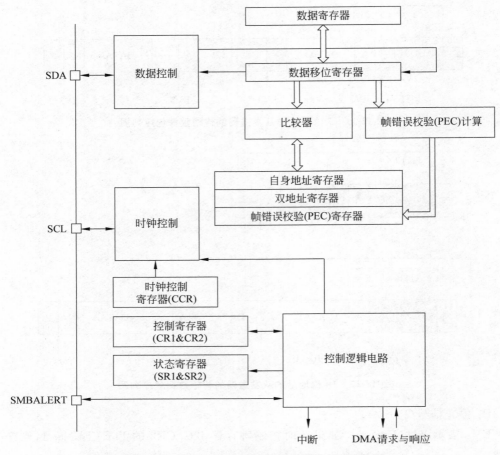

图 12-10　STM32F103 系列微控制器的 I2C 结构图

12.2.3　I2C 从模式

从模式是 STM32F103 微控制器 I2C 默认的工作模式。在从模式下，STM32F103 微控制器可以作为发送器，也可以作为接收器。状态寄存器 I2C_SR2 中的 TRA 位标识了当前是发送器还是接收器。

1. 从发送器

STM32F103 微控制器的 I2C 作为从发送器的数据包传输序列如图 12-11(7 位地址)和图 12-12(10 位地址)所示。其中，加灰底的框表示主机向从机发送，白色框表示从机向主机发送。

S：起始信号(Start)。

Sr：重复的起始信号(Start repeat)。

A：应答信号(Acknowledgement)。

NA：非应答信号(Non-Acknowledgement)。

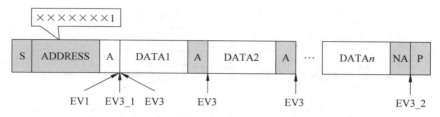

图 12-11   7 位地址的从发送器的传输数据包序列图

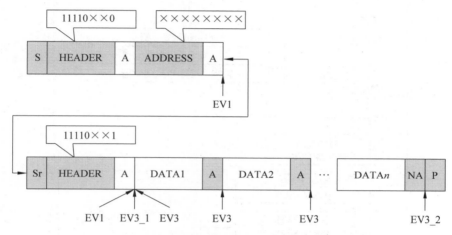

图 12-12   10 位地址的从发送器的传输数据包序列图

P：停止信号（Pause）。

EV：表示事件（Event）。如果此时控制寄存器 I2C_CR2 的 ITEVFEN＝1，则产生中断。

- EV1：状态寄存器 I2C_SR1 中的标志位 ADDR＝1，收到的地址匹配。依次读 I2C_SR1 和 I2C_SR2 可以清除该事件。
- EV3_1：状态寄存器 I2C_SR1 中的标志位 TxE＝1，数据寄存器空，移位寄存器空。写 Data1 到 I2C_DR。
- EV3：状态寄存器 I2C_SR1 中的标志位 TxE＝1，数据寄存器空，移位寄存器非空。如果此时控制寄存器 I2C_CR2 的 ITBUFEN＝1，则产生一个中断。写 I2C_DR 将清除该事件。
- EV3_2：状态寄存器 I2C_SR1 中的标志位 AF＝1，没有收到应答。向该位写 0 可清除 AF 位。

2. 从接收器

STM32F103 微控制器的 I2C 作为从接收器的数据包传输序列如图 12-13（7 位地址）和图 12-14（10 位地址）所示。其中，加灰底的框表示主机向从机发送，白色框表示从机向主机发送。

S：起始信号（Start）。

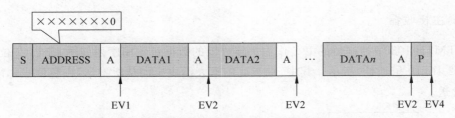

图 12-13　7 位地址的从接收器的传输数据包序列图

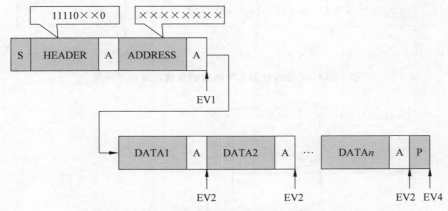

图 12-14　10 位地址的从接收器的传输数据包序列图

A：应答信号(Acknowledgement)。

NA：非应答信号(Non-Acknowledgement)。

P：停止信号(Pause)。

EV：表示事件(Event)，如果此时控制寄存器 I2C_CR2 的 ITEVFEN＝1，则产生中断。

- EV1：状态寄存器 I2C_SR1 中的标志位 ADDR＝1，收到的地址匹配。读 I2C_SR1 然后读 I2C_SR2 可以清除该事件。
- EV2：状态寄存器 I2C_SR1 中的标志位 RxNE＝1，数据寄存器不为空。如果此时控制寄存器 I2C_CR2 的 ITBUFEN＝1，则产生一个中断。读 I2C_DR 将清除该事件。
- EV4：状态寄存器 I2C_SR1 中的标志位 STOP＝1，在当前字节传输后释放 SCL 和 SDA。读 I2C_SR1 然后写 I2C_CR1 将清除该事件。

12.2.4　I2C 主模式

STM32F103 微控制器的 I2C 默认工作于从模式。当生成起始信号后，自动地由从模式切换到主模式。在主模式下，STM32F103 微控制器可以作为发送器，也可以作为接收器。状态寄存器 I2C_SR2 中的 TRA 位标识了当前是发送器还是接收器。

1. 主接收器

STM32F103 微控制器的 I2C 作为主接收器的数据包传输序列如图 12-15(7 位地址)和图 12-16(10 位地址)所示。其中,加灰底的框表示主机向从机发送,白色框表示从机向主机发送。

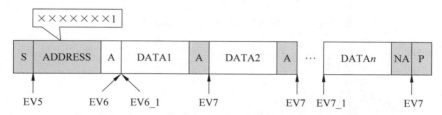

图 12-15　7 位地址的主接收器的传输数据包序列图

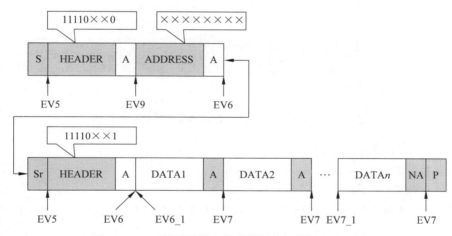

图 12-16　10 位地址的主接收器的传输数据包序列图

从图 12-15 和图 12-16 可以看出,STM32F103 微控制器的 I2C 作为主接收器的数据包传输序列与作为从发送器的数据包传输序列除了 EV 不同,其他完全相同。EV 表示事件(Event),如果此时控制寄存器 I2C_CR2 的 ITEVFEN＝1,则产生中断。

- EV5:状态寄存器 I2C_SR1 中的标志位 SB＝1,起始位(主模式)。读 SR1 然后将地址写入 DR 寄存器将清除该事件。
- EV6:状态寄存器 I2C_SR1 中的标志位 ADDR＝1,地址发送结束。依次读 SR1 然后读 SR2 将清除该事件。在 10 位主接收模式下,该事件后应设置 I2C_CR1 中的 START＝1,产生重复起始信号。
- EV6_1:没有对应的事件标志,只适于接收 1 个字节的情况。恰好在 EV6 之后(即清除了 ADDR 之后),要清除响应和停止条件的产生位。
- EV7:状态寄存器 I2C_SR1 中的标志位 RxNE＝1,数据寄存器不为空。读 DR 寄存器清除该事件。
- EV7_1:状态寄存器 I2C_SR1 中的标志位 RxNE＝1,数据寄存器不为空。读 DR

寄存器清除该事件。设置 ACK＝0 和 STOP 请求。

- EV9：状态寄存器 I2C_SR1 中的标志位 ADDR10＝1，在 10 位地址模式下主机已经将第一个地址字节发送出去。读 SR1 然后写入 DR 将清除该事件。

2. 主发送器

STM32F103 微控制器的 I2C 作为主发送器的数据包传输序列如图 12-17(7 位地址)和图 12-18(10 位地址)所示。其中，加灰底的框表示主机向从机发送，白色框表示从机向主机发送。

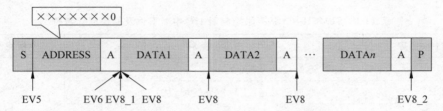

图 12-17　7 位地址的主发送器的传输数据包序列图

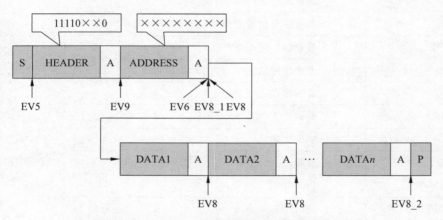

图 12-18　10 位地址的主发送器的传输数据包序列图

从图 12-17 和图 12-18 可以看出，STM32F103 微控制器的 I2C，作为主发送器的数据包传输序列与作为从接收器的数据包传输序列除了 EV 不同，其他完全相同。EV 表示事件(Event)，如果此时控制寄存器 I2C_CR2 的 ITEVFEN＝1，则产生中断。

- EV5：状态寄存器 I2C_SR1 中的标志位 SB＝1，起始位(主模式)。读 SR1 然后将地址写入 DR 寄存器将清除该事件。
- EV6：状态寄存器 I2C_SR1 中的标志位 ADDR＝1，地址发送结束。依次读 SR1 然后读 SR2 将清除该事件。
- EV8_1：状态寄存器 I2C_SR1 中的标志位 TxE＝1，移位寄存器空，数据寄存器空，写 DR 寄存器。
- EV8：状态寄存器 I2C_SR1 中的标志位 TxE＝1，移位寄存器非空，数据寄存器空，写入 DR 寄存器将清除该事件。

- EV8_2：状态寄存器 I2C_SR1 中的标志位 TxE＝1,BTF＝1,请求设置停止位。TxE 和 BTF 位由硬件在产生停止条件时清除。
- EV9：状态寄存器 I2C_SR1 中的标志位 ADDR10＝1,10 位地址头序列已发送。读 SR1 然后写入 DR 寄存器将清除该事件。

12.2.5 I2C 中断

STM32F103 系列微控制器的 I2C 的中断事件如表 12-1 所示,如果设置了对应的使能控制位,这些事件就可以产生各自的中断。

表 12-1 STM32F103 系列微控制器 I2C 中断事件及其使能标志位

事 件 标 志	中 断 事 件	中断使能位
SB	起始位已发送（主）	ITEVFEN
ADDR	地址已发送（主）/地址匹配（从）	
ADDR10	10 位地址已发送（主）	
STOPF	已收到停止（从）	
BTF	数据字节传输完成	
RXNE	接收缓冲区非空	ITEVFEN 和 ITBUFEN
TXE	发送缓冲区空	
BERR	总线错误	ITERREN
ARLO	仲裁丢失（主）	
AF	响应失败	
OVR	过载/欠载	
PECERR	PEC 错误	
TIMEOUT	超时/Tlow 错误	
SMBALERT	SMBus 提醒	

STM32F103 系列微控制器 I2C 的各种中断事件被映射到两个中断向量（I2Cx 事件中断 I2Cx_EV 和 I2Cx 错误中断 I2Cx_ER）上,分别如图 12-19 和图 12-20 所示。

12.2.6 使用 DMA 进行 I2C 通信

与 USART 和 SPI 相同,STM32F103 系列微控制器的 I2C 也可以利用 DMA 进行连续通信。同样,每个 I2C 有一个 DMA 的发送请求和一个 DMA 的接收请求,分别被映射到不同的 DMA 通道上。这样,在同一时刻可以使用 DMA 对 STM32F103 系列微控制器所有的 I2C 进行数据传输。

STM32F103 系列微控制器每个 I2C 的 DMA 接收请求、DMA 发送请求和 DMA 及其通道间的具体映射关系,参见表 8-1 和表 8-2。例如,I2C1 的 DMA 接收请求 I2C1_Rx

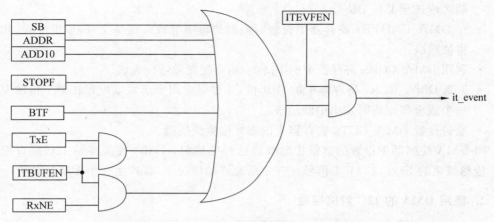

图 12-19　STM32F103 系列微控制器的 I2C 中断向量 I2Cx_EV

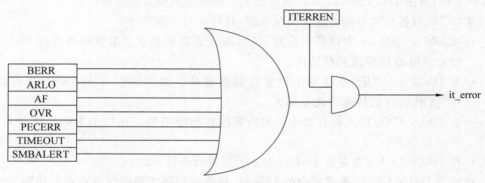

图 12-20　STM32F103 系列微控制器的 I2C 中断向量 I2Cx_ER

被映射到 DMA1 的通道 7,I2C1 的 DMA 发送请求 I2C1_Tx 被映射到 DMA1 的通道 6;而 I2C2 的 DMA 接收请求 I2C1_Rx 被映射到 DMA1 的通道 5,I2C1 的 DMA 发送请求 I2C1_Tx 被映射到 DMA1 的通道 4。

I2C 发送时数据寄存器变空或接收时数据寄存器变满,都会产生 DMA 请求。而且,DMA 请求必须在当前字节传输结束之前被响应。当为相应 DMA 通道设置的数据传输量已经完成时,DMA 控制器发送传输结束信号 ETO 到 I2C 接口,并且在中断使能时产生一个传输完成中断。

1. 使用 DMA 的 I2C 数据发送

通过设置 I2C_CR2 寄存器中的 DMAEN 位可以使能 DMA。只要 I2C_SR1 寄存器中的 TxE 位被置位,数据将由 DMA 从预置的存储区装载进 I2C_DR 寄存器。

为 I2C 的数据发送分配一个 DMA 通道,具体执行步骤如下:

* 在 DMA_CPARx 寄存器中设置 I2C_DR 寄存器地址。数据将在每个 TxE 事件后从存储器传送至这个地址。
* 在 DMA_CMARx 寄存器中设置存储器地址。数据在每个 TxE 事件后从这个存

储区传送至 I2C_DR。

- 在 DMA_CNDTRx 寄存器中设置所需的传输字节数。在每个 TxE 事件后,此值将被递减。
- 利用 DMA_CCRx 寄存器中的 PL[0：1]位配置通道优先级。
- 设置 DMA_CCRx 寄存器中的 DIR 位,并根据应用要求可以配置在整个传输完成一半或全部完成时发出中断请求。
- 通过设置 DMA_CCTx 寄存器上的 EN 位激活通道。

当 DMA 控制器中设置的数据传输数目已经完成时,DMA 控制器给 I2C 接口发送一个传输结束的 EOT/EOT_1 信号。在中断允许的情况下,将产生一个 DMA 中断。

2. 使用 DMA 的 I2C 数据接收

通过设置 I2C_CR2 寄存器中的 DMAEN 位可以激活 DMA 接收模式。每次接收到数据字节时,将由 DMA 把 I2C_DR 寄存器的数据传送到设置的存储区。

为 I2C 的数据接收分配一个 DMA 通道,具体执行步骤如下:

- 在 DMA_CPARx 寄存器中设置 I2C_DR 寄存器的地址。数据将在每次 RxNE 事件后从此地址传送到存储区。
- 在 DMA_CMARx 寄存器中设置存储区地址。数据将在每次 RxNE 事件后从 I2C_DR 寄存器传送到此存储区。
- 在 DMA_CNDTRx 寄存器中设置所需的传输字节数。在每个 RxNE 事件后,此值将被递减。
- 用 DMA_CCRx 寄存器中的 PL[0：1]配置通道优先级。
- 清除 DMA_CCRx 寄存器中的 DIR 位,根据应用要求可以设置在数据传输完成一半或全部完成时发出中断请求。
- 设置 DMA_CCRx 寄存器中的 EN 位激活该通道。

当 DMA 控制器中设置的数据传输数目已经完成时,DMA 控制器给 I2C 接口发送一个传输结束的 EOT/EOT_1 信号。在中断允许的情况下,将产生一个 DMA 中断。

12.3 STM32F10x 的 I2C 相关库函数

本节将介绍 STM32F10x 的 I2C 相关库函数的用法及其参数定义。如果在 I2C 开发过程中使用到时钟系统相关库函数(如打开/关闭 I2C 时钟),请参见 4.5.4 节中关于时钟系统相关库函数的介绍。另外,本书介绍和使用的库函数均基于 STM32F10x 标准外设库的最新版本 3.5。

STM32F10x 的 I2C 库函数存放在 STM32F10x 标准外设库的 stm32f10x_i2c.h、stm32f10x_i2c.c 等文件中。其中,头文件 stm32f10x_i2c.h 用来存放 I2C 相关结构体和宏定义以及 I2C 库函数的声明,源代码文件 stm32f10x_i2c.c 用来存放 I2C 库函数定义。

如果在用户应用程序中要使用 STM32F10x 的 I2C 相关库函数,需要将 I2C 库函数的头文件包含进来。该步骤可通过在用户应用程序文件开头添加 ♯include "stm32f10x_

i2c.h"语句或者在工程目录下的 stm32f10x_conf.h 文件中去除//#include "stm32f10x_
i2c.h"语句前的注释符//来完成。

STM32F10x 的 I2C 常用库函数如下：

- I2C_DeInit：将 I2Cx 的寄存器恢复为复位启动时的默认值。
- I2C_Init：根据 I2C_InitStruct 中指定的参数初始化指定 I2C 的寄存器。
- I2C_Cmd：使能或禁止指定 I2C。
- I2C_GenerateSTART：产生 I2Cx 传输的起始信号。
- I2C_Send7bitAddress：发送地址信息选中指定的 I2C 从设备。
- I2C_SendData：通过 I2C 发送单字节数据。
- I2C_ReceiveData：返回指定 I2C 最近接收到的字节数据。
- I2C_CheckEvent：查询 I2Cx 最近一次发生的事件是否是 I2C_EVENT 指定的事
  件。
- I2C_AcknowledgeConfig：使能或者禁止指定 I2C 的应答功能。
- I2C_GenerateSTOP：产生 I2Cx 传输的结束信号。
- I2C_GetFlagStatus：查询指定 I2C 的标志位状态。
- I2C_ClearFlag：清除指定 I2C 的标志位。
- I2C_ITConfig：使能或禁止指定的 I2C 中断。
- I2C_GetITStatus：查询指定的 I2C 中断是否发生。
- I2C_ClearITPendingBit：清除指定的 I2C 中断请求挂起位。
- I2C_DMACmd：使能或禁止指定 I2C 的 DMA 请求。

12.3.1　I2C_DeInit

函数原型

　　void I2C_DeInit(I2C_TypeDef * I2Cx)；

功能描述

　　将 I2Cx 的寄存器重设为复位启动时的默认值(初始值)。

输入参数

　　I2Cx：指定的 I2C 外设,该参数的取值可以是 I2C1 或 I2C2。

输出参数

　　无。

返回值

　　无。

12.3.2　I2C_Init

函数原型

　　void I2C_Init(I2C_TypeDef * I2Cx, I2C_InitTypeDef * I2C_InitStruct)；

功能描述

　　根据 I2C_InitStruct 中指定的参数初始化外设 I2Cx 寄存器。

输入参数

    I2Cx：指定的 I2C 外设，该参数的取值可以是 I2C1 或 I2C2。

    I2C_InitStruct：指向结构体 I2C_InitTypeDef 的指针，包含 I2Cx 的配置信息。

    I2C_InitTypeDef 定义于文件 stm32f10x_i2c.h：

```
typedef struct
{
    uint32_t I2C_ClockSpeed;
    uint16_t I2C_Mode;
    uint16_t I2C_DutyCycle;
    uint16_t I2C_OwnAddress1;
    uint16_t I2C_Ack;
    uint16_t I2C_AcknowledgedAddress;
}I2C_InitTypeDef;
```

（1）I2C_ClockSpeed。设置 I2C 的时钟频率，不能高于 400kHz。I2C 的标准时钟频率为 100kbps，快速传输下时钟频率为 400kbps。但实际上由于 I2C 使用 APB1 总线时钟（36MHz），不是 100k 的整数倍，因此，最终分频后输出的 SCL 线时钟并不是精确的 100kHz 或 400kHz。

（2）I2C_Mode。设置 I2C 的工作模式，可以是以下取值之一：

• I2C_Mode_I2C：设置 I2C 为 I2C 模式。

• I2C_Mode_SMBusDevice：设置 I2C 为 SMBus 设备模式。

• I2C_Mode_SMBusHost：设置 I2C 为 SMBus 主控模式。

（3）I2C_DutyCycle。快速传输模式（即 I2C 的时钟频率高于 100kHz）下，设置 I2C 时钟的占空比，可以是以下取值之一：

• I2C_DutyCycle_16_9：I2C 快速模式下，Tlow/Thigh＝16/9。

• I2C_DutyCycle_2：I2C 快速模式下，Tlow/Thigh＝2。

（4）I2C_OwnAddress1。设置第一个设备自身地址，可以是一个 7 位地址或者一个 10 位地址。

（5）I2C_Ack。使能或禁止应答（ACK），可以是以下取值之一：

• I2C_Ack_Enable：使能应答（ACK）。

• I2C_Ack_Disable：禁止应答（ACK）。

（6）I2C_AcknowledgedAddress。设置了应答 7 位地址还是 10 位地址，可以是以下取值之一：

• I2C_AcknowledgeAddress_7bit：应答 7 位地址。

• I2C_AcknowledgeAddress_10bit：应答 10 位地址。

输出参数

    无。

返回值

    无。

12.3.3 I2C_Cmd

函数原型

void I2C_Cmd(I2C_TypeDef * I2Cx，FunctionalState NewState)；

功能描述

使能或者禁止 I2Cx。

输入参数

I2Cx：指定的 I2C 外设,该参数的取值可以是 I2C1 或 I2C2。

NewState：I2Cx 的新状态,可以是以下取值之一：

- ENABLE：使能 I2Cx。
- DISABLE：禁止 I2Cx。

输出参数

无。

返回值

无。

12.3.4 I2C_GenerateSTART

函数原型

void I2C_GenerateSTART(I2C_TypeDef * I2Cx，FunctionalState NewState)；

功能描述

产生 I2Cx 传输的起始信号。

输入参数

I2Cx：指定的 I2C 外设,该参数的取值可以是 I2C1 或 I2C2。

NewState：I2Cx 传输起始信号的新状态,可以是以下取值之一：

- ENABLE：使能产生 I2Cx 传输的起始信号。
- DISABLE：禁止产生 I2Cx 传输的起始信号。

输出参数

无。

返回值

无。

12.3.5 I2C_ReadRegister

函数原型

uint16_t I2C_ReadRegister(I2C_TypeDef * I2Cx，uint8_t I2C_Register)；

功能描述

读取 I2Cx 的指定寄存器并返回其值。

输入参数

I2Cx：指定的 I2C 外设，该参数的取值可以是 I2C1 或 I2C2。

I2C_Register：待读取的 I2Cx 的指定寄存器，可以是以下取值之一：

- I2C_Register_CR1：选择读取寄存器 I2C_CR1。
- I2C_Register_CR2：选择读取寄存器 I2C_CR2。
- I2C_Register_OAR1：选择读取寄存器 I2C_OAR1。
- I2C_Register_OAR2：选择读取寄存器 I2C_OAR2。
- I2C_Register_DR：选择读取寄存器 I2C_DR。
- I2C_Register_SR1：选择读取寄存器 I2C_SR1。
- I2C_Register_SR2：选择读取寄存器 I2C_SR2。
- I2C_Register_CCR：选择读取寄存器 I2C_ CCR。
- I2C_Register_TRISE：选择读取寄存器 I2C_TRISE。

输出参数

无。

返回值

被读取的 I2Cx 的指定寄存器值。

12.3.6　I2C_Send7bitAddress

函数原型

void I2C_Send7bitAddress(I2C_TypeDef * I2Cx，uint8_t Address，uint8_t I2C_Direction);

功能描述

发送地址信息来选中指定的 I2C 从设备。

输入参数

I2Cx：指定的 I2C 外设，该参数的取值可以是 I2C1 或 I2C2。

Address：设置待选中的 I2C 从设备的地址。

I2C_Direction：设置 I2Cx 作为发送器还是接收器。可以是以下取值之一：

- I2C_Direction_Transmitter：作为发送器。
- I2C_Direction_Receiver：作为接收器。

输出参数

无。

返回值

无。

12.3.7　I2C_SendData

函数原型

void I2C_SendData(I2C_TypeDef * I2Cx，uint8_t Data);

功能描述

通过 I2Cx 发送单个字节数据。

输入参数

I2Cx：指定的 I2C 外设，该参数的取值可以是 I2C1 或 I2C2。

Data：待发送的单个字节数据。

输出参数

无。

返回值

无。

12.3.8 I2C_ReceiveData

函数原型

uint8_t I2C_ReceiveData(I2C_TypeDef * I2Cx);

功能描述

返回 I2Cx 最近收到的字节数据。

输入参数

I2Cx：指定的 I2C 外设，该参数的取值可以是 I2C1 或 I2C2。

输出参数

无。

返回值

I2Cx 最近收到的字节数据。

12.3.9 I2C_CheckEvent

函数原型

ErrorStatus I2C_CheckEvent(I2C_TypeDef * I2Cx，uint32_t I2C_EVENT);

功能描述

查询 I2Cx 最近一次发生的事件是否是 I2C_EVENT 指定的事件。

输入参数

I2Cx：指定的 I2C 外设，该参数的取值可以是 I2C1 或 I2C2。

I2C_EVENT：待查询的指定事件，可以是以下取值之一：

- I2C_EVENT_SLAVE_RECEIVER_ADDRESS_MATCHED：EV1。
- I2C_EVENT_SLAVE_TRANSMITTER_ADDRESS_MATCHED：EV1。
- I2C_EVENT_SLAVE_RECEIVER_SECONDADDRESS_MATCHED：EV1。
- I2C_EVENT_SLAVE_TRANSMITTER_SECONDADDRESS_MATCHED：EV1。
- I2C_EVENT_SLAVE_GENERALCALLADDRESS_MATCHED：EV1。
- I2C_EVENT_SLAVE_BYTE_RECEIVED：EV2。
- (I2C_EVENT_SLAVE_BYTE_RECEIVED | I2C_FLAG_DUALF)：EV2。

- （I2C_EVENT_SLAVE_BYTE_RECEIVED | I2C_FLAG_GENCALL）：EV2。
- I2C_EVENT_SLAVE_BYTE_TRANSMITTED：EV3。
- （I2C_EVENT_SLAVE_BYTE_TRANSMITTED | I2C_FLAG_DUALF）：EV3。
- （I2C_EVENT_SLAVE_BYTE_TRANSMITTED | I2C_FLAG_GENCALL）：EV3。
- I2C_EVENT_SLAVE_ACK_FAILURE：EV3_2。
- I2C_EVENT_SLAVE_STOP_DETECTED：EV4。
- I2C_EVENT_MASTER_MODE_SELECT：EV5。
- I2C_EVENT_MASTER_RECEIVER_MODE_SELECTED：EV6。
- I2C_EVENT_MASTER_TRANSMITTER_MODE_SELECTED：EV6。
- I2C_EVENT_MASTER_BYTE_RECEIVED：EV7。
- I2C_EVENT_MASTER_BYTE_TRANSMITTING：EV8。
- I2C_EVENT_MASTER_BYTE_TRANSMITTED：EV8_2。
- I2C_EVENT_MASTER_MODE_ADDRESS10：EV9。

相关事件（如 EV1、EV2、…、EV9）参见 12.2.3 节和 12.2.4 节。

输出参数

无。

返回值

ErrorStatus 枚举值，可以是以下取值之一：
- ERROR(0)：最近一次 I2C 事件不是 I2C_Event。
- SUCCESS(！0)：最近一次 I2C 事件是 I2C_Event。

12.3.10　I2C_AcknowledgeConfig

函数原型

void I2C_AcknowledgeConfig(I2C_TypeDef * I2Cx，FunctionalState NewState)；

功能描述

使能或者禁止指定 I2C 的应答功能。

输入参数

I2Cx：指定的 I2C 外设，该参数的取值可以是 I2C1 或 I2C2。

输出参数

无。

返回值

无。

12.3.11　I2C_GenerateSTOP

函数原型

void I2C_GenerateSTOP(I2C_TypeDef * I2Cx，FunctionalState NewState)；

功能描述

产生 I2Cx 传输的结束信号。

输入参数

I2Cx：指定的 I2C 外设，该参数的取值可以是 I2C1 或 I2C2。

NewState：I2Cx 传输结束信号的新状态，可以是以下取值之一：

• Enable：使能产生 I2Cx 传输的结束信号。

• Disable：禁止产生 I2Cx 传输的结束信号。

输出参数

无。

返回值

无。

12.3.12　I2C_GetFlagStatus

函数原型

FlagStatus I2C_GetFlagStatus(I2C_TypeDef * I2Cx, uint32_t I2C_FLAG);

功能描述

查询指定 I2Cx 的标志位状态(是否置位)，但不检测该中断是否被屏蔽。因此，当该位置位时，指定 I2Cx 的中断并不一定得到响应(例如，指定 I2Cx 的中断被禁止时)。

输入参数

I2Cx：指定的 I2C 外设，该参数的取值可以是 I2C1 或 I2C2。

I2C_FLAG：待查询的指定 I2Cx 标志位，可以是以下取值之一：

• I2C_FLAG_DUALF：双标志位(从模式)。

• I2C_FLAG_SMBHOST：SMBus 主报头(从模式)。

• I2C_FLAG_SMBDEFAULT：SMBus 默认报头(从模式)。

• I2C_FLAG_GENCALL：广播报头标志位(从模式)。

• I2C_FLAG_TRA：发送/接收标志位。

• I2C_FLAG_BUSY：总线忙标志位。

• I2C_FLAG_MSL：主/从标志位。

• I2C_FLAG_SMBALERT：SMBus 报警标志位。

• I2C_FLAG_TIMEOUT：超时或者 Tlow 错误标志位。

• I2C_FLAG_PECERR：接收 PEC 错误标志位。

• I2C_FLAG_OVR：溢出/不足标志位(从模式)。

• I2C_FLAG_AF：应答错误标志位。

• I2C_FLAG_ARLO：仲裁丢失标志位(主模式)。

• I2C_FLAG_BERR：总线错误标志位。

- I2C_FLAG_TXE：数据寄存器空标志位（发送器）。
- I2C_FLAG_RXNE：数据寄存器非空标志位（接收器）。
- I2C_FLAG_STOPF：停止探测标志位（从模式）。
- I2C_FLAG_ADD10：10 位报头发送（主模式）。
- I2C_FLAG_BTF：字传输完成标志位。
- I2C_FLAG_ADDR：地址发送标志位（主模式）ADSL，地址匹配标志位（从模式）ENDAD。
- I2C_FLAG_SB：起始位标志位（主模式）。

输出参数

无。

返回值

I2Cx 指定标志位的最新状态，可以是以下取值之一：

- SET：I2Cx 指定标志位置位。
- RESET：I2Cx 指定标志位清零。

12.3.13　I2C_ClearFlag

函数原型

void I2C_ClearFlag(I2C_TypeDef * I2Cx，uint32_t I2C_FLAG)；

功能描述

清除 I2Cx 的指定标志位。

输入参数

I2Cx：指定的 I2C 外设，该参数的取值可以是 I2C1 或 I2C2。

I2C_FLAG：待清除的 I2Cx 的指定标志位，其取值可以是以下取值的任意组合：

- I2C_FLAG_SMBALERT：SMBus 报警标志位。
- I2C_FLAG_TIMEOUT：超时或者 Tlow 错误标志位。
- I2C_FLAG_PECERR：接收 PEC 错误标志位。
- I2C_FLAG_OVR：溢出/不足标志位（从模式）。
- I2C_FLAG_AF：应答错误标志位。
- I2C_FLAG_ARLO：仲裁丢失标志位（主模式）。
- I2C_FLAG_BERR：总线错误标志位。

输出参数

无。

返回值

无。

12.3.14   I2C_ITConfig

函数原型

void I2C_ITConfig(I2C_TypeDef * I2Cx, uint16_t I2C_IT, FunctionalState NewState);

功能描述

使能或禁止 I2Cx 的指定中断。

输入参数

I2Cx：指定的 I2C 外设，该参数的取值可以是 I2C1 或 I2C2。

I2C_IT：待使能或者禁止的 I2Cx 中断源，可以是以下取值的任意组合：

- I2C_IT_BUF：缓存中断。
- I2C_IT_EVT：事件中断。
- I2C_IT_ERR：错误中断。

NewState：指定 I2Cx 中断的新状态，可以是以下取值之一：

- ENABLE：使能 I2Cx 的指定中断。
- DISABLE：禁止 I2Cx 的指定中断。

输出参数

无。

返回值

无。

12.3.15   I2C_GetITStatus

函数原型

ITStatus I2C_GetITStatus(I2C_TypeDef * I2Cx, uint32_t I2C_IT);

功能描述

查询指定的 I2C 中断是否发生（是否置位），即查询 I2C 指定标志位的状态并检测该中断是否被屏蔽。与 12.3.12 节的 I2C_GetFlagStatus 函数相比，I2C_GetITStatus 多了一步：检测该中断是否被屏蔽。

输入参数

I2Cx：指定的 I2C 外设，该参数的取值可以是 I2C1 或 I2C2。

I2C_IT：待查询的 I2Cx 中断源，可以使用以下取值之一：

- I2C_IT_SMBALERT：SMBus 报警中断标志位。
- I2C_IT_TIMEOUT：超时或者 Tlow 错误中断标志位。
- I2C_IT_PECERR：接收 PEC 错误中断标志位。
- I2C_IT_OVR：溢出/不足中断标志位（从模式）。
- I2C_IT_AF：应答错误中断标志位。
- I2C_IT_ARLO：仲裁丢失中断标志位（主模式）。
- I2C_IT_BERR：总线错误中断标志位。

- I2C_IT_STOPF：停止探测中断标志位（从模式）。
- I2C_IT_ADD10：10 位报头发送中断标志位（主模式）。
- I2C_IT_BTF：字传输完成中断标志位。
- I2C_IT_ADDR：地址发送中断标志位（主模式）ADSL，地址匹配中断标志位（从模式）ENDAD。
- I2C_IT_SB：起始位中断标志位（主模式）。

输出参数

无。

返回值

指定的 I2C 中断的最新状态，可以是以下取值之一：
- SET：指定的 I2C 中断请求位置位。
- RESET：指定的 I2C 中断请求位清零。

12.3.16 I2C_ClearITPendingBit

函数原型

void I2C_ClearITPendingBit(I2C_TypeDef * I2Cx，uint32_t I2C_IT);

功能描述

清除 I2Cx 指定中断的请求挂起位。

输入参数

I2Cx：指定的 I2C 外设，该参数的取值可以是 I2C1 或 I2C2。

I2C_IT：待清除的 I2Cx 指定中断，可以是以下取值的任意组合：
- I2C_IT_SMBALERT：SMBus 报警中断标志位。
- I2C_IT_TIMEOUT：超时或者 Tlow 错误中断标志位。
- I2C_IT_PECERR：接收 PEC 错误中断标志位。
- I2C_IT_OVR：溢出/不足中断标志位（从模式）。
- I2C_IT_AF：应答错误中断标志位。
- I2C_IT_ARLO：仲裁丢失中断标志位（主模式）。
- I2C_IT_BERR：总线错误中断标志位。

输出参数

无。

返回值

无。

12.3.17 I2C_DMACmd

函数原型

void I2C_DMACmd(I2C_TypeDef * I2Cx，FunctionalState NewState);

功能描述

使能或禁止指定 I2Cx 的 DMA 请求。

输入参数

    I2Cx：指定的 I2C 外设，该参数的取值可以是 I2C1 或 I2C2。

    NewState：指定 I2Cx 的 DMA 传输的新状态，可以是以下取值之一：

- ENABLE：使能 I2Cx 的 DMA 请求。
- DISABLE：禁止 I2Cx 的 DMA 请求。

输出参数

    无。

返回值

    无。

12.4　STM32F103 的 I2C 开发实例——读写 I2C_EEPROM

12.4.1　功能要求

    本实例要求在 STM32F103 微控制器上编程，实现对具有 I2C 接口的 EEPROM（AT24C02）的以下操作：读数据和写数据，并将操作结果通过 USART1 输出到 PC 串口上。

12.4.2　硬件设计

    根据功能要求，本实例硬件涉及 PC 串口和 EEPROM（AT24C02）这两个外围设备。在具体的硬件设计中，STM32F103 微控制器分别通过 USART1、I2C1 与 PC 串口、EEPROM（AT24C02）连接，如图 12-21 所示。

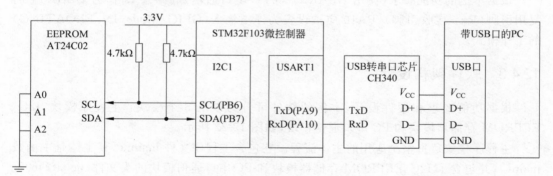

图 12-21　STM32F103 微控制器与 PC 串口和 AT24C02 的连接图

    AT24C02（2Kb）是一个具有 I2C 接口、大小 256B 的两线制串行 CMOS EEPROM（电可擦除存储器，Electrically-Erasable Programmable Read-Only Memory）。它由 32 个可编程页（page，每页 8B）构成，按页（8B）编程，按字节（1B）读取。

    我们知道，每一个连接到 I2C 总线上的设备都需要唯一的地址，本例中的 I2C 设备

AT24C02 亦如此。查阅 AT24C02 的数据手册（datasheet）可知，AT24C02 的器件地址一共 7 位，各器件的高 4 位都相同（1010），低 3 位由器件上的 3 个地址输入引脚 A2、A1 和 A0 决定。因此，在一个 I2C 总线上最多可以寻址 8 个 AT24C02 器件，其中每个 AT24C02 器件的引脚 A2、A1 和 A0 必须采用不同的连接方式。在本例中，I2C 总线上只有 1 个 AT24C02 器件，并且其器件地址输入引脚 A2、A1 和 A0 都接地（如图 12-21 所示），因此，本例中 AT24C02 器件地址为 1010000b（二进制）。

1. PB6（I2C1 的 SCL）：连接 EEPROM 存储器 AT24C02 的 SCL

根据本例的功能要求（读写具有 I2C 接口的 EEPROM 存储器 AT24C02）和附录 B，作为 I2C1 主模式的复用引脚（时钟线），PB6 应被设置为复用开漏输出（GPIO_Mode_AF_OD）的工作模式。

2. PB7（I2C1 的 SDA）：连接 EEPROM 存储器 AT24C02 的 SDA

根据本例的功能要求（读写具有 I2C 接口的 EEPROM 存储器 AT24C02）和附录 B，作为 I2C1 主模式的复用引脚（数据线），PB7 也应被设置为复用开漏输出（GPIO_Mode_AF_OD）的工作模式。

3. PA9（USART1 的 Tx）：通过 USB 转串口芯片 CH340 连接 PC

根据本例的功能要求（使用 USART1 与 PC 串口通信）和附录 B，作为 USART1 的复用引脚（Tx：发送引脚），PA9 应设置为复用推挽输出（GPIO_Mode_AF_PP）的工作模式。

4. PA10（USART1 的 Rx）：通过 USB 转串口芯片 CH340 连接 PC

根据本例的功能要求（使用 USART1 与 PC 串口通信）和附录 B，作为 USART1 的复用引脚（Rx：接收引脚），PA10 应被设置为浮空输入（GPIO_Mode_IN_FLOATING）的工作模式。

12.4.3 软件架构设计

根据功能要求和硬件设计，本例的软件可分为以下 3 个模块：主程序模块、I2C_EEPROM 存储器模块和 PC 串口通信模块，如图 12-22 所示。

主程序模块负责整个应用的主体流程。它包含主程序文件 main.c，其主体是主函数 main()，并包含了 I2C_EEPROM 存储器模块和 PC 串口通信模块的头文件（iic_at24c02.h 和 usart1.h），通过调用这两个模块中的驱动函数来实现相应的功能。

I2C_EEPROM 存储器模块负责主模块与 EEPROM 存储器 AT24C02 之间的通信。它包含了两个文件：iic_at24c02.c 和 iic_at24c02.h。C 源程序文件 iic_at24c02.c 主要用于存放 EEPROM 存储器驱动函数的定义。头文件 iic_at24c02.h 包含 EEPROM 存储器 AT24C02 驱动必要的头文件以及 EEPROM 存储器 AT24C02 驱动函数的声明。主程序文件 main.c 可以通过使用 #include 文件包含指令包含用户头文件 iic_at24c02.h 来调

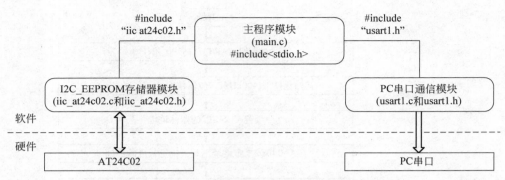

图 12-22   STM32F103 读写 I2C_EEPROM 程序的软件架构

用定义在 iic_at24c02.c 中的 EEPROM 存储器 AT24C02 驱动函数。

PC 串口通信模块负责通过 USART1 向 PC 串口输出信息。它包含两个文件：usart1.c 和 usart1.h。C 源程序文件 usart1.c 主要用于存放 PC 串口通信驱动函数的定义。头文件 usart1.h 包含 PC 串口通信必要的头文件（如系统头文件 stdio.h）以及 PC 串口通信驱动函数的声明。主程序文件 main.c 通过使用 ♯include 文件包含指令包含用户头文件 usart1.h，调用定义在 usart1.c 中的 PC 串口通信驱动函数和标准输入输出库函数 printf。其中，printf 被重定向，通过 USART1 输出到 PC 串口。

12.4.4   软件模块分析

由 12.4.3 节可知，本例的软件可划分为主程序、I2C_EEPROM 存储器和 PC 串口通信 3 个模块。下面，分别介绍这 3 个模块的具体设计和实现过程。

1. 主程序模块

主程序模块包含主函数 main()，负责整个应用的主体流程，如图 12-23 所示。

2. I2C_EEPROM 存储器模块

I2C_EEPROM 存储器模块的关键在于其对应的外围器件（CMOS EEPROM 存储器芯片 AT24C02）驱动函数的编写。与第 11 章 Flash 存储器芯片 W25Q64 的驱动开发类似，以 AT24C02 的数据手册（Datasheet）为线索，从其中的时序图出发，沿着"时序图→流程图→具体代码"的顺序，逐步推演，便不难完成 AT24C02 驱动开发。

在本例中，根据 EEPROM 存储器芯片 AT24C02 数据手册中的常用操作，并结合 STM32F103 微控制器的 I2C 设置，设计 I2C_EEPROM 存储器模块的驱动函数，如图 12-24 所示。

其中，每个驱动函数的具体设计和实现过程如下。

1) I2C_EE_Init

I2C_EE_Init 是 STM32F103 微控制器 I2C1 的初始化函数，其原型设计如表 12-2 所示。

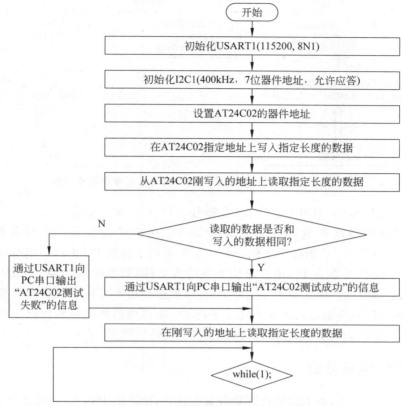

图 12-23　STM32F103 读写 EEPROM 的主程序模块流程图

I2C_EEPROM存储器模块
(iic_at24c02.c和iic_at24c02.h)

驱动函数：
I2C_EE_Init
I2C_EE_BufferRead
I2C_EE_ByteWrite
I2C_EE_PageWrite
I2C_EE_WaitEepromStandbyState
I2C_EE_BufferWrite

图 12-24　I2C_EEPROM 存储器模块设计

表 12-2　I2C_EEPROM 模块中的驱动函数 I2C_EE_Init

函　数	备　注
函数原型	void I2C_EE_Init（void）；
功能描述	根据 EEPROM 存储器 AT24C02 的 I2C 协议要求及其与 STM32F103 微控制器的硬件连接,初始化 STM32F103 微控制器的 I2C1
输入参数	无
输出参数	无

函　数	备　　注
返回值	无
先决条件	无
调用函数	STM32F10x 的 I2C 相关库函数

I2C_EE_Init 的具体实现流程如图 12-25 所示。

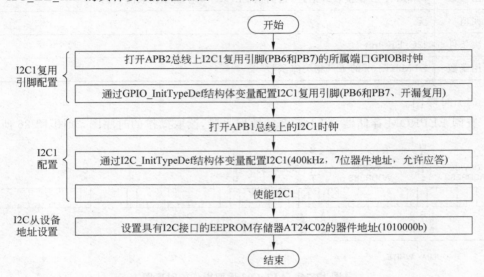

图 12-25　驱动函数 I2C_EE_Init 的流程图

由图 12-25 可知,与第 11 章初始化 SPI 类似,初始化 STM32F103 微控制器的 I2C1 可以分为配置 I2C1 的引脚、配置 I2C1 和设置 I2C 从设备地址 3 步。其中,初始化 STM32F103 微控制器 I2C1 的关键在于 I2C_InitTypeDef 结构体的设置。I2C_InitTypeDef 结构体各个成员的取值由 STM32F103 微控制器连接的具体外围器件的 I2C 协议决定。

本例中,STM32F103 微控制器连接的 I2C 外围器件是 AT24C02。通过查阅 AT24C02 的数据手册,可知其 I2C 操作应当遵循以下规定:

* 7 位器件地址。

* 允许应答。

因此,连接 AT24C02 的 STM32F103 微控制器必须根据以上 I2C 协议规定配置其 I2C1。I2C1 配置过程中用到的库函数和结构体可参考 4.5.4 节介绍的时钟系统相关库函数、5.3 节介绍的 GPIO 相关库函数和 12.3.2 节介绍的 I2C_Init 函数。其具体实现代码参见 12.4.5 节中相应函数的定义。

2) I2C_EE_BufferRead

I2C_EE_BufferRead 是 EEPROM 存储器 AT24C02 的读取函数,从 EEPROM 指定地址开始连续读取指定长度的数据,其原型设计如表 12-3 所示。

表 12-3　I2C_EEPROM 模块中的驱动函数 I2C_EE_BufferRead

函　数	备　注
函数原型	void I2C_EE_BufferRead(u8 * pBuffer, u8 ReadAddr, u16 NumByteToRead);
功能描述	数据读取,从 EEPROM 指定地址开始连续读取指定长度的数据
输入参数	ReadAddr:待读取的 EEPROM 的内部地址 NumByteToRead:待读取 EEPROM 数据的长度,以字节为单位
输出参数	pBuffer:数据接收区地址,指向从 EEPROM 存储器读取的数据
返回值	无
先决条件	I2C_EE_Init
调用函数	STM32F10x 的 I2C 相关库函数

(1) 时序图。

查阅 EEPROM 存储器 AT24C02 的数据手册,读取操作的时序图,如图 12-26 所示。

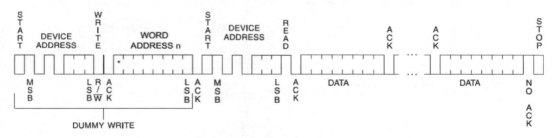

图 12-26　AT24C02 读取操作的时序图

(2) 流程图。

根据 AT24C02 读取操作的时序图(图 12-26),可画出驱动函数 I2C_EE_BufferRead 的流程图,如图 12-27 所示。

(3) 代码。

根据驱动函数 I2C_EE_BufferRead 的流程图(图 12-27)编写代码,具体代码参见 12.4.5 节中对应函数的定义。

3) I2C_EE_ByteWrite

I2C_EE_ByteWrite 是 EEPROM 存储器 AT24C02 的字节写入函数,在 EEPROM 指定地址上写入一个字节的数据,其原型设计如表 12-4 所示。

表 12-4　I2C_EEPROM 模块中的驱动函数 I2C_EE_ByteWrite

函　数	备　注
函数原型	void I2C_EE_ByteWrite(u8 * pBuffer, u8 WriteAddr);
功能描述	字节数据写入,在 EEPROM 指定地址上写入一个字节的数据
输入参数	pBuffer:要写入的数据地址,指向要写入 EEPROM 的字节数据 WriteAddr:待写入的 EEPROM 的内部地址

续表

函 数	备 注
输出参数	无
返回值	无
先决条件	I2C_EE_Init
调用函数	STM32F10x 的 I2C 相关库函数

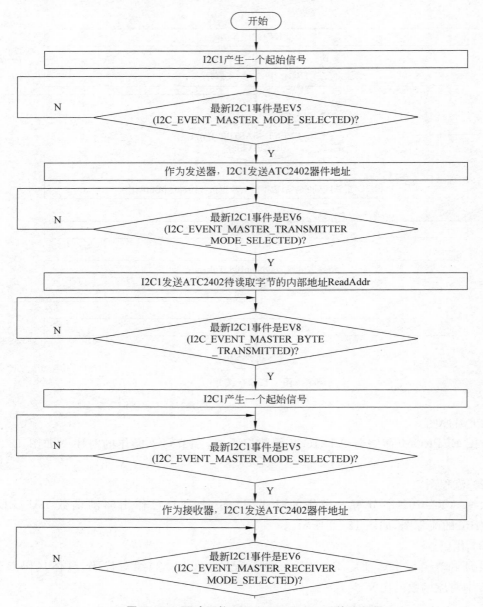

图 12-27 驱动函数 **I2C_EE_BufferRead** 的流程图

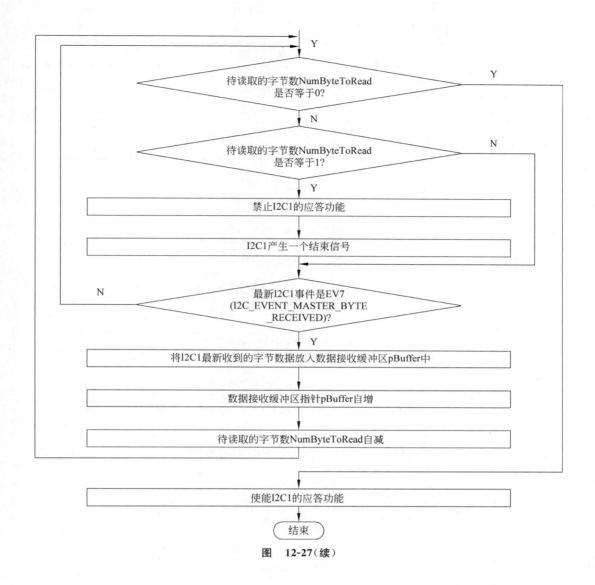

图　12-27（续）

（1）时序图。

查阅 EEPROM 存储器 AT24C02 的数据手册，字节写入操作的时序图如图 12-28 所示。

（2）流程图。

根据 AT24C02 字节写入操作的时序图（图 12-28），可作出驱动函数 I2C_EE_ByteWrite 的流程图，如图 12-29 所示。

（3）代码。

根据驱动函数 I2C_EE_ByteWrite 的流程图（图 12-29）编写代码，具体代码参见 12.4.5中对应函数的定义。

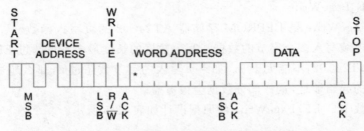

图 12-28 AT24C02 字节写入操作的时序图

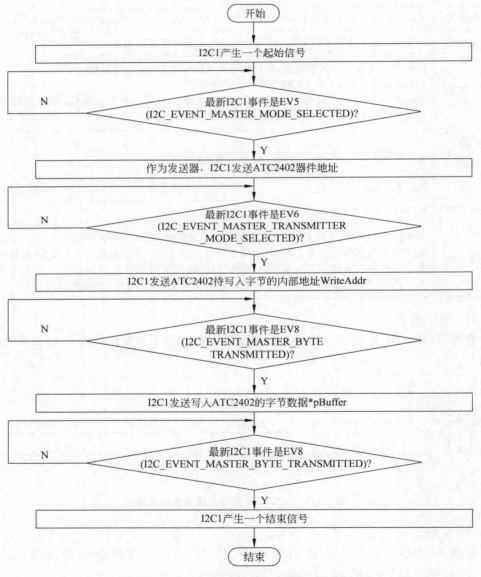

图 12-29 驱动函数 I2C_EE_ByteWrite 的流程图

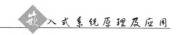

4) I2C_EE_PageWrite

I2C_EE_PageWrite 是 EEPROM 存储器 AT24C02 的页写入函数,从 EEPROM 的指定地址开始连续写入多个字节的数据。写入数据的长度最多不得超过 EEPROM 页的大小,即对于 AT24C02,不能大于 8。如果页写入的字节数超过 8,那么超过部分的数据将被写在该页的起始地址,这样部分数据会被覆盖。

页写入函数 I2C_EE_PageWrite 的原型设计如表 12-5 所示。

表 12-5 **I2C_EEPROM 模块中的驱动函数——I2C_EE_PageWrite**

函 数	备 注
函数原型	void I2C_EE_PageWrite(u8 * pBuffer, u8 WriteAddr, u8 NumByteToWrite);
功能描述	页写入,从 EEPROM 指定地址开始连续写入多个字节的数据
输入参数	pBuffer:要写入的数据地址,指向要写入 EEPROM 的多字节数据 WriteAddr:待写入的 EEPROM 的内部地址 NumByteToWrite:待写入的 EEPROM 的数据长度,以字节为单位,最多不能大于 EEPROM 页的大小,即对于 AT24C02,不能大于 8
输出参数	无
返回值	无
先决条件	I2C_EE_Init
调用函数	STM32F10x 的 I2C 相关库函数
使用注意	对于页写入操作,AT24C02 内部需要一定的编程时间。在这段时间内,AT24C02 不会对主机的请求做出应答。因此,如果要对 AT24C02 进行连续的页写入操作,应在每次页写入操作后等待 AT24C02 内部编程完毕回到空闲状态后再执行下一个页写入操作。因此,该函数通常与另一个驱动函数 I2C_EE_WaitEepromStandbyState 联用

(1)时序图。

查阅 EEPROM 存储器 AT24C02 的数据手册,页写入操作的时序图如图 12-30 所示。

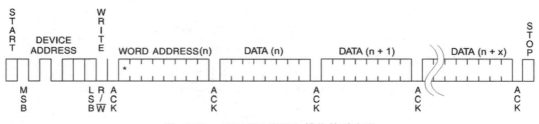

图 12-30 **AT24C02 页写入操作的时序图**

(2)流程图。

根据 AT24C02 页写入操作的时序图(图 12-30),可作出驱动函数 I2C_EE_PageWrite 的流程图,如图 12-31 所示。

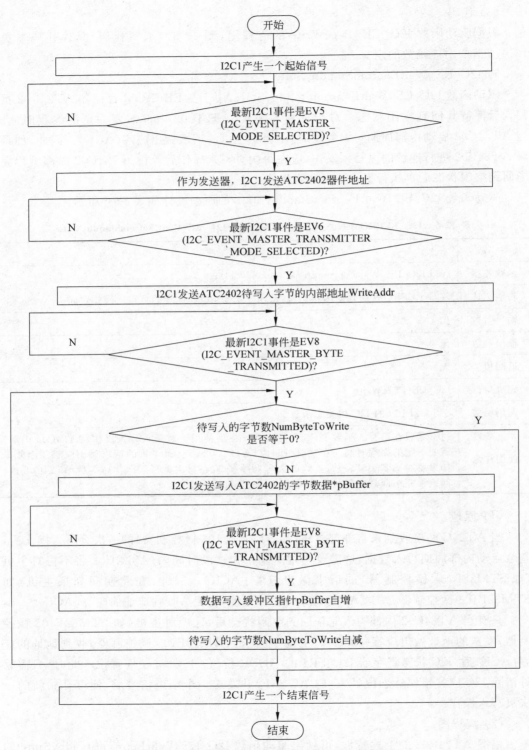

图 12-31 驱动函数 I2C_EE_PageWrite 的流程图

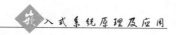

（3）代码。

根据驱动函数 I2C_EE_PageWrite 的流程图（图 12-31）编写代码，具体代码参见 12.4.5 节中对应函数的定义。

5）I2C_EE_WaitEepromStandbyState

驱动函数 I2C_EE_WaitEepromStandbyState，用于在 EEPROM 存储器 AT24C02 页写入后等待其回到空闲状态。对于页写入操作，AT24C02 内部需要一定的编程时间。当 AT24C02 启动内部周期写入数据时，不会对主机的请求做出应答（ACK）。因此，如果对 AT24C02 进行连续的页写入操作，应在每次页写入操作后等待 AT24C02 内部编程完毕回到空闲状态后再执行下一个页写入操作。

驱动函数 I2C_EE_WaitEepromStandbyState 的原型设计如表 12-6 所示。

表 12-6　I2C_EEPROM 模块中的驱动函数——I2C_EE_WaitEepromStandbyState

函　数	备　注
函数原型	void I2C_EE_WaitEepromStandbyState(void)；
功能描述	等待 EEPROM 回到空闲状态，通常用于 EEPROM 连续的页写入操作之间
输入参数	无
输出参数	无
返回值	无
先决条件	I2C_EE_PageWrite
调用函数	STM32F10x 的 I2C 相关库函数
使用注意	通常紧跟在页写入函数 I2C_EE_PageWrite 后使用。对于页写入操作，AT24C02 内部需要一定的编程时间。在这段时间内，AT24C02 不会对主机的请求做出应答。因此，如果要对 AT24C02 进行连续的页写入操作，应在每次页写入操作后等待 AT24C02 内部编程完毕回到空闲状态后再执行下一个页写入操作

（1）原理。

当 AT24C02 接收到来自外部主机（如 STM32F103 微控制器）的一次页写入操作后，它会启动内部周期写入数据，这需要一定时间。在这段时间内，AT24C02 将不再对主机（如 STM32F103 微控制器）的请求做出应答（ACK）。因此，在此期间如果主机（如 STM32F103 微控制器）发送 AT24C02 的器件地址，将无法收到地址的应答（ACK）。

只有当 AT24C02 内部写入完毕回到空闲状态后，才能对主机（如 STM32F103 微控制器）发送的地址做出应答（ACK）。主机一旦（如 STM32F103 微控制器）收到地址的应答（ACK）后，I2C 状态寄存器 I2C_SR1 的 ADDR 位（位 1）将被硬件置位。此时，只需软件清除 I2C 应答错误标志位（I2C_FLAG_AF）并发送一个结束信号后，便可开始新的一次页写入操作。

（2）流程图。

根据 AT24C02 的上述特性，可做出驱动函数 I2C_EE_WaitEepromStandbyState 的流程图，如图 12-32 所示。

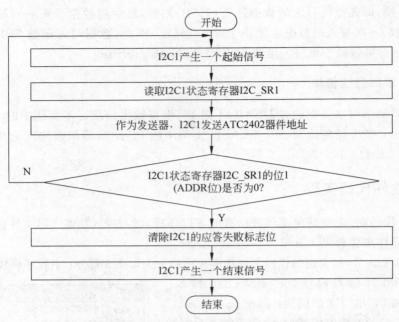

图 12-32 驱动函数 I2C_EE_WaitEepromStandbyState 的流程图

（3）代码。

根据驱动函数 I2C_EE_WaitEepromStandbyState 的流程图（图 12-32）编写代码，具体代码参见 12.4.5 节中对应函数的定义。

6）I2C_EE_BufferWrite

I2C_EE_BufferWrite，是 EEPROM 存储器 AT24C02 的数据写入函数，从 EEPROM 的指定地址开始连续写入多字节数据，其原型设计如表 12-7 所示。

表 12-7 I2C_EEPROM 模块中的驱动函数——I2C_EE_BufferWrite

函 数	备 注
函数原型	void I2C_EE_BufferWrite(u8 * pBuffer, u8 WriteAddr, u16 NumByteToWrite);
功能描述	数据写入，从 EEPROM 指定地址开始连续写入多字节数据
输入参数	pBuffer：数据发送区地址，指向待写入 EEPROM 的数据 WriteAddr：待写入的 EEPROM 的内部地址 NumByteToWrite：待写入 EEPROM 数据的长度，以字节为单位
输出参数	无
返回值	无
先决条件	I2C_EE_Init
调用函数	I2C_EE_PageWrite、I2C_EE_WaitEepromStandbyState

与页写入函数 SPI_FLASH_PageWrite 相比，数据写入函数 SPI_FLASH_BufferWrite 取消了写入数据的字节数限制。为了方便地将大量数据写入 Flash，通常需

要先进行转换,即先把待写入的数据按页(256B)划分,然后将数据一页一页地依次写到 Flash 中,最后一次写入的数据可能小于等于 256B。因此,数据写入函数 SPI_FLASH_BufferWrite 直接依赖于页写入函数 SPI_FLASH_PageWrite。

3. PC 串口通信模块

PC 串口通信模块负责通过 USART1 向 PC 串口输出信息。本实例中的 PC 串口通信模块与 11.4 节介绍的读写 SPI_FLASH 实例中的 PC 串口通信模块完全相同。具体分析可参见 11.4.4 节。

12.4.5 软件代码实现

在编辑代码前,需要新建或配置已有的 STM32F103 工程,并将代码文件包含在该工程内,具体操作步骤参见 4.9 节。

根据 12.4.3 节,本实例的代码文件按模块可以分为以下 3 部分:主程序模块(main.c)、I2C_EEPROM 存储器模块(iic_at24c02.c 和 iic_at24c02.h)和 PC 串口通信模块(usart1.c 和 usart1.h)。与第 11 章的开发实例类似,本实例需要改写的代码文件不仅限于 ST 官方工程默认的源程序文件——main.c 或 stm32f10x_it.c,还包括本例中新添加的两个模块文件——I2C_EEPROM 存储器模块文件和 PC 串口通信模块文件。因此,不仅要将这两个模块的相关文件(iic_at24c02.c 和 iic_at24c02.h、usart1.c 和 usart1.h)放在与 main.c 和 stm32f10x_it.c 同一目录下,而且要把其中的源程序文件 iic_at24c02.cc 和 usart1.c 添加到 STM32 工程的 User

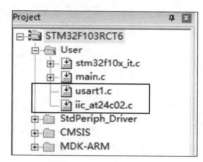

图 12-33　读写 I2C_EEPROM 的 STM32 工程目录树

组中,如图 12-33 所示。其中,向 STM32 工程的指定组添加源程序文件的具体操作参见 4.9.3 节中的相关内容。

根据 12.4.3 节和 12.4.4 节中的指令表、时序图和流程图,结合本章及以前各章介绍的相关库函数,写出本例的实现代码。

1. main.c(主模块——主程序文件)

```
#include "stm32f10x.h"
#include "iic_at24c02.h"
#include "usart1.h"
#define countof(a)              (sizeof(a) / sizeof(*(a)))
#define BUFFER_Size             (countof(Tx1_Buffer)-1)
#define sEE_WRITE_ADDRESS       0xCF
#define sEE_READ_ADDRESS        0xCF
#define sEE_FIRST_ADDRESS       0x00
#define EEPROM_Size             256
```

```
typedef enum {FAILED=0, PASSED=!FAILED} TestStatus;
TestStatus TransferStatus=FAILED;
unsigned char Tx1_Buffer[]="ABCabc0123456789";
unsigned char Rx1_Buffer[BUFFER_Size];
TestStatus Buffercmp(const uint8_t * pBuffer, uint8_t * pBuffer1, uint16_t
BufferLength);
int main(void)
{
    USART1_Config(115200);
    printf("This is an I2C example of STM32F103\n");
    printf("data written to the at24c02 by I2C\n");
    printf("%s\n",Tx1_Buffer);
    I2C_EE_Init();
    // Write on I2C EEPROM from sEE_WRITE_ADDRESS
    I2C_EE_BufferWrite(Tx1_Buffer, sEE_WRITE_ADDRESS, BUFFER_Size);
    // Read from I2C EEPROM from sEE_READ_ADDRESS
    I2C_EE_BufferRead(Rx1_Buffer, sEE_READ_ADDRESS, BUFFER_Size);
    printf("data read from the at24c02 by I2C\n");
    printf("%s\n",Rx1_Buffer);
    TransferStatus=Buffercmp(Tx1_Buffer, Rx1_Buffer, BUFFER_Size);
    if (TransferStatus)
        printf("Write/Read Data to/from the at24c02 by I2C sucessfully!\n");
    else
        printf("Fail to write/Read Data to/from the at24c02 by I2C!\n");
    while (1)
    {
    }
}
TestStatus Buffercmp(const uint8_t * pBuffer, uint8_t * pBuffer1, uint16_t
BufferLength)
{
    while(BufferLength--)
    {
    if(* pBuffer != * pBuffer1)
    {
        return FAILED;
    }
    pBuffer++;
    pBuffer1++;
    }
    return PASSED;
}
```

2. iic_at24c02.h（I2C_EEPROM 存储器模块——驱动函数声明文件）

```c
#include "stm32f10x.h"
#define I2C_PageSize    8          /* Each Page has 8 Bytes in AT24C02 */
/* EEPROM Addresses defines */
#define EEPROM_Block0_ADDRESS 0xA0
//#define EEPROM_Block1_ADDRESS 0xA2
//#define EEPROM_Block2_ADDRESS 0xA4
//#define EEPROM_Block3_ADDRESS 0xA6
void I2C_EE_Init(void);
void I2C_EE_BufferWrite(u8 * pBuffer, u8 WriteAddr, u16 NumByteToWrite);
void I2C_EE_BufferRead(u8 * pBuffer, u8 ReadAddr, u16 NumByteToRead);
```

3. iic_at24c02.c（I2C_EEPROM 存储器模块——驱动函数定义文件）

```c
#include "iic_at24c02.h"
uint16_t EEPROM_ADDRESS;
void I2C1_Config(uint32_t I2C_Speed)
{
    GPIO_InitTypeDef GPIO_InitStructure;
    I2C_InitTypeDef I2C_InitStructure;
    //Configure the GPIO clock for I2C1
    RCC_APB2PeriphClockCmd(RCC_APB2Periph_GPIOB,ENABLE);
    //Configure the GPIO(PB6-I2C1_SCL & PB7-I2C1_SDA) for I2C1
    GPIO_InitStructure.GPIO_Pin=GPIO_Pin_6 | GPIO_Pin_7;
    GPIO_InitStructure.GPIO_Speed=GPIO_Speed_50MHz;
    GPIO_InitStructure.GPIO_Mode=GPIO_Mode_AF_OD;
    GPIO_Init(GPIOB, &GPIO_InitStructure);
    //Configure the I2C1
    RCC_APB1PeriphClockCmd(RCC_APB1Periph_I2C1,ENABLE);
    I2C_InitStructure.I2C_Mode=I2C_Mode_I2C;
    I2C_InitStructure.I2C_DutyCycle=I2C_DutyCycle_2;
    I2C_InitStructure.I2C_OwnAddress1=0x0A;
    I2C_InitStructure.I2C_Ack=I2C_Ack_Enable;
    I2C_InitStructure.I2C_AcknowledgedAddress = I2C_AcknowledgedAddress
_7bit;
    I2C_InitStructure.I2C_ClockSpeed=I2C_Speed;
    I2C_Init(I2C1, &I2C_InitStructure);
    //Enable the I2C1
    I2C_Cmd(I2C1, ENABLE);
}
void I2C_EE_Init(void)
{
    I2C1_Config(400000);
```

```
    // Select the EEPROM address according to the state of E0, E1, E2 pins
    #ifdef EEPROM_Block0_ADDRESS
        EEPROM_ADDRESS=EEPROM_Block0_ADDRESS;
    #endif
    #ifdef EEPROM_Block1_ADDRESS
        EEPROM_ADDRESS=EEPROM_Block1_ADDRESS;
    #endif
    #ifdef EEPROM_Block2_ADDRESS
        EEPROM_ADDRESS=EEPROM_Block2_ADDRESS;
    #endif
    #ifdef EEPROM_Block3_ADDRESS
        EEPROM_ADDRESS=EEPROM_Block3_ADDRESS;
    #endif
}
void I2C_EE_WaitEepromStandbyState(void)
{
    vu16 SR1_Tmp=0;
    do
    {
        /* Send START condition */
        I2C_GenerateSTART(I2C1, ENABLE);
        /* Read I2C1 SR1 register */
        SR1_Tmp=I2C_ReadRegister(I2C1, I2C_Register_SR1);
        /* Send EEPROM address for write */
        I2C_Send7bitAddress(I2C1, EEPROM_ADDRESS, I2C_Direction_
        Transmitter);
    }while(!(I2C_ReadRegister(I2C1, I2C_Register_SR1) & 0x0002));
    /* Clear AF flag */
    I2C_ClearFlag(I2C1, I2C_FLAG_AF);
    /* STOP condition */
    I2C_GenerateSTOP(I2C1, ENABLE);
}
void I2C_EE_ByteWrite(u8 * pBuffer, u8 WriteAddr)
{
    /* Send STRAT condition */
    I2C_GenerateSTART(I2C1, ENABLE);
    /* Test on EV5 and clear it */
    while(!I2C_CheckEvent(I2C1, I2C_EVENT_MASTER_MODE_SELECT));
    /* Send EEPROM address for write */
    I2C_Send7bitAddress(I2C1, EEPROM_ADDRESS, I2C_Direction_Transmitter);
    /* Test on EV6 and clear it */
    while(!I2C_CheckEvent(I2C1, \
                    I2C_EVENT_MASTER_TRANSMITTER_MODE_SELECTED));
    /* Send the EEPROM's internal address to write to */
```

```
        I2C_SendData(I2C1, WriteAddr);
        /* Test on EV8 and clear it */
        while(!I2C_CheckEvent(I2C1, I2C_EVENT_MASTER_BYTE_TRANSMITTED));
        /* Send the byte to be written */
        I2C_SendData(I2C1, *pBuffer);
        /* Test on EV8 and clear it */
        while(!I2C_CheckEvent(I2C1, I2C_EVENT_MASTER_BYTE_TRANSMITTED));
        /* Send STOP condition */
        I2C_GenerateSTOP(I2C1, ENABLE);
    }
    void I2C_EE_PageWrite(u8 * pBuffer, u8 WriteAddr, u8 NumByteToWrite)
    {
        while(I2C_GetFlagStatus(I2C1, I2C_FLAG_BUSY));
        /* Send START condition */
        I2C_GenerateSTART(I2C1, ENABLE);
        /* Test on EV5 and clear it */
        while(!I2C_CheckEvent(I2C1, I2C_EVENT_MASTER_MODE_SELECT));
        /* Send EEPROM address for write */
        I2C_Send7bitAddress(I2C1, EEPROM_ADDRESS, I2C_Direction_Transmitter);
        /* Test on EV6 and clear it */
        while(!I2C_CheckEvent(I2C1, \
                            I2C_EVENT_MASTER_TRANSMITTER_MODE_SELECTED));
        /* Send the EEPROM's internal address to write to */
        I2C_SendData(I2C1, WriteAddr);
        /* Test on EV8 and clear it */
        while(! I2C_CheckEvent(I2C1, I2C_EVENT_MASTER_BYTE_TRANSMITTED));
        /* While there is data to be written */
        while(NumByteToWrite--)
        {
            /* Send the current byte */
            I2C_SendData(I2C1, *pBuffer);
            /* Point to the next byte to be written */
            pBuffer++;
            /* Test on EV8 and clear it */
            while (!I2C_CheckEvent(I2C1, I2C_EVENT_MASTER_BYTE_TRANSMITTED));
        }
        /* Send STOP condition */
        I2C_GenerateSTOP(I2C1, ENABLE);
    }
    void I2C_EE_BufferWrite(u8 * pBuffer, u8 WriteAddr, u16 NumByteToWrite)
    {
        u8 NumOfPage=0, NumOfSingle=0, Addr=0, count=0;
        Addr=WriteAddr%I2C_PageSize;
        count=I2C_PageSize -Addr;
```

```
NumOfPage=NumByteToWrite / I2C_PageSize;
NumOfSingle=NumByteToWrite %I2C_PageSize;
/* If WriteAddr is I2C_PageSize aligned */
if(Addr==0)
{
    /* If NumByteToWrite <I2C_PageSize */
    if(NumOfPage==0)
    {
        I2C_EE_PageWrite(pBuffer, WriteAddr, NumOfSingle);
        I2C_EE_WaitEepromStandbyState();
    }
    /* If NumByteToWrite>I2C_PageSize */
    else
    {
        while(NumOfPage--)
        {
            I2C_EE_PageWrite(pBuffer, WriteAddr, I2C_PageSize);
            I2C_EE_WaitEepromStandbyState();
            WriteAddr+=I2C_PageSize;
            pBuffer+=I2C_PageSize;
        }
        if(NumOfSingle!=0)
        {
            I2C_EE_PageWrite(pBuffer, WriteAddr, NumOfSingle);
            I2C_EE_WaitEepromStandbyState();
        }
    }
}
/* If WriteAddr is not I2C_PageSize aligned */
else
{
    /* If NumByteToWrite <I2C_PageSize */
    if(NumOfPage==0)
    {
        I2C_EE_PageWrite(pBuffer, WriteAddr, NumOfSingle);
        I2C_EE_WaitEepromStandbyState();
    }
    /* If NumByteToWrite>I2C_PageSize */
    else
    {
        NumByteToWrite -=count;
        NumOfPage=NumByteToWrite / I2C_PageSize;
        NumOfSingle=NumByteToWrite %I2C_PageSize;
        if(count !=0)
```

```
            {
                I2C_EE_PageWrite(pBuffer, WriteAddr, count);
                I2C_EE_WaitEepromStandbyState();
                WriteAddr+=count;
                pBuffer+=count;
            }
            while(NumOfPage--)
            {
                I2C_EE_PageWrite(pBuffer, WriteAddr, I2C_PageSize);
                I2C_EE_WaitEepromStandbyState();
                WriteAddr+=I2C_PageSize;
                pBuffer+=I2C_PageSize;
            }
            if(NumOfSingle !=0)
            {
                I2C_EE_PageWrite(pBuffer, WriteAddr, NumOfSingle);
                I2C_EE_WaitEepromStandbyState();
            }
        }
    }
}


void I2C_EE_BufferRead(u8 * pBuffer, u8 ReadAddr, u16 NumByteToRead)
{
    while(I2C_GetFlagStatus(I2C1, I2C_FLAG_BUSY));
    /* Send START condition */
    I2C_GenerateSTART(I2C1, ENABLE);
    /* Test on EV5 and clear it */
    while(!I2C_CheckEvent(I2C1, I2C_EVENT_MASTER_MODE_SELECT));
    /* Send EEPROM address for write */
    I2C_Send7bitAddress(I2C1, EEPROM_ADDRESS, I2C_Direction_Transmitter);
    /* Test on EV6 and clear it */
    while(!I2C_CheckEvent(I2C1, \
                        I2C_EVENT_MASTER_TRANSMITTER_MODE_SELECTED));
    /* Send the EEPROM's internal address to write to */
    I2C_SendData(I2C1, ReadAddr);
    /* Test on EV8 and clear it */
    while(!I2C_CheckEvent(I2C1, I2C_EVENT_MASTER_BYTE_TRANSMITTED));
    /* Send STRAT condition a second time */
    I2C_GenerateSTART(I2C1, ENABLE);
    /* Test on EV5 and clear it */
    while(!I2C_CheckEvent(I2C1, I2C_EVENT_MASTER_MODE_SELECT));
    /* Send EEPROM address for read */
    I2C_Send7bitAddress(I2C1, EEPROM_ADDRESS, I2C_Direction_Receiver);
```

```
    /* Test on EV6 and clear it */
    while(!I2C_CheckEvent(I2C1, \
                        I2C_EVENT_MASTER_RECEIVER_MODE_SELECTED));
    /* While there is data to be read */
    while(NumByteToRead)
    {
        if(NumByteToRead==1)
        {
            /* Disable Acknowledgement */
            I2C_AcknowledgeConfig(I2C1, DISABLE);
            /* Send STOP Condition */
            I2C_GenerateSTOP(I2C1, ENABLE);
        }
        /* Test on EV7 and clear it */
        if(I2C_CheckEvent(I2C1, I2C_EVENT_MASTER_BYTE_RECEIVED))
        {
            /* Read a byte from the EEPROM */
            * pBuffer=I2C_ReceiveData(I2C1);
            /* Point to the next location where the byte read will be saved */
            pBuffer++;
            /* Decrement the read bytes counter */
            NumByteToRead--;
        }
    }
    /* Enable Acknowledgement to be ready for another reception */
    I2C_AcknowledgeConfig(I2C1, ENABLE);
}
```

4. usart1. h（PC 串口通信模块——驱动函数声明文件）

```
#include "stm32f10x.h"
#include <stdio.h>
void USART1_Config(unsigned int baud);
```

5. usart1. c（PC 串口通信模块——驱动函数定义文件）

```
#include "usart1.h"
int fputc(int ch, FILE * f)
{
    while (USART_GetFlagStatus(USART1, USART_FLAG_TC)==RESET);
    USART_SendData(USART1, (uint8_t) ch);
    return ch;
}
void USART1_Config(unsigned int baud)
```

```
{
    GPIO_InitTypeDef GPIO_InitStructure;
    USART_InitTypeDef USART_InitStructure;
    /* Enable GPIO Alternate Function clock */
    RCC_APB2PeriphClockCmd(RCC_APB2Periph_GPIOA, ENABLE);
    /* Configure USART1 Tx(PA.9) as Alternate Function Push-Pull */
    GPIO_InitStructure.GPIO_Pin=GPIO_Pin_9;
    GPIO_InitStructure.GPIO_Mode=GPIO_Mode_AF_PP;
    GPIO_InitStructure.GPIO_Speed=GPIO_Speed_50MHz;
    GPIO_Init(GPIOA, &GPIO_InitStructure);
    /* Configure USART1 Rx(PA.10) as In-Floating */
    GPIO_InitStructure.GPIO_Pin=GPIO_Pin_10;
    GPIO_InitStructure.GPIO_Mode=GPIO_Mode_IN_FLOATING;
    GPIO_InitStructure.GPIO_Speed=GPIO_Speed_50MHz;
    GPIO_Init(GPIOA, &GPIO_InitStructure);
    /* Enable USART1 clock */
    RCC_APB2PeriphClockCmd(RCC_APB2Periph_USART1, ENABLE);
    /* USARTx configured as follow:
        -BaudRate=baud
        -Word Length=8 Bits
        -One Stop Bit
        -No parity
        -Hardware flow control disabled (RTS and CTS signals)
        -Receive and transmit enabled
     */
    USART_InitStructure.USART_BaudRate=baud;
    USART_InitStructure.USART_WordLength=USART_WordLength_8b;
    USART_InitStructure.USART_StopBits=USART_StopBits_1;
    USART_InitStructure.USART_Parity=USART_Parity_No;
    USART_InitStructure.USART_HardwareFlowControl=\
                        USART_HardwareFlowControl_None;
    USART_InitStructure.USART_Mode=USART_Mode_Rx | USART_Mode_Tx;
    USART_Init(USART1, &USART_InitStructure);
    /* Clear USART1 Transmission complete flag */
    USART_ClearFlag(USART1, USART_FLAG_TC);
    /* Enable USART1 */
    USART_Cmd(USART1, ENABLE);
}
```

12.4.6　下载到硬件调试

下载到硬件调试的过程如下所示。

（1）将调试方式设置为目标硬件调试方式。

首先，将调试方式设置为目标硬件调试方式，具体操作参见 4.9.6 节的相关内容。

（2）在程序中插入断点。

为了便于跟踪 EEPROM 存储器 AT24C02 读写程序的运行、测试实例的功能，在以下位置插入断点：比较 EEPROM 存储器 AT24C02 写入和读出数据后。

在主程序文件 main.c 中"if（TransferStatus）"语句处右击，出现右键菜单，再选择其中的 Insert/Remove Breakpoint 选项，在此处添加断点。

（3）进入调试模式（目标硬件调试方式）。

选择菜单 Debug→Start/Stop Debug Session 命令或者单击工具栏中的 Debug 按钮，进入调试模式（目标硬件调试方式）。

（4）打开相关窗口添加监测变量或信号。

打开 Watch 和 Memory 窗口，分别添加监测变量和监测地址。

① 打开 Watch 窗口并添加监测变量。

打开 Watch1 窗口，依次添加以下监测变量：TransferStatus、Rx1_Buffer 和 Tx1_Buffer，如图 12-34 所示。

- TransferStatus：EEPROM 存储器 AT24C02 读写成功标志。
- Rx1_Buffer：数据接收缓冲区，用来存放从 EEPROM 存储器 AT24C02 中读出的数据。
- Tx1_Buffer：数据发送缓冲区，用来存放将要写入到 EEPROM 存储器 AT24C02 的数据。

在 Watch 窗口中添加监测变量的具体操作步骤参见 8.4.6 节的相关内容。

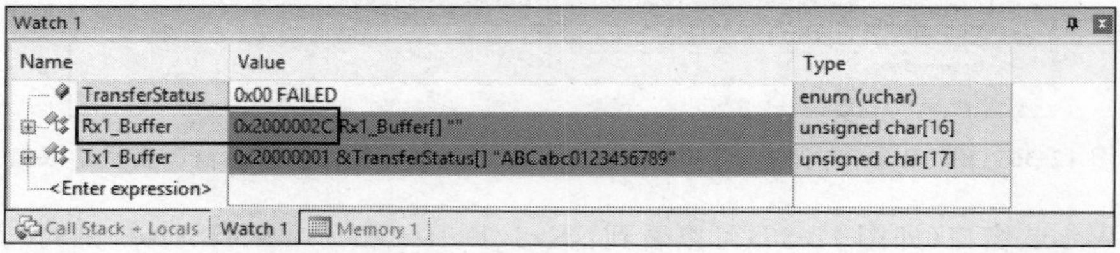

图 12-34 在 Watch 窗口中添加监测变量（TransferStatus、Rx1_Buffer 和 Tx1_Buffer 等）

从图 12-34 可以看到，程序初始时，EEPROM 存储器 AT24C02 读写成功标志变量 TransferStatus 值为 0（即失败），数据接收缓冲区和发送缓冲区，即数组 Rx1_Buffer 和 Tx1_Buffer 的内容分别为全 0 和 ABCabc0123456789。

② 打开 Memory 窗口并输入监测地址。

打开 Memory 窗口，在 Addrees 文本框中输入数组名 Rx1_Buffer 对应的地址（即 Watch 窗口中 Rx1_Buffer 的值 0x2000002C，如图 12-34 所示）后按回车确认，便于以后在程序运行过程中观察数据接收缓冲区 Rx_Buffer1 的变化情况，如图 12-35 所示。

在 Memory 窗口中添加监测地址的具体操作步骤参见 8.4.6 节的相关内容。

从图 12-35 同样可以看到，程序开始运行时，数组 Rx1_Buffer（即数据接收缓冲区）的内容为全 0。

（5）断点跟踪程序硬件执行，观察运行结果。

此后，不断选择菜单 Debug→Run 命令或按快捷键 F5，在目标硬件上反复全速执行

数据接收缓冲区的地址，即Watch窗口中对应变量Rx1_Buffer的值

```
Memory 1                                                                    ☐ ☒
Address: 0x2000002C                                                         🔓
0x2000002C: 00 00 00 00 00 00 00 00 00 00 00 00 00 00 00 00 00 00 00 00 00 00 00 00 00
0x20000043: 00 00 00 00 00 00 00 00 00 00 00 00 00 00 00 00 00 00 00 00 00 00 00 00 00
0x2000005A: 00 00 00 00 00 00 00 00 00 00 00 00 00 00 00 00 00 00 00 00 00 00 00 00 00
0x20000071: 00 00 00 00 00 00 00 00 00 00 00 00 00 00 00 00 00 00 00 00 00 00 00 00 00
🗗Call Stack + Locals | Watch 1 | ▤ Memory 1
```

数据接收缓冲区Rx1_Buffer的初始内容

图 12-35　在 Memory 窗口中添加地址监测接收缓冲区 Rx1_Buffer（0x2000002C）

程序。同时，通过断点全程跟踪程序的执行情况：每当程序在断点前暂停时，观察 Watch1 窗口中的相关变量和 Memory1 窗口中相关地址（Rx1_Buffer）单元的内容，验证程序的执行结果。

本例程序的跟踪执行过程如下：选择菜单 Debug→Run 命令或按快捷键 F5，全速运行程序并在预设断点处暂停。

当程序运行到预设断点处（即比较 EEPROM 存储器 AT24C02 写入和读出数据后：主程序文件 main. c 中"if（TransferStatus）"语句处），分别观察 Watch 窗口和 Memory 窗口中监测变量的变化情况，如图 12-36 和图 12-37 所示。

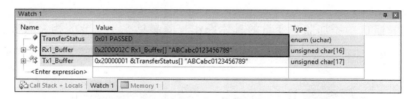

Watch 1			☐ ☒
Name	Value		Type
◆ TransferStatus	0x01 PASSED		enum (uchar)
⊞ Rx1_Buffer	0x2000002C Rx1_Buffer[] "ABCabc0123456789"		unsigned char[16]
⊞ Tx1_Buffer	0x20000001 &TransferStatus[] "ABCabc0123456789"		unsigned char[17]
<Enter expression>			

🗗Call Stack + Locals | Watch 1 | ▤ Memory 1

图 12-36　EEPROM 存储器 AT24C02 写入和读出数据比较完成后各监测变量的取值

从 Watch 窗口（即图 12-36）可以看到：Rx1_Buffer 和 TransferStatus 两行背景变为高亮，即表示程序运行期间，数据接收缓冲区 Rx1_Buffer 和变量 TransferStatus 发生了变化。数据接收缓冲区 Rx1 _ Buffer 从初始时的全 0（如图 12-34 所示）变化为 ABCabc0123456789（即从 EEPROM 存储器 AT24C02 指定地址上读取的内容），与之前向该地址上写入的数据（即数据写入缓冲区 Tx1_Buffer 的内容 ABCabc0123456789）完全相同。同时，变量 TransferStatus 也从初始时的 FAILED（0x00）变为 PASSED（0x01）。

```
Memory 1                                                                    ☐ ☒
Address: 0x2000002C                                                         🔓
0x2000002C: 41 42 43 61 62 63 30 31 32 33 34 35 36 37 38 39 00 00 00 00 00 00 00 00 00
0x20000043: 00 00 00 00 00 00 00 00 00 00 00 00 00 00 00 00 00 00 00 00 00 00 00 00 00
0x2000005A: 00 00 00 00 00 00 00 00 00 00 00 00 00 00 00 00 00 00 00 00 00 00 00 00 00
0x20000071: 00 00 00 00 00 00 00 00 00 00 00 00 00 00 00 00 00 00 00 00 00 00 00 00 00
🗗Call Stack + Locals | Watch 1 | ▤ Memory 1
```

图 12-37　从 EEPROM 存储器 AT24C02 读出的数据

从 Memory 窗口（即图 12-37）可以看到：在读取 EEPROM 存储器 AT24C02 指定地

址上的数据后,数据接收缓冲区 Rx1_Buffer 发生了变化,从初始时的全 0(如图 12-35 所示)变化为 ABCabc0123456789。这与数据写入缓冲区 Tx1_Buffer 的内容,即之前向该地址上写入的数据完全相同。

综上所述,通过 Watch 窗口和 Memory 窗口对程序运行的跟踪观察,EEPROM 存储器 AT24C02 的读/写驱动程序完全符合预定设计的功能要求。

(6) 退出调试模式(目标硬件调试方式)。

最后,选择菜单 Debug→Start/Stop Debug Session 命令或者单击工具栏中的 Debug 按钮,退出调试模式(目标硬件调试方式)。

12.4.7　下载到硬件运行

下载到硬件运行的过程如下。

(1) 下载程序到 STM32F103 的 Flash 中。

将 STM32F103 工程编译链接生成的可执行文件下载到开发板的 STM32F103 微控制器中,具体操作步骤可参见 4.9.7 节。

(2) 在 PC 上安装串口监控软件和 USB 转串口芯片驱动软件。

为了实现并监控 PC 串口与 STM32 微控制器的 USART 之间的通信,必须在 PC 上安装串口监控软件和 USB 转串口芯片驱动软件,具体操作步骤可参见 10.5.5 节的相关内容。

(3) 打开 PC 串口监控软件,监控 PC 串口数据。

为了监控 PC 串口的通信,在复位 STM32F103 微控制器运行本例程序前,先在 PC 上打开 PC 串口监控软件 AccessPort 并配置通信参数,具体操作步骤可参见 10.5.5 节的相关内容。其中,根据本例中的通信速率和通信协议,AccessPort 的参数配置如图 12-38 所示。

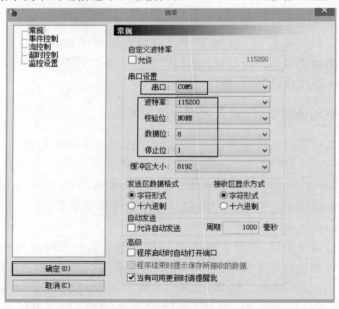

图 12-38　在 PC 串口监控软件 AccessPort 中配置参数

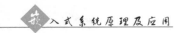

（4）复位 STM32F103，观察程序运行结果。

按下开发板上的 Reset 键，使 STM32F103 微控制器复位后运行刚才下载的程序。在 PC 串口监控软件 AccessPort 上方的接收框中也可以看到 EEPROM 存储器 AT24C02 读写测试程序的输出结果（由 STM32F103 微控制器 USART1 发给 PC 串口），如图 12-39 所示。

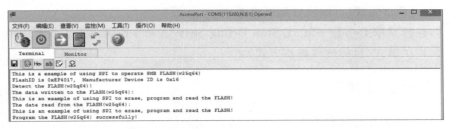

图 12-39 PC 串口收到的 EEPROM 存储器 AT24C02 测试程序的输出信息

12.4.8 开发经验小结——嵌入式驱动程序开发原理

在嵌入式系统中，外围器件是不可或缺的一部分。对于嵌入式硬件中用到的每个外围器件，嵌入式软件中都要有相应的驱动程序与之对应。那么，什么是驱动程序呢？驱动程序的本质是通过程序控制微控制器与外围器件进行通信。通常，它的主要工作是对外围器件进行读和写的操作。例如，本章实例中的 I2C_EEPROM 模块是 EEPROM 器件 AT24C02 的驱动程序，主要负责对 AT24C02 芯片的初始化、读和写等操作。又如，第 11 章实例中的 SPI_FLASH 模块是 Flash 器件 W25Q64 的驱动程序，主要负责对 W25Q64 芯片的初始化、读和写等操作。这些外围器件的驱动程序编写往往是嵌入式软件开发的难点。

面对嵌入式系统中各种各样、层出不穷（对开发者来说可能是全新）的外围器件，应该如何着手编写它们的驱动代码？这其中又有没有万变不离其宗的原理可以遵循呢？答案是有的。无论对于何种外围器件，嵌入式驱动开发的过程都可以概括为"指令集→时序图→流程图→具体代码"的过程。

1. 指令集（驱动函数设计，嵌入式软件设计阶段）

指令集是用文字或表格描述的与外围器件进行通信所需要的指令。指令集中的指令是外围器件唯一可以"听懂"的"话"，也是外围器件实现其功能的关键，通常可以在器件的数据手册（Datasheet）中查到。例如，在第 11 章实例中，串行 Flash 存储器芯片 W25Q64 的指令集如图 11-16 所示，其中读指令的具体格式如表 11-11 所示，页写指令的具体格式如表 11-19 所示。

在嵌入式软件设计阶段，根据实际应用在器件指令集中用到的指令，在该器件对应的软件模块中设计和构建各个驱动函数的原型。通常，指令表中的一条指令被"封装"为对应模块下的一个驱动函数。例如，在第 11 章实例中，对于串行 Flash 存储器芯片 W25Q64，其指令 Read Data 被"封装"为驱动函数 SPI_FLASH_BufferRead，指令

Release Power Down/Device ID 被"封装"为驱动函数 SPI_FLASH_ReadDeviceID，指令 Read JEDEC ID 被"封装"为驱动函数 SPI_FLASH_ReadID 等。

2. 时序图（驱动函数实现，嵌入式软件实现阶段）

时序图是用一系列波形图表示每条指令的时序关系，即指令执行的过程中微控制器和外围器件之间的电平随时间变化的关系。

在嵌入式软件实现阶段，时序图上承外围器件数据手册中的指令表，下接软件模块中的流程图。它是后续编写驱动函数实现指令具体功能的关键。每条指令的时序图同样也可以在器件的数据手册（Datasheet）中查到。例如，在本章实例中，EEPROM 存储器芯片 AT24C02 读、字节写入和页写入指令的时序图如图 12-26、图 12-28 和图 12-30 等所示。又如，在第 11 章实例中，串行 Flash 存储器芯片 W25Q64 各个指令的时序图如图 11-19、图 11-21、图 11-23、图 11-25、图 11-27、图 11-29、图 11-31 和图 11-33 等所示。

3. 流程图（驱动函数实现，嵌入式软件实现阶段）

流程图是用一系列特定符号表示算法的图，通常是开发者平时编程的指南和助手。

在嵌入式软件实现阶段，对于实际应用中用到的每条指令，可根据该指令的时序图（即按照时间顺序的一个操作过程），画出其对应的驱动函数的流程图（即实现驱动函数的具体步骤）。例如，本章实例中 I2C_EEPROM 存储器模块各个驱动函数的实现过程参见 12.4.4 节的相关内容。又如，第 11 章实例中 SPI_FLASH 存储器模块各个驱动函数的实现过程参见 11.4.4 节的相关内容。

4. 具体代码（驱动函数实现，嵌入式软件实现阶段）

根据每个驱动函数的流程图，按图索骥，很方便地就能在相应的软件模块中编写驱动函数的具体代码。

当你能按照时序图写出驱动程序时，你已经从一个嵌入式初学者变成一个嵌入式开发者。这也是作者希望读者在看完本书后达到的。如果有兴趣进一步深入实践，那么建议读者接下来在生活中寻找创意，发现问题，按第 2 章所述，自己动手逐步构建和开发一个简单的嵌入式系统。

12.5　本 章 小 结

本章仍然遵循从一般原理到典型器件的顺序安排。首先，从 I2C 的基本概念介绍入手，然后从物理层到协议层分析 I2C 的通信原理；接下来，从主要特性、内部结构、主/从模式、中断和 DMA 等方面详细讲述 STM32F103 微控制器的 I2C 模块，并介绍了 STM32F10x 标准外设库中常用的 I2C 相关库函数；最后，以 STM32F103 微控制器（主机）通过 I2C 读写 EEPROM 器件 AT24C02（从机）为应用背景，给出了 I2C 在 STM32F103 微控制器中的开发示例。

习　题　12

1. 解释 I2C 通信中的以下常用术语：主机、从机、接收器、发送器。

2. I2C 接口由哪几根线组成？它们分别有什么作用？

3. 与 SPI 互连相比，I2C 互连有什么特点？

4. I2C 的时序由哪些信号组成？

5. 试比较嵌入式系统中常用 3 种通信接口：UART、SPI 和 I2C。

6. 假设 I2C 从机采用 7 位硬件地址（0b0100100），画出 I2C 主机从 I2C 从机读取 2B 数据（0x2F 和 0x2F）时 I2C 引脚 SCL 和 SDA 的波形图。

7. 假设 I2C 从机采用 7 位硬件地址（0b0100000），画出 I2C 主机向 I2C 从机写入 2B 数据（0x28 和 0x28）时 I2C 引脚 SCL 和 SDA 的波形图。

8. 简述 STM32F103 微控制器的 I2C 的主要特点。

9. 概述 STM32F103 微控制器的 I2C 的内部结构。

10. 分别画出 STM32F103 微控制器的 I2C 作为主发送器和从接收器的数据包（含事件）传输序列图。

11. 分别画出 STM32F103 微控制器的 I2C 作为主接收器和从发送器的数据包（含事件）传输序列图。

12. STM32F103 微控制器的 I2C 有哪些状态标志位？可以产生哪些中断请求？

13. 如何使用 STM32F103 微控制器的 DMA 进行 I2C 通信？

附录 A

ASCII 码表

ASCII 码值	字 符	ASCII 码值	字 符	ASCII 码值	字 符	ASCII 码值	字 符
0	NUT	23	TB	46	.	69	E
1	SOH	24	CAN	47	/	70	F
2	STX	25	EM	48	0	71	G
3	ETX	26	SUB	49	1	72	H
4	EOT	27	ESC	50	2	73	I
5	ENQ	28	FS	51	3	74	J
6	ACK	29	GS	52	4	75	K
7	BEL	30	RS	53	5	76	L
8	BS	31	US	54	6	77	M
9	HT	32	(space)	55	7	78	N
10	LF	33	!	56	8	79	O
11	VT	34	"	57	9	80	P
12	FF	35	#	58	:	81	Q
13	CR	36	$	59	;	82	R
14	SO	37	%	60	<	83	S
15	SI	38	&	61	=	84	T
16	DLE	39	,	62	>	85	U
17	DC1	40	(	63	?	86	V
18	DC2	41	)	64	@	87	W
19	DC3	42	*	65	A	88	X
20	DC4	43	+	66	B	89	Y
21	NAK	44	,	67	C	90	Z
22	SYN	45	—	68	D	91	[

ASCII 码值	字　符	ASCII 码值	字　符	ASCII 码值	字　符	ASCII 码值	字　符
92	/	101	e	110	n	119	w
93	]	102	f	111	o	120	x
94	^	103	g	112	p	121	y
95	—	104	h	113	q	122	z
96	、	105	i	114	r	123	{
97	a	106	j	115	s	124		
98	b	107	k	116	t	125	}
99	c	108	l	117	u	126	~
100	d	109	m	118	v	127	DEL

附录 B

STM32F103 微控制器大容量产品系列
引脚定义表

（STM32F103xC、STM32F103xD 和 STM32F103xE）引脚定义表

引 脚 名	类型	I/O 电平	主功能 (复位后)	可选的复用功能	
				默认复用功能	重定义功能
PE2	I/O	FT	PE2	TRACECK/FSMC_A23	
PE3	I/O	FT	PE3	TRACED0/FSMC_A19	
PE4	I/O	FT	PE4	TRACED1/FSMC_A20	
PE5	I/O	FT	PE5	TRACED2/FSMC_A21	
PE6	I/O	FT	PE6	TRACED3/FSMC_A22	
V_{BAT}	S		V_{BAT}		
PC13-TAMPER-RTC	I/O		PC13	TAMPER-RTC	
PC15-OSC32_OUT	I/O		PC14	OSC32_IN	
PC15-OSC32_OUT	I/O		PC15	OSC32_OUT	
PF0	I/O	FT	PF0	FSMC_A0	
PF1	I/O	FT	PF1	FSMC_A1	
PF2	I/O	FT	PF2	FSMC_A2	
PF3	I/O	FT	PF3	FSMC_A3	
PF4	I/O	FT	PF4	FSMC_A4	
PF5	I/O	FT	PF5	FSMC_A5	
V_{SS_5}	S		V_{SS_5}		
V_{DD_5}	S		V_{DD_5}		
PF6	I/O		PF6	ADC3_IN4/FSMC_NIORD	
PF7	I/O		PF7	ADC3_IN5/FSMC_NREG	
PF8	I/O		PF8	ADC3_IN6/FSMC_NIOWR	

引　脚　名	类型	I/O 电平	主功能（复位后）	可选的复用功能	
				默认复用功能	重定义功能
PF9	I/O		PF9	ADC3_IN7/FSMC_CD	
PF10	I/O		PF10	ADC3_IN8/FSMC_INTR	
OSC_IN	I		OSC_IN		
OSC_OUT	O		OSC_OUT		
NRST	I/O		NRST		
PC0	I/O		PC0	ADC123_IN10	
PC1	I/O		PC1	ADC123_IN11	
PC2	I/O		PC2	ADC123_IN12	
PC3	I/O		PC3	ADC123_IN13	
V_{SSA}	S		V_{SSA}		
V_{REF-}	S		V_{REF-}		
V_{REF+}	S		V_{REF+}		
V_{DDA}	S		V_{DDA}		
PA0-WKUP	I/O		PA0	WKUP/USART2_CTS/ ADC123_IN0/ TIM2_CH1_ETR/ TIM5_CH1/TIM8_ETR	
PA1	I/O		PA1	USART2_RTS/ADC123_IN1 /TIM5_CH2/TIM2_CH2	
PA2	I/O		PA2	USART2_TX/TIM5_CH3 ADC123_IN2/TIM2_CH3	
PA3	I/O		PA3	USART2_RX/TIM5_CH4/ ADC123_IN3/TIM2_CH4	
V_{SS_4}	S		V_{SS_4}		
V_{DD_4}	S		V_{DD_4}		
PA4	I/O		PA4	SPI1_NSS/USART2_CK/ DAC_OUT1/ADC12_IN4	
PA5	I/O		PA5	SPI1_SCK/ DAC_OUT2/ADC12_IN5	
PA6	I/O		PA6	SPI1_MISO/ TIM8_BKIN/ADC12_IN6 TIM3_CH1	TIM1_BKIN
PA7	I/O		PA7	SPI1_MOSI/ TIM8_CH1N/ADC12_IN7 TIM3_CH2	TIM1_CH1N

续表

引 脚 名	类型	I/O 电平	主功能（复位后）	可选的复用功能	
				默认复用功能	重定义功能
PC4	I/O		PC4	ADC12_IN14	
PC5	I/O		PC5	ADC12_IN15	
PB0	I/O		PB0	ADC12_IN8/TIM3_CH3/TIM8_CH2N	TIM1_CH2N
PB1	I/O		PB1	ADC12_IN9/TIM3_CH4/TIM8_CH3N	TIM1_CH3N
PB2	I/O	FT	PB2/BOOT1		
PF11	S		V_{SS_6}	FSMC_NIOS16	
PF12	I/O	FT	PF12	FSMC_A6	
V_{SS_6}	S		V_{SS_6}		
V_{DD_6}	S		V_{DD_6}		
PF13	I/O	FT	PF13	FSMC_A7	
PF14	I/O	FT	PF14	FSMC_A8	
PF15	I/O	FT	PF15	FSMC_A9	
PG0	I/O	FT	PG0	FSMC_A10	
PG1	I/O	FT	PG1	FSMC_A11	
PE7	I/O	FT	PE7	FSMC_D4	TIM1_ETR
PE8	I/O	FT	PE8	FSMC_D5	TIM1_CH1N
PE9	I/O	FT	PE9	FSMC_D6	TIM1_CH1
V_{SS_7}	S		V_{SS_7}		
V_{DD_7}	S		V_{DD_7}		
PE10	I/O	FT	PE10	FSMC_D7	TIM1_CH2N
PE11	I/O	FT	PE11	FSMC_D8	TIM1_CH2
PE12	I/O	FT	PE12	FSMC_D9	TIM1_CH3N
PE13	I/O	FT	PE13	FSMC_D10	TIM1_CH3
PE14	I/O	FT	PE14	FSMC_D11	TIM1_CH4
PE15	I/O	FT	PE15	FSMC_D12	TIM1_BKIN
PB10	I/O	FT	PB10	I2C2_SCL/USART3_TX	TIM2_CH3
PB11	I/O	FT	PB11	I2C2_SDA/USART3_RX	TIM2_CH4
V_{SS_1}	S		V_{SS_1}		

引　脚　名	类型	I/O 电平	主功能（复位后）	可选的复用功能	
				默认复用功能	重定义功能
V_{DD_1}	S		V_{DD_1}		
PB12	I/O	FT	PB12	SPI2_NSS/I2S2_W S/I2C2_SMBA/ USART3_CK/TIM1_BKIN(8)	
PB13	I/O	FT	PB13	SPI2_SCK/I2S2_C K USART3_CTS/ TIM1_CH1N	
PB14	I/O	FT	PB14	SPI2_MISO/TIM1_CH2 N USART3_RTS/	
PB15	I/O	FT	PB15	SPI2_MOSI/I2S2_S D TIM1_CH3N/	
PD8	I/O	FT	PD8	FSMC_D13	USART3_TX
PD9	I/O	FT	PD9	FSMC_D14	USART3_RX
PD10	I/O	FT	PD10	FSMC_D15	USART3_CK
PD11	I/O	FT	PD11	FSMC_A16	USART3_CTS
PD12	I/O	FT	PD12	FSMC_A17	TIM4_CH1/ USART3_RTS
PD13	I/O	FT	PD13	FSMC_A18	TIM4_CH2
V_{SS_8}	S		V_{SS_8}		
V_{DD_8}	S		V_{DD_8}		
PD14	I/O	FT	PD14	FSMC_D0	TIM4_CH3
PD15	I/O	FT	PD15	FSMC_D1	TIM4_CH4
PG2	I/O	FT	PG2	FSMC_A12	
PG3	I/O	FT	PG3	FSMC_A13	
PG4	I/O	FT	PG4	FSMC_A14	
PG5	I/O	FT	PG5	FSMC_A15	
PG6	I/O	FT	PG6	FSMC_INT2	
PG7	I/O	FT	PG7	FSMC_INT3	
PG8	I/O	FT	PG8		
V_{SS_9}	S		V_{SS_9}		
V_{DD_9}	S		V_{DD_9}		

引 脚 名	类型	I/O 电平	主功能（复位后）	可选的复用功能	
				默认复用功能	重定义功能
PC6	I/O	FT	PC6	I2S2_MCK/ TIM8_CH1/SDIO_D6	TIM3_CH1
PC7	I/O	FT	PC7	I2S3_MCK/ TIM8_CH2/SDIO_D7	TIM3_CH2
PC8	I/O	FT	PC8	TIM8_CH3/SDIO_D0	TIM3_CH3
PC9	I/O	FT	PC9	TIM8_CH4/SDIO_D1	TIM3_CH4
PA8	I/O	FT	PA8	USART1_CK/ TIM1_CH1/MCO	
PA9	I/O	FT	PA9	USART1_TX/TIM1_CH2	
PA10	I/O	FT	PA10	USART1_RX/TIM1_CH3	
PA11	I/O	FT	PA11	USART1_CTS/USBDM CAN_RX/TIM1_CH4	
PA12	I/O	FT	PA12	USART1_RTS/USBDP/ CAN_TX/TIM1_ETR	
PA13	I/O	FT	JTMS-SWDIO		PA13
V_{SS_2}	S		V_{SS_2}		
V_{DD_2}	S		V_{DD_2}		
PA14	I/O	FT	JTCK-SWCLK		PA14
PA15	I/O	FT	JTDI	SPI3_NSS/I2S3_WS	TIM2 _ CH1 _ ETR PA15/SPI1_NSS
PC10	I/O	FT	PC10	UART4_TX/SDIO_D2	USART3_TX
PC11	I/O	FT	PC11	UART4_RX/SDIO_D3	USART3_RX
PC12	I/O	FT	PC12	UART5_TX/SDIO_CK	USART3_CK
PD0	I/O	FT	OSC_IN	FSMC_D2	CAN_RX
PD1	I/O	FT	OSC_OUT	FSMC_D3	CAN_TX
PD2	I/O	FT	PD2	TIM3_ETR/UART5_RX SDIO_CMD	
PD3	I/O	FT	PD3	FSMC_CLK	USART2_CTS
PD4	I/O	FT	PD4	FSMC_NOE	USART2_RTS
PD5	I/O	FT	PD5	FSMC_NWE	USART2_TX

引 脚 名	类型	I/O 电平	主功能（复位后）	可选的复用功能	
				默认复用功能	重定义功能
V_{SS_10}	S		V_{SS_10}		
V_{DD_10}	S		V_{DD_10}		
PD6	I/O	FT	PD6	FSMC_NWAIT	USART2_RX
PD7	I/O	FT	PD7	FSMC_NE1/FSMC_NCE2	USART2_CK
PG9	I/O	FT	PG9	FSMC_NE2/FSMC_NCE3	
PG10	I/O	FT	PG10	FSMC_NCE4_1/FSMC_NE3	
PG11	I/O	FT	PG11	FSMC_NCE4_2	
PG12	I/O	FT	PG12	FSMC_NE4	
PG13	I/O	FT	PG13	FSMC_A24	
PG14	I/O	FT	PG14	FSMC_A25	
V_{SS_11}	S		V_{SS_11}		
V_{DD_11}	S		V_{DD_11}		
PG15	I/O	FT	PG15		
PB3	I/O	FT	JTDO	SPI3_SCK/I2S3_CK/	PB3/TRACESWO TIM2_CH2/ SPI1_SCK
PB4	I/O	FT	JNTRST	SPI3_MISO	PB4/TIM3_CH1 SPI1_MISO
PB5	I/O		PB5	I2C1_SMBA/SPI3_MOSI I2S3_SD	TIM3_CH2/ SPI1_MOSI
PB6	I/O	FT	PB6	I2C1_SCL/TIM4_CH1	USART1_TX
PB7	I/O	FT	PB7	I2C1_SDA/FSMC_NADV/ TIM4_CH2	USART1_RX
BOOT0	I		BOOT0		
PB8	I/O	FT	PB8	TIM4_CH3/SDIO_D4	I2C1_SCL/ CAN_RX
PB9	I/O	FT	PB9	TIM4_CH4/SDIO_D5	I2C1_SDA/ CAN_TX
PE0	I/O	FT	PE0	TIM4_ETR/FSMC_NBL0	
PE1	I/O	FT	PE1	FSMC_NBL1	
V_{SS_3}	S		V_{SS_3}		
V_{DD_3}	S		V_{DD_3}		

附录 C

STM32F103 微控制器中等容量产品系列引脚定义表

(STM32F103x8 和 STM32F103xB)引脚定义表

引　脚　名	类型	I/O 电平	主功能（复位后）	可选的复用功能	
				默认复用功能	重定义功能
PE2	I/O	FT	PE2	TRACECK	
PE3	I/O	FT	PE3	TRACED0	
PE4	I/O	FT	PE4	TRACED1	
PE5	I/O	FT	PE5	TRACED2	
PE6	I/O	FT	PE6	TRACED3	
V_{BAT}	S		V_{BAT}		
PC13-TAMPER-RTC	I/O		PC13	TAMPER-RTC	
PC14-OSC32_IN	I/O		PC14	OSC32_IN	
PC15-OSC32_OUT	I/O		PC15	OSC32_OUT	
V_{SS_5}	S		V_{SS_5}		
V_{DD_5}	S		V_{DD_5}		
OSC_IN	I		OSC_IN		
OSC_OUT	O		OSC_OUT		
NRST	I/O		NRST		
PC0	I/O		PC0	ADC12_IN10	
PC1	I/O		PC1	ADC12_IN11	
PC2	I/O		PC2	ADC12_IN12	
PC3	I/O		PC3	ADC12_IN13	
V_{SSA}	S		V_{SSA}		
V_{REF-}	S		V_{REF-}		

续表

引　脚　名	类型	I/O 电平	主功能（复位后）	可选的复用功能	
				默认复用功能	重定义功能
V_{REF+}	S		V_{REF+}		
V_{DDA}	S		V_{DDA}		
PA0-WKUP	I/O		PA0	WKUP/USART2_CTS/ADC12_IN0/TIM2_CH1_ETR	
PA1	I/O		PA1	USART2_RTS/ADC12_IN1/TIM2_CH2	
PA2	I/O		PA2	USART2_TX/ADC12_IN2/TIM2_CH3	
PA3	I/O		PA3	USART2_RX/ADC12_IN3/TIM2_CH4	
V_{SS_4}	S		V_{SS_4}		
V_{DD_4}	S		V_{DD_4}		
PA4	I/O		PA4	SPI1_NSS/USART2_CK/ADC12_IN4	
PA5	I/O		PA5	SPI1_SCK/ADC12_IN5	
PA6	I/O		PA6	SPI1_MISO/ADC12_IN6/TIM3_CH1	TIM1_BKIN
PA7	I/O		PA7	SPI1_MOSI/ADC12_IN7/TIM3_CH2	TIM1_CH1N
PC4	I/O		PC4	ADC12_IN14	
PC5	I/O		PC5	ADC12_IN15	
PB0	I/O		PB0	ADC12_IN8/TIM3_CH3	TIM1_CH2N
PB1	I/O		PB1	ADC12_IN9/TIM3_CH4	TIM1_CH3N
PB2	I/O	FT	PB2/BOOT1		
PE7	I/O	FT	PE7		TIM1_ETR
PE8	I/O	FT	PE8		TIM1_CH1N
PE9	I/O	FT	PE9		TIM1_CH1
PE10	I/O	FT	PE10		TIM1_CH2N
PE11	I/O	FT	PE11		TIM1_CH2
PE12	I/O	FT	PE12		TIM1_CH3N
PE13	I/O	FT	PE13		TIM1_CH3
PE14	I/O	FT	PE14		TIM1_CH4

续表

引 脚 名	类型	I/O 电平	主功能 (复位后)	可选的复用功能	
				默认复用功能	重定义功能
PE15	I/O	FT	PE15		TIM1_ BKIN
PB10	I/O	FT	PB10	I2C2_SCL/USART3_TX	TIM2_CH3
PB11	I/O	FT	PB11	I2C2_SDA/USART3_RX	TIM2_CH4
V_{SS_1}	S		V_{SS_1}		
V_{DD_1}	S		V_{DD_1}		
PB12	I/O	FT	PB12	SPI2_NSS/I2C2_SMBAl/ USART3_CK/TIM1_BKIN	
PB13	I/O	FT	PB13	SPI2_SCK/USART3_CTS/ TIM1_CH1N	
PB14	I/O	FT	PB14	SPI2_MISO/USART3_RTS/ TIM1_CH2N	
PB15	I/O	FT	PB15	SPI2_MOSI/TIM1_CH3N	
PD8	I/O	FT	PD8		USART3_TX
PD9	I/O	FT	PD9		USART3_RX
PD10	I/O	FT	PD10		USART3_CK
PD11	I/O	FT	PD11		USART3_CTS
PD12	I/O	FT	PD12		TIM4_CH1/ USART3_RTS
PD13	I/O	FT	PD13		TIM4_CH2
PD14	I/O	FT	PD14		TIM4_CH3
PD15	I/O	FT	PD15		TIM4_CH4
PC6	I/O	FT	PC6		TIM3_CH1
PC7	I/O	FT	PC7		TIM3_CH2
PC8	I/O	FT	PC8		TIM3_CH3
PC9	I/O	FT	PC9		TIM3_CH4
PA8	I/O	FT	PA8	USART1_CK/ TIM1_CH1/MCO	
PA9	I/O	FT	PA9	USART1_TX/TIM1_CH2	
PA10	I/O	FT	PA10	USART1_RX/TIM1_CH3	
PA11	I/O	FT	PA11	USART1_CTS/CANRX/ USBDM TIM1_CH4	

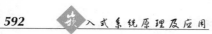

引　脚　名	类型	I/O 电平	主功能（复位后）	可选的复用功能	
				默认复用功能	重定义功能
PA12	I/O	FT	PA12	USART1_RTS/CANTX// USBDP TIM1_ETR	
PA13	I/O	FT	JTMS/ SWDIO		PA13
V_{SS_2}	S		V_{SS_2}		
V_{DD_2}	S		V_{DD_2}		
PA14	I/O	FT	JTCK/ SWCLK		PA14
PA15	I/O	FT	JTDI		TIM2_CH1_ETR/ PA15/SPI1_NSS
PC10	I/O	FT	PC10		USART3_TX
PC11	I/O	FT	PC11		USART3_RX
PC12	I/O	FT	PC12		USART3_CK
PD0	I/O	FT	OSC_IN		CANRX
PD1	I/O	FT	OSC_OUT		CANTX
PD2	I/O	FT	PD2	TIM3_ETR	
PD3	I/O	FT	PD3		USART2_CTS
PD4	I/O	FT	PD4		USART2_RTS
PD5	I/O	FT	PD5		USART2_TX
PD6	I/O	FT	PD6		USART2_RX
PD7	I/O	FT	PD7		USART2_CK
PB3	I/O	FT	JTDO		TIM2_CH2/PB3 TRACESWO/ SPI1_SCK
PB4	I/O	FT	JNTRST		TIM3_CH1/PB4/ SPI1_MISO
PB5	I/O		PB5	I2C1_SMBAl	TIM3_CH2/ SPI1_MOSI
PB6	I/O	FT	PB6	I2C1_SCL/TIM4_CH1	USART1_TX
PB7	I/O	FT	PB7	I2C1_SDA/TIM4_CH2	USART1_RX
BOOT0	I		BOOT0		
PB8	I/O	FT	PB8	TIM4_CH3	I2C1_SCL/CANRX

续表

引　脚　名	类型	I/O 电平	主功能（复位后）	可选的复用功能	
				默认复用功能	重定义功能
PB9	I/O	FT	PB9	TIM4_CH4	I2C1_SDA/CANTX
PE0	I/O	FT	PE0	TIM4_ETR	
PE1	I/O	FT	PE1		
V_{SS_3}	S		V_{SS_3}		
V_{DD_3}	S		V_{DD_3}		

附录 D

STM32F103 微控制器小容量产品系列引脚定义表

（STM32F103x4 和 STM32F103x6）引脚定义表

引　脚　名	类型	I/O 电平	主功能（复位后）	可选的复用功能	
				默认复用功能	重定义功能
V_{BAT}	S	—	V_{BAT}	—	—
PC13-TAMPER-RTC	I/O	—	PC13	TAMPER-RTC	—
PC14-OSC32_IN	I/O	—	PC14	OSC32_IN	—
PC15-OSC32_OUT	I/O	—	PC15	OSC32_OUT	—
OSC_IN	I	—	OSC_IN	—	PD0
OSC_OUT	O	—	OSC_OUT	—	PD1
NRST	I/O	—	NRST		—
PC0	I/O	—	PC0	ADC12_IN10	—
PC1	I/O	—	PC1	ADC12_IN11	—
PC2	I/O	—	PC2	ADC12_IN12	—
PC3	I/O	—	PC3	ADC12_IN13	—
V_{REF+}	S	—	V_{REF+}	—	—
V_{SSA}	S	—	V_{SSA}	—	—
V_{DDA}	S	—	V_{DDA}	—	—
PA0-WKUP	I/O	—	PA0	WKUP/USART2_CTS/ADC12_IN0/TIM2_CH1_ETR	—
PA1	I/O	—	PA1	USART2_RTS/ADC12_IN1/TIM2_CH2	—
PA2	I/O	—	PA2	USART2_TX/ADC12_IN2/TIM2_CH3	—

续表

引　脚　名	类型	I/O 电平	主功能（复位后）	可选的复用功能	
				默认复用功能	重定义功能
PA3	I/O	—	PA3	USART2_RX/ ADC12_IN3/TIM2_CH4	—
V_{SS_4}	S	—	V_{SS_4}	—	—
V_{DD_4}	S	—	V_{DD_4}	—	—
PA4	I/O	—	PA4	SPI1_NSS/ USART2_CK/ADC12_IN4	—
PA5	I/O	—	PA5	SPI1_SCK/ADC12_IN5	—
PA6	I/O	—	PA6	SPI1_MISO/ ADC12_IN6/TIM3_CH1	TIM1_BKIN
PA7	I/O	—	PA7	SPI1_MOSI/ ADC12_IN7/TIM3_CH2	TIM1_CH1N
PC4	I/O	—	PC4	ADC12_IN14	—
PC5	I/O	—	PC5	ADC12_IN15	—
PB0	I/O	—	PB0	ADC12_IN8/TIM3_CH3	TIM1_CH2N
PB1	I/O	—	PB1	ADC12_IN9/TIM3_CH4	TIM1_CH3N
PB2	I/O	FT	PB2/BOOT1	—	—
PB10	I/O	FT	PB10	—	TIM2_CH3
PB11	I/O	FT	PB11	—	TIM2_CH4
V_{SS_1}	S	—	V_{SS_1}	—	—
V_{DD_1}	S	—	V_{DD_1}	—	—
PB12	I/O	FT	PB12	TIM1_BKIN	—
PB13	I/O	FT	PB13	TIM1_CH1N	—
PB14	I/O	FT	PB14	TIM1_CH2N	—
PB15	I/O	FT	PB15	TIM1_CH3N	—
PC6	I/O	FT	PC6	—	TIM3_CH1
PC7	I/O	FT	PC7	—	TIM3_CH2
PC8	I/O	FT	PC8	—	TIM3_CH3
PC9	I/O	FT	PC9	—	TIM3_CH4
PA8	I/O	FT	PA8	USART1_CK/TIM1_CH1/ MCO	—
PA9	I/O	FT	PA9	USART1_TX/TIM1_CH2	—
PA10	I/O	FT	PA10	USART1_RX/TIM1_CH3	—

引　脚　名	类型	I/O 电平	主功能 （复位后）	可选的复用功能	
				默认复用功能	重定义功能
PA11	I/O	FT	PA11	USART1_CTS/CAN_RX/ TIM1_CH4/USBDM	—
PA12	I/O	FT	PA12	USART1_RTS/CAN_TX/ TIM1_ETR/USBDP	—
PA13	I/O	FT	JTMS/ SWDIO		PA13
V_{SS_2}	S	—	V_{SS_2}	—	—
V_{DD_2}	S	—	V_{DD_2}	—	—
PA14	I/O	FT	JTCK/ SWCLK	—	PA14
PA15	I/O	FT	JTDI	—	TIM2_CH1_ETR/ PA15/SPI1_NSS SPI1_NSS
PC10	I/O	FT	PC10	—	—
PC11	I/O	FT	PC11	—	—
PC12	I/O	FT	PC12	—	—
PD0	I/O	FT	PD0	—	—
PD1	I/O	FT	PD1	—	—
PD2	I/O	FT	PD2	TIM3_ETR	—
PB3	I/O	FT	JTDO	—	TIM2_CH2/PB3 /TRACESWO/ SPI1_SCK
PB4	I/O	FT	JNTRST	—	TIM3_CH1/PB4/ SPI1_MISO
PB5	I/O	—	PB5	I2C1_SMBA	TIM3_CH2/ SPI1_MOSI
PB6	I/O	FT	PB6	I2C1_SCL	USART1_TX
PB7	I/O	FT	PB7	I2C1_SDA	USART1_RX
BOOT0	I	—	BOOT0		
PB8	I/O	FT	PB8	—	I2C1_SCL/CAN_RX
PB9	I/O	FT	PB9	—	I2C1_SDA/CAN_TX
V_{SS_3}	S	—	V_{SS_3}	—	—
V_{DD_3}	S	—	V_{DD_3}	—	—